2000—2010 年

国家奖励农业科技
成果汇编

农业部科技教育司
中国农业科学院农业信息研究所 编

U0241289

中国农业出版社

图书在版编目（CIP）数据

2000～2010年国家奖励农业科技成果汇编／农业部
科技教育司，中国农业科学农业信息研究所编. —北京：
中国农业出版社，2012.12
ISBN 978-7-109-17559-4

Ⅰ.①2…　Ⅱ.①农…②中…　Ⅲ.①农业技术-科技
成果-汇编-中国-2000～2010　Ⅳ.①S-12

中国版本图书馆CIP数据核字（2013）第003757号

中国农业出版社出版
（北京市朝阳区农展馆北路2号）
（邮政编码100125）
责任编辑　刘爱芳
文字编辑　郑　君

中国农业出版社印刷厂印刷　　新华书店北京发行所发行
2013年1月第1版　　2013年1月北京第1次印刷

开本：889mm×1194mm　1/16　印张：21
字数：510千字　印数：1～1 000册
定价：160.00元
（凡本版图书出现印刷、装订错误，请向出版社发行部调换）

2000—2010 年

《国家奖励农业科技成果汇编》

编 辑 委 员 会

主　　任：唐　珂

副 主 任：信乃诠　郭立彬　许世卫

委　　员：（按姓名笔画排列）

于迎建　王青立　边全乐　朱扬虎　许世卫

孙　虹　孙振誉　信乃诠　郭立彬　唐　珂

主　　编：许世卫　郭立彬

副 主 编：孙　虹　王青立

编写人员：（按姓名笔画排列）

于迎建　王青立　朱扬虎　刘宇航　刘佳佳

许世卫　孙　虹　孙振誉　张学彪　罗婷婷

岳福菊　信　军　信乃诠　郭立彬　唐　珂

编 者 说 明

为落实 2012 年中央 1 号文件精神，加快推进农业科技创新，持续增强农产品供给保障能力，我们编辑出版了《2000—2010 年国家奖励农业科技成果汇编》，其主要内容：种植业、林业、畜牧业、水产业等国家奖励农业科技成果，包括国家最高科学技术奖、国家自然科学奖、国家技术发明奖、国家科学技术进步奖和中华人民共和国国际科学技术合作奖。

这部汇编记述了 1978 年恢复和颁布国家科学技术成果奖励制度后，特别是 1999 年 5 月国务院颁布《国家科学技术奖励条例》以来，国家科学技术奖励制度作出重大改革，国务院决定设立国家最高科学技术奖、国家自然科学奖、国家技术发明奖、国家科学技术进步奖和中华人民共和国国际科学技术合作奖。国家最高科学技术奖每年授予人数不超过 2 名，报请国家主席签署并颁发证书和奖金。国家自然科学奖、国家技术发明奖、国家科学技术进步奖分为一等奖、二等奖 2 个等级，对做出特别重大科学发现或者技术发明的公民，对完成具有特别重大意义的科学技术工程、计划、项目等作出突出贡献的公民、组织，可以授予特等奖。国家自然科学奖、国家技术发明奖、国家科学技术进步奖每年奖励项目总数不超过 400 项，由国务院颁发证书和奖金。中华人民共和国国际科学技术合作奖授予对中国科学技术事业作出重要贡献的外国人或者外国组织，每年授奖数额不超过 10 个。与 2000 年前比较，国家奖励的农业科技成果范围拓宽、数量减少，而成果水平和质量有所提高。

这部汇编资料主要来自国家科学技术成果奖励办公室、农业部科技教育司、中国农业科学院农业信息研究所和科技部信息网等单位。可以说，这是目前收集较完整、较系统的国家奖励农业科技成果汇编。在资料编辑时，原则上尊重原文，不做改动，只在文字上略作修订，标点符号和计量单位按国家标准有所统一。这部汇编是农业部科技教育司下达的编写任务，由农业部科技教育司和中国农业科学院农业信息研究所主持。一年来，在农业部科技教育司和中国农业科学院有关专家、科技人员积极参与和支持下，已圆满完成了任务。

由于资料收集困难，整理编辑经验不足，不妥之处在所难免，敬请批评指正。

2012 年 10 月

前　言

　　为了奖励在科学技术进步活动中作出突出贡献的公民、组织，调动科学技术工作者的积极性和创造性，加速科学技术事业的发展，提高综合国力。1999年5月国务院发布《国家科学技术奖励条例》，在此基础上，2003年12月国务院对《国家科学技术奖励条例》进行了修订，决定设立国家科学技术奖励委员会，负责国家科学技术奖的评审工作。国务院设立国家最高科学技术奖、国家自然科学奖、国家技术发明奖、国家科学技术进步奖和中华人民共和国国际科学技术合作奖。国家最高科学技术奖每年授予人数不超过2名，报请国家主席签署并颁发证书和奖金。国家自然科学奖、国家技术发明奖、国家科学技术进步奖分为一等奖、二等奖2个等级。对做出特别重大科学发现或者技术发明的公民，对完成具有特别重大意义的科学技术工程、计划、项目等作出突出贡献的公民、组织，可以授予特等奖。国家自然科学奖、国家技术发明奖、国家科学技术进步奖每年奖励项目总数不超过400项，由国务院颁发证书和奖金。中华人民共和国国际科学技术合作奖授予对中国科学技术事业作出重要贡献的外国人或者外国组织，每年授奖数额不超过10个。科技部制定并发布《国家科学技术奖励条例实施细则》，共八章七十八条，主要包括：奖励范围和评审标准、评审机构、推荐、评审、异议及其处理、授奖等事宜，为《国家科学技术奖励条例》的实施提供了依据。

　　根据国家科学技术奖励制度改革的有关规定，2000年以来，我国广大农业科技工作者高举中国特色社会主义伟大旗帜，以邓小平理论和"三个代表"重要思想为指导，深入贯彻落实科学发展观，在"自主创新，重点跨越，支撑发展，引领未来"的方针指引下，紧密结合"三农"实际，坚持理论联系实际，团结协作，联合攻关，取得了一批具有世界先进水平的科技成果。据统计，2000—2010年获国家奖励的重大科技成果397项，其中种植业239项、林业69项、畜牧业51项、渔业30项，同时还收录国家最高科学技术奖2名，中华人民共和国国际科学技术合作奖6名；国家最高科学技术奖2名，国家自然科学奖14项、国家技术发明奖36项、国家科学技术进步奖339

项，中华人民共和国国际科学技术合作奖 6 名。这些成果有很高科技水平，也产生了巨大的经济社会效益。根据研究测算，农业科技进步对农业增长的贡献率，从"九五"末的 48%，提高到"十一五"末的 53.5%，10 年来增长了 5.5 个百分点。农业科技巨大进步和贡献率的提高，农业综合生产能力不断增强，粮食生产实现"八连增"，农产品有效供给保障能力增强，农村经济全面发展，农民生活质量显著改善，人民生活总体上达到了小康水平。我国以占世界不到 9% 的耕地养活了占世界近 21% 的人口，这是举世瞩目的巨大成就。我国农业的快速发展，为世界农业作出了重要贡献。

为落实 2012 年中央 1 号文件精神，积极推进农业科技创新，加快农业科技成果转化与推广，持续增强农产品供给保障能力。由农业部科技教育司和中国农业科学院农业信息研究所共同主持，编辑出版《2000—2011 年国家奖励农业科技成果汇编》（简称汇编），其主要内容是：种植业、林业、畜牧业、渔业等国家奖励的重大农业科技成果，包括国家最高科学技术奖、国家自然科学奖、国家技术发明奖、国家科学技术进步奖和中华人民共和国国际科学技术合作奖。

这部汇编是继 2004 年农业部科技教育司和中国农业科学院科技管理局共同编辑出版《1978—2003 年国家奖励农业科技成果汇编》之后，特别是 2000 年国家科技成果奖励制度改革以来，我国广大农业科技工作者获得一批国家奖励的重大农业科技成果，与 2000 年前比较，国家奖励的农业科技成果领域拓宽、数量减少，而成果水平和质量有所提高。

为了做好这项成果《汇编》工作，在农业部科技教育司指导下，以中国农业科学院农业信息研究所为主，邀请中国农业科学院长期从事农业科技成果管理的专家参加，集中精力和时间，收集有关国家奖励农业科技成果资料，建立奖励成果数据库，统计分析成果按行业、学科、等级、地区、机构和人员等分布状况，为全面掌握和了解我国农业科技发展状况和水平提供依据。同时，为加快农业科技成果转化与推广，促进农业增产、农民持续增收提供技术支持。现将 2000—2010 年获国家奖励的农业科技成果整编成册，公开发表，作为"农业科技促进年"的一项工作，供各地各级农业部门、农林科研机构、技术推广单位和农林院校等查阅、参考和交流。

编 者

2012 年 10 月

目　录

国家技术发明奖

◆ 2009 年

◆ 2010 年

国家科学技术进步奖

◆ 2000 年

◈ 2003 年

◆ 2004 年

◆ 2005 年

◆ 2006 年

◆ 2007 年

◆ 2008 年

◆ 2009 年

◆ 2010 年

中华人民共和国国际科学技术合作奖

◆ 2001 年

◆ 2003 年

◆ 2005 年

◆ 2007 年

◆ 2008 年

附　录

国家最高科学技术奖

GUOJIA ZUIGAO KEXUE JISHU JIANG

国 家 最 高 科 学 技 术 奖

GUOJIA ZUIGAO KEXUE JISHU JIANG

◆ 2000 年

获奖人简介：

袁隆平

袁隆平，男，1930 年 9 月出生于北京，1953 年毕业于西南农学院农学系。毕业后，一直从事农业教育及杂交水稻研究。

1980—1981 年任国际水稻研究所技术指导。1982 年任全国杂交水稻专家顾问组副组长。1991 年受聘联合国粮农组织国际首席顾问。1995 年被选为中国工程院院士。1971 年至今任湖南农业科学院研究员，并任湖南省政协副主席、全国政协常委、国家杂交水稻工程技术研究中心主任。

袁隆平院士是世界著名的杂交水稻专家，是我国杂交水稻研究领域的开创者和带头人，为我国粮食生产和农业科学的发展作出了杰出贡献。他的主要成就表现在杂交水稻的研究、应用与推广方面。

20 世纪 70 年代初，袁隆平利用助手李必湖在海南发现的天然雄性不育的"野败"作为杂交水稻的不育材料并发表了水稻杂种优势利用的观点，打破了国际公认的自花授粉作物育种的禁区。1972 年杂交水稻研究列入全国科研协作计划，由中国农业科学院和湖南省农业科学院主持，1974 年，以他为首的科技攻关组完成了三系配套并培育成功杂交水稻，实现了杂交水稻的历史性突破。现我国杂交水稻的各个优良品种已占全国水稻种植面积的 50%，平均增产 20%。此后，他又提出"两系法亚种间杂种优势利用"的发展概念，国家"863"计划据此将两系法列为重要项目，经项目组科技人员 6 年的刻苦研究，已掌握两系法技术，并推广种植，现占水稻面积的 10%，效果良好。

1997 年，他在国际"超级稻"的概念基础上，提出了"杂交水稻超高产育种"的技术路线，在试验田取得良好效果，亩产近 800 千克，引起国际上的高度重视。为进一步解决大面积、大幅度提高水稻产量难题奠定了基础。

在全国农业科技工作者的共同努力下，1976—1999 年累计推广种植杂交水稻 35 亿多亩，增产稻谷 3 500 亿千克。近年来，全国杂交水稻年种植面积 2.3 亿亩①左右，约占水稻总面积的 50%，产量占稻谷总产的近 60%，年增稻谷可养活 6 000 万人口，社会和经济效益十分显著。

袁隆平院士热爱祖国、品德高尚，他的成就和贡献，在国内外产生了强烈反响。杂交水稻的研究成果获得我国迄今为止唯一的发明特等奖。并先后荣获联合国教科文组织、粮农组织等多项国际奖励。袁隆平虽已年届 70 岁，仍然一如既往地活跃在科研与生产实践的第一线，从不间断地进行着研究、试验与应用。

◆ 2006 年

获奖人简介：

李振声

李振声，男，1931 年 2 月出生于山东省。1951 年毕业于山东农学院。先后在中国科学院遗传选种实

---

① 亩为非法定计量单位，1 公顷＝15 亩。

验馆、中国科学院西北农业生物研究所、中国科学院陕西省西北植物研究所、中国科学院遗传与发育生物学研究所从事小麦遗传育种研究。曾任中国科学院陕西省西北植物研究所所长，中国科学院西安分院、陕西省科学院院长，陕西省科协主席，中国科学院副院长，中国科协副主席、中国遗传学会理事长等职。1990 年入选第三世界科学院院士，1991 年入选中国科学院院士。先后获全国科学大会奖、国家技术发明一等奖、陈嘉庚农业科学奖、何梁何利科技进步奖、中华农业英才奖等。

在 55 年的科学生涯中，李振声院士主要从事小麦遗传与远缘杂交育种研究，取得了令人瞩目的科学成就，同时开展了农业发展战略研究。系统研究了小麦与偃麦草远缘杂交并育成了"小偃"系列品种。20 世纪 50 年代初，我国北方冬麦区条锈病大流行，造成严重减产。为了寻找新抗源，李振声带领课题组开展了以长穗偃麦草为主的远缘杂交研究，经过 20 多年的努力，育成了小偃 4 号、5 号、6 号等高产、抗病、优质小麦品种。其中仅小偃 6 号就累计推广达 1.5 亿亩，增产 80 亿斤[①]，开创了小麦远缘杂交品种在生产上大面积推广的先例。小偃 6 号已成为我国小麦育种的重要骨干亲本，其衍生品种有 40 余个，累计推广 3 亿多亩。

创建了蓝粒单体小麦和染色体工程育种新系统。为了有目的、快速地将外源基因导入小麦，他用远缘杂交获得的"小偃蓝粒"育成了以种子蓝色为遗传标记的蓝粒单体小麦和自花结实的缺体小麦系统，并建立了快速选育小麦异代换系的新方法——缺体回交法，为小麦染色体工程育种开辟了一条新途径。这项原创性成果为他赢得了广泛的国际声誉。

开创了小麦磷、氮营养高效利用的育种新方向。20 世纪 90 年代初，他从我国人多地少、资源不足的国情出发，开辟了提高氮、磷吸收和利用效率的小麦育种新领域，提出了以"少投入、多产出、保护环境、持续发展"为目标的育种新方向。通过系统鉴定筛选氮磷高效小麦种质资源，深入研究其生理机制与遗传基础，培育出可高效利用土壤氮磷营养的小麦新品种，并大面积推广。

李振声院士还是我国有重要影响的农业发展战略专家。1987 年提出黄淮海中低产田治理的建议，并在中国科学院率先组织实施了"农业黄淮海战役"，为促进我国粮食增产发挥了带动作用。1995 年，他提出新增粮食 1 000 亿斤的潜力与对策，受到国家领导人的重视。在 1999—2003 年我国粮食生产出现连续 5 年减产时，他又及时提出了争取 3 年实现粮食恢复性增长的建议。

李振声院士热爱祖国，品德高尚，毕生奉献于小麦远缘杂交遗传与育种研究，为我国粮食安全、农业科技进步和农业可持续发展作出了杰出的贡献，培养了一大批学术带头人和科技骨干，现在仍然活跃在农业科研第一线，继续为我国农业的可持续发展作贡献。

李振声著有《小麦远缘杂交》等两部专著，主编论文集 5 卷，发表论文 100 多篇，被引用 589 次，为国家培养了一批高水平人才，曾以专家身份多次赴日本、印度、美国、英国、法国进行了科学考察和学术交流，享誉国内外。

---

① 斤为非法定计量单位，1 斤＝500 克。

国家自然科学奖

GUOJIA ZIRAN KEXUE JIANG

国家自然科学奖

GUOJIA ZIRAN KEXUE JIANG

2000 年

二 等 奖

小麦族生物系统学与种质资源研究

主要完成单位：四川农业大学小麦研究所
主要完成人：颜济、杨俊良、郑有良、周永红、刘登才
获奖情况：国家自然科学奖二等奖
成果简介：

小麦族是禾本科的一个大族，除具有世界重要的粮食作物小麦、大麦和黑麦外，还有一些重要的牧草物种，它们是栽培小麦和大麦高产、抗病、抗逆和优质等遗传改良的重要基因资源，现代遗传与生物技术的发展，已可能把这些优良基因转移到麦类作物中。但是，由于人为及自然因素使众多小麦族种质资源逐渐消失，造成无法挽回的巨大损失。因此，小麦族种质资源的收集、保存和研究，已成为世界各国，尤其是发达国家重要的农业科学研究课题。联合国粮农组织植物遗传资源委员会 1985 年 8 月在美国华盛顿召开会议，资助并指定该课题主持人颜济教授负责中国大区第一队的调查工作。

在我国，小麦族野生资源与地方品种极为丰富，加强对小麦族种质资源调查、收集、保存与研究迫在眉睫。在联合国粮农组织植物遗传资源委员会、国家自然科学基金、国家和四川省的研究项目资助下，该项目组收集和保存了小麦族 21 属、193 种、35 变种、6 000 余份材料，建立了种质资源库和植物标本室，对收集、保存的小麦族种质资源进行形态学、遗传学、细胞遗传学及分子遗传学的鉴定；确定其属、种的真实地位，属间及种间的相互关系；筛选、评价和创新资源，为育种技术提供理论依据；分析新基因及其遗传控制机制，确定基因数量与染色体上的位置以及与其他基因的连锁关系，使育种家易于操作利用。

该项研究的主要自然现象和规律的发现包括：

（1）在高等植物中首次发现细胞间通过接合管或接合孔转移交换核物质。对华山新麦与其他属、种的杂种进行细胞遗传分析时，观察到各时期的核物质都可以通过接合管或接合孔的形式进行交换转移，这在高等植物中是首次发现。这一受遗传控制的核行为，在高等植物中具有极其重要的生物学意义，阐明了高倍同源-异源多倍体以及非整倍体的形成机制。

（2）发现、定位并命名发表了一系列小麦族的重要基因。研制出含 4 对高亲和 $kr1$、$kr2$、$kr3$、$kr4$ 纯合基因 J-11 工具材料，并发现 $kr4$ 基因位于 1A 染色体上。这对克服远缘杂交障碍、转移外源基因具有重大的应用价值。以分枝 1 号、88F2185 和导入黑麦基因创制的小麦多小穗品系 10-A 为被测材料，发现多小穗数目、穗粒数、粒重、穗粒重、抽穗期、种子充实指数等重要育种目标性状的新基因，并进行了基因定位和基因效应分析。这对利用这些材料起到指导作用。河南新乡节节麦高抗穗发芽受一对单隐性基因控制，用它与"简阳矮蓝麦"人工合成新六倍体小麦"RSP"，是国际上首次转入野生物种抗穗发芽基因的新种质，为稳定小麦优良品质提供了重要资源。这些基因是：2D 染色体上的穗分枝抑制基因 Nr；2A 染色体上的分蘖抑制基因 $Tin2$；西藏半野生小麦 3D 染色体短臂上脆穗基因 BrI 及 2D 染色体短臂上包壳基因 Tg。

（3）首次报道了 42 个物种染色体数，28 个物种核型，确立了 6 个物种染色体组成。这些发现与确定对探讨小麦族的属种界限、亲缘关系、起源与演化提供了依据。

（4）在国际上第一次以染色体组型分析为依据建立了一个新属 *Kengyilia*（仲彬草属）。发现新属 1 个，新种 12 个，渐变种 19 个，新组合 19 个，新分布 3 个。被国际权威目录 Index Kewensis 收录确认。

（5）《小麦族生物系统学，小麦山羊草复合群》专著全面系统地总结分析了小麦山羊草复合群近 300 年来的研究成果，澄清普通小麦 D 染色体组供体的正确学名，论证 B、G 与 S 染色体组应当合并 B 染色体组。提出了种、亚种、变种遗传亲缘量化的界定。

（6）鉴定了小麦族资源材料的抗病性。发现鹅观草与纤毛鹅观草一些居群对赤霉病具高抗侵入与高抗扩展，是麦类抗赤霉病的最好资源；发现了 18 份高抗条锈病材料。

（7）对收集的部分特异种质资源进行了分子生物学研究。资源收集、保存研究的目的在于通过对它们进行研究，认识其客观规律、特征特性及经济价值；阐明新的遗传规律，为育种家的技术设计提供理论指导；发现新的优良基因，为育种家创新种质、改良品种提供新的物质基础。

该项研究在国内外重要学术刊物及会议上发表论文 195 篇，其中国际刊物 62 篇，国际会议 16 篇；有 35 篇论文被 SCI 收录，论文 SCI 正面引用次数达 235 次。J-11 已被国内外许多育种单位作为转移外源基因的普通小麦首选工具材料；另外，利用 10-A 育成了异源 2 号，1999 年产量高达 716 千克/亩。

中国特产濒危雉类生态生物学及驯养繁殖研究

主要完成单位：北京师范大学生命科学学院
主要完成人：郑光美、张正旺、张雁云、宋杰、刘彦
获奖情况：国家自然科学奖二等奖
成果简介：

中国是世界上雉类资源最丰富的国家，全世界 49 种雉类中有 27 种分布于中国。《世界濒危物种红皮书》（King，1981）所列的 18 种雉类中，有 11 种分布于中国，而且大多数是我国特产种和留鸟。然而，由于我国是人口众多、农业开发历史悠久的大国，雉类栖息地遭到大规模的缩减和破坏。如何发挥我国的物种资源优势，采用先进的理论和技术对就地保护（in situ conservation）和易地保护（ex situ conservation）所涉及的濒危雉类生态生物学进行深入、长期的研究，探讨生态适应机制以及种群恢复和保护途径，对国内外都有借鉴作用。

该项研究应用种群生态学、景观生态学、保护生物学的理论，利用先进的无线电遥测、栖息地取样及多元数理统计等技术，从多学科领域，采取宏观和微观研究相结合、定性和定量相结合的方法，探讨我国不同地域、不同植被类型中生存力差异较大的代表种类的生态适应机制和生活史对策。1983—1999 年，研究的物种有黄腹角雉、红腹角雉、红胸角雉、血雉、白颈长尾雉、褐马鸡、藏马鸡等 7 种雉类。在对黄腹角雉进行了充分的野外生态生物学的研究基础上，成功地建立了人工种群，对易地保护、濒危物种的"再引入"进行了理论和实践方面的探索。共发表研究论文 43 篇，专著（合作）1 部。该项研究的主要成果和创新内容为：

（1）生态生物学基础理论性研究。首次对上述物种的形态、分类、栖息地环境与分布、种群结构与数量动态、食性与营养、能量代谢、繁殖、换羽以及染色体结构、遗传多样性等进行报道。对角雉属和马鸡属的系统分类和起源进化提出新见解：提出角雉属的求偶炫耀为正面型（frontal display），否定了 Delacour（1977 年）的观点，为鸡形目鸟类求偶炫耀的进化提供新依据；通过对黄腹角雉的尾羽及翅羽更换顺序的研究，修正了《中国动物志——鸡形目》（郑作新，1978）的观点，认为角雉属于雉族（Phasianini）而不属于鹑族（Perdicini），为鸡形目的系统发育提供新线索；首次发现 3 种角雉的染色体 R-带带型具有特异性，可以反映亲缘关系与进化。首次在突胸总目鸟类 W-染色体上发现有较大的 R-深染区，提出鸡形目鸟类染色体是未特化的、处于进化中间阶段的假说；根据马鸡属后肢肌群的种子骨（sesmoid）特征（郑光美等，1991）以及对 4 种马鸡形态学及栖息地选择、繁殖行为的比较，认为藏马鸡保留更多的原始性特征，提出了马鸡属的起源和进化假说。

（2）首次将无线电遥测、地理信息系统、全球定位系统等技术运用于我国鸟类生态学研究。系统比较了有关物种全年各季的领域、活动区、活动性及影响因子等特征，研究深度远远超过国外同类工作。

（3）通过对食物营养和能量代谢的研究，为黄腹角雉就地保护和引种驯化提供了重要基础。发现影响黄腹角雉分布的依赖性食物——交让木。依此规律在湖南省（莽山）发现了黄腹角雉新的分布区。

（4）在野外生态学研究的基础上，历经十余年的驯养繁殖实践，成功地解决了饲料、繁育与受精生物学等难题并研制出有效的人工授精技术，使原产于亚热带高山的黄腹角雉在北京建成人工种群，已繁育出包括子6代的60余只个体，是世界上最大的人工纯系种群。在此基础上首次进行了向原产地"再引入"试验。

该项成果为我国濒危动物的研究与保护开辟了一条新路。采用新技术手段，从多学科领域进行长期、系统研究，将就地保护、易地保护和再引入有机结合，特别是黄腹角雉人工种群的建成，具有重要的科学价值和很大的经济效益。先后参与该项目研究工作的有硕士生12人，博士生7人，多数已成为中科院等研究机构和高等院校的鸟类学研究骨干。

2001 年

二 等 奖

中国豆科植物根瘤菌资源多样性、分类与系统发育研究

主要完成单位：中国农业大学生物学院
主要完成人：陈文新、李颖、隋新华、牛天贵、高俊莲
获奖情况：国家自然科学奖二等奖
成果简介：

氮肥一直是农业生产中的重要问题。大气含氮约80%，但分子态氮是惰性气体，必须化合成氨才能被植物利用。合成的途径主要有工业固氮和生物固氮。工业生产氮肥约占全球固定氮的20%，它在过去几十年的农业生产中起了重要作用，但是生产氮肥消耗大量非再生能源，而它的利用效率只有30%左右，过量施用已造成环境的严重污染，各先进国家近年来正力图减少氮肥的使用。生物固氮占全球固氮量的75%，能进行固氮的只有原核生物，现已发现有100多属细菌和古菌中有固氮菌种，而其中固氮能力最强的是根瘤菌与豆科植物共生体系，年固氮量占生物固氮总量的60%以上。

20世纪60～70年代国际上组织过生物固氮资源调查。1981年Allen&Allen出版 *The Leguminosae*，书中估计全球有豆科植物19 700种，已知结瘤的不过15%，研究过宿主和根瘤菌共生关系的还不到0.5%。

根瘤菌分类长时期处于原始状态，至20世纪60～70年代国际上才开始用现代细菌分类方法进行根瘤菌分类。1984年的 *Bergey's Manual Systematic Bacteriology* 第一版上将根瘤菌定为两个属4个种。该课题组对我国根瘤菌资源和分类研究是从20世纪70年代后期开始的。20多年来主要研究成果如下：

（1）先后组织100多人（次）完成了全国32个省（市）700个县不同生态地点的豆科植物结瘤情况调查。采集根瘤标本7 000多份，包括豆科100多属，600多种，新发现结瘤植物300多种（Allen书上未记载的）；分离、纯化、确认、保藏根瘤菌5 000多株，其数量和所属宿主种类居世界首位（当前国际上最大的根瘤菌库是美国农业部USDA菌库，从网上查到该库保存根瘤菌4016株，宿主仅几十种）。

（2）率先在国内建立现代细菌分子分类实验室，装备一整套先进技术设施及计算机程序，并经反复比较研究，确认一套有效的根瘤菌分类、鉴定技术方法。

（3）对2 000株菌进行了100多项表型和遗传型性状分析，发现了一批耐酸（pH3.8）、耐碱（pH12）、耐盐（5%NaCl）、耐高温（40℃）或低温（4℃）下生长的珍贵根瘤菌种质资源，正可供我国西部退耕还林还草中种植豆科植物接种用。

（4）经多相分类技术研究，描述并发表根瘤菌新属 2 个，新种 8 个，占 1984 年以来国际上所发表的新属的 1/2，新种的 1/3（弱），还完成 7 个新种的研究，正陆续著文送国际权威刊物发表。已发表的新属、种均被国际微生物学巨型工具书《伯杰系统细菌学手册》新版所收录。

（5）建成根瘤菌资源数据库，是目前国际上菌株数量最大、性状信息最丰富的根瘤菌数据库。

（6）通过对我国广大国土面积上收集的大量菌株的分类、宿主种类及其生态环境因素的综合分析，获得对豆科植物-根瘤菌共生关系的新认识：一种植物在不同生态环境中可与多属、种根瘤菌共生固氮，而同一生态区域中多个豆科植物属、种的共生菌归属为一种根瘤菌，他们的结论是"豆科植物与根瘤菌的共生关系因环境的差异而具多样性"，从而修正并发展了传统的根瘤菌"宿主专一性"和植物"互接种族"概念，并提出根瘤菌接种选种的新见解，即既要针对植物品种选择最佳匹配的共生体，又要针对种植环境选择最适应的菌株。

国家西部大开发的举措发布以后，他们认为在西部退耕还林还草、改良草场、改造西部生态环境中，豆科植物-根瘤菌共生体系将起到非常积极有效的作用。2000 年春天作者与陈华癸、李季伦院士等专家联名建议在西部开发计划中纳入豆科-根瘤菌共生体系。已上书国务院总理、副总理以及有关领导，并在《科学时报》4 月 17 号上发表。他们现在已与几个省有关单位联合做根瘤菌接种小试验。单以草地改良为例，如果能在我国已经使用的 40 亿亩草地上，混播或单播紫花苜蓿、沙打旺、锦鸡儿等豆科牧草，接种最佳匹配的根瘤菌，按最低估计，每亩增收干草 200 千克，每千克草（苜蓿）以 1.6 元计，每亩每年增收 320 元，40 亿亩草地每年可增加的收入将是一个天文数字。此外，苜蓿每年可固定氮约 20 千克/亩，可大大增加土壤肥力。其他农林牧各生产领域均可扩种豆科植物，接种最适根瘤菌，其经济效益、生态效益和社会效益将无法估量。

《中国经济昆虫志》

主要完成单位：中国科学院动物研究所
主要完成人：朱弘复、陈世骧、黄大卫、赵仲苓、邓国藩
获奖情况：国家自然科学奖二等奖
成果简介：

2001 年度国家自然科学二等奖，获奖项目系列《中国经济昆虫志》是中国有史以来规模最大、涉及类群最多、成果最突出的昆虫学研究巨著，是世界上以经济价值为选题的首部昆虫专著系列，在基础数据与资料的收集和综合分析上具有创造性和系统性的重大贡献。

《中国经济昆虫志》是科学研究密切为国家目标和国家任务服务的产物。新中国成立初期，我国在昆虫分类学方面研究工作十分薄弱，重大害虫引起的危害，严重地影响到农林牧业生产；重大疾病的蔓延，需要人们对媒介昆虫进行深入研究；外来物种的入侵，严重影响农林牧业生产、生态安全、人类健康、进出口贸易等。而对昆虫分类学的无知，经常会在群众中引起混乱，甚至危及社会稳定。防治害虫和利用益虫首先需要对它们有科学的认识，了解是什么物种，是否是我国特有的还是全球广布的。《中国经济昆虫志》选择有重要经济价值的昆虫类群进行系统的分类学研究，收集、研究和综合分析这些类群中昆虫物种的基础数据和基本生物学资料，指导生产实践，控制有害昆虫，发掘有益昆虫，服务于生物科学研究、国家安全、中等和高等教育、科学普及；为我国经济昆虫的深入研究提供物种资料、鉴定工具和指导生产实践的基本信息；满足农林牧医生产实践、科学研究和国家安全日益增长的巨大需求。

《中国经济昆虫志》取得了如下显著的科研成果：

（1）自然现象和规律的发现。《中国经济昆虫志》是我国昆虫学的第一部大型系列专著，从 1959 年出版第一册到 1997 年出版最后一册，历时 38 年，共出版 55 册，系统记述了昆虫纲具有重要经济价值、与人类生活密切相关的 12 目 215 科 3 275 属 9 306 种（其中有 1 648 新种）。全套书共有文字 1 579.9 万字，彩色图 589 版，黑白插图 9 272 幅。

检索工具。提供了各分类阶元的检索表，为生产实践提供了便利实用的鉴定工具。为了便于检索和比较，一些重要类群在物种检索表中尽量涵盖所有已知种类，故实际介绍的种类远远超过书中记述的种类。

（2）数据与资料的系统积累。每一册均分总论与各论两大部分。总论包括研究历史、采集方法、标本制作、各虫期的形态特征、分类地位、地理分布、生物学特性、经济意义、有益昆虫保护利用手段以及害虫防治措施等。各论对每一种的形态特征进行了详细描述，并尽量包括每种的鉴别特征（含特征图）、寄主、生活习性、利用价值、防治措施及国内外分布等对生产实践有意义的资料。

（3）规律性新认识和研究方法手段的创新。该项研究成果参加者众多，产出丰富。各册不同程度地建立了新的分类单元，发现了物种的分布特点和分类单元的分布规律，对防治手段和技术做了进一步的阐明。大多数数据是第一次记录和发表。部分卷册使用和发展了新的理论，如第41册《膜翅目金小蜂科（一）》在世界上首次应用支序系统学的方法和原理推断了柄腹金小蜂族和斯夫金小蜂族的系统发育关系，提示了这两个族属级分类单元的进化关系。

（4）丰富了中国昆虫区系的知识。《中国经济昆虫志》是《中国动物志》之前对我国昆虫进行系统研究的权威专著系列，成为我国昆虫分类学研究的典范。该系列专著中多数册不仅按照"国际动物命名法规"描述分类单元，进行类群订正和组合，而且对国际上的分类系统进行改进。《中国经济昆虫志》在分类单元的中名厘定和使用方面也作出了重大贡献，使昆虫分类单元的中名命名和使用不断规范。

（5）成为研究世界昆虫区系的重要工具。对一些重要类群在我国和世界的区系分布特点进行了探讨，为世界昆虫区系研究作出巨大贡献。比较系统地对我国独具特色的昆虫区系进行研究，成为世界上目前唯一系统的中国昆虫研究专著系列，影响着世界昆虫系统学的发展。

作为检疫害虫的鉴定工具，防止外来物种入侵，保证了国家安全。《中国经济昆虫志》的出版，除了在影响国计民生的重大害虫，如：黏虫、棉铃虫、蚜虫等治理方面做出了不可磨灭的成绩外，还在防止"外来物种入侵"，对我国农林生产的危害方面有突出的贡献。昆虫分类学家们以雄厚的系统分类功底，相继发现重大检疫性害虫，如美洲斑潜蝇、马铃薯甲虫、麦双尾蚜、水稻象甲、强大小蠹等入侵我国，及时上报国务院有关部门，迅速采取了控制措施。

（6）幼虫卷册更具实用价值。因许多害虫的幼虫期对作物的危害最大，故对一些以幼虫危害的类群出版了幼虫专册，如金龟总科、夜蛾科等。

《中国经济昆虫志》的编研凝聚了我国上百名昆虫分类学家艰苦奋斗的创业精神和全部智慧。它的出版为我国昆虫学研究和经济建设提供了第一手科学资料，填补了我国此项研究的空白，促进了我国及世界昆虫学研究的开展，极大地影响着世界昆虫系统学的发展；对我国农林牧医、动植物检疫、濒危物种保护、环境保护及昆虫资源开发、生物多样性、生物地理学和生物进化研究具有巨大指导或参考价值。几十年来，它被国内外学者广泛引用，成为亚洲及欧洲各国研究昆虫区系分类的重要参考书，也是编制世界名录的主要依据，受到了国内外学者的高度赞誉。国内凡有关经济昆虫的种类、生物学、生态学、防治等方面的出版物均引用相应卷册的《中国经济昆虫志》。各种地方昆虫志和昆虫专著，如《中国森林昆虫》、《河南农业昆虫志》、《山东森林昆虫志》都大量引用《中国经济昆虫志》的内容，甚至很多材料都是直接来自《中国经济昆虫志》各册。该系列专著也是高等院校有关专业的重要参考书，被广泛引用于高校教材中。

2002 年

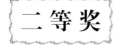

中国兰科植物研究

主要完成单位： 中国科学院植物研究所

主要完成人：陈心启、郎楷永、吉占和、罗毅波、朱光华

获奖情况：国家自然科学奖二等奖

成果简介：

兰科是有花植物中最大的家族之一，该项目在此领域进行了开创性的研究。发表 9 部专著。其中国内 5 部为：《中国兰花全书》（1998）、《中国植物志》17、18、19 卷（1999）和《中国野生兰科植物彩色图鉴》（中英文）（1999）。三卷《中国植物志》（兰科）为目前世界上最大的、第一手资料最丰富的兰科专志。《中国野生兰科植物彩色图鉴》包含了大量生于巨树悬岩之上的兰花原生境照片，种数之多、鉴定与记述之精确居世界之首。《中国兰花全书》首次向国内读者提供了世界名兰与市场、杂交属亲本与缩写、兰花国际命名与登录规则及世界野生兰词典等。

国际合作的 4 部著作为 *Orchid Biology*（美国，1982）、*CITES ORCHID CHECKLIST* Ⅰ、Ⅱ（英国，1995，1997）和 *Wild Orchids of China*（日本，1998）。上述著作中关于中国原始类群的发现、重要观赏属的论述、附生兰北界的标定以及国际专家合作审定的名录等受到国际关注。其中 *CITES ORCHID CHECKLIST* 已成为兰科保育方面国际公认的权威性文献。

该项目共发表 101 篇论文（SCI 收录 6 篇，25 篇被 SCI 引用 43 次）。创新点如下：①在发现 *Tangtsinia* 等原始新属基础上提出的蕊柱进化模式和兰科系统，原始蕊柱被作为典型加以引用；②提出 *Cypripedium* 系统与 *Pleione* 的命名系统，前者为世界名著 *The Genus Cypripedium*（1997）所基本采用，后者纠正了世界名著 *The Genus Pleione*（1988）的错误，被全盘接受并在第二版（1999）中改正；③发现大量新属新种，其中 *Cypripedium subtropicum* 和 *Paphiopedilum Malipoense* 被国际公认为学术上的重大发现，德国和美国的学术刊物全文转载并翻成德文或英文；④郎楷永界定的兰科分界线与田中界定的芸香科分界线被认为是东亚植物区系的重要分界线；⑤发现 *Satyrium ciliatum* 两性型与单性型并存，并有一系列过渡，其结实率亦逐渐向雌性型增高，为世界上首例，被国际反复引证；⑥从形态发生角度研究 *Hemipilia flabellata* 的传粉生物学，发现食源性欺骗传粉机制，揭露了与唇形花科痢止蒿以及芒康条蜂之间的微妙关系，属学术上的新发现和兰科传粉生物学研究方面亚洲首次报道。

2003 年

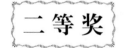

中国主要植物染色体研究

主要完成单位：南开大学生命科学学院

主要完成人：陈瑞阳、宋文芹、李秀兰、李懋学、林盛华、梁国鲁

获奖情况：国家自然科学奖二等奖

成果简介：

该项目属于生物学科的植物遗传学和细胞生物学研究领域。

该项目自 1978 年，历经 25 年，对我国 95 科 331 属 2 834 种（含种下分类单位）植物染色体数目进行了报道，完成了 1 045 种植物核型分析。通过对染色体数据的科学积累，从细胞水平对我国苹果属、梨属、柑橘属、茶属、大豆属、小麦属、大麦属、玉蜀黍属、棉属、狗尾草属、菊属等主要栽培植物的分类、起源、进化提出了新认识，新发现了 191 种具有重要经济价值和科学意义的多倍体、多倍体复合体和细胞型，首次报道了我国银杏、芦笋的性别机制为 ZW 型 XY 型。同时，该项目还创建了植物染色体标本制备的去壁低渗法（WDⅡ法），对植物染色体 Giemsa C -带、N -带、G -带、Ag -带、微切微克隆、

FISH 等研究技术进行了一系列改革与创新，制定了中国植物型分析标准化，建立了我国植物染色体信息学研究平台，为全国 300 多个单位培训了植物染色体技术人才，使我国后来的广大植物染色体研究者能够从更高的起点攀登科学高峰。该项目对我国植物染色体研究的发展作出了开创性和奠基性贡献，带动了我国植物染色体及其相关领域的发展，达到了植物染色体研究的国际先进水平。

该项目发表论著 255 篇（部），出版了世界第一部植物基因组染色体图谱，收录了我国 1 045 种植物核型分析的资料和 1389 幅染色体图像，该书填补了世界植物染色体图谱的空白。

该项目的特点是时间长、材料面广，涉及我国高等植物的 42% 的科，工作量大，国内外实属罕见；其次是理论联系实际，立足于以源于我国的栽培作物及其野生近缘植物为主，为进一步研究它们的分类、起源、进行奠定了基础；第三，系统性和创新性强，对具有重要经济价值和科学意义的科、属进行了系统的研究，在研究内容上除染色体数目、倍性、核型分析外，还进行了 Giemsa 分带和 FISH，使研究结果达到国际先进水平。

该项目发表的论文在国内外被引用 1 355 次（包括自引 177 次），染色体资料已被《中国果树志》等 10 部专著和教科书引用。

◆ 2004 年

二等奖

植物性细胞、受精及胚胎发生离体操作系统的创建与实验生物学研究

主要完成单位： 武汉大学生命科学学院
主要完成人： 杨弘远、周嫦、孙蒙祥、赵洁
获奖情况： 国家自然科学奖二等奖
成果简介：

该研究成果属于生殖生物学和发育生物学领域。

该项目通过近 18 年的研究，创建了一系列植物性细胞、受精与早期胚胎发生离体操作试验系统，为开展相关的实验生殖生物学与发育生物学研究及开拓植物生殖工程新技术提供了新的思路与技术平台。

（1）花粉原生质体与脱外壁花粉的研究。创建了多种花粉原生质体与脱外壁花粉分离、培养、融合与转化系统。幼嫩花粉原生质体培养、花粉原生质体与体细胞原生质体融合、脱外壁花粉离体授粉等为国际上首次成功。

（2）雌、雄性细胞的研究。创建了花粉生殖细胞的分离技术，研究了其在离体条件下的细胞生物学变化，并诱导了其在离体培养中的核分裂。研究了多种植物精细胞的分离与保存技术。首次在水稻中分离出卵细胞、合子与中央细胞。在烟草中研究出批量分离雌性细胞的新方法。

（3）离体受精的研究。创建了在聚乙二醇（PEG）微滴中诱导单对性细胞融合的技术，并以之在烟草中率先开展了双子叶植物离体受精的试验。研究了离体双受精过程的生活动态，并提出了有关防止多精入卵机制、细胞体积与融合方式的关系等新见解。

（4）合子与幼胚培养与转化的研究。在烟草中首次开展双子叶植物合子离体培养成功。水稻合子培养也发育至多细胞团；开花后 2 天的幼小原胚再生了植株。研究了它们离体发育中的细胞生物学变化。创建了微量合子与幼小原胚电激转化技术。建立了研究基因表达的单胚 RT - PCR 技术。由构建不同发育时期幼胚 cDNA 文库入手分离出在早期胚胎发生中表达的基因。

（5）钙、钙调素、植物激素与受精和胚胎发生相关性的研究。应用免疫细胞化学、超微细胞化学、

RNA 原位杂交等方法，揭示了外源钙与钙调素对花粉管中生殖核分裂的影响，雌蕊与胚囊中钙、钙调素及植物激素的时空分布特点，合子发育中钙的消长特点。提出了关于雌蕊与胚囊中存在几类质外体系统及其功能的整体观点。该项目共发表学术论文 113 篇（含 SCI 源刊论文 30 篇），据 SCI 检索被他引 173 次。研究成果促进了我国和国际上本学科的发展。

◆ 2005 年

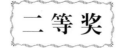

高等植物株型形成的分子基础

主要完成单位：中国科学院
主要完成人：李家洋、钱前、王永红、付志明、刘新仿
获奖等级：国家自然科学奖二等奖
成果简介：

该项目主要研究高等植物株型形成，包括植物整个生长发育过程中与植株形态相关器官的发生，尤其是指分枝、叶片和花器官的形成、形状与着生位置等。植物株型的形成过程主要受遗传与植物激素等内在因素的调控，同时还受光温水肥等外界环境因素的影响。高等植物株型形成的调控机理一直是植物科学研究的热点之一。

该项目以模式植物拟南芥和重要农作物水稻为材料，重点研究高等植物株型形成（如顶端优势、植株高度、分枝数目与角度形成）的分子机理。通过多年的研究积累，该项目已在植物株型形成及激素作用机理方面取得了具有重要国际影响的成果：

（1）采用图位法克隆了水稻分蘖控制基因 MOC1，开拓了水稻分蘖形成的分子机理研究新领域；

（2）通过获得的拟南芥胆碱生物合成突变体，初步明确了胆碱合成与植物温敏雄性不育性的关系及其对植物株型的影响；

（3）通过图位克隆法分离了突变后引起细胞死亡的基因 MOD1，明确了初级代谢途径的缺陷会导致植物细胞凋亡，并进而影响植物株型的形成；

（4）利用转基因技术，通过对所获得的色氨酸与吲哚乙酸合成量改变的转基因植物的研究，提出了植物生长素吲哚乙酸生物合成途径的新模式；

（5）建立了一种简易的基因芯片体系，鉴定出一批油菜素内酯与植物生长素的应答基因，并提出和证明了油菜素内酯对植物细胞分裂的促进作用；

（6）发展了系统鉴定植物功能基因的植物表达文库转化法，分离出一批株型与育性等生长发育性状发生改变的拟南芥突变体，并对其中的株型突变体进行了基因克隆与功能研究，阐述了植物生长素与多胺对植物株型形成的调控机理。

该项目的研究成果具有原创性，是植物株型形成研究领域的新进展，其部分成果已分别在 *Nature*、*The Plant Cell*、*The Plant Journal* 和《中国科学》等国内外著名学术刊物上发表，并申请了专利。

黄土丘陵沟壑区土地利用与土壤侵蚀

主要完成单位：中国科学院生态环境研究中心
主要完成人：傅伯杰、刘宝元、陈利顶、刘国彬、谢昆青

获奖等级：国家自然科学奖二等奖

成果简介：

该项目属地球科学领域。黄土高原水土流失和生态环境问题的研究在科学和实践上具有重要的意义。黄土丘陵沟壑区是我国乃至全球水土流失最严重的地区。水土流失不仅成为困扰该区农业可持续发展和人民脱贫致富的主要问题，而且也为黄河下游地区带来一系列的生态环境问题。不合理的土地利用是黄土丘陵沟壑区水土流失严重的主要原因之一。

该项目系统研究了土地利用对土壤水分、土壤养分和土壤侵蚀过程的影响。

主要研究成果为：

（1）以黄土丘陵区作为研究区，发现了黄土丘陵区土地利用与土壤水分时空变化的规律；

（2）使水分模型从土壤植物大气连续系统（SPAC）的"垂直模型"扩展到坡面"水平模型"；

（3）发现了黄土丘陵坡地上林地、草地、坡耕地的结构类型土壤养分的变化规律；

（4）建立和完善了中国土壤侵蚀与水土保持专题数据库；

（5）制定了中国土壤侵蚀标准径流小区的规范和标准；

（6）建立了土壤侵蚀通用方程；

（7）提出了侵蚀土壤质量保育和调控方案；

（8）从生态、经济和社会三方面建立了土地持续利用评价的指标体系；

（9）提出了土地可持续利用的生态、经济和社会综合评价方法。

该项目发表论文 203 篇，其中 SCI 收录 46 篇。有 70 篇被 SCI 刊物他引 165 次，被 CSCD 刊物他引 545 次。出版著作 5 部。

提高作物养分资源利用效率的根际调控机理研究

主要完成单位：中国农业大学

主要完成人：张福锁、李晓林、李春俭、申建波、冯固

获奖等级：国家自然科学奖二等奖

成果简介：

该项目属农业科学技术学科（农学）的应用基础研究领域。该项目以作物根际营养调控机理研究为主线，以提高我国作物养分资源利用效率为目标进行了长达 15 年的系统研究，取得了一系列创新性成果。

该项目主要研究成果为：

（1）突破改土施肥调控作物生长环境的传统观念，形成了以挖掘作物生物学潜力为突破口、以根际营养调控为核心的提高作物养分资源利用效率的学术思想，推动了我国植物营养学科的建立和发展。

（2）创建了一系列根际研究的新方法，其中首创了 VA 菌丝际养分动态的定量化方法和根分泌物及其养分活化能力的测定方法，为国际同行广泛采用。

（3）在作物养分高效利用的根际过程及其调控机理研究方面获得突破。证明缺铁或缺锌条件下禾本科植物根系分泌的铁载体不仅能活化难溶性铁，也能活化锌和铜，并能在田间显著改善与其间作作物的营养状况，使根际营养调控从模拟研究走向大田实践。

（4）阐明了菌丝际养分利用的机理。首次证明 VA 菌根真菌可使作物吸收土壤磷的范围扩大 60 倍，对植物吸磷的贡献潜力高达 70%。使根际研究深入到菌丝际水平。

（5）揭示了间套作体系养分高效利用和增产的根际营养调控机理。发现作物种间营养竞争与互惠作用是间套作体系养分高效利用和作物增产的关键，其贡献率高达 50%，成为国内外根际营养理论研究与实践相结合的范例。

（6）以根际营养调控原理为指导，创建了养分资源高效利用的根际调控技术体系，为解决作物高产、

资源高效和环境保护之间的尖锐矛盾提供了现实可行的途径。

该项目已发表论文 193 篇，其中 SCI 收录 61 篇，出版专业书籍 12 部。英文论文被 SCI 引用 471 次，他引 354 次，另被 20 多部国际专著和教科书引用。

2006 年

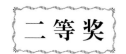

蔬菜作物对非生物逆境应答的生理机制及其调控

主要完成单位：浙江大学
主要完成人：喻景权、朱祝军、周艳红、李英
获奖等级：国家自然科学奖二等奖
成果简介：

该项目属农业科学技术学科的应用基础研究领域。项目以植物-环境的相互作用为主线，从逆境生物学和发育生物学角度，研究了黄瓜等作物对低温弱光和连作障碍等逆境的应答机制，探讨了果实发育和光合作用等生长发育中重要生长或生理代谢过程的调控机理。主要创新性成果有：

（1）首次明确了主要设施作物根系分泌物中的自毒物质是引起连作障碍的主要原因之一，从中分离出一系列自毒物质；提出自毒物质通过激活根系细胞 NADPH 氧化酶引起 ROS 产生，导致细胞膜功能的受损从而影响水分和养分吸收的自毒作用模式。获得了种间通过 ROS 和 $[ECyt]\ Ca^{2+}$ 途径识别它种自毒物质及自毒与其他因子互作、导致连作障碍加剧的证据。

（2）探明了细胞分裂素在瓜类果实发育中所起的主导作用。确立了利用细胞分裂素诱导单性结实的果实发育调控途径，从而为解决"化瓜"和生产"无籽西瓜"奠定了理论基础。发现了细胞分裂素通过细胞分裂周期蛋白基因 $CycD3$，而并非通过生长素途径发挥作用的证据；获得了包括 Exp 在内的在果实发育中起关键作用的系列基因，为揭示激素在果实发育中的调控网络奠定了基础。

（3）阐明了低温弱光下 Rubisco 等 Calvin 酶的钝化所导致的光合作用过剩电子的产生和水-水（Mehler - Asada）循环的增强，是低温弱光导致光合作用下降的主要原因；高 NH_4^+ 下 NO_3^- 还原途径的减弱，则进一步加剧了水-水循环和光合作用机构的伤害。明确了低温后 Calvin 下调带来的 PSII 光化学效率差异，可作为耐冷性评价的有效指标。

（4）发现了油菜素内酯具有提高 Rubisco 酶活化状态，从而提高光合作用和引发 H_2O_2 产生，从而诱导对包括病原生物和低温等产生广谱抗性的作用，为实现作物的生长发育与抗性调控提供了一条有效途径。

研究获得了包括 8 个国家基金重点、面上项目和 2 个国家"863"计划项目的资助，发表论文 103 篇，其中 SCI 收录 30 篇，在国际上出版书籍（章节）5 部，论文 SCI 他引达 132 次，获国家发明专利 3 项，并为国家重点学科和农业部重点实验室的建设作出了重要贡献。

◆ 2007 年

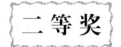

水稻第四号染色体测序及功能分析

主要完成单位：中国科学院上海生命科学研究院
主要完成人：韩斌、冯旗、张玉军、王升跃、薛勇彪
获奖等级：国家自然科学奖二等奖
成果简介：

该项目属基因组学和植物遗传学研究领域。

水稻是最重要的粮食作物之一。精确解析水稻基因组序列蕴藏的基因信息，对改良水稻品质、提高水稻产量和抗病抗逆性，都有十分重要的意义。中国科学院国家基因研究中心于 2002 年率先完成了水稻 4 号染色体的精确测序和分析，在基因组序列的精确性和完整性、基因的组成分析、染色体的序列结构特征、着丝粒的结构分析、籼稻和粳稻的比较基因组学研究等方面取得了重要的原创性成果。共精确完成了水稻 4 号染色体 3 548 万碱基对序列的测定，精确度为 99.99%，覆盖率达 98.7%，是最先完成精确测定的两条水稻染色体之一。共鉴定了 4 658 个基因，为基因的克隆和功能鉴定提供了经典序列图。

高等植物染色体着丝粒序列结构非常复杂，也一直是一个谜，该项研究在精细物理图的构建和序列测定等技术上取得了突破，在国际上首次完整地测定了水稻 4 号染色体的着丝粒序列，并鉴定了其结构特征，对研究着丝粒的结构功能有重要意义，这也是高等植物第一个被完整测序的染色体着丝粒。该项研究还通过水稻籼、粳稻 4 号染色体的测序分析，对水稻栽培稻两个亚种间的基因组序列进行了比较分析，特别是在基因组成、单核苷酸多态性、插入-缺失序列、重复序列、基因簇等方面进行了系统的比较分析，鉴定了籼、粳基因组异同的重要特征。

该项研究共发表 10 篇论文，SCI 他引 500 次，单篇影响因子最高为 29.273，总影响因子 112.69；有两篇论文发表在 *Nature* 上（一篇国际合作完成），其中一篇论文自 2002 年 11 月发表在 *Nature* 上以来，已被 226 篇 SCI 论文引用；有 4 篇国际权威评论 *Current Opinion* 系列杂志文章将该论文评为 Of Outstanding Interest；美国 *Science* 杂志（2002 年 12 月 20 日 298 卷 2 298 页）评出的 2002 年世界十大科技突破的第 3 项包括了水稻 4 号染色体的精确测序。水稻 4 号染色体测序的完成还被两院院士评选为 2002 年中国十大科技进展新闻榜首之一。

显花植物自交不亲和性分子机理

主要完成单位：中国科学院遗传与发育生物学研究所
主要完成人：薛勇彪、张燕生、赖钊、乔红、周君丽
获奖等级：国家自然科学奖二等奖
成果简介：

该项目属植物分子生物学的领域。

自交不亲和性（SI）广泛存在于显花植物中，是一种避免近亲繁殖和促进异交而进化形成的种内生殖隔离机制。在许多植物中，SI 的遗传控制比较简单，往往受控于复等位基因构成的单一 S-位点。已有的研究表明，在茄科、玄参科和蔷薇科的自交不亲和性植物中，控制花柱自交不亲和性的因子是 S-核酸酶，

但是控制花粉自交不亲和性的因子（花粉 S 决定基因）还未被发现。该项成果首次从玄参科植物金鱼草中克隆到了一个花粉 S 决定因子候选基因 *AhSLF*（S-locus F-box）-S2。它编码一个新的未知功能的 *F-box* 基因。随后，该研究证明了 *AhSLF-S2* 具备了花粉 S 决定因子的遗传学特征。把 *AhSLF-S2* 转到自交不亲和的茄科植物矮牵牛中，发现它可以把自交不亲和的矮牵牛转变成亲和的，证明了 *AhSLF-S2* 确实是自交不亲和的花粉 S 决定因子。*Plant Cell* 发表了题为 "S-RNase and SLF determine S-haplotype-specific pollen recognition and rejection" 综述文章肯定了这项工作，并指出这些工作 "brings closure to the first phase of research into the molecular basis of S-RNase-based SI"。此后，该研究利用免疫共沉淀和酵母双杂交等技术，首次证明了 *AhSLF-S2* 能和 S-RNase 及与 SCF（Skp1/Cullin/F-box）蛋白降解复合体中的 ASK1 和 CULLIN 的类似分子相互作用，进而利用酵母双杂交技术克隆了一个新的 SKP1 类似分子 SSK1，并证明可以与 SLF 和 Cullin 及 S-RNase 相互作用，确认了 SLF 可以形成 SCF 复合体。进一步通过 26S 蛋白小体特异抑制剂和生化试验，证明 S-RNase 在亲和反应中可能被泛素化和降解。该研究首次证明了 *AhSLF-S2* 在自交不亲和中的关键作用，并提出 S-RNase 的降解是通过 *AhSLF-S2* 介导的泛素/26S 蛋白小体降解途径来完成的模型。*Plant Cell* 为此撰写了题为 "F-box proteins take centre stage" 的评论文章。

该项成果找到了基于 S-RNase 自交不亲和性研究中近 20 年来悬而未决的花粉 S 决定因子，解决了植物学中一个重要科学问题。

◆ 2009 年

二等奖

土壤—植物系统典型污染物迁移转化机制与控制原理

主要完成单位： 中国科学院生态环境研究中心
主要完成人： 朱永官、王子健、张淑贞、王春霞、陈保冬
获奖等级： 国家自然科学奖二等奖
成果简介：

该项目紧密结合农业与环境科学的国际前沿和我国农产品安全与土壤保护的战略需求，重点探讨土壤污染导致健康风险的形成过程和控制原理。为了发展土壤污染控制与污染土壤修复相关技术，以及为土壤环境管理提供决策依据，人们需要在一个合理的学科框架下认识土壤污染的风险、污染物的迁移转化机制及控制修复原理，并且发展能够支撑该框架的方法论和对基本规律的认知。该项目围绕这样一个基本思路，以典型重金属和多环芳烃等为代表性污染物开展基础性和前瞻性研究，取得了一系列得到国际同行广泛好评的研究成果。现按土壤—根际—植物—风险的顺序来论述该项目的代表性重要科学发现。

主要内容及科学价值包括：

（1）系统研究了砷、铀等持久性有毒污染物质（PTS）在土壤-植物系统中的转移、转化规律及关键影响因素。发现了根际的化学和生物学过程深刻影响砷等污染物向植物的转移，尤其是水稻根表铁膜的重要作用。首次阐述了一种新的影响水稻吸收积累砷的机理，纠正了传统研究体系中忽视铁膜所得到的结论，推进了水稻根际过程的研究；发现菌根菌在重金属和有机污染物从土壤向植物转移过程中发挥了根部过滤作用。有关成果得到国际同行的专文论述并写进国外经典教科书。

（2）通过建立的植物砷酸还原酶分析测定方法，在国际上首次证实了植物体内存在砷酸还原酶。以砷超积累植物为研究对象，研究了植物体内砷酸还原酶的活性，提出砷超积累植物根部高效的砷酸还原酶活

性是其超积累砷的重要机制。研究成果发表后，欧美科学家才陆续发表后续的研究成果，为深入开展植物砷代谢机理和发展调控技术奠定了基础。

（3）研究了污染物与土壤相互作用的机理，阐述了污染物在土壤中的作用位点、微观结构，建立了土壤中重金属污染物生物吸收的评价方法和污染土壤修复方法。该专题既重视污染物与土壤作用的微观机理研究，同时强调应用其指导污染物与土壤相互作用模型、生物吸收评价方法和污染土壤修复方法的建立。发展了利用骨炭等可资源化废弃物作为修复材料，开展了污染土壤修复机理研究。

（4）建立了成组生物毒性测试和化学分析相结合，离体和活体生物测试相结合的遗传毒性评价方法，综合毒性评估和甄别方法，形成了以潜在健康和生态风险为终点的评价框架，为我国开展土壤污染风险评价和风险管理提供了战略性技术储备。

项目发表论文 232 篇（SCI：165 篇），被引用 1 522 次。SCI 论文被引用 1 202 次（他引 973 次），平均引用率 7.3。8 篇代表性论文平均引用达 19.1 次，是国际同类论文的二倍以上。在若干关键科学问题上取得突破，例如在国际上率先证明植物体内砷酸还原酶的存在，论文发表后，国际上才陆续发表砷酸还原酶遗传与分子生物学的研究成果，该成果打开了植物砷代谢研究的一个新领域；揭示了水稻根表铁膜在控制水稻砷吸收中的作用，研究成果被国际同行评价为应对东南亚水稻砷污染提供了新希望。2008 年 7 月 *Science* 也对部分研究成果给予了专文评述。我们的研究也带动了澳大利亚和英国合作者在该领域的发展。

国家技术发明奖

GUOJIA JISHU FAMING JIANG

国家技术发明奖

GUOJIA JISHU FAMING JIANG

◆ 2000 年

二 等 奖

我国抗稻白叶枯病粳稻近等基因系的培育及应用

主要完成单位：中国农业科学院作物育种栽培研究所
主要完成人：章琦、施爱农、王春连、杨文才、阙更生、赵炳宇
获奖情况：国家技术发明奖二等奖
成果简介：

水稻白叶枯病（*Xanthomonas oryzae pv. oryzae*）是一个重要的世界性病害。近等基因系是携有不同基因而遗传背景相同的一系列品系，可作为某性状的鉴别品种，如检测抗病（虫）基因，基因分子定位、克隆、研究抗性、致病性机制和抗病育种等。

20 世纪 80 年代，国际水稻所（IRRI）和日本协作育成一套籼稻遗传背景的抗白叶枯病近等基因系，继而培育的粳稻和籼粳稻为背景的两套近等基因系，由于其各基因的专化抗性反应很不清晰且不稳定而不能利用，因而缺乏可利用的粳稻近等基因系。自 1986 年，中国农业科学院作物所稻白叶枯病课题组选择了对中国水稻生产具有重要意义的 6 个抗白叶枯病基因 $Xa-2$、$Xa-3$、$Xa-4$、$Xa-7$、$Xa-12$ 和 $Xa-14$，其抗病供体分别为特特谱、早生爱国 3 号、IR20、DV85、Java14 和 TN1，并筛选到 1 个全生育期对 72 个国内外鉴别菌系均高度感病的粳稻品种沈农 1033 为轮回亲本，用各供体品种分别与轮回亲本杂交、回交，根据水稻与白叶枯病存在着典型的基因对基因的互作关系，严格采用与各目标基因相对应的国际鉴别生理小种的代表菌系，对各世代群体进行接种测定，筛选呈现专化抗性的材料，同步进行农艺性状选择。为了确定目标抗病基因是否已导入轮回亲本，当这套材料进入高代及育成之后，继续采用相对应的鉴别菌系鉴定和比较其与各自基因供体的专化抗性的清晰度和一致性，同时对各基因系的抗性进行遗传分析和基因等位性测定、农艺性状考察，从而克服了来自不同水稻亚种的抗病基因导入粳稻背景之后，通常发生目标基因随多次回交、世代选择而漂移丢失，或出现抗性不清晰、不稳定及遗传背景不一致等问题。历经 10 年育成了国际上首套可以利用的粳稻背景抗稻白叶枯病近等基因系——$CBB2$、$CBB3$、$CBB4$、$CBB7$、$CBB12$ 和 $CBB14$。经上述系统研究和应用效应跟踪检测，确认这套近等基因系已达到以下技术经济指标：各基因系的专化抗性清晰稳定，其携有的目标基因的抗性表现与供体亲本完全相同；抗性遗传分析及基因等位性测定表明，6 个目标基因已分别导入轮回亲本；各基因系的农艺性状与轮回亲本极为一致。

这套材料已先后供给 46 家国内外高校、科研单位应用，在抗病基因分子定位、克隆、寄主-病菌互作分子机制研究以及抗病育种等应用方面取得良好的效果。中国科学院遗传所经分子检测，确认这是一套基因定位和克隆的理想工具，并成功地将 $CBB7$ 的一对广抗谱基因定位于第 11 条染色体上，并获得 $CBB7$ 的候选基因克隆。南昌大学、南京农业大学等用以进行水稻对白叶枯病抗性和致病性互作机制分析，发现了与抗病基因有关的质膜蛋白和 PR 蛋白，获得能使 PAL、CHS 和 PXO 防卫基因表达等结果。

该抗病、株型优良的粳稻近等基因系可以直接有效地用于我国长江中、下游白叶枯病严重地区的杂交稻、晚粳和华北单季稻地区的抗病育种计划。浙江省农业科学院用 $CBB4$ 和 $CBB7$ 导入当地感病高产品种，育成 3 个全生育期广谱抗病、高产的晚粳品系 D601、D602 和 D603，1996 年起开始连续种植于该省金华、巨州、桐庐等白叶枯病严重地区约 2 万亩。每亩比当地对照品种增产 25 千克，增产粮食 50 万千克，并被浙江大学、中国水稻研究所、上海市农业科学院、湖北省农业科学院等 15 个单位引作抗源。中

国农业科学院作物育种栽培研究所水稻花培组用 CBB4 与中花 8 号配组，育成一批具有亩产 1 500 斤[①]潜力的抗病、高产品种中花 14、中花 15 等品种（系），在山东省累计种植面积已达 6 万亩，已进入推广阶段。安徽省农科院应用 CBB3、CBB4 和 CBB12 作父本，改良光敏核不育和恢复系的抗性，育成了 1 个优良的抗病不育系、3 个抗病父本，经连续数年跟踪测定，江苏、湖北、河南、辽宁、吉林、宁夏、北京、天津等地应用于育种，证实这套 NIL 具有良好的抗性导入效应，除第一批引用的 CBB3、CBB4 和 CBB12 已育成品系（种）外，大部分已进入高代，将在今后抗白叶枯病育种中展现其重要作用。

◆ 2001 年

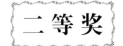

水稻雄性不育 K 型新质源的创制、研究与应用

主要完成单位： 四川省农科院水稻高粱研究所
主要完成人： 郑家奎、文宏灿、蒋开锋、王文明、袁国良、朱永川
获奖情况： 国家技术发明奖二等奖
成果简介：

该项目是四川省农科院水稻高粱研究所承担的国家水稻育种攻关和四川省水稻育种攻关课题的重要内容，是课题组研究人员历时 18 年研究完成的集体科技成果。

该项成果在水稻三系法杂种优势利用中具有重大的理论和现实意义。

1. K 型不育胞质的创制

K 型胞质是通过"粳/籼//籼"复合杂交创制的粳稻不育胞质，胞质来源于云南引进的一个编号为 K52 的粳稻亲本（据查 K52 是云南农科院从日本引进，原译名黎明，系名为藤系 70，系谱为：藤系 70 ← 藤稔（辐射）← 农林 17/藤板 5 号，农林 17 是由两个日本的农家粳稻品种杂交"旭/龟之尾"育成的）。其创制过程如下所示：

K 型不育胞质的创制过程：

1984—1985 年（K52/泸红早 1 号）F_1/珍新占 杂交、复交→1986 年 F_2 发现不育株、与多个材料测交 →1986 年秋至 1988 年鉴定测交组合、确定不育类型→1989 年转育不育系、开展评价和利用研究。

分为三个阶段，第一阶段是用粳稻 K52 做母本，通过粳籼复合杂交诱导产生雄性不育性。后来分子生物学的研究表明：这一不育性的发生是线粒体基因的分子重排产生的，并且有可能是在 $atp6$、$trnC$、$trnP$、$rrn18\text{-}rrn5$ 四个基因区域。第二阶段是确定不育类型，根据稻作生产发展需要确定相应的研究路线。第三阶段是转育不育系，开展评价利用研究。

研究表明，与生产上的野败型和籼型不育胞质相比，K 型不育胞质在遗传、生化代谢等方面的多样性，可丰富杂交稻胞质的遗传背景，增强杂交稻抗御自然灾害能力。

2. K 型不育胞质的发明点

（1）突破了用粳稻做母本很难诱导产生有生产利用价值的胞质雄性不育性的难关，为"粳/籼//籼"亚种间复合杂交创制稳定而有生产利用价值的雄性不育系和从胞质方面开发利用丰富的粳稻资源提供了典型例证。

（2）突破了粳型不育胞质的生产应用关，成为继野生稻不育胞质、籼稻不育胞质之后的大面积应用于

---

① 斤为非法定计量单位，1 斤＝0.5 千克。

稻作生产的第三种不同亚种（种）来源的雄性不育胞质，填补了国内外粳稻不育胞质在水稻大面积生产应用上的空白。

（3）首创了多种类型的"粳质籼核"籼型杂交稻并在稻作生产上应用。研究表明：提高杂交稻的产量水平，除了利用父母本的"核×核"杂种优势，还可利用不育胞质与保持系和恢复系的核质杂种优势。因此"粳质籼核"籼型杂交稻的培育成功，为粳籼亚种间核质杂种优势利用开辟了一条新途径。

3. K 型不育胞质的创新点

与野败不育胞质和籼型不育胞质相比，具有以下先进性：

（1）对杂交水稻的产量组分具有加性促进作用，有利于提高杂交水稻的产量水平。不但配合力研究表明 K 型不育系配合力高，而且组合选配结果，由 K 型不育胞质育成的 K 型杂交稻在省级或全国区试中比通用的 W 型胞质对照增产 0.63%~24.49%。其中 K 优 17 在全国区试中创造了产量表现的 4 个之最，即增产幅度最大（连续两年平均增产 24.49%）、绝对产量最高（汇总平均亩产达 600.54 千克，最高试点亩产达 812.5 千克）、日产量最高（平均日产达 4 千克以上）、稳产性最好（两年 30 点次试验无一点次减产）。

（2）K 型不育胞质与 W 型不育胞质相比，有利于提高杂交稻的外观品质。K 型杂交稻中，K 优 3 号、K 优 047 在四川省优质稻米评选中分别获得第一和第二届"稻香杯"奖；K 优 5 号、K 优 926 被重庆市评为优质稻米组合，并在重庆和贵州等省作为优质组合推广。

（3）K 型不育胞质更能有效改善不育系的异交习性，从而有利于提高杂交稻的繁殖制种产量。如由 K 型胞质培育的不育系 K17A 异交习性异常突出，曾在现重庆市垫江县创造过 200 亩制种田平均入库亩产达 432 千克的高产制种典型。

4. K 型不育胞质的应用

创制出 K 型粳稻不育胞质以后，先后培育出了 K 青 A、K19A、K17A、K75A、K18A 和 K22A、K 香 90A、1450A、K88A、K12A、K4226A 和 K109A 等 K 型不育系，其中 K17A、K18A、K22A 和 K88A 等 4 个不育系已申请植物新品种保护；一些省内外育种单位（如中科院成都生物所和江苏农科院遗传所）也正在用 K 型不育系作胞质供体转育新的 K 型不育系。其中 K17A 和 K18A 两个高配合力不育系通过了四川省科技成果鉴定。K17A 获得了 2000 年度四川省科技进步一等奖。

目前，已育成了 16 个包括早稻、中籼早熟、中籼中熟和中籼迟熟等适合不同稻田耕作制度的高产、优质、抗病的 K 型杂交水稻新品种通过了全国或省级审定。其中"高产、多抗、优质组合 K 优 5 号"荣获农业部科技进步三等奖，"高产、抗病、优质组合 K 优 195"获陕西省科技进步三等奖和四川省泸州市科技进步二等奖。此外，在四川、重庆、安徽、湖北、江西、江苏等地，还先后培育 20 个组合已通过区试或正参加区试。

据不完全统计，到目前为止，K 型杂交稻已在四川、贵州、重庆、广东、陕西、江西、安徽、浙江和云南等南方稻区 10 余个省（直辖市、自治区）累计推广种植 5 000 多万亩，已产生经济效益近 17 亿元。同时，由于多数组合是在近 3 年内育成通过审定的，因此，K 型"粳质籼核"籼型杂交稻具有广阔的应用前景。

该项成果于 2000 年由四川省科技厅邀请省内外专家进行了科技成果鉴定，鉴定结论为达国际同类研究的领先水平。

5. 4 个申请植物新品种保护的 K 型不育系情况

K17A、K18A、K22A、K88A 4 个不育系，于 2000 年申请保护（5 月公告）。

知识产权名称	申请号	公开日公开号
K17A	20000105.1	2001-5-1CNA000199E
K88A	20000103.5	2001-5-1CNA000197E
K18A	20000104.3	2001-5-1CNA000198E
K22A	20000106.X	2001-5-1CNA000200E

◆ 2002 年

二等奖

棉花抗虫基因的研制

主要完成单位： 中国农业科学院生物技术研究所

主要完成人： 郭三堆、倪万潮、范云六、贾士荣、崔洪志

获奖情况： 国家技术发明奖二等奖

成果简介：

该项目是农业高新技术研究成果，获 2 项中国发明专利，并获国家及世界知识产权组织联合授予的发明专利金奖。转基因抗虫棉的推广应用，可有效减少棉铃虫给棉花生产造成的危害，减少农药使用量，对于保障棉花生产，促进行业调整，保护环境和生态具有重大意义。该项研究的主要内容及发明点如下：

应用现代蛋白质工程原理，设计出新型融合抗虫蛋白。采用基因工程技术研制成功了单价新型融合抗虫基因；为提高抗虫稳定性并预防棉铃虫对单价抗虫棉产生耐受性，研制成功了双价抗虫基因；根据植物基因转录、调控原理，构建成功了带有调控元件的高效植物表达载体；通过转基因技术将抗虫基因导入普通棉花，使其获得抗虫性，创造出了单价和双价转基因抗虫棉；系统开展了抗虫棉种质创新、品种选育、杂种组配、昆虫种群动态等多项交叉学科研究，为抗虫棉研究和产业化提供了科学依据。

1995 年国产单价抗虫棉研制成功并进入田间试验，使我国成为独立自主研制成功抗虫棉的第二个国家，1998 年研制成功了抗虫性更强的双价抗虫棉，使我国在抗虫棉研究领域达到了国际领先水平。单、双价抗虫棉可减少棉田农药使用量 80% 以上。

目前已经获得抗虫棉创新种质资源材料 1 000 多份，获抗虫棉优系 42 个，审定抗虫棉品种 14 个。单价抗虫棉累计推广 1 350 万亩以上，双价抗虫棉累计推广约 356 万亩。

该项目对保障人民身体健康，保护人类赖以生存的环境，实现农业可持续发展，将产生巨大而深远的影响。

中国水稻农家品种马尾粘败育株的发现与马协 CMS（马协 A）选育和利用

主要完成单位： 武汉大学

主要完成人： 朱英国、余金洪、周培疆、张晓国、丁毅、朱仁山

获奖情况： 国家技术发明奖二等奖

成果简介：

杂交水稻的发展迫切需要解决细胞质质源和杂交稻组合多样化。我国具有丰富的稻种资源，从农家品种中发掘新的不育种质资源将丰富我国水稻雄性不育遗传多样性，促进杂交水稻的持续发展，对水稻杂种优势研究和利用具有重要的理论意义和实用价值。

该项目的发明在于提出从农家水稻品种中发现不育和育性恢复的种质资源，培育新资源不育系的设想。从鄂西农家品种中发现不育株。育成马协系列不育系和马协型杂交稻。同时揭示了马协型不育系生理生化、能量代谢及热力学特征。阐明了马协型不育系遗传学规律，育性恢复由两对主效基因控制。探明了

马协型不育系细胞学基础。将优质、高产和多抗紧密结合，育成马协系列不育系和杂交稻，实现优质高产多抗育种目标，使水稻高产优质协调发展。

从农家品种中发现新的不育种质和恢复种质资源，1984年在马尾粘中发现一株花粉败育型雄性不育株，对其不育特性进行鉴别和系统研究。育成马协型系列不育系6个，其中马协A不育株率100.0%，花粉不育度99.99%，套袋自交不实率99.98%；该不育系开花习性好，柱头发达，外露率达72.1%，双边外露率达39.3%，开颖角度大，时间长，异交结实率达74.0%，1995年通过湖北省品种审定；1997年武金2A、武金3A通过湖北省科委鉴定。对马协不育系的遗传学、细胞生物学和分子生物学进行系统研究，阐明其不育机理。育成早、中、晚不同熟期不同类型的马协型杂交稻，米质达到部颁一级或新国标三级优质米以上。获国家发明专利1项。

对国内几种类型的细胞质雄性不育系的遗传学、细胞学和分子生物学进行比较研究，马协型不育系的不育胞质源来自鄂西农家品种马尾粘败育株，不同于野败型、冈型、D型等细胞质雄性不育系。马协不育系线粒体DNA与珍汕97A比较具有明显差异，是一种新型不育胞质种质资源。

该不育系米质优、抗性好、开花习性好，配合力强、恢复谱广，能选配出早、中、晚不同熟期不同类型的杂交稻组合，综合性状突出。在鄂、川、陕、赣、豫等省地广泛种植，有显著的经济和社会效益。

创制新农药高效杀菌剂氟吗啉

主要完成单位： 沈阳化工研究院
主要完成人： 刘长令、刘武成、李宗成、汪灿明、詹福康、王捷
获奖情况： 国家技术发明奖二等奖
成果简介：

氟吗啉是沈阳化工研究院创制并拥有自主知识产权的农用杀菌剂，主要用于防治卵菌纲病原菌引起的霜霉病、晚疫病等重要病害，如黄瓜霜霉病、辣椒疫病和番茄晚疫病。由卵菌纲病原菌引起的病害如黄瓜霜霉病是重要的"气传"病害，一旦发生对作物可造成毁灭性的损害，这类病害用药的研究和应用受到世界各大公司的关注。"八五"初期，国内防治卵菌纲病害的农药品种仅有甲霜灵，由于连年使用，抗性发生已相当严重。在国外继甲霜灵之后开发的恶霜灵、霜霉威、霜脲氰、烯酰吗啉等虽已应用于农业生产中，但这些杀菌剂或因长期连续使用，已发生抗性；或存在不同程度的缺陷如仅有保护性，而无治疗活性；或用量大、残效期太短等原因，需要更新换代，需要新产品。为此，沈阳化工研究院创制了新杀菌剂氟吗啉。

该项目主要内容为：①发明了新型化合物结构的杀菌剂氟吗啉，并获中国、美国发明专利。②通过大量的筛选试验和方法研究，发现氟吗啉作为一种优良的农用杀菌剂，对卵菌纲病原菌产生的病害如霜霉病、晚疫病、霜疫病等具有很好的防治效果。③确立工艺合成路线，实现了工业化生产。④研制了氟吗啉与其他杀菌剂的混剂。⑤进行了大量毒理学、环境评价等试验研究，结果证实氟吗啉是安全可靠的，为氟吗啉的开发、生产和应用提供了科学的依据。

氟吗啉化学结构新颖、生物活性优异。药效结果表明：氟吗啉治疗活性高，其治疗作用明显优于烯酰吗啉；抗性风险低，与目前市场上的农药品种无交互抗性，对甲霜灵产生抗性的菌株仍有很好的活性，到目前为止未发现抗性菌株；持效期长，比通常杀菌剂长6～9天，推荐用药间隔比通常杀菌剂长3～6天；在同样生长季内用药次数少。

氟吗啉现已形成年产原药20吨的生产规模。创制新农药高效杀菌剂氟吗啉具有广阔的应用前景。

◆ 2003 年

二 等 奖

猪高产仔数 *FSHβ* 基因的发现及其应用研究

主要完成单位：中国农业大学
主要完成人：李宁、赵要风、吴常信、张建生、连正兴、胡晓湘
获奖情况：国家技术发明奖二等奖
成果简介：

　　该项目属于畜牧科学动物遗传育种技术领域。项目开展的 9 年来，利用我国重要的猪遗传资源，采用基因组分析技术，发现了与猪繁殖性能密切相关的新型标记，对 2 万头以上的种猪进行了基因型检测，并取得了重要的科研成果和较大的经济效益。主要内容及发明点为：以国际上繁殖力最高的我国地方品种二花脸猪和欧洲商业品种猪等为研究素材，利用候选基因策略，在国际上率先发现了猪促卵泡素 β 亚基（*FSHβ*）基因是影响猪产仔数（包括总产仔数、产活仔数）的主效基因或遗传标记。发现 *FSHβ* 基因型的差异主要是 *FSHβ* 基因在内含子 I 的 809bp 和 810bp 之间的插入片段所造成，该插入片段长度为292bp，是一个具有回纹结构、含 31 个 poly（A）的逆转座子结构（Retroposon）。研究表明，第 1 胎和经产胎次总产仔数和产活仔数，未携带插入序列的 *BB* 基因型明显高于携带该插入序列的 *AA* 基因型（P＜0.01），差异均达到了 2 头以上，但对出生重和 20 日龄体重没有任何影响，表明该基因只对产仔性状有影响。建立了稳定扩增该插入片段的快速高通量的 PCR 反应条件及基因型判断的方法。同时，还研究发现猪雌激素受体基因（ESR）一个全新的限制性内切酶长度多态性变异，并能影响产仔数性状。在确定两个基因的合并基因型对猪产仔数提高效应的基础上，研制了合并基因型 DNA 诊断试剂盒。

　　与国内多家猪育种公司进行了合作，利用 *FSHβ* 基因选种以提高种群的产仔数性状，取得了明显的改良效果，产仔数提高了 0.5～1.5 头。与世界上最大的猪育种公司 PIC 及国内多家公司合作，利用 *FSHβ* 基因与 ESR 基因的合并基因型选择方法进行了多个猪品系产仔数性状的选择，取得了很好的改良效果。应用该项技术 3 年来，取得了显著的经济效益和社会效益。

　　该项基因诊断技术获得美国专利 1 项，专利名称：DNA Markersfor Pig Licttersize，专利号：US 6，291，174 B1。

◆ 2004 年

二 等 奖

两系法超级杂交稻两优培九的育成与应用技术体系

主要完成单位：江苏省农业科学院
主要完成人：邹江石、吕川根、卢兴桂、谷福林、王才林、全永明
获奖情况：国家技术发明奖二等奖

成果简介：

两系法杂交稻的育种研究是我国在本领域进行的开创性研究。在育成光温敏核不育系的基础上，分析各个核不育系与不同生态型水稻的杂种 F_1 的性状表现，确定以带有粳稻血缘的培矮 64S 为重点母本，与各优势生态型品种配组，选育出以中籼 9311 为父本的两优培九。实现了优质、超高产和优良抗性的有机结合，是两系法杂交稻成功应用于生产的标志性成果，为国际领先水平的突破。

两优培九 1999 年通过江苏省品种审定，2001 年通过国家审定和湖南、湖北等 6 个省审定，是我国第一个（批）通过国家审定的两系法杂交稻。大面积产量 10～11 吨/公顷，比汕优 63 增产 0.7～1.5 吨/公顷；6 项米质指标达一级优质米标准，5 项达二级标准，被农业部稻米及制品检测中心评估为 2 级优质米；抗白叶枯病，高抗稻瘟病（感华南生理小种），纹枯病较轻，但不抗稻曲病；株型理想，其同类组合两优E32 的株型被 *Science* 登载成为超级杂交稻理想株型的模式。两优培九被科技部和农业部列为"863"计划重点中试项目和国家重点推广品种，在南方 16 个省（自治区、直辖市）种植超过 5 000 万亩，占两系杂交稻总面积的 50%，占超级稻的 70%。两优培九的育成和推广对于保证国家粮食安全和提高农民收入具有重要作用，已经产生了显著的社会经济效益。

两优培九的育成在杂交稻育种理论和技术及制种技术等方面有创新，这对于推动我国杂交稻的科技进步有重要意义。该项目申请、获得专利两项，植物新品种权 1 项，出版论著 3 部，发表论文 50 余篇。

转基因 741 杨

主要完成单位：中国林业科学研究院
主要完成人：郑均宝、田颖川、梁海永、高宝嘉、杨敏生、王进茂
获奖情况：国家技术发明奖二等奖
成果简介：

该项目属于林业生物工程领域。

转基因受体树种为 1974 年育成的经过两次有性杂交的优良白杨派新品种，其杂交组合为［银白杨×（山杨＋小叶杨）］×毛白杨。该组合杂种优势突出，材积生长量超过毛白杨 50%～70%，为基本不飞絮的败育雌株，木材具有优良的物理力学性质，树干通直，形态酷似毛白杨。本项研究采用农杆菌介导法转化了两个不同杀虫机制的基因，即在一个表达载体上构建了部分改造的 Bt 基因 *Bt Cry1Ac* 和慈姑蛋白酶抑制剂基因 *API*，符合延缓害虫产生抗性和扩大了杀虫谱的策略。1998—2002 年，在实验室内和试验地上两种环境条件下，进行了 5 年饲虫试验研究。测试的昆虫均为鳞翅目的害虫，其中杨扇舟蛾、舞毒蛾、美国白蛾、杨小舟蛾等高抗无性系（一龄）死亡率达 82.6%～100%。分子生物学检测 *Bt Cry1Ac* 和 *API* 基因导入转基因 741 杨基因组中，且为单拷贝插入。

转基因 741 杨适于栽植在我国北纬 30°～41°，东经 105°～125° 范围内的河南、山东全省，京、津两市，河北长城以南以及坝下地区，陕西关中一带，山西晋中、南各河流流域，安徽北部、淮北平原，江苏东北部，辽宁南部，甘肃天水、兰州以南等地区。其适栽区还可往北扩展到内蒙古河套平原区，往西扩展到宁夏黄河冲击平原以及山西大同盆地，可试栽到我国西部河北杨、新疆杨的分布区。转基因 741 杨成为速生丰产林工程建设和平原绿化的首选树种之一。

特点：①用分子生物技术获得转双价抗虫基因 741 杨，并在一个植物表达载体上构建部分改造的 *Bt Cry1Ac* 和 *API* 具有显著的技术创新。②两次杂交的亲本均是我国乡土树种，抗逆性强。③其抗虫性有对鳞翅目害虫的毒杀率、对尚存活昆虫生长发育的抑制，抗虫性具有持续性和稳定性以及生态抗虫性。④木材材质为杨树中最优者。

鸡传染性法氏囊病病毒快速检测试纸条的研制

主要完成单位：河南省农业科学院

主要完成人：张改平、肖治军、邓瑞广、李学伍、郭军庆、王选年

获奖情况：国家技术发明奖二等奖

成果简介：

该项目属于畜禽传染病防治领域。

该项目以杂交瘤技术生产并鉴定了针对鸡传染性法氏囊病（IBD）病毒蛋白的特异、高亲和力、配对的单克隆抗体，又将胶体金标记技术与免疫膜层析技术有机结合，最终研制成功鸡传染性法氏囊病病毒快速检测试纸条，为 IBD 的诊断和免疫监测提供了一种特异、敏感、简便、快速的新技术产品。

鸡传染性法氏囊病病毒快速检测试纸条采用自主研制的配对单克隆抗体，该对单克隆抗体特异性强、亲和力高、识别谱广，可识别国内外 IBD 代表性病毒株。该试纸条是目前最简便、快速的疫病诊断产品，真正实现了人们长期追求特异、敏感、简便、快速的目标，结果判定形象直观，适合在养殖场和兽医临床中推广应用。起草国家规程并通过审评。为国内外第一个获得新兽药证书（2003 年新兽药证字第 39 号）的动物疫病快速诊断试纸条。

该试纸条可用于鸡 IBD 的快速诊断与免疫监测。检测 IBD 病毒时，无需附加任何仪器和试剂，只需将试纸条插入样品，1～5 分钟内凭目测便可得出可靠结果，其敏感性是常规琼脂扩散试验的 64 倍；可快速确诊 IBD，对 IBD 疫苗中病毒含量进行快速估测或评价。该试纸还可用抑制法快速测定鸡群 IBD 的母源抗体和免疫抗体水平，用于 IBD 易感鸡群监测和免疫效力评价，指导鸡群 IBD 的免疫预防和控制。这一技术解决了现有方法或产品不够简便、快速及难以在临床推广应用等突出问题，实现了兽医防治人员、检疫人员及养殖业者多年的梦想。目前，该成果已在河南郑州、平顶山、许昌、商丘、开封、新乡、洛阳等市、县和甘肃、河北、山东等省推广应用，覆盖鸡群 7 668 万只，减少社会经济损失 2 107 万元。鸡传染性法氏囊病病毒快速检测试纸条可在所有养鸡国家和地区推广应用。已获得国家发明专利（专利号：ZL99101537.1）。

2005 年

二 等 奖

水稻遗传多样性控制稻瘟病的原理与技术

主要完成单位：云南农业大学

主要完成人：朱有勇、陈海如、王云月、范金祥、赵学谦、卢宝荣

获奖等级：国家技术发明奖二等奖

成果简介：

该项目属农业科学技术领域。项目提出了利用生物多样性控制作物病害的构想，以利用水稻遗传多样性控制水稻最重要病害稻瘟病和保护传统农家品种为目标，系统研究了水稻品种遗传多样性和稻瘟病菌遗传多样性的协同进化关系，以及水稻遗传多样性控制稻瘟病的生态学效应和流行学机制，发现了利用水稻遗传多样性控制稻瘟病的基本规律，明确了其原理和方法。该发现的研究结果在 *Nature* 等国内外学术刊物上发表了 55 篇研究论文，累计影响因子为国外刊物 52.395、国内刊物 11.619。在此基础上，发明了水稻遗传多样性控制稻瘟病技术。

该项目的特色主要有：

（1）利用品种多样性优化种植增加稻田遗传多样性，改善农田微生态条件，有效地控制稻瘟病流行。

（2）通过利用水稻遗传多样性达到了传统品种资源原位保护的目的，为品种资源的农家保护提供了新

途径。

（3）该技术原理对其他农作物病虫害防治具有普遍的指导作用，为利用和保护生物多样性促进粮食安全提供了成功范例。

不结球白菜优异种质创新方法及其应用

主要完成单位： 南京农业大学
主要完成人： 侯喜林、刘惠吉、曹寿椿、张蜀宁、王建军、史公军
获奖等级： 国家技术发明奖二等奖
成果简介：

该项目系发展我国不结球白菜生产和进行蔬菜遗传育种理论、种质资源创新、新品种选育及推广的综合研究。

主要技术内容如下：

（1）利用非对称细胞融合技术，创建出不结球白菜新型胞质雄性不育新种质；选育出不育株率和不育度均为100％，且低温条件下不黄化，并有蜜腺的胞质雄性不育系及相应保持系，还用其配制了多个杂交组合，正在进行品比、区域试验。

（2）利用秋水仙素诱变二倍体不结球白菜的分生组织，阻碍正在分裂的细胞纺锤丝形成，从而产生染色体加倍的核；经过鉴定筛选，获得抗性好、品质优良、能稳定遗传的同源四倍体新种质10份。

（3）完善了多抗性鉴定方法，通过人工接种鉴定，获得23份抗TuMV兼抗霜霉病、黑斑病的三抗抗源材料，45份抗黑斑病与TuMV及69份抗霜霉病与TuMV双抗材料。

（4）利用自交不亲和系、雄性不育系和已创新的优异种质材料，选育出新品种、新组合10个，其中矮抗5号、矮抗6号、暑绿3个品种通过江苏省农作物品种审定委员会的审定。

5．选育出的系列新品种表现优质多抗丰产。如矮抗5号、矮抗6号：①优质。叶片重、叶柄重分别比对照提高13.5％和25％，且有机酸含量低。②多抗。两品种的TuMV、霜霉病、黑斑病人工鉴定病情指数分别为15.48％、10.1％、12.09％、12.96％和9.17％、23.42％。③丰产。生产试验平均产量分别达57.2吨/公顷和63.6吨/公顷，比对照矮抗1号分别增加12.8％和25.3％。④耐热。热害指数分别比对照矮杂1号降低了100％和278％。

（6）在不结球白菜优异种质创制方法和新品种选育上有创新，获正式授权国家发明专利8项，发表论文24篇。这不仅在实践上为不结球白菜及其他作物杂优利用提供新技术、新材料和新途径，而且对人工创造新物种和丰富植物遗传育种理论具有重要意义。

滴灌灌水器基于迷宫流道流动特性的抗堵设计及一体化开发方法

主要完成单位： 西安交通大学
主要完成人： 卢秉恒、赵万华、吴普特、魏正英、王尚锦、张鸣远
获奖等级： 国家技术发明奖二等奖
成果简介：

该项目涉及先进制造技术、流体力学以及农学。成果主要应用于农业节水滴灌关键灌水器的设计与开发中，解决了传统方法中缺乏定量设计依据、灌水器使用过程中易发生堵塞和开发速度慢等技术难题，研究内容及特点如下：

（1）首次采用流体力学数值分析和可视化方法对迷宫流道内的流动特性进行了研究，揭示了流道内水压、流量、流阻以及流场的变化和分布规律，并在大量试验的基础上，建立了流量与结构特征之间的数学模型，解决了当前灌水器定量设计中无据可依的难题。

（2）基于上述理论研究，发明了基于流动特性的迷宫流道主航道设计方法，消除了灌水器迷宫流道内的速度死区，避免了灌溉水中固体颗粒的沉积，防止了微生物的滋长，解决了灌水器使用时易堵塞的国际性技术难题。

（3）发明了"一体化"灌水器结构设计与快速制造方法，实现了无模具快速制作出灌水器试验件，通过灌水器水力性能试验，实现了灌水器设计的快速定型，使开发周期显著缩短，开发成本大大降低。

（4）发明了灌水器参数化设计方法，研制开发了面向流量的参数化灌水器计算机辅助设计软件，以Solidworks 为开发平台，以流量为输入参数，以使用规范为约束条件，通过人机交互系统可自动设计出具有抗堵性能流道的灌水器。

项目研究中，开发了多种高性能新型灌水器，申报国家发明专利 7 项（5 项已授权），注册软件版权 1套；两项成果通过教育部鉴定，基于流动特性的迷宫流道主航道设计方法鉴定结论为国际领先水平；发表论文 20 余篇，其中 9 篇被 SCI、EI 收录。

该项目通过在国内节水灌溉设备企业生产和工程实际应用，显著提高了企业的市场竞争力，部分产品实现了进口替代，一年多的时间为企业创造显著的经济效益。该成果的应用为实现我国滴灌技术的跨越式发展奠定了坚实的理论与技术基础。在蔬菜、花卉、经济作物、棉花、果树、园林及各类农作物有推广应用价值。

卵寄生蜂传递病毒防治害虫新技术

主要完成单位：中国科学院武汉病毒研究所
主要完成人：彭辉银、陈新文、姜芸、徐红革
获奖等级：国家技术发明奖二等奖
成果简介：

该项目以卵寄生蜂为媒介传递病毒防治农、林害虫，属有害生物防治技术领域。

（1）主要科技内容。

专利 1：寄生蜂传递病毒防治害虫方法，其特点是以昆虫病毒流行病学原理为基础，以卵寄生蜂为媒介，将病毒传入靶标害虫种群，致使初孵幼虫罹病，在靶标害虫中诱发病毒病流行，使害虫的危害得到有效遏制。

专利 2：绿叶松微型生物制剂。是一种专门为专利 1 设计的高效病毒制剂。由病毒保护剂、分散剂、湿润剂、黏着剂和营养剂等组分构成，对卵寄生蜂无毒无害。

专利 3：寄生蜂卵卡盒。是一种能防雨、防晒、遮光和透气的卡盒，专为寄生蜂携带病毒设计的必备件。既能保持病毒的活性，又能延长卵寄生蜂的寿命。

专利 4：多功能诱杀器。是将性引诱剂（诱芯）和专利 1、2、3 联合使用的一种特殊装置。能延长"诱芯"的有效期，为以上专利 1、2、3 提供"操作"平台。

（2）技术经济指标。该项技术集中体现了病毒和卵寄生蜂的双重优势，相互补充的作用；又发挥了卵寄生蜂传递病毒和杀虫的作用，重要的是在靶标害虫种群中形成病毒流行病，取得事半功倍的效果。

（3）促进行业科技进步作用。该技术变革了传统的治虫方法，具备安全、经济、持续和高效特点。

（4）应用推广情况。1991 年开始研究，1997—2004 年在湖北、湖南、云南、广西、安徽、河南、四川、辽宁、贵州等省进行示范推广，平均防效在 80% 以上，累计应用面积 18 万多亩。

落叶松单宁酚醛树脂胶黏剂的研究与应用

主要完成单位：南京林业大学
主要完成人：张齐生、孙达旺、孙丰文、赵海峰、宋建军、杨文章

获奖等级：国家技术发明奖二等奖

成果简介：

该项目属于木材科学与技术、林产化学加工工程领域，是用落叶松树皮栲胶替代苯酚（苯酚取代率为60%）制作落叶松单宁酚醛树脂胶，用于制造室外用胶合板及其他人造板。1988 年 5 月开始小试，1990 年 3 月通过中试鉴定，1998 年 7 月获得国家发明专利。

落叶松单宁由于分子质量大，化学活性太强，伴生物的黏度大，因此在制作落叶松单宁酚醛胶时遇到很多困难，其中主要有胶液的活性期太短，胶合强度不足，胶液黏度太大等。该项目通过对单宁的降解改性及选用合理的反应条件（配方、投料顺序、温度、时间等）成功地解决了这些困难，得到符合标准的胶黏剂，并且经过不断推广、改进，积累了大量的经验，不断提高质量，扩大应用领域。

与国外同类研究比较，我国是世界上唯一拥有落叶松单宁酚醛胶黏剂和粉状单宁酚醛胶黏剂自主知识产权和产品的国家，在制作方法及使用便利上具有明显的优势。

主要技术指标：

（1）取代 60%的苯酚制成落叶松单宁酚醛胶。

（2）制成的落叶松单宁酚醛胶，游离苯酚≤0.3%、游离甲醛≤0.2%，所生产的胶合板的甲醛释放量达到国家 E1 级标准要求。

（3）所生产的胶合板符合Ⅰ类胶合板标准（室外用）。

（4）粉状落叶松单宁酚醛胶固体含量≥92%，储存期≥1 年。

主要经济指标：

（1）液体落叶松单宁酚醛胶与普通酚醛胶相比较，根据苯酚价格不同每吨平均可降低成本 400～1 260 元。

（2）无需改变人造板工艺与设备，不增加应用企业的设备投资。

该项目是落叶松树皮进行循环利用的产品，可变废为宝，制成的单宁酚醛胶黏剂具有成本低、毒性小等优点，其胶合性能与价格昂贵的苯酚制成的酚醛胶相当，适用于木、竹材制作各种结构的胶合板（如：水泥模板、集装箱底板等）和刨花板等。已在全国 17 个省 100 多家企业得到了应用，有力地促进了人造板工业的科技进步。

主要海水养殖动物多倍体育种育苗和性控技术

主要完成单位：中国科学院海洋研究所

主要完成人：相建海、王如才、王子臣、姜卫国、张培军、王清印

获奖等级：国家技术发明奖二等奖

成果简介：

该项目属海洋生物技术领域，利用染色体操作技术，改良海水养殖动物遗传特性的整套高新技术。包括：

（1）重要虾贝类染色体操作原理深化认识与方法学创新。海洋中不存在天然多倍体虾贝，项目深入研究了多倍体诱导原理，做出国际同行认同的基础和原创性贡献，在染色体核型数量、减数分裂过程与调控、诱导机制与效应和三倍体不育性及增产、增重机理和性别分化等方面，丰富了海洋动物遗传和生殖操作原理的认识。方法学获重要突破，特别是各类动物染色体操作的方法和倍性快速、活体检测技术。

（2）发明优化多倍体诱导工艺和配套技术。率先采用新型、价廉、安全诱导剂，成功实现了牡蛎、鲍、扇贝、珠母贝和虾蟹三倍体人工诱导和养成。首次获得存活的四倍体扇贝稚贝、中国对虾仔虾和珠母贝幼贝。

（3）突破海水鱼虾性控关键技术。发明了牙鲆精子遗传灭活技术、雌核牙鲆诱导成功，全雌牙鲆平均生长速度提高 20%，对虾雌化率稳定在 75%以上。

（4）构建了三倍体产业化诱导和养成技术体系。实现了三倍体牡蛎大规模浮筏养殖和鲍、珠母贝、对

虾等三倍体批量生产，发现三倍体牡蛎、鲍和对虾生长分别提高 40％、30％和 15％～20％；珠母贝成珠率增加 25％，扇贝存活率增加 40％～45％。

在受精卵发育早期，巧妙实施不同的人工调控，实现染色体定向操作，从而诱导出三倍体或四倍体，亦可实现性别控制，获得自主知识产权，工艺先进、配套相关性好、普适性强、操作简便、易于推广；保证了环境安全。发明成果进入产业化中试。

海参自溶酶技术及其应用

主要完成单位：大连轻工业学院
主要完成人：朱蓓薇、张彧、侯红漫、孙玉梅、李兆明、牟光庆
获奖等级：国家技术发明奖二等奖
成果简介：

该项目属于食品工程技术领域，可广泛应用于海洋生物深加工中。

海参是一种自溶能力极强的海洋生物，在一定的外界条件刺激下，经过表皮破坏、吐肠、溶解等过程，可以将自身完全降解。长期以来，海参的自溶仅仅被看作是一种神奇的自然现象，对自溶的本质和过程机理的研究很少，自溶严重制约和困扰海洋生物的深加工。

该项目所揭示的海参自溶本质是其自身存在的海参自溶酶的作用。对海参自溶酶的研究结果表明：海参自溶酶是具有蛋白酶、纤维素酶、果胶酶、淀粉酶、褐藻酸酶和脂肪酶等多种酶活力的复杂酶系。用于海参深加工的自溶酶技术的核心内容是，通过控制温度、时间、pH 等条件，并使用酶抑制剂、金属离子及射线照射等手段，实现对自溶过程的发生、进行和终止的有效控制。

应用海参自溶酶技术开发出海参肽功能产品、海参黏多糖和即食海参等高附加值产品。采用海参自溶酶技术获得海参肽，可以有效控制海参蛋白的酶解过程，辽宁省疾病预防控制中心的检测报告证实该海参肽具有免疫调节和抗疲劳功效；采用海参自溶酶技术制备海参黏多糖，与传统的碱法相比，具有产品活性强、得率高、对环境友好、成本低等优点；采用海参自溶酶技术生产的即食海参制品具有理想的外形、硬度和弹性。自溶酶技术可以广泛应用于其他海洋生物的深加工，已成功获得牡蛎活性肽及提高低值鱼的效价，对拉动海产养殖业，带动海产品深加工产业具有重要意义。

该项目自 1997 年起，先后得到国家和省市科技项目的立项支持。研究成果共申报国家发明专利 9 项，授权发明专利 6 项。2002 年和 2003 年分别获大连市科技进步一等奖和辽宁省技术发明一等奖。

该项目在多家企业实现产业化，截至 2004 年 12 月，已累计创造产值近 2 亿元。

2006 年

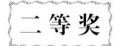

二 等 奖

高油玉米种质资源与生产技术系统创新

主要完成单位：中国农业大学
主要完成人：宋同明、陈绍江、苏胜宝、李建生、王守才
获奖等级：国家技术发明奖二等奖
成果简介：

技术领域：农业科学技术中的作物育种技术与作物种质资源。

科技内容：包括高油玉米群体种质资源创新、高油玉米含油量选择方法创新、高油玉米自交系创新和杂交种培育、高油玉米生产技术创新、玉米基因组学研究创新 5 个部分。

技术经济指标：

（1）经过 20 多年连续选择，创造了具有自主知识产权的北农大高油等 9 个高油玉米基础体，平均含油量达到了 15.2％，最高达到 20.43％，比普通玉米高 3 倍以上，均属于原创性的资源创新。

（2）创造了一个"大群体、多参数、综合轮回选择法"，使用该方法进行选择，玉米群体含油量提高迅速。9 个群体平均每轮选择含油量提高 0.79 个百分点，与国际上通用选择法相比，不仅含油量选择效率提高 50％，其他经济性状也得到有效改良，该方法已成为当今世界玉米含油量最先进的选择方法。

（3）培育了 140 多个稳定的高油玉米自交系，并从中筛选出了 22 个骨干系。育成了 18 个高油玉米杂交种，分别通过了国家（6 个）和省级（12 个）审定。

（4）发明了普通玉米高油化三利用专利技术，能够利用三种遗传效应的综合作用，以普通玉米为载体，生产出商品高油玉米，实现高产优质。本技术正由瑞利生公司协助申请了包括美国在内的国际专利。

（5）利用分子技术研究了高油玉米群体的杂种优势群，并定位了与含油量有关的 QTL，从分子水平明确我国高油群体与国外群体的差别。

应用推广情况：

（1）组建了全国高油玉米育种协作组，向全国 21 家育种单位发放优良高油玉米自交系 22 份，组配参加省级以上区组合 20 多个。高油玉米杂交种在国内已推广 500 多万亩。

（2）与美国的杜邦-先锋、孟山都、瑞利生和 QTI 等种子公司和新技术公司签订了 6 项技术转让合同，这些公司正在利用我们的种质资源、品种和技术开拓市场。已在美国、阿根廷等国推广 200 多万亩，展示了该研究成果走向世界的光明前景。

（3）三北种业的"高油玉米技术产业化示范工程"正在顺利实施中。项目发表论文 30 余篇，其中 SCI 5 篇，培养研究生 20 余名。

谷秆两用稻的选育及其秸秆高效利用技术

主要完成单位：福建农林大学
主要完成人：郑金贵、陈君琛、黄勤楼、叶新福、郑开斌、谢宝贵
获奖等级：国家技术发明奖二等奖
成果简介：

水稻秸秆（俗称稻草）占光合总量的 50％以上。全国每年约有 2 亿吨的稻草再生，由于其品质差、营养成分含量低、前处理操作复杂或成本高、效果不佳，以致大量秸秆被废弃不用，造成资源的极大浪费，并严重污染环境。

针对这一现状，项目主持人提出以遗传育种手段来改良水稻秸秆品质，达到秸秆高效利用的思路；筛选发掘出稻草粗蛋白质等营养成分含量高、稻谷能正常成熟的优异种质——"洲 8203"；创立了以秸秆和稻谷同时为育种目标的"谷、秆同步双重筛选法"；成功地选育出国内外首创的谷秆两用稻——"东南 201"，开拓了水稻育种的新领域。该良种获得农业部植物新品种权，通过福建省品种审定，并制定和实施两个省地方标准。该良种稻谷产量与推广品种相当，每亩可达 550 千克，米质优（五项指标达一级，五项指标达二级），特别是秸秆的营养成分含量高，粗蛋白可比一般水稻品种秸秆高一倍以上（即 8％以上），而且转化为菇体蛋白、鱼体蛋白、鼠体蛋白的效率还比一般稻草高（N-15 回收率分别提高 21.7％、9.6％、6.0％）；研究出谷秆两用稻的栽培技术，秸秆的收获、贮藏、粉碎等配套技术；研究出谷秆两用稻秸秆不需任何前处理即可用于栽培食用菌、饲养草食动物的高效利用技术，每亩稻草粉可替代 500 千克麦皮栽培木生食用菌；每亩稻草比一般稻草分别增草菇 53.2 千克、姬松茸 45.0 千克、牛奶 56.3 千克、肉牛 28.1 千克、草鱼 20.0 千克。开拓出一条可使大量的、可再生的秸秆资源简便高效的利用新途径。

该成果属原创性科技成果，2002 年获福建省科学技术一等奖，已在福建省较大规模应用，并在江苏、广西、安徽、云南、江西、广东、湖南 7 省（自治区）示范，累计利用稻草 236.7 万吨、增收 12.17 亿元。已发表论文 58 篇、专著 1 本（《水稻秸秆品质化学与遗传改良》，70 万字）。谷秆两用稻的推广，促进了农业生产的良性循环，种稻确保粮食—秸秆高效利用增加收入—菌渣粪便回田改良土壤。这对于人多地少、粮食匮乏、资源短缺的我国发展可持续农业具有重要的意义。

大豆细胞质雄性不育及其应用

主要完成单位： 吉林省农业科学院
主要完成人： 孙寰、赵丽梅、王曙明、王跃强、李建平、黄梅
获奖等级： 国家技术发明奖二等奖
成果简介：

该项目属农业领域，作物遗传育种。

（1）通过远缘杂交，发现汝南天鹅蛋携带不育细胞质（RN 胞质），于 1993 年育成世界上第一个可实际应用的大豆细胞质雄性不育系 OA 和保持系 OB；实现"三系"配套；鉴定出两个高异交率不育系；又以中豆 19（ZD 胞质）和 XXT（XX 胞质）为不育胞质源，育成了不育系。该项目重点申报 RN 胞质不育系及其利用。

（2）明确了遗传模式属单基因配子体不育。小孢子不育发生在单核期以后。

（3）控光、控温试验表明，OA、OB 在光照长度和昼夜温度变化较大的情况下，育性极为稳定，不育系花粉败育率高达 99%。

（4）明确了 F_1 植株花粉败育率不超过 70% 时，植株结实正常。

（5）通过 1 326 个组合的 F_1 测产，肯定了大豆有较强的超高亲优势；亲本地理远缘优势强；中国×外国的组配模式优势最强；育成世界上第一个商用大豆杂交种杂交 1 号，区试比对照增产 21.9%，列第一位；品质优良，抗病；2002 年通过省品种审定。新组合 H99 - 212 经两年区试，比对照增产 22.7%，列第一位，品质优良，抗病；通过省品种审定，定名杂交豆 2 号。

（6）研究出一套"昆虫—环境—作物三位一体，综合调控"的制种技术。在网室内，异交结荚率可达 70% 以上；田间异交结荚率可达 60%，每公顷产种量 700～1 000 千克。

（7）以网室隔离和昆虫传粉为核心，建立起适合大豆杂交种选育、可操作性强、效率高的育种程序，摆脱人工杂交，每年可配制 500 个以上组合。

该项目是 20 多年的研究成果。核心内容是育成细胞质雄性不育系，实现"三系"配套。在应用中又有重要创新。实现了从源头开始的全方位创新，难度大，主要技术均为自主开发，具有国内外发明专利。细胞质不育及其应用使大豆杂种优势利用成为可能，为大豆遗传改良、大豆高产开辟了新途径。

通过主持 10 年国家攻关及对外合作，加速和推动了杂优利用研究进展，使其成为国内外热门研究领域之一，客观上推动了行业科技进步。"三系"被国内 7 个单位和国外引用，杂交种已示范推广 1 166 亩。

玉米芯酶法制备低聚木糖

主要完成单位： 中国农业大学
主要完成人： 李里特、程少博、石波、白庆林、江正强、肖林
获奖等级： 国家技术发明奖二等奖
成果简介：

该项目属于生物技术领域。

主要技术内容：以玉米芯为原料，选育出高产木聚糖酶菌株——橄榄绿链霉菌 sp. E - 86，采用深层

液体发酵方式，制取内切型木聚糖酶技术，攻克了低聚木糖工业化生产酶的技术难关，采用玉米芯木聚糖溶出技术和多种膜组合精致纯化技术脱单糖、除杂、分离单一组分等方法，进行低聚木糖高效生产技术的研究与开发。目前已建成从木聚糖酶制剂生产、原料预处理、木聚糖溶出、酶反应到低聚木糖精制和浓缩的全套工业化生产线，具备了相关的检测手段，并开发出了一系列低聚木糖衍生产品。

技术经济指标：木聚糖酶粗酶液单位酶活力达 1 500 国际单位/毫升，酶系纯，玉米芯木聚糖溶出率达 85％以上，低聚木糖酶解转化率达 80％以上。低聚木糖产品含量由 70％提高到 95％以上，单一组分含量达到木二糖纯度 98％，木三、木四、木六糖纯度 95％以上，木五糖纯度 87％以上。采用原料预处理技术后生产污水排放量减少，单产污水排放量不到 12 米^3。项目自实施以来累计实现销售收入 10.083 1 亿元，利润 1.333 3 亿元，税金 5 993 万元，创汇 560 万美元，为农民直接增收近 5000 万元，带动相关产业发展，创造了较大的经济、社会效益。

应用推广情况：2000 年建成年产 500 吨低聚木糖生产线，产品为 70％低聚木糖糖浆和 20％、35％低聚木糖糖粉；2001 年 4 月 29 日通过了教育部组织的科技成果鉴定。2003 年扩产到 1 000 吨规模，产品增加了 70％糖粉；2005 年 1 月建成年产万吨低聚木糖示范工程项目，通过国家发改委组织的专家验收，低聚木糖产品纯度达到 95％以上，并完成了实验室低聚木糖单一组分的标品分离技术。同时，完成了低聚木糖相关的功能性评价；开发出低聚木糖口服液、保健醋、胶囊、蛋白质粉、口香糖等系列衍生产品。项目实施过程中产生的发酵料渣和玉米芯粉渣，可作为食用真菌养殖原料；同时公司与山东大学生命科学学院合作投入大量经费，开展玉米芯粉渣发酵炼制燃料酒精的生物能源研究工作，符合循环经济发展要求，为农林业有机质纤维废料的综合利用做出了良好示范。

农林废弃物生物降解制备低聚木糖技术

主要完成单位：南京林业大学
主要完成人：余世袁、勇强、徐勇、陈牧、朱汉静、宋向阳
获奖等级：国家技术发明奖二等奖
成果简介：

该项目属林产化学加工工程领域。

该项目利用我国丰富的富含木聚糖的农林废弃物植物纤维（包括杨木、桦木、玉米芯、甘蔗渣、燕麦壳等）为原料，通过温和的碱抽提技术获得木聚糖。以适用于食品制备的、对人体无害的真菌里氏木霉（*Trichoderma reesei*）为产酶菌株，通过对产酶反应条件的严格控制，制备高活力的木聚糖酶，再用现代分离技术对木聚糖酶进行分级，从而制备 β-木糖苷酶酶活力低的木聚糖酶。用这种木聚糖酶对木聚糖进行酶降解，制得木糖含量很低、聚合度为 2～5 的低聚木糖混合物。采用现代分离、提纯技术，得到适合于人体和动物使用的低聚木糖含量高的高价值产品。

与国外同类技术比较，该项目在选择对人体安全的产酶菌株、制备高活力和高选择性木聚糖酶、木聚糖酶分级处理、木聚糖酶降解的定向控制、通过酶解残渣高温预处理提高木聚糖的利用率以及建立工艺流程简洁、操作稳定的生产线等方面，具有显著创新。本技术内容已获得批准、公开和受理三项国家发明专利。产品低聚木糖于 2003 年获农业部饲料添加剂新产品证书（保护期 8 年），2004 年获江苏省高新技术产品证书。

该项目已在江苏省东台市建成年产 300 吨（含量 35％）低聚木糖产品的示范生产线，年产值 3 000 万元。产品用于保健食品和动物保健饲料添加剂。应用结果表明，低聚木糖能显著提高养殖产量，显著促进饲料转化，减少抗生素用量，提高抗病力，养殖利润提高了 18％～25％。至 2005 年 7 月，使用低聚木糖产生的养殖总产值为 35.64 亿元，总利润为 6.46 亿元，其中，使用低聚木糖而带来的养殖增收为 1.67 亿元。

该项目的实施和推广应用，不但为我国农林废弃物的高效综合利用开辟了新途径，促进自然资源的循

环、可持续利用，而且有利于农村养殖业的发展，为我国食品安全和农村经济发展、农民增收提供可靠的技术，经济效益和社会效益显著。

鱼类种质低温冷冻保存技术的建立与应用

主要完成单位：中国水产科学研究院黄海水产研究所
主要完成人：陈松林、章龙珍、张士璀、李军、田永胜、柳凌
获奖等级：国家技术发明奖二等奖
成果简介：

该项目属于水产养殖领域。20多年来，该项目对我国重要养殖鱼类精子、胚胎低温生物学和冷冻保存技术以及细胞培养技术等进行了深入系统研究，不仅建立了我国鱼类种质低温冷冻保存的研究体系，而且还建立了在细胞、精子、胚胎3个层次保存鱼类种质资源的技术体系。

取得的创新性成果和发明主要包括：①在国内率先系统地开展了鱼类精子冷冻保存的研究，研制了适合不同鱼类精子冷冻保存的稀释液配方，发明了鱼类精子批量冷冻保存的实用化技术和增精技术；冻精活率达65%～90%，受精率为80%～94%，孵化达85%以上，达到了渔业生产的应用水平。②建立了大菱鲆等23种重要养殖和濒危鱼类精子冷冻保存技术和冷冻精子库。③采用微卫星标记等技术，首次证明冷冻精液授精鱼苗与鲜精授精鱼苗之间的遗传结构没有差别。④创建了鱼类胚胎冷冻保存的技术体系，查明了抗冻剂对鱼类胚胎的毒性效应和冷冻损伤机理，筛选出适合冷冻保存的胚胎发育阶段，发明了独特的鱼类胚胎玻璃化冷冻方法和胚胎颗粒玻璃化冷冻方法，在国际上率先攻克了鱼类胚胎超低温冷冻保存的技术难关，首次获得冷冻复活的海水鱼类胚胎和鱼苗。⑤发明了海水鱼类胚胎干细胞培养方法，建立了鲈鱼和真鲷胚胎干细胞系和GFP标记的胚胎干细胞株；共建立了海淡水鱼类细胞系16个。⑥发明了鱼类胚胎干细胞移植制备嵌合体的方法；通过体外诱导分化和细胞移植证明花鲈胚胎干细胞具有分化发育的多能性。⑦共申请国家发明专利11项，其中1项已获得授权。⑧共发表研究论文报告88篇，其中SCI论文17篇，EI论文5篇。

这些发明工艺先进，实用性强，操作简便，易于推广。发明成果在全国许多鱼类养殖场和科研院所得到了推广应用，已产生5.4亿元的经济效益和良好的社会、生态效益。该项成果不仅使我国在鱼类种质保存领域居国际领先地位，而且还促进了我国鱼类低温生物学、种质资源保护学、鱼类繁育和细胞生物学等相关学科的发展，具有重要应用价值和广阔的应用前景。

◆ 2007 年

二等奖

甘蓝型油菜隐性上位互作核不育三系选育及制种方法

主要完成单位：安徽省农业科学院
主要完成人：陈凤祥、胡宝成、李强生、吴新杰、侯树敏、费维新
获奖等级：国家技术发明奖二等奖
成果简介：

该项目属农业高新技术领域。

针对我国油菜显性互作核不育、传统隐性核不育和多数质不育系统存在的缺点，在不育种质创新、核

不育遗传理论创新的基础上，选育出隐性上位互作核不育稻时完全保持系（简称 TAM），在国内外首创了隐性核不育纯合两用系、TAM 系、恢复系三系杂交油菜选育及配套制种技术，2003 年获国家发明专利。隐性上位互作核不育三系杂优利用系统将上述各系统的优点有机地结合在一起，成为目前最具潜力、最有前途的油菜安全高效杂优利用系统之一。

技术经济指标：

（1）安全。不育性稳定彻底，不受环境条件影响，有利于保证制种纯度，解决了多年来杂交油菜大田生产因种子质量问题而带来的风险。

（2）解决了油菜隐性核不育制种难题。利用 TAM 系获得全不育系，用于大田制种，简单易行，省工省时。

（3）制种产量高。不育系异交结实性好，在保证纯度的前提下，比目前国内现有的杂交油菜制种产量提高 1 倍左右。1997—2006 年，利用该专利方法，共制种 5.5 万亩，生产杂交种 516 万千克，实收平均亩产 94 千克，高产田可达 150 多千克。

（4）高效。不育系配合力高，品质优，抗（耐）病性强，恢复源广，可充分利用现有大量的常规品系灵活配组，将多个目标性状集于一体，克服优质与高产和病害的矛盾。该项目在不育种质发现仅 10 多年，就利用该系统育成了皖油 14 等 6 个（其中 4 个通过国审）杂交油菜新品种，均集高产稳产、高含油量（3 个含油量在 41％以上，3 个食油量超过 43％）、双低、抗（耐）病性于一体，它们对菌核病和病毒病的抗（耐）性在全国处于领先水平，在解决优质与高产和病害的矛盾方面是一个突破。其中皖油 14 获安徽省科学技术一等奖。近几年，另有全国 10 多家科研院校利用该方法选育隐性上位互作核不育三系，已有 7 家实现三系配套，4 个杂交油菜新品种通过国家和各省市审定，显示其高效性。

隐性上位互作核不育三系杂交油菜新品种已在全国 10 省（自治区、直辖市）累计推广 4 167 万亩，创经济效益 22.3 亿元。该专利方法的推广应用，将明显提升我国杂交油菜产业竞争力。

对环境友好的超高效除草剂的创制和开发研究

主要完成单位： 南开大学
主要完成人： 李正名、王玲秀、王建国、赵卫光、寇俊杰、王素华
获奖等级： 国家技术发明奖二等奖
成果简介：

该项目属于农药、药物设计和植物保护学领域。我国农药品种绝大多数是仿制国外，为了环境与生态可持续发展和农业生产安全，"农药创制"已经被列入 2006—2020 年国家中长期发展规划纲要。磺酰脲类除草剂以其超高效、低毒性和对环境友好成为农药研究史上的一个里程碑，其靶标乙酰乳酸合成酶（ALS）是植物体内独有的支链氨基酸合成酶。从 1990 年起，该课题组对新型磺酰脲和构效关系进行了研究，首次发现含有单取代嘧啶环结构的磺酰脲分子同样具有超高效除草活性；随即设计合成了具有单取代杂环的新型磺酰脲分子 800 多个，从中发现 5 个超高效磺酰脲新结构，总结了磺酰脲分子除草活性三要素，修正和发展了国际上公认的磺酰脲构效关系理论；2001 年起与澳大利亚的 Duggleby 教授合作，系统测定了单取代杂环磺酰脲抑制 ALS 纯酶的 Ki 值，发现与其在植物体内生物活性 IC50 有良好的相关性；首次获得了单嘧磺隆和单嘧磺酯与 ALS 酶复合物的晶体结构，从分子生物学水平阐明了含单取代磺酰脲类活性分子的作用机制；成功地开发了我国第一个具有自主知识产权的创制除草剂单嘧磺隆，与另一创制除草剂单嘧磺酯均进行了产业化，包括原药和制剂在内的 6 个品种获得国家新农药三证，获准进入市场。

单嘧磺隆活性与国际上的同类超高效除草剂品种氯磺隆和甲磺隆相当，每亩用量 1～3 克，急性毒性 LD50 大于 4 640 毫克/千克，其制剂 10％碱茅灵可有效防治麦田阔叶杂草，对北方麦田恶性杂草碱茅有特效；44％谷草灵可湿性粉剂对谷田阔叶杂草的防效达到 90％以上，填补了我国谷田无除草剂的空白。

单嘧磺酯急性毒性 LD50 大于 1 万毫克/千克，每亩用量 1～1.5 克，对小麦田后茬作物玉米安全，成

本低，在小麦田除草剂市场有很好的竞争力和推广应用前景。2001—2006 年两个品种累计推广 131.18 万亩次，获得社会经济效益 7 449.758 多万元。该项目共申请国家发明专利 8 项，授权 6 项。

高速插秧机的机构创新、机理研究和产品研制

主要完成单位： 浙江理工大学

主要完成人： 赵匀、陈建能、俞高红、曾联、李革、武传宇

获奖等级： 国家技术发明奖二等奖

成果简介：

该项目属于农业机械和机械设计及理论学科，涉及农业、机械制造和计算机应用等领域。

自 1994 年开始，在 4 项国家和 3 项省重大或重点项目支持下，针对国外机型不适合插大苗和移箱机构滑道、滑块磨损严重等问题进行深入研究，设计和研制出样机，并形成批量生产。创新性表现在以下 4 个方面：

（1）核心部件发明。发明了 8 种分插机构和 3 种移箱机构，精选了适合南北方不同区域、机型和农艺要求的分插机构和移箱机构，并获得 6 项国家发明专利。发明专利之一"属原创性发明"，其他"属于重要发明"（奖励办考察组报告），所发明的"工作部件优于日本产品（鉴定意见）"。

（2）理论方法创新。

①"创造性地发展了序列求解法、复优化方法和柔性机构动力学方法"（鉴定意见）。

②首次建立了各种旋转式分插机构和移箱机构动力学模型，获得了 7 项软件著作登记权。

③有关文章发表在国际和国内著名刊物上，出版两本有关专著，其中一本被 10 多所高校作为研究生教材，另一本正由机械工业出版社推荐国家图书科技进步奖。

（3）试验平台。

①研制成功国内首台分插机构运动学和动力学试验台。

②首次测得各作用力，试验与理论分析结果高度吻合，验证了理论模型的可靠性。

（4）研制出国内首台高速插秧机，较传统插秧机速度提高 1 倍，兼具大小苗插秧功能，解决了移箱机构的磨损问题，形成批量生产，已获得农业部农机推广许可证。又与福田雷沃、南通柴油机厂等大型农机企业合作和签订转让合同。"拥有完全的自主知识产权，结束了日本、韩国垄断高速插秧机知识产权的局面"（奖励办考察组报告）。

以上成果形成了处于国际相关学科前沿的水稻种植机械研究平台，为机器改型和创新提供了坚实基础，近一年在此平台上获得了多项突破性成果。

"高速水稻插秧机工作机理研究达到国际领先水平，成果总体上处于国际领先水平"（鉴定意见），主持人因此被 2004 年国际农业工程大会授予"约翰·迪尔工业奖"。该项目获 2003 年度浙江省科学技术一等奖。

刨切微薄竹生产技术与应用

主要完成单位： 浙江林学院

主要完成人： 李延军、杜春贵、刘志坤、林海、林勇、庄启程

获奖等级： 国家技术发明奖二等奖

成果简介：

该项目属于木材加工与人造板工艺技术领域，包含两个鉴定成果：刨切微薄竹生产工艺研究、大幅面装饰微薄竹生产技术研究及推广，于 2005 年 11 月获得我国发明专利（专利号：ZL 02148338.8）。

主要科技内容：

　　（1）发明了制备湿竹方材的干-湿复合胶合工艺，即将单块干竹片先用于热压法高效率的胶合成竹板，竹板经快速增湿后，再采用湿冷压法将竹板层积胶合成湿竹方材，这样既能有较高的生产效率，又成功地解决了干竹方材出于竹节和抗水性胶层阻碍水、热传导而难于进行水煮软化处理的技术难题。

　　（2）首创竹板脉动式加压浸注技术，快速、均匀地提高了干竹板含水率，速度比常压浸渍法提高近百倍。

　　（3）首创竹方材低温软化技术。

　　（4）研发了生产刨切微薄竹专用耐湿、耐温、有柔韧性的胶黏剂，保证了刨切微薄竹足够的横向强度，满足了竹方材水煮软化、刨切的工艺要求。

　　（5）研发了经济实用型薄竹指形接长机和改进了现有木材刨切机。该发明的实施，使我国成为世界上唯一拥有刨切微薄竹生产技术自主知识产权和产品的国家，其制造技术完全不同于木材刨切、竹材旋切，具有自己独特的工艺技术。该发明处于国内外同类技术领先水平。

　　主要技术经济指标：①刨切微薄竹厚 0.2～0.8 毫米，尺寸规格可根据需要确定；②甲醛释放量≤0.7 毫克/升，达到 E1 级国家标准，可直接使用；③抗拉强度：顺纹≥56.0 兆帕；横纹≥2.2 兆帕；④0.5 毫米厚的刨切微薄竹，平均每平方米可实现利税 8～10 元。

　　该项技术发明成果已在浙江、江苏等地 7 家企业推广应用，近 3 年产生直接经济效益 2.4 亿元，产品 90％以上出口，创汇 2 806.1 万美元。该项目资源消耗少，产品附加值高，广泛应用于人造板、家具等领域，应用前景广阔，具有良好的发展潜力，对节约森林资源、农民增收和保护生态环境具有重大意义。项目的工业化生产，延伸了竹材加工产业链，促进了竹材向精深加工方向发展，使我国竹产品向高附加值方向迈进了一大步，有力推动了竹材加工的科技进步。

禽流感、新城疫重组二联活疫苗

主要完成单位：中国农业科学院哈尔滨兽医研究所
主要完成人：陈化兰、步志高、葛金英、田国彬、李雁冰、邓国华
获奖等级：国家技术发明奖二等奖
成果简介：

　　该发明项目属于兽医科学技术领域畜禽传染病防治。该发明项目采用国内外广泛应用的新城疫 LaSota 弱毒疫苗株为载体，建立了相应的反向基因操作系统及其重组疫苗载体平台。在此基础上，研制发明一系列表达不同 H5N1 高致病力禽流感病毒分离株 HA 抗原基因的重组病毒，作为禽流感、新城疫重组二联活疫苗，用于家禽禽流感和新城疫的预防免疫。

　　高致病力禽流感和新城疫是危害世界养禽业的两种重大烈性传染病，禽流感同时具重要公共卫生意义。H5N1 高致病力禽流感和新城疫免疫接种是我国家禽必不可少的程序。我国每年应用新城疫弱毒疫苗达数百亿羽份，产蛋鸡一般使用 3～5 次以上，商品肉鸡一般 2～3 次。以新城疫弱毒疫苗为载体研制禽流感、新城疫重组二联活疫苗具有巨大的优越性。

　　该重组二联活疫苗试验条件下，一次免疫鸡，即可对 H5 高致病力禽流感和新城疫强毒攻击形成完全免疫保护；现地按适当免疫程序使用，可同时形成对新城疫和 H5 高致病力禽流感的有效免疫，保护效果分别与新城疫弱毒疫苗及 H5 禽流感灭活疫苗相当；重组疫苗株保持 LaSota 弱毒疫苗安全有效、使用方便、成本低廉的优点，节约大量疫苗制造和使用成本，具重大社会、经济和环境效益。

　　该重组活疫苗是国际上第一个实现产业化应用的重组 RNA 病毒活载体疫苗，也是首次实现一种活毒疫苗有效预防禽流感和新城疫两种家禽重大烈性传染病。

　　该项目的成功实施，标志着我国在负链 RNA 病毒反向遗传操作这一重要技术领域的突破性进展，并进入成熟应用阶段。禽流感、新城疫重组二联活疫苗作为成功推向应用的 RNA 病毒活载体疫苗，代表了动物和人类新型疫苗技术的重要发展方向。

该重组疫苗拥有独立知识产权，已获 2 项国家发明专利授权和 1 项国家新兽药注册证书（一类）及农业部批准生产文号，实现大规模产业化。2006 年在全国推广应用 24 亿羽份，实现产值 7 000 余万元，利税 2 700 余万元。

中国对虾黄海 1 号新品种及其健康养殖技术体系

主要完成单位：中国水产科学研究院黄海水产研究所
主要完成人：王清印、李健、黄倢、孔杰、刘萍、宋晓玲
获奖等级：国家技术发明奖二等奖
成果简介：

该项目属于水产养殖技术科学领域。

项目采用群体选育、家系选育和现代分子生物学技术相结合的方法，经过连续 7 代选育，培育出我国第一个人工选育的海水养殖动物新品种黄海 1 号中国对虾，2004 年 1 月通过国家水产原良种审定委员会审定，获水产新品种证书。在选育过程中，利用 RAPD、SSR 及 AFLP 等分子标记技术对各选育世代的群体遗传结构进行分析，监测遗传多样性变化，保证了留种群体的遗传响应。黄海 1 号中国对虾具有生长快等优良性状，同比体长比未选育群体平均增长 8.40%，体重增长 26.86%，被农业部确定为 2006 年和 2007 年水产主导推广品种。

对中国对虾的亲虾越冬、促熟、苗种培育和池塘养殖等关键技术进行研究，建立了中国对虾 SPF 苗种生产和抗 WSSV 种群选育技术工艺，培育出高健康、无 WSSV 感染的中国对虾苗种。围绕该新品种的疾病诊断控制及健康养殖等技术，分别建立了对虾暴发病病原核酸探针点杂交检测试剂盒等 4 种对虾暴发病快速诊断技术，肽聚糖等免疫增强防病技术，半地下式塑料大棚对虾工厂化养殖等 3 种对虾健康养殖新模式，综合运用该技术体系的对虾养殖试验成功率达 90%。

该项目获国家水产新品种证书 1 项；申报国家发明专利 12 项，已获授权 7 项；发表论文 107 篇，其中 SCI 收录期刊论文 9 篇，EI 收录期刊论文 8 篇；形成国家标准 1 项，行业标准 1 项。

项目采取边选育、边推广的方式，黄海 1 号中国对虾已在我国山东、河北、江苏等沿海省（直辖市）推广应用。自 2000 年以来，中国对虾选育种群累计推广养殖面积超过 15 万亩，产值达 10 亿元；其中，2004—2006 年黄海 1 号累计示范推广面积 4.936 1 万亩，实现产值 3.9 亿元，利税 2.7 亿元。通过项目实施带动，建设国家级中国对虾遗传育种中心 1 个，国家级中国对虾原良种场 3 个，对虾工厂化无公害养殖试验示范基地 5 个，为产业发展提供了技术支撑。

◆ 2008 年

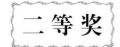

西南地区玉米杂交育种第四轮骨干自交系 18－599 和 08－641

主要完成单位：四川农业大学
主要完成人：荣廷昭、潘光堂、黄玉碧、曹墨菊、高世斌、兰海
获奖等级：国家技术发明奖二等奖
成果简介：

针对西南地区玉米生态、生产条件与耕作制度特点和 20 世纪 80 年代后期该区玉米生产经历 3 次大的

品种更替后，仍然存在选育玉米自交系基础材料起点低，常规"二环系"选育方法存在明显缺陷，抗病抗逆选择压力不够，对品质性状重视不足等问题。尤其缺少把配合力高、自身产量高、抗性强、适应性广、适应适度密植、优质专用等性状集于一体的高水平自交系和杂交种，限制了该区玉米产业的持续发展。依据轮回选择、基因型与环境互作原理和配合力育种理论，在选择高起点基础材料基础上，通过构建"育种用小群体"，提高有利基因型频率；多种方法加大生物与非生物强胁迫鉴定，提高鉴定、选择准确性与选系适应性；采用多次、多组双列杂交和变换测验系测配，品质性状表观鉴定与室内理化分析结合，选系与组合选配同步进行，同时开展转基因受体筛选与雄性不育研究，培育转基因优良受体自交系、新型细胞质雄性不育系和高蛋白、高淀粉优良杂交种，提高育种效率，实现了材料和选系方法上的创新。

08-641 及其组配的"川单 21"分别获农业部 2002 年度植物新品种保护，18-599 组配杂交种的制种方法获 1997 年国家发明专利。

该项目技术经济指标及应用推广情况：

（1）育成了高配合力、繁殖制种产量高、抗病抗逆性强、适应性广、适宜适度密植、综合性状优良的西南地区玉米杂交育种第四轮骨干自交系 18-599 和 08-641。

（2）18-599 和 08-641 是我国玉米育种的特异新材料。18-599 幼胚诱导胚性愈伤组织发生率达 75%～80%，且胚性愈伤组织易于继代和分化成苗。

（3）18-599 组配杂交种的粗蛋白含量较高，08-641 组配杂交种的淀粉含量高；它们已被国内多家单位引用。

（4）截至 2007 年，利用 18-599 和 08-641 组配了通过省级以上审定新品种 33 个。在西南玉米主产区累计推广 6 300 多万亩，增产玉米近 20 亿千克，创社会经济效益 25 亿元以上。

食品、农产品品质无损检测新技术和融合技术的开发

主要完成单位：江苏大学
主要完成人：赵杰文、黄星奕、邹小波、蔡健荣、刘木华、陈全胜
获奖等级：国家技术发明奖二等奖
成果简介：

该项目是理论和技术高度融合、基础研究和应用开发并重的基础应用型项目。

（1）深入研究了计算机视觉、电子嗅觉、近红外光谱分析等多种单一检测技术，发明了几种新的食品、农产品品质无损检测方法和装置。其中"农产品气味的图像化识别系统"把气味信息图像化、数字化，为国内外首创；"全信息拍摄的苹果在线检测分级装置"相对国外单摄像系统分级装置，获取的信息完全，可检项目多，科技含量高。

（2）首次提出采用多技术融合一体对食品、农产品品质进行无损检测的学术思想，并将其应用于食品、农产品品质的快速无损检测，取得创新性成果。开发的"三技术融合的水果无损检测系统"和"牛胴体质量快速无损检测装置"均为国内外首创。

成果具有自主知识产权，共申请发明专利 16 项，其中 6 项已授权，其余均进入实质性审查程序。另获实用新型 2 项，计算机软件著作权 2 项。出版著作 3 本，在国内外期刊发表的论文被引用 361 篇次（其中他引 296 次），有 53 篇被 SCI、EI 收录。

查新表明，依托该项目开发的新技术及研制的多种检测装置属国内外首创；采用多种现代检测手段、通过多信息融合方式对食品、农产品品质进行检测迄今为止国内外也未见公开文献报道，开发的两种多信息融合检测装置亦属国内外首创。

项目的实施使我国食品、农产品无损检测的科研水平、技术水平总体达到国际先进；专家鉴定认为，部分项目研究成果达到国际领先水平。

成果提升了行业自主创新能力，以信息技术引领传统装备的升级换代，直接促进了农产品产后处理水

平的提高。对实现加工增值、促进农民增收、发展现代农业、现代食品加工业作出了贡献。成果科技含量高、通用性强，可广泛用于食品、农产品加工、运输和销售过程的质量监测和评定。多项成果得到转化应用，据其中 7 家单位的数据，新增利润 1.5 亿多，应用前景广阔。

中国地方鸡种质资源优异性状发掘创新与应用

主要完成单位： 河南农业大学
主要完成人： 康相涛、王彦彬、田亚东、李明、孙桂荣、黄艳群
获奖等级： 国家技术发明奖二等奖
成果简介：

为满足我国优质禽产品消费中注重表观性状的需求，解决地方鸡种表观性状杂乱、性能低、制种体系不健全、自主知识产权缺乏等问题，利用其遗传多样性，发掘优异性状并创新应用，培育出 8 个包装（表观）性状突出、生产性能优良，具有自主知识产权、应用广泛的核心品系。并创建了系列制种模式，为中国地方鸡种质资源保护和开发利用提供了新思路、新方法和新材料，对抵御外来鸡种侵略、防止我国优质鸡种质资源流失、提升优质鸡行业核心竞争力，意义重大。

优质肉鸡领域：

（1）建立的"青黑胫黄麻鸡制种方法"，使占国内优质鸡饲养总量 2/3 的青黑胫系列鸡的制种与生产得到知识产权保护。

（2）培育出青（黑或黄）胫隐性白羽地方鸡新品系及青胫高产隐性白羽新品系，首次解决了青黑胫、黄麻羽系列鸡种生产中长期依赖国外进口黄胫隐性白羽鸡的品种垄断和两系配套生产技术难题。

（3）培育的黄白胫丝毛鸡、含金银色基因的丝毛乌骨鸡高产新品系，在国际上首次实现丝毛乌骨鸡三系或四系配套生产，并可通过胫色或羽色自别雌雄。

优质土种蛋鸡领域：

（1）培育出国内外唯一的矮小型绿壳蛋鸡新品系，既发掘利用了绿壳蛋基因的显性遗传性状，又充分利用了矮小基因降低饲料消耗，节省饲养空间，提高饲料转化效率的伴性遗传性状。

（2）培育出国内外唯一的黄麻羽白壳蛋鸡新品系，与褐壳蛋鸡配套出饲料转化效率高、生活力强的粉壳蛋鸡。

（3）培育出具有伴性性状的浅芦花羽新品系，与黄麻羽地方鸡配套的后代可羽色自别雌雄，两系配套生产土种蛋鸡，三系配套生产优质肉鸡。

该发明研究的核心品系已选育 5 个世代，相关研究获省科技进步二等奖 2 项、三等奖 1 项、省级鉴定成果 2 项、省级标准 2 项；GenBank 登录序列 8 个；发表论文 52 篇，专著 1 本；授权发明专利 5 项，另有 7 项公开，培育具有自主产权新品系 8 个。2004 年 1 月至 2007 年 2 月期间，合作企业共推广优质肉鸡和土种蛋鸡苗 1.08 亿只，带动 7 927 家农户获利 5.5 亿元。

2009 年

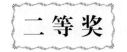

二 等 奖

人造板优质高效胶黏剂制造及应用关键技术

主要完成单位： 北京林业大学

主要完成人： 李建章、雷得定、于志明、陈红兵、李黎、周文瑞

获奖等级： 国家技术发明奖二等奖

成果简介：

该项目属于林业工程科学技术领域，与林业产业的技术水平、经济和社会效益密切相关，对发展资源节约、环境友好型木材加工业作用重大，直接影响林业的可持续发展及人居环境质量，对我国生态文明建设具有重要意义。

主要技术内容：该项目技术发明攻克了人造板胶黏剂制造及应用关键技术难题，创造性地解决了长期困扰我国木材加工业发展的人造板环保、性能及成本之间的矛盾。

（1）发明了甲醛高效活化技术，并与脲醛树脂分子结构调控技术有机结合，制备出分子结构稳定的低游离甲醛含量改性脲醛树脂。采用特种活化物质激活甲醛，在脲醛树脂合成时，降低反应活化能，提高甲醛反应活性；在脲醛树脂固化时，促进甲醛与树脂中氨基、亚氨基以及木质材料中羟基等官能团快速反应。同时，采用分子结构调控技术，控制树脂结构中 Uron 环、羟甲基等基因数量，有效降低人造板甲醛释放量。

（2）发明了以多元酸与多元胺为主成分的聚合物基、低成本高效甲醛消除剂制造技术，充分保证了甲醛消除效果和人造板力学性能。

（3）发明了具有甲醛消除功能的细木工板芯板制造技术，有效解决了细木工板甲醛释放量高的问题。

（4）发明了生物质蛋白活化技术，利用生物质部分替代酚醛树脂，节省了化石原料，降低了生产成本。

（5）发明了高保水低毒脲醛树脂、酚醛树脂制造技术，提高了胶合板预压性与产品合格率。

授权专利情况：获发明专利授权 8 项，实用新型授权 5 项。

技术经济指标：

（1）改性脲醛树脂游离甲醛含量 $0.05\% \sim 0.2\%$，人造板产品甲醛释放量降低 40% 以上，纤维板、刨花板甲醛释放量＜5 毫克/100 克，胶合板、细木工板甲醛释放量＜0.3 毫克/升，达到 E0/F＊＊＊＊级。

（2）减少纤维板和刨花板施胶量 10 千克/米³ 或木材消耗量 30 千克/米³ 以上，降低生产成本 15 元/米³ 以上。

（3）产品物理力学性能达到国家标准优等品要求。

（4）生物质蛋白替代率达 40%。

（5）胶合板合格率 97% 以上。

应用推广情况：项目技术发明通过产学研紧密结合，已在我国 26 个省（自治区、直辖市）230 多家大中型企业实施推广。近 3 年来，应用该项目技术仅在大亚人造板集团（亚洲最大的人造板生产企业）生产纤维板 310 万米³，刨花板 70 万米³，产品附加值大幅度提高，新增利税 8 亿多元。全国总计生产纤维板超过 2 600 万米³，约占纤维板总产量的 30%，企业降低生产成本超过 4 亿元，新增利税 30 多亿元；总计减少甲醛排放量 1 700 多吨（不包括人造板生产车间的甲醛排放），减少胶黏剂耗量超过 10 万吨、木材耗量超过 30 万米³，产生了巨大的经济和社会效益。

该项目技术发明使用改性脲醛树脂胶黏剂生产 E0/F＊＊＊＊级人造板，属于国内外首创，技术思路和方法创造性突出，技术独特，总体技术水平及主要技术经济指标达到国际领先水平，并已实现大规模生产与推广应用，取得了显著经济、社会效益。该项目技术发明对促进人造板行业科技进步作用巨大，发展前景广阔。

鸡分子标记技术的发展及其育种应用

主要完成单位： 中国农业大学

主要完成人：李宁、杨宁、邓学梅、胡晓湘、吴常信、黄银花
获奖等级：国家技术发明奖二等奖
成果简介：

分子标记技术是最新一代动物品种改良技术，20世纪90年代中期首次应用以来，已经显示出前所未有的遗传改良进展，是当今世界动物育种产业竞争的前沿和制高点。

该项目在"863"等计划的支持下，历时15年，发现了可用于鸡生长、脂肪、肉质、抗病等重要性状改良的分子标记，开发了相应的诊断试剂盒，在国内9家蛋鸡和肉鸡育种龙头企业中推广应用。特别是性连锁矮小基因和慢羽基因研究成果的产业化，为我国蛋鸡新品种成功育成提供了重要的理论指导和分子育种方法。该项目还发展了国际先进的基因精细定位和基因功能验证技术体系，建立了高通量分子标记检测技术平台，为我国鸡分子标记技术的持续创新奠定了重要基础。

主要成果：

（1）利用性连锁矮小和白血病抗性基因诊断技术，培育了我国蛋鸡新品种（系）。首次克隆和精细分析了性连锁矮小基因，该基因是国际上公认为对畜禽生产具有重要影响的单基因之一，对节粮型蛋鸡的育成与推广发挥了重要的作用。精细鉴定了慢羽基因的内源性病毒插入位点，发现了其对白血病遗传抗性的特点，发展的分子育种方法成功培育了京白蛋鸡抗病新品系。农大3号小型蛋鸡和京白蛋鸡配套系已累计推广12亿只以上。

（2）利用重要生产性状的分子标记技术，加快了我国优质肉鸡的培育进程。开发了鸡脂肪、生长、肉质等优势基因检测和配合力预测的分子标记试剂盒，获得了发明专利，相关技术均在国内龙头育种企业推广应用，对我国优质肉鸡的选育提高发挥了重要的作用。

（3）开发了一批高通量分子标记技术，发现了一批影响品种特征性状的基因或标记，为我国地方优良鸡种的选育提高和特征保持提供了有效的分子育种方法。发现了影响体重、胫长等性状的120多个新的QTLs，精细定位了我国地方品种特征性状丝羽、多趾、缨头、玫瑰冠、毛脚等的基因座位，获得了高度准确的可用于育种的分子标记。建立了基因组扫描、大规模SNP分型、多标记聚合分析等高通量分子标记检测技术，建立了国际上规模最大的鸡资源群体和国际上基因组覆盖率最高的鸡BAC文库，所建立的遗传资源与分子标记技术平台为提高我国鸡分子育种技术的国际竞争能力提供了支撑。

项目已申请10项国家发明专利，1项国际发明专利，其中3项获得授权。7项分子标记技术在亚洲最大的蛋种鸡企业——北京华都峪口禽业公司，全国最大的优质肉鸡育种和生产企业——广东温氏食品集团等9家龙头育种企业中应用。根据2006—2008年的应用效果，经中国农业科学院农业经济与发展研究所测算，每年新增收益1.9亿元。已发表国内论文183篇，被引用1029次；发表SCI论文72篇，其中32篇发表在本学科领域TOP15％期刊上，被引用284次，包括*Nature Review Genetics*等杂志的论文也进行了引用。部分研究成果在2002年、2005年由北京市科委组织专家进行了鉴定，一致认为所获成果达到该领域国际领先水平。2006年，部分成果获得教育部自然科学奖一等奖。

◆ **2010 年**

二 等 奖

棉花组织培养性状纯化及外源基因功能验证平台构建

主要完成单位：中国农业科学院棉花研究所
主要完成人：李付广、张朝军、武芝侠、刘传亮、张雪妍、李凤莲

获奖等级： 国家技术发明奖二等奖

成果简介：

组织培养是棉花转基因的基础。培养体系不稳定、重复性差；转化效率低、周期长一直是困扰棉花转基因的技术瓶颈。棉花属常异交作物，未选出纯系。培育品种时，育种家主要关注株型、产量等性状，其表型往往一致，但"（愈伤组织）分化和（植株）再生"等组织培养性状由于无法得到关注，种子间总存在差异，是技术瓶颈的根源。传统组织培养常以棉花无菌苗下胚轴等为外植体建立培养体系，这一过程导致个体丢失，无法得到"分化和再生"性状一致的背景材料，瓶颈问题难以克服。要提高转基因效率，就要摒弃传统组织培养体系，建立既能纯化"分化和再生"性状，又能避免绝种的新型组织培养体系。

（1）阐明了棉花组织培养分化率的遗传规律。以易分化品种和不分化品种为亲本构建遗传群体，进行组织培养试验，利用主-多基因模型对群体亲本、F_1、F_2、$F_{2:3}$ 五世代单株进行联合分析，发现分化率主要受两对主效基因控制，遗传率达 74.68%～83.22%，表明：通过定向选择可获得高分化率遗传材料。

（2）获 3 项发明专利，使棉花组织培养关键技术取得突破。"棉花叶柄组织培养与高分化率材料选育方法"专利，建立了棉花成熟组织——叶柄再生技术体系，为开展分化率遗传研究和纯化棉花材料奠定了基础；"一种棉花枝条扦插方法及其专用扦插生根剂"专利，可对高分化率个体进行无性快繁，获得大量同质材料，用于组织培养和转基因研究；"棉花再生苗生根培养方法及其专用培养基"专利，使直接移栽成活率由 30% 提高到 75.4%。

（3）依据遗传理沦，利用专利技术，获得了高分化率棉花组织培养纯系。利用叶柄进行组织培养，定向筛选高分化率材料，并通过自交获得后代种子。经反复试验，多代连续自交纯化和定向选择，棉花品种的"分化与再生"性状得到纯化，获得了分化率稳定在 95% 以上的组织培养"纯系"20 个。

（4）构建了外源基因在棉花上功能验证的技术平台。利用上述"纯系"进行遗传转化试验，筛选出转基因阳性率高达 76.4% 的高效转化载体（pBI121/131），构建了外源基因在棉花上快速功能验证的技术平台。利用纯系下胚轴转基因，转化率平均为 32.9%，是原来的 2.88 倍；利用叶柄转基因，转化率平均为 51.8%，是原来的 4.5 倍；转化周期由 8～12 个月缩短到 5 个月左右。该平台为北大、清华、中科院、中国农科院等 17 个单位 24 个实验室验证纤维品质、抗病虫、耐旱碱等候选基因 156 个，明确具有功能的基因 26 个（占 16.7%）。

（5）创造了显著社会经济效益。验证 156 个基因，为上游单位节约了大量经费。同时创造了有应用价值转基因材料 2 000 多份，其中 865 份已上交国家中期库（相当于已保存材料的 1/10）。经中国农科院棉花所 7 个育种组应用，育成中棉所 47、50、52 等 24 个新品种（3 个品种已获新品种权）。其中，sGK9708、sGK221 等转基因材料经湖南棉花所、江西棉花所、河南农科院经作所、浙江大学、河北农大、山东农大等多家单位进一步引用，又衍生出湘杂棉 6 号、赣棉杂 11、豫杂 37、浙杂 14、山农圣杂 3 号、农大 KZ06 等 20 多个新品种（系），社会经济效益显著。

人造板及其制品环境指标的检测技术体系

主要完成单位： 中国林业科学研究院木材工业研究所
主要完成人： 周玉成、程放、井元伟、安源、张星梅、侯晓鹏
获奖等级： 国家技术发明奖二等奖
成果简介：

我国人造板及其制品行业的制造与出口持续保持世界第一，已经成为国民经济的支柱产业之一。但人造板及其制品释放出的甲醛与 VOC 威胁人类健康。释放出的甲醛是高致癌物，且释放期长达 3～15 年；释放出的 VOC 会引起肺功能减弱、扰乱中枢神经、减弱抵抗力。而且释放的甲醛与 VOC 主要集中在人们的住所、办公及公共场所环境中。目前世界上有 90% 以上人造板使用醛类胶，尚未找到比醛类胶性能更优的替代品。各国用强制性标准来限定人造板及其制品中甲醛与 VOC 的释放量，规定释放量超标的产

品一票否决，不许销售。因此形势迫切需要我国人造板及其制品行业向"优质、高效"方面转化，才能保障人民居住与办公环境的安全和制造与出口大国的地位。

项目以释放量检测环境精度控制作为切入点，建立检测技术体系。监测与控制人造板及其制品产业链全过程的环境指标，解决行业向优质、高效转化过程中的急需问题，推动我国人造板及其制品行业的产业调整和技术升级。

项目发明人造板及其制品检测环境的动态精确控制技术，包括发明专利"人造板甲醛、有机挥发物释放量检测环境的动态跟踪控制系统"、"人工气候箱内气体温湿度的鲁棒跟踪控制方法"和实用新型专利"鲁棒跟踪控制法人工气候箱的气体发生装置"等项技术和装置。将动态条件下挥发物检测环境的温度控制精度由±0.5%提高到±0.1%，湿度控制精度由±3%提高到±1%，达到检测条件的时间由8～10小时提高到4～6小时，解决甲醛、VOC检测环境精度低和检测结果准确性、可靠性差这一世界性难题。研发出1米³甲醛检测仪、VOC释放量检测仪、甲醛释放量快速检测仪，大型高精度动态VOC检测室，进而颁布4项人造板及其制品检测仪器的国家行业标准，创建人造板及其制品环境指标的检测技术体系；项目发明人造板及其制品甲醛与VOC挥发规律的分析技术，包括发明专利"金属电沉积过程中基于神经元网络进行实时控制的方法"、"三维纹理模板的制作方法"和实用新型专利"用于制作三维纹理人造板模板的金属电沉积实时控制装置"等项技术或装置，研究其不同形状表面或结构有害挥发物的释放规律，为制定国家强制性标准提供科学依据；项目发明高精度检测仪器校准技术，包括发明专利"一种标准气体的动态配制系统"和实用新型专利"一种标准气体的动态配制系统"等项技术和装置，解决我国人造板行业的检测、分析仪器校准问题。同时开发出3类8个品种的检测仪器，6项产品的技术保持国际领先。获得7项国内专利，申报1项国际专利（已公布）。

建立4个生产基地，年产能力2 400台，产品均通过国家认证；已在国家人造板质量监督检验中心等20多个省（自治区、直辖市）近百家单位使用，负责人造板及制品释放量的检测、监督与仲裁。累计检测人造板及制品占我国总产量的3/4，项目获得经济效益4亿元。项目的建立促进产业结构调整、加速技术升级，保障环境安全，突破"绿色瓶颈"限制。项目核心技术获北京市科学技术奖一等奖、国家重点新产品证书、国家级星火计划项目证书；一项标准获中国标准创新贡献奖。

对虾白斑症病毒（WSSV）单克隆抗体库的构建及应用

主要完成单位： 中国海洋大学
主要完成人： 战文斌、姜有声、王晓洁、邢婧、绳秀珍、周丽
获奖等级： 国家技术发明奖二等奖
成果简介：

项目属于水产病害防治技术。

我国是世界第一对虾养殖大国，产量占全球的1/3以上，对虾养殖是带动沿海国民经济发展的支柱产业。自1993年对虾白斑症病毒（WSSV）病暴发以来，我国对虾养殖业遭受毁灭性打击，年最高损失达50亿元，严重制约对虾养殖业的持续发展。开展WSSV病的研究，消除其危害是恢复和发展对虾养殖业的重中之重，这不仅是科学研究的使命，也是产业发展的迫切需要。项目组对该病进行了16年的持续跟踪研究，构建了WSSV和对虾血细胞的单克隆抗体（单抗）库并对其进行了开发和应用，解决了该病的病原、流行、传播、检测、防控等关键问题，有力推动了我国对虾养殖业的健康发展。其主要发现及发明点如下：

（1）WSSV单抗库和对虾血细胞单抗库的构建。

①建立了WSSV粒子及其蛋白的分离纯化技术，首次成功研制出抗WSSV单抗，获得抗WSSV核衣壳、囊膜蛋白等的单抗1 096株。

②建立了WSSV的中和抗体筛选体系，获得中和单抗42株。

③以纯化的中和单抗为抗原，利用抗 WSSV 独特型抗体筛选和验证技术，研制出能模拟 WSSV 抗原表位的抗独特型单抗 45 株。

④发现了血细胞是 WSSV 的主要靶细胞，研制出抗不同类型血细胞、血细胞蛋白等的单抗 1 853 株。

⑤建立了 WSSV 的细胞受体抗体筛选体系，获得受体单抗 36 株。以此，构建了国内外唯一的 WSSV 单抗库和对虾血细胞单抗库，为深入研究 WSSV 病建立了新平台。

（2）WSSV 的单抗检测诊断技术。选择高效价、抗原结合位点不同的 WSSV 单抗，利用抗体标记，载体处理和蛋白芯片技术，发明了 WSSV 的：快速检测试剂盒；快速检测试纸，检测仅需 3～5 分钟，突破了其他方法检测至少 1 小时的极限；免疫检测芯片，实现了少量、多样品的平行检测。三项发明均具有现场、快速、简便、准确、灵敏、结果肉眼可见的优点。开创了普通养殖人员在现场即可实现快速检测 WSSV 的新局面。

（3）WSSV 的单抗阻断技术。集成印迹、共沉淀、亲和层析等现代免疫学技术，鉴定了 WSSV 的黏附蛋白和细胞受体。建立了体内外封闭和中和模型，用中和单抗、细胞受体单抗和抗独特型单抗封闭黏附蛋白和细胞受体，在原代培养细胞和螯虾体内实现了 WSSV 感染的有效阻断。

（4）单抗研究成果集成的 WSSV 病防控技术。基于单抗的研究成果，将消灭中间宿主，切断传播途径，早期现场实时检测，警戒温度期的高频高效增氧，健康苗种选择，合理混养等技术措施在养殖过程中配套衔接、集成应用，有效防止了 WSSV 病的发生、流行和传播。

阶段性成果曾获中国高校自然科学奖一等奖（2000 年），教育部自然科学奖二等奖（2003 年），山东省技术发明奖二等奖（2007 年）。获国内发明专利授权 4 项，受理 5 项；出版教材、专著 2 部；发表论文 50 余篇，其中本领域 SCI 主流刊物 12 篇，9 篇被 SCI 论文引用 87 次。近 3 年在对虾养殖示范企业累计应用面积 10.8 万亩，增加产量 4 721 吨，新增产值 2.82 亿元，新增利税 1.55 亿元，显示其具有巨大推广应用前景。项目不仅为 WSSV 病的分子感染机理研究和预防控制提供了理论依据，也为我国对虾养殖业持续健康发展提供了技术支撑。

国家科学技术进步奖

GUOJIA KEXUE JISHU JINBU JIANG

国 家 科 学 技 术 进 步 奖

GUOJIA KEXUE JISHU JINBU JIANG

◆ 2000 年

一 等 奖

高配合力、综合性状优良的玉米自交系 "黄早四"

主要完成单位：北京市农林科学院作物研究所、中国农业科学院作物育种栽培研究所
获奖情况：国家科学技术进步奖一等奖
成果简介：

高配合力、综合性状优良的玉米自交系黄早四是我国玉米杂种优势研究和利用领域应用最广泛的种质资源。

该项目最突出的创新点是早熟优异玉米种质的创新，挖掘了我国玉米种质中一个新的重要的杂种优势类群，丰富了我国玉米杂交优势利用的模式，成为迄今我国生命力最强的玉米种质。黄早四的早熟性是优于其他杂种优势类群的重要特色，填补了我国早熟优异玉米种质的空白，是我国影响最大的独特的玉米种质，其遗传基础截然不同于国内外其他重要的杂种优势类群。黄早四及其衍生系在我国玉米杂种优势主体模式中占有重要地位。黄早四及其衍生系与我国普遍应用的 Reid、Lancaster、旅大红骨等类群杂交，都能产生强优势组合，其丰产性、稳产性、抗倒性、抗病性都很突出，适应我国大部分地区。黄早四与多种类群杂交仍有很大潜力。黄早四与国内外同类型玉米自交系相比，具有以下的特点和先进性：

（1）突出的高配合力。黄早四产量和重要产量因素的配合力超过大多数国内外玉米骨干自交系。黄早四组配过 52 个强优势组合，大量双列杂交试验证实，黄早四的产量一般配合力高于国内许多常用亲本系以及国外系 Mo17、B37 等。黄早四早熟性的一般配合力高，有利于组配早熟杂交种。一般配合力的稳定性强，所以黄早四的杂交种适应性很强。

（2）黄早四集多种优良农艺性状于一身，是其他自交系无法比拟的。黄早四是我国难得的玉米矮花叶病（MDMV）优良抗源，被定为抗 MDMV 的标杆自交系。黄早四对其杂交种的 MDMV 抗性，起着至关重要的作用。黄早四对玉米萎缩病毒病免疫，同时抗青枯病，这些特殊抗性对减轻玉米生产中日益严重的病毒病、青枯病都有重要作用，具有重大现实意义。黄早四兼抗多种病害，其综合抗病性超过国内外绝大多数玉米亲本系。具有独特的形态、生理、生化性状，黄早四株型紧凑，双穗率高，而且遗传传递力强。与同生育期自交系相比，叶片数多，出叶速度快，单株叶面积大，这些性状有利于提高光能利用率。试验表明，这些性状与杂种一代产量呈正相关。黄早四根尖 RNA 酶活性高，有利于根系生长。

（3）黄早四的高配合力与综合优良农艺性状结合，成功地解决了玉米自交系选育中二者难以兼备的难题。

（4）黄早四创造了我国独特的早熟玉米杂交优势类群。

黄早四是我国玉米育种利用率非常高，成效非常大的自交系。

黄早四的衍生系目前已有 70 多个，其数目之多，应用之广，是国内外任何一个自交系所不及的。其中一部分具有较高的配合力，如文黄、D 黄、黄野四等。黄早四组配的推广杂交种数目和累计推广面积超过其他国内育成以及外引亲本系。由黄早四组配的杂交种通过省级审定的 43 个。黄早四育成不久即广为利用，20 世纪 80 年代，一大批以黄早四为亲本的新杂交种在全国和省市区试及大面积生产中表现十分突出，产量、抗病性、适应性显著超过非黄早四杂交种，比对照种增产极显著，增产幅度达 15%～30%。黄早四具有很强的适应性，遍布 21 个省（自治区、直辖市），尤其是占全国玉米播种面积 1/3 的黄淮海流

域，黄早四杂交种主宰了玉米生产，加速了玉米品种更新换代，大幅度提高了玉米产量。黄早四杂交种从 1984 年至今，每年一直保持在 200 万公顷以上，高峰年（1989 和 1991）达 400 万公顷。1982—1997 年累计推广 0.48 亿公顷，按亩增产 25 千克计算，共增产粮食 179.4 亿千克，平均每年增产 11.2 亿千克，净增经济效益 28.42 亿元。

黄早四的育成及广泛利用，推动了我国玉米育种事业的发展，极大地丰富了我国玉米种质资源，创造了我国独特的、利用率高、应用范围广、成效大的杂种优质类群。黄早四的育成促进了以黄早四为基础材料，选育改良系的工作，进一步拓宽了黄早四的利用范围。以黄早四衍生系组配的 30 多个杂交种已通过审定，累计推广 0.2 亿公顷。黄早四的育成奠定了紧凑型玉米育种的基础，促进了玉米栽培学科的发展。以黄早四为亲本之一的系列紧凑型玉米杂交种的推广，促进了玉米栽培学科的发展，推动了耕作制度的变革。对紧凑型玉米形态、生理、群体调控等问题的深入研究，获得了多项成果，并应用于生产，创造了高产典型，促进了大面积高产。良种良法配套，为我国自 20 世纪 80 年代中期以来玉米产量大幅度提高作出了巨大贡献。

二 等 奖

湘研系列辣椒品种（湘研 1～10）的推广

主要完成单位： 湖南省蔬菜研究所
主要完成人： 邹学校、周群初、戴雄泽、李雪峰、马艳青、苏争艳、何青、刘虎、左宁、曾令明
获奖情况： 国家科学技术进步奖二等奖
成果简介：

湘研系列辣椒品种（湘研 1～10）的推广属园艺学蔬菜领域。

该项成果主要是以种子为载体，将科技成果转化为生产力，应用于农业生产，帮助农民脱贫致富和丰富城乡居民菜篮子。在项目的实施过程中，组织了除台湾省外的全国 31 个省（直辖市、自治区）的有关科研推广单位的协作攻关，对许多技术和推广措施都有重大改进和创新：首次提出在不同生态环境穿梭提纯生产原种和原种的生态穿梭法，即根据辣椒不同产区的不同生态条件，在多种生态条件下选择亲本的经济性状、抗性，从而克服了单一生态条件下选择压力小的弊端，按不同年份的气候、栽培措施、隔离条件、选择标准不同和多世代选择容易发生遗传漂移等造成不同的世代特征特性不一致，制定了一次足量繁殖，减少繁种世代的策略，避免了杂种一代不一致的现象发生。通过改进采粉、去雄和标记等杂交技术和栽培技术，大幅度提高了制种单产和质量，在我国不同生态区域建立了海南、华东、华北、西北、东北五大制种基地，并开辟了越南、缅甸等制种基地，为大规模制种奠定了技术基础。针对在湖南高温潮湿条件下，传统方法贮藏辣椒种子寿命短、效果差的难点，发明了双层聚乙烯薄膜袋加硅胶常温贮藏法，可安全贮藏种子 3～4 年，并利用西北的气候条件，异地低成本贮藏种子。利用苗期黄化标记性状和 RAPD 技术鉴定种子纯度，快速而准确，为湘研品种大面积推广应用提供了质量保证，采苗期黄化标记性状技术鉴定种子纯度，只需 7 天时间，与芽率试验同时进行，不需增加费用，吻合度达 100%，采用 RAPD 技术吻合度达 99%，费用同常规方法。建立了覆盖面广、高效而完善的营销网络，根据市场经济的要求在全国建立了经济高效的 85 个连锁店，数千个销售点，制定了一系列的营销策略。建立了详尽的育种材料、种子质量和种子销售数据库，实现了种子产、检、销电脑化管理。创立了著名的"湘研"品牌，据湖南省会计事务所评估，湘研品牌的无形资产达 1.4 亿元。

该项成果选育了 5 个辣椒新品种湘研 2 号、湘研 7～10 号。湘研 2 号早熟丰产，克服了一般早熟品种产量低、商品性差的缺点，单产一般在 45 吨/公顷左右，产值逾 60 000 元/公顷，较同类品种增收 10% 以上。湘研 7 号一般产量 45 吨/公顷左右以上，较同类品种增产 15%。湘研 8 号单产 67.5 吨/公顷左右，较

同类品种增产 11％，解决了北方甜椒普遍不抗病的难题。湘研 9 号的选育填补了我国早熟耐贮运辣椒空白，产值 75 000 元/公顷。湘研 10 号晚熟性好、丰产、商品性佳，是我国目前最适于秋延后的牛角形辣椒品种，单产 75 吨/公顷左右，产值可达 15 万元/公顷，较同类品种增收 20％以上。

该项目已执行 4 年，累计推广面积 120 万公顷，占国内同类品种种植面积的 60％以上，取得直接经济效益 1.15 亿元，新增社会产值 115.61 亿元，居国内同行榜首。在国外 35 个国家试种获得成功，表现良好，已在越南、缅甸、巴基斯坦和马来西亚开始大面积种植。据亚洲及太平洋种子协会调查报道，湘研辣椒品种是世界上种植面积最大的辣椒品种。湘研辣椒品种的迅速推广，探索了一条适合我国国情的良种科研、生产、推广、经营产业化的模式，推动了我国蔬菜生产良种化和种子产业化的进程，综合技术水平达到国际同类工作的先进水平，其中种子生产和数量、推广速度和面积居世界首位。

北方土壤供钾能力及钾肥高效施用技术研究

主要完成单位： 中国农业科学院土壤肥料研究所、山东省农业科学院土壤肥料研究所、辽宁省农业科学院土壤肥料研究所、河北省农业科学院土壤肥料研究所、吉林省农业科学院土壤肥料研究所、河南省农业科学院土壤肥料研究所、黑龙江省农业科学院土壤肥料研究所

主要完成人： 金继运、刘荣乐、程明芳、张漱茗、雷永振、邢竹、吴荣贵、吴巍、杨俐苹、孙克刚

获奖情况： 国家科学技术进步奖二等奖

成果简介：

我国是钾肥资源十分紧缺的国家，当前农业生产中施用的钾肥主要依靠进口。20 世纪 80 年代初大量科学研究表明，我国华北、西北和东北三大农业区中，绝大部分土壤的供钾能力都是较高的。同时大量田间施钾肥试验表明，当时钾肥在北方绝大部分地区和大部分粮食作物上均未表现出增产效果。但是，随着农业生产的发展，尤其是在 20 世纪 90 年代以后，北方地区农业生产中土壤缺钾、生产中施钾和施钾增产的报道逐渐增多，北方各省农业生产中钾肥的施用量也逐年增加。但是，对于当前北方土壤的钾素状况和供钾能力，以及北方主要作物施用钾肥的肥效和施用技术，至今仍缺乏系统而深入的研究。因此，面对当前北方农业生产实际，明确我国北方土壤钾素状况和供钾能力，探明北方农作物的钾肥施用效果，建立北方各种作物的钾肥高效施用技术，摆脱当前北方钾素应用研究远落后于生产的局面，克服钾肥的分配和施用上的盲目性，避免资源浪费，是关系到我国北方农业持续发展的重大课题。

该项研究的主要技术内容是：通过在我国北方农区选取 8 500 个代表性耕层土样，用联合浸提剂提取分析土壤速效钾含量，摸清了我国北方土壤速效钾现状，并首次应用地理信息系统（GIS）和相应的软件，研制建成了"中国北方土壤钾素地理信息系统"（NCSKIS），以县级为单位按行政分区绘制出"北方土壤速效钾含量图"，可直接用于指导我国北方农业生产上的施肥管理。从北方选出 25 个代表性土壤深入研究了土壤钾素形态及其植物有效性和北方土壤钾的释放、吸附和解吸过程的动力学特征，以及土壤对外源钾的固定能力。发现北方土壤供钾能力及供钾潜力自西向东有明显降低的趋势，在连续种植条件下非交换性钾和矿物钾对植物钾素吸收的贡献最大，证实了矿物钾是植物钾素吸收的重要钾源。土壤钾素动力学研究揭示了土壤各形态钾转化过程可用一级反应动力学方程拟合。利用土壤钾的释放和解吸动力学参数可以很好地表征土壤的供钾能力，研究揭示了我国北方土壤交换性钾和非交换性钾的释放速率和总释放量自西向东逐渐下降，而对外源钾的固定能力则自西向东逐渐增加，这些土壤钾素研究成果具有重要的理论价值和实用意义。利用盆栽试验和田间试验，结合土壤钾形态分级和土壤钾素动力学研究，对我国北方土壤的供钾能力进行了综合评价。在 197 个土壤的盆栽试验中，发现在近 3/4 的土壤上，缺钾已成为产量限制因子。应用大量田间试验的结果，研究确立了各主要作物在高产条件下需要施钾的速效钾临界值。在东北和华北的主要粮食作物上，不施钾减产 5％以上的速效钾临界值范围为 80～90 毫克/升，蔬菜、油料、纤维等喜钾作物减产 5％以上的速效钾临界值范围为 100～120 毫克/升。根据土壤供钾能力研究制定出了北方土壤速效钾六级分级标准，并对我国北方土壤的供钾能力按行政分区和土壤类型进行了分级，以指导钾

肥用量推荐和土壤供钾能力分级。通过在北方 13 个省（自治区、直辖市）建立 25 个长期定位试验，揭示了北方主要种植制度下作物-土壤系统的钾素循环和平衡特征以及施钾肥和秸秆还田的调控效果和增产效果。研究发现，在不施钾肥时，华北地区小麦-玉米种植制下钾素年表观亏缺量在 134～258 千克/公顷；东北地区一年一熟玉米的钾素表观亏缺量在 68.7～101 千克/公顷；西北地区小麦-玉米轮作制的年表观亏缺量在 250～340 千克/公顷。秸秆还田能把作物从土壤中吸收的近 1/3 到一半的钾素归还回土壤中，对减轻钾素亏缺有一定的调控效果。施钾肥能使土壤-作物系统向钾素收支平衡的方向转化。该成果研究规模大，内容新，系统性强，在系统性和先进性上达到国际领先水平。

该项研究成果通过定位试验和 1 300 余次的田间试验和示范，明确了我国北方不同作物上的钾肥肥效现状，并建立了相应的钾肥高效施用技术。研究证明，在施用适量氮磷肥的基础上增施钾肥，东北和华北的主要作物均显著增产；而在西北地区，小麦和玉米上的增产效果不稳定。在新疆棉花上，施钾肥有明显的增产效果。在东北地区，春玉米施钾肥平均增产 24.7%，每千克 K_2O 平均增产 15.3 千克；大豆施钾平均增产 14.7%，每千克 K_2O 平均增产 3.4 千克；水稻施钾平均增产 15.7%，每千克 K_2O 平均增产稻谷 10.0 千克。在华北地区，水稻施钾肥平均增产 19.8%，每千克 K_2O 平均增产稻谷 17.7 千克；夏玉米施钾肥平均增产 19.4%，每千克 K_2O 平均增产 7.8 千克；小麦施钾平均增产 18.5%，每千克 K_2O 平均增产 5.9 千克；棉花施钾平均增产 15.7%，每千克 K_2O 平均增产皮棉 1.77 千克。花生施钾平均增产 20.5%，每千克 K_2O 平均增产荚果 5.3 千克。在各种蔬菜、西瓜、甜菜、向日葵、亚麻、苹果、梨、葡萄、猕猴桃等果蔬经济作物上施用钾肥也获得了显著的增产效果，平均增产 8.95%～36.2%。该成果建立了东北春玉米、大豆、水稻、甜菜、向日葵、亚麻，华北水稻、夏玉米、棉花、花生、各种蔬菜作物、马铃薯、苹果、梨、葡萄等 38 种作物高产高效所需的适宜施钾量及氮磷钾比例，建立起相应作物高效施钾技术，还建立了华北地区不同轮作制的高产高效施肥制度。1993—1995 年，项目区内累计推广应用面积 295.16 万公顷，增收 15.8 亿元；1996—1998 年推广应用面积 881.17 万公顷，增收 53.7 亿元，1996—1998 年获纯经济效益 37.6 亿元。同时，钾肥的合理使用明显地减少了蔬菜等作物收获部分的硝酸盐含量，提高了氮肥利用率，减少了氮素损失及其对环境的不良影响。

优质高产早熟大果花生新品种豫花 7 号

主要完成单位：河南省农业科学院、开封县第一职业高中、河南省经济作物推广站、安徽省种子总公司、河南省种子管理站

主要完成人：张新友、汤丰收、狄先、任春玲、夏英萍、马淑琴、董文召、殷冬梅、葛秀荣、梁尼亚

获奖情况：国家科学技术进步奖二等奖

成果简介：

优质高产早熟大果花生新品种豫花 7 号是通过花生新品种的选育与推广，实现花生优质、高产、稳产和小麦、花生一年两熟双丰收的农业应用技术研究。

该项研究突破了高产育种中以伏花生系统及改良品种交配为主的亲本选配模式，直接选用蔓生型农家品种作为亲本之一，拉大了双亲的遗传距离，丰富了后代变异类型，使品种综合性状及抗逆性得到显著提高。直接利用蔓生型农家品种作亲本而培育出直立、高产、大果、早熟花生新品种，在我国花生育种史上尚属首例。在选种方法上正确运用派生系统法，维持扩大群体规模，适当拉长选种周期，分步骤选择性状，较好地解决了高产与早熟、早熟与大果的矛盾，实现了高产、早熟与大果等性状的有机结合。尤其是成功地克服了脂肪和蛋白质两个主要品质性状之间的负相关关系，使其综合品质居国内改良品种的领先水平。其整体研究水平达到国际先进水平。

该品种特点突出：

（1）优质。其籽仁蛋白质含量为 28.59%，比一般推广品种高 3～5 个百分点，脂肪含量为 54.62%，居目前推广品种的前列；脂肪、蛋白质总含量达 83.21%，为我国大面积推广品种所少有；人体所必需的

亚油酸含量达到 40.13％，高于国家"九五"育种攻关指标（37％）3 个百分点；荚果为标准的普通型，百果重 220 克，荚果大而且整齐，内种皮为黄色，符合外贸出口要求。

（2）高产。在参加河南、安徽、北京等地的各类试验中，分别比高产对照种鲁花 9 号和豫花 1 号增产 9.8％～23.79％和 11.8％～20.87％；在生产示范中，曾创造了 10 亩平均亩产荚果 575.4 千克、小面积单产 663.5 千克的河南高产纪录。生理学研究表明，该品种具有生长发育强、干物质积累快；根系发达、活力强；后期叶片抗衰老能力强、功能期长等高产的生理基础。

（3）稳产。具有抗旱、抗病、耐碱、耐缺铁黄化等特点。通过对试验资料的统计分析，豫花 7 号的稳产性居各参试品种之首；在省内外 8 年 52 点次的试验中，有 49 个点次表现增产，表明该品种对不同生态和气候条件具有良好的适应性。

（4）早熟。麦垄套种生育期 120 天左右，比鲁花 9 号、豫花 1 号、海花 1 号等大果品种早熟 5～10 天，非常适合小麦、花生一年两熟种植制度的要求，较好地解决了麦、油争地的矛盾。

该品种先后通过河南、安徽和国家农作物品种审定委员会审定以后，以育成单位为主组成了三农（农科院、农业厅、农大）协作的推广组织，通过加强配套技术研究、良种繁育、高产示范、技术培训等措施，加速其推广。目前该品种已成为河南的主导品种，覆盖全省花生面积的 40％以上，而且在河北、山东、安徽、湖北、江苏、北京等省市也得到了大面积推广。到 1999 年省内外累计推广 1 734.83 万亩，增产籽仁 36 032.42 万千克，增加经济效益 15.85 亿元。

玉米品种郑单 14（豫玉 18）选育

主要完成单位： 河南省农业科学院粮食作物研究所、河南省种子管理站、河南省长葛市科学技术委员会、河南省汝州市种子公司、安徽省种子管理站、四川省南充市种子公司

主要完成人： 王义波、王振华、王永普、张新、陆利行、魏振宙、李铁庄、房志勇、刘玉恒、贺华

获奖情况： 国家科学技术进步奖二等奖

成果简介：

玉米品种郑单 14（豫玉 18）选育是根据"竖叶、大穗、高产、优质、多抗、广适"的育种目标，以高配、抗病、耐旱的"独青"与高配、抗病的"E28"杂交，再与高配、穗大行多的"旅 9 宽"杂交，育成了高配、抗病、耐旱、穗大行多、花粉量大的优良自交系"郑 22"。选用最优的"改良 Reid×旅大红骨群"的杂交模式选配亲本，以改良 Reid 群外引系掖 478－31（后改为 478 优）做母本、旅大红骨群自育系"郑 22"作父本杂交育成了郑单 14。1996 年通过河南省审定，命名为豫玉 18，1997 年由国家"后收购"，1998 年通过安徽、甘肃、宁夏和国家审定。

该品种的特点是植株中低，株型结构合理，竖叶大穗；干物质积累前期快，中后期稳，总量大且分配合理，经济系数高，氮代谢水平高，后期叶功能强，衰老慢；生理、生化代谢协调。抗大斑、穗粒腐、青枯、丝黑穗、弯孢叶斑、灰斑等多种主要病害，抗倒、抗旱；穗长 20～25 厘米，穗粗 5.5～5.6 厘米，多为 16 行，每行 38～45 粒，千粒重 320～350 克；黄粒，品质好，蛋白质含量 11.4％，赖氨酸含量 0.33％，分别比普通玉米品种高 14.2％和 10％，脂肪 4.2％，淀粉 70.28％。中熟，郑州夏播生育期 97 天左右，适合我国 20 多个省（自治区、直辖市）种植。

郑单 14 1993—1994 年在河南省玉米区试中平均亩产 543.8 千克，比沈单 7 号增产 17.6％，居首位。1994—1995 年在全国夏玉米区试中平均亩产 450.2 千克，比掖单 13 增产 12.4％，也居首位。在安徽、宁夏、甘肃、浙江省区试和生产试验及全国 20 多个省试验示范中均增产显著，居第一、二位。该品种大面积亩产在 500 千克左右。在河南省"燎原推广计划"的强力推动下，该品种在全国 25 个省（自治区、直辖市）已累计推广了 7 000 多万亩，增收玉米 35 亿多千克，创社会经济效益 35 亿多元。其中河南 1998、1999 年均种植 1 000 多万亩，约占全省玉米面积的 1/3，成为河南第一大主栽玉米品种。

保护地番茄新品种中杂 9 号和中杂 8 号的育成

主要完成单位：中国农业科学院蔬菜花卉研究所
主要完成人：高振华、李树德、杜永臣、朱德蔚、冯兰香、王孝宣、戴善书、陈新伟、杨翠荣、严准
获奖情况：国家科学技术进步奖二等奖
成果简介：

　　该项目针对我国番茄保护地生产和市场需求，以及主要病害的发生情况，根据地理远缘杂交优势原理、主要性状显隐性遗传规律及优势性状互补原理，运用添加杂交、多代自交分离、系统选择、人工苗期接种抗病性鉴定等方法，育成了含有多种抗病基因、且配合力好的 4 个自交系和两个优良的保护地用一代杂交种：中杂 9 号（粉果）和中杂 8 号（红果）。中杂 9 号先后通过河北省、天津市、北京市和全国农作物品种审定，并在 1995—1997 年全国保护地番茄新品种区试中，总评超过佳粉 15、辽粉杂 1 号等品种，名列第一。中杂 8 号通过山西省农作物品种审定，并于 1997 年被评为国家"九五"攻关第一个"后补助"的番茄品种。

　　这两个品种为无限生长类型，普通叶，叶量中等，大果，属中早熟品种。其共同的特点是：复合抗病性强，含有 $Tm-1$、$Tm-2a$、$cf-5$ 和 $I-1$ 基因，高抗番茄花叶病毒（ToMV）0、1、2 和 1.2 株系，中抗黄瓜花叶病毒（CMV），高抗叶霉病 1.2.3.4 生理小种和枯萎病生理小种 1。耐低温弱光能力强；品质优良，畸形果率和裂果率低；丰产性好。品比和生产示范试验结果表明，在我国的保护地环境条件下，中杂 9 号和中杂 8 号在抗病性、耐低温弱光性、丰产性上优于荷兰品种 Caruso，在抗 ToMV 和畸形果裂果率低方面优于国内品种佳粉 15。前期产量比各地同类对照品种平均增产 30% 和 24%，亩总产增加 17.2% 和 18.1%，亩净增经济效益 18.9% 和 18.2%。经查新证明，同时抗 ToMV 的 4 个株系、中抗 CMV、抗叶霉病和枯萎病，且耐低温弱光的特性在国内外文献中未见其他番茄品种所具备。

　　中杂 9 号和中杂 8 号已分别成为喜食粉果地区和喜食红果地区保护地番茄生产的主栽品种之一。1994—1999 年，中杂 9 号和中杂 8 号已在全国累计推广栽培 201.74 万亩，净增经济效益 11.5 亿元。其中，1997—1999 年的最近 3 年，累计推广 162.5 万亩，新增经济效益 9.24 亿元。在今后的 3～5 年中，中杂 9 号和中杂 8 号仍将是保护地番茄的主栽品种之一，预计其累计推广面积可达 300 多万亩，具有重大的经济效益和社会效益。

广东水稻品种对白叶枯病和稻瘟病的抗性研究及其在抗病育种上的应用

主要完成单位：广东省农业科学院植物保护研究所
主要完成人：伍尚忠、徐羡明、霍超斌、曾列先、朱小源、杨祁云、林璧润、黄少华、刘景梅、刘智英
获奖情况：国家科学技术进步奖二等奖
成果简介：

　　广东水稻品种对白叶枯病和稻瘟病的抗性研究及其在抗病育种上的应用，是一项指导选育抗病品种的应用基础理论研究成果，该项研究是继"六五"期间的抗病性研究取得初步研究结果基础上，进一步找准主攻关键，锐意创新，在下述几个方面的主要科学技术内容，深入开展研究，取得显著成就。

　　抓住对制定抗病育种策略带有全局性指导作用的病原菌系（小种）致病类型及其变异分化规律作为主攻关键，进一步明确两个病害的病原菌系（小种）致病类型在全省各稻区的分布，从时空动态持续 10 年监测其动态变异情况，特别是掌握其优势种群随着品种布局的变化，取得较完整和系统的技术资料，为确定抗病育种的主攻目标对策，明确选择有用的抗性基因，制定战略决策作出重要的依据，其中在国内首次研究了稻白叶枯病病原致病类型小种 V，为全国率先提供了相关性技术资料，代表菌株和抗源种质，推动了全国菌系研究的开展，在全国稻白叶枯病菌系鉴定起到较大作用。

把单一抗性种质资源通过与地方品种杂交配组，克服了过去应用单一性抗源或系选在育种上带来的局限性，构建和推荐了"珍叶矮"等一批抗性好、适应性强的新型抗性种质（中间材料），与经济性状优异的品种配组，在选择上取得显著效果。此外，率先研究和利用具有持久抗病性特征的种质材料，推荐"三黄占 2 号"及"梅三五 2 号"等迅速应用于抗病育种，在短期内育成稻瘟病持久抗病性系列新品种，在南方稻区大面积推广应用，为今后研发持久抗瘟性育种奠定良好基础。

完善抗性鉴定技术，建立一套包括人工接种筛选、病圃鉴定、病区多点同步评鉴相结合，在选育抗病材料上结合选种圃筛选，从低代至高代汰选抗病丰产株系，病区多点验证和通过参加全省品种区域化终审等程序的评选技术规程，收到稳、准、快、好的效果。

多专业、多学科协作，评鉴和育成具有单抗或双抗的珍桂矮 1 号、特三矮 2 号等系列抗病丰产质优新品种 10 多个，在南方 8 省（区）推广面积达 499.36 万公顷，配合广东省农业厅实现以大面积应用抗病品种为主的综合防治措施，直接和间接取得社会经济效益 24.73 亿元，并减少农药残留污染，环境生态效益显著，此外，在指导优质稻抗病育种上也初见成效、育成的粳籼 89、粤香占和绿黄占等优质稻抗病新品种，已在生产上大面积推广应用，推进研发优质稻抗病育种的开展。

棉花远缘杂交新品种石远 321

主要完成单位：石家庄市农业科学研究院、中国科学院遗传研究所
主要完成人：赵国忠、冯恒文、李爱国、梁正兰、李增书、姜茹琴、眭书祥、赵丽芬、朱青竹、钟文南
获奖情况：国家科学技术进步奖二等奖
成果简介：

石远 321 是以 $\{86-1\times[(吉扎 45\times瑟伯氏棉)F_2\times ASJ-2]F_3\}\times$中 381 为亲本组合的棉属远缘杂交选育而成的棉花新品种。1997 年 1 月通过河北省品种审定，同年 7 月通过全国品种审定，1999 年通过新疆的品种审定。该品种被列入"国家级科技成果重点推广计划"。

该项成果的主要技术关键与创新点是：该品种是"陆地棉×海岛棉×瑟伯氏棉"种间的杂交，杂交亲本具有亲缘上的远缘性，为选育出突破性的品种创造了丰富的遗传基础。在方法上利用棉属两个棉种同时改良陆地棉，经过杂交棉喷（滴）保铃剂、幼胚离体培养、染色体加倍、南繁加代、病地与无病地异地选择，历经 20 个世代选育而成的新品种。该品种为远缘杂交品种，使野生棉特有的有利特异性状大量保留，所以表现出高产、优质、多抗、适应性广的特点，特别是抗病、抗棉铃虫、抗棉蚜等多抗性同时在一个品种中表现。石远 321 参加权威性的全国区试，两年平均籽棉、皮棉、霜前皮棉均居参试品种第一位，分别比对照中棉所 12 增产 12.6％、15.9％和 19.7％，示范结果都在 95 千克以上，新疆出现了亩产皮棉 252.7千克的高产纪录，是中棉所 12 作为对照品种以来产量潜力最大的一个品种。该品种同时参加黄河、长江、河北、新疆棉区区试，范围大，生态条件不一，气候条件差异大，石远 321 均表现比对照增产，多居首位，证明其稳产性好，适应性广。石远 321 一般增产 20％左右，在新疆棉区出现了皮棉亩产 252.7 千克的高产纪录，推广面积达 1397 万亩，经查阅国内外文献，未发现用陆地棉、海岛棉、瑟伯氏棉三元杂交选育出增产潜力大、多抗性好、应用面积大的新品种。

该项成果的主要特点和技术经济指标是：生育期 139 天，株高中等，茎秆坚硬，果枝上举，叶片中等大小，结铃性强，吐絮畅，铃重 5.16 克，子指 10.1 克，衣分 41.3％，霜前花率 85.4％。1993—1994 年黄河区试，霜前皮棉比对照中棉所 12 增产 19.7％，1994—1995 年省区试霜前皮棉比对照品种增产21.3％，一般亩产皮棉 95 千克以上，1999 年在新疆示范，出现了亩产皮棉 252.7 千克的高产田。国家区试鉴定，枯萎病指 4.4，黄萎病指 26.9，属高抗枯萎耐黄萎病品种，省区试鉴定抗黄萎病反应达Ⅱ级。山东棉花中心鉴定抗棉铃虫Ⅱ级，中国农科院植保所鉴定抗蚜虫达Ⅱ级。国家区试及省区试纤维品质测试平均结果：2.5％跨长 29.3 毫米，比强度 20.5 克/特克斯，马克隆值 4.5，品质指标 1 812，各项品质物理指标均符合国家攻关及纺织工业的要求。

该项成果自 1995 年示范推广以来，应用面积在全国发展速度快。1995 年 3 万余亩，1996 年发展到 70 多万亩，到 1997 年达到 400 余万亩，1998 年累计示范推广面积达到 1 007.7 万亩，1999 年扩大到 1 397 万亩，新增收皮棉 11 874.5 万千克，新增产值 15.8 亿元，获纯效益 15.6 亿元。特别是新疆南疆棉区，从 1996 年开始引种试验，到 1999 年已累计推广 189 万亩，同时在策勒县出现了亩产皮棉 252.7 千克的高产田，预计今后几年在新疆、江苏、河南等省（自治区）仍将有发展潜力。

谷子锈菌优势小种监测及谷子品种抗性基因研究

主要完成单位： 河北省农林科学院谷子研究所
主要完成人： 董志平、崔光先、甘跃进、高立起、谢剑峰、郑桂春、李青松、赵兰波、籍贵苏、刁现民
获奖情况： 国家科学技术进步奖二等奖
成果简介：

谷子抗旱耐瘠，旱薄地稳产，水肥地高产，是我国北方发展节水农业的理想作物，在农业产业结构调整中具有较强的优势。但 20 世纪 80 年代以来，谷锈病发生严重，据统计，1990 年仅盐山县 10 万亩谷子中，2 万亩绝收，6.5 万亩减产 5 成以上。类似现象在不同省、区时有发生。谷锈病的危害制约了谷子生产的发展。

防治谷子锈病最经济有效的措施是利用抗锈品种，抗锈品种缺乏的主要原因是缺乏抗源及其利用方法，但国内外对此研究极少。经十几年的努力，首次选出 6 个鉴别寄主，将我国谷锈菌区分为 7 群 32 个生理小种，明确了强毒性小种和优势小种的种类；并以骨干抗源和代表抗锈品种为辅助鉴别寄主，建立了谷锈菌毒性监测体系；首次将我国谷锈病常发区划分为华北夏谷锈病流行区和东北春谷锈病流行区，明确了不同区系的重病区，为抗锈品种合理布局提供了依据；建立了用强毒性小种鉴定抗源、用本区系的优势小种鉴定同一区系的谷子新品种的谷子抗锈鉴定体系，先后从 8 个国家近万份资源中鉴定出 52 份抗源，被全国育种单位应用后培育出 19 个抗锈新品种，成为我国谷子抗锈育种的骨干抗源。与此同时，还首次澄清了品种感锈性与可溶性糖含量呈正相关，与 4 种氨基酸含量呈负相关的抗性机理；明确了 11 份抗源的抗锈遗传规律、黄谷的抗锈基因分子标记 UBC504$_{634}$ 和 10 份抗源的亲缘关系；并对 7 份抗锈突出的抗源进行改良，选育出 16 个创新品系；还进一步明确了抗源与谷锈菌优势小种和强毒性小种之间的致病专化性关系。该研究已成为谷子病害的优势学科，对谷子抗锈育种学科的建立与发展起到了关键作用。

该研究受到国家谷子育种攻关专家组的委托，每年对国家区试、省区试材料以及全国各育种单位提供的新品系进行鉴定，共培育和鉴定出 33 个抗锈新品种。为了使其尽快在生产中发挥作用，课题组又与河北省植保总站积极合作，建立了"谷子抗锈新品种推广协作组"，累计技术培训 316 期，建立抗锈品种示范区和繁种基地 198 个，发专题病虫情报 31 期，并进行普及宣传，使谷子抗锈品种很快得到普遍应用。1999 年河北省抗锈品种覆盖率已达 91.8%，抗锈品种共在我国北方 8 省累计推广 7 299 万亩，使长期困扰我国谷子生产的谷锈病得到有效控制，谷子大面积栽培成为可能。目前在河北省中南部如巨鹿、冀州、新河、盐山、孟村、辛集、武安等地已形成千亩连片、百亩成方的谷子生产基地，谷子生产和小米加工已成为当地农业的支柱产业。2000 年以该研究为技术依托，又与威县人民政府签约，以谷子产业化为龙头，创办农业高新技术园区和现代农业示范区，使谷子抗旱耐瘠的优势得以充分发挥。为河北省农业结构调整、增加农民收入、培育我国特色创汇作物作出了突出贡献。

大穗型高配合力水稻优良不育系冈 46A 的选育和应用推广

主要完成单位： 四川农业大学、四川省农业厅
主要完成人： 黎汉云、刘代银、周开达、龙斌、李仕端、黄世超、李仁贵、杨林、朱建清、马均

获奖情况：国家科学技术进步奖二等奖
成果简介：

该项目属水稻杂种优势利用研究领域。育成了大穗型高配合力水稻优良不育系冈46A，组配出一系列重穗型，高产、稳产的中籼杂交稻，进一步提高了杂交水稻的产量。

该项目在杂交水稻育种中，首次采用典型的聚合杂交、早代配合力测定选育水稻不育系的新方法，即用具大穗地方良种马尾粘血缘的雅矮早保持系与珍汕97、二九矮与V41单交，再进行典型复交，早代配合力测定的技术路线，将优良基因聚合于一体，率先人工育成早籼大穗不育系冈46A。该不育系育性稳定，不育率和不育度达100％；异交率明显提高，其花时比珍汕97A早30分钟，柱头外露率为71.1％，其中柱头双外露率27.0％。生育期较长，株叶型好；冈46A的可恢性、产量一般配合力和特殊配合力极显著超过大面积生产应用的珍汕97不育系，品质亦略有改进。组配的系列杂交中稻在生产实践中表现高产、稳产、适应性广；冈46A所配系列组合，如冈优12、冈优22、冈优151、冈优364、冈优182、冈优527、冈优渝九、冈优1577和冈优669参加全国南方稻区区试，比汕优63增产2.97％～7.2％，其中冈优22、冈优151和冈优364已通过全国审定。通过四川省区试的冈46A系列组合19个，比汕优63增产3.11％～9.55％，通过省级审定组合18个，其中冈优22系四川、重庆、云南和贵州等第三次组合更替的骨干，冈优527系四川唯一达到超高产指标，比汕优63增产8％以上，在云南、贵州和南方区试中亦表现突出，依次增产18.4％、9.27％和6.48％，米质亦优于汕优63。

在冈型组合的推广措施方面，采取向省内外同行公开发放、无偿使用；依靠政府行为，将一些组合列入国家或省、地重点推广计划；通过冈D型杂交稻协作组在不同省、地进行系列高产栽培试验，以点带面的方法；建立三系原种和原种扩繁基地及时提纯复壮；加强应用推广技术的创新，拓宽应用的时空；印发科技资料，加强农技人员和农民的技术培训等六项措施。冈46A所配组合在1995年全国推广0.37亿亩的基础上，至1999年扩大到1.74亿亩，累计增收稻谷68.44亿千克，新增产值81.23亿元，增收节支94.43亿元，其中1997—1999年共计推广1.02亿亩，增收稻谷39.87亿千克，新增产值47.84亿元，增收节支55.19亿元，公司经营冈型种子的直接经济效益18.58亿元。随着1999年突破性组合冈优527等组合的试验成功，冈46A不育系在南方稻区的水稻生产将继续发挥骨干作用。据此，冈46A的育成、推广，丰富和发展了杂交水稻科学，为杂交中稻的育种、应用作出了重大贡献。

黄土高原昕水河流域生态经济型防护林体系建设模式研究

主要完成单位：北京林业大学
主要完成人：高志义、查多禄、齐宗庆、王久丽、朱金兆、谢京湘、火树华、吴斌、陆守一、任勇
获奖情况：国家科学技术进步奖二等奖
成果简介：

该项研究解决了"三北"防护林体系建设黄土高原类型区由"生态型"向"生态经济型"转换的关键技术问题。其防护林规范性规划设计技术体系以及适合不同类型区，以经济高效林业产业为核心的防护林营建技术体系整体上为实现"三北"防护林体系建设的可持续发展，具有重大指导和应用价值。

该项目从基本理论、科学内涵、技术界定等方面对生态经济型防护林体系作了深入的研究和阐述。以区域范围内的水土资源、气候资源、生物资源等生产力因素为基础，通过区域内产业结构调整，使防护林工程与区域的整体可持续发展融为一体，防护林工程则由多林种、多树种，以其多维结构，多样生态位合理配置，形成多功能多效益的防护林体系。构建了黄土高原昕水河流域生态经济型防护林体系规范性规划设计技术模式与方法系统，达到先进的可操作水平，其特点为：引用系统集成技术，统一管理生态经济型防护林体系建设中各种复杂的数据源，如空间数据、属性数据、结构化数据、非结构化数据、精确数据及模糊数据等；建立了基于GIS、RS、MIS、ES技术集成信息系统，实现了防护林建设中的生态系统中的生态系统诊断，土地质量评价，林种、树种结构配置以及区域经济优化（即产业结构优化）等；建立了涉

及土地类型、林种、树种、优化配置和栽培技术的知识库（2 600 余条），为防护林规划设计提供依据。在林业工程建设中率先应用以专家系统为核心的智能决策支持系统等先进科技手段取代传统的手工业式的防护林规划设计技术体系，从而大大提高了工程规划设计的质量、水平和速度。针对黄土高原发展林业经济具有突破口价值的经济林果（苹果、梨、核桃、仁用杏、枣等）的良种、旱作、丰产、稳产栽培管理研究解决了其关键的组装配套技术。其中包括：塬面旱作果园的良种、果园规范栽培、集水保墒、生长调节剂应用等 5 项技术；低产核桃园综合改造中的良种、改土、高接换优等 4 项技术；仁用杏引种、丰产、集流保墒、提早结实等 5 项技术；黄河河谷枣树的丰产栽培、优种选择、育苗、农林配置等 5 项技术；同时，引种成功拥有发展潜力的优良经济植物，如银杏、杜仲、冬凌草、月见草等。该项研究为当地形成优质、高效、高产、稳产的林果产业发挥了重要的科技支撑作用，从而为区域性防护林体系工程提供了经济支撑。研究提供区域性生态经济型防护林体系生态经济效益评价指标、方法和监测技术。应用 GIS、RS、MIS 和试区国家水文站，长期定位径流测站，测流堰及不同林分野外半定位动态测验等数据，建立了生态效益指标模型；提出区域性防护林体系全新的经济效益评价理论与可操作的方法体系，并建立了由主体指标和辅助指标组成的生态经济型防护林体系经济效益评价体系。在昕水河流域建成以上 4 项成果为主要内容的，区域性防护林体系总体规划布局的示范基地，林果专项试验研究基地，生态效益测验站、点等 3 项高科技含量的大型试验示范样板基地，总面积达 2 135 公顷。这样的示范试区在推广该项研究技术成果中发挥了重要的作用。

截至 1998 年底，该成果在山西省防护林 77 个重点县推广面积达 1 651 万亩，累计经济效益达 38.7 亿元。甘肃省定西地区林业技术推广站将九华沟流域列为本科研成果转化的联系点和示范点。国家林业局 2000 年编制的《长江上游，黄河中游地区 2000 年退耕还林（草）试点示范科技支撑实施方案》中将该成果列为大规模推广先进技术之一。

五倍子单宁深加工技术

主要完成单位：中国林业科学研究院林产化学工业研究所、重庆丰都康乐化工有限公司、四川省彭州天龙
化工有限公司、老河口市林产化工总厂

主要完成人：张宗和、黄嘉玲、秦清、王琰、李丙菊、徐浩、王连珠、陈文文、李东兴、郝援朝

获奖情况：国家科学技术进步奖二等奖

成果简介：

我国是五倍子的主产地，集中分布在长江中上游的山区，五倍子富含五倍子单宁，此类天然化合物经提纯、合成等方法可制取近百种精细化工产品，广泛应用在医药、化工、染料、食品、感光材料及微电子工业中，现已成为世界各国尤其是发达国家研究的热点。

五倍子单宁深加工技术是以天然资源为原料，以市场为导向，以高新技术为基础，以提高产品质量为重点，以效益为中心进行新产品、新工艺的开发研究。做到产品多样化，系列化，最终实现以低生产成本，高质量的产品参与国际市场竞争。该项目课题组针对国际市场的需求和国内生产现状，从 1994 年开始立项研究，经 4 年的努力，先后成功完成染料单宁酸新产品开发；焦性没食子酸生产新工艺；3,4,5-三甲氧基苯甲醛新工艺及没食子酸生产废水（废渣、废炭）回收处理技术 4 项重大科研成果。其主要特点是：

（1）染料单宁酸。根据国外市场需求（有定单）及相关质量标准进行研制，属国内首创，其技术达国际先进水平，建成年产 300 吨生产线。产品质量指标：比吸光度≥420，没食子酸含量≤70%。

（2）焦性没食子酸新工艺。根据国内外现状，成功研究出以新型催化剂脱羧为核心；以新型精制方法制取高级别产品为特点的焦性没食子酸新工艺，其技术居国际领先水平。建成年产 250 吨生产线，是目前世界最大生产厂。产品指标：含量≥99.8%，熔点 132～136℃，水分≤0.5，铁≤0.5 毫克/千克，钠≤0.5 毫克/千克。

（3）3,4,5-三甲氧基苯甲醛新工艺。采用五倍子代替传统单宁酸做生产起始原料，采用水合肼回收技术，以降低生产成本。采用精制新工艺使产品含量达到99%。建成年产150吨生产线。产品质量指标：含量≥99%，熔点73～75℃。

（4）没食子酸生产废水（废渣、废炭）回收处理技术。采用分离技术将废水、废渣、废炭中的有效成分回收，变废为宝。其技术具有投资小、风险小、见效快、效益显著的特点。建成年产处理4 000吨废水；400吨废渣、废炭生产线，解决了"三废"对环境的污染。

上述研究成果已实现产业化，并产生显著的经济和社会效益。新增利润1 131.6万元，新增税收363.6万元。同时，五倍子单宁深加工技术已为五倍子单宁加工企业带来了活力，经过几年的生产考核，市场的验证，它对改变目前五倍子单宁企业产品积压、经济滑坡的被动局面起着全局性作用。该技术的实施使百万农户脱贫致富、几十家乡镇企业和国有企业振兴发展、几万吨中国林特资源出口创汇，它紧紧地把资源种植、产品加工、进入国际市场3个环节联系在一起，是贫困山区一个难得的富民富县工程，同时对保护天然林起到良性循环作用。

杉木建筑材优化栽培模式研究

主要完成单位： 中国林业科学研究院林业研究所、福建林学院福建杉木研究中心、湖南省林业科学院、江西省林业科学研究院、贵州大学、南京林业大学、福建省林科院
主要完成人： 盛炜彤、惠刚盈、何智英、张守攻、陈长发、贺果山、童书振、马蔷、丁贵杰、叶镜中
获奖情况： 国家科学技术进步奖二等奖
成果简介：

杉木建筑材优化栽培模式研究属森林培育应用研究领域，是"八五"国家科技攻关短周期工业用材林优化栽培模式研究课题中的一个专题。项目根据攻关目标，围绕制定优化栽培模式，在4个杉木主要产区即雪峰山区、南岭山地、武夷山区及浙赣山地，进行了7个方面研究，即：不同产区主要产地类型杉木林分生长与结构模型，不同产区主要产地类型不同密度的生长效应与适于不同材种要求的密度管理技术，合理土壤管理与林木生长的关系，实生与萌芽更新生长与经济效果评价，不同产地类型、不同培养径级合理轮伐期，栽培经济效果分析与评价，林分经营模型系统研制。在此研究基础上，依产区、分产地并按培育目标，以内部收益率最大为标准，分别4个产区和4个产地指数级（14～20），提出了32个优化栽培模式。每个模式包括地位指数、培育目标、造林密度、整地方式、抚育次数、间伐次数、间伐年龄与强度、保留密度、主伐年龄等的优化组合，并给出了反映主伐材种的平均胸径、出材量及反映经济效果的内部收益率。专题针对杉木建筑材培育中存在的主要问题，如杉木人工林密度管理技术、整地方式与规格、轮伐期、萌芽更新与实生更新、栽培经济分析与评价及栽培（或造林）模式等，开展了深入而系统的研究，提出了解决这些问题的科学依据和技术基础，对以往杉木造林技术进行了大量改进，最终反映在优化栽培模式上，技术明确、具体、易于掌握操作。因此，该项成果除理论价值外，实用性强，无论单项技术的应用还是配套栽培模式的推广，对于杉木栽培技术和经济效果的提高，都有重要价值。32个栽培模式的内部收益率分别为14%～20%，仅整地规格的改进和采用低中密度造林，就可以大幅度地降低造林成本，据初步估算可降低成本1/3。按产地条件和培育材种确定保留密度和轮伐期也会带来可观的经济效益。

该成果的主要创新内容是：杉木人工林林分经营模型系统，是创新性的研究，在我国是首次研究这样的模型，而且首先在杉木专题获得成功；杉木人工林生长与收获模型系统比过去更加完善，并研制了更为先进而实用的模型，使模拟结果精度更高；整地对杉木人工林生长进程影响得到了新的结论，特别是关于时效性，是通过长期观测获得的；在较好的产地条件下，不必进行高标准整地的结论，也很有实用价值；分别在不同产区的10个试验点上，对林分密度（包括间伐）进行14～16年的系统观测；并分别对产地（14、16、18指数级）和培育目标（大、中、小径材）提出密度控制技术；在分析3种成熟龄及经济效果的基础上，分别对产地条件（14、16、18、20地位指数）和培育目标（大、中、小径材）提出合理轮伐

期；首次在人工林栽培上系统进行栽培经济分析与评价。

该研究成果已在世界银行贷款造林项目及各地的杉木造林中得到推广应用，面积达 36 万公顷。营造的示范林，已在 5 个基地中得到了辐射推广，面积达 9 300 公顷。

杨树介壳虫等干部害虫综合防治技术研究

主要完成单位：东北林业大学、大庆市林业局
主要完成人：刘景全、迟德富、邵景文、邓立文、马玲、张学科、李成德、严善春、胡隐月、刘宽余
获奖情况：国家科学技术进步奖二等奖
成果简介：

该项目属于森林保护领域的应用技术研究，是"八五"国家科技攻关专题之一，重点研究杨圆蚧、柳蛎蚧防治技术。

该项研究的主要技术内容包括：在寄生小蜂控制力评价及人工增强技术方面：首先，选用了能充分反映小蜂与蚧虫相互关系的生殖势能、生态亲和性、暂时同期化、密度反应、空间格局的一致性、搜索能力、分散能力、食物需求及习性、抗逆能力 9 项指标，对 12 种寄生小蜂的控制力进行了全面评价。经全面评价认为，长棒四节蚜小蜂和黄胸扑虱蚜小蜂是可以有效地控制杨圆蚧种群的优势寄生小蜂。在建立了小蜂蛹后期发育进度预测模型、小蜂与蚧虫密度制约数学模型及小蜂扩散模型的基础上，确定了释放小蜂控制蚧虫的放蜂量公式。经过蜂源地、蜂源树选择，放蜂地、放蜂树选择，蜂源采集、运输等，在千亩试验林中进行了小蜂助迁技术研究。经评价，小蜂在释放地安全定居，并有效地控制了害虫的种群，使之处于无害水平。该方法操作简便、经济。在红点唇瓢虫控制力评价及人工助迁方面：对瓢虫成虫和处于不同生态条件下的瓢虫幼虫捕食量进行模拟研究的基础上，根据试验林内蚧虫的虫口密度及蚧虫种群变动规律，拟合了瓢虫释放量公式，特别是拟合了防除寄生在红点唇瓢虫上的瓢虫隐尾跳小蜂条件下的放瓢量公式，使瓢虫释放量更加准确。在千亩试验林内释放瓢虫后，瓢虫稳定定居，并有效地控制了害虫危害。应用历史及气象资料，首次建立杨圆蚧和柳蛎蚧发生量与发生期预测模型，其准确率达到 85% 以上。在化学防治方面，采用无公害的昆虫生长调节剂作为主剂，并制成油剂及通用油剂，研制成噻嗪酮、氟幼灵、抑食肼、灭幼脲等昆虫生长调节剂的 5 个新剂型，所配各种油剂及通用油剂可以和天敌兼容，防治蚧虫的初孵若虫和固定若虫效果分别高达 95% 及 92% 以上，提高了对蚧虫的渗透力与触杀力，并改进施用方法、施药时间，避免杀伤小蜂及瓢虫，使化学控制、自然控制及生物控制达到协调。在天敌复合体种群结构方面，鉴定了 12 种寄生小蜂，描述了两种新种。首次建立了杨圆蚧综合管理专家决策系统。项目达到同类研究的国际先进水平。

该项成果已在黑龙江省大庆市进行了大面积推广应用。经 1992 年和 1993 年人工助迁寄生小蜂和红点唇瓢虫，1993 年寄生小蜂寄生率和瓢虫捕食率分别为 20.8% 和 51.2%，合计为 72.0%；1995 年寄生小蜂寄生率为 28.5%，瓢虫捕食率达 63.7%，两者控制率合计为 92.2%。经在千亩试验中进行防治研究，使千亩林中所有Ⅰ、Ⅱ、Ⅲ级虫害木均成为健康木。使林木平均蚧虫密度降低到 0.55 头/厘米^2，完全处于经济无害水平。综合防治样板林的每亩材积比对照林增加了 0.59 倍，经济效益提高 20% 以上。

红树林主要树种造林和经营技术研究

主要完成单位：中国林业科学研究院热带林业研究所、中国科学院南海海洋研究所、海南省东寨港国家级自然保护区管理处、广东内伶仃福田国家级自然保护区管理处、湛江市林业局、广东湛江红树林省级自然保护区管理站、湛江市林业科学研究所
主要完成人：郑德璋、廖宝文、郑松发、李云、张乔民、邱坚锐、宋湘豫、郑馨仁、刘治平、吴中亨
获奖情况：国家科学技术进步奖二等奖

成果简介：

红树林主要树种造林和经营技术研究为海岸湿地滩涂带红树林资源的恢复和发展提供裸滩造林、退化次生林改造、优良速生树种引种，以组建高产高效林带等生产上的关键技术及红树林护岸效益评价的量化指标。

主要技术内容及成果：

（1）造林配套技术。造林树种选择和优良种源的产地及采收时间、多类种实的不同贮藏方法、提高不同种实发芽率的措施和圃地选择及育苗方法、不同树种宜林地划分与提高造林成活及保存率的方法，提高林分生产力及防护林功能的种植技术。

（2）退化次生红树林改造的优化技术，包括改造树种及改造方式的选择，加速被改造林分发挥防护效益及提高生产力的改造管理调控体系。

（3）裸滩引种优良速生树种促进当地树种天然更新的快速发展红树林技术。

（4）红树林护岸效益的量化指标及其护岸机理。

主要技术性能指标：选择出 8 个优良乔灌木树种，提供其物候期、采种时间、种实处理和贮藏、圃地选择与育苗、各树种的宜林海滩及种植方法等造林配套技术。确定平均海面线以上至最高潮线之间的滩地为宜林地，据树种要求海水盐度及浸水深度不同的特性划分河口区、内湾区、湾口前缘区及宜林低滩、中滩、高滩，揭示树种分布的二维空间模式。首次发现并证实海桑种子为需光种子，采用适宜波长的光照及生长激素处理，提高种子发芽势 83.4％和 68.3％，缩短发芽时间 20～30 天。发现海桑和无瓣海桑种子发芽要求海水盐度必须低于 10‰及有效的育苗技术。提出海桑类和秋茄等短命种实贮藏的有效技术，贮藏一年后的发芽率尚达 80％和 55.5％。隐胎生胚轴经催芽处理后点播，提高成苗率 80％，采用合理的乔灌两层混交方式造林，净生产力提高 51％～203％；经研究证实，退化的桐花树和白骨壤灌丛，若不加以改造，将长期保留其低质量低功能林分结构，采用适宜方式及适度的间伐后引进当地优良乔木树种或外来树种，采取合理措施调节引进树种，实现在短期内促使退化灌丛复生，组成优良的两层高产高效红树林群落，解决了乔木种群对原灌丛的扰动效应、灌木环境对乔木种群的适宜度、乔木种群在灌木中定居与竞争等关键技术问题。发现用于改造的 3 种乔木耐荫能力为：木榄＞红海榄＞海莲，它们均能在退化桐花榈灌丛中定居和可持续性更新，证实角果木在特定乔木树种蔽阴下有显著促进效果，适用于组建乔灌两层结构的林分。用红海榄改造白骨壤灌丛比用木榄提早 2～3 年进入高效防护功能阶段，用无瓣海桑改造退化藻丛，在 2～3 年内便能进入高效防护功能阶段；优良速生的热带窄布种无瓣海桑和海桑经抗寒驯化后分别从海南省北移至福建省的九龙江口和广东省的深圳湾，作为前缘裸滩建群先锋种，促进当地树种天然更新，组建两层结构的高产高效的防护林带，无瓣海桑年高生长量可达 2 米，这是红树林北移的首创；首次提供了红树林护岸效益的量化数据及护岸机理。

上述技术成果提高了我国东南沿海防护林体系工程建设中的红树林营造与改造的工程质量，避免以往反复失败的损失，节约大量经济开支，对海岸带生态环境的优化，减少每年狂风恶浪冲垮堤岸毁坏农渔业生产造成的巨额损失，促进海洋生物滋生发展，保护了物种多样性。仅以试验点保护海堤节支、海产品增收、木材财产累积、旅游收益、育苗销售等项每年增收节支 650.85 万元，目前已推广造林 5 740 千米²，年增收节支达 4 295.61 万元。

刺槐建筑与矿柱材林优化栽培模式研究

主要完成单位：山东农业大学
主要完成人：梁玉堂、龙庄如、邢黎峰、张光灿、丁修堂、王哲理、李宏开、刘财富、左永忠、丰震
获奖情况：国家科学技术进步奖二等奖
成果简介：

刺槐建筑与矿柱材林优化栽培模式研究是"八五"国家攻关专题。研究成果属森林培育理论和技术应

用领域。主要通过优选刺槐人工林营造技术方案，并预测生长、出材量、经济效益及土地期望值，对现有刺槐人工林的经营管理提供科学的技术方案，其中刺槐人工林模拟系统 Robinia1.0 具有通用性，能修改参数，输入新的数据，可用于其他树种。

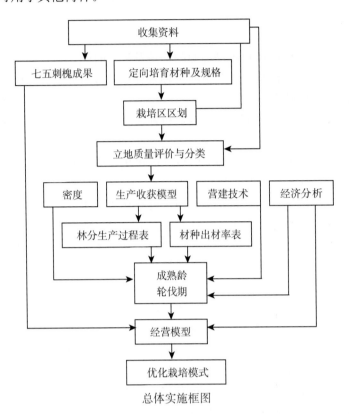

总体实施框图

为达到理想的实施效果，紧紧围绕定向培育和优化栽培模式主题，制定了科学的总体实施框图，确定了创新思路。其创新点就是把传统的栽培技术与计算机科学相结合，实现从定性到定量，从部分集成整体，从现实预测未来，使森林培育学的研究上一新台阶。该项研究在广泛调查我国刺槐栽培范围内（27个省、自治区、直辖市）现有刺槐林，并按定向培育要求在不同地区营建较大面积优良无性系刺槐试验林的基础上，按照调查、定位试验、生理测定、室内分析等相结合的方法，进行了大量的单项研究工作（调查标准地 1 462 块，解析木 892 株，多项树木生理指标测试数据）。从抗热、抗旱、抗寒等生理特性，研究确定了刺槐引种到我国已形成次生种源；完成了全国刺槐栽培区区划；编制了刺槐主要栽培区单形和多形立地指数表、数量化立地指数表，划分了刺槐立地条件类型；确定了刺槐林分生长收获模型；研究了刺槐无性系林分密度效应、萌生林生长和更新特性、连作对林地生产力的影响等。按照培育建筑、矿柱材的经营目的，分别确定了实生林、无性系林和萌生更新林的合理轮伐期。将取得的各项单项研究成果组装配套，运用计算机仿真技术研制出刺槐人工林经营模拟系统 Robinia1.0，再经仿真测试和优化，为刺槐主栽区筛选出 10 个刺槐建筑与矿柱材林优化栽培模式，内部收益率大于 15%。为便于研究成果的推广应用，还制作了刺槐建筑与矿柱材林优化栽培模式检索表和模式卡片，刺槐人工林经营数表（立地指数表、立地条件类型表、二元材积表、生长过程表、出材率表等），刺槐定向培育集约经营技术规范等。该项研究成果，在总体思路，把数学模型、计算机仿真技术等用于刺槐栽培技术等方面有所突破。研究成果达国际先进水平。

采用优化栽培模式营建刺槐人工林，可缩短轮伐期 10~15 年，每年每亩材积增长量为 0.2~0.3 米^3，并降低育林成本。该项研究成果已通过多种形式，在山东、河南、辽宁、安徽等省推广应用 350 万亩，年经济效益近亿元。由于刺槐是多功能树种，其生态、社会效益尤为显著。

猪口蹄疫病毒系统发生树及其应用

主要完成单位：中国农业科学院兰州兽医研究所
主要完成人：谢庆阁、赵启祖、刘在新、常惠芸、刘卫
获奖情况：国家科学技术进步奖二等奖
成果简介：

口蹄疫是由口蹄疫病毒引起的全球性动物烈性传染病，因该病发病急、传播快、发病率高，常防不胜防，其主要危害对象是牛、猪、羊等重要畜种，因此该病常严重干扰畜产品国际贸易和社会正常生活秩序。

国际上的口蹄疫以感染牛、羊为主。我国 20 世纪 60 年代中期以前也主要是牛、羊口蹄疫。但以后口蹄疫比例逐渐增大，至 80 年代已占 95％以上，这种情况一直保持到 1998 年。从 1998 年底开始，牛口蹄疫又突然上升，而且周边的日本、韩国等国家在维持了几十年无疫情状态后，于 2000 年相继暴发了牛口蹄疫。

为了查明口蹄疫病毒的来拢去脉，课题组采用分子进化学研究方法，分析了不同时期、不同地区的 100 多个病毒株和分离物的主要免疫基因核苷酸序列，比较了这些病毒之间、这些病毒与周边国家和国际参考毒株之间的核苷酸序列同源性，最后根据序列同源性程度绘成了第一个 O 型口蹄疫病毒分子系统树。

根据以上分子系统树的发现，对我国口蹄疫防疫措施的制订和兽医生物制品开发生产具有明显的科学意义：根据 30 多年来猪口蹄疫病毒均属同一基因型的发现，已研制成猪口蹄疫灭活疫苗（Ⅱ），并已正式列入我国兽医生物制品规程；根据 1999 年开始出现的新的牛口蹄疫病毒核酸序列的一致性，农业部已责成有关单位开发新的牛口蹄疫疫苗，并应急批准了该疫苗的生产和使用。今后如果有新病毒出现，一经核酸测序，可立即在该系统树中找到它的位置，迅速制订相应的防制措施。

中国荷斯坦奶牛 MOET 育种体系的建立与实施

主要完成单位：中国奶牛协会、中国农业大学、中国农业科学院畜牧研究所、北京奶牛中心、新疆畜牧科学院、北京奶牛育种中心良种场
主要完成人：张沅、许宗良、罗应荣、陈静波、张勤、宣柏华、朱化彬、龙福增、王安江、洪广田
获奖情况：国家科学技术进步奖二等奖
成果简介：

该项目属畜牧学动物遗传育种技术领域，为中国荷斯坦奶牛加快遗传改进而建立的新育种体系。这个育种体系的特点是，应用系统工程方法，科学地将胚胎移植技术、计算机技术与数量遗传学方法结合在一个系统中，能在较短的时间内，花费较少的人力和物力，成批地培育优秀种公牛和高产母牛，称为胚胎移植（MOET）育种体系。

主要技术内容包括：研究建立 MOET 育种体系的理论、方法和技术问题；在奶牛育种实践中实施 MOET 育种体系，并选育一批优秀种公牛和种母牛，推进我国奶牛遗传改良的进程。

该项目在 4 个关键技术上取得了成果：①应用系统工程方法，将数量遗传学理论、胚胎生物技术、核心群育种技术、经济学评估方法等集成综合，在计算机技术的支持下，建立了 MOET 核心群育种规划系统，并利用这一系统，进行 MOET 核心群育种体系的理论研究，为胚胎生物技术与家畜育种的结合提供了新模式。②设计了应用"群内动物模型 BLUP 法"的计算机算法，编制了应用计算机软件，解决了准确选择种母牛的技术问题。③通过应用基础研究，发展和完善胚胎移植技术体系。在技术实施中，取得了高水平成果：超排平均获可用胚胎 6.38 枚（1 774/278）；移植妊娠率 54.2％（658/1 214）；胚胎移植产犊率 50.4％（612/1 214）。使胚胎移植技术达到了实用化程度。④奶牛 MOET 育种体系的具体实施，应用

本项目的理论与技术研究成果，在奶牛群中实施了优化 MOET 核心群育种方案，选育出了优秀种公牛 18 头（育种值平均高出同期同龄公牛 20％以上），培育出 278 头高产种母牛（头胎平均产奶量高出同期同龄牛 18％）。

该项目的主要创新点是：设计了附设"测定群"的 MOET 核心群育种规划系统，并经验证，其育种成效优于迄今国外同类研究设计的无测定群的 MOET 育种体系。应用群内动物模型 BLUP 法作为 MOET 核心群的种母牛选种方法，提出了该法的计算方法，并编制了专用计算机软件。系统地进行了提高胚胎移植技术水平的应用基础研究，建立了适用于高产奶牛核心群的超数排卵和胚胎移植技术体系。并在 MOET 育种核心群中实施，取得了高水平的成果。通过 MOET 育种体系的实施，仅用了 4 年多时间，就成批地选育出优秀种公牛和高产种母牛。

该项成果实施奶牛 MOET 育种体系，成批地培育优秀种牛，通过精液、胚胎和种牛等育种材料，将核心群的遗传优势向全国牛群推广。迄今已向全国推广优质精液 266 万份，已获经济效益 1.12 亿元。MOET 育种体系在正常运行情况下，预期每年可培育 15～20 头优秀种公牛，每年向全国推广优质精液 90 万～100 万份，可承担 50 万头奶牛的遗传改良任务。可使牛群的遗传进展加快 20％～30％，并提高 25％ 的育种效益。

中国蓝舌病流行病学及控制研究

主要完成单位：云南省（农业部）热带亚热带动物病毒病重点实验室
主要完成人：张念祖、李志华、张开礼、张富强、李华春、邹福中、肖雷、向文彬、朱建波、杨承瑜
获奖情况：国家科学技术进步奖二等奖
成果简介：

该项目系统地进行了我国动物蓝舌病流行病学、病原学、分子病毒学、病理发生、监测及防制技术研究。明确动物蓝舌病病原基本特性、流行病学规律和免疫机理，完成我国蓝舌病地方毒株主要功能基因片段的序列分析，揭示中国蓝舌病毒株与美国、澳大利亚毒株遗传关系，建立我国动物蓝舌病诊断、监测和病原分离鉴定技术体系，提出并建立以免疫监测为主的综合防制技术措施。

该项研究的主要内容及创新是：

①开展了动物蓝舌病基础研究。对我国 29 个省（自治区、直辖市）进行流行病学调查，发现 4 种敏感动物，确定绵羊蓝舌病临诊发病区。明确 Culicoides actoni 等 4 种库蠓为主要媒介昆虫。据北方无库蠓季节山羊感染本病，提出存在其他媒介系统。国际蓝舌病学术会议评论认为：中国的流行规律与世界其他温带、亚热带区域不同，引起国际关注。通过中国蓝舌病毒定型及血清型抗体监测，确定我国蓝舌病自然感染羊体分离毒株的血清型为 BTV-1 型（云南、山西、新疆维吾尔自治区）和 BTV-16 型（四川、湖北、山东），内蒙古毒株与 BTV-17 型相关；自监控牛体分离获得蓝舌病毒 110 余株，属 7 个血清型（BTV-1、BTV-2、BTV-3、BTV-4、BTV-12、BTV-15、BTV-16 型）；对云南、四川、湖北、山西、新疆、内蒙古、西藏等省（自治区）进行蓝舌病血清型抗体监测发现我国存在 7 个血清型抗体（BTV-1、BTV-2、BTV-4、BTV-9、BTV-15、BTV-16、BTV-23 型）；我国动物蓝舌病毒的优势血清型为 BTV-1、BTV-4、BTV-16 型，预测 BTV-4 型可能是本病的潜在威胁。建立了动物蓝舌病监控模式，系统进行试验流行病学研究。在我国热带亚热带不同气候、自然环境、生态条件区域，建立 5 个监控点 6 个监控动物群，经两个疫病流行周期的动态监测，揭示了热带亚热带地区蓝舌病的流行季节、病毒血清型区域分布、动物带毒感染规律。血清型鉴定及病原分离结果证明，不同血清型病毒可交替、持续感染。建立了动物蓝舌病分子流行病学研究方法，完成了我国蓝舌病 7 个血清型地方毒株 L2、S10 片段核酸序列分析，并与美国、澳大利亚地方毒株的序列进行比较，阐明中国毒株与澳大利亚、美国毒株间的遗传关系及基因序列与毒株的血清型（表型）和地理起源的相关性，系统地发育分析和揭示中国各型毒株和澳大利亚毒株属于同一遗传单源群，与美国毒株明显不同。系统地完成了蓝舌病病毒形态学、

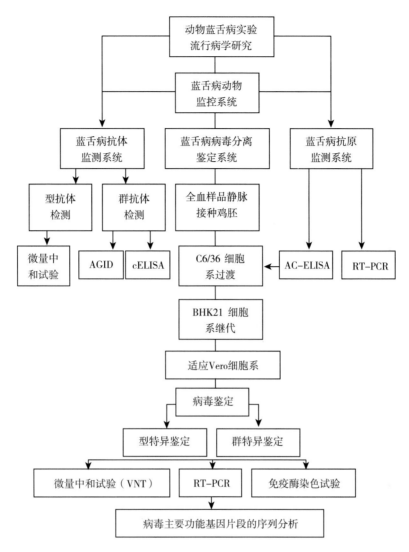

理化特性、致病性、核酸蛋白分析、组织内病毒定位和免疫发生机理研究。

（2）建立了蓝舌病抗原、抗体诊断、监测和病毒分离鉴定技术体系。建立 AGID、竞争性 ELISA、抗原捕捉 ELISA、免疫酶染色试验、微量中和试验、病毒核酸蛋白电泳分析、聚合酶链反应等抗原、抗体或病毒核酸检测技术体系。建立蓝舌病病毒分离程序（鸡胚—抗原捕捉 ELISA—C6/36 细胞—BHK‑21 细胞）。在我国蓝舌病流行病学调查和疫病监测中应用。

（3）研制成功 BTV‑1、BTV‑16 型弱毒疫苗和灭活疫苗。在疫区免疫动物 22 万头份，有效控制该病的发生。提出并建立我国以免疫监测为主的综合防治技术措施。据国家攻关项目验收专家组评估，该项成果在国内推广应用后，年减少经济损失 1.32 亿元。

根据上述研究所取得成果，建立了"中华人民共和国国家标准蓝舌病诊断技术规程"，并通过国家动物检疫标准化规程委员会的审订。主持召开了"第一届东南亚太平洋地区蓝舌病学术讨论会"，发表论文 50 余篇。1999 年在 *The Veterinary Record*、*Virus Research* 发表论文 4 篇。目前该研究实验室被公认为亚太地区蓝舌病参考中心，1998 年命名为"联合国 FAO 跨国动物疫病紧急防御合作中心"。

高产蛋鸡新配套系的育成及配套技术的研究与应用

主要完成单位：北京市种禽公司、中国农业大学生物学院、中国农业大学国家生物技术实验室、中国农业大学动物科学技术学院、中国科学院遗传研究所

主要完成人：宫桂芬、程少平、孟安明、李宁、杨宁、张海兰、孙会、高竹、仇宝琴、李建魁

获奖情况：国家科学技术进步奖二等奖

成果简介：

该项目属于家禽遗传育种及生物技术领域。

自 1991 年以来，开发建立及利用系列高新生物技术，使我国的蛋鸡科技攻关取得突破性进展。其主要的技术创新内容是：率先把 DNA 指纹这一高新技术应用到蛋鸡育种中，成功地利用 DNA 指纹图预测杂种优势，指导配套系的选择，在育种上增加了一种新的手段，从而提高育种准确度，减少环节和成本，加快育种速度。开发了与蛋重紧密连锁和白血病抗性的 DNA 分子标记，开发了与性连锁和快慢羽位点连锁的 DNA 分子标记，取得了良好的效果，国际上也属罕见。利用血型测定进行鸡抗马立克氏病的育种研究，取得可喜进展。在育种原始数据收集上，研究应用掌上电脑加条形码技术，使数据收集实现自动化、无纸化，提高了数据记录的速度和准确率，大大节省了选育时间和成本。采用"先留后选"与"先选后留"相结合的二次选择新方法及合成系育种方法，使常规育种和高新技术及在大规模育种生产中相结合，提高了选种的准确性，缩短了选育的世代间隔和新配套系的育成时间，从而加快了新品种育成的速度和质量。

应用以上高新技术，先后育成 4 个具有产白壳蛋、粉壳蛋和褐壳蛋三大特点并且可以自别雌雄的高产蛋鸡新配套系良种：精选京白 904（产白壳蛋）、京白 938（产白壳蛋且能羽速自别雌雄）、京白 939（产粉壳蛋且能羽速自别雌雄）、种禽褐（产褐壳蛋且能双向自别雌雄），其 72 周产蛋数 300～316.4 枚，总蛋重 17.7～18.92 千克，京白 939 产蛋期存活率 93%，料蛋比 2.33∶1，生产成绩国内领先，并超过了同期测定的国外引进的优秀鸡种的水平，同时完善了四级良种繁育体系，实现了不同代次不同阶段种鸡的分场饲养。

新配套系的推广应用从 1993 年下半年开始至今，公司直接向全国 29 个省（自治区、直辖市）推广祖代鸡 53 万套、父母代种蛋 1 971.77 万枚，最终在全国可繁殖商品代母雏 11.58 亿只，可育成上笼母鸡 11.00 亿只。累计增加社会经济效益 24.2 亿元。4 个配套系在全国推广中尤其是产粉壳蛋的京白 939 配套系更受广大养殖户的喜爱和欢迎，推广的量大、面广，使国内外的育种场家也纷纷效仿选育。

新配套系的育成使我国商业化蛋鸡良种不论是生产水平、蛋壳颜色、鉴别雌雄的方式，还是饲料转化率、成活率等都有了跨越性的发展，为我国蛋鸡饲养业，特别是近年来为全国广大农民的专业养殖提供了多品种、质好、价廉的蛋鸡良种，大大促进蛋鸡业良种的选育进展和我国养鸡业的发展。

牛体外受精技术的研究与开发

主要完成单位：内蒙古大学、广西大学

主要完成人：旭日干、卢克焕、张锁链、石德顺、薛晓先、凌泽继、刘东军、王武陵、廑洪武、韦英明

获奖情况：国家科学技术进步奖二等奖

成果简介：

该项研究深入、系统地探索了屠宰母牛卵巢卵母细胞的体外成熟（IVM）、体外受精（IVF）和体外发育（IVD）的过程和机制，开发出了适合于国内条件的试管胚胎生产和冷冻保存技术。并建立起一整套具有技术创新特征的"良种牛试管胚胎工厂化生产和大规模化移植"的技术工艺（简称 IVF‐ET）。其特点是利用国外丰富的良种牛遗传资源，实现试管胚胎工厂化批量生产（国外）和规模化移植（国内），从而达到迅速改良我国牛遗传品质的目的，为我国利用生物高技术实现家畜良种产业化提供了一条经济、快捷、高效的技术途径。

该项研究是旭日干博士和卢克焕博士在 20 世纪 80 年代早期及中期国外大量研究的基础上展开的。1985 年内蒙古大学率先在我国开展了包括牛体外受精技术在内的家畜体外受精的研究工作；1988 年卢克焕博士等在爱尔兰获得了世界首例完全体外化试管双犊之后，同年回到广西农学院与旭日干博士合作，共

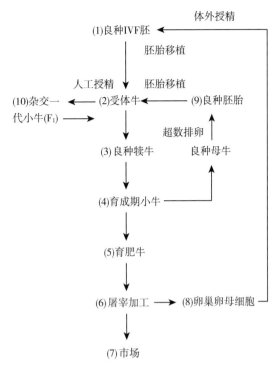

体外授精

(1)良种IVF胚

胚胎移植

人工授精　　胚胎移植

(10)杂交一 ← (2)受体牛 ← (9)良种胚胎
代小牛(F_1) →

超数排卵

(3)良种犊牛　　良种母牛

(4)育成期小牛

(5)育肥牛

(6)屠宰加工 → (8)卵巢卵母细胞

(7)市场

"试管牛"技术产业化工艺流程

同承担了国家"863"计划"七五"期间的课题"牛体外受精技术的研究与开发"、"八五"期间的课题"IVF技术的完善化研究"和"九五"期间的课题"良种牛IVF技术的中试开发研究"项目，经过上述3个阶段的研究，课题组在牛体外受精技术的各项指标方面都达到了目前国际上的先进水平，发表论文130多篇，有2项技术性研究成果于1999年申报了国家技术发明专利。取得了一批重要研究成果：①首次深入系统地观察记录了牛卵母细胞的体外成熟、体外受精和早期胚胎发生的生物学过程，在理论上形成了卵母细胞的成熟主要关键是核质同步成熟的新论点。②创造性地提出了使牛卵母细胞在完全体外条件下核质成熟、受精并发育为早期胚胎的一整套技术路线，可以使牛卵母细胞的体外成熟率达到95％以上、体外受精率达到90％以上、受精卵的囊胚发育率提高到38.2％（以卵母细胞为基数），冷冻解冻后试管胚胎的生存率达到95％、发育率80％、孵化率65％、移植受胎率40％以上。③建立了稳定有效的牛体外受精胚胎生产技术工艺流程（IVF-ET）。④创造性地提出了利用国外良种牛卵巢资源，采用自主研究成功的体外受精技术，大批量生产良种牛试管胚胎，运回国内进行大规模胚胎移植的产业化方式。以IVF-ET技术为依托，建立了规模化移植基地和国内首家现代化的高科技股份制产业，把这项技术成功地应用于畜牧业生产，实现了该项成果的产业化目标。

　　该项研究成果已在国内外形成了较大范围的产业化格局。不仅在国外建立了良种牛IVF胚胎的生产性实验室，而且在国内的内蒙古自治区、广西壮族自治区、辽宁等地建立了7个不同所制、不同规模和不同形式的推广基地，利用IVF-ET技术，通过国际合作的方式为我国生产和引进了4万多枚良种牛胚胎，并在国内建立了良种牛试管胚胎的冷冻保存库，培育了近千头良种牛，取得了明显的经济社会效益。实践证明，该项技术在大批量、大规模引进国外良种牛种质资源、实现我国畜群良种化方面有着其他任何一项现有技术不可替代的优势，对畜牧业的现代化起到了积极的作用。

犬五联弱毒疫苗的研制

主要完成单位：中国人民解放军军需大学

主要完成人：夏咸柱、殷震、范泉水、黄耕、武银莲、李金中、乔贵林、袁书智、何洪彬、钟志宏

获奖情况： 国家科学技术进步奖二等奖

成果简介：

犬五联弱毒疫苗是我国第一个应用传代细胞研制成的二类兽用活病毒疫苗，主要用于军犬、警犬、实验犬等犬科动物与貉、狐等毛皮动物与狮、虎、熊猫等野生动物的狂犬病、犬瘟热、副流感、传染性肝炎与细小病毒性肠炎5种病毒性传染病的免疫预防。

该成果的主要研究内容与创新是：

在国内首次按照农业部关于生产活病毒疫苗所用传代细胞系安全性鉴定标准，对所用 Vero、MDCK 和 F81 3株传代细胞系进行了安全性鉴定，证明这3株传代细胞系均无外源病毒、支原体等外源因子和其他细胞系污染，无致瘤/致癌性，为细胞系安全使用提供了依据，也为其他活病毒疫苗研究用传代细胞系的安全性鉴定提供了参考。

该研究所用5株弱毒，其中犬细小病毒与传染性肝炎弱毒为该课题组从貉和犬中分离筛选获得的两株自然弱毒，经系统鉴定与免疫试验，证明这两株弱毒不但安全、稳定，而且免疫原性优于现有犬细小病毒与犬传染性肝炎疫苗弱毒。犬瘟热与犬副流感两株弱毒是经用犬腹腔巨噬细胞复壮的犬瘟热与犬副流感疫苗弱毒，试验表明复壮的这两株疫苗弱毒，免疫原性均高于原毒株，但仍保留原毒株的安全性与稳定性。这既为两株毒种的安全使用提供了依据，也为疫苗弱毒的复壮研究提供了借鉴。狂犬病毒毒种则是用 Vero 细胞从狂犬病 ERA 株弱毒中克隆出来的疫苗弱毒，试验表明该克隆弱毒安全、稳定，免疫力满意，可作为该病疫苗弱毒毒种使用。

应用免疫学方法，先后建立了可用于疫苗质量监控和免疫力测定的犬细小病毒、副流感病毒与犬传染性肝炎病毒的微量 HA 与 HI 诊断法和犬狂犬病毒与犬瘟热病毒的微量细胞毒力测定与中和抗体测定法。为该联苗的质量监控和效力检验提供了手段。

在试验研究的基础上，按照兽用生物制品研究要求，系统地进行了该联合疫苗的生产工艺与制造和检验规程的研究，即先用相应细胞培养繁殖各弱毒，然后通过最低免疫量测定与最佳组合试验及真空冷冻干燥试验，最后再根据其中间试制与区域试验结果确定其生产工艺、质量标准和该制品的制造与检验规程。

该疫苗对狂犬病、犬瘟热、副流感、传染性肝炎与细小病毒性肠炎5种病毒性传染病，除犬瘟热的保护率为90%以外，其余均在95%以上。有效期与免疫期均在一年以上。所起草的质量标准与制造及检验规程，经农业部兽药审评委员会初审、复审，农业部1999年为该疫苗颁发了新兽药证书，2000年1月该成果转让给吉林省五星动物保健药厂，现已正式投产。该成果为军犬、警犬、实验犬等犬科动物与貉、狐等毛皮动物和狮、虎、熊猫等野生动物的主要疫病免疫预防提供了新的有效的方法，受到了广大用户的欢迎。

高效转化、肉质改良、资源开发型全价饲料的研发与产业化

主要完成单位： 浙江大学、浙江一星饲料集团有限责任公司、浙江欣欣饲料股份有限公司

主要完成人： 许梓荣、汪以真、邹晓庭、孙建义、夏枚生、王敏奇、屠友金、占秀安、冯杰、钱利纯

获奖情况： 国家科学技术进步奖二等奖

成果简介：

高效转化、肉质改良、资源开发型全价饲料的研发与产业化属农业科学技术领域，成果适用于饲料工业和养殖业。该项目以增加畜牧生产的数量、提高产品质量为目标，采取分步实施、逐个突破、最后优化组合的科研策略。从饲料着手，围绕蛋白质饲料资源短缺、饲料报酬低和畜禽肉质下降等阻碍我国饲料工业和畜牧业可持续发展的重大难题展开科技攻关。项目研究历时13年，取得了一系列重大突破：在蛋白资源开发上突破了近百年来国内外菜籽饼饲料研究以脱毒为主攻方向的传统科研思路，通过对菜籽饼中主要有毒物质毒理和代谢调控途径的深入研究，首次成功地研制了6107菜籽饼解毒添加剂，使我国年产400多万吨菜籽饼能大量而安全地替代豆粕用做畜禽饲料，降低成本50%以上，在一定程度上缓解了我国

蛋白饲料资源不足的局面。在饲料高效转化上围绕提高饲料养分吸收率和吸收养分转化率，研发了蛋白铜、蛋白锌等一系列具有自主知识产权的新型饲料添加剂；在此基础上，在国内率先研制成功国产畜禽全价配合饲料——浙农一号，整体效果优于中外合资企业同类产品，接近国际先进水平。猪用全价饲料使商品猪（28日龄断奶至100千克体重）料重比达（2.6～2.8）∶1，速生型肉用仔鸡（AA鸡）全程料重比达（1.6～1.8）∶1，三黄鸡达（2.0～2.2）∶1。饲料成本显著下降，其中乳猪全价饲料单位体增重饲料成本比国外同类产品低24%～36%，仔猪全价饲料低21%～33%，中猪全价饲料低13%～22%，肉鸡低12.2%～16.8%，肉鸭低16.2%～23.5%。在肉质改良上开创了应用饲料添加剂提高畜禽肉质的新路子，以动物机体中间代谢物为原料研发了高效肉质改良剂——甜菜碱，应用后使肌肉肌红蛋白含量提高了25%～30%，肌内脂肪含量提高了28%～37%，肌苷酸、肌酸酐等鲜味物质的含量提高了45%～62%，既确保食用安全性，又显著提高了肉的色、香、味，达到国际先进水平。在甜菜碱合成工艺上具有创新性，采用复合助剂和母液循环技术，缩短了工艺流程，降低了成本，提高了产品的纯度和得率。

该项科技成果先进性、实用性和经济性强，应用后能使畜牧生产在量和质两方面均有较大的提高，深受畜牧生产者和消费者的欢迎，并在全国迅速得以推广。多年来，项目产业化以科技为先导，采用试验、示范再推广的方法，以大型饲料企业、养殖集团为示范点，建立科研生产联合体，成果推广到全国24个省（自治区、直辖市）、240多家企业，饲料年产值达30多亿元，促进了农业产业结构的调整和地方支柱产业的形成。该成果不仅开创了饲料科学研究的新起点，振兴了民族饲料工业，促进了地方支柱产业的形成，而且为我国农业产业结构的调整作出了贡献，为养殖业可持续发展创造了条件。

大型海藻生物技术研究及其应用

主要完成单位：青岛海洋大学、荣成市水产养殖场、荣成市海兴育苗场、日照市海水育苗场
主要完成人：戴继勋、张学成、崔竞进、包振民、欧毓麟、刘涛、隋正红、韩宝芹、孙建华、徐加元
获奖情况：国家科学技术进步奖二等奖
成果简介：

该项目属水产养殖的基础和应用研究。主要内容是运用遗传学、细胞生物学和分子生物学的方法，对4种主要的经济海藻——海带、裙带菜、紫菜、龙须菜进行了全面系统的研究，取得了丰硕的研究成果，丰富了海藻遗传学理论，主要内容为：海藻遗传基础理论研究及海藻遗传学研究领域的建立；海带、紫菜、裙带菜、龙须菜的遗传育种，苗种培育技术。

该项成果的主要技术创新是：在海藻遗传学研究方面，对海带、裙带菜、紫菜、龙须菜、江蓠等海藻的原生质体、单细胞、配子体、孢子体，进行细胞遗传学、分子遗传学和群体遗传学研究。这包括生长发育调控、诱变及突变体筛选、染色体加倍、性别决定、单性生殖及性状的分子标记等遗传规律，在我国创立了海藻遗传学。在海藻生物工程及应用技术方面：

（1）良种选育。建立了海带、裙带菜种质库，保存海带配子体克隆8个种120多个品系，裙带菜配子体克隆40个品系，部分克隆保存时间达20年以上；利用单倍体育种技术，培育出单海1号海带新品种，增产20%以上；利用远缘杂交，培育出远杂10号海带新品种。上述两个品种累计推广66.1万亩，增收7.8亿元。利用配子体克隆杂交，培育杂种优势种苗，其经济性状稳定，初步试验增产50%以上，该技术为海带、裙带菜杂种优势的利用，开辟了新途径。

（2）紫菜酶法育苗。酶解紫菜成为单细胞，作为种苗用于海上养殖。经过系统的研究，解决了种菜选择、冷藏条件、酶解条件、细胞的固定化、生长发育、多茬养殖和全年育苗等一系列关键问题。育苗由传统的5～6个月，缩短到5天左右，育苗技术接近中试（26.6亩）水平，每亩养殖效益提高30%，增收700～875元/亩。

（3）大型海藻生产单细胞活饵料。利用生殖细胞，大规模培养稚鲍丝状配子体饵料和酶法生产单细胞

活饵料，用于海洋动物育苗饵料，代替配合饵料，使稚鲍成活率提高 1～3 倍，可促进亲贝性腺发育，据 6 个育苗场试验，共计增收 413 万元，每个育苗场平均增收近 70 万元。此法生产工艺简单，生产量大，时间短，不受气候影响，可随时生产，不污染水质，饵料效果好，具有很好的经济效益和社会效益。

◆ 2001 年

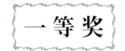

水稻两用核不育系培矮 64S 选育及其应用研究

主要完成单位： 湖南杂交水稻研究中心、湖南农业大学、袁隆平农业高科技股份有限公司、广东省农科院
水稻研究所、广西农科院杂交水稻研究中心、中国农业科学院作物育种栽培研究所
主要完成人： 罗孝和、李任华、白德朗、周承恕、陈立云、邱趾忠、罗治斌、廖翠猛、刘建宾、易俊章、
王丰、何江、覃惜阴、薛光行、刘建丰
获奖情况： 国家科学技术进步一等奖
成果简介：

该项目主要用于提高水稻的产量与质量。

1. 主要内容

（1）选育水稻广亲和系。从爪哇稻中发现了培迪广亲和种质资源，用它培育了水稻广亲和系——培矮 64。

（2）选育水稻广亲和、低温敏的两用核不育系。把培矮 64 的广亲和基因导入湖北的光温敏核不育材料农垦 58S 中，成功地把广亲和基因与光温敏核不育基因结合于一体，再通过低温（22℃）、长光（13 小时）生态压力下的多代系选，育成了实用的低温敏核不育系——培矮 64S。

（3）研究低温敏核不育系繁种技术。发明了冷水串灌繁种法，保证低温敏核不育系种源的充分供应。

（4）研究保纯技术。设计出不育系核心种子生产程序，确保该不育系不育起点温度的稳定性。

（5）两系杂交稻的选育与应用研究。找出培矮 64S 优势组合的选配规律及培矮 64S 系列组合的适应范围。

2. 技术指标

（1）广亲和性。培矮 64S 用 4 个籼、粳标准测验种检测，F_1 的平均结实率均在 70% 以上。

（2）株型改良。易配出比三系杂交稻增产 10% 以上的理想株型杂种，特别是能配出亩产过 700 千克、米质达部颁二级以上的超级稻。

（3）低温敏特性。当光长在 13 小时以上时，不育起点温度在 23.5℃ 以下。保证了两系杂交稻的安全制种，为国内首创。

该项成果发明的"冷水串灌繁种技术"，保证了低温敏核不育系的种源生产，一般亩产 200～250 千克。

（4）保纯技术。使该不育系的低温敏特性长期相对稳定在 23.5℃ 以下。

总之，该项成果处于国际同类研究的领先水平。

3. 推广情况

从第一个通过省级审定的组合培两优特青到第一个超级杂交稻组合两优培九，至 2001 年已有 17 个组合通过省级审定，推广到我国南方 14 个省（自治区、直辖市），是目前国内两系杂交稻配制组合最多、推广速度最快、推广面积最大的核不育系。

培矮 64S 投放市场总产量逐年扩增，应用面积逐年扩大（如下表）。2000 年种子生产总产为 26 万千克，2001 年达到 36 万千克以上。

两系杂交稻历年推广面积（万亩）

年份	1996 年	1997 年	1998 年	1999 年	2000 年	2001 年
总面积	250	405.6	840.14	1 260	2 300	
其中培矮 64S 系列组合	170	280	486	989	1 600	4 000
培矮 64S 系列组合超级稻面积				100	450	2 700

注：培矮 64S 系列组合占两系杂交稻推广总面积的 70% 左右。

在这 17 个组合中，有 15 个组合为优质稻，如培杂双七为广东省特优米，两优培九为优质超级杂交稻。

特别是以培矮 64S 为母本选配出的超级杂交稻先锋组合，1999 年在江苏、湖南共有 13 个百亩和 1 个千亩中稻示范片，亩产 700 千克以上。2000 年湖南有 16 个百亩和 4 个千亩中稻示范片，亩产超过 700 千克。同时，在江苏、河南、广东等省均有不少百亩以上的示范片达到农业部制定的中国超级稻第一期目标。培矮 64S/E32 1999 年在云南永胜县试验田亩产 1 139 千克，创水稻高产新纪录。

截至 2000 年，培矮 64S 系列组合累计种植 3 519.3 万亩，增产稻谷 17.6 亿千克，增加产值 20.4 亿元。

新型背负式机动喷粉喷雾机研制开发

主要完成单位：农业部南京农业机械化研究所、山东华盛农业药械股份有限公司、中国农业机械化科学研究院、全国农业技术推广服务中心

主要完成人：林光武、王冠军、穆琦、王卫国、梅光月、邵逸群、赵晓平、刘桂阳、严荷荣、张跃进

获奖情况：国家科学技术进步奖二等奖

成果简介：

棉花是我国最重要的经济作物之一，棉纺织品出口在外贸出口中占有举足轻重的地位；棉花生长中、后期大面积暴发性病虫害防治时需要机动、灵活、高效的新型植保机具。该项目是"农业部棉花生产基金加强施药机械研制开发"全国性招标课题。项目由农业部南京农业机械化研究所主持，山东临沂农业药械厂和中国农机院参加共同研制开发；全国农业技术推广服务中心参与推广应用。

该项目利用南机所长期进行植保防治应用的基础研究和技术储备，结合临沂厂精淬的加工技术以及中国农机院研究精英力量共同开发新一代高效棉田病虫害防治机械。新机具兼有喷雾、喷粉、喷颗粒等多种施药功能，是棉花生长中、后期，中下部进行病虫害防治的主要机具。新机具具有广泛适应性，还可用于稻、麦、果、蔬病虫害防治，施叶面肥、激素、鱼颗粒饲料以及卫生杀虫，防疫等。该项目于 1998 年获农业部科技进步一等奖，2001 年获国家科技进步二等奖。

1. 创新点

（1）开发成功"前弯短叶型闭式全塑高速风机"，具有特性曲线高效率区宽、体形小、噪声低、效率高、耐腐蚀、强度好、抗热、抗老化等优点。其六大性能指标超过国外 20 世纪 90 年代同类产品。

（2）创造棉田中后期，中下部低喷点强力穿透双向喷粉，及强力细化斜切喷雾两种施药新技术。有效提高防治效果和减少飘逸污染。

（3）拓宽风机高效率区。设置双挡调速机构，适应喷粉、喷雾以及各种喷射部件不同负荷作业的功率需要，达到节能省油目的。

（4）在喷射部件上研制双向分流增程喷粉喷头（使喷粉射程由 14 米提高到 18 米）。采用强气流旋转式弥雾喷头，结合斜切喷射方式使农药利用率由 45％提高到 60％以上。农药穿透沉积分布量的均匀性也有所提高。

在充分借鉴国外先进技术基础上，自主开发高性能国产新机型。

3WF-2.6 新型背负式喷粉喷雾机主要技术性能

名　称		规　格
	外形尺寸（毫米）	664×510×410
	净重（千克）	10
风机	转速（转/分钟）	6 500（喷粉），6 000（喷雾）
	最大风压（帕）	5 200
	最大风量（米³/秒）	0.23
	效率（％）	72（完整），63（工况）
喷药量	液剂（升/分钟）	四档，最大 2.5
	粉剂（千克/分钟）	0～3.5
射程	喷液（米）	水平：13
	喷粉（米）	长薄膜管：35；L 形喷头：≥14；Y 形喷头：≥18
配套动力	型号	1E40FP-32
	标定功率（千瓦/转·分钟）	1.91/6 500，1.25/6 000
	耗油率（克/千瓦时）	530
	点火方式	电子点火
起动方式	反冲起动	
油门位置	喷雾省油档 6 000 转/分钟；喷粉 6 500 转/分钟	

2. 使用情况

（1）企业生产和经济效益情况。

年份	1997—1999	2000	2001
产量（万台）	6.4	1.062	1.08
产值（万元）	7 072	—	—
创汇（万美元）	478.5	—	—
税利（万元）	1 449	—	—

（2）使用效率。按 3 年已产 6.4 万台合计，可节汽油 473 万千克（合计人民币 1 415 万元）；节约材料（钢 130 吨，塑料 6.4 吨）；节约工时：喷雾作业 20％，喷粉作业 25％。

（3）环保效率。采用低喷点双向强力喷粉穿透性好，提高均匀性，减少飘逸，大大降低药尘污染。采用强力细雾斜切喷液穿透性好，提高均匀性，减少飘逸，大大改善农药利用率。

（4）价格优势。新机型制造成本不足国外同类机型成本的 50％（日本机出口价约 200 美元/台），该机出口价在 120～150 美元。在国际市场有较大优势。

（5）示范推广。目前已有 3 万多台在全国各地区棉田使用，南方稻、麦、果、蔬作物进行防治作业，由于风机耐腐，使用寿命比同类风机延长 1～2 年，汽油机可靠、节油 0.15 千克/小时等深受广大用户欢迎。

我国大麦黄花叶病毒株系鉴定、抗源筛选、抗病品种应用及其分子生物学研究

主要完成单位：浙江省农业科学院、江苏沿海地区农业科学研究所
主要完成人：陈剑平、陈炯、朱凤台、施农农、程晔、陈和、陈健、李安生、郑滔、黄如鑫
获奖情况：国家科学技术进步奖二等奖
成果简介：

　　大麦黄花叶病由土壤中禾谷多黏菌传播，是冬大麦上一种研究和防治难度较大的土传病毒病，在中国、日本、韩国和西北欧造成严重的危害。禾谷多黏菌具有厚壁休眠孢子，在土壤中可存活许多年，且寄主范围广，分布非常普遍，虽然其本身对作物并不造成明显的危害，但其传播的病毒，认为全部携带于其休眠孢子体内。所以，土壤中的禾谷多黏菌一旦经病毒感染，就无期限地带毒，并随着病土扩散，发病面积迅速扩大，所造成的危害也不断加重。国内外研究表明杀菌剂和轮作无防病作用，生产上唯一可用的方法是使用抗病品种，但长期使用单一的抗病品种，其抗病性因某些原因而逐渐丧失。此成果经过十多年的刻苦努力，通力合作，就我国大麦黄花叶病病原和株系种类，血清学、细胞病理学、分子生物学等方面与国外同种病毒进行了比较研究。此外，项目组人员还从国外引进 90 多个大麦品种在我国各病区进行抗病性鉴定，筛选出与我国种质资源具有较大遗传背景、对我国病毒株系均为免疫的 5 个新抗源，供抗病育种利用，培育出 1 个、筛选出 2 个优质、高产、抗病大麦品种在生产上直接利用，有效地防治了大麦黄花叶病，并取得了较大的社会经济效益。

　　此成果运用 ISEM、ELISA、SDS-PAGE、Western blot、组织包埋及超薄切片、胶体金免疫电镜、聚合酶链反应-单链构象多态性分析（PCR-SSCP）等技术对大麦黄花叶病病原种类、血清学、细胞病理学和分子生物学，病毒株系田间鉴定及其分子变异进行研究，取得重要进展。

　　（1）在我国首次发现了大麦和性花叶病毒（BaMMV），明确了我国大麦黄花叶病以大麦黄花叶病毒（BaYMV）为主，局部病区由 BaYMV 和 BaMMV 复合侵染大麦所致，明确了这两种病毒在我国的分布、危害及其血清学特性，提出膜状集结体可作为这类病毒侵染的超微结构诊断特征。

　　（2）首次鉴定了我国特有的 BaYMV 6 个株系，并提出一套用于我国 BaYMV 株系鉴定的大麦品种，测定了我国 BaYMV、RNA1 和 RNA2 基因组全序列测定，明确其 RNA1 和 RNA2 分别由 7 637 个和 3 583 个核苷酸组成，并完成了我国 BaMMV 外壳蛋白基因序列测定。建立了聚合酶链反应-单链构象多态性分析（PCR-SSCP）和限制性内切酶图谱分析等分子生物学技术，用于我国 BaYMV 不同株系的快速检测和诊断。

　　（3）测定了我国和英国 16 个 BaYMV 分离物外壳蛋白基因（RNA1）和 70 千道尔顿[①]基因 5'端区域（RNA2）核苷酸序列，从分子水平揭示了我国 BaYMV 和 BaMMV 同国外同种病毒之间的差异。经与日本和欧洲同种病毒在分子水平进行比较，阐明了我国两种病毒并非由国外传入而本来就存在，并进而提出全球 BaYMV 可以分为欧洲和亚洲两大类群的新学术观点。

　　（4）通过抗源和抗病品种的筛选和应用，实现了大麦黄花叶病毒不同株系的有效防治。建立并应用禾谷多黏菌接种等专门技术，结合田间鉴定，从国外引进的大麦品种中，首次筛选出 5 个对我国、日本和欧洲 BaYMV 和 BaMMV 株系均为免疫的新抗源，供全国 9 个育种单位抗病育种作为亲本利用，已配杂交组合 1 989 个，形成新品系 17 个。同时应用花药培养技术，已选育出 1 个抗病、优质、高产啤麦新品种，定名单二大麦。从国外引进筛选出抗病、优质、高产大麦品种 2 个。3 个大麦品种已累计推广应用 913.54 万亩，创社会经济效益 4.2 亿多元。

　　（5）该项研究是世界上至今完成的有关大麦黄花叶病基础和应用研究最深入的一个研究例子。其发表

---

　　① 道尔顿为非法定计量单位，1 道尔顿（D）=1 原子质量单位（u）。

论文 23 篇（其中国外 SCI 杂志论文 10 篇），已被正面引用 132 次，其中他引 81 次。测定不同 BaYMV 和 BaMMV 基因（组）序列 29 条共计约 6 万个碱基，占基因数据库（EMBL、GenBank、DDBJ）登录的 42 条同类病毒序列的 69%，从而丰富了真菌传植物病毒学的内容，推动了真菌传植物病毒学的发展。经鉴定委员会专家鉴定和包括国内 4 位院士在内的同行专家综合评价，该成果总体技术水平、技术经济指标均已超过日本和欧洲同类研究，处于国际领先水平。

小麦衰老生理和超高产栽培理论与技术

主要完成单位：山东农业大学
主要完成人：于振文、田奇卓、董庆裕、岳寿松、沈成国、潘庆民、王东、李延奇、刘贵申、段藏禄
获奖情况：国家科学技术进步奖二等奖
成果简介：

我国黄淮冬麦区和北方冬麦区（约占全国小麦面积的 53%）高产田小麦生育后期常因早衰而降低千粒重 3～5 克或更多，严重影响小麦的高产稳产和单产提高。所以，延缓衰老，提高粒重成为亩产 400～500 千克麦田进一步提高单产亟待解决的技术难题。针对这一问题，该课题组从 1985 年开始，在田间高产条件下，系统深入地研究了小麦衰老生理，不同基因型品种小麦衰老生理特点，为选育抗衰品种和根据衰老特点进行良种良法配套提供理论依据；运用电镜技术、酶学试验、酶联免疫、同位素示踪等方法，研究小麦开花后旗叶与根系衰老的生理特点及与环境条件的关系。创新点如下：

（1）发现了田间高产条件下小麦衰老的生理机制。依小麦旗叶衰老期间的光合速率，旗叶和根系的有关酶活性、激素含量和叶片超微结构的变化规律，将小麦的衰老进程划分为缓慢衰老期和快速衰老期；探索出延长缓衰期（4～5 天），推迟速衰期，保持较长的光合速率高值期（在籽粒线性增重阶段，延长光合速率高值持续期 5～6 天），提高此期的籽粒灌浆速率 [0.45 毫克/（粒·天）左右] 是延缓小麦衰老，提高粒重的基本途径。完全不同于国内外的延长小麦生育期为途径的观点。开拓出以春季第一肥水后移（氮肥后移）为主要措施的延缓小麦衰老，提高粒重的技术，其生理基础为：①塑造旗叶和倒二叶健挺的株型，建立最高叶面积系数达到 80.5，开花后光合产物积累多，向籽粒分配比例大的合理群体结构。②提高了生育后期旗叶的光合速率。③增强了生育后期根系的吸收能力。④增加了光合产物向穗部的分配比例。⑤提高了植株对氮的吸收利用，尤其是增加对肥料氮的吸收利用，肥料利用率高。⑥改善了小麦籽粒的营养品质和加工品质。提高了蛋白质和湿面筋含量，延长了面团稳定时间。

（2）探索出建立在延缓小麦衰老基础上的小麦超高产（亩产 600～700 千克）规律。在建立合理群体结构的基础上，以生物产量（每亩 1 300～1 400 千克）和经济系数（0.46～0.48）的同步提高，增加开花至成熟阶段的干物质积累和向穗部的分配，延缓衰老，提高粒重，是获得超高产的理论基础。

（3）创建优化的小麦全生育期调控，延缓衰老，提高粒重的配套栽培技术和小麦超高产配套栽培技术体系。创出氮肥后移技术，分蘖成穗率低的大穗型品种和分蘖成穗率高的中穗型品种，春季第一肥水由常规栽培的二棱期（起身期）实施，分别后移至雌雄蕊原基分化期（拔节期）和药隔形成期（拔节中期），培育出旗叶、倒二叶较挺的株型和土壤中、下层比例大、活力高的根群，建立开花后光合产物积累多、向穗部分配比重大的群体结构；研究成功成穗率低的大穗型品种和成穗率高的中穗型品种创超高产的不同的群体结构和产量结构指标；超高产麦田的需肥特点和获得优质高效的氮、磷、钾、硫元素使用指标；明确了超高产麦田的土壤肥力指标：0～20 厘米土层土壤有机质含量 1.2%、含氮 0.09%、水解氮 70 毫克/千克、速效磷 25 毫克/千克、速效钾 90 毫克/千克、有效硫 12 毫克/千克及以上。

（4）创出 17.4 亩 707.73 千克/亩的我国黄淮冬麦区和北方冬麦区每公顷（15 亩）单产最高纪录。在山东、河北、皖北、苏北等省地推广，实现黄淮和北方冬麦区小麦由亩产 500 千克向 600 千克的跨越。该项目在小麦栽培理论上的创新和栽培技术的革新，不仅创出了亩产 600 千克的超高产田，也指导了亩产 400～500 千克麦田单产的提高，在鲁、冀、豫、皖、苏等省大面积推广，平均每亩增产 45.43 千克，获

得了显著的经济效益和社会效益，为我国黄淮冬麦区和北方冬麦区的小麦生产作出了重要贡献。

该项目从超高产小麦的品种类型和群体结构调节、需肥特点和高效施肥技术、光合生理、营养生理、衰老生理等方面进行了系统研究，发表学术论文 38 篇，国内外广泛引用，为作物栽培学科的发展作出了重要贡献。

小麦早衰是黄淮和北方冬麦区小麦生产存在的普遍问题，延缓小麦衰老提高粒重的配套栽培技术是综合性技术，既提高产量又培肥地力，促进可持续发展，有着广阔的推广前景。小麦超高产栽培技术适用于山东、河北、河南、皖北、苏北、陕南、晋南等我国黄淮冬麦区和北方冬麦区的高产更高产麦田，目前，这些麦区的土壤肥力水平在逐步提高，该项成果为这些麦区 21 世纪小麦生产的发展，保证粮食安全和农业可持续发展提供了先进的技术。

安塞丘陵沟壑区提高水土保持型生态农业系统总体功能研究

主要完成单位：中国科学院水利部水土保持研究所
主要完成人：卢宗凡、梁一民、刘国彬、侯喜录、郑剑英、李代琼、苏敏、李锐、江忠善、杨万鹏
获奖情况：国家科学技术进步奖二等奖
成果简介：

该项目系国家"八五"科技攻关专题（95－004－05），由中国科学院、水利部水土保持研究所主持完成。项目属区域综合治理和生态农业建设科学和技术领域。

专题以提高黄土丘陵沟壑区水土保持型生态农业系统总体功能为主攻方向，其目标是建立生态经济良性循环发展的水土保持型生态农业系统；主要措施是在系统研究该区水土流失规律、生态系统结构与功能的基础上，对农、林、果、牧各子系统组分进行调控，实现物质和能量在系统中最大限度地转换和高效输出，最终在保护生态环境的前提下充分发挥土地资源优势，合理利用有限水资源，获得农林牧生产的持续发展。

研究内容分 5 个子专题实施：①水土保持农业持续增产体系研究，以主攻粮食单产，保证坡地退耕同时总产稳步增长为目标，着重研究水土保持耕作体系和高产施肥体系，提高农田子系统生产力。②提高果林、水土保持林体系效益的研究，以提高各种林分的经济和水保效益为目标，以调整林种结构为突破口，研究建造水保、经济效益高的水保经济林体系。③草地—畜牧业增产体系的研究。重点研究如何充分利用占土地面积 40％左右的荒坡，进行第一性和第二性生产，建设高产优质人工草地和改良天然草场技术体系。④水土保持措施优化设计与有限水资源高效利用研究。主要开展水土保持工程措施优化设计研究，以实现投资少、速度快、效益高的目的。⑤水土保持效益、经济效益定量评价研究。重点进行土壤侵蚀定量评价和水土流失预报模型研究，小流域管理信息系统建立与应用。

技术方案：①在试区的综合治理中，注重抓突破口，促进粮食、林果、草畜同步发展，获得水保、生态和经济三方面的效益；②为了尽快提高试区农民经济收入，除主抓经济林外，还适当种植经济作物和增加部分劳务收入；③在科学研究上，利用中国科学院中国生态系统研究网络安塞试验站先进观测、试验仪器和技术手段，提高专题的整体研究水平；④在示范推广方面，以试区为中心，分 4 个层次向外辐射；⑤积极开展国内外合作研究。

实施效果：

（1）全面完成预定的各项经济技术目标。①试区土地利用格局更加合理。农林牧用地比例由 1990 年的 1∶0.9∶1.2 调整为 1995 年的 1∶1.7∶2.1（安塞县为 1∶0.4∶0.9）；人均耕地 4.1 亩（安塞县为 11.5 亩）；人均林地 7.1 亩、牧地 9.2 亩。②粮食生产稳步增长。由于狠抓基本农田建设及其稳产高产，试区人均基本农田 2.4 亩（安塞县 0.9 亩），在积极退耕陡坡耕地情况下，年均粮食总产 23.02 万千克，平均亩产 95.2 千克（安塞县 40 千克），较"七五"分别增长 16.1％和 46.0％。③各业收入明显增加。试区"八五"农、林、牧、副各业总收入分别为 27.7 万元、9.8 万元、8.1 万元和 13.52 万元。④综合治理

效益明显。1995 年试区的有效林草覆盖率达到 41.2%，治理度 62.2%，流域减少泥沙输出 50% 以上。人均纯收入 1 099.7 元，较"七五"增长 162.2%。

（2）综合研究取得创新性成果。①完善了水土保持型生态农业的理论，并在 8.27 千米² 的纸坊沟流域建立了实体模型。水土保持型生态农业是在严重的水土流失区以水土保持为中心，建立的一种土地等农业资源合理、永续利用，农林牧副协调、持续发展，生态经济良性循环的生态农业模式。其建设分生态系统初始恢复阶段、生态系统稳定发展阶段、生态系统良性循环发展阶段，每一阶段建设需要 5～10 年。"八五"期间通过进一步调整、优化农田、林果、草畜各子系统结构，纸坊沟流域初步进入生态经济系统良性循环发展阶段。实践表明，该地区严重退化的生态系统经过集中连续治理、建设，20 年左右可以恢复，进入良性循环。②提出了黄土高原自给性农业，水土保持性林业，商品性果、牧业发展战略及实施重点。并进一步明确了粮食应主要靠基本农田，以提高单产为主攻方向；林业建设应以水土保持、放牧、薪炭等多功能结合，合理配置为方向。为提高综合效益，在适宜条件下适当加大经济林面积，以建立山地果园为主，主攻优质高产，实行苹果、梨、仁用杏多样化；畜牧业在稳定羊只、改良品种的同时，适当发展役肉兼用型牛、猪及其他家禽，走多种经营的道路。随着生产和经济的发展，逐步加强牧荒坡改良和合理利用，促进商品性草地畜牧业的发展。

（3）土壤侵蚀规律的研究取得重大创新性成果。①建立了黄土结皮与土壤侵蚀关系模型；②确定了溅蚀、片蚀和面蚀过程的侵蚀临界坡度；③建立了草地植被盖度与侵蚀量关系模型；④明确了降雨、地形和植被三大因素对土壤侵蚀的影响及变化规律；⑤建立了沟间地侵蚀模型和沟谷地侵蚀概化模型；⑥建立了以地理信息系统（GIS）为支持的土壤侵蚀分析模型方法；⑦发展了黄土丘陵区土壤侵蚀垂直分布定量分析新技术新方法。

（4）出版《中国黄土高原生态农业》专著一部（陕西科学技术出版社，1997）。

（5）示范推广以试区为中心，分 4 个层次向外辐射。一是以纸坊沟流域带动相邻的坊塌、李塌沟流域，形成三沟并进；二是带动安塞县杏子河流域 3 个乡镇和北部 4 乡区域治理和经济开发；三是通过制定安塞社会经济发展战略规划，推动全县生态农业发展；四是通过联合国粮食计划署援助的杏子河流域（1 486 千米²）工程项目和延河流域综合治理世行贷款项目，推广该研究成果和纸纺沟流域水土保持型生态农业模式和一整套治理经验。同时示范推广了优化施肥和基本农田稳产高产技术，苹果优质丰产技术，鼢鼠、兔鼠防治技术等农林果草增产增值实用技术。5 年试验示范和辐射推广创经济效益 1.2 亿元。国务委员宋健 1992 年视察试区予以高度肯定。

抗旱、高产、优质旱地小麦新品种晋麦 47 选育与推广

主要完成单位： 山西省农业科学院棉花研究所、山西省农业种子总站、陕西省渭南市种子站、河南省洛阳农业科学研究所、河北种子管理总站、山东省种子管理总站、山西省运城河东农业科学研究所

主要完成人： 董孟雄、侯流沙、李秀绒、贾明进、姚先伶、杨金亮、柴永峰、张纪坤、董海荣、张灿军

获奖情况： 国家科学技术进步奖二等奖

成果简介：

小麦新品种选育属于作物遗传育种研究领域。抗旱高产优质旱地小麦新品种晋麦 47 的选育及推广，是由山西省农科院棉花研究所、山西省农业种子总站等 7 个单位共同完成。

晋麦 47 原代号"运旱 91 - 15"。1986 年以 12057 为母本，旱 522/K37 - 20 为父本，杂交系选而成。1995 年通过山西省品种审定委员会审定并命名。该品种亲本血缘聚合了 8 个国家、3 个属、2 个种、27 个品种的遗传基础。分蘖力强，成穗率高，生长繁茂稳健，秆壮抗倒伏，后期灌浆快，抗干热风性能强。穗大呈长方形，长芒、白壳、白粒，穗粒数 28～35 粒，千粒重高 42～45 克，株高 85 厘米左右。蛋白质含量 15.3%～16.02%，湿面筋 33.8%～35.2%，沉降值 38.1～63.0。该品种主要特点：特高的旱作丰产

性，1993—1995 年同步参加了全国和山西省旱地区试及生产试验，平均亩产分别为 281.7 千克、249 千克、287.4 千克，比晋麦 33（CK）增产 9.5％、12.4％、15.7％，增产点率达 90％，均获得第一名；广泛的生态适应性，适宜于黄淮麦区广大厚旱地、扩浇地及瘠薄山旱丘陵地种植；特强的抗旱节水性，突出表现抗旱、抗青干，抗旱指数为 1.2，抗旱级别为 1～2 级，表观抗旱性达 1 级，均超过对照晋麦 33。1995 年 4 月通过山西省审定，1998 年通过全国审定和陕西省审定。

晋麦 47 自 1995 年审定以来，仅 3 年时间就在山西适宜地区基本普及，年推广面积达 400 多万亩，推广速度之快，面积之大，在该省小麦品种推广史上较为少见。晋麦 47 从 1996 年至今为国家和山西省旱地区试对照品种，历经 5 年未发现比晋麦 47 明显增产新品种。1996 年被山西省确定为旱地重点推广和首次统供品种，1997 年被国家科委确定为《"九五"国家科技成果重点推广项目》之一，1998 年被农业部确定为"品种更换中黄淮旱地重点推广品种"。现已成为山西省、陕西渭北旱塬、河南豫西地区旱地主干推广品种，并辐射推广到山东、河北等省。"晋麦 47 选育与应用"获 1998 年山西省科技进步一等奖。"旱作丰产小麦新品种晋麦 47 推广"获 1999 年山西省成果转化推广一等奖，同年又获农业部新品种选育二等后补助项目。专家评议："是继晋麦 33 之后黄淮旱地小麦育种的又一突破"，"在我国旱地小麦育种学科具有国际先进水平"。自审定至今，累计推广面积 3 720.5 万亩，共增加产值 13.5 亿元。尤其是 1998—2000 年，年最大推广面积为 1 097.6 万亩，合计推广 2 999.9 万亩，新增产值 10.8 亿元。更为可喜的是适逢我国实行中西部开发，急需抗旱、高产、优质新品种，晋麦 47 推广应用前景更为广阔。

双低高产高抗油菜新品种中双 7 号（中油 119）选育与应用

主要完成单位： 中国农业科学院油料作物研究所、安徽省种子总公司、湖北省种子管理站、湖北省鄂州市
　　　　　　　农业局、贵州省铜仁地区农业技术推广站
主要完成人： 邹崇顺、李桂英、瞿桢、程勇、孔琦、吴子健、吴庆峰、陈浩东、余宏旺、胡信仁
获奖情况： 国家科学技术进步奖二等奖
成果简介：

该项目属农艺学中的作物育种与良种繁育学领域。

1. 主要科学技术内容

（1）选育技术内容和过程。中双 7 号杂交组合是（Topas×84001）F_1×中油 821，是根据单株定向选择改良混合系谱法和室内品质分析相结合的选择方法选育而成，1994—1996 年度参加安徽省区试。

（2）创新点。

①采用了不同遗传背景的 3 个亲本进行复合杂交和多代连续单株定向选择与改良混合系谱法品质分析结合，使得 3 个亲本的优良性状得到了累加和互补并具超亲优势，克服了引进国外亲本材料不良性状的连锁遗传影响。

②通过用病圃鉴定中双 7 号的株系种，加强抗病株系强选择压，是提高品种抗性的有效技术和方法，国内外未见报道。

③在安徽省区试中比对照品种增产 5.5％，全国多点试验中比对照增产 9.8％，大面积生产亩产 150～200 千克，最高单产可达 250 千克，比同类品种显著增产。

④抗病能力强。中双 7 号抗菌核病达到高抗水平，抗病毒病达到中抗水平，抗冻害抗寒害显著强于对照，是国内外第一个集 3 种抗（耐）性于一体的双低油菜品种，达国际先进水平。

⑤品质优良。芥酸含量为零，硫苷含量为 18.2 微摩尔/克饼，低于国际标准，达到加拿大标准（硫苷含量为 20 微摩尔/克饼），居国际领先水平。

2. 主要技术指标

安徽省区试结果，中双 7 号两年平均亩产 146.9 千克，比对照中油 821 增产 5.50％，1991—1992 年度全国多点鉴定 9 个点平均亩产 144.53 千克，比中油 821 增产 9.82％，多点示范达 200 千克，高产可达

250 千克；原种芥酸含量为零，硫苷含量 18.2 微摩尔/克饼，达到国际标准，优于国内攻关标准；含油量 43.2%，比对照中油 821 高 3%；病毒病发病率和指数均低于中油 821，相对抗性指数为 -0.76，达到中抗水平；菌核病发病率较中油 821 显著减轻，病情指数减少 68.1%，相对抗性指数为 -1.21，达到高抗水平，苗期的抗冻性和年后的耐低温能力显著强于中油 821。中双 7 号主要适宜于长江流域及黄、淮南部地区两熟或三熟制栽培。

3. 实施效果

（1）通过杂交选育研究，中双 7 号较好地综合了 84001 的早熟性和中油 821 的高产抗病性及广适性和 Topas 抗冻抗寒的高产株型，不同生态地理远缘优势通过杂交互补获得了超亲的产量优势，使该品种集高产、多抗、品质优、早熟于一体，具有广泛的适应性。

（2）中双 7 号从 1998—2001 年起先后通过安徽省、湖北省、贵州省及全国农作物品种审定委员会审（认）定，1999 年获得国家"九五"科技攻关后补助，同年 8 月被列为中国农业科学院重大推广项目，9 月被列为科技部"九五"国家科技成果重点推广计划指南项目，2001 年获国家"九五"攻关重点后补助，2001 年获中国农业科学院科技成果一等奖和国家科技进步二等奖，并被农业部作为长江流域主推双低油菜品种之一。

（3）推广应用。中双 7 号的选育成功是同类双低品种的重要突破，标志我国的双低油菜育种水平的提高，并为各地的油菜遗传育种研究提供了新的亲本资源和育种方法，为加速我国的双低油菜产业化的进程将起着重要的作用。

1994 年以来在长江流域 10 余省（自治区、直辖市）大面积试验、示范、推广，由于中双 7 号品质优，含油量高，不少加工企业和集团公司均看好中双 7 号，1997 年 10 月中国农业科学院油料作物研究所加工专家与湖北鑫昌集团用中双 7 号菜籽合作完成"双低油菜蛋白质氨基酸制备中试技术"已通过省级专家鉴定。1998 年鑫昌集团收购中双 7 号商品菜籽 400 吨加工成低芥酸色拉油获得较好的社会效益和经济效益；据不完全统计，到 2000 年全国已累计推广面积达 5 000 万亩，创经济效益 10 亿多元。

4. 品种特征特性及栽培技术要点

中双 7 号属半冬性中早熟甘蓝型油菜，苗期半匍匐，叶色深绿，叶缘缺刻深，侧裂叶 2～3 对，苗期生活力强，根系发达，苗期抗冻和年后花期耐低温。株高中等偏上（175 厘米），主花序长，着果密度大，单株角果数多和千粒重高（3.8 克）。株型紧凑，分枝角度小，分枝部位 25～30 厘米，分枝呈匀生状分布，植株秆硬粗壮、耐肥抗倒。3 月中旬初花，4 月中旬终花，5 月 10 日左右成熟。成熟时，植株角果仍是青绿色，群众称"叶青籽黑高产量"。

5. 栽培技术要点

（1）适时播种，育苗移栽，播种期，长江上游区 9 月 10～15 日，长江中游区可在 15～20 日进行，下游及黄淮南部可在 9 月下旬进行，直播可根据各地育苗移栽播种时间推迟 10 天左右进行。

（2）合理配置群体，亩密度 8 000～12 000 株。

（3）重施底肥，底肥、苗肥、苔肥的比例可按 7：2：1 进行，增施硼肥，12 月底前追施苔肥。

（4）早栽早管促早发，苗床的苗龄不超过 30 天。

（5）苗期防治蚜虫，花期防治菌核病。

（6）生产上只种一代种，必须年年换种，若实行保优种植，要大面积连片种植。

果菜采后处理及贮运保鲜工程技术研究与开发利用

主要完成单位：华南农业大学、广州市从化华隆果菜保鲜有限公司、广州市大唐实业有限公司、广州立帜实业有限公司粤旺分公司

主要完成人：陈维信、苏美霞、吴振先、季作梁、黄晓钰、古烈忠、欧阳建忠、唐超汉、高伟华

获奖情况：国家科学技术进步奖二等奖

成果简介：

该项目属农产品保鲜与加工领域。主要用途是提高果菜农产品的商品质量和档次，增加果菜的附加值，保持果菜在贮藏运输过程中的新鲜，减少损失，增加农民收入。

该项目的主要科学内容包括三方面：荔枝保鲜、香蕉保鲜和蔬菜保鲜研究。这三方面研究成果已分别通过鉴定，被鉴定为处于国内领先水平。

1. 荔枝保鲜

深入研究了荔枝褐变机理，发现自由基随果实衰老和果皮褐变而增加，两者显著相关，清除自由基可防止果皮褐变。POP、POD 和花色素苷糖苷酶与果皮褐变有关，抑制这些酶活性有利于防止果皮褐变。病原微生物的侵染也是引起荔枝果皮褐变和腐烂的一个重要原因，病理褐变与生理褐变互为促进，针对霜疫病为主的杀菌剂可有效地延缓荔枝贮藏期间的腐烂和果皮变褐。

研究了一套荔枝保鲜配套技术，包括采前栽培技术与采后保鲜处理、冷藏工艺和冷链流通等技术组装配套。研制出可有效延缓果皮变褐和防止腐烂并符合绿色食品标准的复合保鲜剂。根据荔枝的采后代谢特点，研制出新型的荔枝保鲜薄膜和荔枝气调贮藏最佳气体比例。

该技术可保鲜荔枝 31～34 天，好果率 90％以上，货架期 24～48 小时。

2. 香蕉保鲜

在香蕉采后生理相关理论研究方面，发现高温条件下香蕉果实的青皮熟与乙烯代谢有密切关系，它影响到色素、PG 酶、淀粉等的代谢及膜脂过氧化程度。采后乙烯的调控是香蕉保鲜的一个关键技术措施。通过物理和诱抗处理，发现果实 PAL、PPO、POD、$\beta-1，3-$葡聚糖酶等随果实病情发展呈有规律的变化，香蕉体内较低的 SOD 活性和活性氧水平有利于果实的抗病。采后采用适当的物理方法处理和诱抗处理，可有效地减少香蕉贮运期间的腐烂。

在香蕉贮运保鲜技术方面，研究出一套保鲜系统工程技术，即采前的科学栽培技术，生产优质耐贮藏的果实；采后保鲜处理、MA 贮藏、冷链流通等。研究出新型高效乙烯吸收，可显著地延缓香蕉果实采前的成熟衰老，延长保鲜期。香蕉防脱把技术可有效地防止成熟后香蕉的脱把，延长其货架期。

可将香蕉在夏季常温下保鲜 25～40 天，冬季常温下可保鲜 60～100 天，冷藏可保鲜 70～110 天，好果率 95％以上，香蕉保持青硬新鲜，催熟后不易脱把。

3. 蔬菜保鲜及农药快速检测技术

研究无公害蔬菜栽培、采后保鲜、冷链流通和食品检测等内容，并将成果组装配套，形成适合南方蔬菜保鲜的系统工程，生产与提供新鲜无公害蔬菜。韭菜花可保鲜 50～60 天，解决了发黄腐烂问题。粉葛储藏技术，解决了粉葛切口变褐和保鲜问题，可保鲜 10 个月。甜玉米的保甜技术，采收后立即在田间采用快速预冷等技术，出口到日本市场，基本保持原有的甜度效果，得到日本市场认可。农药检测快速技术反应快速，10 分钟就可得结果，可半定量检测出总有机磷农药含量，最低检出量 0.5 毫克/千克。

该项目成果已在广东省、海南省、云南省的 10 多个市县的果菜主产区推广应用，与企业合作，建立了"公司＋农户"和大规模公司基地的果蔬保鲜产供销一体的产业化体系，带动了千家万户农民发展优质果菜的商品化生产，成功地将 12 万吨果菜贮运保鲜，北运到新疆、大连、哈尔滨、北京等地和出口欧美、日本、东南亚等国家和地区，使果菜保鲜技术成果转化规模有较大突破，创立了"大唐香蕉"、"先一荔枝"、"粤旺蔬菜"等果菜品牌，使果菜在国内销售增值 20％～40％，出口可增值 40％～60％。

西瓜一代杂种育种方法的创新及西农 8 号新品种选育和成果转化

主要完成单位：西北农林科技大学
主要完成人：王鸣、张显、孙振久、张兴平、文生仓、刘莉、张秉奎、马德华、张仲国
获奖情况：国家科学技术进步奖二等奖
成果简介：

该项目属植物遗传育种学领域，并涉及植物病理学、生理学、生物化学、细胞学、分子生物学等多个学科。综合应用上述学科的相关原理和技术，开展西瓜一代杂种育种方法的研究和一代杂种新品种选育，育成综合经济性状超过进口西瓜品种，并拥有自主知识产权的名牌西瓜新品种，为农村产业结构调整和提高农民收入作出重要贡献。

1. 立项背景及课题目标

据联合国粮农组织（FAO）统计，西瓜在世界十大果品中居第五位。我国西瓜的栽培面积及总产量均居世界之首，在改善人民生活，发展农村经济中具有重要作用。然而自 20 世纪 80 年代以来，我国每年花费大量外汇进口"金钟冠龙"、"新红宝"等西瓜种子，不仅价格昂贵，而且假冒伪劣种子时有发生，给生产造成巨大损失。本课题的育种目标是选育综合性状超过进口西瓜的王牌品种"金钟冠龙"和"新红宝"，以抵制进口种子，节约外汇开支。新品种除应具有高产、优质等优良性状外，尤其要具有高抗枯萎病、兼抗炭疽病的能力，以解决瓜农轮作倒茬的突出难题，为瓜农增产、增收提供国产优良品种和优质种子。此外，在育种方法及育种理论研究中有所创新。

2. 研究的主要科学技术内容

（1）综合采用常规育种和多种现代育种方法相结合的育种策略，使其优点互相补充，育成了高水平的西瓜新品种。该项目除采用常规育种方法（自交分离、杂交、抗病育种及杂种优势育种等），还结合采用了辐射育种、染色体工程（染色体易位）及 RAPD 分子标记等现代育种方法和技术。查新报告结论是："未检索到育种方法与本课题相同的文献报道和育种技术成果"。

（2）采用创新的或改进的抗病性鉴定和评价方法，使抗病性鉴定和筛选的效果大为提高。该项目对育种种质资源和亲本材料在严格的人工控制条件下，加大选择压力，进行连续多代的苗期人工接种鉴定和筛选，并首次创用西瓜炭疽病的离体叶人工接种鉴定技术和"AD 评价法"，代替传统的"DI 评价法"，省时、省工、省费用，且试验结果准确可靠。

（3）此外在种质资源的鉴定、改造、创新方面，亲本选择和选配方面，以及对西瓜枯萎病、炭疽病的病原菌生理小种分化研究、复合抗性筛选程序研究、抗性机制研究以及用生物间遗传学原理和方法对西瓜枯萎病、炭疽病的抗性基因的研究等方面，均有独到的创见，并在国内外学术刊物和国际学术会议论文集中发表论文 20 余篇，受到同行的高度评价。

3. 取得的成果的技术水平和经济效益

创造了我国西瓜育种水平的新高度，在我国西瓜育种历史上，育成了优良性状最全面、适应范围最广、推广面积最大、经济效益最高、社会和生态效益最突出的西瓜顶级新品种西农 8 号，达到了国内领先水平。该品种及其种子 1996 年被评为"国家级新产品"，其育种方法 1996 年获国家发明专利，1997 年获我国及世界知识产权组织（WTPO）联合签署颁发的中国专利发明创造金奖。西农 8 号具有高产、优质、抗病性强、耐重茬、耐贮运等综合优良性状，全面超过了主宰我国西瓜生产多年的进口品种，迫使进口西瓜品种大幅度地减少，为国家节约了进口西瓜种子的大量外汇支出。此外，由于其抗病性强、耐重茬，解决了西瓜连作障碍的难题，且显著减少了农药用量，为降低污染、保护环境和人民身体健康创造了良好的生态效益和社会效益。

4. 成果应用情况

由于西农 8 号的综合优良性状不但全面超过了进口西瓜品种，而且也显著优于国内的同类西瓜品种，因此在全国迅速地大面积推广，现已覆盖 20 余省（自治区、直辖市），在许多省（自治区）已成为主栽品种。截至 2000 年统计，累计创社会经济效益 76.6 亿元，实现了大规模、高速度、高效益的成果转化。西农 8 号的实际经济效益远超过上述数字。此外西农 8 号的大量制种，还为广大农民制种户显著地提高了经济收入。西农 8 号种子的检验、清选、加工、制罐、包装、运输、营销，以及大量商品西瓜的调运等带动了相关产业的发展，为国家提供了数以万计的就业岗位，为我国种业的发展和城乡经济的发展，作出了突出贡献。

5. 成果转让形式

西农 8 号西瓜新品种育成后曾通过原专利权人单位（西北农业大学）先后与安徽及新疆两家种子公司

签署了转让部分制种权和销售权的协议，协议明确规定专利权人单位仍保有专利权、育种权、制种权和销售权。上述两家种子公司均取得了十分显著的高额利润。西北农业大学（现为西北农林科技大学）在西农8号的成果转化方面也取得了很好的经济效益。目前西农8号虽受到大量非法制种和仿冒产品的冲击，但其发展势头仍然十分强劲，制种量不断增长，存在着巨大的发展潜力。

北方旱农区域治理与综合发展研究

主要完成单位：中国农业科学院、西北农林科技大学、辽宁省农业科学院、中国科学院沈阳应用生态研究所、中国农业科学院农业气象研究所、中国农业大学、河北农业大学

主要完成人：信乃诠、王立祥、张燕卿、李仁岗、庄季屏、孙占祥、梅旭荣、高宗、汪德水、冷石林

获奖情况：国家科学技术进步奖二等奖

成果简介：

干旱是世界性的问题，也是中国北方广大地区贫穷落后的主要原因。该项目针对东北、华北、西北的16个省（自治区、直辖市）的965个县，5 085万千米^{2}耕地的农业问题，进行了攻关研究，取得了重大进展和突破。

1. 研究组建了不同类型区主要粮食作物高产高效栽培技术体系

各主要类型试验区紧密结合当地生产实际和自然资源优势，以提高水分利用效率为中心，大力引进并选用粮食作物新品种、新组合，完成了高产、耐旱、优质品种的更新换代，为建立主要粮食作物高产高效栽培技术体系奠定了物质基础。试验推广培肥地力和平衡施肥技术，提高了化肥利用率。规范了地膜覆盖与秸秆覆盖技术，强化了保护性耕作技术，使自然降水的保蓄率比传统耕作提高了近1倍。发展了农田水分空间富集的集雨节水技术，为开拓旱农研究领域和自然降水的高效利用开辟了新路。同时研究、推广了抗旱化学制剂技术，使良种与高效用水的技术配套，提高了水分利用效率和粮食产量。这套技术的组装集成，创造了旱区小麦、玉米水分利用效率分别达到1.0千克/（毫米·亩）和1.76千克/（毫米·亩）的国际领先水平。

2. 研究组建了适应不同类型区用地养地结合高产高效种植制度

各主要类型试验区系统研究了区域水、土、热资源的时空分布规律及其与农业生产的关系，调整种植业结构，使粮食作物内部和粮、经、饲配置比例逐步趋于合理，压夏扩秋，提高了作物需水与降水的吻合度，使水分利用效率整体效益得以增进，旱区资源优势得到发挥，促进了具有我国北方旱区特色的种植制度和轮作制度优化，提高了优势产品的产业化水平和市场竞争能力。

3. 研究建立了不同类型区有助于系统生产力提高的农牧结合、农林牧综合发展模式

各主要类型试验区在基本解决粮食自给的同时，充分利用作物秸秆和草地资源的优势，调整农牧结构，大力发展畜牧业，不断增进系统生产力的提高。同时发展林果业，改善生态环境，促进旱区农牧结合、农林牧综合发展，取得了明显成效，确保农业和农村经济的可持续发展，取得了巨大的经济、社会和生态效益，具有我国特色。

4. 研究建立了旱作农田肥水协同效应及其耦合模式

通过半干旱偏旱、半干旱、半湿润偏旱3种类型区人工控制与田间试验证明，"以肥调水"的作用主要表现在：施肥有明显的促根效应，有显著的水分补偿效应，有一定的水分、养分输导效应和增强作物逆境生存的应变能力；"以水促肥"的作用表现在：水分促进了有机氮的矿化，促进了养分在土壤的扩散，促进了作物对养分的吸收。同时揭示了肥水协同效应及其耦合模式在生产上应用具有新颖性和实用性，取得了明显的经济、社会和生态效益。

5. 研究揭示了北方旱区农田水分生产潜力及开发途径

通过在半干旱偏旱、半干旱、半湿润偏旱3种类型区，对11种作物水分生产潜力及其开发途径研究表明：春玉米、春谷和冬小麦生产潜力最高，其次是糜子、马铃薯和春小麦，莜麦最低。从地区分布看，半湿

润偏旱区＞半干旱和半干旱偏旱区；从降水年型看，丰水年＞正常年＞干旱年。农业潜力开发必须根据不同类型区的自然资源、社会经济及技术条件，选择适当的开发目标和开发速度。半干旱偏旱区，主要目标是增加粮食产量，解决温饱问题，使潜力开发程度达到 52.7％，实现人均粮食占有量 319 千克，粮食自给率达 80％；半干旱区应在粮食产量基础上，努力发展畜牧业和林果业，解决从温饱向小康过度，使潜力开发程度达到52.9％，实现人均粮食占有量 370 千克，粮食自给率达到 90％以上；半湿润偏旱区，应在稳定粮食产量，改进品质的基础上，重点转移到畜牧业和加工业，实现农村小康向富裕跨越，使潜力开发程度达到 57.6％，实现人均粮食占有量 474.8 千克，实现农林牧同步发展、持续发展，与国外相比，具有创新性和指导性。

该项成果的组装集成和工程开发，在 8 个试验区作出示范，在相关地区广泛推广，累计面积 1.15 亿亩，增产粮食 49 亿千克，经济效益 54.6 亿元。同时发表论文 612 篇，著作 39 部，培训各类技术人员39.5 万人次，产生了巨大的经济效益和初步的生态效益，也标志着我国北方旱地农业研究与开发进入了一个新阶段，极大地丰富了旱地农业科学技术。此技术成果可在北方近 4.2 亿亩耕地上推广应用，可为我国西部大开发和农业可持续发展提供重大关键技术和发展模式，有广阔的应用前景。

高产优质面包小麦皖麦 38 的选育与推广

主要完成单位：安徽省涡阳县农业科学研究所
主要完成人：刘伟民、张华松、王树军、冯彦素、朱红光、马志强、范荣喜、梅子、刘钊、梁尼亚
获奖情况：国家科学技术进步奖二等奖
成果简介：

1. 应用领域及主要用途

该项目属农业应用技术领域。主要用于优质强筋小麦生产和食品加工。适用于农业粮食品质结构调整；促进农业产业化、标准化生产；其优质商品麦适于生产面包、水饺、面条等系列专用粉，以及生产相应的食品。

2. 研究的主要科学技术内容及所取得的成果

主要创新点。创造了小麦育种后代早代组合群体产量比较新方法——作图（回归曲线图）比产法，即在 F_2 代组合内混合条播的条件下，在行苗数和行产量坐标系中标出各组合坐标点，绘出总体回归曲线，曲线上方为高产区，下方为低产区，经过产量比较，大量淘汰中、低产组合，可大大提高育种效率，可相对提高育种成功概率，此法经查新，在国内未见报道。此法显著优于国外的"穴播法"。

所取得的成果。采用优质与高产品种杂交，结合冬春性杂交等混合模式配制杂交组合，后代选择采用作图比产法，挑选高产组合，在高产组合中对品质、抗性等性状进行选择，从而在解决小麦高产与优质的矛盾方面取得了重大突破。于 1987 年用优质亲本烟中 144 与高产材料 85－15－9 杂交，于 1994 年育成了集高产、优质、多抗于一体的小麦新品系涡 8779，1997 年审定命名为皖麦 38 号，于 1999 年通过国审。

3. 主要技术性能指标

丰产性。该品种在 1994—1997 年阜阳市区试和安徽省区试中，连续 3 年位居第一；在 1995—1997 年国家黄淮区试中两次位居第二，平均亩产 454.3～505.1 千克，最高试点亩产 614.7 千克；在 1998 年国家生产试验中，较对照增产 15.22％，位居第一。在各级区试中，经稳产性分析，属高产稳产型品种。

优质性。经农业部谷物品质监督检测中心检验，粗蛋白含量 14.2％，湿面筋含量 39.2％，稳定时间21 分钟，评价值 70，面包体积 930 厘米³，面包评分 93.6，各项指标均超过国标。全国品种审定委员会的审定结论是：该品种面粉宜做面包专用粉。

多抗性。属弱冬性半矮秆中熟品种，经接种鉴定，中至高抗白粉病，中抗叶锈、赤霉病，中感条锈病（慢锈型），据区试观察，抗寒、抗倒、抗旱、耐渍；适应性强。

4. 技术水平

皖麦 38 的突出之处是在优质与高产的结合上取得了重大突破，且抗性突出。该品种于 1999 年国家审

定后，被纳入国家"九五"科技攻关计划，连续获得国家"九五"第二批农作物新品种后补助和首届优质及专用新品种后补助。1999 年安徽省科委组织鉴定，专家一致认为，该成果居国内同类研究的领先水平。

5. 主要经济指标

据多年多点区试结果，平均产量 456.6 千克/亩，较普通小麦当家品种增产 5%～10%，优质加价 10%～20%，据经济效益评估计算，每亩比普通小麦净增收 88.16 元，1997—2001 年已累计推广 1 915 万亩，获得效益 11.6 亿元。

6. 推广应用情况

在皖麦 38 的成果转化中实现了产业化运作。在该品种审定后，为尽快把这一科研成果转化为生产力，安徽省成立了 38 种业集团和优质麦开发公司，集科、繁、育、推、产、加、供、销于一体，实施了订单农业，按产业化模式经营，产品畅销于上海、福建、广东等沿海省（直辖市）。

皖麦 38 被安徽省定为"四个一千万亩"农产品优质化工程中一千万亩优质麦的首推品种，也已成为豫、苏两省的优质麦主推品种，推广面积逐年迅速扩大，在安徽已占小麦总面积的 20%以上。

皖麦 38 在推广中的社会效益也十分显著。一是缓解了其产区的卖粮难问题，增加了农民收入；二是改善了粮食的品质结构，促进了粮食结构的调整和种子及商品粮的产业化进程；三是可替代进口优质麦，为面粉加工企业节本增效；四是推行规模种植标准化管理，促进了农民科学种田水平的提高；五是皖麦 38 的育成，也促进了我国优质麦育种水平的提高。可见，皖麦 38 的选育与推广在推进农业科技进步和经济发展方面已发挥了重要作用。

同时，由于皖麦 38 丰产、稳产、多抗、农民喜爱；品质优良，企业欢迎；另外，该品种抗病性突出，是发展无公害农业、生产绿色食品的理想品种，再加上强筋麦的用途广，用量大，因此，其发展前景十分广阔。

花生病毒株系、病害发生规律和防治

主要完成单位：中国农业科学院油料作物研究所、山东省烟台市植物保护站、河南省开封市农林科学研究所、北京市密云县植保植检站、河北省唐山市植物保护检疫站、江苏省徐州市农业科学院、中国农业大学

主要完成人：许泽永、张宗义、陈坤荣、毛学明、李绍伟、马凤英、韩少勇、杨永嘉、蔡祝南、廖伯寿

获奖情况：国家科学技术进步奖二等奖

成果简介：

该项成果属应用基础和应用成果。该成果提供的新知识和新技术适用于农、林、牧领域开展植物病毒种类和株系鉴定、病害发生规律和防治研究，可供农业科技人员和农业大专院校师生参考、应用。该项成果可以直接用于指导科研单位开展花生抗病毒病育种以及基层农业科技推广人员开展花生病毒病诊断、测报和防治，选育和鉴定的抗、耐病花生品种可直接用于病害防治，提供病害诊断、发生规律和防治新知识，也可供其他种传豆科作物病毒病或相关植物病毒病研究和防治参考。

花生病毒病是花生重要病害，广泛流行于占我国 2/3 花生种植面积的北方花生产区，自 20 世纪 70 年代以来，曾多次暴发大流行，给生产带来严重损失。危害我国花生的主要有 3 种病毒，即花生条纹病毒（PStV）、花生矮化病毒（PSV）和黄瓜花叶病毒（CMV）。该项目对我国 3 种主要花生病毒株系及引起病害的发生规律和防治开展全面和系统的研究，取得重大进展和显著经济、社会效益，研究达到国际先进水平。

（1）通过对我国花生矮化病毒（PSV）株系生物学、血清学研究和壳蛋白（CP）基因序列分析，我国 PSV 两个株系 CP 基因序列同源性高达 99.1%，而已报道的 PSV 两个亚组的代表性株系同源性仅为 75%左右，在国内外首次发现我国 PSV 株系独自构成一个新亚组，即亚组Ⅲ，该项成果对了解和深入开展 PSV 株系遗传变异和进化研究有重要理论意义，达到国际先进水平。

（2）首次对我国花生条纹病毒（PStV）轻斑驳、斑块和坏死株系生物学特性开展研究，并对轻斑驳和斑块株系壳蛋白基因进行序列分析；序列同源性比较研究表明我国 PStV 株系壳蛋白基因序列同源性高度一致，而与东南亚国家株系有明显差异，证明我国 PStV 株系和东南亚株系是各自分别进化，同一区域株系遗传亲缘关系相近，研究结果具有重要理论价值。

（3）首次发现和鉴定对花生致病力不同的 PSV、PStV 和黄瓜花叶病毒（CMV）株系，并对 PSV 株系的区域分布进行了调查，为花生病毒病诊断、抗病育种及防治提供指导。

（4）在国内首次完成 PSV 刺槐分离物的鉴定。通过蚜虫传播试验和病害调查，明确早春刺槐上迁移的蚜虫，可以将 PSV 病毒从刺槐向花生传播，在国内外首次证明刺槐是 PSV 的初侵染源；通过大量调查和试验研究，明确带毒种子是 PStV 和 CMV 主要的初侵染源，对 PStV 种传机制和影响因素进行了深入研究，明确病毒在种子发育早期侵入，并随种子成熟存留于种子，成为第二年病害初侵染源；明确花生基因型和病毒侵染时期是影响种传率的主要因素，为病害防治提供科学依据。

（5）全面和系统开展 3 种病毒病流行因素研究。多年在病区试验基点系统观察和田间调查，明确蚜虫发生量、花生苗期雨量和种子带毒率是影响 3 种病毒病流行的主要因素，分别建立 3 种病害流行预测式，为病害防治提供了科学依据。

（6）选育出抗 PSV 花生品种中花 3 号，该品种在人工接种条件下，病情指数比感病品种减少 50％，产量损失减少 66％；鉴定出数个对 PStV 和 CMV 具有田间抗性的品种，这些品种病毒种传率低，发病晚。病害损失小，在病害防治中发挥了重要作用；在野生花生中发现抗性材料，为花生抗病毒病育种提供了抗源。

（7）在病害流行区域建立防治试验基点，通过多年试验、示范，制定出以应用无（低）毒花生种子和覆膜栽培为主要内容的病害综合防治措施，在山东烟台、北京密云和江苏徐州大面积防病示范，平均防病效果在 80％以上。该综合防病措施在病区大面积推广应用，取得显著经济、社会效益。

（8）该项目共发表研究论文和报告 63 篇，其中在 *Plant Disease* 和 *Phytopathology* 等国际性学术期刊及国际花生通讯上 8 篇，全国性学术刊物上 35 篇，国际学术会议上 10 篇。发表论文被国内外 38 篇（本）论著引用 136 篇次，在国内外产生广泛影响，为丰富植物病毒学科内容作出了贡献。

（9）该项目开展了积极的国际合作与学术交流，项目主持人许泽永研究员于 1987 年应邀参加国际花生病毒合作研究小组，他和项目组成员 10 余次出国参加学术会议以及合作研究，促进了我国花生病毒病研究水平的提高，也扩大了我国花生病毒研究的国际影响。

花生抗病品种中花 3 号在病区推广应用 180 万亩，对控制 PSV 病害流行发挥了重要作用。病害综合防治措施在山东、河南、河北、江苏、湖北和北京 6 省（直辖市）推广应用 1 585 万亩，防病效果在 80％以上，挽回花生损失 40 多万吨，增收 6.5 亿多元。病害综合防治技术无偿转让。

小孢子培养辅助选育优质、高产、抗（耐）病油菜新品种华双 3 号

主要完成单位：华中农业大学
主要完成人：吴江生、石淑稳、周永明、刘后利、伍昌胜、段志红、陈常兵、涂勇、陈爱武、阮祥金
获奖情况：国家科学技术进步奖二等奖
成果简介：

该项目属于农业种植业领域，由华中农业大学吴江生等完成。

20 世纪 80 年代，国际油菜的品质发生了两大变革，一是将传统双高（高芥酸、高硫代葡萄糖苷，下简称硫苷）油菜油中营养特性不良的芥酸含量从 45％以上降低到 5％以下，将有利于人体健康的油酸＋亚油酸含量提升到 80％以上。二是把菜饼的有毒物质硫苷含量由 120～150 微摩尔/克降低到 30 微摩尔/克以下。这种双低（低芥酸、低硫苷）油菜的油和饼的营养价值大为提高，并为食品和饲料等工业提供大批优质蛋白资源。世界发达国家如加拿大、欧洲各国及澳大利亚等从 20 世纪 50 年代末开始油菜品质改良，

80年代相继实现油菜双低化，取得巨大经济效益和社会效益。我国油菜面积和总产约占世界1/4，居世界首位，每年为我国人民提供约60％的食用植物油。但我国传统油菜品种为双高品种，致使年产600多万吨菜饼常做肥料使用，每年损失数十亿元。1980年前后我国开始油菜品质改良育种。其方法主要是通过简单杂交导入国外双低基因，育成了一批双低品种。这些品种的产量、抗性和适应性与双高品种有较大差距，推广应用的难度较大。

基于我国油菜品质改良和生产中存在的问题，该项目采用具有优良特性的国内外多个品种，如长江流域的高产、抗病品种中油821；早熟、容易发生有利变异品种华油3号；低芥酸品系华油低芥821和澳大利亚优质双低品种Marnoo等为亲本，通过聚合杂交，用中心亲本中油821多次回交、对回交1代优良植株的小孢子进行离体培养和染色体加倍的传统育种技术与现代细胞工程技术相结合的育种方法，育成集优质、高产、抗耐病于一体的双低油菜新品种华双3号。与同类型油菜比较，华双3号具有：产量高，区域试验平均亩产164.39千克，比同类型油菜增产10％以上；品质优，含油量42％，比对照高2％，原种芥酸含量<1％，硫苷<25微摩尔/克；抗耐病性强，抗耐菌核病和病毒病能力与双高对照中油821相近，而显著优于其他双低品种；适应性广泛，多年区域试验和生产示范表明，华双3号适合于长江中下游和淮河以南地区种植。在新品种选育的同时用经典遗传学方法结合现代品质分析技术，研究优质油菜含油量、各种脂肪酸、硫苷等主要品质性状遗传规律和育种方法。

该项目的发现点和创新点在于：将国内外各具优点的多个品种聚合杂交，拓宽了新品种遗传基础并增强了适应性；在优良杂交后代中选择农艺性状优良而品质性状杂合的单株与中心亲本回交，使杂种后代向中心亲本定向转化，提高了育种预见性；对多亲本杂交、回交后代优良单株的小孢子进行离体培养和染色体二倍化，使具有各种期望性状的重组个体迅速纯合稳定，从而缩短了育种周期，提高了育种效益；大田植株小孢子的离体培养技术和在国内外首次建立的简便、高效、实用油菜试管苗直接移栽大田的技术体系，可供十字花科植物品种改良利用；在国内首次证明甘蓝型油菜的芥酸、廿碳烯酸、油酸受同一基因体系控制，芥酸与油酸、亚油酸呈极显著负相关，油酸与亚油酸呈极显著负相关，硫苷含量至少受3对基因支配，芥酸与硫苷受不同基因体系控制。

华双3号受国家和湖北省"六五"至"八五"科技攻关项目资助选育成功，在鄂、皖、豫、浙等省累计推广了3 300多万亩，2000年被评为国家重点新产品和湖北省科技进步二等奖，2001年获国家攻关新品种后补助和国家科技进步二等奖，同年被农业部推荐为长江流域主栽品种。

甜（辣）椒花药培养单倍体育种技术的研究与应用

主要完成单位：北京市海淀区植物组织培养技术实验室
主要完成人：李春玲、蒋钟仁、李春林、王振泉、邢永萍、刘兰英
获奖情况：国家科学技术进步奖二等奖
成果简介：

该项目属于农业生物技术领域中的园艺植物细胞培养技术。

20世纪70年代中期开始，针对常异交植物甜（辣）椒品种退化严重的问题，在原有常规方法育种的基础上，采用花药培养与常规育种相结合，研究建立了甜（辣）椒花药培养育种新技术，并用该技术培育出新的品种、品系和育种材料。

历经24年的试验、研究及成果开发推广，建立并完善了甜（辣）椒花培育种新技术。其主要工作成绩有：

（1）技术创新。成功地解决了甜（辣）椒花药培养的一系列技术难题。①接种污染率控制在1％左右；②单倍体植株移栽成活率和加倍成功率稳定在98％以上；③能从甜椒和辣椒的每一个品种或杂交种中获得单倍体植株，根据育种要求每年能获得上千株甜（辣）椒单倍体植株，从而使该技术成为实用技术；④建立了从杂交种、品种快速育成新的品种、杂交种和育种材料的一套花培育种实用技术。通常，采

用常规育种技术育成一个稳定的自交系需 5 年以上，育成一个新的品种或杂交种至少也要 8 年以上，而花培育种所需时间分别是 3 年和 5 年，缩短了育种时间。

（2）选育品种。采用花培技术，在国内外首次育成花培品种海花三号，有 4 个甜（辣）椒品种或杂交种，经过了北京市和其他省（市）农作物品种审定委员会的审定。还培育出一批有实用价值的品系和育种材料，供有关单位应用。

（3）推广应用。育成的海花 3 号等系列品种和杂交种，已在生产上推广应用，表现出明显的早熟性及丰产性，已在全国 236 个市、592 个区县范围内推广和试种，累计推广面积 16.2 万公顷，实现社会经济效益 16.28 亿元。

（4）学术意义。①在国内外首次研究解决了甜（辣）椒花培技术一系列难题，并培育出有实用价值的系列品种、品系和育种材料，具有较高的学术意义；②在国内外的有关刊物上发表论文 9 篇，其中学报 5 篇，中级刊物 1 篇，花药培养学术讨论会文集 2 篇，国外刊物 1 篇。研究论文"甜椒花药培养新品种'海花三号'的育成"，获《园艺学报》创刊三十周年优秀论文三等奖。这些文章，对研究和生产有指导意义。

内蒙古河套灌区开发治理技术研究

主要完成单位：内蒙古自治区水利水电勘测设计院
主要完成人：蔡震中、张世侃、马德平、张炳周、康跃、路二文、范晓元、樊忠成、张凌梅、李新民
获奖情况：国家科学技术进步奖二等奖
成果简介：

河套灌区位于内蒙古自治区巴彦淖尔盟，南傍黄河北依狼山，总面积 1 784 万亩，灌溉面积 861 万亩，项目区面积 518 万亩，是世界著名的大灌区。从 1986 年开始研究至 1997 年建成历时 11 年，总投资 8.7 亿元。

河套灌区开发治理技术十分复杂，难度很大。当时，国内外对干旱无雨地区，冻融交替地区，土壤本底质含盐碱量多的灌区，如何灌溉、如何排水、如何改良土壤等问题都无成功的经验，只能参考中国滨海地区，黄淮海地区治碱的经验以及埃及、荷兰等国排水及治理盐碱的经验。结合河套实际，探索灌溉、排水、治碱新技术和理论，创造出河套治水治碱模式。

1. 河套灌区存在的主要问题

（1）大水漫灌农业生产粗放。
（2）沟道不成体系，排水不通。
（3）土壤改良工作被忽视，耕地迅速盐碱化。

针对河套存在的问题，归纳出很多研究课题，邀请国内有关专家与我院组成 560 多人的技术队伍，进行联合攻关，为河套灌区改造提供高新技术的支持体系。

内蒙古河套灌区是世界上特大型灌区之一，具有悠久的历史。新中国成立后，经过多年建设，已发展成为内蒙古西部的重要粮糖油商品生产基地，也是国家优质小麦生产基地。20 世纪 70 年代，受到土壤盐碱化的困扰以及管区治理方针路线的摇摆不定，河套灌区处在十年大争论、十年大循环的困境中，农业生产大滑坡，国民经济发展缓慢。

1982 年开展对河套灌区进行治理、改造、开发的技术研究工作和配套工程的规划设计工作。1983 年提出的规划研究报告，经上下左右多方讨论，取得共识，列入国家 5 年规划，1986 年经世界银行同意，列入世行中国北方灌溉项目。

2. 主要研究内容

（1）灌区排水模数的研究。
（2）大中型排水沟采用沟水汇流理论计算流量的方法研究。
（3）田间工程排水模式的应用条件研究。

（4）利用微咸水种稻改良盐碱地的研究。

（5）排水设计引入当代新技术。

（6）河套灌溉制度的合理化研究。

（7）优化渠化布置的研究。

（8）田间建筑物规模的研究。

（9）耕地土壤盐碱化程度的划分标准的研究。

（10）水利土壤改良分区的四级编码分区制定。

（11）土壤改良措施——碱土改良的研究。

（12）水利经济评价与世行经济评价办法的接轨。

（13）区系有效利用系数的测定。

（14）排水沟塌坡原因及防塌措施的研究。

（15）冻土地区水工建筑物防冻结构形式研究。

（16）河套灌区。

（17）总排于排水量和排盐量预测与乌梁素海水质（矿化度）预测。

（18）指挥系统。

（19）管理与监测系统。

该研究成果已多项应用于河套灌区世行贷款项目的评估和配套工程设计中，控制面积 518 万亩，效果极好。

该项成果已推广到河套农业开发项目，开发规模 180 万亩，项目正在实施。

该项成果在河套"是无"节水配套工程中应用，规划面积 550 万亩。本项成果在周边地区得到效仿，经济效益也很好，如伊盟南岸灌区（100 万亩），土默川灌区（200 万亩），大柳树水库内蒙古灌区规划（2 000 万亩）。

该院成果也得到宁夏、甘肃、湖北、广东的关注，曾派人来参观学习。

该项目在世行配套实施后，改善了灌水和排水条件，节约了水量，降低了地下水水位，减缓土壤盐碱化程度，充分利用水土资源，起到超额完成的目标，经济效益非常好，河套出现了国泰民安，蒸蒸日上的局面。

灌区的生态环境有了质的大改善，农田防护林覆盖率由 3.1% 增至 4.5%，非盐化耕地面积由 25.94% 增至 37.60%；地下水平均埋深下降 0.21 米，光板地、白花花的荒地减少，植被增加。

推动了科技兴农项目，建成高标准农田 160 万亩，占耕地面积 69%，农田高新技术推广面积占播种面积的 45%，110 万亩中低产田提高了土地系数。

农牧林副渔业蓬勃发展，1996 年农业人均收入 1 729 元，农民生活水平提高，相应的文化生活也提高。

配套取得成功经验，平息了治理开发技术的争论，推动了河套灌区非配套区的配套工程建设进度。

带动乡镇企业发展，企业由 1.2 万个发展到 2.5 万个，从业人员由 2.7 万人增至 6.8 万人，产值由 1.2 亿元增至 38 亿元。

中国水旱灾害研究

主要完成单位：水利部南京水文水资源研究所、国家防汛抗旱总指挥部办公室、江苏省水利厅、中国水利水电科学研究院、河海大学、南京大学、武汉大学

主要完成人：张海仑、李宪文、骆承政、张世法、李鸿业、周魁一、朱元生、邹进上、顾颖、沈佩君

获奖情况：国家科学技术进步奖二等奖

成果简介：

我国水旱灾害频繁而且严重，为全面了解和掌握全国各地水旱灾状况、灾情特点，变化趋势，为了制

定今后防灾减灾对策提供科学依据，1991 年国家防汛抗旱总指挥部办公室组织全国各有关单位编写中国水旱灾害系列专著。系列专著分省（自治区）、流域（大江大河）和全国 3 个层次。《中国水旱灾害》为系列专著全国卷。

《中国水旱灾害》是在系统收集全国各地历史和近代灾情资料，全面总结近 40 余年来有关调查研究成果，在此基础上分析研究了形成灾害的自然因素和社会经济因素，探索水旱灾害的变化规律和发展趋势，总结国内外防灾减灾经验，提出防治水旱灾害的对策措施。

全书约 85 万字，分 5 篇共 17 章，各篇主要内容：

第一篇概论（共 3 章）。主要内容：①阐明水旱灾害的基本概念，论述水旱灾害与自然条件、社会经济发展和防灾减灾之间相互关系；②讨论了我国水旱灾害之所以特别严重的自然地理环境；③总结历代防治水旱灾害经验。

第二篇洪水灾害（共 4 章）。主要内容：①统计分析近代和历史时期水灾特征和变化趋势，分析比较了山区、平原、滨海地区灾情不同特点，从全国着眼，综合研究了灾情时空分布规律；②从暴雨特性、洪水特点以及江湖河海的历史演变等方面，研究了形成洪灾的自然原因和历史原因，并进一步论述了由于不适当的社会经济活动所带来的负面影响；③通过历次重大洪水事件，阐明洪水灾害对社会、经济、环境的影响；④总结新中国成立以来防洪建设的成就与经验，重要江河防洪状况，提出现阶段防洪减灾对策。

第三篇涝渍灾害（共 2 章）。涝渍灾害与洪灾以往通称水灾，但其形成原因、灾害特点、治理对策有别于洪灾，本篇主要内容为：①介绍新中国成立以来不同阶段涝渍灾害状况，致灾原因，分布范围；②介绍各大流域涝渍灾害治理过程，措施与经验，评价了 40 余年来除涝治渍的效果，提出今后治理措施与目标。

第四篇干旱灾害（共 7 章）。研究认为干旱现象从水资源角度来说，是供水不能满足正常需水的一种不平衡的缺水情势，这种缺水情势超过一定界值后，给工农（牧）业生产、城乡生活产生不利影响，形成干旱灾害。讨论范围除传统的农业干旱外，还包括城市缺水、牧区干旱和农村人畜饮水等各个方面。对上述 4 种类型的干旱特征、旱灾分布、致灾的因素分别作出详细统计分析，根据不同灾害类型提出防旱减灾对策措施。从全国来讲，每年在不同地区都会发生不同程度旱灾，遇到特大干旱年，旱情可以持续数年之久，灾情极其严重。作者从水文气象特征、水资源配置以及社会经济条件等方面综合分析了旱灾之所以频繁而严重的根本原因，进一步讨论干旱及其旱灾对社会、经济、环境的影响。该篇最后回顾新中国成立以来，防旱减灾建设成就，总结历史防旱减灾经验，分析当前面临的形势和存在问题，提出防旱减灾基本对策和措施。

第五篇基本对策与展望。其内容主要是从理论上阐明水旱灾害形成及其防治的多重性；对当前水旱灾害形势基本估计，从 5 个方面提出防灾减灾宏观对策。卷末附有 1840—1992 年水灾旱灾年表。

该项研究成果是我国第一部全面论述水旱灾害的专著，密切结合当前生产实践，为防洪抗旱有关的水利、农业、林业、城建、电力、交通、环境、气象、民政、计划、财政等部门决策提供科学依据。同时也是全社会了解研究我国水旱灾害以及大专院校有关专业师生重要参考书。

农田温室气体排放过程和观测技术研究

主要完成单位：中国科学院大气物理研究所、中国科学院长沙农业现代化研究所、中国科学院成都山地灾害与环境研究所、江苏吴县市农科所、中国科学院南京土壤研究所

主要完成人：王明星、王跃思、郑循华、李晶、沈壬兴、上官行健、谢小立、王卫东、段长麟、张仁健

获奖情况：国家科学技术进步奖二等奖

成果简介：

中科院大气物理所王明星研究员带领他的项目组自 1987 年起，对我国四大类主要水稻产区的 CH_4 排放规律及其与土壤、气象条件和农业管理措施的关系进行了系统野外观测试验，并对稻田 CH_4 产生、转

化和输送过程的机理进行了深入的理论研究，探讨了控制稻田 CH_4 排放的实用措施，建立了稻田 CH_4 排放数值模式。在 CH_4 排放的时空变化规律及其与环境条件的关系方面有一系列新的发现，在稻田 CH_4 产生率、排放率及其与环境条件的关系方面有一系列新的见解。以充分证据改变了国际上关于全球和中国稻田 CH_4 排放总量的估算。在对 CH_4 深入研究的基础上，从 1994 年起，开展了对农田 N_2O 排放的研究，并在农田 N_2O 排放时空变化及环境控制因素，特别是排放量与土壤湿度及温度的关系、施肥与排放、CH_4 与 N_2O 排放相互消长关系及减排措施选择的理论与试验研究方面取得了一批新的成果。

农田生态系统 CH_4 和 N_2O 自动分析技术研究成果获 1 项国家发明专利和 1 项实用新型专利。并在该项目组专利申报之前，国内外无类似报道。发现稻田 CH_4 排放率有 4 种日变化形式，并且日变化模态取决于 CH_4 输送渠道——气泡、分子扩散和植株排放三者的相对重要性，并不取决于产生率。

稻田 CH_4 逐日排放有 3 个季节性峰值，分别出现在水稻的 3 个植物生理变化期，而不是仅有 1 个排放峰值。发现 N_2O 的逐日排放最大季节性峰值出现在农作物换茬期，中国耕作习惯"晒田"可降低 CH_4 排放 $26\%\sim46\%$，且同时引起的 N_2O 排放量增加微不足道；发现了农田生态系统 N_2O 排放量与土壤含水量的定量关系。建立了我国第一代稻田 CH_4 排放数值模式，并计算出我国稻田 CH_4 排放总量为 $9\sim13$ 百万吨/年，由此推算全球稻田 CH_4 排放总量为 $35\sim50$ 百万吨/年。发现使用新鲜有机肥是导致 CH_4 排放率高的重要原因，提出使用腐熟有机肥（如沼渣、堆肥等）和降低 CH_4 排放大约 50%；有机肥和化肥混用，可大大降低农田 CH_4 和 N_2O 的排放。

稻田 CH_4 自动采集和分析系统及其方法：

该方法是基于静态箱采样、气相色谱分析、积分仪记录及微机管理的一套全自动测定技术方法。其基本原理为：将置于田间的 8 个（或 16 个）采样箱中富含 CH_4 的空气样品逐一抽入中心实验室，依次注入气相色谱仪；经 1/8" × 2 米内填 13XMS 的分离柱分离出 CH_4 后，氢焰离子检测（FID）对其检测；SP4270（或 SP4290）积分仪对检测到的信号进行记录，然后将数据转至微机存贮。QB 语言自编软件与硬件配合良好，整个系统的运转可由微机自动管理，无需人员值守。

该系统对 CH_4 分析误差 $<0.5\%$，同步测量的温度误差 $<0.5℃$，2.5 分钟可完成一个样品的分析，2 小时完成 8 只采样箱的一次通量测量，24 小时可获得 96 个通量数据。技术指标可与国外同类产品媲美，但其造价仅为国外产品的 $40\%\sim50\%$。该项目组先后生产稻田自动观测系统 3 套，在江苏常熟和吴县、广东广州郊区进行稻田 CH_4 排放观测，并对在湖南桃源使用的德国观测设备进行了大规模的技术改造。先进技术方法的推广应用，大大增强了研究结果的可靠性和说服力。1991 年，CH_4 自动采集和分析系统及其方法通过中科院技术成果鉴定；1992 年申报国家发明专利一项，1997 年获批准，专利号为 ZL92100938.0；1993 年获中科院科技进步三等奖一项。

农田生态系统 N_2O 自动采样分析系统：

该系统的电路控制和机械装置完全借鉴了 CH_4 自动观测系统的技术，但色谱的氢焰离子检测器（FID）对 N_2O 无响应，因而必须采用电子捕获检测器（ECD）。但是，H_2O、CO_2、O_2 和 CFCs 对 ECD 检测 N_2O 干扰严重，常规方法不能使自动系统连续进样，否则色谱基线会迅速抬升造成试验中断。该项目组研究人员采用十通阀进样/反吹、四通阀外切技术，剔除了 H_2O、CO_2、CFCs 和 O_2 的干扰，使分析系统可以连续进样，长期全天候观测。田间 9 个采样箱分 3 组置于不同试验田块中，箱中气样可依次、连续地输送至中心实验室；5 分钟分析一个气体样品，80 分钟完成一组采样分析，4 小时内每个采样箱各获一个通量数据；24 小时每个采样箱可获取 6 个通量数据，每块试验田可获 6 组 18 个通量数据。该技术系统于 1996 年通过中科院技术成果鉴定，1997 年获中科院科技进步三等奖一项，1998 年获国家实用新型专利一项。从 1994 年开始，应邀先后在北京、南京、苏州和内蒙古草原 4 个地区 5 家科研单位推广使用，均取得良好的试验结果。

该项目组又将 10 年稻田 CH_4 观测技术和农田 N_2O 排放自动观测技术加以扩展，于 1996 年设计制造出"农田 CH_4、N_2O、CO_2 和 NO 联合观测系统"，1997 和 1998 年又分别设计出了适用于半干旱草原和水体生态系统温室气体排放观测的设备，并成功地应用于农田、森林土壤、草原和水体 CH_4、N_2O 和

C_2O 的观测研究。项目组利用自动及人工采样分析系统分别在我国浙江、湖南、四川、江苏、广州和内蒙古农田/草原生态系统的 CH_4 和 N_2O 进行了全面、系统的试验观测与研究，取得了大量宝贵的数据资料。与此同时，专利技术在中科院大气所、长沙农业现代化研究所、植物所、南京土壤所、中国农科院、中国农业大学、江苏吴县市农科所和国家环保局华南环境科学研究所得到了广泛应用，获得了各使用单位的好评和认可。

该项目组的王跃思同志以此项技术研究为主撰写的"大气中痕量化学成分分析方法研究与实际应用"博士论文，于 1999 年在教育部与国务院学位委员会主办的首届全国优秀博士论文评比中，荣获优秀博士论文奖。

林木菌根化生物技术的研究

主要完成单位： 中国林业科学研究院林业研究所、中国林业科学研究院亚热带林业研究所、中国林业科学研究院热带林业研究所、辽宁省林业科学研究院、中国林业科学研究院森林生态环境研究所、中国林业科学研究院亚热带林业实验中心

主要完成人： 花晓梅、陈连衣、李文钿、弓明钦、韩瑞兴、王淑清、郑来友、成小飞、栾庆书、刘国龙、裴致达、余良富、陈羽、李玉、张玉东

获奖情况： 国家科学技术进步奖二等奖

成果简介：

在长期的生存进化过程中许多树木已形成了依赖菌根在自然条件下成活和生长的特性，没有菌根，它们在自然条件下生长不良，甚至死亡，菌根是其在自然条件下存活和生长的前提。在植被恢复工程或作物培育中，特别是我国西部生态环境建设工程中，需要应用菌根化技术首先满足植物需要菌根的生物学要求，同时恢复土壤活性，这是工程成败的关键。可见该项成果适用范围较广，包括林业六大工程、农业、园艺、园林、土地复垦及环保等领域，尤其在土壤和植被遭到严重破坏，地力衰退及环境污染、工业废矿区、退化天然林恢复与重建、常规造林困难，屡遭失败的地区效果更为明显。

根据树木依赖菌根在自然条件下成活、生长的原理，重建树木生活的自然供养体系——菌根。其作用是给树木提供形成菌根所必需的最适真菌——菌根生物制剂，并创造使树木形成菌根的最佳条件——菌根化技术，使树木从一开始生活就形成菌根，依赖菌根所发挥的"富根、自肥、促生、丰产、防病和改良土壤"等多元化作用在自然条件下成活和生长、终生受益，从根本上提高造林质量，加快植树造林步伐，增加森林资源，同时又维护地力，促进生态平衡、改善生态环境。

该项目首先系统研究了影响林木菌根形成的主要因子，首次揭示了以菌根侵染区（MIZ）为主导的菌根形成的机制，提出了林木菌根化概念及其条件，为林木菌根化生物技术奠定了理论和应用基础；进行了我国主要工业用材树种菌根菌的调查，揭示了其生态分布规律；提出并采集菌根真菌 303 种，其中外生菌根真菌 277 种，VA 菌根菌 26 种，国内首次报道的有：马尾松 50 种、湿地松 35 种、火炬松 29 种、落叶松 19 种；分离、纯化和收集外生菌根菌纯培养 258 种（株），新收集 VA 菌根真菌纯种 4 株，创建基因库；提出了优良菌根真菌筛选的系统指标体系，以此作为标准筛选出一批多功能、高效优良菌根菌（9 种 15 株），揭示其生物学特殊性，解决了其分离、培养和繁殖技术；提出并证实了"菌根类型假说"、"临界假说"，首次揭示了形成内外生菌根的发育过程、解剖结构及其影响菌根发育和形成的机理；发现了根髓部哈蒂氏网及其胞内感染，打破了根内皮层是菌根侵染禁区的论断，填补该领域理论空白；发明创造了组培菌根合成、无性扦插菌根化等 8 项新技术，突破了外生菌根菌（S1、Pt）发酵技术；发明创造 10 种高效新型菌根制剂，并经转化形成产品，经核心技术的创新研究，突破"外生菌根制剂先进生产技术"、"VA 菌根真菌纯繁技术及其制剂工业化生产技术"等 8 项工程工艺，创造了"主要工业用材树种不同培育方式菌根化技术"，经菌根制剂产业化和配套技术的研究和组装，形成了系统的林木菌根化育苗造林新工艺。

该项技术与传统工艺相比，明显地提高了成苗率及苗木质量和产量，大幅度地提高造林成活率和林木生长，促进高产、优质、高效稳定林分的迅速形成，提高植株抗逆性、抗病性，改良土壤理化性质，提高壤地活性和肥力，改善植株体内养分状况，提早幼林郁闭，缩短轮伐期，降低育林成本，在困难立地条件下效果更为显著；减少甚至避免化肥农药等化学制剂的使用及其带来的环境污染；在我国创建了首条菌根制剂生产线。开创了林木菌根生物技术新产业，填补我国菌根生物技术的空白。

该项研究以国内外最先进的水平作为基点，并紧密结合我国林业生产实践，既保证了成果的先进性，又使其具有科学性和实用性；经国家验收，被评为优秀；经专家鉴定达到同类研究的国际领先水平；经查新和检索，其深度和广度及产生的效益未见相同的报道。

平均侧根数、根系总长、苗木菌根化率、吸收根菌根化率分别增加1.6倍、2.2倍、2.5倍和8.0倍；平均苗高、苗粗、生物产量、合格苗产量、一级苗产量分别增加93.3%、130.0%、5.0倍、1.6倍和1.0倍，平均植株体内N、P、K分别增加78%、254%和146%；平均造林成活率、幼树高生长、粗生长分别提高46.0%、65.5%和71.9%；提早幼林郁闭2~4年，缩短轮伐期5~8年（随土地条件和树种而异）；马尾松在石质山区菌根化造林，成活率、高生长、粗生长平均提高3.0倍、4.0倍和1.1倍；该项生产线年生产固体菌剂能力达1 000吨，与手工作业相比，总体提高工效240倍。

自1992年取得初步成功以来，就陆续在我国28省（自治区）、市推广应用，并向国外辐射，累计菌根化育苗15.0亿余株，菌根化造林面积突破600万亩，累计增收（节支）总额突破20亿元，同时获得显著的生态效益和社会效益。

该项成果以技术咨询、现场技术指导、举办技术培训班和供给菌根生物制剂等形式提供服务，并对"高科技新产品——菌根生物制剂"的生产技术成果实行有偿转让。

白桦强化育种技术的研究

主要完成单位：东北林业大学
主要完成人：杨传平、刘桂丰、王秋玉、刘关君、金永岩、刘雪梅、詹亚光、姜静、夏德安、刘玉喜
获奖情况：国家科学技术进步奖二等奖
成果简介：

1. 课题来源

白桦强化育种技术研究为国家"八五"转"九五"国家科技攻关和"948"项目联合资助的成果，资助总额为320万元。

2. 白桦强化育种的概念

"强化"就是缩短周期。所谓白桦强化育种，简单地说就是使在野外17~20年才能正常开花结实的白桦在塑料大棚条件下，采取一系列人为的措施（温、光、水、CO_2、催花素处理、施肥、物理措施等），使其在2~3年内开花结实，5~6年规模结实，生产良种的过程。

3. 林木强化育种的重要意义

林业周期长，见效慢是多年来困扰林业行业的难题，也是影响林业行业科技进步的巨大障碍。在农业上，品种育纯一般需6~8代，最快只需2~3年。而林业上要育纯一个品种，最快也要60~80年（指杨树，白桦需90~120年）。如能人为将17~20年才能正常开花结实的林木结实周期缩短至2~3年，这对解决林业周期长、见效慢，加速林木良种化进程，推动林业行业的科技进步等等具有重大的理论意义和应用价值。

4. 白桦在我国用材树种中的地位与作用

（1）白桦材性优良，用途广泛。主要用于单板材，也可用于纸浆材、建筑材、工艺材和食品辅助材料。而且一度是航空胶合板材（面板）不可替代的树种，在我国用材树种中具有举足轻重的地位。

（2）白桦虽然相对红松等针叶树种生长较快，但与速生杨树相比生长慢得多。据东北、内蒙古四省

（自治区）72 块标准地调查，22 年生平均胸径只有 8~12 厘米，平均每年生长 0.4~0.5 厘米。这对以单板类人造板材为主的白桦来说，无疑是很慢的。特别是近年来，对天然白桦大径材的强度采伐利用，可采资源供不应求。因此，生产上急需创造速生优质的白桦良种作为主要的造林树种。

（3）白桦枝叶繁茂、干形圆满、树体优美，有"森林少女"之称，是园林绿化树种结构调整的首选树种，是绿色通道工程，2008 年北京奥运的主要绿化树种之一，已得到全国绿化委员会及有关部门的认可。

5. 关键技术

（1）促进白桦提早开花结实优良组合配套技术。

（2）白桦强化育种人工生态因子全息时序自动监测显示、调控系统的集成配套技术。

6. 创新点

（1）在开展白桦内源激素动态变化与开花结实关系研究的基础上，研制出促进白桦提早开花结实的 6 项配套技术，使野外白桦开花结实周期由 17~20 年缩短至 2~3 年，极大地缩短了白桦育种周期。这 6 项技术是：适宜的 CO_2 浓度，适当的催花素喷施，适量的光照强度，适时的绞缢处理，适合的复合肥料，适中的温、湿度控制。

（2）独立设计并建立了白桦强化育种人工生态因子全息时序监测、显示、调控集成配套系统，实现了生物科学与自动控制领域的有机结合，国内外首创。

（3）白桦强化育种的成功和微型棚式强化种子园的建立，填补了国内强化育种工作空白，加快了我国林木良种化进程。

（4）首次开展了生殖生物学及生殖生理研究，弄清了白桦有性生殖过程，绘制了白桦有性生殖进程图，为白桦强化育种提供了坚实基础。

7. 主要技术和经济指标与国内外同类项目最先进水平的比较

（1）白桦强化育种的成功国内尚无先例，强化育种技术研究居国内领先和国际先进水平。

（2）白桦强化育种人工生态因子全息时序自动检测、显示与调控系统的研究设计与集成配套，实现了生物科学与自动控制领域的有机结合，被国内外同行专家评价为居国际领先地位。

（3）白桦生殖生物学、生殖生理学以及白桦内源激素动态变化规律与开花结实关系的研究国内外尚无报道。

（4）采用优良种源的优良林分的优树材料以及白桦与欧洲白桦优良杂种作为强化材料，国内外尚无先例。

（5）采用强化良种育苗，2 年生最高单株与平均高生长分别为 5.21 米和 3.58 米，是对照的 2.1 倍和 1.4 倍。

8. 推动技术进步和学科发展作用

（1）白桦强化育种的成功，极大地缩短了白桦育种周期，大大地加快了白桦遗传改良的步伐，带动了其他树种的强化育种工作，促进行业的技术进步，将会起到极其重要的作用。

（2）白桦强化种子园的建立及强化良种生产将会尽快地满足白桦造林的良种需求，加速林木良种化进程，提高林木良种使用率和科技贡献率，以实现营造人工用材林的优质高产，缓解实施天然林资源保护工程后工业用材，尤其是单板类等大径材紧缺的局面，具有重要的生产意义。

（3）白桦生殖生物学、生殖生理学及内源激素动态变化与开花结实关系的研究，丰富了林木遗传育种学教学内容和遗传改良的基本理论，促进了学科的建设和发展。

9. 该项成果的经济与社会效益

（1）近两年来，已利用白桦强化良种在东北、内蒙古 4 省（自治区）推广示范林 12 000 亩，并列入了国家林业局 2000 年度科技成果推广计划。目前，白桦已被列为"天保工程"、"退耕还林还草工程"、"速生丰产林工程"和"绿色通道工程"等主要树种。

（2）白桦强化育种的成功，得到国内外有关部门领导与专家的高度重视。原国家科技部副部长韩德乾，基础司副司长邵世勤，农社司副司长申茂向；原中国农科院院长王连铮；国家林业局领导江泽慧，李育才，刘于鹤，马福，杨继平，雷加富，祝列克，邝国斌，李兴，寇文正，李宝珍；黑龙江省领导宋法棠、杨光宏、单荣范、马淑浩、王佐树、董浩、王树国、邵树云；中国工程院院士黄文虎，于维汉，沈荣显，蒋亦元，马建章；中国林学会林木遗传育种分会主任委员沈熙环、副主任委员施季森；辽宁省林科院院长邹学忠；国际林联林木种子园委员会副主席威克·考斯基、强化育种专家龙尼·米考拉教授等 15 个国家的专家，总计 3 000 多人次先后参观和视察了白桦强化育种试验基地。

白桦强化育种的成功，也得到了《科学时报》、《科技日报》、《黑龙江日报》、《哈尔滨日报》、《欧美同学会刊》、《加拿大多伦多晨报》等 10 多家媒体的高度重视，先后登载了这一消息，并给予很高的评价。

猕猴桃属植物遗传资源评价、种质基因库建立及育种研究

主要完成单位：中国科学院武汉植物研究所
主要完成人：黄宏文、黄仁煌、王圣梅、姜正旺、何子灿、张忠慧、黄汉全、刘忠义、武显维、郎萍
获奖情况：国家科学技术进步奖二等奖
成果简介：

该项目是一项应用基础性的研究成果，对猕猴桃属植物和主栽品种进行了深入的研究，提出了科学地保育该属植物遗传资源多样性的策略，为进一步合理地收集保存资源、挽救濒危物种及培育新品种提供了科学依据及有效途径。所选育的新品种（品系）在全国各地引种推广，反应良好；观赏新品系可作藤廊或庭院绿化树种，是猕猴桃属植物开发利用的新途径。

该成果针对我国猕猴桃种质流失、产业化水平低、资源亟待合理收集与开发的现状，制定了从资源评价、种质基因库建立、功能基因发掘和育种改良利用的整体发展思路。猕猴桃属植物全世界现有 66 个种，62 个原产我国。该成果利用我国独具的资源优势，即收集保存了各类种质资源 215 份，其中包括 52 个种（变种）及来自 14 个省（市）、48 个地区的特殊地域基因型；并新发现和命名 2 个新种。保存了种间杂交 F_1、F_2 后代植株 9 870 株，是目前世界上保存猕猴桃种质资源涵盖量最大、遗传资源最为丰富的种质基因库。根据猕猴桃属植物特征特性描述等方面的研究内容，建立了猕猴桃种质资源管理信息系统，使猕猴桃遗传资源保存和利用的管理和决策实现了信息化、网络化。并在此基础上建立了世界上第一个猕猴桃种质资源数据库平台。

对种质资源进行了系统的经济利用价值的评价，在基础生物学性状、主要物种（变种及杂种）花粉电镜微形态、果实商业性能、花器特征等方面积累了充分的基础性数据；采用花粉微形态特征研究了物种的亲缘关系及系统进化的趋势，在国内外猕猴桃属系统学研究上具有重要的学术指导意义；在物种体细胞和性细胞的染色体、倍性确定，以及关键种质的染色体形态与行为方面的研究，填补了国内外该领域的研究空白。完成了 52 个种、品种及杂种的染色体计数及倍性确定，并通过对细胞有丝分裂、减数分裂染色体行为的研究，在猕猴桃属种内不同染色体组倍性小种差异、花粉母细胞染色体在减数分裂时前期 I 的行为、性别表达和染色体核型分析方面有重要突破和新发现。

成果研究人员充分利用我国现有的资源优势和自身的长期积累，在研究深度上采用简便、高效的技术手段，并在某些关键技术作了较大改进，使研究结果优于国外同类研究水平。应用改进的电泳技术对 32 个物种、22 个栽培品种（品系）及杂交后代的等位酶进行了遗传分析和多样性评价，采用种间杂交后代家系的等位酶遗传学分析，首次确定了猕猴桃属植物的 10 个同工酶基因位点。应用等位酶分子遗传标记，系统评价了种间、种内的遗传多样性水平，并首次提出了美味猕猴桃为异源六倍体，中华猕猴桃四倍体小种为同源四倍体的同工酶遗传学证据，为科学地收集和合理保存猕猴桃遗传资源提供了参考。与欧盟等国的国际合作，通过更深层次的核基因和细胞质基因组的分子标记研究，对雌雄异株多年生植物的迁地保育理论和实践具有重要意义。

率先在国内开展了系统的种间远缘杂交试验，并将杂交育种及系统选育的适于鲜食、加工、观赏的 4 个新品系在全国 14 个省（市）、区推广 6.2 万亩。经初步统计，按 1998 年 4.5 万亩的结果面积概算，累

计总产达 43.3 万吨，综合产值 18.9 亿元，新增利税达 2.8 亿元。选育的部分品种（品系）的主要经济性状已超过新西兰的"海沃德"等品种，适宜在我国猕猴桃主产区大面积种植，表现了始果早、产量高、质优、经济效益明显等优点。如在湖南省桑植县，推广种植"武植"系列猕猴桃 6 000 亩，产品除鲜销外，生产的软包装饮料获 1990 年珠海旅游饮料金奖；获 1991 年巴拿马国际金奖，1995 年的综合产值过亿元。湖北省蒲圻市推广面积达 3 万亩，挂果面积 1 万亩，1997 年销售果品 6 000 万元，加工产值 1 000 万元。

为进一步促进我国猕猴桃产业化进程，该研究中心开展了与企业集团合作开发的模式研究，已在猕猴桃原产地的宜昌等地推广发展面积近 3 000 亩的优质生产示范园，为我国今后猕猴桃的高效栽培产生了积极影响。当前我国猕猴桃栽培面积为世界第一，而产量为第四位，但我国人均占有量和猕猴桃所产生的综合经济效益远不及新西兰等国。该项目的完成不仅为猕猴桃资源的可持续性利用提供科学依据，同时对当前农村产业结构调整，建立高效生态农业具有重要意义和广阔的应用前景。

该中心所选育的新品种"金桃"（WIB-C6）表现了产量高（3 000 千克/亩）、果实品质好（果肉金黄色、细腻并具清香、维生素 C 197 毫克/100 克鲜果、可溶性固形物含量 18%）、耐贮藏的特点，常温条件下可贮存到春节前后。2001 年初"金桃"在意大利以 17.2 万美元的价格卖断 5 年的欧洲市场的苗木繁殖权。"金桃"及"武植"系列的其他品种也可采用同样的方式进行国内繁殖权的一次性拍卖及出售苗木。该中心可与大中型企业共同进行猕猴桃栽培、产销和加工产品的开发与技术服务协作，促进我国猕猴桃产业化水平的提高。

太行山不同类型区生态林业工程综合配套技术

主要完成单位：山西省林业科学研究院、河北省林业科学院、河南省林业科学研究所、平顺县林业局、平山县林业局、鹤壁市郊区林业局

主要完成人：李新平、张金香、刘启慎、王棣、孙吉定、李良厚、李永生、顾新庆、魏玉君、奥小平

获奖情况：国家科学技术进步奖二等奖

成果简介：

该项研究是"九五"国家重点科技攻关专题"太行山不同类型区生态林业工程综合配套技术研究与示范"的研究成果（96-007-04-01），验收认定成果名称是"太行山不同类型区生态林业工程综合配套技术"，属于生态林业应用技术研究。

1. 主要研究内容

（1）生态林业工程林种组成及林种比例。根据立地生产潜力、水土流失程度划分了林地类型。根据林地类型提出了生态林业工程的林种、林种类型组成；以县为单位确定了 3 种不同类型试验区的适宜森林覆被率和林种比例，平顺县（石灰岩中山区）的森林覆被率应为 60%，生态防护林 61.8%，山地经济林 19.9%；平山县（花岗片麻岩区）适宜的森林覆被率应为 70.4%，其中生态防护林 65.0%，山地经济林 10.2%；鹤壁市郊区（石灰岩低山区）适宜的森林覆被率为 50%，其中生态防护林 85.5%，山地经济林 13.3%。

（2）植物材料选择。引种筛选出了樟子松、日本落叶松、沙地柏、铅笔柏、刚松、美国地锦、小冠花、红豆草等一批适合不同类型区的优良植物材料。选育出了 18 个花椒无性系和 3 个黄连木优良类型。

（3）林分结构调整技术。确定了主要水土保持林的林木组成和配置比例。提出了主要树种水土保持林初植密度和中龄林阶段适宜的林分密度。

（4）水土保持林综合配套营造技术。在单项研究的基础上，提出了适度稀植＋坡面整地工程＋容器苗栽植＋覆盖保墒为主要技术内容的水土保持林综合配套营造技术。

（5）山地经济林综合配套营建技术。提出了石灰岩区隔坡复式梯田整地＋良种壮苗＋压苗栽植＋有机覆盖＋穴贮肥水＋节水灌溉的山地经济林综合配套营建技术。

（6）整地技术。提出了翼式鱼鳞坑、隔坡复式梯田两种新的整地方法和爆破整地持续经营利用技术。

（7）山地经济林适度规模研究。提出了确定山地经济林适度规模的技术方法。

（8）实用新型专利"造林镐"应用，提高造林工效 30％以上。

2. 获奖成果

"径流、有机、旱作"山地经济林模式（省科技进步一等奖）；

太行山南段石灰岩区水土保持林立地类型划分及优化配置模式研究（省科技进步二等奖）；

太行山石灰岩区域经济林适度规模研究（省科技进步二等奖）。

3. 主要技术性能指标、水平、主要经济指标

（1）完成了以县为单位的 3 个类型区各 250 公顷试验示范区的营建，林木覆盖率提高 20％～30％。

（2）完成了县级防护林体系建设规划。

（3）试验示范区水土流失减少 30％～50％。

（4）试验示范区土地承载力提高 5％～10％。

（5）试验示范区经济效益提高 20％左右。

该项成果各单项技术研究达到国际先进或国际领先水平。

4. 应用推广

该项成果配套性强，成熟度高，技术简便实用，已在太行山生态林业工程建设中得到广泛应用。据不完全统计，系列综合配套技术已在山西、河南、河北累计推广 428 万亩，增收节支 3.26 亿元，造林成活率、保存率提高 15％～30％，土壤流失量减少 30％～50％，土地承载力提高 9％，为 3.4 万人提供了就业机会。提出的综合配套技术不仅在太行山区，而且在条件相似的石质山地也有广阔的推广应用前景，某些单项技术对正在实施退耕还林草工程及西部开发有实用价值。

家蚕品种资源特殊性状研究及种质的创新与利用

主要完成单位： 中国农业科学院蚕业研究所

主要完成人： 林昌麒、陈克平、吴冬秀、姚勤、周恺英、魏兆军、糜懿殿、汪萍、张志芳、冯永德

获奖情况： 国家科学技术进步奖二等奖

成果简介：

该项目属于农业科学领域中家蚕遗传育种的应用基础研究。它针对我国家蚕品种资源虽然十分丰富，但基础研究相对薄弱，遗传基础狭窄，育成品种单一，性状雷同，难以适应市场对丝绸产品高档化、多样化和生产中低成本、广适性的要求的现状，从特殊性状的调查入手，进行相关遗传分析，发掘优良育种素材，寻找有用基因，构建育种方法，创建特色种质，培育特色品种，用于生产，适应国内外需求。这是一个系统工程，旨在增强我国蚕丝业的国际竞争力和主导地位。

项目完成者们运用前人的或改进后的或自行设计的检测方法、检测标准对家蚕品种资源的 200～350 份品种的 22 项特殊性状进行了调查，并进行分布分析，相关分析，涉及 6 000 余种次，相当于日本在同类研究上 30 多年的工作量。发掘出 25 类特优特色种质 202 种次，并公诸于众，供人利用。它们是培育特色品种的宝贵遗传素材，不少是国内外首次发现或孤本材料。其中耐氟、耐核型多角体病毒（NPV）等 10 项研究具有国际领先性，填补了品种资源研究的空白，5 项性状为国内首次调查。

对耐氟、耐 NPV、茧层丝胶率、茧荧光色 4 项性状进行了遗传分析，探明了性状遗传模式和基因的性质与作用。

改革开放后，随着以陶土、矿石为原料的砖瓦、水泥、陶瓷、玻璃、冶炼等工厂的大批涌现，使得大气中氟化物浓度日益增大，当受污染桑叶的含氟量超过 30 毫克/千克时，蚕儿吃下便会明显中毒，轻者减产，重者绝收。为此，从"七五"至"九五"都把培育耐氟品种列为国家科技攻关项目之一。通过遗传研究，首次发现耐氟阈值为 200 毫克/千克的显性主效基因，又设计出独特育种方法，育成耐氟品种绿·萍×晴·光，1998 年通过农业部品种审定。从孵化到结茧全程耐氟 110 毫克/千克，发育正常，眠起上蔟

齐一。至 2000 年已在皖、川、湘、赣、浙等省累计推广 13 万张，初步缓解了氟化物对蚕茧生产的威胁，还创建了一批耐氟种质。这是家蚕耐氟育种的重大突破。该项成果具有国际领先水平。

家蚕 NPV 病毒是危害蚕茧生产的最主要病害之一。在调查 300 多份品种耐病性基础上进行遗传分析，发现耐性更强的显性主效基因，据此设计育种方法，创建了 NA 等一批耐病种质，其 2 龄起蚕的 lC_{50} 达 $3.3×10^7〜8.5×10^7$/毫升，比敏感品种的耐病力强数百倍，经济性状达到或接近实用水平，有较好的应用前景。这一研究成果亦具有国际领先水平。

利用散卵突变基因，育成天然散卵兼斑纹限性品种 937・9357×9214・9258，已达实用水平，在生产上试用 3 万多张，效果良好。它具有天然散卵和凭借蚕儿的不同斑纹可准确分别雌雄的双重特性，既简化了蚕种生产工艺，又保证彻底杂交，使蚕种生产既能降低成本，又能提高质量。此研究也达国际领先水平。

育成的多产卵基础品种 HEK，单蛾产良卵平均 821 粒，茧层率 22.08％，发蛾率、产卵蛾率 97％以上。"八五"攻关验收时专家评定，该成果接近国际先进水平而为国内领先。并以此为材料，创建了 961、962 等一批种质，其单蛾良卵 600 粒以上，其他经济性状达到或接近实用水平。

选出的荧光茧色性别标记系统东 34 判、多星判、镇八判等，其白色茧在紫外灯光照射下，发出黄色和紫色荧光，黄荧光茧为雄，紫荧光茧为雌，判性准确率达到或接近 100％。又用它们创建出荧限 A、荧限 B 等种质，综合经济性状接近实用水平。缫丝工艺中用以雌雄茧分别缫丝，以提高丝质。

采用 8〜10℃低温抑制或复式冷藏等技术首创了有滞育多化性品种的省力保种方法，使每年保种饲养次数由原来的春、夏、秋、晚秋 4 次缩减为春-秋-春或秋-夏-秋一年 2 次保育。

对一批综合经济性状较好的资源品种进行系统选育提高，组配成春用四元种 827・829×826・8214，1989 年通过四川省家蚕品种审定。经四川丝绸公司组织 30 余县次、两年春秋四期、发种近 6 万张大规模中试，其与对照相比，每张种多产茧 4.3 千克，增产 13.5％，少用桑叶 28 千克，发育经过短 1.5 天，每缫制 100 千克生丝少用原料茧 9.0 千克，解舒丝长增加 104 米，提高台时产丝量 24 克，生丝品位高 1〜2 级，是个高产、优质、低耗品种，达国内先进水平。至 1998 年在川、渝、皖累计使用 128 万张，连同前述 2 对品种共增值 2 亿元。

发掘和创建的大批种质先后被全国众多教学、科研、生产单位引用，育成 6 对实用品种和一批具有国际国内领先水平的基础品种，间接经济效益逾 2 亿元，一些新近育成和正在使用的品种还有巨大的增值潜力。有的引去用于完成研究生培养计划，或国家、部、省研究计划（如"863"、人工饲料适应性、酶学、细胞生物学等试验），产生了良好的社会效益。

该项目发表 25 篇论文，被 CAB 文摘、AGRIS 文摘、中国生物学文摘等收录、转载或被他人引用 60 余篇次。

该项目总体上居于国际先进水平，使我国家蚕品种资源研究的总体水平和实力进入世界先进行列，对推动我国蚕丝业的发展和蚕业科技的进步有着积极而深远的影响。

畜禽遗传资源保存的理论与技术

主要完成单位：中国农业大学
主要完成人：吴常信、张劳、李宁、师守堃、储明星、朱士光、张晓岚、戴茹娟、赵兴波、徐伟
获奖情况：国家科学技术进步奖二等奖
成果简介：

该项目属于动物遗传育种学领域，为社会公益类研究。

获奖项目系统地阐明了畜禽遗传资源保存的理论，分析了影响保种的遗传因素，提出了保种的优化设计，解决了保种群体的大小、世代间隔的长短、公母畜最佳的性别比例和可允许的近交程度等一系列保种的实际问题。同时也明确了遗传资源保存的对象是群体，保存的方式可以是冻精、冻胚甚至是细胞株，但

在今后相当长的时期内活畜保种仍是主要方式。该项研究提出把一个保种群划分为若干亚群，再作亚群间的种畜交换，可提高保种的效率。遗传资源保存的目的是为了利用，不仅要考虑到当前的可利用性，而且还要考虑未来的可利用性，这样才能使动物生产走上可持续发展的道路。

在技术方面，着重解决了畜禽遗传资源保存的宏观与微观两方面的技术问题，在宏观上采用计算机技术对保种的理论问题如遗传漂变、选择、迁移、近交等作计算机模拟，分析保种的长期效应，同时引入地理信息系统和图像分析系统对遗传资源作动态的管理，这样会使保种计划的实施更具有预见性。在微观上采用分子生物技术，通过对 DNA 多态性分析，研究种群间的亲缘关系，并对某些有特殊功能的基因如猪的肥胖基因和肥胖受体基因、肌红蛋白基因，鸡的生长激素受体基因、慢羽基因以及反刍动物的乳蛋白基因、酪蛋白基因等进行研究，并把猪肌红蛋白基因定位于染色体 5p15 - pter 上。该项目的分子生物学的研究成果为今后对遗传资源的开发利用提供依据。

在以上的研究内容中，"亚群的种畜交换"、"保种优化设计"、"猪肌红蛋白基因定位"、"猪肥胖基因的克隆和测序"、"地理信息系统应用于动物遗传资源管理"等，经文献查新和国际基因库登录检索，在国内外都是首次报道。该项目在畜禽保种和利用的生产实践中，许多单位采用了获奖研究提出的理论和技术，首先应用于猪、禽等世代间隔短的畜种：①贵州香猪的小群保种与利用，在中国农业大学昌平试验站，采用小群保种技术，对香猪进行保种，并与动物医学院等单位合作，开发作为医学用实验动物；②云南撒坝猪的多点核心群选育，云南农业大学动物科技学院，采用多点核心群选育技术，对撒坝猪进行了本品种选育提高，取得了良好效果，并与中国农业大学合作，应用分子遗传标记辅助选择提高撒坝猪的产仔数；③山东寿光鸡的保种与杂交利用，配合山东省的"种子工程"，开发地方品种寿光鸡生产优质肉鸡；④"明星"肉鸡的保种和利用，承担农业部"农牧渔业种质资源保护"任务，对"明星"肉鸡进行保种和利用，在保种中充分利用矮小型基因（dw）和隐性白羽基因（cc），为我国优质肉鸡生产提供了新的配套系；⑤"双肌臀"猪的联合育种，通过成套推广和建立场间的遗传联系，使引进种猪在我国不断选育提高，避免多次重复引进，节省大量外汇。

虽然该项目为社会公益类研究，本身不产生直接的经济效益，但在畜禽保种和利用的生产实践中，许多单位采用了该项研究提出的理论和技术。仅猪、鸡两个畜种的有关养殖场，近 3 年取得了显著的社会和经济效益，创新增利润 1 238.15 万元，税收 87 万元。

该项目的研究成果还表现为在国内外的学术刊物和重要学术会议上发表研究论文 200 余篇，培养研究生 25 名。经中国科学院、中国农业科学院和北京图书馆等权威文献信息中心的检索，所发表的论文有 98 篇被收录，有 91 篇次被引用，许多国家的同行学者多次来函索取论文的单行本。联合国粮农组织（FAO）出版的《全球动物遗传资源管理》的论文集中，I. Bodo 对于保种群的最低数量曾引用该项目主持人吴常信院士在保种优化设计中提出的 100 年近交系数不超过 0.1，大家畜如马、牛所需的最小群体有效大小（Ne）为 100；小家畜如猪、羊、禽所需的最小群体有效大小（Ne）为 200。吴常信院士还应 FAO 的邀请，担任亚洲动物基因库培训班的主讲教师之一，讲述畜禽遗传资源保存的理论与技术，对其他国家的保种工作具有指导作用。说明研究成果有广泛的国际影响。

与国内外已有的同类研究相比，参加鉴定的同行专家认为："该研究无论在广度方面还是在理论与技术方面都有独到之处，特别是保种理论与保种优化设计的提出，反映高水平的学术创见。把计算机技术、分子生物技术、实验动物模拟和地理信息系统等综合技术应用于畜禽遗传资源保存的理论与实践，这是研究方法上的创新，在国际上居领先地位"。

伪狂犬病鄂 A 株分离鉴定及分子生物学与综合防治研究

主要完成单位：华中农业大学、中牧实业股份有限公司、河南省兽医防治站
主要完成人：陈焕春、金梅林、周复春、何启盖、方六荣、吴斌、吴美洲、韩琦、杨宏、姬雅周
获奖情况：国家科学技术进步奖二等奖

成果简介：

　　伪狂犬病是危害全球养猪业最严重的传染病之一，该病广泛分布于全球，对全球养猪业造成巨大的经济损失。该病在我国也广泛存在，并严重发病，但 20 世纪 80 年代末 90 年代初在我国人们对猪伪狂犬病的危害认识不足，临床上认为是其他疾病，导致免疫预防和防制措施无效，给我国养猪业造成了巨大的经济损失。针对此种情况，该课题组从我国发病猪病料中分离鉴定了 20 多株伪狂犬病毒，通过细胞培养和动物试验筛选到一株增殖滴度高、免疫原性好的病毒，并命名为鄂 A 株作为地方标准毒株，这将为深入研究此病，尤其对疫苗与诊断试剂的研究奠定坚实的基础。在此基础上对该病开展了全面系统深入的研究，建立了各种常规与现代分子生物学的诊断方法。这些方法包括抗体检测和抗原检测，抗体检测包括细胞培养微量中和试验、酶联免疫吸附试验（ELISA）、乳胶凝集试验（LAT）、琼脂扩散试验和血凝抑制试验等；抗原检测包括聚合酶链反应（PCR）、免疫荧光技术、病毒分离鉴定、动物试验和血凝试验等。其中伪狂犬病乳胶凝集诊断试剂盒获得农业部新兽药证书，并制定了"伪狂犬病检疫规程"国家标准，为该病的诊断、流行病学调查和口岸检疫提供了有用的工具，也为 1999 年农业部全国伪狂犬普查提供了试剂盒与技术培训。同时课题组本身也对该病在全国范围内进行了流行病学与病原学调查和病理剖检特征观察，系统总结和阐述了我国猪伪狂犬病的五大临床表现特征：①伪狂犬病毒引起妊娠母猪发生流产、死胎、木乃伊，其中以产死胎为主；②引起新生仔猪大量死亡，15 日龄以内死亡率达 100%；③引起断奶仔猪发病，表现拉稀、口吐白沫、神经症状，发病率 20%～30%、死亡率 10%～20%；④种猪不育引起公猪发生睾丸炎、肿胀、萎缩、失去种用能力，母猪出现返情，配不上种；⑤引起育肥猪呼吸道症状和增重迟缓。为人们正确认识和了解此病，并与其他类似临床表现的疾病相区别提供了可靠的理论与实践依据。用鄂 A 株研制的油乳剂灭活疫苗，获得农业部新兽药证书。经转让中牧集团公司批量规模化生产，在全国广泛应用后，有效地控制了该病的发生，产生了巨大的经济与社会效益。在该病的分子生物学研究方面，首先建立了鄂 A 株病毒基因组 DNA 文库，克隆、测序了 22 个重要基因，其中 18 个基因的序列登录美国 GenBank，这为进一步深入研究该病毒的分子生物学特征，分子流行病学与分子致病机理及基因工程疫苗和分子诊断试剂的研究奠定了基础。在此基础上构建了伪狂犬病毒鄂 A 株 TK$^-$/LacZ$^+$、TK$^-$、gG$^-$/LacZ$^+$、gE$^-$、TK$^-$/gG$^-$/LacZ$^+$、TK$^-$/gE$^+$ 6 株重组病毒，其中 gG$^-$ 和 gE$^-$ 两株单基因缺失株作为基因缺失灭活疫苗的候选毒株，TK$^-$/gG$^-$/LacZ$^+$ 和 TK$^-$/gE$^-$ 两株双基因缺失株作为基因缺失弱毒疫苗的候选毒株。并对 TK$^-$/gG$^-$/LacZ$^+$ 双基因缺失弱毒疫苗株按照新兽药证书的要求进行了全面系统的研究，并完成了中试与区域试验，充分证实该毒株对猪安全性高，免疫效果优于目前国外同类产品，可用于该病的超前免疫和紧急预防注射，效果极显著。在大肠杆菌、杆状病毒、真核细胞、酵母菌中表达了伪狂犬病毒鄂 A 株 gG、gE、gC、gD 等基因，用基因表达产物建立了 gG - ELISA（酶联免疫吸附试验）、gE - ELISA、gG - LAT（乳胶凝集试验）、gE - LAT 4 种区分强弱毒感染的鉴别诊断方法，经查新和专家鉴定 gG - LAT 和 gE - LAT 填补了国内外空白。研制了兔抗猪 IgG 酶标抗体，效价达 1：50 000，经查新和专家鉴定优于目前国际水平。上述诊断试剂与疫苗已达到成熟阶段和商品化水平，在全国范围内推广应用后，有效地控制了我国猪伪狂犬病的发生，减少了经济损失。其基因缺失疫苗和鉴别诊断试剂为根除和消灭此病提供了有用的工具，有着巨大的经济与社会效益。该项目共发表研究论文 58 篇，出版相关专著《规模化养猪疫病监控与净化》一部，论文集 3 本。

基因工程酵母生产饲料用植酸酶

主要完成单位：中国农业科学院饲料研究所
主要完成人：姚斌、张春义、王建华、武长剑、王亚茹、丁宏标、史秀云、李淑敏
获奖情况：国家科学技术进步奖二等奖
成果简介：

　　植酸酶是一种新型的饲料添加剂，可用于所有的单胃动物饲料中。饲料中添加植酸酶后可节约磷资

源、降低饲料成本、提高饲料利用率和动物的生产性能；同时还可大大降低动物粪便中磷的排出量，减轻江河、水域等环境的磷污染，有着重大的经济效益和良好的社会效益、生态效益。

该项目的目的是构建高效表达植酸酶的重组生物反应器，通过发酵方法来产业化廉价生产植酸酶，以解决目前国内外植酸酶生产成本过高、难以在饲料中推广应用的问题，获得具有我国独立自主知识产权的新型饲料添加剂植酸酶的生产技术。

该项目依靠我国微生物资源丰富的背景，筛选性质更为优良的植酸酶天然产生菌，从中分离克隆植酸酶的编码基因，在分子水平上对植酸酶基因进行改造，采用安全性好、发酵工艺简便的酵母作为受体菌，构建出单位表达量比天然菌株高 3 000 倍以上的重组酵母，确立了重组酵母高密度发酵生产植酸酶的生产工艺和酶后加工工艺，建立了植酸酶产品的质量标准和使用标准，使我国首次能产业化廉价生产植酸酶并在饲料中推广应用。

该项目具有自身的独特性和先进性，处于国际领先水平。其创新之处在于：①分离到一种适合于在饲料中使用的新植酸酶 PHYA2 并克隆了此新植酸酶基因，具有独立自主的知识产权，它与国外报道及商品化生产的植酸酶相比，在酸性条件下具有更高的酶活性，在动物酸性的胃中作用更为有效。②该成果对植酸酶基因在分子水平上进行了改造，突变了基因中编码 Arg 的 4 个密码子，使植酸酶在重组酵母中的最终表达量比未经改造的提高了 37 倍。对植酸酶基因进行改造并获成功，这在国际上还属首次。③经植酸酶基因的改造和表达元件的优化，使生产水平上植酸酶的分泌表达量达到 8×10^5 国际单位/毫升（8 毫克蛋白质/毫升）以上，比国外同类技术高 2 倍以上，大大降低了生产成本。④本项成果是国际上首次成功地利用酵母表达系统来作为高效表达、生产植酸酶的生物反应器，具有生产工艺稳定、简便易行及重组遗传工程体安全性好的特点。⑤创立了在生产水平上利用基因工程毕赤酵母生产植酸酶的高细胞密度发酵新工艺，国外到目前为止还未有在生产水平上的重组毕赤酵母高细胞密度发酵工艺。

1998 年该技术通过农业部的科学技术成果鉴定，鉴定结论为：根据最近 10 年国内外文献的查新结果，该成果的科技水平达到国际领先水平。1999 年被国家计委列入产业化示范工程项目。1999 年 11 月本技术持有方——中国农业科学院饲料研究所与江西民星饲料企业集团签署协议，成立以本项植酸酶技术为核心的江西民星农业科技股份有限公司，1999 年底在江西实现产业化生产，到 2000 年 10 月，产品已在全国 10 余个省（自治区、直辖市）、120 万吨以上的饲料中使用，使饲料中磷酸氢钙的用量减少了 8 000 吨以上，动物粪便中排出的磷减少了 40%，即约 1 万吨，取得了较大的经济效益和较好的社会、生态效益。预计在 2005 年，我国 1 亿吨配合饲料中 80% 以上将应用植酸酶，具有巨大的市场潜力和推广应用前景。

该技术是迄今为止我国在饲料工业中首次应用基因工程等高新技术，并取得重大突破的高科技含量的、有实际应用价值和广阔应用前景的高科技成果，其科学技术水平处于国际领先地位，并具有独立自主的知识产权。它的产业化一方面能创造巨大的社会、生态效益和经济效益，对改善人民的生活水平、提高人民的生活质量有重要意义，另一方面，它还将在推动基因工程等高新技术向传统饲料工业渗入、开辟饲料工业新领域等方面起示范作用。同时，该技术的应用，还具有以下重要作用：①可以带动传统发酵工业的科技进步；②提高饲料工业科技进步水平，提高饲料资源的利用率；③推动畜牧业的发展，节约饲料，降低饲养成本；④减少环境污染，促进环保事业；⑤缓解我国磷源匮乏的局面，调整磷酸氢钙生产的产业结构；⑥促进生物高新技术成果的产业化。

大菱鲆的引种和苗种生产技术的研究

主要完成单位：中国水产科学研究院黄海水产研究所、蓬莱市鱼类养殖试验场、山东崮山水产集团公司综合育苗养殖场、威海海珍品养殖总公司

主要完成人：雷霁霖、马爱军、刘新福、胡建成、高淳仁、门强、赵凤亭、邹文、连建华、张榭令

获奖情况：国家科学技术进步奖二等奖

成果简介：

　　大菱鲆（*Scophthalmus maximus* L.）属鲆科（Bothidae）、菱鲆属（*Scophthalmus*），原产于欧洲沿岸，是东北大西洋的特有种。它具有品质优良、口感好、经济价值高、能适应低水温生活、生长速度快、耐低氧、抗病能力强、性格温顺、容易接收配合饲料、适合高密度养殖等特点，是国际公认的不可多得的海水鱼类养殖良种。但是它的人工繁殖技术至今仍被视为世界难题之一，许多欧洲国家一直予以保密。中国水产科学研究院黄海水产研究所于1992年从英国引进苗种，连续进行了鱼种驯化、亲鱼培育、苗种生产、成鱼养殖等一系列研究，依靠自己的技术实力，奋力拼搏，消化吸收国外点滴经验，重点对大菱鲆苗种繁育技术与工艺连续进行了7年攻关，在亲鱼强化培育、控温控光和采卵技术三方面取得了重大突破；在基础理论研究方面，查明了鳔器官发育规律及预防鳔器官不正常发育的方法；在白化机理研究方面也取得了良好的结果。首创了符合国情的节能降耗的深井海水大菱鲆繁育模式和深井海水＋大棚式的工厂化养成新模式、新工艺。育苗平均成活率达到17％（欧洲各国浮动在10％～15％），成鱼养殖当年可以达到上市规格，即养殖8～10个月个体重可达500～800克。该项目于1999年经国家验收、鉴定确认达到了国际先进水平，并于2001年获得国家科技进步二等奖。该项目技术从1999年开始全面向北方沿海进行推广，取得了轰动效应，很快掀起了北方海水工厂化养鱼的高潮，成为我国北方海水养殖的一个新的经济增长点。

　　该项目由中国水产科学研究院黄海水产研究所雷霁霖研究员主持研制，3个生产单位协作实施。黄海水产研究所通过项目的实施，不仅超额完成了项目任务，而且培养了数名博士生和多名硕士生，还为生产单位培养了一大批技术骨干，并立即向沿海推广，迅速取得了良好的社会效果。3个协作单位中，蓬莱市鱼类养殖试验场已被国家和省确认为"大菱鲆良种场"、威海海珍品总公司被确认为"牙鲆良种场"。大菱鲆的技术推广单位，荣成市寻山渔业公司被科技部确定为"863"试验基地和高新技术产业化基地。上述3个单位的年效益达到1 000万～3 000万元。莱州市沿海建立了多个大菱鲆产业园，成为现在我国大菱鲆养殖最集中的园区，有力地推动着大菱鲆养殖向山东半岛、辽东半岛、河北、天津等沿海地区扩展，同时还向浙江、福建延伸。至今，全国的大菱鲆养殖工厂已达300多家、养殖面积达60多万米^2。商品鱼的年产量达3 000吨，年总产值（包括育苗和养殖）已逾10亿元。不仅给北方沿海带来巨大的经济效益，成为渔民致富的源泉，而且有力地促进了育苗与养殖、营养与饲料、工程与设施、病害防治与药物等相关产业链的飞速发展。大菱鲆养殖产业的出现有效地扩大了农村就业渠道，原来荒无人烟的盐碱荒滩，如今迅速升温，一跃成为国内外商家看好的投资热土，对我国北方沿海，乃至全国沿海产生了十分巨大的影响和社会效益。对我国沿海经济的可持续发展将起到不可估量的作用。

2002 年

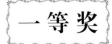

一 等 奖

优质、高产玉米新品种农大108的选育与推广

主要完成单位： 中国农业大学
主要完成人： 许启凤、泰山甫、蔡群峰、宋同明、孔繁玲、吴显荣、廖琴、孙世贤、李连禄、李船江、吴绍字、王经武、龚崇高
获奖情况： 国家科学技术进步奖一等奖

成果简介：

　　我国是世界上生产玉米的第二大国，年种植面积3.5亿亩左右，但玉米生产长期存在单产低、品质差

的问题，该项目培育了玉米新品种，达到了高产、稳定、优质、适用性广长等特点。

高产——1994—1996年全国区试17个省（直辖市）、164个试验点平均每亩产591千克/亩。

稳产——表现抗旱、抗倒伏、抗病虫害，而且耐高温、高湿，不同地区、不同年份都可以获得稳定的产量。

优质——农大108的籽粒和秸秆都是优质的，籽粒蛋白质含量9.43%，超过优质饲料9%的标准。淀粉含量72.24%，赖氨酸含量0.36%，是普通玉米杂交种中最高的。新鲜秸秆蛋白质含量8.3%，脂肪3.4%，纤维30.9%。成熟秸秆蛋白质含量6.9%，粗纤维31.73%，脂肪1.06%，灰分6.78%，营养价值接近首蓿秧或花生秧，是优质的饲草。

适应性广——从吉林到云贵川，从山东到新疆，日均温≥10℃的积温达2 800℃地区都可以种植。

该项目的创新在于：培育了具有完整知识产权的杂交种农大108及其两个亲本自交系，获国家发明专利及新品种保护。拓宽了遗传基础，实现了广泛的种质结合。利用多次聚合杂交的方法，在农大108中集中表现出优良农艺性状和生理生化特性。在育种理论上开拓了新的杂种优势模式。育种方法上采用分次导入、多次聚合杂交方法。

自1998年开始推广，目前已分布到24个省（自治区、直辖市），推广种植面积每年平均以1 170万亩的速度上升。2002年种植面积超过4 000万亩。从2000年起不仅是玉米年种植面积最大的品种，也是粮食作物年种植面积最大的品种，是农业部"十五"重点推广的十大品种的首选品种。

该项目在遗传基因拓宽、外来种质导入、育种方法改进、自交系的选育和杂交种的组配等方面都有创新或突破，并且为畜牧业提供优质饲料，对我国畜牧业的发展起促进作用，社会经济效益巨大。

二 等 奖

优质、抗病、高产、高效棉花新品种豫棉19

主要完成单位： 河南省农业科学院棉花油料作物研究所、河南省农业科学院、河南省经济作物推广站、周口市人民政府棉花办公室、淮阳县棉花办公室、扶沟县棉花办公室、内黄县棉花油料生产办公室

主要完成人： 王家典、房卫平、孙玉堂、马政、贺桂仁、尚泓泉、栾德印、孙明义、卢好义、李国增

获奖情况： 国家科学技术进步奖二等奖

成果简介：

该研究属农作物新品种技术选育领域。豫棉19（春矮早）是河南省农科院棉花油料作物研究所选育而成的优质抗病高产高效棉花新品种。1997年获河南省主要农作物新品种（系）育繁扩项目一等资助，1999年通过河南省农作物品种审定委员会审定，同年获农业部主要农作物新品种优质后补助，2000年获河南省科技进步一等奖，2001年通过国家审定。1996—1997年河南省棉花区域试验18点次平均籽棉产量230.9千克/亩，皮棉产量89.7千克/亩，霜前皮棉产量83.8千克/亩，分别比对照种中棉所17增产18.1%、20.6%、20.9%，霜前皮棉增产达极显著水平。1997—1998年国家黄河流域区域试验18点次平均籽棉产量220.1千克/亩，皮棉产量88.6千克/亩，霜前皮棉产量73.2千克/亩，分别比对照种中棉所17增产9.0%、11.9%和6.7%。纤维品质符合纺织和出口要求，平均2.5%跨长30.95毫米，比强度21.4克/特，麦克隆值4.5，环缕纱强127。1996年中国农科院棉花研究所植保室病池鉴定，枯萎病指2.1（高抗），黄萎病指11.8（抗），1996—1997年河南省农科院植保所鉴定，平均枯萎病指2.1（高抗），黄萎病指13.66（抗），是一高抗枯萎、抗黄萎的棉花新品种。1995年中国农科院棉花研究所植保室鉴定，抗苗蚜3级，抗伏蚜2级，抗棉铃虫3级。1998—2001年，豫棉19在河南、山东、安徽、江苏、新疆累计推广2 142.25万亩，新增皮棉2.05亿千克，创社会经济效益16.44亿元。

籼粳稻杂交新株型创造与超高产育种研究及其应用

主要完成单位： 沈阳农业大学、辽宁省稻作研究所
主要完成人： 陈温福、徐正进、杨守仁、张龙步、邵国军、张文忠、张树林、刘丽霞、周淑清、张卫平
获奖情况： 国家科学技术进步奖二等奖
成果简介：

科学技术领域：水稻遗传育种和生理栽培。

主要内容：该项目是沈阳农业大学和辽宁省水稻研究所多年来完成的国家和辽宁省重点科技攻关、国家自然科学基金及教育部等科研课题的核心内容。籼粳稻杂交育种的理论与方法，包括籼粳稻特别是籼粳交育成的品种的形态生理特性及遗传规律，利用生物学方法克服籼粳稻杂交育种三大困难的关键技术，有利提高结实性和综上所述籼粳优点、加速稳定的杂交后代选择技术；理想株型的研究与应用，包括主要株型性状与群体生理生态特性、遗传规律及数量化选择指标体系；超高产育种的理论与实践，包括新株型与强优势相结合的理论，利用籼粳稻杂交创造新株型和强优势，再经复合杂交聚合优良基因并优化性状组配选择超高产品种的技术路线，亲本和杂交后代选择技术，以及直立大穗型直立穗超高产株型模式的设计。

特点：时间跨度大，系统性强，目标明确，内容丰富；学术思想和技术路线新颖，多学科交叉研究；在籼粳稻杂交育种、理想株型和超高产育种理论与方法上有所突破，形成了有中国特色的水稻育种理论与技术体系；直立穗超高产株型模式及其育种应用，可以说是继杂交优势利用后我国稻作科学又一具有原始创新性的重要进展；在新株型优异种质创造和超高产品种选育上有所突破，理论与实践相互印证、促进；在科研成果转化为现实生产力上有所突破，应用基础研究与育种实践紧密结合，指导育成品种经济效益和社会效益显著。

应用推广情况：本成果属应用基础和应用研究，研究结果已经广泛应用于全国水稻育种和栽培实践；理想株型与优势利用相结合成为我国，特别是北方粳稻区主要育种理论，促进北方粳稻育种独具特色，育种和单产水平均领先于国内而达到国际先进水平；育成优良种质资源，成为国内外高产、超高产的重要亲本；还独立或合作育成水稻新品种 18 个，在辽宁、河北、宁夏、新疆、安徽等省已累计推广 8 970 万亩，增产稻谷 44.85 亿千克，按国家合同订购价格计算（缩值系数 0.7），新增经济效益 37.674 亿元；育成的新品种在适宜地区覆盖率达 70% 以上。

油菜隐性核不育材料及双低杂交品种油研 7 号的选育研究与推广应用

主要完成单位： 贵州省油料科学研究所
主要完成人： 侯国佐、张瑞茂、陈芝能、杜才富、王华、侯燕、田世刚、郑治洪、冉光权、李风华
获奖情况： 国家科学技术进步奖二等奖
成果简介：

1983 年在甘蓝型油菜中发现并转育成功了雄性不育系 117A，经遗传研究 1991 年首先在中国油料上报道该材料不育性受两对具有相同作用的重叠隐性基因所控制。它具有恢复源广，不育性彻底并不受环境影响，不育基因易转育，易配强优组合等特点；是油菜杂优育种一种新的较好的不育材料，开辟了杂优育种的新途径。对该材料进行了系统研究，从不育基因的转育技术、组合测配技术、不育亲本繁殖技术、杂交油菜制种技术以及材料利用的质量监控标准等方面建立了应用体系，选育成几个相应类型的优质杂交油菜油研 7 号、油研 5 号、油研 8 号和油研 9 号，在其种子产业的开发应用上取得了显著的效果。油研 7 号是参加国家和贵州"八五"攻关利用此材料并与优质育种相结合在国内首批育成审定的双低杂交油菜品种；先后通过贵州、江西、湖南常德、四川、安徽等省市和全国品种审定委员会的审（认）定；在全国154 个对比试验中有 139 个比对照增产，平均比对照增产 9.8%。从 1993 年开始至 2000 年秋先后在贵州、安徽、江苏、江西、湖南、四川等12 个省（直辖市）累计推广 3 200 余万亩，近年推广面积在 1 000 万亩

左右。该品种商品籽的芥酸含量 0.5%～1%，油酸和亚油酸含量 82%～83%，硫苷含量 20～30 微摩尔/（克·饼），含油率 40%～44%，杂种纯度 96% 以上，上述指标在国内均居一流水平；品种分枝位低、分枝多、花序长、着果密、果层厚、抗寒性强、结实性好，同等条件下比其他油菜品种单株有效角多，丰产性好；由于亲本具有中油 821 和欧洲系统油菜的血缘，茎秆坚硬，根系发达，耐肥抗倒性强，抗病特别是抗毒素病能力较好，熟期适中，在长江流域能在 5 月中旬前成熟。油研 7 号的推广应用带动了种子产业的开发，通过开发建立了完善种子产业化的应用体系；1993—2000 年累计制种 6.8 万亩，收种 327 万千克，为贵州山区制种农户增收了 3 280 万元，也为本所创造了较好的效益并促进了研究的发展，走上了研究与生产应用相结合、育繁推销一体化的道路。

优质、高产、多抗春小麦品种克丰 6 号

主要完成单位：黑龙江省农业科学院小麦研究所
主要完成人：魏正平、王继忠、张宝兴、邵立刚、迟永芹、刘宏、王桂林、金福平、马异泉
获奖情况：国家科学技术进步奖二等奖
成果简介：

克丰 6 号小麦品种于 1995 年 2 月经黑龙江省农作物品种审定委员会审定，命名推广；并于 1997 年 4 月经内蒙古自治区农作物品种审定委员会认定推广。为春性中晚熟喜肥水类型，出苗至成熟为 94 天左右。株高 93 厘米左右，秆强、有韧性，有芒、白稃、赤粒，千粒重 35.5 克左右，容重 792.2 克/升。角质率高达 95%。苗期抗旱，结实期耐湿，活秆成熟。抗秆锈病 21、34 两个生理小种 5 个生理型，抗自然流行叶锈病，中抗赤霉和根腐病。所内及异地鉴定试验，较对照品种新克旱 9 号增产 13.2%～18.2%。每公顷产量可达 5 596.6 千克。区域试验较对照新克旱 9 号增产 0.6%，绝对产量为 3 527.7 千克/公顷。品质优良，蛋白质含量为 19.6%，湿面筋含量 48.1%，沉降值 64.9 毫升，面团的形成时间为 7.0 分钟，稳定时间为 13.0 分钟，面包体积 785 毫升，面包评分 87.8 分，达到了国家优质面包小麦的要求。该品种具有品质优良、高产稳产、综合抗性较强、适应性广等特点，在命名推广当年，在黑龙江省的种植面积就达 13.274 5 万亩（黑龙江省种子管理局统计），以后面积迅速扩大，相继被引种到内蒙古（后被认定）、吉林、河北以及各军队农场等，截至 2000 年，累积种植面积 2 200 万亩左右，深受广大种植户的欢迎，社会经济效益显著。由于该品种品质优良，所以其产业化程度较高。例如北京的同达穆斯林面粉有限公司、内蒙古的雪花粉厂、大庆益康面粉厂、黑龙江农垦总局九三缘丰面粉厂以及北大荒麦业集团的几个面粉企业都以克丰 6 号为主体原粮进行面粉加工，反映良好，均带来了可观的经济社会效益。据不完全统计，该品种自 1995 年推广以来，省内外累计种植面积近 2 200 万亩，生产优质麦 55 亿千克，增创产值 5.5 亿元。

小麦抗旱优异种质资源的创新及广泛利用

主要完成单位：山西省农业科学院小麦研究所、中国农业科学院作物品种资源研究所、山西省农业科学院棉花研究所、河南省洛阳市农业科学研究所、山西省农业科学院经济作物研究所
主要完成人：王娟玲、景蕊莲、朱志华、昌小平、柴永峰、张明义、胡荣海、张灿军、姚先玲、任杰成
获奖情况：国家科学技术进步奖二等奖
成果简介：

该项目以国家"七五"、"八五"、"九五"科技攻关、攀登计划、国家自然科学基金等为依托，由中国农业科学院作物品种资源研究所主持，多家育种单位合作完成，以小麦种质资源、育种材料、育成品种为研究对象，开展抗旱优异种质的创新和利用研究。属于作物品种与种质资源学科。

主要内容：

（1）抗旱种质的多样性研究通过研究种质资源抗旱性的演变及其来源，探讨根系形态变化与抗旱性的

关系，分析抗旱种质亲子之间的等位变异，揭示了小麦抗旱种质的多样性。

（2）抗旱相关生理指标研究首次利用小麦单体及核质杂种研究抗旱相关生理指标的变化，将若干抗旱生理指标初步定位在染色体上；提出选育具有优良细胞质效应的核质杂种是改良小麦抗旱性的有效方法；发现甜菜碱是比脯氨酸、可溶性糖更敏感、更有意义的抗旱生理指标。

（3）创建了与小麦抗旱育种紧密结合的抗旱性鉴定评价技术规范（农业部行业标准，待审批）。

（4）抗旱种质资源的鉴定筛选评价了 9 700 份种质资源，筛选出 317 份抗旱优异种质，基本摸清了我国北方小麦抗旱种质资源的家底。

（5）抗旱种质的创新及利用。利用筛选的抗旱种质及抗旱性鉴定评价技术体系，创造了 55 份优异的阶梯、桥梁材料，并选育出 10 个抗旱节水高产新品种。特点：该项目以抗旱性鉴定评价技术规范的创建为基础，抗旱优异种质资源的创新为桥梁，抗旱节水高产品种的选育为目的，把资源研究、创新、利用结合为有机整体，是抗旱优异种质资源发掘利用的成功尝试。

应用推广情况：①选育抗旱新品种。利用创造和筛选的抗旱优异种质，选育出 10 个通过审（认）定的新品种，在黄淮冬麦区和北部冬麦区旱地累计推广 6 868 万亩，近 3 年（1999—2001 年）就达 4 260 万亩；选育出通过区试或正在参加区试、生产示范的新品系 20 个，获得了重大的经济和社会效益。②提供抗旱种质。向全国 20 余家育种单位提供抗旱优异种质 372 份，利用这些种质选育出 29 个新品种（系），推广面积共计 5 175 万亩。③发表学术论文 52 篇，并被国内外学者索要引用。

籼型优质不育系金 23A 选育与应用研究

主要完成单位：常德市农业科学研究所、湖南省种子集团公司、常德市农业局、湖南省水稻研究所、湖南金健米业股份有限公司

主要完成人：李伊良、夏胜平、贾先勇、杨年春、张德明、王泽斌、曾鸽旗、张正国、庞华莒、徐春芳

获奖情况：国家科学技术进步奖二等奖

成果简介：

（1）该项目属农业科学领域。

（2）主要内容：①米质优、综合性状好的保持系金 23B 选育；②优质不育系金 23A 选育；③优质高产金优系列新组合选育；④金 23A 及金优系列组合基本特性研究；⑤金 23A 繁殖、制种及金优组合配套栽培技术研究；⑥金优系列组合试验、示范、推广。

（3）特点。①金 23A 米质优良，是国内第一个真正达到优质米标准的不育系。②金 23A 综合性状优良。具有农艺性状整齐，株叶型好；败育彻底，育性稳定；抽穗开花习性好，繁殖、制种产量高；可恢复性好，配合力强，F_1 产量高等突出优点。③金优系列组合具有米质优（3 级以上优质米）、产量高（与威优、汕优组合相当或略高）、抗性较强（与对照相当或略强）、综合性状好的特点。④该项目育种目标领先，技术路线正确，技术方案科学，所取得的成果是杂交水稻品质育种的重大突破。

（4）应用推广情况。自 1992 年 9 月金 23A 鉴定至 2001 年，已有 24 个组合通过审定，其中省级审定的 14 个（金优桂 99、金优 63、金优 402、金优 974、金优 207、金优 198、金优 928、金优 2248、金优 10号、金优 182、金优 253、金优 431、金优 18、金优晚 3），湖南省市级审定的 10 个，另外，金优桂 99 通过了湖南和广西两省、区审定。自 1994 年以来，金优组合已推广到全国 15 个省（自治区、直辖市），累计推广面积 8 311.47 万亩，创经济效益 41.6 亿元。"九五"以来，金优组合推广面积呈逐年上升趋势，2001 年已达 2 200 万亩以上，约占我国杂交稻面积的 10%，推广应用的前景广阔。

旱地农业保护性耕作技术与机具研究

主要完成单位：中国农业大学、山西省农业机械发展中心

主要完成人：高焕文、翟通毅、李洪文、陈君达、王耀发、姚建忠、李问盈、杜兵、韩战省、邓健

获奖情况：国家科学技术进步奖二等奖

成果简介：

项目研究我国北方旱地可持续机械化耕作新技术。它不翻转土地，秸秆残茬留在地表覆盖，尽量减少耕作以减少水土流失，抑制沙尘暴，增加土壤墒情，培肥地力，使旱地农业增产增收。

主要内容与特点：

（1）深入研究保护性耕作的保水保土和增产机理。通过系统研究评价在我国的适应性，保护性耕作具有明显的保护生态环境、抗旱增产、节本增收等效益。明确土壤水分和肥力增加是保护性耕作增产的基础，具有可持续性。秸秆覆盖和根茬固土是减少土壤风蚀、水蚀的最主要因素。保护性耕作适合在我国旱区大面积推广。

（2）建立具有中国特色的旱地农业保护性耕作体系，提出了小麦、玉米各3套保护性耕作体系，解决了免耕覆盖地深施化肥的问题，采用表土作业改善播种质量，从而为既要保护生态环境又要增产增收创造条件。9年试验表明保护性耕作能保护生态环境，减少径流60％、土壤流失80％，减轻大风扬沙；抗旱增产，小麦、玉米平均增产15％～17％；改善土壤肥力和结构；增加农民收入20％～30％。

（3）深入试验测定机具关键部件及工作特性。如开沟铲的动土量与阻力特性、秸秆切断及流动性、种肥分施影响参数、深松土壤容重分布效应等，为开发新型保护性耕作机具奠定了理论基础。

（4）开发成套中小型保护性耕作机具，使保护性耕作的大面积推广成为可能。机具性能满足保护性耕作要求，同时具有适应小地块、小动力、价格低廉等特点，属世界首创。保护性耕作成果已经在山西、河北、内蒙古、甘肃、辽宁、陕西等省（自治区、直辖市）合计100多个县试验示范，累计推广面积40万公顷。取得增收2.4亿元的经济效益。每年减少土壤流失约500万吨、有机质流失5万吨、全氮流失0.253万吨、全磷流失0.758万吨，减轻沙尘暴，社会和生态效益明显。农业部已经把保护性耕作列为"十五"期间的重点推广技术，山西、河北、内蒙古、甘肃等省（自治区）也把保护性耕作作为近期全省推广重点。试验示范充分证明具有中国特色的保护性耕作是我国旱地农业发展的一个新方向，将带来一场全国性的耕作技术革命。

南方红黄壤地区综合治理与农业可持续发展技术研究

主要完成单位：中国农业科学院、江西省农业科学院、华中农业大学、华南农业大学、中国农业科学院土壤肥料研究所、中国科学院长沙农业现代化研究所、四川省农业科学院

主要完成人：杨炎生、谢为民、侯向阳、徐明岗、彭廷柏、信乃诠、朱钟麟、李家永、陈喜靖、李坤阳

获奖情况：国家科学技术进步奖二等奖

成果简介：

该成果属农业技术类科技成果。主要内容有：

（1）通过系统的试验观测，揭示了南方水土流失规律，证实经营方式是影响水土流失的关键因素，提出红壤丘陵区允许侵蚀量应在200～300吨/（千米²·年），允许径流系数应在0.1～0.2，建立了一批水、土、生物资源互利型生态模式。

（2）系统阐明了南方季节性干旱发生规律与成因，提出了陆面拦截、塘库调蓄、开沟覆盖与草带相结合拦蓄、等高植被保水和坡地节水坑等调控水资源及抵御旱涝灾害的对策。

（3）探明南方中低产田主要障碍因素是土壤贫瘠缺素、多水渍潜和土壤化学退化，研究提出南方中低产田有效磷的退化机理，首次发现红壤类土壤镁素缺乏，提出了红壤镁肥有效的土壤临界指标，观测到针叶纯林可能引起土壤加速酸化。

（4）针对南方不同类型区的特点，引进和筛选了一批动、植物优良品种，研究提出了农、林、牧、渔新型实用高产高效种养技术。采用先进实用技术同时与企业联合，从提高产后加工、贮存、包装与市场营

销等过程的技术含量入手，开发出技术型主导产业，建立了一批有一定规模的"技术高效型"农业企业。

（5）在"八五"建立各类模式的基础上，运用先进技术组装配套，促进农业生产由农田种植型向农林牧渔复合型和非农产业型演化，建成和发展了 8 个显示度较高的农业资源综合利用优化模式。

（6）应用遥感和 GIS 技术编制了 1/800 万的红壤地区土壤侵蚀退化分区图，研制出区域农业资源优化配置辅助决策系统，在农业智能决策系统支持下提出南方饲料资源与粮食发展战略。该课题共设置 11 个试验区和 2 个共性专题进行联合攻关，多学科交叉与高度综合并且紧密联系生产实践是其鲜明特色，5 年累计推广先进实用技术 157 项，推广良种 231 个，推广面积达 4 608 万亩，增产粮食 8.3 亿千克，取得综合经济效益 61.75 亿元。

山东新型日光温室蔬菜系统技术工程研究与开发

主要完成单位：山东省农业科学院、山东农业大学、山东省农业技术推广总站、临沂市蔬菜办公室、济南市蔬菜技术推广服务中心、寿光市人民政府、苍山县人民政府

主要完成人：何启伟、邢禹贤、王乐义、刘成禄、卢育华、于淑芳、李林、周绪元、陈运起、李秀美

获奖情况：国家科学技术进步奖二等奖

成果简介：

该项目属农业应用研究中的设施蔬菜栽培的综合研究。该项目的主要研究开发内容：

（1）研究设计了在结构上有创新、采光保温性能较好的 SD-Ⅱ型、SD-Ⅲ型等新型日光温室，到 2001 年已占全省日光温室的 60％以上。

（2）拓展了日光温室种植的喜温性蔬菜达十几个种类，极大丰富了冬春蔬菜市场。选育和引进推广了经省审定和认定的保护地蔬菜品种 32 个。

（3）研究了日光温室的生态系统现状和特点。开展了光合生理、低温冷害等研究。首次提出了日光温室蔬菜越冬栽培"低温养苗、高温养果（瓜）"和"适当稀植、改善群体光照条件"的温、光管理原则和分段管理技术。

（4）研究了日光温室主要蔬菜的需肥规律和温室土壤培肥技术，提出了日光温室主要蔬菜平衡施肥技术和施肥建议。化肥用量减少 30％，黄瓜产量增加 10％～13％。

（5）开展了日光温室蔬菜主要病虫害发生流行规律研究，提出了日光温室蔬菜主要病虫害综合控防技术和无公害蔬菜生产技术规程。

（6）综合各项研究结果，制定了山东省日光温室黄瓜等 7 种蔬菜越冬栽培技术省级地方标准。

该项目的特点是：①通过多学科结合，该项目作为一项系统技术工程开展了研究与开发，可操作性强。②该项目实现了省三农联合，落实了产学研结合，单项研究与综合技术示范相结合，加强了研究与示范开发力度。③项目实施注重产前、产中、产后相结合，促进了日光温室蔬菜生产水平提高和全省蔬菜产业化发展。

该项目推广应用情况：该项目的实施，推进了山东设施蔬菜生产的产业化，形成了符合国情的设施蔬菜技术体系和生产体系。该项目改进、研制的新型日光温室和综合系统技术，近 5 年在全省累计推广 588.7 万亩；其中，2001 年占全省日光温室总面积的 65％；累计增加社会经济效益 84.93 亿元；并推广到了河北、河南、安徽、江苏、陕西、西藏、新疆等省、自治区。在国际学术会议、国家一、二级学术刊物和省级刊物上发表论文 50 多篇；出版书籍 16 种、200 多万字；在寿光举办全国性棚室蔬菜高产、高效技术培训班达 210 期，学员来自全国 30 个省（自治区、直辖市），达 59 130 人次。其总体研究居国内领先水平，其节能应用效果达国际先进水平。

农田重大害鼠成灾规律及综合防治技术研究

主要完成单位：中国科学院动物研究所、四川省农业科学院植物保护研究所、广东省农业科学院植物保护

研究所、中国科学院长沙农业现代化研究所、山西省农业科学院植物保护研究所

主要完成人：张知彬、蒋光藻、钟文勤、黄秀清、郭聪、宁振东、冯志勇、叶晓堤、张健旭、宛新荣

获奖情况：国家科学技术进步奖二等奖

成果简介：

鼠害是我国农业一大生物灾害，研究其暴发成灾规律、预测预报技术及综合防治技术对于保障我国农业可持续稳定发展具有重要的意义。

该项目以北方旱作区的大仓鼠和黑线仓鼠、内蒙高原农区的长爪沙鼠、黄土高原的中华鼢鼠、长江中下游流域稻作区的大足鼠和褐家鼠、珠江三角洲稻作区的黄毛鼠为主攻对象，系统研究了害鼠成灾规律、种群预测预报方案、害鼠种群数量恢复及群落演替规律，研制了新型杀鼠剂及其配套使用技术，提出了农田鼠害综合防治对策，并进行了大面积的技术示范与应用推广研究。在深入了解害鼠种群繁殖和数量变动规律的基础之上，有关害鼠数量预测预报研究有重要进展，大仓鼠和黑线仓鼠种群发生的预测预报准确率分别达89%以上；长爪沙鼠与中华鼢鼠分别为83.3%和75%；大足鼠和褐家鼠分别为81%和85%；黄毛鼠达80.6%。研制和开发成功了2种植物源性杀鼠剂，提出了2种抗凝血增效和2种诱杀增效技术；研究和改进了不育剂配方，室内外灭效达90%以上；研制了2种新型捕鼠器械并获国家实用新型专利；一项复方灭鼠剂和一项驱避剂申报国家发明专利；研制1种化学灭鼠剂新剂型——0.5%氯鼠酮母液新剂型；研制的复方灭鼠剂3种剂型的产品获得国家有关部门颁发的三证（产品标准证、农药登记证、生产许可证），并已商品化，投入市场使用。完成了2种剂型——2%特杀鼠可溶性液剂、10%特杀鼠可溶性液剂的研制，并通过了湖南省石油化工厂组织的成果鉴定。自1996年以来，该项目鼠害综合防治示范区面积共达201.1万亩，在示范区内直接灭效均高于90%，残鼠捕获率大大低于5%，每亩挽回粮食损失27千克，投入产出比在1∶26，应用推广和技术辐射面积累计2 208.4万亩，经济效益7.8亿多元，生态、经济和社会效益十分明显。在害鼠数量预测预报、新型复方灭鼠剂研制及大规模鼠害综合防治工程研究方面居国际领先水平。

甘蓝型油菜细胞质雄性不育杂交种华杂4号的选育与应用

主要完成单位：华中农业大学

主要完成人：傅廷栋、杨光圣、涂金星、马朝芝、吴江生、伍昌胜、杨小牛、李兴华、甘莉、魏泽兰

获奖情况：国家科学技术进步奖二等奖

成果简介：

该项目属农业科学技术领域（作物遗传育种学科），申请者于1972年在国际上首次发现油菜波里马细胞质雄性不育（Pol cms），被认为"是国际上第一个有实用价值的油菜雄性不育类型"，华杂4号就是利用Pol cms育成的双低（低芥酸、低硫苷）不育系配制的双低杂交种。

（1）通过复合杂交育成双低而且不育系十分稳定的Pol cms不育系1141A，经瑞典SW AB鉴定，1141A的不育性比瑞典育成的Pol cms最优不育系还要稳定得多。

（2）通过复合杂交育成双低恢复系91-5900，该恢复系配合力强，恢复率高，湖北省区试平均恢复率达96.6%。

（3）华杂4号杂交种（1141A×91-5900）品质优良，经湖北省一年预试及两年区试测定，芥酸平均含量为0.81%（中油821为46.9%），硫苷为26.09微摩尔/克（中油821为103.31微摩尔/克），油份比中油821略高，但不显著。

（4）华杂4号不但品质优，而且产量高。在湖北省两年正式区试中，产量居首位，平均亩产177.47千克，比双高对照中油821增产10.18%；在安徽区试中，产量居首位，平均亩产116.38千克，比双高对照增产8.34%。安徽省农业局安徽油菜产业化协会对长江流域推广的5个双低杂种在3个点正式试验，华杂4号平均亩产204.89千克居首位，比第二、三位的宁杂1号、油研7号增产10%左右，安徽省推广

总站对全国 6 个优质油菜杂交种在 7 个点正式试验，华杂 4 号产量居首位，平均每公顷 3 009.0 千克。在河南区试中，产量居首位，平均 153.5 千克，比双高对照秦油 2 号增产 4.0%。1994—1996 年河南省杂交油菜两年正式试验（8 个点），华杂 4 号平均亩产 150.5 千克，比双高对照增产 11.5%。耐菌核病、病毒病中等，抗倒性中等，抗寒性较强。该品种于 1998、1999 和 2000 年分别通过湖北、河南、安徽省品种审定，并于 2001 年通过全国品种审定。华杂 4 号由于具有优质高产的特点，目前在湖北、河南、安徽等省累计推广面积 3 605.70 万亩，创经济效益 7.76 亿元，是目前我国推广面积最大的双低油菜杂交种。

芦笋二倍体、多倍体、全雄新品种培育及产业化开发

主要完成单位：山东省潍坊市农业科学院
主要完成人：刁家连、于继庆、马秀兰、李书华、工振华、张元国、李芳、刘志国、陈桂英、曹连芳
获奖情况：国家科学技术进步奖二等奖
成果简介：

芦笋是一种多年生出口创汇型名贵蔬菜。山东省芦笋研究开发推广中心对芦笋良种的国产化培育及产业化开发进行了全面系统研究，其主要内容及特点如下：

（1）利用组培技术培育单交种。在广泛、严格筛选的基础上，将优良雌雄株配对杂交，通过对杂交组合的鉴定、筛选，利用单交种培育技术，选育出了国内第一个优良二倍体芦笋新品种——鲁芦笋 1 号。该品种笋条直，色泽洁白，质地细嫩，比进口对照种增产 15.6%～41.9%，抗病力强，是理想的白笋专用品种。"鲁芦笋 1 号的选育与应用"获山东省科技进步二等奖。

（2）多倍体芦笋新品种培育。对多倍体芦笋育种技术进行了全面系统研究，并利用该技术成功地选育出了国内第一个三倍体芦笋品种——芦笋王。该品种叶色浓绿、植株生长健壮，笋条直，抗病力强，产量比对照 Uc800 增产 23.3%～40.3%，是理想的白、绿芦笋兼用品种。"芦笋多倍体育种技术研究"获山东省科技进步三等奖。

（3）全雄芦笋新品种培育。利用全雄育种技术，在获得优良超雄株（MM）的基础上，利用优良超雄株与雌株组配杂交组合，通过鉴定、筛选，选育出了国内第一个优良全雄芦笋新品种 97 - 2，比对照 Uc800 平均增产 29.6%，填补了国内全雄芦笋育种研究的空白。"全雄芦笋新品种培育"获山东省科技进步二等奖。

（4）芦笋良种繁育技术研究。对芦笋组培快繁技术进行了全面系统研究，获得了适宜的启动培养基、增殖培养基、生根培养基及培养条件，建立了完善的芦笋良种繁育技术体系。利用该技术建立鲁芦笋 1 号、芦笋王、97 - 2 新品种良种繁育基地 100 亩。

（5）芦笋高产、高效栽培技术研究。针对鲁芦笋 1 号、芦笋王、97 - 2 的生育特点及芦笋生产中存在的突出问题，中心着重研究了芦笋早期丰产栽培技术、合理施肥技术、病虫防治技术，做到良种良法配套，改善了芦笋品质，芦笋产量大幅提高，亩产量由以前的平均 400～500 千克提高到目前的 500～1 000 千克。在搞好品种选育及栽培技术研究的同时，对选育出的鲁芦笋 1 号、芦笋王、97 - 2 新品种进行了大面积推广，新品种的推广面积达 45 万亩，约占全国芦笋栽培面积的 1/3。

科系号大豆种质创新及其应用研究

主要完成单位：中国科学院遗传研究所
主要完成人：林建兴、柏惠侠、赵存、张性坦、朱有光、朱保葛、杨万桥、乔东明、王恢鹏、朱国富
获奖情况：国家科学技术进步奖二等奖
成果简介：

该项成果属于作物遗传育种研究领域。优良新品种是发展大豆生产的关键因素，而优异种质材料是培

育新品种的重要基础。30多年来一直开展大豆种质创新和新品种选育研究，取得了一系列成果，基本上解决了我国大豆生产中存在的单产低、病害重、适应地区狭窄和品质差4个问题。

（1）大豆种质创新研究。①在国内最先应用电镜技术从大豆病毒病中分离鉴定出线形大豆病毒（SMV）和球形烟草环斑病毒（TRSV）；并发现大豆籽粒褐斑病是由SMV侵染引起的，随后又把大豆花叶病分为3种表型——普通花叶病、矮缩花叶病和顶枯花叶病。此项研究结果为选育抗病毒病大豆新种质和新品种奠定了基础。自1968年开始，以优质大豆58-161与抗SMV品种徐豆1号进行杂交，从后代中选出高抗花叶病和灰斑病的优质新种质——科系4号、5号和8号。②应用X射线对科系4号进行诱变处理，后代通过人工接种和异地抗病性鉴定，选育出高产优质和高抗3种类型花叶病及全抗8个灰斑病生理小种的优异双抗种质——科系75-16和75-30。③通过高光效超高产育种技术和生态育种技术筛选花荚脱落率低和光能利用率高的高产或超高产新种质——科丰1号、诱处4号、科系75-34和科系7821以及广适应性种质科系7759-6。④利用基因重组原理通过有性杂交把节多、每节荚多、每荚粒多和粒大4个丰产性状结合在一起，育成库大的优异高产种质——科系8210-1和早5粒荚。经国家指定单位鉴定及查新，科系4号、8号、75-16、75-30和7821等高产优质和双抗种质，其抗性指标达到了国际先进水平；低花荚脱落绿种质科丰1号、多粒荚种质科系8210-1和早5粒荚及广适应性种质科系7759-6的主要技术指标居国际领先水平。

（2）大豆种质在新品种选育中的应用研究。上述大豆新种质已被许多育种单位广泛应用，以它们为亲本共育成41个新品种（本单位育成15个，外单位育成26个）在生产上大面积推广应用。据不完全统计，1990—1999年上述大豆品种已累计推广7919.59万亩，总增产值23.76亿元。最近3年（1999—2001）仅本单位育成的主要大豆品种累计推广1 456.89万亩，新增产值5.798 6亿元。

水稻大面积高产综合配套技术研究开发与示范

主要完成单位：湖南省农业科学院、湖南农业大学、湖南省农业厅、湖南师范大学、中国科学院长沙农业现代化研究所、醴陵市农业局、湘乡市农业局

主要完成人：青先国、邹应斌、李建国、陈良碧、周上游、马国辉、周瑞庆、张玉烛、李一平、李合松

获奖情况：国家科学技术进步奖二等奖

成果简介：

（1）所属领域。该课题是国家"九五"重中之重科技攻关农业领域的项目。

（2）内容与特点。1995—2001年对优质食用稻高产综合配套技术、高蛋白饲料稻综合开发技术、双季稻高产栽培技术体系、水稻抗灾减灾应用技术和生产示范与产业化开发5个专题进行了研究。

①针对我国南方双季稻栽培特点，研究了中秆大穗大粒型品种的光合、吸肥等特性，形成了以培育壮秧、宽窄行移栽、稳前攻中促后施肥、干湿灌溉、营养调控、综合防治病虫相配套的双季稻"旺根、壮秆、重穗"高产栽培技术。

②根据水稻平衡施肥原理和现代肥料制造技术，生产专用配方肥，研制了"双季稻一次性全层施肥技术"，简化了水稻程序，实现了大面积省工、高效、平衡增产。

③科学提出了"高蛋白饲料稻"概念，在探明提高饲料稻产量和蛋白质含量的影响因子基础上，研究出了"三壮三高"栽培技术，以高蛋白饲料稻为原料，研究筛选出了糙米型猪、鸡饲料配方，与玉米型饲料比，猪、鸡日增重大，成本低，肉质优。

④在探明优质食用稻生长发育规律、吸肥光合特性与品质关系的基础上，研究出了高库容量、高收获指数、高整米率、少农药污染及"三高一少"调优保优栽培技术，并研制了10种特色配方米。

⑤探明了抗旱、涝机理，提出的抗逆栽培技术在灾情频发区推广，提高了水稻生产的稳产性。课题整体研究成果达到国际先进水平，被587位两院院士评为1998年度全国十大科技进展之首。

（3）应用推广。在3个试验基地县、9个重点开发县和18个辐射县，成功建立了1.23万亩高产样板

田、16.5 万亩高产试验区、102 万亩高产示范区和 1 172 万亩高产辐射区，推进了优质食用稻、高蛋白饲料稻、水稻栽培物化技术产品和水稻技术服务 4 大产业化开发和 16 项新型技术，并在江西、湖北等省应用。1999—2001 年，新增稻谷总产 433.79 万吨，新增产值 39.04 亿元，新增利润 28.09 亿元，节支10.15 亿元。

八倍体小偃麦与普通小麦杂交育种

主要完成单位：中国科学院石家庄农业现代化研究所、西北农林科技大学农业科学院
主要完成人：钟冠昌、张荣琦、穆素梅、陈春环、李俊明、安调过、王志国、王彦梅、姚撑民、王新茹
获奖情况：国家科学技术进步奖二等奖
成果简介：

该项研究开始于 1976 年，参加了国家"六五"至"九五"科技攻关和"八五"至"九五"中国科学院重大项目。其研究内容包括八倍体小偃麦与普通小麦杂交遗传规律的研究、创造新种质和培育新品种。通过大量的细胞学观察和形态学调查，确定了 9 个八倍体小偃麦染色体组型；确认长穗偃麦草中不含有与普通小麦同源的染色体组；根据八倍体小偃麦与普通小麦杂种后代非整倍体配子传递规律，确定了八倍体小偃麦与普通小麦杂交育种程序和选育异附加系的方法，并创造了一批新种质。该项研究在《遗传学报》、《作物学报》等学术期刊上发表论文 6 篇。1994 年通过同行专家评审，认为该项成果达到了国际同类研究的先进水平。利用上述新种质材料育成小麦新品种 3 个：早优 504、高优 503 和小偃 597。早优 504 具有早熟、矮秆、抗病、抗倒、优质（达到了面包指标）、耐晚播等优良特性。适合间套复种。1993 年通过陕西省农作物品种审定委员会的审定。1996 年被批准为《国家级科技成果重点推广计划》。截至 1998 年，累计推广面积 1 020 万亩，增加产值 2.5 亿元。1996 年获中国科学院科技进步二等奖。高优 503 是一个面包型小麦新品种。具有产量高、品质好、综合抗病性强、适应性广等优良特性。产量水平 400～500 千克/亩。1997 年通过陕西省审定，1998 年通过河北省审定，1999 年通过河南省新乡市的认定，2001 年通过国家审定。1995 年在全国第二届面包用小麦品种品质鉴评会上，高优 503 被评为优质面包小麦，并获得第二届中国农业博览会铜牌奖。1998 年获国家第二批农作物新品种一等后补助，并被农业部推荐为全国重点推广的优质麦品种。为了加快高优 503 的推广速度，在河北省柏乡县建立了高优 503 小麦种植、加工、销售一条龙产业化基地。在河南省新乡市建立了高优 503 优质麦原料生产基地。目前高优 503 已成为新乡市的主栽优质麦品种，年推广面积 100 万亩以上。今年 5 月农业部在新乡市召开了"优质小麦开发研讨暨产销衔接会"。高优 503 已引种推广到全国 14 个省，累计推广面积 1 650 万亩，增加产值 9.9 亿元。

平原井灌区节水农业综合配套技术研究与开发

主要完成单位：河北省灌排供水技术服务总站、河北省水利科学研究院、河北省水利技术试验推广中心、河北省农林科学院旱作农业研究所、河北省农林科学院粮油作物研究所、华北水利水电学院
主要完成人：张济洲、胡伟林、谢礼贵、李志宏、武兰春、徐振辞、李晋生、徐建新、苗慧英、刘小山
获奖情况：国家科学技术进步奖二等奖
成果简介：

（1）项目技术领域。项目属于农田水利学、生命科学、管理科学三大学科的范畴，是多学科交叉和高新技术联合应用的科学技术。

（2）主要内容。针对我国北方地区水资源严重短缺、节水技术应用单一等问题，在河北省建设三大型节水农业试验区，开展田间输配水系统优化配置、节水农艺配套技术、灌溉用水管理服务体系、节水农业宏观决策支持系统以及节水农业发展模式选择理论与方法等专题研究。以试验资料为依据，应用半结构多

目标优选理论研制开发了节水农业专家系统软件，对技术经济、自然条件、资源环境、农艺配套、管理措施等因素进行综合评判，确定不同类型区的节水农业发展模式，并针对不同区域的自然与社会、经济条件提出了相应的工程节水形式、配套标准、农艺技术以及管理制度等，使工程、农艺、管理节水技术有机集成，并利用卫星遥感、计算机模拟技术和田间灌溉预警器相结合，建立农田墒情监测和灌溉预警系统，进行实时灌溉和水资源优化利用，形成了节水农业综合技术体系。3 个大型试区应用表明，井灌区灌溉水的利用系数达 0.85 以上，节水 30% 以上，水分利用效率提高 60%，达 1.6~1.7 千克/米³，粮食增产 20%，达 10 500~16 500 千克/公顷。

（3）特点。成果系统全面，指标具体，实用性、时效性、可操作性强，投资省、见效快，节水效果好，适合当前农村生产力发展水平。在理论和实践上解决了当前我国节水灌溉工作中出现的一些迫切需要解决又难于解决的模式选择和技术集成问题。成果居国际先进水平，在区域模式、技术集成等方面达到国际领先水平。

（4）应用推广。该项研究成果自 1998 年 9 月开始在河北省石家庄、保定、邢台、邯郸、衡水、沧州、唐山、廊坊等 8 个市推广应用，至 2000 年 10 月共推广 80.696 万公顷，年平均节水量 6.6 亿米³，共纯增收入 62 115 万元，节约能源 8 594 万元，取得了显著的经济效益。实践表明，推广此成果，对提高我国北方地区节水农业技术水平、节约水资源、缓解水资源供需矛盾突出的状况，提高抗旱能力，保证农业丰收，保护生态环境，具有重要意义。

散粮储运关键技术和装备的研究开发

主要完成单位： 国家粮食储备局郑州科学研究设计院、国家粮食储备局无锡科学研究设计院、国家粮食储备局成都粮食储藏科学研究所、国家粮食局科学研究院、郑州工程学院、国家粮食储备局武汉科学研究设计院
主要完成人： 袁育芬、齐志高、管锦桃、范磊、吕新、张孟浩、周乃如、闫三同、唐学军、吴峡
获奖情况： 国家科学技术进步奖二等奖
成果简介：

（1）所属科学技术领域。"散粮储运关键技术和装备的研究开发"是"九五"国家重点科技攻关项目，项目编号为 96-615。项目的目的在于攻克粮食在散装、散卸、散运、散存方面长期未解决的难题，为我国大规模粮库建设提供急需技术，促进实现"四散"流通，降低流通成本，提高粮食流通行业的国际市场竞争力。该项目于 1996 年 10 月开始实施，1999 年 7 月至 2000 年 12 月，滚动实施了示范工程的加强课题。

（2）主要内容。①研究开发火车、汽车、内河船舶的散粮装卸的关键技术装备，以及粮库设备在线工况监控技术、通风除尘技术、防尘防爆技术，实现散粮储运技术与装备成龙配套，安全高效运行。②研究开发粮食品质检测与粮情监控技术装备，从散粮储前、储后及储存 3 个层次出发，研究粮食品质快速取样及检测技术、粮温监测技术、散粮干燥技术，以确保流通中粮食的品质，使东北地区高水分粮安全进入流通，减少粮食霉变损失。③研究开发全国散粮最佳调运路线数学模拟技术和库点合理布局数学模型专家决策系统，为全国散粮储运总体规划服务。开发和完善散粮立筒库作业控制 PLC 编程软件和系统组态软件及装卸输送过程自动控制系统（SCADA）。④在散粮储运关键技术和装备示范工程中，从项目前期取得的阶段科技成果中，选择实用性强、急需推广应用的科研成果在示范点进行有效集成，在实践中完善、提高，加速科技成果的推广应用。

（3）特点。①先进性。该项目共 15 个专题，9 项专题（子专题）成果达到 20 世纪 90 年代国际先进水平，4 项专题（子专题）成果居国内领先水平，多项成果填补了国内空白，项目的总体研究水平居国内领先。②系统性。科研成果覆盖散粮装、卸、运、存各个环节，涉及工艺、设备、控制、储藏、计算机应用等方面，技术装备配套，有利于发挥整体效益，有效降低流通费用。③实用性。在项目后期的加强课题

中，将科研成果集中示范，进行生产考核，进一步完善科研成果，推动成果的产业化。

（4）应用推广情况。成果转化率达到 80％以上，基本实现了与国际接轨、以国产设备取代进口设备的目的，一批科研成果成功进入批量生产，有力地支持了 1998 年来的国家储备粮库建设工程，应用到 200 余个粮库，实现扩大内需、拉动国内经济增长的目的；在利用世行贷款改善粮食流通设施项目工程中，替代进口，被 70 多个中转库工程采用，为国家节约了大量外汇，对本行业的技术进步产生了重要的推动作用。

黄土高原与华北土石山区防护林体系综合配套技术

主要完成单位：北京林业大学
主要完成人：朱金兆、王斌瑞、余新晓、王百田、朱清科、贺康宁、谢宝元、魏天兴、王礼先、张学培
获奖情况：国家科学技术进步奖二等奖
成果简介：

该项技术为国家"九五"科技攻关"黄河中游防护林体系综合配套及功能持续提高技术研究与示范"（被评为"九五"国家重点科技攻关计划优秀科技成果）、"华北土石山区水源保护林综合配套技术研究与示范"（获得北京市科技进步二等奖）及"干旱丘陵山地防护林营造技术"（主持人王斌瑞获得"九五"攻关先进个人）3 个专题所取得的 4 项成果的集成，提出了黄河中游黄土区以流域为单元的防护林高效空间配置与结构技术及农林复合可持续经营技术；干旱半干旱地区丘陵山地集水、保水、贮水和节水造林与密度控制技术；华北土石山区水源保护林培育、经营、管理与效益监测评价综合配套技术。形成了以黄土高原与华北土石山地防护林体系建设的理论基础与综合配套技术体系。

（1）根据黄土区小流域水土流失的空间分布规律和侵蚀地形特征，林水平衡关系与林木耗水规律，科学配置水土保持防护林。特点是以小流域为单元，因地制宜、因害设防、多林种、农林牧镶嵌的空间配置；林水平衡、多树种、乔灌草结合、适度造林的林分结构设计技术；侵蚀沟防冲固沟拦沙滤水的生物工程防护技术。

（2）在黄土区农林复合系统分类体系的基础上，以林木与作物之间对土壤水分和养分的吸收利用特征及竞争关系为重点，提出黄土塬区、梯田及缓坡地实现水土资源高效合理利用的农林复合可持续经营结构及相应的蓄节水补灌系统和覆盖保墒、配方施肥等微观调控技术。

（3）提出了土石山区水源保护林高效空间格局配置结构，确定了林分最优比例、适宜林冠郁闭度、最佳覆盖率及最优林分层次结构技术及天然植被定向恢复技术和油松林、刺槐林经营技术模式，建立了水土保持林与水源保护林智能决策支持系统，实现了智能化规划、设计、效益监测评价。

（4）针对干旱半干旱地区蒸散需求远远大于降水的特点，开发出了土内蓄水保墒技术、土壤局部深层防渗技术、连续供水技术，特别是保水剂的棒状与网袋状反复使用技术为国内首创，有效提高了保水剂的使用效率；以林木耗水规律、适宜土壤水分、水分利用效率与生产潜力、降水资源承载力分析为基础，提出了干旱半干旱地区确定造林密度的原则与方法、中幼林密度的调控技术。在西北及华北地区防护林建设与退耕还林工程、流域治理、江河的水源保护中得到大面积推广应用，成为西部大开发生态环境建设工程的科技支撑。在防护林建设中累计推广面积 890 万亩，在水土流失综合治理中推广面积 2 341.5 万亩，累计经济效益 20 800 万元。

绿色植物生长调节剂（GGR）的研究、开发与应用

主要完成单位：中国林业科学研究院、北京大学、中国农业科学院作物品种资源研究所、北京市农林科学院、上海市农业科学院作物育种栽培研究所、河北省林学会、浙江林学院
主要完成人：王涛、高崇明、金佩华、黄亨履、刘兆华、刘巧哲、梁桂芝、吴惠民、陈士良、赵久然

获奖情况：国家科学技术进步奖二等奖

成果简介：

绿色植物生长调节剂（GGR）系列是一类非激素型的生理活性物质，与植物内源激素、内源多胺、酚类化合物的合成及某些代谢相关酶活性的提高呈正相关，而且能影响植物营养元素的吸收与代谢作用。它不仅能提高苗木成活率，提高植物的产量，还能对不良环境的胁迫作出有利于植物正常生长的积极响应，减轻或避免逆境对植物所造成的伤害。因此，它的应用效果优于目前应用的植物激素及复合型的植物生长调节剂，而且不需要低温贮藏，易溶于水，无污染，又是非激素型等特性，为植物生长发育的调控提供了新的物质，为提高植物苗木成活率与增加植物的产量开辟了一个新的途径。试验证明：应用GGR 8号处理小麦、玉米种子，增产10%～15%，应用GGR 6号或7号处理水稻、花生增产15%，应用GGR 6号、7号、8号处理大豆、棉花、油菜、蔬菜、花卉、果树等亦获得良好的效果；GGR 6号、7号用于植物扦插育苗，播种育苗和造林可提高成活率20%～50%。随着GGR在农林业生产上的应用，必将继化肥、微肥、激素与增产菌之后，成为调节植物生长发育、器官形态建成、提高产量的又一类新的生理活性物质。目前，该产品已完成了历时7年的试验、研究、开发与应用，并在植物扦插育苗、播种育苗、苗木移栽、造林和农作物、蔬菜、花卉、果树、特种经济植物上进行了配套应用技术与作用机理的研究，在此基础上分类进行了区域化试验与大范围的示范与应用，设立试验、示范点8 699个，应用植物达879种（品种），提出试验研究报告1 584篇，总报告1篇，绿色植物生长调节剂在林业、农业和园艺上应用综合报告、作用机理报告各1篇，出版绿色植物生长调节剂（GGR）应用技术论文集4集。应用、示范覆盖面已遍及全国31个省（自治区、直辖市）的1 322个县（市），农林业示范应用总面积353.711 8万公顷（其中农业示范面积237.015 1万公顷，林业示范面积116.696 7万公顷），育苗153 573.59万株，经济效益达324 051.69万元；并在全国31个省（自治区、直辖市）建立起全国性的由670万人组成的社会化服务体系，开展了人员培训与选拔，技术普及与咨询，学术交流与合作；在国际上与17个国家进行了合作，提出研究报告10篇，取得良好的经济效益与社会效益。

"三北"地区防护林植物材料抗逆性选育及栽培技术研究

主要完成单位：北京林业大学、吉林省林业科学研究院
主要完成人：尹伟伦、申晓晖、蒋湘宁、李悦、王沙生、夏新莉、魏延波、谷瑞生、杜和平、陈雪梅
获奖情况：国家科学技术进步奖二等奖
成果简介：

该项目属于林业科学技术研究领域，适用于植物材料抗逆能力评价和抗性品种早期筛选。主要研究内容：

（1）在"三北"10余个省区，选择、收集了锦鸡儿属、柽柳属、樟子松、刺槐和新疆白榆优良植物材料315个；并计划外引进18个抗逆性树（品）种。

（2）利用BLY植物活力测定仪，研究创建了定量评价植物抗逆能力的技术体系，并确定了一批植物材料的干旱致死点。

（3）结合遗传材料的初选稳抗逆能力的定量评价技术体系，筛选出生长量超过"三北"地区当地对照材料15%以上的优良抗逆材料44个。

（4）从光合性能、叶绿素荧光动力学、膜脂过氧化作用及逆境胁迫最敏感器官根尖超弱发光（UWL）和能荷水平等方面进行了植物材料抗逆机理的研究，在分子水平上进一步揭示了植物的抗逆性分子机理。

（5）利用双向电泳、RFLP及RAPD分子标记检测技术，发现了干旱、盐诱导表达蛋白分子标记和盐胁迫相关基因，并从胡杨和藜科植物中克隆了抗逆性相关基因部分片段；建立了刺槐、柽柳和胡杨组织培养和悬浮培养细胞组织培养再生体系，为定向培育和改良林木良种奠定了良好基础。

（6）在宁夏贺兰山麓和吉林省白城市建立了5.5公顷抗逆性良种园，培育40余万株苗木，已推广应

用到"三北"干旱地区造林建设中去。

特点：①首次建立了国内外至今尚未实现的植物抗逆性定量指标评价体系，丰富和发展了植物抗逆性评价技术，解决了简捷、准确定量测定的难题，为干旱、盐碱地区造林植物材料的选择提供了基本数据；②我国林业首次广泛地从自然界选育抗逆良种，集中保存了林木抗旱、抗盐的种质资源，对促进我国西部生态环境建设，防风固沙，恢复植被具有重要的理论和实际意义；③首次克隆了木本植物抗逆相关基因。

应用推广情况：①在"三北"地区推广应用该技术造林 45 多万亩，提高造林成活率 23% 以上，共增加收入 200 万元左右，节省人工、种苗费 420 万元，销售苗木纯利润 100 万元；②筛选出的适合于"三北"地区造林的抗逆良种，在恢复和重建西北生态植被中推广应用，有效地改善和提高了防护林质量，为实施"开发大西北"的战略作出更大贡献。

主要针叶纸浆用材树种新品系选育、规模化繁殖及培育配套技术

主要完成单位：中国林业科学研究院林业研究所、贵州大学、黑龙江省林业科学研究所、南京林业大学、中国林业科学研究院亚热带林业研究所、辽宁省林业科学研究院

主要完成人：张守攻、丁贵杰、王笑山、王章荣、周显昌、周志春、孙晓梅、谢双喜、齐力旺、杨章旗

获奖情况：国家科学技术进步奖二等奖

成果简介：

（1）所属科学技术领域。林木育种技术中的林木良种繁育（代码：2202030）。

（2）主要内容。系统研究、建立了马尾松、落叶松、云杉等针叶纸浆用材树种现代"育种、繁殖和培育"技术体系：即强化育种、优良杂交组合"配、制"与优良基因重组、采穗母株的整形修剪、促萌与穗条幼化、插穗生根、体细胞胚胎发生、早期测定、良种选育及应用、种子丰产、马尾松促进早期速生、纸浆材林培育、经营及利用、经营模型及优化栽培模式等急需解决的现代林业科学技术体系。"有性、无性"有机结合，创制了落叶松优良无性系 38 个、杂种新品系 30 个，云杉优良无性系 35 个。建立了落叶松、马尾松微型育种园，分别配置优良杂交组合 130 个和 405 个；突破了优良落叶松、马尾松、云杉新品系采穗园幼化及插穗生根技术；选出马尾松优良家系 30 个、优良无性系 25 个；提出了马尾松种子丰产技术，突破了马尾松扦插繁殖难关和早期生长慢的技术难关。

（3）特点。落叶松、马尾松、云杉分别为松科落叶松属、松属和云杉属，是世界针叶树三大针叶属主体树种，也是"九五"国家科技攻关全部针叶纸浆材项目中三大针叶树种；三树种的全方位"繁、育"研究，具有很强的代表性和理论、应用价值。该成果组装了落叶松、马尾松、云杉等难生根针叶树的"组合"育种与"优势"育种、杂种优势固定与无性快速繁殖、采穗园与穗材产业化、插穗生根与培育等各阶段最佳技术成果，把杂种优势"创制、固定、利用与提高"综合一体化，形成一套针叶树杂交制种和优良杂种无性快繁、利用的新技术体系；解决了促进马尾松早期速生及良种与立地、育林措施的优化配置；开展了针叶树体细胞胚快速繁殖研究，将我国针叶树种繁育推上了一个新台阶。

（4）应用推广情况。该成果已在黑龙江、吉林、辽宁、河北、河南、山西、甘肃、广西、贵州、福建、浙江、湖北、四川等省（自治区、直辖市）推广应用 15.7 万公顷；其中：落叶松无性系示范林 300 公顷、推广 2.5 万公顷、云杉推广 10 万公顷、马尾松试验示范林 2 000 公顷、推广 3.2 万公顷。对于我国 2020 年实现营造 2 000 万公顷速生丰产林目标，提高造林良种化水平具有重大意义和广阔推广应用前景。

防护林杨树天牛灾害持续控制技术研究

主要完成单位：宁夏回族自治区林业局、北京林业大学、宁夏回族自治区农业综合开发领导小组办公室、南京林业大学、国家林业局西北华北东北防护林建设局

主要完成人：骆有庆、刘荣光、许志春、孙长春、温俊宝、王卫东、严敖金、宝山、李德家、曹川健

获奖情况：国家科学技术进步奖二等奖

成果简介：

1. 项目所属科学技术领域、主要内容、特点及应用推广情况

该项目属于林学一级学科中的森林资源保护和生态环境保护技术领域。

2. 主要内容

（1）首次系统地提出以生态系统稳定性、风险分散和抗性相对论为核心的多树种合理配置抗御杨树天牛灾害理论；对现有防护林抗御天牛灾害的功能进行了类型划分；提出了加强型二代林网树种组成应包括免疫树种（非寄主树种）、目标树种（抗性树种）和诱饵树3类，提出了各类树种的合理配置和管理模式。创建了杨树天牛灾害风险评估体系和方法。提出了"生态阈值"概念。首次从个体、群体和生态系统3个层次明确了多树种合理配置抗御天牛灾害的机制，新构建了综合危害指数评价树种对天牛的综合抗性。

（2）生物防治技术取得关键突破。改进和完善了花绒坚甲人工饲养技术（包括饲料配方、繁育条件和替代寄主），获日本森林综合研究所1999年十大成果之一。提出白僵菌新的无纺布培养法。

（3）研制成功高效持效低毒的触破式微胶囊，获国家发明专利。研制成功高效持效的涂干剂和注干剂。改进设计出适合树干喷雾的窄幅式喷头。

（4）建立了杨树天牛植物性引诱剂提取、鉴定、诱集活性测定等全套技术，复配出2个野外诱集光肩星天牛效果明显的配方；十字漏斗型诱捕器已获实用新型专利；提出雌性成虫性信息素成分由非极性和弱极性两部分物质组成。

（5）系统阐明了光肩星天牛成虫的寄主选择和交配行为机制；研制了繁殖系数高的天牛人工饲料；首次以常规技术和分子生物学技术为手段，提出光肩星天牛和黄斑星天牛的遗传分化未达种级水平，属同一种。

（6）抗天牛杨树品种引进、繁育及早期抗性鉴定技术研究。

（7）构建了以多树种合理配置为根本措施、实用性强、科学合理的杨树天牛灾害持续控制技术体系。建立了广泛的推广和示范，极显著地降低了虫口密度，真正做到了有虫不成灾。

3. 特点

通过理论创新和技术创新，针对杨树天牛灾害的主要成因，提出了以多树种合理配置为主的持续控制理论和技术，建立了杨树天牛灾害的综合控制体系。

4. 应用推广情况

在宁夏建立了4片试验示范林。整体成果和技术思路已在宁夏、内蒙古、甘肃、青海、北京、天津等省（自治区、直辖市）推广，成效显著。与南京红太阳集团合作，完成了触破式微胶囊产品的中试及工业化生产，已在28个省（自治区、直辖市）对天牛和松毛虫等多种重要森林害虫进行了大面积的野外防治试验和推广。

桃、油桃系列品种育种与推广

主要完成单位：北京市农林科学院、北京市南口农场、北京花卉服务公司

获奖情况：国家科学技术进步奖二等奖

成果简介：

"桃、油桃系列品种育种与推广"是北京市科委、农业部和北京市农林科学院多年来重点支持的科研项目，属农业科学技术研究领域。该项目育成的品种适用于我国东北、华北、西北、西南及长江中下游的桃产区，其中的一些早熟品种可用于我国北方温室大棚保护地栽培。该项目通过有性杂交育种的途径，选育出品质优良、早中晚成熟期配套、适合我国栽培的桃和油桃系列新品种，并在生产中示范推广。成果的取得在很大程度上解决了生产上原有品种品质差、花色少、上市过于集中等问题。1991—2001年，审定

或认定并推广了桃、油桃优良品种 22 个。其中桃品种 8 个：早美、晚蜜、麦香、早香玉、庆丰、京玉、京艳和八月脆；油桃品种 14 个：瑞光 1 号、瑞光 2 号、瑞光 3 号、瑞光 5 号、瑞光 7 号、瑞光 11、瑞光 18、瑞光 19、早红珠、丹墨、早红霞、早红艳、红珊瑚和香珊瑚。这些品种的突出特点是实现了成熟期早、中、晚系列配套，果实品质优良，填补了我国油桃优良品种选育的空白。使我国桃露地栽培的供应期延长到 4 个月，再加上保护地栽培可使鲜果上市期达到 6 个多月。早美是目前世界上果实发育期最短的极早熟桃优良品种，其果实发育期只有 50～55 天。极晚熟桃晚蜜果大、味甜、上色好，在国庆节前后上市，具有很高的商品价值。早红珠为目前国内成熟最早的甜油桃优良品种。甜油桃品种瑞光 18、香珊瑚果型大、全红、甜，综合性状优良。随着桃和油桃育种研究的深入，我国的桃育种水平有了大幅度提高。育成品种已接近或达到国际先进水平，尤其是极早熟桃和甜油桃方面已达到国际先进水平。育种的发展也带动了遗传、生理、栽培和加工等相关研究的发展，对我国果树总体研究水平的提高起到了重要的带动作用。北京的桃育种及相关研究在我国占有重要的地位，也越来越受到世界同行更多的关注。到目前为止，所育成的这 22 个品种，在全国发展面积超过 73 万亩，年产量 9.6 亿千克，年增产值 16 亿元，创造了很好的社会经济效益。桃和油桃新品种的推广成为目前我国农村产业结构调整中的一个重要的积极因素，使一大批农民走上了脱贫致富的道路。桃种植已成为一些地区、县、乡的支柱产业，在农村经济结构中占重要位置。

新一代桑树配套品种农桑系列的育成与推广

主要完成单位： 浙江省农业科学院、浙江省农业厅经济作物管理局、湖州市蚕业管理总站
主要完成人： 林寿康、计东风、吕志强、沈国新、周勤、马秀康、楼黎静、周金钱、吴海平、徐家萍
获奖情况： 国家科学技术进步奖二等奖
成果简介：

1. 项目所属科学技术领域

本研究项目属农林牧渔业门类中农林领域的应用技术研究。

2. 主要内容、特点

（1）育成早熟、中熟配套，分别适合种茧育和丝茧育的新桑树系列品种农桑 8 号、农桑 10 号、农桑 12、农桑 14 并通过浙江省农作物品种审定委员会审定，其中农桑 12、农桑 14 还通过了全国农作物品种审定委员会审定。农桑系列品种具有熟期理想、增产显著、优质、抗性强、农艺性状优良、适应性广等特点，早熟品种农桑 8 号、农桑 10 号产叶量比对照种荷叶白（部、省指定对照品种，为我国推广面积最大的品种）增产 17.00%，中熟品种农桑 12、农桑 14 产叶量比对照种增产 35.95%。可在全国各蚕茧主产区推广。

（2）在桑树育种技术和方法上，首次提出了以在当地最大限度地发挥主要性状优势的优良品种为亲本的原则；率先采用新的高纯度花粉采集法和利用相关性状进行优良株系的早期有效预测等，缩短了木本植物的育种年限。鉴定专家一致认为该研究丰富了桑树育种的理论和技术，是人工杂交育成桑树新品种的成功范例，其成果在同类研究中达国际先进水平。

（3）首次育成了对桑树危害严重又防治困难的桑蓟马、红蜘蛛等微型害虫抗性强的桑树新品种，减少了桑园的农药使用量和对环境的污染，确保蚕茧稳产。

（4）通过两代科技人员 20 余年的努力和创新，克服了木本植物育种难度大、区试时间长、推广速度慢等难题，育成的农桑系列品种其综合经济性状全面优于荷叶白等现生产上主栽品种。新品种推出后，在我国桑苗繁育最集中产区建立农桑系列新品种繁育基地，提供的优质、高效桑苗，适应效益农业结构调整的需要，深受蚕农欢迎，推广速度快。

（5）农桑配套系列品种的育成与推广，适应了当前我国效益农业结构调整的需要和加入世界贸易组织后发展传统优势产业的需要，同时也有利于促进革命老区脱贫和西部山区开发，具有很高的经济效益、社

会效益和生态效益。

3. 应用推广情况

农桑系列品种经国内不同地区、多年多点的区域试验和生产试验表明，适合于长江流域、黄河中下游流域、珠江流域等我国各蚕茧主产区和福建、云南、贵州等省（直辖市）种植，目前在浙江、江西、广东、四川、江苏等10余个省（直辖市）种植面积33 000余公顷，新增效益6.5亿元，其中浙江省推广面积达12 600公顷，占新品种推广面积的90％以上，被浙江省蚕业主管部门推荐为该省桑树主要推广品种。与此同时，在我国其他蚕茧主产区其种植面积也在迅速扩大。

用酶技术开发大麦及高麸型饲粮及其产业化研究

主要完成单位： 浙江大学、浙江省农业科学院
主要完成人： 徐子伟、许梓荣、孙建义、钱玉英、李卫芬、邓波、钱利纯、刘敏华、余东游、李孝辉
获奖情况： 国家科学技术进步奖二等奖
成果简介：

1. 所属科学技术领域

该项目属畜牧生产领域的一项关键技术成果。该项目在国内率先用酶技术降解了大麦中的抗营养因子β-葡聚糖和麸类饲料中的抗营养因子阿拉伯木聚糖，大幅度地提高了大麦及麸类饲料的饲用价值，并迅速实现了产业化。

2. 项目主要技术内容和特点

（1）产酶微生物选育及酶制剂开发研制。用 ^{60}Co 辐射诱变等手段选育出黑曲酶 G-415（高 β-葡聚糖酶活）、木霉 GXC（兼有高酶活 β-葡聚糖酶和木聚糖酶）和芽孢杆菌 BS9418F（高 β-葡聚糖酶），酶活指标 β-葡聚糖酶达 6.2 万国际单位/克，木聚糖酶达 2.5 万国际单位/克（国内查新最高酶活），酶学特性与畜禽消化道环境相适应。经稳定化处理，酶制剂在模拟制粒和模拟胃消化后酶活残存率为 84％～94％，优于进口产品。研究建立了酶制剂生产线、发酵工艺和检测技术，在国内率先研制出具有自主知识产权的酶制剂，并实现了产业化。

（2）酶解调控技术和酶制剂复配。剖析出不同麦类的抗营养因子与不同酶种的特异关系，全面揭示了多聚糖酶对麦型饲粮提高养分消化率、减少粪中大肠杆菌数量、提高内源性消化酶活性、维持消化道正常形态结构和增强内分泌合成代谢能力的调控效应及机理，建立了酶活剂量反应模型，以此为依据复配成酶制剂系列化产品，经应用使大麦或高麸型饲粮生物学综合评定值（BE）平均提高 7.3％，经多次比较优于进口酶产品。

（3）大麦及麸类饲料对猪、鸡的优化饲用模式。测定建立大麦营养参数库（化学成分及生物学效价共37 种），对大麦及高麸型饲粮的加酶技术、配方技术和加工技术作综合组装，提出对猪、鸡的优化饲用模式，经 957 头猪、911 羽鸡应用试验表明，优化大麦及高麸型饲粮不仅赶上而且明显超过了玉米型饲粮的饲效（BE 提高 4％～6％）。

3. 应用推广情况

该项目近 3 年来已向全国 10 多个省（直辖市）100 多家饲料加工和养殖企业推广酶制剂 2 500 余吨、加酶大麦及高麸型饲粮 250 余万吨，新增大麦种植效益 1.00 亿元，新增养殖效益 4.76 亿元，共新增效益 5.76 亿元，社会、经济、生态效益极显著。经鉴定项目总体水平居国际先进。

云南半细毛羊培育

主要完成单位： 云南省畜牧兽医科学研究所、云南省永善县畜牧局、云南省巧家县农业局、云南省昭通市畜牧兽医站、天津市畜牧兽医研究所、云南省富源县畜牧局

主要完成人：高源汉、杨春荣、黄光璧、浦勇、付昭、卜新亚、陆德文、阳留贵、李高荣、陶万忠

获奖情况：国家科学技术进步奖二等奖

成果简介：

云南 48～50 支半细毛羊从 1970 年始到 1995 年完成品种培育工作，历经 25 年共 10 个世代。

1. 主要技术内容

品种形成时的生产性能：体型外貌基本一致。净毛率 69.6％（除边）（10 吨试纺材料）、屠宰率 55.76％、产羔率 114.8％。1995 年在育种区内半细毛羊生产规模 91 270 只，基础母羊 44 890 只，等级羊 30 921 只，一级周岁以上公母羊 3 560 只。

2. 特点

云南半细毛羊具有肉用体型、适于亚高山（海拔 3 000 米）地区湿润气候，常年放牧饲养，羊毛品质优良，具有高强力、高弹性、全光泽（丝光）毛的特点。

3. 推广情况

在新品种培育过程中，育种区内羊只，包括部分优秀种羊已供应本省改良区使用，逐步扩散四川、贵州等省，并在新区表现较好的适应性。

一级羊毛生产性能

单位：千克·厘米

项目	只数	剪毛后体重			剪毛量			毛长		
		X	S_X	C.V（％）	X	S_X	C.V（％）	X	S_X	C.V（％）
成年公羊	90	67.15	0.669	9.41	5.85	0.091	14.89	15.10	0.170	10.82
育成母羊	324	55.00	0.500	16.18	4.85	0.066	24.43	15.01	0.141	16.95
成年母羊	1 755	46.77	0.187	15.70	4.41	0.023	20.22	15.00	0.054	14.23
育成母羊	1 389	37.66	0.196	19.48	3.79	0.025	24.84	14.99	0.066	16.22

猪优质高效饲料产业化关键技术研究与推广

主要完成单位：中国农业大学、广东省农业科学院畜牧研究所、湖南正虹科技发展股份有限公司、重庆市养猪科学研究院

主要完成人：李德发、谯仕彦、蒋宗勇、刘作华、林映才、宋中山、杨坤明、马永喜、熊本海、张丽英

获奖情况：国家科学技术进步奖二等奖

成果简介：

"猪优质高效饲料产业化关键技术研究与推广"项目 1990 年立题，属动物营养与饲料科学领域。项目包括 3 个"国家重点科技攻关计划"和两个"国家自然基金"课题，项目由中国农业大学主持，8 个单位 250 多人参加了研究与推广工作，经过 10 年科技攻关，在猪饲料产业化关键技术方面取得重大创新性成果。

（1）探明了"理想蛋白质"促进猪体蛋白质沉积的机理，开发出理想蛋白质配制猪平衡日粮技术，建立可消化氨基酸平衡模式。

（2）建立了蛋白态氨基酸与单体氨基酸测定体系，对测定猪饲料氨基酸生物学效价的方法进行了标准化，在此基础上测定了 7 种猪典型饲粮组分，60 种常用饲料的氨基酸回肠消化率，初步建立了中国猪饲料氨基酸回肠消化率数据库。

（3）系统研究了 3～8 千克、8～20 千克、20～50 千克、50～90 千克体重阶段猪的消化能、回肠表观和真可消化氨基酸需要量，通过对华北、华南、东北、中南和西南五地区典型商品猪瘦肉生长指数的测定，建立了我国第一个猪营养需要动态模型，结合前期研究成果，修订了第一版《中国猪饲养标准》。

（4）提出了泌乳母猪和仔猪抗应激营养调控技术。系统研究了原料粉碎粒度、混合均匀度、制粒工艺和膨化工艺对饲料产品质量的影响。确立了适合不同类型产品的加工工艺参数。项目达到的主要技术性能指标为：研制出高效超早期断奶乳猪料和泌乳母猪料配方技术 7 套，其中乳猪三阶段配合饲料使仔猪 60 日龄体重达 23.2～23.8 千克，29～60 日龄饲料增重比达（1.55～1.69）：1，仔猪成活率 98％以上。研制出猪预混料、浓缩饲料和全价饲料配方技术 98 套，使生长肥育猪 20～90 千克体重阶段饲料增重比达：华北地区，2.87：1；华南地区，2.85：1；中南地区，2.88：1，西南地区，2.91：1。同时使粪、尿中氮的排出量减少 25％～30％。教育部组织同行专家进行鉴定后认为（鉴字［教 BP2001］第 021 号），项目取得的科研成果达到国际先进水平，并且具有很强的实用性，技术成熟度高。研究成果已经推广到 30 个省（自治区、直辖市）的 278 个饲料和养猪企业，累计推广各类饲料 2 521.6 万吨，实现直接经济效益 15 亿元，社会效益显著。

雏番鸭细小病毒病病原发现、诊断和防治

主要完成单位：福建省农业科学院畜牧兽医研究所、福建省农业科学院生物技术中心、福建省莆田县畜牧兽医技术服务中心

主要完成人：程由铨、胡奇林、林天龙、李怡英、陈少莺、周文谟、程晓霞、吴振尧

获奖情况：国家科学技术进步奖二等奖

成果简介：

　　雏番鸭细小病毒病是 20 世纪 80 年代中期在福建省首先发现的一种番鸭新疫病，发病率和死亡率高。1988 年 1 月和 10 月分别从莆田和福州地区病鸭肝、脾组织中分离到 2 株病毒（MPV－P 和 MPV－F 株），对这 2 株病毒形态、结构、理化和生物学特性等进行系统研究，在国内外首次确认该病毒属细小病毒科、细小病毒属的新成员。当时，由于缺乏有效防治措施，该病迅速蔓延到全国各地，造成极大经济损失。为有效防止该病的发生和扩散，应用高新技术，研制成快速诊断试剂和活疫苗。诊断试剂：应用抗 MPV 单抗建立了胶乳凝集（LPA）和凝集抑制（LPAI）试验，检测 MPV 抗原和抗体，具有准确、快速、操作简便、结果判定直观等优点。活疫苗：雏番鸭注射 10 个使用量的疫苗，不会发生不良反应；雏番鸭注射疫苗后 3 天，部分鸭血清中出现特异性抗体，21～30 天抗体水平达高峰，180 天抗体水平仍维持在 2～3 以上。雏番鸭免疫注射疫苗后 7 天，能抵抗强毒攻击。该疫苗安全性好，免疫力产生快，免疫效果可靠，免疫期长，疫苗质量稳定，保存期长；诊断试剂和疫苗于 2000 年均已通过农业部兽药审评委员会审评，农业部颁发了国家一类新兽用生物制品证书，是我国首创的具有自主知识产权的产品。至今诊断试剂和疫苗已在福建、广东、广西和浙江等省（自治区）推广。诊断试剂的应用为该病的防治提供科学依据。疫区未使用该疫苗前雏番鸭的成活率在 60％～70％，使用疫苗后成活率提高到 95％以上，已有 4.2 亿多羽雏番鸭免疫注射该疫苗，使该病得到有效控制。该项成果居国内外同类研究的领先水平，具有重要学术意义、重大经济效益和社会效益。

紫菜种苗工程

主要完成单位：中国科学院海洋研究所

主要完成人：费修绠、许璞、于义德、连绍兴、汤晓荣、梅俊学、鲍鹰

获奖情况：国家科学技术进步奖二等奖

成果简介：

　　该成果属生物学，水产养殖与生物工程相结合的研究领域，着重研究解决用现代细胞生物技术改造传统的紫菜种苗培养技术。以紫菜自然群体和栽培群体中选出单株个体为材料，首先成功地建立了紫菜丝状体细胞的分离、纯化和保存的方法体系，然后利用该方法体系收集了来自中国、东南亚和北美洲的 23 种

共 119 个品系的紫菜丝状体细胞种质，建成了国内在种类多样性上首屈一指的紫菜细胞种质库。这些品系以子一代的形式被保存下来。早期得到的一批纯化的品系，虽已经过了 8～10 年的保存期，经试验和生产检验表明它们仍能保持其特有的品系特性。该研究发展了有关紫菜丝状体细胞的微增殖、发育调控、细胞接种贝壳导入生产栽培等一整套技术体系。培养出高质量的纯系紫菜细胞用于接种贝壳育苗，其用量只有 0.075 克鲜细胞/亩，从而保证了紫菜良种导入生产得以高效率地运行。条斑紫菜具有形成、放散单孢子的特性，是尚未被利用的紫菜种苗资源，在系统开展紫菜单孢子生物学基础研究的基础上，开发出来的单孢子苗网大量制备技术，应用前景广阔，属重大技术创新。通过长期有计划的良种跟踪检验，以大面积生产作为考核检验紫菜良种的试验标准，并结合分子生物学的检验，经过近 10 年的努力已考验出紫菜的优良栽培品系近 10 个。作为配套技术，还发展了两套能够大量培养出健康紫菜种苗的海上出苗装置和操作方法，申请并获得两项实用新型专利。目前"紫菜种苗工程"良种导入生产技术体系的应用范围已占我国条斑紫菜主产区（江苏沿海）栽培面积的 50% 以上，到 2001 年为止已累计创利税 3.4 亿元，创经济效益 10.5 亿元，创外汇 0.92 亿美元，同时为沿海地区人民创造了巨大的就业机会，而且由于栽培紫菜对浅海海水还具有净化作用，其环境效益也是好的。该研究对不同时期获得的进展及时总结，并在国内外学术刊物上进行报道，先后发表论文报告 23 篇，申请专利 4 项，引起了国内外藻类界同行注意和重视，并且推动了和美国资深藻类学家 C. Yarish 教授（现任美国藻类学会主席）之间在紫菜种苗生物学方面频繁的合作交流活动（单是由美方资助赴美讲学和合作研究活动就有 3 人次）。"紫菜种苗工程"已通过中科院组织的科技成果鉴定，认为该研究"目前在总体上达到国际先进水平"。

◈ 2003 年

一等奖

高产玉米新品种掖单 13 的选育和推广

主要完成单位：莱州市农业科学院
主要完成人：李登海、张永慧、毛丽华、王元仲、邓廷绪、滕秀菊、李洪胜、张永芳、姜伟娟、毛书平、王建华、盛斋刚、李登亭、邓振辉、李登群
获奖情况：国家科学技术进步奖一等奖
成果简介：

　　该项目属于农学学科作物遗传育种专业领域。针对我国平展型玉米品种难以增加种植密度、提高产量，而中小穗型的紧凑型品种单株生产力低、产量也较低的状况，确定了选育紧凑大穗型杂交种的育种目标。根据选育目标，1987 年育成掖 478 自交系，进而以掖 478 和丹 340 为亲本，育成杂交种掖单 13。

　　经过全国区域试验、大面积示范及小面积高产田试验证明，掖单 13 具有很高的产量潜力。在高产田中最大叶面积指数达 5.5，成熟期叶面积指数仍在 3.5 以上，后期叶片衰老缓慢，具有较高的群体光能利用效率。

　　自 1990 年以来，掖单 13 先后通过宁夏、陕西、河南、山西、山东、新疆、甘肃、江苏、上海、内蒙古、黑龙江 11 个省（自治区、直辖市）的审（认）定和国家审定，被农业部确定为"八五"期间紧凑型玉米的首推品种和"九五"期间重点推广品种。

　　掖单 13 玉米新品种具有以下特点：

　　（1）掖单 13 是我国第一个株型紧凑兼大穗型玉米杂交种，具有高产、稳产、品质优良、抗多种病害的特点。

（2）掖单 13 适应性广，推广速度快，种植面积大。1995 年以来，一直是我国种植面积最大的杂交种，并被全国农业技术推广服务中心和各省（自治区、直辖市）确定为区试的对照品种。

（3）掖单 13 的亲本之一掖 478 自交系是采用种质创新的优秀成果。该系已被国内多家育种单位引用，并育成一大批新杂交种，通过省级以上审定。

（4）掖单 13 的推广实行育、繁、推、销一体化模式，成果转化机制先进，探索了一条发展民族种业的新途径。

据全国农业技术推广服务中心的不完全统计，1991—2001 年累计推广 2.26 亿亩，增产玉米 244.5 亿千克，净增产值 244.5 亿元，取得了显著的经济效益和社会效益。

中国农作物种质资源收集保存评价与利用

主要完成单位：中国农业科学院、山西省农业科学院、湖北省农业科学院、四川省农业科学院、江苏省农业科学院、西北农林科技大学农学院、广西壮族自治区农业科学院、云南省农业科学院、山东省农业科学院、黑龙江省农业科学院

获奖情况：国家科学技术进步奖一等奖

成果简介：

该项目依据生物多样性保护原理，综合集成作物生长、发育、遗传、演化等学科理论和新技术，按照"广泛收集、妥善保存、全面评价、深入研究、积极创新、充分利用"的原则，通过跨地区、跨部门、多学科、多年的综合研究，取得了以下重大的突破与创新：

（1）创建了世界上唯一的长期库、复份库、中期库相配套的种质保存完整技术体系，并首创了利用超低温处理野生大豆等 6 种难发芽种子生活力的快速检测技术。建立了确保入库种质遗传完整性的综合技术体系，并长期安全保存种质资源达 180 种作物 33.2 万份，位居世界首位。

（2）查明了我国作物种质资源分布规律和富集程度，并新收集和引进新作物、新类型和名贵珍稀等各类种质 7.5 万份。其中，收集野生大豆种质 6 000 余份，占世界野生大豆 90％以上，并首次发现了长花序、胰蛋白酶抑制剂缺失体等具有重要利用价值的 8 种新类型，确立了我国是世界野生大豆遗传多样性中心的国际地位；收集野生稻种质 5 000 余份，并首次在江西东乡、湖南茶陵和江永等地发现 8 处普通野生稻分布点，打破了国际上公认的普通野生稻分布北限为北纬 25°的结论，特别是江西东乡野生稻的发现，使分布北限推移到北纬 28°14′，向北延伸了 3°14′，明确了我国普通野生稻在世界上的独特性。

（3）通过分子标记和等位性测验，发现 1 个小麦主效耐盐、1 个大豆隐性抗花叶病毒 3 号株系和大麦的 5 个隐性、1 个不完全显性矮秆等 8 个新基因，并将其定位于染色体上。在国际上首次突破了普通野生稻花药培养技术难关，建立了高效转移外源基因技术体系；创造携带较少与不利基因连锁和与目前广泛应用的基因来源不同的优异基因的水稻、小麦、大豆等高产、抗病、耐盐新种质 19 个。

（4）新建和规范种质资源品质、抗病虫和抗逆性鉴定方法 29 项，并鉴定作物种质 2 100 万项次，从中评选出优异种质 1 475 份。其中，168 份直接用于生产，累计种植面积 5.52 亿亩，新增利润 203.55 亿元；386 份作为亲本育成新品种 427 个，累计推广 33.54 亿亩，新增产值 1 647.63 亿元。

二 等 奖

棉花杂交种选育的理论、技术及其在育种中的应用

主要完成单位：南京农业大学、湖南省棉花科学研究所、安徽省农业科学院棉花研究所
主要完成人：张天真、李育强、路曦结、陈海亮、金昌林、朱协飞、杨芳荃、郭旺珍、何团结、曾昭云

获奖情况：国家科学技术进步奖二等奖

成果简介：

　　该项目揭示了棉花杂种优势表现的特性、遗传规律及 F_2 利用的遗传基础；发现了 7 个芽黄、雄性不育新基因；鉴定出一种有芽黄指示性状标记的核雄性不育系和一种新的胞质雄性不育源；发现了洞 A 核雄性不育保持的主基因＋多基因遗传方式，这是我国发现的一种新的雄性不育遗传理论；筛选出与 CMS 育性恢复基因 $Rf1$ 紧密连锁的分子标记 6 个，并用于辅助育种；揭示了胞质雄性不育系胞质不良效应的原因是由于雌性部分不育，提出了杂交棉的选配技术体系，发掘出一般配合力高、特殊配合力强的核心亲本 10 多个；提出了有指示性状标记的杂交种和雄性不育杂交种的种子生产技术体系；提出杂交种种子纯度的快速检测技术；研制出杂交棉"宽行稀植，肥促化调"的配套高产栽培技术，提高了棉花的生产水平与效益。

高配合力优良杂交水稻恢复系蜀恢 162 选育与应用

主要完成单位：四川农业大学

主要完成人：汪旭东、周开达、吴先军、李平、李仕贵、高克铭、马玉清、马均、龙斌、陈永昌

获奖情况：国家科学技术进步奖二等奖

成果简介：

　　该项目采用聚合杂交创造高配合力、抗性好、适应性广的恢复系，采取常规育种技术与生物技术相结合，株型育种与杂种优势相结合的技术路线，引进国外优良稻种资源，创建了"复合杂交＋花药培养"相结合的育种新方法，利用韩国稻密阳 46 做母本，(707×明恢 63) F_8 中间材料作父本，杂交 F_1 经花药培养，通过测交，注重选择，达到转色顺调、熟色良好、根系不早衰、秆硬抗倒等。成功地育成具有韩国稻密阳 46 和非洲稻等血缘的优良恢复系蜀恢 162，组配出多个不同熟期的组合，恢复力强，恢复谱较广，抗稻瘟病能力强，配合力好，所配组合Ⅱ优 162、D 优 162 等表现优质、高产、抗稻瘟病、适应性广。

湘研 11～20、湘辣 1～4 号辣椒新品种的选育

主要完成单位：袁隆平农业高科技股份有限公司、湖南省蔬菜研究所、国家辣椒新品种技术研究推广中心、湖南农业大学园艺园林学院

主要完成人：邹学校、周群初、戴雄泽、马艳青、李雪峰、刘荣云、陈文超、张竹青、何青、刘志敏

获奖情况：国家科学技术进步奖二等奖

成果简介：

　　该项目选育了鲜食辣椒品种湘研 11～20 和干制、加工专用辣椒品种湘辣 1～4 号品种，其果实商品性、丰产性、抗性、耐贮运性明显超过第一代湘研辣椒品种（湘研 1～10 号）和国内外同类品种。湘研 13 是国内微辣型辣椒中果大、商品性好、产量高、种植面积最大的品种；湘研 19 是我国种植面积最大的青皮尖椒品种。选育的胞质雄性不育干椒和加工专用品种湘辣 1 号、2 号、4 号和杂交品种湘辣 3 号，抗性、适应性、产量、品质大幅度提高。该项目还选育了优良的胞质雄性不育系 5901A、8214A、9704A。引进了适于设施栽培的品种资源 8508、8505、8504。用 RAPD 标记技术对恢复系 8001 的恢复基因进行连锁标记，测定了该序列，创建了辣椒雄性不育系 9704A 的组织培养体系。

优质、多抗、丰产秦白系列大白菜品种的选育及推广

主要完成单位：西北农林科技大学

主要完成人：柯桂兰、宋胭脂、赵利民、张鲁刚、赵稚雅、刘焕然、李省印、惠麦侠、程永安、张明科

获奖情况：国家科学技术进步奖二等奖

成果简介：

该项目针对大白菜生产上病害严重等问题，从资源创新和病（毒）原菌的鉴定、种群组成分析入手，创造性地建立了病毒病（TuMV）、霜霉病、黑斑病菌期人工接种抗病性鉴定技术，并及时应用于亲本及杂交组合抗病性的早期鉴定与筛选。育成稳定的优良自交系及不亲和系 25 份、雄性不育系 8 份、双抗材料 37 份、三抗材料 19 份、病毒病抗源 4 份、耐热材料 2 份，抗抽薹材料 5 份；育成一代杂种秦白 1、2、3、4、5、6 号系列大白菜品种。其中：秦白 1 号特点是优质，高抗病毒病、抗霜霉病。秦白 2 号特点是结球紧实，品质优良，适应性广，抗病毒病、霜霉病、耐黑斑病，软叶率高。秦白 3 号表现为高抗病毒病、抗霜霉病、黑斑病和软腐病，耐贮藏，适口性好，丰产、稳产。秦白 4 号特点为高抗病毒病、兼抗黑斑病和霜霉病，丰产、稳产。秦白 5 号表现为结球紧实，球色淡，商品性佳，品质优，适应性广。秦白 6 号表现为株型小，成球快，球叶白嫩，净菜率高，抗病性强，适应性广。

高产优质面包小麦新品种济南 17 的选育推广和产业化开发

主要完成单位：山东省农业科学院
主要完成人：赵振东、刘建军、董进英、张存良、徐恒永、王法宏、宋建民、吴祥云、刘爱峰、吴建军
获奖情况：国家科学技术进步奖二等奖

成果简介：

该项目通过对品质性状的遗传规律、品质性状与产量性状的关系、基因型和环境对小麦品质的影响、亲本选配原则及品质鉴定程序和标准等进行了系统研究，建立了面包小麦育种技术体系，为新品种选育、推广和产业化开发奠定了理论基础。选用农艺性状较好的优质亲本临汾 5064 与品质较好的农艺亲本鲁麦 13 杂交，选育出高产优质面包小麦新品种济南 17。研究了育成品种的生理特性和配套栽培技术，集成组装了优质高产生产技术规程。探索出规模化、区域化生产优质商品麦，并加工利用的科工贸一体化、产供销一条龙的开发模式。济南 17 优质与高产并重，区试产量 502.9 千克/亩，增产 4.52%，最高实打验收产量 636.78 千克/亩，创我国面包小麦高产纪录。其综合品质达到国标强筋小麦标准，可替代进口优质麦生产面包专用粉。该项目在育种方法上有所创新，研究了选育产质超亲的亲本选配模式、品质鉴定程序和选拔标准及农艺与品质性状同步选择的方法，形成了优质高产小麦育种技术体系，提高了育种效率。

"银果"和"银泰"农用杀菌活性的发现与应用研究

主要完成单位：莱阳农学院
主要完成人：孟昭礼、尚坚、曲宝涵、袁忠林、姜学东、罗兰、王艳、杨从军、方向阳、李健强
获奖情况：国家科学技术进步奖二等奖

成果简介：

该项目首先发现并证实了银杏根、茎、叶、果实均含有农用杀菌抑菌物质，从银杏果实中分离提纯出活性较高的白果酚，以白果酚为先导化合物，在简化其碳链结构的模拟合成中，合成出了银果和银泰，完成了急性和亚慢性毒性试验、环境安全评价、残留及杀菌机理试验、生物活性测定、田间药效试验及小试和中试研究，实现了银果生产技术转让，并进行大面积应用。该项目发现并证实银杏根、茎、叶、果实均含有农用杀菌抑菌物质，实现产业化，为我国植物源农药的研究开辟了新途径；工艺流程简单，原料易得，成本低、收率高，且化学性质稳定，"三废"少并可有效治理；该杀菌剂为广谱、内吸、高效、低毒、低残留，对有益生物毒性低，与环境相容性好，对果树病斑有愈合作用，在作物花期可以用药，适合于绿色食品的生产与开发。

优质高产多抗芝麻新品种豫芝 8 号的选育和应用

主要完成单位：河南省农业科学院棉花油料作物研究所、河南省经济作物推广站、安徽省种子总公司、湖北省种子管理站

主要完成人：卫文星、张海洋、卫双玲、张玉亭、凌中南、路凤银、朱国富、张体德、董新国、丁法元

获奖情况：国家科学技术进步奖二等奖

成果简介：

该项目的芝麻新品种豫芝 8 号的选育及其高产配套栽培技术的研究与应用，并与生产、加工、外贸部门相结合，属农业应用技术研究。豫芝 8 号是以宜阳白做母本，光华一条鞭作父本，结合多元病圃选择育成的优质、高产、多抗芝麻新品种。该品种较好地解决了高产与优质、高产与抗病的矛盾，实现了高产、优质、多抗等优良性状的有机结合，在江淮、黄淮流域及华北地区具有广泛适应性。优质高产配套栽培技术研究包括：

（1）平衡施肥。高产栽培要求每亩施纯氮 10～15 千克、磷（P_2O_5）4～6 千克、钾（K_2O）10～15 千克。其中 50％的氮与全部磷钾作底肥，50％的氮作追肥，并辅施硼锌等微量肥料。

（2）促控技术。苗期以促根与控制苗高为主；现蕾前后，依据苗情进行化控 1～2 次；稳座幼蒴后采取促控结合，促使蕾、花、蒴的分生与茎叶的稳长；终花期以养根保叶，延缓收获为主。

（3）适时打顶技术。在空稍尖分生始期掐去顶部生长点不超过 1 厘米。

黄淮海平原持续高效农业综合技术研究与示范

主要完成单位：中国农业大学、中国科学院地理科学与资源研究所、中国农业科学院农田灌溉研究所、江苏省农业科学院、山东省农业科学院、安徽省农业科学院、中国科学院石家庄农业现代化研究所

主要完成人：郝晋珉、高旺盛、张兴权、王和洲、夏穗生、王璞、郭洪海、闫晓明、刘小京、王秋杰

获奖情况：国家科学技术进步奖二等奖

成果简介：

该项目形成了"一个核心，两个保障"的黄淮海平原持续高效农业综合技术体系。主要有以下创新：

（1）以栽培、覆盖、水肥调控、土壤深松等农艺节水技术为主体，优化地表节水灌溉、机械播收一体化、微灌流量控制以及微咸水利用等关键技术相配套的新型节水农业综合技术。

（2）提出了优质小麦品种与规模化栽培技术体系、高营养和特用玉米生产新品种结构体系与高产高效栽培技术体系、优质果品开发及篱壁式栽培配套技术、以微生态制剂为特色的农产品无公害技术模式。

（3）提出了青刈黑麦产业化生产技术体系、秸秆资源饲料化"微贮"新技术、波尔山羊杂交改良配套技术以及无公害畜禽产品生产技术。

（4）提出了包括日光温室布局区划、温室计算机辅助设计与新式日光温室建造、温室水土气热综合调控与高效栽培为一体的系列化的设施农业技术体系。

（5）研究了黄淮海平原土壤肥力时空变异特征、沙土水分养分空间特征以及滨海土壤与耐盐植物耐盐机理，形成了沙土玉米花生间作高效利用模式、砂僵黑土高分子快速改良技术；建立了一批技术集成推动县域农业持续发展模式，为黄淮海平原乃至全国持续高效农业的发展提供了借鉴。

高速精密播种及播前土壤处理的成套技术与装备

主要完成单位：吉林大学、中国农业机械化科学研究院、佳木斯佳联收获机械有限公司、吉林省农业科学

院科研设备厂

主要完成人：马成林、马旭、于海业、于建群、杨海宽、孙裕晶、诸慎友、张守勤、左春柽、李成华

获奖情况：国家科学技术进步奖二等奖

成果简介：

该项目攻克了3项关键技术，开发出6种新机型，实现了大豆、玉米高速精播，及播前土壤处理的秸秆与根茬粉碎还田联合作业。解决了大豆精播"2.5厘米技术"国际性难题，开发出2BDY-6型高速气力精密播种机。该机型采用气流充种、双圆盘脱土开沟、滑道有序导种入沟等新技术，结构新颖独特，适应黏湿土壤高速（7千米/小时以上）双条精播，田间植株分布均匀性达国际先进水平。研制开发出玉米精密排种器及相应的精密播种机，攻克了适应不同品种和尺寸的玉米精播技术。实现了"逆转切秆、正转除茬"——播前秸秆和根茬还田联合作业，开发出的1JGH-2型秸秆及根茬粉碎还田机，其粉碎覆盖好，形成完好垄形，为隔年精播完成土壤改良处理；1GHS-6型联合作业机一次完成根茬粉碎、深松、施肥、起垄作业，可为当年或来年精播准备良好种床。

双低油菜新品种湘油 15 选育和推广

主要完成单位：湖南农业大学

主要完成人：官春云、王国槐、陈社员、李枸、刘忠松、田森林、叶发英

获奖情况：国家科学技术进步奖二等奖

成果简介：

该项目采用杂交育种方法结合严格的性状筛选，育成双低高产高抗菌核病油菜新品种湘油15。湘油15是我国目前已育成的综合性状很好的双低油菜品种之一，品种产量高，平均亩产144.86千克；品质好，种子含油量41.11%，芥酸含量0.54%，硫苷含量20.29微摩尔/克，芥酸、硫苷含量均优于国家规定的双低油菜品种标准，分别是非优质品种的1/80和1/6；抗性强，高抗菌核病，低温阴雨结实好，成熟时落色好；适应性广，适合于长江中下游两熟和三熟制地区栽培，特别适合春季低温阴雨多的地区种植。在品种的选育过程中，通过连续对抗性、品质及综合农艺性状的筛选，特别是通过对我国油菜主要病害——菌核病的抗性采用严格的接种鉴定筛选，成功地将高产、优质、高抗病等优良性状结合于一体，使湘油15各项指标均超过湖南省和国家的攻关目标。

高产、优质、抗病、适应性广的大豆新品种绥农 14

主要完成单位：黑龙江省农业科学院

主要完成人：吕德昌、陈维元、姜成喜、崔毓瑰、付亚书、景玉良、刘佩印、王贵江、田喜梅、南元涛

获奖情况：国家科学技术进步奖二等奖

成果简介：

该项目针对黑龙江省缺少既高产又优质抗病的品种，利用遗传基础丰富、优良性状互补性强的合丰25和绥农8号进行杂交，采用主要病害抗性鉴定、品质跟踪化验分析、创造高肥足水条件、南繁北鉴加代、异地鉴定评价等技术措施，加大后代定向跟踪选择强度而育成的集高产、优质、抗病、适应性广于一身的大豆新品种。产量有了突破性提高，比对照品种增产11.4%～17.4%，一般公顷产量为2 600～3 000千克，最高公顷产量达4 351.5千克，是产量潜力最大的品种之一。其品质有了明显改善，蛋白质含量41.72%，脂肪含量20.48%，蛋白质和脂肪含量达62.2%，居全省8个超百万亩品种之首。该品种抗灰斑病和病毒病两种病害。在应用推广过程中还表现出秆强、耐除草剂、耐瘠薄等特点，对土壤、温光环境变化反应不敏感，具有很强的稳产性和适应性。

农业节水综合技术研究与示范

主要完成单位：山东省水利科学研究院、龙口市人民政府、威海市环翠区人民政府、桓台县人民政府、莒南县人民政府、临清市人民政府、济南市农业高新技术开发区管理委员会

主要完成人：李龙昌、李永顺、徐征和、杜贞栋、宋志强、王立平、许继成、王增亮、王洛喜、李宏俭

获奖情况：国家科学技术进步奖二等奖

成果简介：

该项目提出了平原井灌区实现地表水、地下水、降水及土壤水四水联合调控，合理布井，控制地下水开采，保护生态环境的综合节水模式。引黄灌区上游充分开采利用地下水，控制引用黄河水，中下游井渠结合，相机引用黄河水，引黄补源、以井保丰，实现地表水、地下水联合调控的综合节水模式。低山丘陵渠灌区河道梯级拦蓄，配套多种节水灌溉工程措施，充分开发利用地表水，在水库灌区因地制宜发展自流管道灌溉、防渗石渠，提水上山建造高位水池等因地制宜的综合节水灌溉工程体系。沿海经济发达区采用多水源联网，水资源集中控制、合理调配，建设高标准节水工程与自动控制技术结合的高效用水模式。城市近郊区水肥一体化、自动控制技术、高新精细农业技术及农业生产工厂化的城郊高标准农业节水模式。建立了以水资源高效利用和保护生态环境为目标的节水灌溉工程技术、农艺节水技术、节水灌溉运行管理技术为一体的、综合的、完整的技术体系。实现了工程节水措施、农艺节水技术和管理节水技术的密切结合，丰富了水资源的合理利用、优化配置及生态环境保护等，完善了节水模式成果的技术组装与配套。

全国 300 个节水增产重点县建设技术推广项目

主要完成单位：中国灌溉排水发展中心、国家节水灌溉北京工程技术研究中心、水利部农田灌溉研究所

主要完成人：李代鑫、冯广志、姜开鹏、吴守信、赵竞成、顾宇平、王晓玲、高占义、黄修桥、张玉欣

获奖情况：国家科学技术进步奖二等奖

成果简介：

该项目提出了 12 项节水灌溉综合技术，形成了较为完整的节水灌溉技术体系。针对全国不同灌溉类型区，进一步组装集成工程措施、农艺生化措施、管理措施，形成了适合我国农业布局和农业生产体制的发展节水灌溉 8 项主要工程模式。提出了股份合作制、专群结合和用水户参与管理、产业化经营等 5 项管理模式，节水灌溉技术标准体系、节水灌溉综合评价体系、节水灌溉设备质量监督体系等 8 项技术支撑体系，多渠道筹措资金、出台优惠政策等 6 项项目管理和政策措施。在大面积推广普及节水灌溉中，突出科技进步和全面创新，组装集成的综合技术、工程模式、管理模式、8 项支撑体系、项目管理和政策措施具有鲜明的完整性、系统性、针对性、先进性和实用性。

主要针叶树种种子园人工促进开花结实机理、技术与应用

主要完成单位：北京林业大学、湖北省林木种苗管理站、内蒙古乌尔旗汉林业局

主要完成人：尹伟伦、王宏乾、周振庠、梁海英、张明、尹浩、王朝孟、阎海平、董源、陈雪梅

获奖情况：国家科学技术进步奖二等奖

成果简介：

该项目通过对杉科、柏科、落叶松属的 10 余个树种的花芽和叶芽形态发生过程的解剖学及物候学的研究，探索促进了 13 个树种早花、多实的各自最佳配方、最佳浓度、最佳处理时期及方法。研究调控雌雄花性别比例的关键技术措施。该项目针对难开花的针叶树进行促进开花结实机理技术与应用的系统研究，系统地建立了林木开花基因表达调控、叶芽原基向花芽转化、雌雄比例调控、花萌活力、种子质量、

成苗率及苗木生长潜力评价等人工促花结实全新的一套研究思路。提出促进林木花芽分化生理发端期的新概念；利用国际先进的 GC - MS 激素内标定量测定技术，准确定量研究调控花芽分化的多种调控物变化的综合调控机制；研究叶芽向花芽转变的生理代谢新机理；建立了从生理发端期入手实现调控启动开花基因表达的新技术；在促花剂研制配方上探索出了一条从抑制营养生长，到调控开花基因表达，并借助光周期长短调控雌雄比例的多方综合调控促花新技术思路；促使花芽分化基因提早几年或几十年表达，实现侧柏、水杉 1 年生、落叶松 5 年生苗开花结实的理想效果。

基于生态边界层理论的黄淮海平原林业生态系统工程技术

主要完成单位：南京林业大学、中国人民解放军空军第七研究所、中国人民解放军理工大学气象学院、南通市水利局、徐州市绿化委员会、如皋市农田水利试验站、新沂市多种经营管理局

主要完成人：张金池、王汉杰、胡海波、沈波、万福绪、张银龙、周林、陈宏、赵宝华、钟中

获奖情况：国家科学技术进步奖二等奖

成果简介：

该项目在边界层气象学与系统生态学之间建立了新的边缘交叉学科"生态边界层理论"。生态边界层模式主要研究森林、农田、农林复合体等高生产力陆地生态系统与低层大气间的水、热、动量交换和相互作用过程，以及变化了的近地层生态环境对作物生长的反馈机制，从而确定具有最佳系统结构、最大生产潜力、可持续发展的农、林作物配置方式及农业生产布局。通过长期定位和半定位试验，开展了土壤可蚀性、渗透性以及防护林对土壤性状的改良和土壤生物活性等方面的研究，揭示了平原沙土区土壤侵蚀产沙机理，首次提出平原沙土区土壤侵蚀机理模型和侵蚀危险性评价模型；应用生态边界层和传统生态位理论，建立了乔、灌、草立体配置，网、带、片有机结合，持续高效的生态防护体系，研究了平原沙土区防护林的优化配置技术；针对该区土壤沙性大，沟、河、站、涵淤积严重等特点，创造性地研制了泵站进水池防淤、沟河排水防冲、坡面护岸等工程技术，防止了水土流失和岸坡坍塌，形成了独具特色的平原农区水土流失综合防治技术体系。

中国森林生态网络体系建设研究、示范与应用

主要完成单位：中国林业科学研究院林业研究所、安徽农业大学森林利用学院、东北林业大学、四川省林业科学研究院、江苏省林业科学研究院

主要完成人：彭镇华、费本华、王成、张旭东、孙启祥、李宏开、吴泽民、章铁、费世民、祝宁

获奖情况：国家科学技术进步奖二等奖

成果简介：

该项目根据不同的自然环境、经济和社会状况，从国土生态安全角度考虑，按照点、线、面相结合的原则，将各种不同的森林生态系统有机组合，形成一种人和自然高度统一、协调和谐的有机整体，使我国资源环境与社会经济持续发展。

主要研究内容为三个方面：

（1）中国森林生态网络体系建设的理论与合理布局研究，包括中国森林生态网络体系建设理论研究、布局研究、建设布局的区域应用研究。

（2）中国森林生态网络体系建设试验示范研究，包括中国森林生态网络体系建设"点"、"线"、"面"的试验示范研究。

（3）森林生态网络体系建设的综合效益评价指标系统研究，包括"点"——城市区域森林生态网络体系建设的综合评价指标系统，"线"——河流、公路、铁路沿线森林生态网络体系建设网络体的综合评价指标系统，"面"——区域森林生态网络体系建设的综合评价指标系统。

该项目最大的特点就是能够针对中国国情，基于整个国家的生态安全进行森林生态网络体系的宏观布局与构建技术研究；建立了比较完整的理论和技术体系；示范工程能够与国家和地方正在实施的林业生态工程紧密结合，加快了科技成果转化效率，也提高了生态工程的科技含量。

银杏、落羽杉和杨树抗性机理及培育技术

主要完成单位：南京林业大学
主要完成人：曹福亮、方升佐、黄宝龙、胥占义、彭方仁、汪贵斌、沈惠娟、赵洪亮、张往祥、吕志英
获奖情况：国家科学技术进步奖二等奖
成果简介：

该项目从国内外引进银杏栽培品种、野生和半野生种，建立全国规模最大的银杏基因库；开展银杏杂交育种和选择育种，选育出银杏叶用、花粉用、果叶两用新品种。引进落羽杉抗性强的种质资源，建立国内最大的落羽杉种质基因库，开展抗逆能力强的落羽杉种源、家系和无性系选育研究。对银杏、落羽杉、杨树的抗性机理进行了系统研究。开展银杏营养诊断与配方施肥、叶用园萌芽更新、种内和种群竞争机理、多功能银杏林丰产栽培机理等方面的研究；探讨落羽杉在低湿地上不同栽培模式的种群结构特征、种群发展规律、生产力构成要素、光能利用与分配、养分积累与循环等培育机理；研究轮伐期、造林密度、施肥及修枝等措施对不同杨树无性系生产、制浆性能、材性的影响机理及沿海地区杨树降盐改土机理。

三倍体毛白杨新品种选育

主要完成单位：北京林业大学、山东省国营冠县苗圃、威县林业局苗圃场、河北省晋州市苗圃场、邯郸市峰峰矿区苗圃场
主要完成人：朱之悌、张志毅、康向阳、林惠斌、李云、李新国、赵勇刚、段安安、张金凤、李金忠
获奖情况：国家科学技术进步奖二等奖
成果简介：

该项目解决了国际树木三倍体选育的一系列难题，获得了一批速生、优质的三倍体毛白杨新品种。主要创新点是：首次在国内树本种中采取回交部分染色体替换和配子染色体加倍综合技术进行三倍体选育。不但发现并选育出毛白杨天然三倍体，充分利用天然 2n 花粉选育毛白杨异源三倍体，而且还通过人工诱导未减数配子途径获得了一系列三倍体，途径广，数量多，为国内外树木育种领域首创。在国内首次开展了杨树花粉染色体加倍诱导三倍体研究，探讨了加倍雌配子体诱导三倍体的新途径，创建了花粉染色体加倍技术体系。解决了花粉染色体加倍诱导三倍体的一系列技术难题，首次明确了加倍的始处理时期，证明利用不同倍性花粉对辐射的敏感性差异大幅度地提高三倍体得率的有效性等。攻克了制约国内外杨树倍性育种的染色体镜检难关，填补了毛白杨细胞遗传学基础研究空白，为三倍体毛白杨新品种选育成功奠定了基础。该品种优势明显，达到或超过了国外短周期纤维用材品种的先进水平；推广规模大，产业化势头强劲，生态、经济和社会效益显著。

中国西门塔尔牛新品种选育

主要完成单位：中国农业科学院畜牧研究所、通辽市家畜繁育指导站、通辽市高林屯种畜场、新疆维吾尔自治区地方国营呼图壁种牛场、四川省阳平种牛场、四川省畜牧科学研究院、新疆维吾尔自治区畜禽繁育改良总站
主要完成人：许尚忠、陈幼春、贾恩棠、李俊雅、王雅春、王淮、沙比尔哈孜、段丽君、邵志文、王晓华
获奖情况：国家科学技术进步奖二等奖

成果简介：

该项目针对我国黄牛生产性能差、良种覆盖率低的现状，利用国外西门塔尔牛和我国黄牛的优良基因，采用现代计算机和生物技术，育成乳肉性能高、遗传稳定的中国西门塔尔牛新品种。主要创新点是：中国西门塔尔牛系统选育、遗传评定方法及育种理论的研究；繁育体系的建立；开放核心群育种体系理论在中国西门塔尔牛育种中的应用；综合信息管理系统的研制；中国西门塔尔牛饲料转化率及预期选择效果、主要繁殖性状的遗传因素、伽玛曲线预测产奶量研究；肉用性能的生化和微卫星 DNA 标记研究；种子公、母牛的遗传检测研究及遗传监测体系建立；中国西门塔尔牛牛群改良方案、国家标准及饲养规范的研究和制定；线性体型评定方法研究。该项目适用范围广，不仅应用于广大的农区、牧区、半农半牧区，同样用于经济较发达的肉牛和奶牛业生产地区，并已在我国发展迅速的肉牛生产和黄牛改良区域大面积推广。用西门塔尔牛或其杂种生产的高档牛肉占国内高档牛肉市场的 24％左右，通过西门塔尔牛的选育有希望替代进口，缓解了发达国家的种牛和牛肉对我国市场的冲击，前景十分广阔。

优质肉鸡产业化研究

主要完成单位：广东省农业科学院畜牧研究所、华南农业大学、广东温氏食品集团有限公司
主要完成人：毕英佐、舒鼎铭、张细权、胡刚安、曹永长、周中华、温志芬、杨纯芬、魏彩藩、黄爱珍
获奖情况：国家科学技术进步奖二等奖
成果简介：

该项目突破了优质肉鸡产业化进程中的良种繁育关键技术，建立了优质肉鸡良种繁育体系。广泛收集国内外优质肉鸡品种资源，建成了全国最大的优质肉鸡种质资源库；培育了 20 多个专门化品系；育成了 15 个适合市场需求的优质肉鸡新品种，如新兴黄鸡Ⅱ号、新兴矮脚黄鸡、岭南黄鸡Ⅰ号和岭南黄鸡Ⅱ号等。攻克了适合优质肉鸡产业化发展的配套技术，建立了优质肉鸡产业化技术体系。建立了科学的家禽生物安全系统，有效地控制了鸡病的发生和流行，保障了生产的顺利进行，肉鸡成活率超过 97％，上市率超过 96％。采用"物理吸附—化学反应—物转化"等多种方法，利用鸡粪制造商品有机肥有效地消除了鸡粪堆放对环境的污染，促进了养鸡业的健康持续发展。根据"理想蛋白质"概念，以可消化氨基酸为基础，科学配制全价饲料，不断提高优质肉鸡的生产性能和饲料报酬，建立了优质肉鸡饲料生产体系。建立优质肉鸡"北繁南养"产业化模式、完善了"高校＋公司＋农户＋市场"、"研究所＋公司＋农户"的优质肉鸡产业化模式，创造了产学研相结合、促进农业产业化的成功范例。

鸡传染性法氏囊病中等毒力活疫苗（NF8 株）的研制

主要完成单位：扬州大学、中牧实业股份有限公司南京药械厂
主要完成人：刘秀梵、卢存义、袁金城、甘军纪、刘玉云、王培铺、汪爱芬、高崧、张如宽、邹祖华
获奖情况：国家科学技术进步奖二等奖
成果简介：

该项目通过在 SPF 鸡胚和易感龄 SPF 雏鸡交叉继代培育出具有对鸡胚毒力稳定而产生的毒价高、对 10 日龄以上雏鸡安全而不产生免疫抑制、突破母源抗体产生坚强免疫并能抵抗超强毒攻击的 IBD 中等毒力疫苗株 NF8；通过实验室试验、田间免疫效力试验、中间试制和区域试验，研制出鸡传染性法氏囊病中等毒力活疫苗（NF8 株）。试验证实，该疫苗具有突破母源抗体能力强而在鸡产生坚强免疫，对超强毒攻击也能提供良好保护作用，安全性好并且不产生影响对其他疾病抵抗力的免疫抑制等优点。与国内现有的中等毒力 IBD 活疫苗相比，其突破母源抗体的能力增强，保护效力显著提高，免疫鸡对超强毒株的攻击也有坚强的抵抗力；与进口的中等偏强毒力的 IBD 疫苗相比，其免疫力相当，但没有这批疫苗引起严重免疫抑制的副作用；疫苗病毒在 SPE 鸡胚产生的毒价极高，生产成本低廉。

桑蚕主要传染病发生规律与防治技术研究

主要完成单位： 山东农业大学、山东省丝绸总公司
主要完成人： 牟志美、王彦文、崔为正、高绘菊、王裕兴、刘隆杰、刘文安、李卫国、谢清忠、路海
获奖情况： 国家科学技术进步奖二等奖
成果简介：

　　该项目系统地研究了北方蚕区桑蚕主要传染病（核型多角体病、真菌病、微孢子虫病）的病原特性与传染规律，查明了桑蚕主要传染病在北方蚕区的发生原因及流行规律，研究了桑蚕对核型多角体病感染抵抗性的生理机制，探讨了桑蚕保护酶体系变化规律及其与抗性的关系。在此基础上研制了 6 种具有针对性的蚕用复配消毒与防治药剂，该系列产品自成体系优势互补，解决了长期使用同种类型同种剂型消毒剂病原易产生抗药性和消毒不全面不彻底的问题。开发研制出的多效蚕用添食剂，具有显著的防治蚕病与增丝省桑效果。筛选出了具有防腐防病双重作用的人工饲料复合防腐剂。研究了环境因素对消毒效果的影响，改进了传统的养蚕消毒方法，建立了新的蚕病综合防治技术体系，控制蚕病的发生与流行，提高蚕茧产量。

异源四倍体鲫鲤鱼和三倍体湘云鲫（鲤）研究

主要完成单位： 湖南师范大学、湖南省湘阴县东湖渔场
主要完成人： 刘筠、朱桂华、周工健、刘少军、张轩杰、杨辉
获奖情况： 国家科学技术进步奖二等奖
成果简介：

　　该项目通过 10 多年的研究首次研制获得了 10 代两性能育、遗传性状稳定的异源四倍体鲫鲤鱼，并用四倍体鲫鲤鱼为父本与二倍体鱼交配产生了不育的三倍体湘云鲫和湘云鲤。对异源四倍体鲫鲤群体（F_3 至 F_{12}）和三倍体湘云鲫、湘云鲤的染色体数目、DNA 含量、性腺发育、受精细胞学、生长速度、生化组成、mtDNA 的结构以及四倍体鱼的形成机制等方面进行了系统研究。四倍体鱼的染色体数目为 $4n=200$。该群体为形成染色体数目为 200 的新鱼种奠定了很好基础。庞大的四倍体群体为批量生产不育三倍体湘云鲫（鲤）提供了充足亲本。三倍体湘云鲫（鲤）的染色体数目为 $3n=150$，它们具有生长速度快、口感好、不育等优点。湘云鲫的生长速度比本地鲫快 200%～300%，比彭泽鲫快 70%，比日本白鲫快 20%～30%；湘云鲤的生长速度比一般鲤快 20%～40%。湘云鲫、湘云鲤通过全国水产原种和良种审定委员会审定。

2004 年

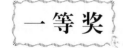

一等奖

优质强筋早熟多抗高产广适应性小麦新品种郑麦 9023

主要完成单位： 河南省农业科学院小麦研究所、西北农林科技大学、河南省种子管理站、湖北省种子管理站、河南省粮食储运公司、河南省驻马店市农业科学研究所
主要完成人： 许为钢、胡琳、田云峰、张明进、赵献林、张进生、宋宏超、黄惠、王新中、吴和明、何金

江、王根松、黑更全、张自亮、崔运城

获奖情况： 国家科学技术进步奖一等奖

成果简介：

　　该项目属作物育种学与良种繁育学领域。

　　郑麦 9023 的主要性能指标：①强筋优质，品质指标达到优质强筋小麦国家标准 1 级和优质强筋粮食贸易 1 级标准；②特早熟，在河南省生育期 222 天左右；③抗病性强，抗条锈、叶锈、赤霉、根腐、叶枯、纹枯、梭条花叶病等；④高产，河南、湖北、安徽、江苏四省区试及黄淮麦区南片、长江中下游麦区国家区试平均亩产 435.1 千克，比对照品种平均增产 5.4%；⑤适应性广泛，适宜种植区域为豫、鄂、皖、苏、陕、浙等黄淮麦区南片和长江中下游麦区。

　　该项目采用优质特性、早熟特性、多种抗病特性、适应性鉴定选择，在优质小麦品种的综合育种上获得了较大进展，特别是在强筋品质特性、早熟性、赤霉病抗性、梭条花叶病抗性、广泛适应性等方面居国内外先进水平。对郑麦 9023 的品种特性和栽培技术进行了研究，建立了郑麦 9023 优质高产栽培技术规程，在此基础上建立了地方标准《强筋小麦质量及生产技术规程》和《优质强筋小麦品种》。通过建立大面积繁育基地、示范基地，并与粮食企业联合建立了规模化的优质商品粮生产基地，进行了郑麦 9023 的产业化开发。

　　该品种推广速度快，种植面积大，1999—2003 年郑麦 9023 在河南、湖北、安徽、江苏、陕西五省累计种植面积达到 5 787.9 万亩，其中，2003 年秋播面积达到 2 562 万亩，2002、2003 年郑麦 9023 秋播面积位居我国当前小麦品种第一位，已成为我国黄淮麦区南片、长江中下游麦区优质小麦生产的主导品种，成为我国强筋小麦、硬质小麦现货和期货交易的主导品种，并作为我国首批出口的食用小麦实现了出口创汇。

二 等 奖

北方早熟高产优质春玉米杂交种龙单 13 的选育与推广

主要完成单位： 黑龙江省农业科学院玉米研究中心

主要完成人： 张坪、苏俊、李春霞、龚士琛、宋锡章、张瑞英、钟占贵、周朝文、周彦春、陈喜昌

获奖情况： 国家科学技术进步奖二等奖

成果简介：

　　该项目利用自育自交系 K10 为母本，以自育自交系龙抗 11 为父本杂交育成玉米单交种"龙单 13"。该品种适应于黑龙江省第二、三积温带以及吉林省北部山区、半山区、内蒙古东北部玉米产区广泛种植，具有产量高、增产潜力大、抗病性强、稳产性好、适应性广和籽粒品质好、脱水快等特点，加之制种简便、制种产量较高等诸多优点，推广范围广，速度快，自推广以来在适宜种植区域内生产面积不断扩大，种植面积成倍增长，现在已经成为黑龙江省播种面积最大的玉米品种，在适宜区域内同熟期品种中面积占据首位，取得了显著的经济效益。

半干旱地区作物对有限水分高效利用的原理与技术

主要完成单位： 中国科学院水利部水土保持研究所、西北农林科技大学

主要完成人： 山仑、邵明安、邓西平、上官周平、黄占斌、张岁岐、张正斌、李玉山、吴普特、苏佩

获奖情况： 国家科学技术进步奖二等奖

成果简介：

　　该项目明确了半干旱黄土区土壤水分特性及其区域分布，揭示了黄土高原土壤的蓄水力、供水调节能

力以及可缓解干旱危害的特性，阐明"土壤水库效应"原理；阐明了黄土区土壤水分有效性的基本特征，证明一定范围的土壤含水量对作物同等有效，为限量供水、降低需水量提供了依据；提出了作物对半干旱地区多变低水环境适应性的科学概念，证实适度水分亏缺可使作物产生生长、生理和产量形成上的补偿效应，节水与增产目标得以同时实现；提出人工汇集雨水及可量化的有限灌溉技术等若干节水增产新技术，确定小麦进化过程中水分利用效率变化方向并选育出抗旱节水新品种，开发出智能化农业节水技术决策支持系统；实践证明生物性节水是农业节水方向之一。

节水高产型冬小麦新品种石 4185

主要完成单位： 河北省石家庄市农业科学研究院、中国科学院石家庄农业现代化研究所
主要完成人： 郭进考、付大平、史占良、底瑞耀、吕国朝、陈素英、李志勇、刘彦军、蔡欣、何明琦
获奖情况： 国家科学技术进步奖二等奖
成果简介：

该项目创建并利用太谷核不育基础群体将具有不同突出特点的冀植 8094、GS 豫麦 2 号和 GS 冀麦 26 等多个优异亲本聚合杂交和轮回选择，并在高肥条件下，通过前期肥水满足、后期干旱胁迫以及在不同土质条件下连续多年异地定向选择的方法培育而成。主要特点：①根系发达、叶功能强、节水抗旱。②分蘖力较强、成穗率高、多花多实、高产稳产。③抗逆性强、适应性广、抗寒、抗倒、抗病、耐盐、耐穗发芽、抗干热风。该品种适宜于黄淮北部和新疆南部麦区水浇地和半干旱地种植。推广应用以来，节省了大量地下水资源，取得了显著经济效益。

根结线虫生防真菌资源的研究与应用

主要完成单位： 云南大学、云南烟草科学研究院农业研究所、贵州大学
主要完成人： 张克勤、李天飞、刘杏忠、夏振远、周薇、祝明亮、莫明和、杨树军、蔡磊
获奖情况： 国家科学技术进步奖二等奖
成果简介：

该项目解决了从根结线虫生防真菌资源到产业化开发和田间规模化应用中的系列基础理论和关键技术，开发出国内唯一拥有自主知识产权的线虫生物农药。建立了全球最大的线虫生防真菌资源库。发表食线虫真菌 20 个新种，11 个新组合。通过形态学、发育学、分子生物学研究，将前人报道的 21 个属归并为 3 个属。发现捕食线虫真菌的微循环产孢，为生产上获得大量生理一致的孢子奠定了基础。首次报道真菌的一种具有杀线虫活性的新结构——棘状小球。克隆出侵染线虫的蛋白酶新基因，并完成了该基因高效表达以及表达产物的免疫鉴定。首次报道水生真菌对线虫的毒杀作用。筛选获得综合性状优良的线虫生防出发菌株厚垣孢轮枝孢（*Verticillium chlamydosporium*）ZK7 和淡紫拟青霉（*Paecilomyces lilacinus*）IPC，完成了工业化生产的全部研究，实现规模化生产。在云南产烟区推广，取得了良好应用效果。

高淀粉马铃薯新品种青薯 2 号

主要完成单位： 青海省农林科学院
主要完成人： 张永成、纳添仓、任有成、辛元品、迟德钊、袁翠梅、须宁、师理、孙海林、阮建平
获奖情况： 国家科学技术进步奖二等奖
成果简介：

该品种的选育采用高原 4 号作母本，玛古拉（magura）作父本进行杂交，通过实生苗选择、无性系后代筛选、区域试验、生产试验和加速快繁等措施培育而成。最大优点是高产、抗病、优质。主要表现

在：①淀粉含量高。淀粉含量高达 22.86％～25.83％。②产量水平高。一般亩产 3 000 千克，最高产量 4 192 千克，增产 21.28％～86.45％。③品质优良。维生素 C 含量为 20.92 毫克/100 克，粗蛋白含量为 1.66％，还原糖含量为 0.62％。④农艺性状好。薯块椭圆形，白皮白肉，表皮光滑，芽眼浅，适于食用和加工。⑤抗病性强。抗马铃薯花叶和卷叶病毒，抗晚疫病、环腐病。⑥适应性强。适于西北地区各类生态区种植。推广应用以来经济和社会效益显著，已经成为西北地区的主栽品种之一。

中国红壤退化机制与防治

主要完成单位：中国科学院红壤生态试验站
主要完成人：张桃林、赵其国、何园球、王兴祥、李忠佩、孙波、鲁如坤、张斌、史学正、杨艳生
获奖情况：国家科学技术进步奖二等奖
成果简介：

　　该项目构建了红壤综合开发利用的优化模式，提出红壤退化防治技术及红壤综合开发利用战略。主要研究成果包括：侵蚀红壤的快速绿化与水土保持技术，退化土壤肥力恢复与优化施肥技术，丘陵岗台地的立体种养模式及配套土壤管理技术，酸性土壤改良治理技术，蓄、保、灌结合防御季节性干旱的综合配套土壤管理技术。项目特点：系统性、科学性强，技术先进实用。项目采用时间与空间相结合的方法，动态地研究土壤退化过程，揭示土壤退化的时空演变规律，为土壤退化治理的空间动态规划提供依据；研究红壤区土壤退化的内在和外在机理，阐明了土壤退化的原因；形成了土壤退化防治技术和优化利用模式。该成果的应用带动了地方农业结构的调整和特色农业的发展，加快了水土流失治理和土壤肥力的恢复。

大白菜不同类型亲本系及杂种一代的选育与推广

主要完成单位：莱州市农科院蔬菜种苗研究所、山东省农业科学院蔬菜研究所
主要完成人：何启伟、王均邦、邓永林、王翠花、文广轩、张晓伟、王敏邦、刘华荣、王焕亭、尹爱民
获奖情况：国家科学技术进步奖二等奖
成果简介：

　　该项目以选育不同类型的抗病、丰产、商品性状优良的大白菜品种，实现一年多季栽培、周年供应为目标，广泛收集种质资源，综合运用亲本系选择、鉴定技术，加大育种材料抗病性、适应性、商品性及配合力的选择强度，先后育成了具有不同生态特性、不同生育期和不同结球方式的系列亲本系。其中，石特79-3 和京90-1 等自交不亲和系，表现了优良的经济性状和高配合力的有机结合，实现了亲本系选育上的突破；石特79-3 是国内外第一个被广泛应用的具广适应性和高配合力的黄籽自交不亲和系。先后育成并推广了不同类型和适应春、夏、早秋的大白菜系列品种，获国家植物新品种保护权的有 7 个品种。该项目实行育种与产业化开发相结合，创造了显著的经济效益。

我国水稻黑条矮缩病和玉米粗缩病病原、发生规律及其持续控制技术

主要完成单位：浙江省农业科学院、江苏省农业科学院、浙江省植物保护总站、江苏省植物保护站、河北省植保总站、山东省植物保护总站、陕西省植物保护工作总站
主要完成人：陈剑平、周益军、陈声祥、范永坚、张恒木、朱叶芹、蒋学辉、程兆榜、孙国昌、勾建军
获奖情况：国家科学技术进步奖二等奖
成果简介：

　　该项目探明了危害我国水稻和玉米的水稻黑条矮缩病和玉米粗缩病由水稻黑条矮缩病毒（RBSDV）引起，澄清了对两病病原的长期混淆。完成 RBSDV 基因组全序列测定（10 个基因组共由 29 141 个核苷

酸组成），是已知斐济病毒属最大成员，发现各基因组片段两端序列完全保守相同。建立了由 5 种技术配套组成的单头灰飞虱带毒虫检测体系，为两病正确测报和预警提供关键技术。建立了病害三元动态因子（介体数量、接种时间和发病率）传毒模型，对病害传毒机制、病害流行学研究具有重要价值。探明两病发病规律及其在我国再次流行成灾原因。明确两病主要侵染源和周年转递途径，田间灰飞虱发生量和带毒率与病害发生程度关系密切。建立"玉米以选择避病的安全播种期、辅以推广种植耐病品种，结合化学防治控制传毒昆虫"和"水稻在毒源寄主和感病生育期控制带毒昆虫为主，病田适期掰蘖补栽为辅"的病害持续控制技术体系。项目推动了水稻和玉米病毒研究和防治的发展，处于同类研究国际先进水平。

优质多抗高产中籼扬稻 6 号（9311）及其应用

主要完成单位： 江苏里下河地区农业科学研究所
主要完成人： 张洪熙、戴正元、徐卯林、李爱宏、黄年生、刘晓斌、卢开阳、汪新国、吉健安、胡清荣
获奖情况： 国家科学技术进步奖二等奖
成果简介：

　　扬稻 6 号是采用地理远缘、生态远缘种质，实施阶梯杂交，F_1 经 $^{60}Co-\gamma$ 辐照诱变育成。扬稻 6 号品质优良，10 项品质指标达部颁优质米一级标准，两项指标达二级标准；抗病性强，抗白叶枯病、稻瘟病、纹枯病、稻飞虱等主要病虫害；抗倒性极强；产量高，大面积亩产 600 千克以上，高产田块达 826.2 千克。解决了水稻大面积丰产与优质、多抗相结合的难题。在转化过程中，制定品种标准，开展特性研究，研制配套栽培技术，加强技术培训和宣传，建立示范展示园区和推进产业链式开发体系建设。作为骨干恢复系，被国内科研单位配制出两优培九、丰两优 1 号、粤优 938、红莲优 6 号及该所配制出扬两优 6 号等优质杂交籼稻组合，推动了行业的科技进步。

高产优质抗（耐）病广适性油菜新品种中油杂 2 号的选育与应用

主要完成单位： 中国农业科学院油料作物研究所
主要完成人： 李云昌、李英德、徐育松、黄永菊、胡琼、卢开阳、袁国保、赛晓峰、柳达、梅德圣
获奖情况： 国家科学技术进步奖二等奖
成果简介：

　　该品种选育采用了诱变技术、不同遗传背景亲本杂交、叶片硫苷分析与抗病筛选相结合、品质检测与定向选择相结合、多年多点试验鉴定与生产试验相结合，突破优质与高产、优质与抗（耐）病性等矛盾，实现了优质、高产、高含油量、抗病、广适性等多个优良性状的重组与互补。品种主要特点：①丰产性突出；②稳产性好；③适应性广；④品质优；⑤含油量高；⑥抗（耐）病性强。该品种的应用推广在调整农业结构、促进农民增收、增加油脂供给、保护农业生态环境、推动优质油菜产业化、提升油菜科研生产整体水平和国际市场竞争力等方面发挥了重要作用，经济和社会效益巨大。

生化辅助育种技术选育优质、多抗丰产系列棉花新品种
——中棉所 24、27 和 36

主要完成单位： 中国农业科学院棉花研究所
主要完成人： 喻树迅、范术丽、原日红、余学科、宋美珍、刘金海、黄祯茂、鄂芳敏、薛中立、许健
获奖情况： 国家科学技术进步奖二等奖
成果简介：

　　该项目以丰产、抗病、适应性广的育种材料为母本，以高强力的优质材料为父本进行杂交，以早熟为

基础，重点突破早熟与优质的负相关，兼顾多抗与高产，并结合生化遗传辅助育种技术，在早期进行抗氧化系统酶的检测，克服早熟与早衰正相关的弱点，育成了早熟不早衰、丰产、优质、抗病性强的棉花系列新品种中棉所 24、27 和 36。该系列品种生育期仅为 110 天左右，霜前花率 85％以上；棉株体内延缓衰老生化物质的活性高，能延长叶绿素的功能，提高光合作用效率；丰产性突出；纤维品质综合指标优良，达到 33.1 厘牛/特以上，可纺 60 支精梳棉纱；抗逆性强，该系列品种均达到高抗枯萎病、抗黄萎病水平，并兼抗根腐病、叶斑病和抗棉蚜等多抗特性。推广以来取得显著的经济效益和社会效益。

松嫩-三江平原中低产田治理和区域农业综合发展技术研究与示范

主要完成单位：中国科学院东北地理与农业生态研究所、黑龙江省农业科学院、东北农业大学、黑龙江八一农垦大学、黑龙江省农垦科学院、东北林业大学、吉林省农业科学院

主要完成人：刘兴土、张桂莲、祖伟、翟瑞常、李取生、许连元、祖元刚、刘峰、吴英、王占哲

获奖情况：国家科学技术进步奖二等奖

成果简介：

该项目的主要研究内容：不同类型中低产田综合治理和退化生态系统恢复技术研究与示范；优势作物玉米、大豆、水稻的区域化、规范化优质高产高效新技术研究与示范；节粮型畜牧业综合技术研究；区域农业可持续发展综合研究。主要关键技术和创新技术：①不同类型中低产田综合治理技术；②退化生态系统修复技术；③优势作物大豆、水稻、玉米的区域化、规范化优质高产高效新技术；④肥料、饲料新产品和新型农机具的研制及节粮型畜牧业高产高效综合技术；⑤农牧结合生态系统物流模型及其应用，区域湿地的健康评价与可持续管理，典型区地下水资源可持续利用的三维模拟与优化管理模型。该项成果突出了技术的系统性、适用性、先进性、集成性，取得了显著的经济、社会与生态效益。

玉米杂交种豫玉 22 的选育与雄性不育利用及产业化

主要完成单位：河南农业大学、国家玉米改良中心、北京奥瑞金种业股份有限公司、襄樊正大农业开发有限公司、中种集团承德长城种子有限公司、全国农业技术推广服务中心、河南省种子管理站

主要完成人：陈伟程、刘宗华、陈绍江、汤继华、胡彦民、黄西林、蔡春泉、张怀、孙世贤、霍晓妮

获奖情况：国家科学技术进步奖二等奖

成果简介：

该项目通过玉米自交系基础材料和育种方法的创新，选育出含热带种质的"三高"自交系 87 - 1，育成高产、优质、抗旱、大穗型优良杂交种豫玉 22，攻克了玉米雄性不育利用存在的三大难题，实现不育化制种技术的大面积应用，提高了种子质量，创建了产业化操作模式，促使科研成果迅速转化为现实生产力。自交系 87 - 1 具有高产、高抗、高配合力、根系发达、花粉量大等突出优点。豫玉 22 具有增产潜力大、综合抗性强、适应性广、商品品质好等突出优点。首次界定了小斑病 C 小种的侵染范围，筛选出抗病、不育性稳定的 ES 不育源；挖掘出强恢复源 A619；阐明了玉米 C 型不育的恢复机理，并首次对恢复基因 $Rf5$ 进行了定位。选育出豫玉 22 的"三系"，并实现了大面积不育化制种，是我国开展雄性不育利用研究以来不育化制种面积最大的杂交种。通过产业化操作，实现了豫玉 22 的快速推广，增强了我国种子企业的国际竞争力。

双低油菜芥酸硫苷定量速测技术及仪器的研制与应用

主要完成单位：中国农业科学院油料作物研究所、中国农业科学院计行部仪器设施技术服务中心、湖北省

农业技术推广中心、江苏省南通市农业局

主要完成人：李培武、张文、周霞、孟子园、李光明、周渝、仝乘风、汪雪芳、杨湄、谢立华

获奖情况：国家科学技术进步奖二等奖

成果简介：

项目研究发现了油菜籽硫苷与特异外源酶和显色剂反应生成有色产物的反应机理及其与硫苷含量间的关系，提出油菜籽硫苷与特异性外源酶和专用显色剂反应测定菜籽硫苷的技术思路方案；筛选出适于硫苷速测的特异性酶和显色剂，并探明菜籽硫苷与特异性酶和专用显色剂反应后生成的有色产物结构、特征吸收波长及反应温度、pH 对特异性酶活性影响，筛选优化样品细度、取样方法，建立硫苷定量速测技术、研制测试板；系统研究稳定剂、温度、体系总体积、制样方式及取样量对芥酸测定值的影响，发现菜籽芥酸含量与浊度值间的相关关系，研制芥酸定量速测技术及试剂。研制出芥酸硫苷定量速测仪，物化速测技术，结果直接读数，具有使用方便的显著特点。该项目获得多项国家专利，并被列入部颁标准，推动了农业科技进步，取得了显著经济、社会效益。

超级稻协优 9308 选育、超高产生理基础研究及生产集成技术示范推广

主要完成单位：中国水稻研究所、浙江省新昌县农业局、浙江省温州市种子公司、浙江省农业厅、浙江省乐清市农业局、浙江省诸暨市农业技术推广中心

主要完成人：程式华、陈深广、闵绍楷、朱德峰、王熹、孙永飞、叶曙光、赵剑群、吕和法、郑加诚

获奖情况：国家科学技术进步奖二等奖

成果简介：

该项目在超级杂交稻育种亲本选配理论指导下，利用籼粳特异分子探针和形态指数，通过 C57（粳）/300 号（粳）/IR26（籼）籼粳复交组合，育成恢复系"R9308"，配制出杂交稻组合协优 9308。克服了多年来籼粳杂种优势利用中杂种结实率偏低、籽粒灌浆差的难题，具有较高的产量水平和超高产潜力，抗稻瘟病和白叶枯病，米质优良，株型挺拔，青秆黄熟，是超级稻的一种新的株型模式。项目提出了以单茎（蘖）生物产量优势为基础，茎蘖顶端优势、粒间顶端优势和根系顶端优势为中心的超高产水稻生理模型和"后期功能型"超级稻概念。通过多点开展超级稻协优 9308 生产集成技术百亩和千亩示范研究，提出一套以精确施肥、定量控苗、好气灌溉、综合防治等技术为核心的行之有效的超高产生产集成技术。项目的社会、经济效益显著。

优质高产多抗强筋小麦新品种龙麦 26

主要完成单位：黑龙江省农业科学院作物育种研究所

主要完成人：肖志敏、辛文利、祁适雨、于光华、孙连发、张春利、张延滨、赵海滨、宋庆杰、赵乃新

获奖情况：国家科学技术进步奖二等奖

成果简介：

该项目以龙 87-7129 为母本，以克 88F2-2060 为父本进行有性杂交，对后代采用生态派生系谱法和生化标记相结合等育种手段，决选出稳定品系龙 94-4083，审定为龙麦 26。该品种为春性、中晚熟旱肥类型品种，具有丰产、优质、多抗及适应性广等特点。综合性状表现较好，产量水平一般在 4 000 千克/公顷左右。品质优良，1997—1999 年品质分析结果平均为：蛋白质含量 17.2%；湿面筋含量 42.0%，沉降值 60.0 毫升，形成时间为 7.5 分钟，稳定时间 20.3 分钟，延伸性 20～22 厘米；最大抗延阻力 610EU；面包体积 800 厘米^3，面包评分 86.8 分，属优质强筋面包麦类型品种。由于该品种集优质、高产、多抗和广适等多个优良性状为一体，推广速度快、推广范围广，社会、经济效益显著。

小型农业作业机关键技术及产品开发

主要完成单位： 浙江工业大学

主要完成人： 张立彬、胥芳、计时鸣、张宪、赵章风

获奖情况： 国家科学技术进步奖二等奖

成果简介：

该项目开发了小型农业作业机模块化设计技术、多功能化技术、性能改进技术。研制了 SF401（JSX5D）型多功能小型作业机和 SF401 作业机变型系列产品 SF5 等并实现了产业化。该项目实现了农业作业机通用主体部分的模块化设计和模块化制造；实现了一种采用单驱动轮作业方式，刚性传动，具有耕作、开沟、制垄、培土、喷水、喷药等多项功能，适用于温室大棚内耕整、植保、喷灌作业的新型农业作业机 SF401（JSX5D）型多功能小型作业机；实现了一种采用无驱动轮作业方式的新型农业作业机 SF5、JSX5 型、JSX6D 型小型作业机；提出了一种克服农业作业机扶手振动对操作人员身体伤害的新型隔振扶手和一种可以便于在温室内操控的自锁型万向扶手。

干旱区棉花膜下滴灌综合配套技术研究与示范

主要完成单位： 新疆生产建设兵团水利局、新疆农垦科学院、石河子大学、新疆生产建设兵团农八师、新疆生产建设兵团农一师

主要完成人： 刘兰育、柴付军、李明思、马富裕、荣航义、苏军、周建伟、苏亮、程鸿、杨国跃

获奖情况： 国家科学技术进步奖二等奖

成果简介：

滴灌技术能将作物生长所需的水分和各种养分适时适量地输送到作物根部附近土壤中，使作物根系层土壤始终保持在最佳的水、肥、气、热状态，具有显著的节水、节肥、节地、省机力、提高劳动生产率等优势；地膜栽培技术能提高农田早期地温、减少田间棵间蒸发、抑制膜内杂草生长。棉花膜下滴灌技术是将滴灌管（带）铺设于地膜下，使滴灌技术和地膜栽培技术有机结合、优势叠加，并应用于机械化大田棉花栽培，在兵团棉花生产中发挥了显著的节水、增产、增效作用，该项目为棉花膜下滴灌技术的大面积应用提供了技术保证。为干旱地区发展高效节水农业开辟了一条新路。它突破了滴灌技术不进大田的禁区，是节水灌溉方面的一个创造。

人工林木材性质及其生物形成与功能性改良的研究

主要完成单位： 中国林业科学研究院木材工业研究所、中国林业科学研究院林业研究所、南京林业大学、安徽农业大学、华中农业大学、上海市计算技术研究所

主要完成人： 江泽慧、鲍甫成、姜笑梅、吕建雄、傅峰、秦特夫、叶克林、彭镇华、阮锡根、张守攻

获奖情况： 国家科学技术进步奖二等奖

成果简介：

该项目包括人工林木材性质特点与规律研究、人工林木材性质与生物形成机理研究、人工林木材功能性改良机理的研究 3 个课题。该项目从理论上首次系统地利用多学科交叉的优势，创新地研究了人工林材性遗传控制机理、人工林木材断裂机理和功能型改良机理，揭示了人工林木材性质及其生物形成与功能性改良三者间的相互作用规律。该项目将木材科学的研究向微观尺度和分子水平大大推进了一步，其中木材性质拓深至形成层和分子尺度，木材性质生物形成拓深至数量遗传和分子标记及克隆层次，木材性质功能型改良拓深至化学键合及官能团尺度，得到 16 项重要研究结果。该项目拓宽了人工林木材性质研究的范

畴，首次研究了人工经济林木材性质、人工竹材的提取物和人工林木材产品的供需评价。该项目对林木定向培育、木材生物形成和木材加工具有重要指导作用，并有广阔的应用和产业化前景。

杉木林生态系统的功能与过程研究

主要完成单位：中南林学院
主要完成人：田大伦、康文星、刘煊章、文仕知、项文化、张合平、赵坤、闫文德、方晰、佘济云
获奖情况：国家科学技术进步奖二等奖
成果简介：

　　该项目以小集水区径流场封闭技术为生态系统的基本功能单元，将植被-土壤-大气作为一个整体，长期定位研究杉木林生态系统的生产力、养分循环、水分循环、能量平衡和碳平衡等功能过程，并与环境因子、生物因子的动态研究结合起来，系统地研究了杉木林生态系统功能与过程，以及生物因子与非生物因子相互作用的调控机理，为我国森林生态系统的定位研究提供了第一手宝贵的技术数据和科学的结论，为国土整治、经济和产业决策提供了科学依据，社会经济效益显著。

喜树碱衍生物高效提取技术研究

主要完成单位：东北林业大学
主要完成人：祖元刚、付玉杰、史权、唐中华、赵春建、薛艳华、李庆勇、杨逢建、于景华、高艳华
获奖情况：国家科学技术进步奖二等奖
成果简介：

　　该项目在喜树种芽制备方面，采用低频超声原理、自制快速破壁设备来解决喜树种子快速破壁发芽和强化种芽进一步生物转化等技术问题，获得了发芽快、发芽率高、CPT 和 HCPT 含量高的喜树种芽；在喜树芽浆制备方面，获得了 CPT 和 HCPT 含量高的喜树芽浆；在喜树芽浆萃取方面，解决了种芽微粒中的 CPT 和 HCPT 全部溶入萃取溶剂中、萃取液与种芽微粒快速分离、萃取液中的 CPT 和 HCPT 与其他杂质快速分离等技术问题，获得了高含量 CPT 和 HCPT 的萃取液；在 CPT 和 HCPT 的纯化方面，采用声纳结晶和板层析原理、自制制备型板层析设备来解决 CPT 和 HCPT 的纯化问题；实现了产业化水平上天然 HCPT 的提取，其得率和纯度分别达到了 0.01% 和 80%，且整个工艺无粉尘污染、溶剂反复循环利用。

森林资源精准监测广义 3S 技术研究

主要完成单位：北京林业大学
主要完成人：冯仲科、余新晓、赵春江、蒋理兴、张晓丽、孟宪宇、马超、赵保卫、胡涌、景海涛
获奖情况：国家科学技术进步奖二等奖
成果简介：

　　该项目开展森林资源精准监测广义 3S 技术应用研究，通过制定科学、可行、优化的技术系统方案，研究并完成了林业 GPS 综合技术、林图动态更新技术、林火综合管理技术、林业遥感综合技术、自动精准测树技术 5 项关键技术，形成了 18 项具体可操作、可应用的技术。采用了 DGPS、全站仪技术和抽样理论、实测混合像元的构成，建立混合像元与波段、组合波段灰度值、地理因子之间的回归关系，进而反演了混合像元，达到分解混合像元的目的。实现森林资源数字化、精准化、三维化的调查与监测目标，为森林资源管理和监测、林火监测与扑灭指挥，促进森林可持续经营和林业可持续发展提供基础信息。

半干旱区沙地综合治理技术研究与推广

主要完成单位：内蒙古自治区林业科学研究院
主要完成人：杨文斌、姚洪林、杨俊平、吴兆军、姚建成、吉日格勒、闫德仁、王晶莹、张文军、张志强
获奖情况：国家科学技术进步奖二等奖
成果简介：

  该项目研究内容包括：①沙丘及其风沙流运移连续动态变化规律；②植被覆盖度与风速和输沙量的关系；③固沙林衰亡的沙土水分动态特征；④土壤湿度与降水入渗量和入渗深度的关系；⑤主要造林树种的SPAC 水分关系；⑥固沙林地的水量平衡及其模拟模式；⑦沙地植被的适宜盖度和人工林的合理密度；⑧边行的水分利用特征与优化配置结构模式；⑨行列式固沙林的防风固沙效果；⑩行列式结构在营造混交林方面的优势；⑪沙地生态林业体系和产业体系模式。该项目对林业治沙的促进作用较大，应用以来已经使内蒙古半干旱区的林业治沙走出"小老树"时代，进入一个乔灌草复层结构、多树种带状混交和显著提高生态效益的行列式时代。在内蒙古推广面积 2 000 多万亩，取得了显著的生态效益。

白桦良种选育技术的研究

主要完成单位：东北林业大学、东北林业大学帽儿山实验林场、辽宁省森林经营研究所、东北林业大学凉水实验林场、吉林省林业科学研究院
主要完成人：杨传平、刘桂丰、詹亚光、郭明辉、刘关君、姜静、李景云、刘吉春、赵云、赵博生
获奖情况：国家科学技术进步奖二等奖
成果简介：

  该项目通过开展白桦优良种源选择研究，共选择最佳种源 11 个，优良家系 48 个，种源和家系两个层次的遗传增益分别为 14.10％和 16.97％。应用分子标记技术进行了白桦种源的地理变异规律及种源区划的研究，种源试验验证效果较好。提出 8 项扦插繁殖配套措施，扦插生根率提高到 80％以上。通过优化白桦组培系统，进行了白桦转抗虫基因的研究，建立了优化的遗传转化系统，经过分子生物学检测，获得了转基因植株，抗虫效果达到 69％。在探明白桦有性生殖过程的基础上，进行了白桦双列杂交育种研究。研究了白桦材质材性的遗传变异，发现白桦不同种源纤维长度及抗弯强度存在显著差异且种源间大于种源内差异，白桦种源生长轮宽度径向变异、硬度径向变异、生长轮密度径向变异基本一致，白桦材性性状呈现由南向北、低海拔到高海拔材性越来越好的趋势，并综合选择材质优良的白桦种源两个。推广应用以来，社会经济效益显著。

沿海防护林体系综合配套技术

主要完成单位：山东省林业科学研究院、辽宁省林业科学研究院、浙江省林业科学研究院、广东省林业科学研究院、南京林业大学、河北省林业科学研究院、青岛市林业工作站
主要完成人：张敦论、于雷、高智慧、陈顺伟、潘文利、陈绶柱、许景伟、乔勇进、张金池、孟康敏
获奖情况：国家科学技术进步奖二等奖
成果简介：

  该项目对沿海防护林树种的耐盐、抗旱、抗风、耐盐雾性等进行了系统研究，建立了一套不同岸段抗逆性树种综合评价体系，筛选出适合沿海防护林栽植的乔木 28 种（无性系）、灌木 5 种、草本 7 种。研制出"火炬松＋绒毛白蜡＋紫穗槐"等 16 个混交模式，在树种配置、林分结构优化模式方面具有创新性。解决了特殊困难地段造林关键技术，保存率提高 30％～40％，沙质海岸风口处造林保存率达到 85％，泥

质海岸造林保存率达到 80%，岩质海岸造林保存率达到 90% 以上。阐明了根径≤1.0 毫米的细根的固土机制与功能、土壤微生物和酶活性作用、非豆科树种固氮降盐作用，促进了防护林的持续稳定生长。提出黑松沿海防护林的防护成熟期、更新期和合理更新年龄及林冠下更新造林等 5 项更新方式和配套技术。取得显著的经济、生态和社会效益。

鸡毒支原体病疫苗、诊断试剂和综合防治技术的研究与应用

主要完成单位：中国兽医药品监察所、广东省生物药厂、河南省兽医防治站
主要完成人：宁宜宝、冀锡霖、李嘉爱、陈洪科、郭俊卿、高和义、王卓明、蔡祈英、陈裕瑞
获奖情况：国家科学技术进步奖二等奖
成果简介：

该项目研究出了用于鸡毒支原体和滑液支原体感染的血清平板凝集抗原，该抗原敏感、特异、使用方便，同时研究出了酶联免疫吸附试验、血凝抑制试验、试管凝集试验和荧光抗体技术等检测方法。研究出了安全有效的鸡毒支原体弱毒活疫苗和鸡毒支原体病灭活疫苗。由于它无感染活性和不受抗生素的影响，对种鸡场和抗生素多用的地区的鸡毒支原体病控制更为适用。在调查清楚我国活病毒疫苗中存在鸡毒支原体严重污染情况的基础上，研究出了热力杀灭制苗用鸡蛋中支原体的方法，大大提高了活病毒疫苗的质量，控制了支原体病的传播。研究出了鸡毒支原体病的综合防治技术，建立了疫苗免疫、监控程序及环境消毒、种蛋病原清除和疾病治疗等一系列具体措施。推广应用以来，取得了显著的经济效益和社会效益。

梅花鹿、马鹿高效养殖增值技术

主要完成单位：中国农业科学院特产研究所、中国农业科学院饲料研究所、中国农业大学、吉林敖东鹿业有限责任公司、吉林省四平市种鹿场、吉林省东丰药业股份有限公司、辽宁省辽阳千山呈龙科技有限公司
主要完成人：杨福合、高秀华、李春义、李光玉、邢秀梅、冯仰廉、邰玉钢、李秀峰、王克坚、金顺丹
获奖情况：国家科学技术进步奖二等奖
成果简介：

该项研究从梅花鹿、马鹿的营养生理、鹿茸生长调控、营养需要、饲料配制、疾病防治到鹿茸加工，全面系统地研究了茸鹿饲养中亟待解决的主要关键技术难题。研究了梅花鹿瘤胃消化代谢特点、能量代谢规律、茸角的发生发育机制与营养调控机理，有重要的理论意义和学术价值。研制出了梅花鹿、马鹿不同生理时期的专用预混料，编制了鹿用饲料营养价值表，制定了茸鹿常发性传染病综合免疫预防程序和仔鹿非传染性常发病的防治措施，建立了带血大枝型茸加工和鹿茸低温干燥加工的新工艺。该项目可明显提高茸鹿的生产性能和成品鹿茸的优质率，有效地降低成年鹿和仔鹿的死亡率，节省精饲料和蛋白质类饲料的效果显著。应用效果明显，取得了显著的经济效益和社会效益。

猪病毒性腹泻二联疫苗

主要完成单位：中国农业科学院哈尔滨兽医研究所、哈尔滨维科生物技术开发公司
主要完成人：马思奇、佟有恩、冯力、王明、李伟杰、周金法、于文涛、魏凤祥、孟宪松、朱远茂
获奖情况：国家科学技术进步奖二等奖
成果简介：

该项目研制开发出猪传染性胃肠炎（TGE）和猪流行性腹泻（PED）二联灭活疫苗及二联弱毒疫苗。该疫苗是预防猪只呕吐、水样腹泻及新生仔猪高死亡率（可达 100%）的高度传染性肠道病毒病的主要手

段。疫苗主要用于妊娠母猪的被动免疫以保护仔猪，也用于主动免疫保护不同年龄的猪只。二联灭活苗主动免疫保护率为96％，被动免疫为85.1％。二联弱毒疫苗主动免疫保护率为97.7％，被动免疫为98％。两种二联疫苗的免疫期为6个月，仔猪被动免疫期是哺乳期至断奶后一周，疫苗保存期4～8℃为一年，弱毒冻干苗−20℃保存期为2年。疫苗的特点是毒价高、后海穴位接种，增强了免疫保护力；一次接种即可，省时、省力。

瘦肉型猪营养需要与新型饲料添加剂开发应用技术研究

主要完成单位：广东省农业科学院畜牧研究所、广东新粮实业有限公司、广东省中山市泰山饲料厂、桂林市漓源粮油饲料有限责任公司、广州市金银卡饲料有限公司、深圳市农牧实业有限公司
主要完成人：蒋宗勇、林映才、张振斌、郑黎、杨晓建、陈建新、周桂莲、余德谦、蒋守群、刘炎和
获奖情况：国家科学技术进步奖二等奖
成果简介：

该项目系统研究了瘦肉型猪4～8千克、8～20千克、20～50千克和50～90千克生长全程消化能、蛋白质、氨基酸、矿物质和维生素需要量，提出营养需求参数113个，测定了猪常用饲料常规营养成分、消化能、氨基酸回肠消化率和矿物磷源中磷有效率，提出技术参数620个，形成了一整套瘦肉型猪营养需要，为我国瘦肉型猪饲养标准修订和瘦肉型猪饲养与饲料生产提供了科学依据；研制开发和推广了24种新型高效优质猪用饲料添加剂和复合添加剂预混料产品；研究提出了一整套饲料添加剂优化利用技术。项目应用前景广阔，对推动我国养猪业、饲料工业的科技进步和可持续发展具有理论和实践意义。

中国蜂产品质量评价新技术的研究与应用

主要完成单位：河北（秦皇岛）出入境检验检疫局
主要完成人：庞国芳、曹彦忠、范春林、张进杰、李学民、刘永明、付宝莲、李增印、贾光群、高建文
获奖情况：国家科学技术进步奖二等奖
成果简介：

该项目研究制定了一系列与国际先进标准完全接轨的蜂产品安全卫生国家标准，促进了我国蜂产品质量的提高，保证了出口质量。主要成果包括：①采用化学、微生物学两大门类近20种先进技术，研究建立了蜂产品中369种安全卫生指标的定量检测方法。全面系统地研究了蜂产品中碳同位素、氯霉素、链霉素、四环素、杀螨剂、磺胺类、多种农兽药以及酶值、电导率共计369种安全卫生检测项目。解决了上述众多项目在样品萃取、干扰物分离和检验测试三大分析过程所遇到的一系列复杂技术难题。②破解了中国蜂产品在世界三大主销市场（欧洲、美洲和日本）的所有技术壁垒。25项国家标准基本囊括了世界各发达国家目前对蜂产品安全卫生指标新的检测要求，获得了欧洲、美洲和日本所有进口中国蜂产品国家客户的认可。同时，也满足了我国蜂产品生产、加工过程质量控制的迫切需求。

团头鲂浦江1号选育和推广应用

主要完成单位：上海水产大学、上海市南汇区水产养殖场、上海市望新水产良种场
主要完成人：李思发、蔡完其、沈继诚、姚德兴、赵金良、邹曙明、周碧云、孔优佳
获奖情况：国家科学技术进步奖二等奖
成果简介：

该项目通过综合运用群体选育技术和生物技术选育良种，防止了团头鲂这类草食性鱼种严重退化的现象。建立了2个雌核发育群体，为建立纯系和多倍体育种奠定了基础。关键技术及创新点：①以数量遗传

理论为指导，综合运用群体选育技术和生物技术，选育世界草食性鱼类中首例良种；②创造性地采用万分之三至万分之四高强度选择；③定量分析和逐年监测选育过程中的遗传变异，发现了团头鲂浦江 1 号特有的分子遗传标记；④在长期选育基础上，通过雌核发育使良种的优良性状予以稳定；⑤发展了控制近交衰退的理论和实践。建立了 1 个育种基地和 3 个制种基地，已推广到 20 个省（自治区、直辖市），取得了显著的社会和经济效益。

虾夷扇贝引种及规模化增养殖技术研究

主要完成单位：辽宁省海洋水产研究所
主要完成人：寇宝增、王庆成、贺先钦、周玮、李文姬、高绪生、张明、孙景伟、林祥辉、刘永峰
获奖情况：国家科学技术进步奖二等奖
成果简介：

　　该项研究包括虾夷扇贝引种、人工育苗、增养殖技术、虾夷扇贝养殖及底播增殖技术推广。项目的整体成果是由虾夷扇贝的种贝引进与驯化培育、人工繁育技术、中间育成技术、筏式养殖技术、底播增殖技术等多项成果综合而成的，是应用技术研究成果与技术推广成果两大类成果的组合。其中，应用技术研究取得了试验规模人工育苗的单位水体出苗量 131 万，中间育成率 21.69%；生产性育苗单位水体出苗量 100 万～200 万，中间育成率达 20%～30%。建成我国第一个虾夷扇贝种苗生产、底播增殖和筏式养殖生产基地，使该项成果很快转化为生产力，建成了国际上虾夷扇贝引种养殖的最大产业，并产生了显著的经济效益与社会效益。

◆ 2005 年

印水型水稻不育胞质的发掘及应用

主要完成单位：中国农业科学院中国水稻研究所、湖南杂交水稻研究中心、四川省种子站、江西省种子管理站、合肥丰乐种业股份有限公司、安徽荃银农业高科技研究所、广东农作物杂种优势开发利用中心
主要完成人：张慧廉、邓应德、彭应财、沈希宏、干明福、方洪民、易俊章、沈月新、张国良、陈金节、熊伟、何国威
获奖等级：国家科学技术进步奖一等奖
成果简介：

　　该项目主要创新点是：

　　（1）发掘新不育胞质。以野败型不育系作鉴别品种，创造了一种从栽培稻野败型恢复品种中发掘不育胞质的方法，发掘出印水型（来源于印度尼西亚水田谷 6 号）等 10 个新不育胞质，不育胞质发掘成功率高达 6.7%。

　　（2）高异交率水稻不育系选择指标的创新。提出了高异交率水稻不育系的选择指标，探明了高异交率的主要决定因子依次是当日开花集中度和开花高峰出现时间、枝头外露率、伸出角度和方向，柱头大小以一般栽培水稻的大小为宜。

　　（3）印水型不育系的选育。利用印水型不育胞质，育成聚集较多优良性状的印水型系列不育系：Ⅱ-

32A、优 1A 和中 9A。它们都具有制种产量高、杂种产量高、米质评分高和种子生产成本低等特性。所配杂种连续创造世界最高产量纪录；开花习性好，异交率高，开创了杂交水稻高产制种新时代，并保持着我国和世界制种最高产量纪录（440 千克/亩）。Ⅱ-32A 是目前国内外应用面积最大的不育系，超级杂交水稻育种的骨干亲本。中 9A 是国内仅有的几个大面积应用抗白叶枯病优质不育系之一，首批获得植物新品种权。

（4）印水型杂交水稻的选育。应用 3 个印水型不育系，选配出的大量各种类型和生育期印水型杂交水稻新组合，具有杂种优势强、产量高、容易制种、米质优、应用范围广等突出优点，创造了水稻单产世界之最（1 231.17 千克/亩），推动了我国水稻品种的普遍优质化。

印水型不育系是我国广泛应用的第二大类型不育系，目前每年都有 10 个以上印水型新组合通过审定、推广，年推广面积 4 500 万亩以上，占全国杂交水稻种植面积的 20% 以上。

H5 亚型禽流感灭活疫苗的研制及应用

主要完成单位： 中国农业科学院哈尔滨兽医研究所、华南农业大学、上海市畜牧兽医站、农业部动物检疫所动物流行病研究中心

主要完成人： 于康震、陈化兰、田国彬、辛朝安、唐秀英、廖 明、张苏华、李雁冰、冯菊艳、李晓成、罗开健、施建忠、乔传玲、姜永萍、邓国华

获奖等级： 国家科学技术进步一等奖

成果简介：

该项目属畜牧兽医科学领域，适用于禽类 H5 亚型禽流感的免疫预防。内容包括中国大陆 H5 亚型禽流感病毒毒株库的建立、H5N2 亚型禽流感灭活疫苗和 H5N1 亚型禽流感基因工程灭活疫苗的研制、产业化生产及推广应用。

该项目自 1996 年鉴定我国第 1 株 H5N1 亚型禽流感病毒以来，已从全国各地分离鉴定 538 株 H5N1 禽流感病毒，建立了中国 H5 亚型禽流感病毒毒株库，基本阐明了我国 H5 亚型高致病性禽流感流行病学规律。H5N2 疫苗 2003 年获农业部颁发的新兽药证书，是我国第一个研制成功，并应用于 H5 亚型高致病性禽流感防治的疫苗。该疫苗种子株为实验室驯化培育的 H5N2 亚型低致病力禽流感病毒，具有高度生物安全性，疫苗免疫原性良好，一次免疫鸡有效保护期达 6 个月。

2004 年初，农业部指定全国 9 家兽医生物制品厂生产该疫苗，用于我国高致病性禽流感的紧急免疫，对我国 H5N1 高致病性禽流感疫情的有效控制发挥了关键作用。H5N1 疫苗于 2005 年 1 月获农业部颁发的新兽药证书，是国际上首次研制成功并大规模应用的流感病毒反向基因操作疫苗。该疫苗种子株系人工构建的 H5N1 亚型低致病力禽流感病毒，与我国流行的 H5N1 高致病力禽流感病毒抗原性高度一致，鸡胚生长滴度较 H5N2 疫苗株提高 4 倍左右。H5N1 疫苗免疫鸡的有效保护期比 H5N2 疫苗延长 4 个月以上；两次免疫鸭、鹅产生的有效保护抗体持续期分别为 10 个月和 3 个月以上，是目前国际上唯一经政府批准、对水禽高致病性禽流感有可靠免疫保护力的疫苗，被农业部指定为全国水禽强制免疫疫苗。

至 2005 年初，2 种疫苗已累计应用 39 亿羽份，结合其他防治措施，较快地控制了 2004 年我国暴发的禽流感疫情。自 2004 年 7 月，大大降低了禽流感向人传播的可能性，从未发生人的感染，与越南和泰国禽流感防治效果形成鲜明对比。该项目经济和社会效益极显著。

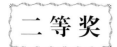

二 等 奖

高产优质面条小麦新品种济麦 19 选育和面条品质遗传改良研究

主要完成单位： 山东省农业科学院作物研究所、中国农业科学院作物科学研究所

主要完成人：赵振东、刘建军、宋建民、何中虎、刘爱峰、吴祥云、董进英、黄承彦、徐恒永、吕建华

获奖等级：国家科学技术进步奖二等奖

成果简介：

主要科技内容：

（1）育成高产优质面条小麦新品种济麦 19，实现了品质育种的重大突破。以品质较好的农艺亲本鲁麦 13 和农艺性状较好的品质亲本临汾 5064 杂交，农艺性状选择和早代微量品质测试相结合，育成高产稳产广适优质面条小麦济麦 19，在协调产量和品质矛盾方面取得重大突破。

（2）系统研究了济麦 19 高产稳产优质的生理基础，研制了配套栽培技术，实现了标准化生产。

（3）开展面条品质研究，建立了高产优质面条小麦遗传改良技术体系。引进 TOM 值、色度计和质构仪指标，建立了规范准确的面条评价体系。确定了影响面条品质的 4 个关键选择指标，提出了优质面条小麦品质标准，制定了面条育种的品质鉴定程序和选拔标准。以沉降值为突破口，品质和产量同步选择。通过提高收获指数和生物产量，稳步提高产量。

禾谷多黏菌及其传播的小麦病毒种类、发生规律和综合防治技术应用

主要完成单位：浙江省农业科学院、江苏省农业科学院、江苏省植物保护站、河南省植物保护植物检疫站、安徽省植物保护总站

主要完成人：陈剑平、周益军、陈炯、程兆榜、程晔、侯庆树、郑滔、范永坚、刁春友、张国彦

获奖等级：国家科学技术进步奖二等奖

成果简介：

该项目属植物保护领域，针对禾谷多黏菌传小麦病毒这一类世界性重要病害进行了系统研究，主要解决了如下难题：

（1）搞清了该菌生态学、传毒特性、侵染潜力和各发育阶段超微结构特征，在休眠孢子体内首次发现病毒粒子，完善了该菌与其传播的植物病毒的内在关系。

（2）探明世界范围内由该菌传播的小麦病毒有 5 种，其中 CWMV 和 SBCMV 为该项目鉴定的新种。揭示了这 5 种病毒基因组全序列、血清学特性、抗原决定簇差异、亲缘和分类关系。建立了病毒快速检测技术体系。首次系统研究了 SBWMV 和 CWMV 自发缺失突变过程、环境因子和突变机理，发现病毒缺失突变体不由多黏菌传播这一重要生物学现象，并提出控制此传播特性的相关基因产物。

（3）筛选出首批 9 个高抗多黏菌的球茎大麦、166 个抗 WYMV 和 4 个抗 CWMV 的小麦新抗源，可供抗病育种利用。

（4）提出以抗病品种为主，结合轮作换茬，辅以适当迟播和增施返青速效氮肥的无公害综合防治技术。

农药残留微生物降解技术的研究与应用

主要完成单位：南京农业大学、大丰市农业局、南京市江宁区农业局

主要完成人：李顺鹏、崔中利、沈标、刘智、何健、杨兴明、王新华、张瑞福、蒋建东、洪青

获奖等级：国家科学技术进步奖二等奖

成果简介：

科学技术领域：生物和现代农业高新技术领域。主要科技内容：农药残留微生物降解技术是一种新型生物修复技术，能够有效降解土壤、作物和农产品中的农药残留，保证农产品食用安全。该项目建立了国内最大的保存有 200 余株菌株的农药降解微生物种质资源库，降解有机磷、有机氮、氨基甲酸酯、菊酯类、磺酰脲类等杀菌剂和除草剂，研究了各菌株的生物学特性、发酵参数、对相关农药的作用方式、降解

酶种类、降解基因克隆，成功构建基因工程菌 6 株，建立了降解菌剂生产使用操作规程和行业标准。应用情况：农药残留微生物降解技术已获国家级重点新产品和农业部肥料临时登记证。

在江苏、山东、河北、浙江等省（直辖市）建立了 10 余个试验示范基地，累计应用 200 多万亩。以农药残留微生物降解技术为核心技术，成功生产出无公害或绿色农产品。

入侵害虫蔬菜花斑虫的封锁与控制技术

主要完成单位：中国科学院动物研究所、全国农业技术推广服务中心、新疆维吾尔自治区植物保护站
主要完成人：张润志、王春林、刘晏良、张广学、夏敬源、迪拉娜·艾山、梁红斌、王福祥、任立、赵红山
获奖等级：国家科学技术进步奖二等奖
成果简介：

该项目属于农业科学技术领域，是控制外来物种入侵造成重大农业灾害范畴的应用性技术成果。

主要技术内容：

（1）1993 年 5 月，及时发现世界著名入侵大害虫、我国重要的对外检疫对象——蔬菜花斑虫传入我国新疆后，随即开展了相关研究。

（2）证实并提出仅有马铃薯、茄子、番茄和野生植物天仙子为其独立寄主；发现成虫产卵对天仙子趋性强于其他寄主植物的重要习性，首次发现农田杂草可以强烈影响蔬菜花斑虫扩散过程中的产卵能力；明确蔬菜花斑虫在新疆每年发生 2～3 代，以成虫在 11～20 厘米深的土壤内越冬（90%）；发现蔬菜花斑虫天敌 28 种。

（3）首次通过标记—释放—回收的办法证实，越冬成虫 16 天可以扩散到 115 千米以外的区域，为疫区封锁控制提供了重要科学依据。

（4）创制了对蔬菜花斑虫越冬地实施地膜覆盖技术控制越冬成虫出土技术措施，研制了利用一年生天仙子作为诱集带的成虫消灭技术，筛选并制定了化学药剂封锁控制技术。

优良玉米自交系综 3 和综 31 的选育与利用

主要完成单位：中国农业大学
主要完成人：戴景瑞、谢友菊、刘占先、苏胜宝、王守才、陈伟程、宋同明、孙世贤、侯爱民、廖琴
获奖等级：国家科学技术进步奖二等奖
成果简介：

所属科学技术领域：农业科学的应用性研究。

主要科技内容：在总结和综合运用玉米杂种优势育种的理论与技术的基础上，设计和采用新的技术路线，选育遗传基础更加广泛、配合力更高、自身产量高、综合抗性好的优良玉米自交系，拓宽玉米育种试材的遗传基础，组成新的杂优模式，进而选育出更加高产、优质、抗病、适应性强的玉米杂交种。

（1）选用属于国内四大杂种优势群的优良自交系组成基础群体，运用充分的随机交配和表型轮回选择，提高优良基因频率及其重组率。在此基础上用系谱法和测交等常规技术选系，育成了新自交系——综 3 和综 31，用二者组配出多个广泛应用的优良杂交种。

（2）研究采用多个杂种优势群的试材组配基础群体，借助轮回选择进行群体改良和材料创新。经多种遗传分析证明，综 3 和综 31 同原有的 4 个杂种优势群遗传差异明显，并且同新杂种优势群 P 群自交系组成新的杂优模式。

广西 3 号、广西 5 号无籽西瓜新品种选育与应用推广

主要完成单位：广西壮族自治区农业科学院园艺研究所
主要完成人：李文信、洪日新、李天艳、樊学军、张娥珍、何毅、冯以史、吴瑄隆、林竞鸿、邝伟生
获奖等级：国家科学技术进步奖二等奖
成果简介：

　　该项目在育种技术上，先采用 2 个不同遗传基因四倍体西瓜自交系和 3 个不同遗传基因二倍体西瓜自交系，按染色体倍数相同的自交系分别杂交和混合杂交，然后从各自的杂交后代中按育种目标定向选育出新的四倍体母本及新的二倍体父本。由于扩大、丰富了亲本的遗传组成，从而提高了杂交组配力及其杂交后代三倍体无籽西瓜品种综合性状优势。测试结果：新育成的 2 个四倍体母本自交坐果率比过去所用的四倍体分别提高了 29.9% 和 25.6%，三倍体无籽西瓜杂交制种亩采种量比过去分别增加 127.8% 和 119.4%，三倍体西瓜种子发芽率和成苗率比过去提高 34.5%，克服并解决了长期制约无籽西瓜生产发展的"三低"难题。在产量及质量方面，广西 3 号综合平均亩产 2 898.9 千克，比对照品种——农友新 1 号增产 18.6%；广西 5 号综合平均亩产 3 527.26 千克，比对照品种广西 2 号增产 18.7%。两品种的可溶性固形物含量均达到 11.5% 以上。

番茄高效育种技术及优质、多抗、丰产系列专用新品种选育与推广

主要完成单位：东北农业大学
主要完成人：李景富、许向阳、王富、李桂英、周彦春、王超、刘宏宇、谢立波、王傲雪、宋建军
获奖等级：国家科学技术进步奖二等奖
成果简介：

　　所属科学技术领域：农业科学技术。

　　主要内容和特点：

　　（1）确定黑龙江省番茄病毒病主要毒源种群为 ToMV，次要毒源为 CMV。

　　（2）明确东北地区番茄主要真菌病害生理小种和根结线虫优势种。东北地区番茄叶霉病以 1、2、3、4 小种为主，枯萎病菌属生理小种为 1，黄萎病菌生理小种为 1，根结线虫病优势种为南方根结线虫。

　　（3）建立番茄 8 种病害苗期人工接种鉴定单抗、双抗、多抗性鉴定技术规程。

　　（4）首次在我国系统提出了番茄耐低温、弱光和耐热鉴定技术方法和标准。

　　（5）建立了叶霉病和根结线虫病分子标记辅助选择体系。

　　（6）筛选、创新一大批种质资源，其中抗病材料 379 份。耐低温、弱光、耐热材料 24 份，耐贮运、货架期长达 90～150 天育种材料 58 份。首次发现白化突变体基因材料 1 份，首创番茄新型雄性不育系 1 份。引入国内外育种材料 1 055 份。

　　（7）育成东农 705、东农 710 系列番茄专用新品种。

玉米高产优质高效生态生理及其技术体系研究与应用

主要完成单位：山东农业大学
主要完成人：董树亭、王空军、胡昌浩、高荣岐、谢瑞芝、吕新、李潮海、刘开昌、刘存辉、张吉旺
获奖等级：国家科学技术进步奖二等奖
成果简介：

　　该项目系统分析了我国玉米品种更替过程中产量及生理特性的演进规律；揭示了生态因素（光、温、

水）对玉米生长发育和高产优质高效的影响，明确了限制黄淮海地区夏玉米产量提高的障碍因素；提出了通过提高根系活力、延缓根系衰老，平衡硫、氮、磷营养，延长花后群体光合高值持续期，挖掘玉米高产潜力的理论。其核心技术是：

（1）选择花后群体光合高值持续期长、紧凑大穗型、抗逆性强的玉米新品种，适时晚收，以发挥玉米最大生产潜力。

（2）增加密度、增强根系活力、提高群体整齐度，协调源、库关系，以实现玉米高产。

（3）增硫保氮加磷，平衡硫、氮、磷营养，以提高产量，改善籽粒品质。

（4）提出玉米抢茬夏直播简化栽培技术体系，省工、省力，提高效益。

（5）双季机械化秸秆还田、培肥地力，改善生态条件，以促进可持续发展。

籼粳亚种间优良杂交稻金优 207 的选育与应用研究

主要完成单位：国家杂交水稻工程技术研究中心、湖南杂交水稻研究中心
主要完成人：王三良、许可、刘建兵、罗闰良、全永明、廖翠猛、龙和平、许琨、卢开阳
获奖等级：国家科学技术进步奖二等奖
成果简介：

金优 207 是一个含有部分粳稻成分、具弱感光特性的籼粳亚种间中熟晚稻组合。主要技术内容：

（1）利用具有多个优良性状的籼、粳亲本，采用籼粳亚种间杂交方法，育成了含有部分粳稻成分的籼型恢复系，成功地选配出杂种优势显著和高产、优质、多抗三者之间关系比较协调的优良杂交组合，实现了籼粳杂种优势部分利用的目的。

（2）粳型亲本耐寒能力强，在杂种后代中注重后期耐寒性的选择，并选配出后期落色好、结实率高且稳定、后期耐寒能力较强的优良杂交组合，从而保证了杂交晚稻的高产稳产。

（3）根据籼粳亚种间杂种具有感光性的特点，在不同的光温条件下进行选择，育成了具有弱感光性的恢复系，并选配出秧龄弹性大、具有弱感光特性的杂交组合，解决了长江流域长期使用感温性组合秧龄弹性小、容易早穗的难题，填补了该区域晚稻无弱感光特性组合的空白。

优质高产芝麻新品种豫芝 11 及规范化栽培模式研究

主要完成单位：河南省农业科学院棉花油料作物研究所、河南省种子管理站、安徽省种子总公司、湖北省种子管理站
主要完成人：张海洋、卫双玲、卫文星、张体德、路凤银、张玉亭、郑永战、贾文华、燕宁、胡涛
获奖等级：国家科学技术进步奖二等奖
成果简介：

该项目研究属作物育种与作物栽培技术领域。

主要科技内容：

（1）豫芝 11 较好地解决了芝麻品种高产与优质、高产与抗病、高产与早熟之间的矛盾，实现了多个优良性状的聚合，在芝麻品质及综合优良性状育种上获得较大突破。

（2）该品种选育技术先进，在对杂交高代材料进行钴 60 辐射的基础上，采用了苗期粗毒素抗性鉴定、多代连续多元病圃鉴定与选择、同步品质检测以及自建的芝麻育种灰色综合评价方法等育种技术，大大提高了选择效率，加速了育种目标的实现，也为芝麻育种提供了一套芝麻综合选育技术。

（3）国内外首次系统研究了芝麻打顶的增产机理，并确定了黄淮流域芝麻最佳打顶时期和打顶方法。提出了亩产 200 千克以上的产量构成因素、生育进程、丰产长相及关键性栽培技术。建立了夏播、麦垄套种、春播、地膜覆盖等四种高产高效规范化栽培模式。

新型秸秆揉切机系列产品研制与开发

主要完成单位：中国农业大学

主要完成人：韩鲁佳、刘向阳、夏建平、闫巧娟、郭佩玉、李道娥、谭奈林、李媛、孟海波、杨增玲

获奖等级：国家科学技术进步奖二等奖

成果简介：

科学技术领域：农业科学技术/农业机械及农具。

主要科技内容：

（1）在秸秆物料破碎原理上，一是采用多动刀与定刀组的多刀剪切，二是使动刀在两片有一定间隙的定刀组中间穿过。这既利用了刀刃对物料的剪切，物料又在动刀和定刀之间的间隙中进行揉搓，并由高速旋转的转子抛向工作室内壁，随后由转子拖动着再行揉搓。这在大大降低能耗的同时，又保证了物料的加工质量。

（2）工作室中动、定刀组设计，保证在克服单一铡草机或揉搓机缺点的同时，又充分利用了铡草机和揉搓机各自的优势，大大改进了机具的生产性能。

（3）新型立式喂入结构设计，显著提高了喂入能力和生产率。

（4）轴向喂入设计，极大地提高了对高温、强韧性物料的适应性。

（5）通过简单调整动刀安装数量及刃口方向，可满足对不同物料以及不同加工细碎程度的要求。

（6）改进的动刀结构及其加工工艺，显著提高了强度与耐磨性能，在降低能耗、保证物料加工质量的同时，提高了机具使用的安全性和可靠性。

（7）定刀组加装弹簧，可防止过硬物体损坏主要工作部件。

主要作物硫钙营养特性、机制与肥料高效施用技术研究

主要完成单位：中国农业科学院农业资源与农业区划研究所、黑龙江省农业科学院土壤肥料研究所、江西省农业科学院土壤肥料研究所、吉林省农业科学院农业环境与资源研究中心、山东省烟台市土壤肥料工作站、河南省农业科学院土壤肥料研究所、西北农林科技大学

主要完成人：周卫、李书田、林葆、魏丹、刘光荣、朱平、李早东、孙克刚、高义民、戴万宏

获奖等级：国家科学技术进步奖二等奖

成果简介：

主要技术与创新：

（1）研究了旱地和淹水条件下土壤硫的转化与生物有效性，揭示了硫生物有效性机理。

（2）阐明了水稻、小麦、玉米、大豆、油菜和蔬菜等作物需硫规律，从细胞超微结构变化的角度论证了硫的营养功能。

（3）提出了区分水田和旱地的缺硫临界值，明确了我国代表性区域土壤硫素状况、不同区域作物硫肥效果、适宜肥料品种和用量，系统提出了水稻、小麦、玉米、大豆、油菜和蔬菜等作物硫肥高效施用技术。

（4）阐明花生、苹果、桃、大白菜和番茄等作物钙素营养特点，从钙信使的角度揭示了缺钙导致苹果果实生理失调的机理。

（5）鉴于花生荚果和苹果幼果直接吸钙的重要性，研究提出了花生荚果非维管束器官的钙素吸收机理。

（6）建立了土壤花生钙素营养新的诊断方法，系统提出了花生、苹果、桃、大白菜和番茄等果树和蔬菜的钙肥高效施用技术。

水稻耐热、高配合力籼粳交恢复系泸恢 17 的创制与应用

主要完成单位：四川省农业科学院水稻高粱研究所、四川省农业科学院

主要完成人：况浩池、郑家奎、左永树、李耘、刘国民、陈国良、徐富贤、蒋开锋、熊洪、刘明

获奖等级：国家科学技术进步奖二等奖

成果简介：

科学技术领域：农业科学技术。

该项目应用的"籼粳杂交选育偏籼型材料，生物技术加速稳定，南繁北育穿梭选择，高温胁迫选择"育种技术路线和方法，并在水稻育种实践中获得成功。为籼粳亚种间杂交选育新恢复系提供了一种实用的新方法。

首创育成了耐热的籼粳交偏籼型恢复系泸恢 17，增强了所配组合的耐热能力和稳产性能，突破和解决了杂交稻的耐高温难题，为新恢复系的选育提供了耐热亲本种质资源。

在超级杂交稻与优质结合育种上取得重大突破，泸恢 17 配制的超级稻组合Ⅱ优 7 号在生产示范中验收最高亩产 821.08 千克。

泸恢 17 与生产上大面积应用的恢复系相比，除耐热、配合力高外，还具有适应性强、优质与高配合力结合、恢复力强、恢复谱广、较抗稻瘟病、抗倒伏、制种产量高、能配制多熟期多用途组合等综合优良性状。

棉花规模化转基因技术体系平台建设及其应用

主要完成单位：中国农业科学院棉花研究所、中国农业科学院生物技术研究所、江苏省农业科学院农业生物遗传生理研究所、山西省农业科学院棉花研究所

主要完成人：李付广、喻树迅、郭三堆、倪万潮、吴家和、刘传亮、武芝霞、张锐、张保龙、石跃进

获奖等级：国家科学技术进步奖二等奖

成果简介：

所属科学技术领域：主要为生物技术在棉花上的应用基础研究。通过分子生物学手段获得优良外源基因，再经基因工程手段获得大量转基因种质材料，然后利用分子育种，结合常规育种以培育出转基因抗虫棉。主要内容：

（1）棉花规模化转基因技术体系平台的建立。建立流水线式转基因操作，提高工作效率，降低转化成本；农杆菌介导转化体系以拓宽受体材料的基因型范围，缩短转化周期，提高转化率；同时，建立起高效的花粉管通道法、基因枪轰击法转基因体系。

（2）转基因棉花材料快速筛选、育种体系的建立。对获得的转基因植株进行快速地田间、室内鉴定及分子检测，筛选出高效表达材料，然后进行相应选择，培育具有特异性状的转基因棉花育种新材料，并系统地进行安全性评价，最后在不同生态区进行育种，培育出的新品种进行推广。

（3）优良外源基因的构建。采用植物偏爱密码子等技术，使合成的外源基因在植物中高效表达。

西北地区农业高效用水技术与示范

主要完成单位：西北农林科技大学、中国科学院水利部水土保持研究所、国家节水灌溉杨凌工程技术研究中心

主要完成人：吴普特、汪有科、冯浩、范兴科、高建恩、牛文全、娄宗科、杨新民、张富、蒋定生

获奖等级：国家科学技术进步奖二等奖

成果简介：

该项目主要内容包括：旱作雨水利用技术、灌区农业高效用水技术和节水灌溉关键设备研究与开发三部分。其目的在于建立同步提高降水和灌溉水利用率和利用效率，适合我国西北地区旱作农业和灌溉农业高效用水综合技术体系与发展模式。

在旱作雨水高效利用技术方面，提出了 HEC 和 MBER 土壤固化剂集流新技术，较混凝土集雨面工程造价降低了 50%～85%，制定了我国第一部集流场规划设计技术指南；在灌区农业高效用水技术方面，将渠道防渗抗冻胀技术、地面灌水技术、渠道量水技术，以及灌区用水管理的科学决策技术等综合集成，形成渠灌区农业高效用水综合技术体系；在节水灌溉关键设备研制开发方面，开发出金圆旋转 GJY 系列喷头、方形喷洒域喷头、IC 卡水量计费器、计算机网络控制灌溉系统、节水灌溉自控系列设备和波涌灌间歇阀等。

稻米及其副产品高效增值深加工技术

主要完成单位：江南大学、湖南金健米业股份有限公司、上海莱仕生物保健品有限公司、中国农业科学院
　　　　　　农产品加工研究所
主要完成人：姚惠源、陈正行、张晖、王兴国、周惠明、姚卫蓉、马晓军、王强、孙庆杰、刘雁
获奖等级：国家科学技术进步奖二等奖
成果简介：

该项目以米糠为原料，研究开发米糠健康食品形成了无"三废"排放和不添加任何化学添加剂的清洁生产技术。以低值早籼米及其副产品为原料，采用生物和物理锻炼技术，研究低过敏性蛋白和抗性淀粉的生产技术，具有低血糖指数功能的抗性淀粉含量达 16.7%。采用超声波、分子蒸馏等高新技术，以米糠蜡为原料，研究纯度高、碘价低的 28 醇和 30 醇生产技术，产品出口国外 20 吨。以米淀粉为原料，采用生物技术，研究制备多孔淀粉的技术，产品开孔率 95.8%、吸油率 110.8%。针对不同来源的糙米和成品米各种混合情况，提出特定的混配相关技术，可检测混合米样变异系数在 2% 以内样品的混合情况，可表达储藏 1 年以上大米的陈化程度。以米胚芽为原料，研究浸泡剂和全磨浆相结合的全新蛋白饮料生产技术，具有谷物清香的产品稳定性好，营养丰富。

项目的成功研究和产业化，开创了我国稻米深加工的新局面。

大豆精深加工成套技术及关键设备

主要完成单位：北京化工大学、北京康阳食品科技服务中心
主要完成人：袁其朋、屈一新、赵会英、郑国钧、吕苗苗、东惠茹、戴家昆
获奖等级：国家科学技术进步奖二等奖
成果简介：

该项目开发了多级逆流连续萃取平台技术及装置，并应用于大豆浓缩蛋白的生产，具有自动化程度高、生产能力大、高效低耗等优点。开发了以溶剂萃取和结晶为基础的大豆异黄酮及皂苷生产工艺及设备。异黄酮提取率 90%，纯度 40%～90%（由结晶条件自由控制）。皂苷产品纯度高于 80%，收率大于 90%。开发了大豆低聚糖生产工艺。产品中水苏糖和棉子糖的含量达 45%，收率超过 80%。开发了在一条生产线上同时生产大豆浓缩蛋白、异黄酮、皂苷及低聚糖的生产技术。提高了原料利用率，增加了产品附加值，降低了投资，减少了环境污染。极大地提升了我国在大豆深加工领域的国际地位。

该项目克服了目前国外主要使用大孔树脂吸附法生产大豆异黄酮存在不安全隐患的缺点。克服了目前国外在大豆浓缩蛋白的生产中采用的设备主要是搅拌釜，为间隙生产、自动化程度低、劳动强度大、溶剂消耗高的缺点。

节水农业技术研究与示范

主要完成单位：中国水利水电科学研究院、水利部中国农业科学院农田灌溉研究所、河海大学、武汉大学

主要完成人：钱蕴璧、许迪、徐茂云、王广兴、彭世彰、王长德、龚时宏、李益农、黄修桥、黄介生

获奖等级：国家科学技术进步奖二等奖

成果简介：

该项目从发展我国节水高效农业的技术需求出发，以提高灌溉水利用率和作物水分生产效率为核心，以节水、增产（效）、改善环境为目标，选择节水农业重大关键技术进行突破，取得 35 项重大科研成果、19 种节水灌溉产品、5 大类节水农业成套技术、7 件国家专利，提高了我国在相关领域的研究水平和科技含量，推动了我国喷（微）灌技术产品的升级换代，部分产品替代进口，创造了显著的经济社会效益。1999—2004 年，组装的 5 大类节水农业成套技术在我国北方 11 个省份累计推广应用面积 1 810.8 万亩，增产粮食和经济作物 13.2 亿千克，使灌溉水利用率达到 60％以上，节水 20％～30％。

该项目已在《全国 300 个节水增产重点县建设技术推广项目》中得到推广应用，年增经济效益 12 亿元以上。将在我国农业生产实践中得到广泛应用。

裸露坡面植被恢复综合技术研究

主要完成单位：北京林业大学、深圳市万信达环境绿化建设有限公司、西南交通大学、北京三丰环保绿化有限公司、四川省草原研究所、北京绿之源生态科技有限公司、北京华星绿原生态绿化技术有限公司

主要完成人：韩烈保、徐国钢、周德培、赵平、白史且、辜再元、于政惕、苏德荣、张俊云、解亚林

获奖等级：国家科学技术进步奖二等奖

成果简介：

所属科学技术领域：林业科学技术研究领域中边坡防护工程技术的研究范畴，核心内容是植被护坡工程技术，是集岩土工程学、植物学、土壤学、肥料学、高分子化学和环境生态学等诸学科领域于一体的综合工程技术。

主要技术内容：

（1）提出了不同类型裸露坡面植被建植技术模式。

（2）提出了不同气候带生态护坡植物的筛选与配置模式。

（3）液压喷播和喷混植生施工机械的国产化配套技术。

（4）喷播材料系列产品的国产化技术。

（5）建立了边坡植被养护技术体系。

（6）建立了边坡植被工程技术质量的评价体系。

（7）形成了具有我国生态治理工程特色的裸露坡面植被恢复综合技术体系。

这些技术的综合应用，解决了从低缓边坡到高陡边坡、土质边坡到石质边坡、简易边坡到疑难边坡的植被恢复技术难题。

枸杞新品种选育及配套技术研究与应用

主要完成单位：宁夏农林科学院、宁夏上实保健品有限公司、宁夏杞乡生物食品工程有限公司

主要完成人：钟鈺元、李润淮、许兴、李建国、张宗山、安巍、李树华、王锦秀、李健、焦恩宁

获奖等级：国家科学技术进步奖二等奖

成果简介：

主要科技内容：

（1）该项目研究了枸杞抗盐生理学调控机制：发现枸杞多糖、甜菜碱和 SOD 在枸杞抗氧化保护中具有重要作用，枸杞多糖含量与土壤盐分呈显著正相关，确立了枸杞不同发育时期的耐盐阈值。

（2）该项目研究了枸杞生长发育过程的肥水需求规律，确定了枸杞肥水的营养临界期在 4 月下旬，最大效率期为 6 月上旬，提出枸杞需肥及施肥的 N、P、K 配合比例为 1：0.64：0.41。

（3）按照"统一良种、统一建园、统一耕作、统一修剪、统一肥水、统一防虫、统一采收、统一加工"的技术方针，从栽培区域选择、栽培环境评价、优良品种选择、苗木无性繁育、建园规划、整形修剪、土壤培肥、节水灌溉、病虫害防治、鲜果采收、热风制干、分级包装、质量检测、档案管理 14 个方面进行组装配套，形成了枸杞规范化（GAP）种植技术体系，规范枸杞生产。

鹅掌楸属种间杂交育种与杂种优势产业化开发利用

主要完成单位：南京林业大学
主要完成人：施季森、王章荣、季孔庶、方炎明、陈金慧、叶建国、李周岐、叶金山、诸葛强、张晓平
获奖等级：国家科学技术进步奖二等奖
成果简介：

所属科学技术领域：林木遗传育种运用地理远缘隔离物种间杂交可能形成遗传差异的理论，获得具有生长、适应性和抗逆性综合杂种优势的杂交鹅掌楸；通过种群生殖生态和种群生态学研究，揭示了自交不亲和、雌雄异熟和传粉媒介缺乏等鹅掌楸种群濒危机制，人工授粉可以提高结实率；利用发现的鹅掌楸生物学特性，采用开放型杂交新技术，简化杂交手续，提高杂交效率 5 倍以上；揭示了杂种鹅掌楸杂种优势形成的生理学和遗传学机理，制定和完善了鹅掌楸的育种策略，提出综合利用收集到的各种遗传资源，进行鹅掌楸杂交育种的二次创新的育种策略；选出优良组合 48 个，其中适用于园林绿化观赏型的优良家系有 23 个，山地栽培用材型的优良家系有 25 个；突破杂种鹅掌楸体细胞胚胎工程和植株再生技术体系，使得杂种鹅掌楸在工程造林中大量应用成为可能。

南方型杨树（意杨）木材加工技术研究与推广

主要完成单位：南京林业大学、沭阳新概念木业有限公司、苏福马股份有限公司、盐城轻通机械有限公司、江苏胜阳实业股份有限公司
主要完成人：周定国、张齐生、华毓坤、徐咏兰、朱典想、李大纲、张洋、徐永吉、叶敬言、王新男
获奖等级：国家科学技术进步奖二等奖
成果简介：

科学技术领域：木材科学与技术。

主要技术内容：针对杨木主干材资源，运用木材解剖学和高分子材料学原理，研究了杨木的材性特征及其对加工工艺的影响，解决了意杨单板易翘曲变形和难以胶合的技术难题，为意杨胶合板生产提供了理论依据，延伸开发了杨木水泥模板和单板层积材等结构型新产品，并集成组装了生产线成套设备。针对杨木小径材资源，运用复合材料结构设计理论，开展杨木定向结构板的研究，提出了在同条生产线上制造表面细化和不细化两种定向结构板产品的柔性生产体系，并研制了国产化生产线成套设备。

针对杨木枝桠材资源，重点研究了杨木高中密度纤维板，延伸开发了超厚型高中密度纤维板新产品，并研制了蒸汽喷射热压系统；鉴于杨木本身甲醛含量较高以及杨木高中密度纤维板甲醛释放量超标的问题，应用气体扩散理论，发明了氨气真空处理降醛方法，研制成功处理系统，并投入工业应用。

林木种质资源收集、保存与利用研究

主要完成单位： 中国林业科学研究院林业研究所、国家林业局国有林场和林木种苗工作总站、中国林业科学研究院亚热带林业实验中心、河南省经济林和林木种苗工作站、中国林业科学研究院热带林业实验中心、广西壮族自治区林业科学研究院、四川省林业科学研究院

主要完成人： 顾万春、刘红、夏良放、雷跃平、郭文福、莫钊志、干少雄、陈英歌、李斌、仝延宇

获奖等级： 国家科学技术进步奖二等奖

成果简介：

科学技术领域：林木遗传育种与植物种质保存。

主要科技内容：

（1）创建了研究与保存相结合的基本保存库、区域保存库、扩展保存库和低温保存库多级配套的中国林木种质资源保存库体系。

（2）研制出林木种质资源界定以及保存、测定、评价与利用相结合的组合技术，创建了国家林木种质资源保存技术体系。

（3）研究成功林木遗传多样性测定评价的实用配套技术，创新构建林木核心种质的保护物种遗传多样性的核心技术。

（4）研究获得散生、濒危、渐危树种种质资源保存实施中，提高遗传多样性的"聚群保存"模型。

（5）研究建立并实施了遗传多样性生态评价与遗传改良相结合的、分类种质资源创新利用的实用组合技术。

（6）研究建立并实施了我国林木种质资源界定归类、描述规范、数据登录及数据库技术。

猪重要经济性状功能基因的分离、克隆及应用研究

主要完成单位： 江西农业大学

主要完成人： 黄路生、任军、丁能水、陈克飞、艾华水、郭源梅、陈从英、麻骏武、晏学明、高军

获奖等级： 国家科学技术进步奖二等奖

成果简介：

科学技术领域：畜牧业。

主要技术内容：精细定位、分离和克隆了猪 SCD 基因，并发现了显著影响背膘厚的多态位点，建立了改良背膘厚的分子育种新技术；精细定位、分离和克隆了猪 PGK2 基因，并鉴别了影响公猪精液量的多态位点，发展了改良公猪精液量的分子育种新技术；在国际上首次精细定位了猪 SPAM1 基因，并建立了选育公猪繁殖力的分子育种新技术；揭示出中、西方猪种具有不同的 FUT1 基因抗性位点，并新发现了一个与抗性相关的位点，为断奶仔猪抗水肿和腹泻病的选育改良提供了新的标记辅助选择手段；发现中国地方猪种在肉质主效基因（PRKAG3）I199V 位点的遗传特征，提示不能用这个位点作为标记辅助选择来改良中国地方猪或含中国地方猪血缘的合成系的肉质性状。

伪狂犬病基因缺失疫苗的研究与应用

主要完成单位： 四川农业大学、四川华神农大动物保健有限公司、韶关学院、四川动物防疫监督总站

主要完成人： 郭万柱、娄高明、徐志文、孙迎中、石谦、王琴、王印、王小玉、季永诚、汪铭书

获奖等级： 国家科学技术进步奖二等奖

成果简介：

科学技术领域：农业生物技术和动物生产。

主要科技内容：

（1）开展了伪狂犬病病毒分子生物学研究，探明了 PRV Fa 株的生物学特性和分子遗传背景。

①构建了 PRV Fa 株、MⅢ株 3 个系列的基因文库。

②确定了 Fa 株 BamHI 和 Kpnl 大部分限制性酶切位点，绘制了物理图谱，确定 Fa 株与国内外毒株亲源性。

③测定了主要功能基因 gI 和 gE 全序列及 gl/gp63 缺失株缺失部位及其两端序列。

④构建了 PDTK、PP63LacZ 等 4 个转移载体质粒。

（2）构建了 PRV Fa 株 4 个系列的基因缺失疫苗株。

（3）研制了我国第一个动物病毒基因工程疫苗——伪狂犬病三基因缺失疫苗 SA215，制定了疫苗生产制造检验规程和质量标准。

（4）建立了伪狂犬病 gE‑ELISA、核酸杂交、PCR 等检测技术。

海湾系统养殖容量与规模化健康养殖技术

主要完成单位：中国水产科学研究院黄海水产研究所、荣成市水产科学技术研究所、莱州市水产研究所
主要完成人：唐启升、方建光、孟田湘、袁有宪、李健、梁兴明、崔毅、孙慧玲、张继红、王立超
获奖等级：国家科学技术进步奖二等奖
成果简介：

科学技术领域：水产养殖和可持续开发利用技术。

主要科技内容：系统进行了生态优化与规模化健康养殖以及与环境相互作用等研究，提出了相应的海湾系统健康养殖生态基础评估和实用的规模化养殖技术。

健康养殖生态基础与容量评估技术：

（1）首次提出海湾系统多参数贝藻养殖容量评估指标和模型，创建了主要养殖和附着生物能量需求测定技术和多种类型的养殖容量评估技术。

（2）系统开展了大水域海水养殖生态环境基础调查研究，建立了贝类养殖环境质量评价模型。首次探讨了我国浅海贝藻养殖对海洋碳循环的贡献。

多元生态优化养殖模式及环境调控技术：

（1）根据养殖容量及种间生态互补性研究，提出并实施了贝藻多元生态优化养殖技术。

（2）提出的浅海藻类生态环境优化技术和海湾贫瘠养殖水域化学生态调控技术生态试验效果良好，有较好的应用发展前景。

长江中下游湖群渔业资源调控及高效优质模式

主要完成单位：中国科学院水生生物研究所、华中农业大学、湖北省水产研究所
主要完成人：李钟杰、解绶启、崔奕波、王洪铸、梁彦龄、谢从新、张汉华、吴清江、张堂林、雷武
获奖等级：国家科学技术进步奖二等奖
成果简介：

科学技术领域：水产养殖学。

主要科技内容：在湖泊天然渔产潜力估算方面，利用生物能量学模型，建立动态的草鱼、鳜渔产潜力估算模型、河蟹放养与水生生物资源关系模型，为我国湖泊放养渔业和湖泊渔业生态容纳量提供了新的评价方法和重要指标。在湖群无公害渔业方面，对湖泊养殖的优质水产种类的关键养殖技术，进行了系统性的理论深化和集成应用工艺开发，提出以鳜、河蟹、团头鲂、长吻鮠为优质养殖对象的渔业模式。在江-

湖复合水域渔业资源优化配置和利用对策方面，分析了长江与鄱阳湖交界区域的鱼类种群幼苗的互补流通量，提出了不同类型湖泊渔业发展对策。在无公害集约化水产养殖品种的筛选方面，比较了我国常见的养殖品种在不同食物质量条件下生长差异的能量学和营养学机制，为鱼类的定向育种提供了新的科学依据。在无公害人工饲料和投喂技术方面，提出无公害饲料配方技术。

◆ 2006 年

一等奖

竹质工程材料制造关键技术研究与示范

主要完成单位： 国际竹藤网络中心、中国林业科学研究院木材工业研究所、南京林业大学、中国林科院林
产化学工业研究所

主要完成人： 江泽慧、费本华、张齐生、王正、蒋剑春、于文吉、刘君良、任海青、王戈、覃道春、周建
斌、蒋明亮、孙正军、邓先伦、余雁

获奖等级： 国家科学技术进步奖一等奖

成果简介：

该项目针对我国木材短缺，竹材丰富但利用率低的现状，在"十五"国家科技攻关项目和国家"863"计划项目的支持下，经过连续 5 年产学研的联合攻关，开发出全新的竹质工程材料关键技术，形成了 6 项核心技术，获得了 6 项国家发明专利和 2 项实用新型专利。在竹质结构材、竹装饰材和竹炭材料三大领域开发出 32 种全新竹质产品，产生直接经济效益 1.69 亿元，间接经济效益 135 亿元。

该项目的主要技术创新为：①建立了竹质结构材设计的理论模型，发明了无甲醛环保型竹质集成材制造技术，开发出高频胶合竹木复合轻质结构材料制造技术，首创大跨度、高强度结构材制造技术。②发明了竹筒高温加压软化、密齿卡盘旋切技术，发明竹单板尼龙-金属网带干燥技术，集成纵向齿形接长、无纺布强化等多项技术。③独创竹炭吸附功能材料低温催化自黏合成型技术，可燃性气体循环利用技术，突破竹炭纳米孔隙结构定向调控技术，纳米二氧化钛乳液水分散技术及其与竹炭负载技术。

该项目不仅带动了我国竹产业的高速发展，而且为山区竹农开拓了致富途径，同时也为进一步推动世界竹资源可持续利用、显著提高我国竹产业国际地位作出了巨大的贡献。

二等奖

宁夏干旱地区节水灌溉关键技术研究与应用

主要完成单位： 宁夏大学、宁夏回族自治区水利厅、宁夏回族自治区水利科学研究所、宁夏回族自治区水
文水资源勘测局、宁夏回族自治区农业综合开发领导小组办公室

主要完成人： 田军仓、徐宁红、孙兆军、李明翔、鲍子云、方树星、彭世彰、周斌、韩丙芳、李建设

获奖等级： 国家科学技术进步奖二等奖

成果简介：

干旱缺水是制约宁夏经济社会发展的瓶颈。因此，大力发展节水灌溉是宁夏建设节水型社会的战略措施。

该项目属于农田水利工程领域。

（1）主要科技内容。宁夏干旱地区节水灌溉关键技术试验研究，包括宁夏干旱地区引黄灌区盐碱地水稻节水灌溉关键技术试验研究，精准灌溉的原理和宁夏引黄灌区精细地面灌溉的技术试验研究，宁夏中部干旱风沙区扬黄灌区节水灌溉优化配水关键技术试验研究，宁夏干旱地区井灌区和扬水灌区主要作物渠沟田全防渗灌水的节水新技术试验研究，宁夏南部山区窖灌区主要作物节水补灌关键技术试验研究。

（2）技术经济指标。

①发明了微灌用高含沙水净化的新原理——高含沙水排渗过滤方法（即非全流过滤方法）的专利，提出了黄河高含沙水滴灌技术模式。

②提出了节水灌溉条件下作物水肥耦合模型和优化利用规律，畦灌条件下苜蓿、春小麦，畦（沟）膜上灌条件下玉米、西瓜和甜菜，控灌条件下盐碱地水稻，温室滴灌条件下辣椒、黄瓜、西葫芦等蔬菜的作物水肥耦合模型及其优化组合方案。

③首次提出了精准灌溉的六条原理。

④首次提出了渠沟田全防渗节水技术的概念、节水机理、型式和适用性。

（3）装置创新。

①发明微灌用高含沙水净化的排渗过滤（非全流过滤）装置的专利，首次将土工织物应用于高含沙水过滤装置之中。

②在高速公路护栏绿化滴灌方面，发明了长流程小级配滴灌管网和防眩灌溉绿化型混凝土护栏 2 项实用新型专利。

（4）产品创新。发明了"移动式节水补灌机"专利，研制了"移动式多功能节水补灌设备"产品，通过水利部检测和宁夏质量技术监督局产品登记。

（5）品种创新。筛选出了适合盐碱地的油葵、控制灌溉条件下水稻等耐旱、耐盐品种。

（6）标准创新。制定了"移动式多功能节水补灌设备"企业产品执行标准，水稻节水高产控制灌溉技术规程，宁夏节水型社会发展纲要。

（7）开发出 22 个节水灌溉设备产品，制定了 4 个地方标准，7 个企业标准，所取得的各类科技成果，已大面积推广应用。

优质高效型油菜中双 9 号的选育及其重要性状的分子基础研究

主要完成单位：中国农业科学院油料作物研究所
主要完成人：王汉中、刘贵华、郑元本、王新发、杨庆、金河成、陈吾新、沈金雄、张冬晓、刘凤兰
获奖等级：国家科学技术进步奖二等奖
成果简介：

所属领域：作物育种与良种繁育学。

主要科技内容：中双 9 号是通过多亲本复合杂交，小孢子培养，并对不同世代分别侧重进行产量综合性状、抗性与品质性状的不同强度筛选，以达到多目标性状的快速聚合，获得超高产、高抗病、高抗倒伏、高含油量、高蛋白质含量、低芥酸、低硫苷含量等多项性状优异的油菜新品种。明确了中双 9 号高抗病性和抗倒性强系与其茎秆的木质素含量高有关，克隆了 3 个与木质素合成相关基因，发现在中双 9 号中含有一个新的低芥酸基因，建立了中双 9 号 SSR 指纹图谱。2002 年和 2005 年分别通过湖北省和国家审定。

技术经济指标：①超高产。湖北省区试平均亩产 165.48 千克，比对照中油 821 增产 15.33%，是湖北省油菜区试历史上首个比对照品种增产幅度达 8%以上的双低常规品种。②高抗菌核病。湖北省区试中比抗病对照品种发病率降低 28%，病情指数降低 36%，其抗病性居参试品种首位。③高抗病毒病。湖北省区试中比对照品种发病率降低 69%，病情指数降低 60%，其抗病性居参试品种首位。④高抗倒伏。抗

折力为中油 821 的 2.09 倍，倒伏指数比其降低 38.3%，湖北省和国家区试共 38 个点次有 33 点次表现强抗倒伏，为最抗倒伏品种，其抗倒性达国际领先水平。⑤高含油量。区试平均含油量 42.58%，比对照品种提高 7% 以上，最高年份达 44.67%。⑥高蛋白质含量。蛋白质含量 32.83%，居同轮区试首位，比对照品种高 1.55%。⑦双低。种子芥酸含量 0.22%，商品籽硫苷含量 17.05 微摩尔/克（饼），居国际先进水平。⑧油蔬两用。试验中菜薹产量 148.8 千克/亩，摘薹后菜籽增产，亩增收 100 元以上；其菜薹维生素 C 和蛋白质含量分别比红菜薹高 44.3% 和 38.9%。

该品种已作为抗病、抗倒和优质资源广泛应用于国内外许多油菜育种研究。其新的低芥酸基因源的发现对克服国际低芥酸基因源的单一性具有重大意义。该品种累计在湖北、湖南等省推广 2 074.1 万亩，创经济效益 21.3 亿元。该品种的大面积推广应用，明显提升了我国油菜的产量和品质水平，显著提高了我国油菜产业的国际竞争力。

甜、辣椒优异种质创新与新品种选育

主要完成单位：中国农业科学院蔬菜花卉研究所
主要完成人：张宝玺、郭家珍、杨桂梅、王立浩、毛胜利、冯兰香、田如燕、徐光、黄三文、堵玫珍
获奖等级：国家科学技术进步奖二等奖
成果简介：

该项目属现代农业技术领域。项目针对我国北方甜、辣椒病毒病、疫病严重，缺乏抗病、丰产品种和品种类型单一等问题，通过育种技术集成创新，在优异种质创新、品种自主创新方面获得突破。

（1）采用生物技术与多抗性鉴定技术相结合，由引进的 1 351 份甜、辣椒种质资源中，鉴定评价出 230 份优异种质，创新出 83-58、83-163、79-1、75-7-3-1 等优异自交系共 8 份，胞质雄性不育系 2 份，高恢复力的甜椒恢复系 1 份。其中 Gadir-DH2（2003-R-51）、Osir-DH3（2003-R-48）为国内首次育成抗疫病兼抗 CMV、适合保护地长季节栽培的甜椒自交系。

（2）在国内，最早明确华北地区甜、辣椒 7 种病毒病毒原，主要为 CMV 和 TMV，CMV 有 4 个主要株系，最早建立了病毒病、疫病的多抗鉴定技术体系。国际上首次报道了胞质雄性不育恢复性的 QTL 定位，建立了胞质不育恢复性与抗疫病的分子标记辅助选择体系。

（3）用创新自交系育成具有自主知识产权的新品种中椒 6 号，具有中早熟、丰产、优质、耐贮运、耐湿、抗 TMV 和 CMV 特性，是目前华北种植面积最大的微辣型品种；中椒 7 号具有早熟、优质、丰产、中抗 CMV 和 TMV、中抗疫病特性，是目前华北最佳的大果型保护地早熟栽培的甜椒品种；中椒 8 号具有中晚熟、中抗 CMV 和 TMV、抗疫病、优质特性，是华北最优的越夏恋秋栽培甜椒品种。

（4）3 个品种比对照增产 27.7%～38.8%，亩增值 259.5～738.4 元，全国累计种植 603.0 万亩，新增经济效益 20.9 亿元。已成为北方和中南地区主栽品种，在冀、晋、豫等省分别占微辣型辣椒、保护地早熟栽培甜椒、晚熟露地甜椒栽培面积 60%、70% 和 20% 左右。

经专家鉴定，该项目在种质资源引进消化创新、育种技术集成创新及品种选育自主创新等方面达到国际先进水平，其中甜椒胞质雄性不育恢复系分子辅助选择技术处于国际领先地位。项目显著提高了我国甜、辣椒遗传育种水平，促进了我国蔬菜产业的发展。

高油高产多抗花生新品种国审豫花 15

主要完成单位：河南省农业科学院棉花油料作物研究所
主要完成人：张新友、汤丰收、董文召、任春玲、时小红、祝水金、赵志芳、詹根印、臧秀旺、李蝴蝶
获奖等级：国家科学技术进步奖二等奖
成果简介：

该项目属作物育种学、良种繁育学技术领域。

豫花 15 系河南省农科院棉花油料作物研究所育成，先后通过京、豫、皖和国家审定，并获得国家植物新品种权及农作物优质新品种"后补助"，2005 年获河南省科技进步一等奖。

研究内容：①针对花生生产、油脂加工及外贸出口等产业发展的需要，采用杂交方法，育成了高油、高产、多抗花生新品种豫花 15。②研究豫花 15 高产、高油、抗逆的生理基础及配套技术，建立优质高产栽培技术规程，提高花生规范化种植水平。③创新花生良种繁育技术，制定繁育技术新标准，促进花生种子生产的标准化。④加强与生产部门及企业的合作，加速豫花 15 的推广。

技术经济指标：①豫花 15 品质优异。平均脂肪含量 56.25%，居 1990 年以来国家审定的同类型品种之首；荚果为普通形大果，符合出口标准。②高产、稳产。在京、豫、皖及全国试验中，籽仁比曾获得国家科技进步二等奖的对照品种豫花 1 号和鲁花 9 号增产了 10.44%～20.44%，比近期获得国家科技进步二等奖的豫花 7 号增产 8.54%，在示范推广中，多年出现亩产超过 400 千克的丰产方，并创造了 60 亩平均亩产 571.5 千克的高产典型；稳产性好。③兼抗 5 种病害及 2 种生长逆境。豫花 15 高抗网斑病、叶斑病、枯萎病，抗锈病和病毒病；耐湿涝性突出；耐旱、抗倒伏。④早熟。夏播生育期 115 天左右，能满足小麦、花生一年两熟种植制度的要求。⑤适应性广。适宜于豫、皖、鲁、冀等省（直辖市）种植。

对行业的促进作用：豫花 15 及其栽培技术的推广，有力提升了种植区花生生产的科技水平；豫花 15 及其姊妹系作为优质、抗病亲本，在我国花生育种中发挥着重要作用，已育成一批优质、抗病新品种或品系；制定的《花生四级种子生产技术操作规程》已被批准为河南地方标准，正申报国家标准，对我国花生良种繁育体系建设将产生深远的影响。

高产、优质、多抗、广适棉花杂交种——中棉所 29 选育及推广应用

主要完成单位：中国农业科学院棉花研究所
主要完成人：邢朝柱、郭立平、王海林、靖深蓉、苗成朵、刘金海、袁有禄、郭香墨、杨付新、崔学芬
获奖等级：国家科学技术进步奖二等奖
成果简介：

该项成果属于棉花杂种优势利用研究领域。鉴定意见：国内同类研究领先地位，总体达到国际先进水平，部分内容居国际领先地位。获得中国农科院科技成果一等奖、全国丰收一等奖、河南科技进步一等奖。

（1）通过多种育种技术的成功组装实现集成创新，提升原有育种水平。打破了优良性状负相关的传统育种难题，完成多项优良性状聚合，改变国内棉花品种优良性状单一、适应性不广的状况。育成的中棉所 29 主要技术经济指标：①稳产高产，平均增幅 34.5%；②纤维品质优良，长度 29.4 毫米，比强度 24.2 克/特，麦克隆值 4.8；③适应性广，长江、黄河流域均适种植；④多抗病、虫，枯萎病指 2.3，黄萎病指 19.7。

（2）制种技术体系上有重要创新，实现棉花杂交制种规模化、集约化，解决了棉花生产大规模利用 F_1 代的关键问题。国内目前的人工杂交制种体系中，90% 以上借用了中棉所 29 的管理模式和技术操作规程。

（3）中棉所 29 是目前国内推广面积最大、适应范围最广、经济效益最显著的棉花杂交种。累计种植面积 3167 万亩，新增经济效益 59 亿元，占全国杂交棉一代累计种植面积 50% 左右。农业部统计结果，中棉所 29 审定后，至今一直是国内种植面积最大的棉花一代杂交种，在抵御美国品种冲击我国棉种市场中起到了关键作用。通过国家、安徽、山东、河南省审定，科技部列为重点推广品种，江苏、安徽、江西、河南、山东、湖北等省作为主推品种。

（4）良种良法配套，最先提出和推广杂交棉栽培、植保多项配套技术，发表多篇论文，出版 1 部专著。

（5）对行业发展起到巨大推动作用。①改变我国杂交棉的生产利用方式。从只能种植优势不强的 F_2 代变为大规模种植强优势 F_1 代，填补了我国大规模利用棉花 F_1 代的空白。②开创杂交棉研究利用新局面，带动行业蓬勃发展。引发了国内育种界对杂交棉的普遍关注和广泛研究，成为棉花品种选育的主流方向之一，杂交棉 F_1 代在总植棉面积中所占的比例从不到 1％发展到 15％以上，有力推动棉种产业化。

大白菜游离小孢子培养技术体系的创建及其应用

主要完成单位： 河南省农业科学院生物技术研究所、河南省农业科学院园艺研究所
主要完成人： 张晓伟、蒋武生、耿建峰、原玉香、栗根义、韩永平、荆艳彩、申泓彦、高睦枪、杨志辉
获奖等级： 国家科学技术进步奖二等奖
成果简介：

　　该项目属蔬菜育种及生物技术研究领域。

　　从大白菜游离小孢子培养的基础理论研究入手，历经 16 年的系统研究，成功地创建了大白菜游离小孢子高效培养技术体系。依据小孢子发育的细胞形态学变化特点，提出了选择合适培养材料的可靠方法。对影响培养效果的关键因素（温度预处理、培养基、添加物、培养方法等）进行研究，优化了培养程序，接种基因型 527 个，诱导成功基因型 431 个，总诱导基因型成功率 81.7％。单个基因型诱导率最高达 350 胚/蕾。共诱导胚状体 3.4 万枚，再生植株 2 万余株（丛）。实现了纯系材料的工厂化生产，获得纯系 1.3 万余份。构建用于分子作图的永久性分离的双单倍体群体 3 个，最大群体 DH 数 752 个。

　　国内外首次将大白菜游离小孢子培养技术大规模应用于育种实践，显著缩短了育种周期，提高了育种效率。育成 5 个不同类型的系列新品种豫新 1 号、豫新 5 号、豫园 1 号、豫园 50 和豫早 1 号（豫白 1 号），豫新 1 号、豫新 5 号通过国家审定，其余 3 个通过河南省审定。豫新 1 号、豫早 1 号已获得植物新品种权。育成品种具有抗病、优质、丰产和适应性强的优良特点。5 个品种均抗病毒病、霜霉病、黑斑病和黑腐病 4 种主要病害；软叶率 50％以上，品种整齐度高。5 个品种中，豫新 1 号、豫新 5 号、豫园 50 3 个品种产量居各区试组第一位。豫园 1 号获得国家农作物新品种二等后补助，豫新 1 号、豫新 5 号分别获得国家"863"计划后补助二等资助。豫新 1 号、豫新 5 号、豫园 50 获得农业科技成果转化资金资助。研制出各品种配套栽培技术及杂交制种技术。

　　该项目是细胞工程技术运用于育种实践的成功范例，解决了大白菜育种中的关键技术难题，提高了我国大白菜育种水平，并在不结球白菜、花椰菜、甘蓝等蔬菜上应用成功。5 个大白菜品种自育成以来，先后推广到河南、河北、山西、山东、湖北、陕西等主产省份。1996—2005 年，累计推广面积 534.9 万亩，新增净菜产量 30 多亿千克，新增产值 12.7 亿元，提高了我国大白菜生产水平，产生了显著的社会经济效益。

柑橘优异种质资源发掘、创新与新品种选育和推广

主要完成单位： 华中农业大学、赣州市果业局、秭归县农业局、兴山县特产局、长阳土家族自治县农业局
主要完成人： 邓秀新、伊华林、郭文武、夏仁学、孙中海、刘继红、彭抒昂、钟八莲、覃伟、谭勇
获奖等级： 国家科学技术进步奖二等奖
成果简介：

　　该项目属于果树学领域。

　　项目研究历时 10 余年，主要研究内容与结果：

　　（1）为克服柑橘杂交育种中存在的多胚性、雌/雄性器官不育等障碍，建立了完善的原生质体融合技术体系，双核异源融合率平均达到 15.2％，为国内外最高；融合后通过离心富集异核体，显著提高了体细胞杂种再生率，最高达 100％，已创造出 33 例有重要应用价值的柑橘种间、属间体细胞杂种和胞质杂

种。将转绿色荧光蛋白（GFP）基因植株用于原生质体融合，发现柑橘体细胞杂种具有再生优势。采用对称融合方式转移温州蜜柑胞质雄性不育基因（CMS），获得了 3 例转 CMS 的胞质杂种新资源，这一方法是柑橘无核育种的新途径。

（2）针对地方良种种籽多，以柑橘异源四倍体体细胞杂种为父本与有籽品种杂交，结合胚抢救技术培育三倍体植株，为柑橘业贮备了无籽候选株系；筛选出三倍体胚抢救的最佳时期为授粉后 80～90 天，三倍体获得率达到 40% 以上，共获得 10 个组合 244 株三倍体植株，已结果的三倍体无籽。

（3）为减少沙田柚种籽数（>100 粒），开发以柑橘体细胞杂种作为沙田柚授粉的花粉源，获得了柚瘪籽果实（≤9 粒）。

（4）基于我国柑橘品种成熟期集中、良种率低等问题，通过芽变选种等途径，审定了华柑 2 号、鄂柑 2 号、奉节晚橙、鄂甜橙 1 号 4 个新品种；引进筛选并认定了纽荷尔脐橙、红肉脐橙、HB 柚 3 个品种，这些新品种已形成优势产业区，推广面积达 107.4 万亩，三峡库区良种率提高了 26%，赣南等产区良种覆盖率超过 80%。结合新品种推广，研究制定了配套的生产技术，提高了我国柑橘栽培水平。推广的"预植大苗定植"技术，使果园投产期比传统方法提早 1 年，前 5 年增收 6 840 元/亩，已推广 91 万亩。新品种和配套技术的推广应用，近 3 年新增效益 18.4 亿元人民币，安置移民近 3 万名。

（5）发表研究论文 61 篇，其中 21 篇被 SCI 收录，被 SCI 他引 148 篇次。

高产稳产广适高效转基因抗虫杂交棉鲁棉研 15 选育与产业化开发

主要完成单位：山东棉花研究中心、中国农业科学院生物技术研究所、山东中棉棉业有限责任公司、山东农兴种业有限责任公司

主要完成人：李汝忠、郭三堆、董合忠、王宗文、王景会、李维江、傅振华、申贵芳、张锐、韩长胜

获奖等级：国家科学技术进步奖二等奖

成果简介：

在国内率先研究提出了棉花转基因抗虫育种策略，指导育种实践，取得显著成效，选育出了具有我国自主知识产权的抗虫杂交棉、常规抗虫棉和抗虫短季棉三大类型的多个表现突出的转基因抗虫棉新品种，实现了国产转基因抗虫棉品种类型的配套，丰富了棉花遗传育种理论。

抗虫杂交棉鲁棉研 15 具有高产稳产、品质优良、适应性广、抗逆性强等突出特性，实现了高抗棉铃虫性与多个优良性状的良好结合，在连续 5 年的山东省和国家区试中，产量均居第一位，大面积种植表现突出，多次创出抗虫杂交棉单产新水平，是我国棉花育种上的又一重大突破。

研究建立了鲁棉研 15 大面积高效制种技术体系，建立健全了组织管理体系，大幅度提高了制种产量和效率，通过加强制种基地建设，使山东成为全国最大的棉花杂交制种基地，带动和促进了我国棉花杂交制种产业的发展，使我国黄淮流域棉区大面积种植棉花杂交 F_1 代成为可能。在深入研究其生理基础与生长发育规律的基础上，研究集成了鲁棉研 15 稀植简化配套栽培技术体系，为该品种的大面积推广应用提供了技术支撑。1999—2005 年，在山东、江苏、河南、安徽、湖北、江西、河北、天津 8 省（直辖市）累计推广 2 366 万亩，增产皮棉 4.1 亿千克，增加直接经济效益 47.9 亿元。其中，山东省累计推广 619 万亩，占全省同期杂交棉种植总面积的 81.3%，2004、2005 年达 88% 以上；制种 10.5 万亩，占全省同期制种总面积的 68.6%，是推广面积最大、取得经济效益最高的转基因抗虫杂交棉品种，极大地推动了我国抗虫杂交棉的发展，起到了里程碑的作用。

鲁棉研 15 的育成与大面积推广应用，提高了棉农的科技意识和科技植棉水平，优化了棉区的种植结构，培植了龙头企业，安置了大量农村富余劳动力，探索出了一条新形势下适合我国国情的科研、推广、企业密切合作的抗虫杂交棉产业化新途径。

该成果发表论文 30 篇，其中 SCI 收录论文 6 篇，制作专题片 2 部。研究成果整体达国际领先水平。

小麦籽粒品质形成机理及调优栽培技术的研究与应用

主要完成单位： 南京农业大学、扬州大学、江苏省作物栽培技术指导站

主要完成人： 曹卫星、郭文善、王龙俊、姜 东、戴廷波、朱新开、朱艳、封超年、束林华、荆奇

获奖等级： 国家科学技术进步奖二等奖

成果简介：

该项目属农业科学技术领域。

1996—2005 年，以适应优质小麦产业发展的重大需求为前提，以专用小麦品质生理生态及调控技术为研究目标，以品质生理-生态-技术间的动态关系为主线，以不同类型（弱筋、中筋、强筋）专用小麦品种为材料，综合运用多种现代农学理论和方法，在专用小麦籽粒品质形成规律、品质生理生态、品质生态区划、品质调优栽培及管理决策技术等方面，开展了深入系统的研究和开发工作，提出了规范化、标准化、信息化的量质协调的专用小麦生产技术体系及产业化发展模式。

该项目在理论研究、技术开发和推广应用方面取得了明显创新：①系统确立了小麦籽粒品质随基因型与环境的变异规律及专用小麦品质评价指标；②揭示了不同类型专用小麦籽粒品质形成机制及调控原理；③综合阐明了水分、温度、肥料、密度、播期等环境和栽培因子对不同类型专用小麦籽粒品质形成的调控效应；④建立了基于气候因子效应的小麦籽粒品质指标预测模型；⑤构建了指标化、标准化、信息化的专用小麦量质协调栽培技术规范与决策支持系统；⑥创立了基于推广应用与产业开发相结合的优质小麦产业化技术服务模式。

发表重要学术期刊论文 112 篇（刊印中 5 篇），其中 SCI 论文 11 篇、国内一级学报论文 45 篇；学术会议论文 29 篇（国际会议论文 3 篇）；出版著作 2 部；研制推广专用小麦调优栽培技术规程 20 个、调优栽培技术明白图 2 份、调优栽培决策支持系统 1 个；培养博士与硕士研究生及博士后 37 名。

该项目成果经在江苏及邻近省（直辖市）的大面积推广应用，提高了项目实施区优质专用小麦栽培技术与产业化发展水平，取得了重大的经济、社会和生态效益。1999—2005 年在江苏省及安徽、河南和上海等邻近省（直辖市）累计推广面积 7 602.8 万亩，累计增加直接效益 23.252 亿元；建立和推广了 4 个各具特色的优质专用小麦生产产业化模式，尤其是促使江苏省优质专用小麦生产比例由 1999 年的不足 5%提高到 2005 年的 83.2%，并成为我国最大的优质弱筋专用小麦生产基地。

高产、稳产、优质小麦品种川麦 107 及其慢条锈性研究

主要完成单位： 四川省农业科学院作物研究所、四川省农业科学院、四川大学

主要完成人： 李跃建、朱华忠、宋荷仙、伍玲、肖小余、廖吕莉、彭云良、汤永禄、邓丽、陈放

获奖等级： 国家科学技术进步二等奖

成果简介：

该项目的科学技术领域为农业科学技术。

主要科技内容和技术经济指标：

1. 研究内容

（1）高产、稳产、慢条锈病和优质小麦品种选育。

（2）慢锈性研究。

（3）慢锈性基因遗传、标记和特异性蛋白质研究。

2. 技术指标

（1）低世代穿梭育种、高世代多点鉴定。$F_2 - F_6$ 在不同生态区和重病区选丰产性、适应性、抗逆性和慢条锈性；稳定后在山、丘、坝鉴定丰产性、适应性，育成的川麦 107 慢条锈病、根系强健、丰产、稳

产、适应性广。

（2）丰产性、稳产性和优质有机结合。川麦 107 灌浆期光合能力强、持续期长，光合产物运转畅通，收获指数 48%；在国家和四川省区试中，比对照增产 13.4% 和 8.4%，高产田过 500 千克/亩；耐低温、干旱、瘠薄、适应性和稳产性好；分期播种时，可育花粉率 46%～60%，变异系数比对照低 4.4 个百分点；在丘陵高、中、低 3 个台位上均比绵阳 26 增产 12% 以上；在所有试验中，83% 的点（次）增产。该品种粒白饱满，无 $Wx-B1$ 基因和 GBSS 蛋白，是优质面条小麦。

（3）慢条锈病。川麦 107 为慢条锈病品种，慢锈性受 2 对隐性基因控制，SSR 标记分别为 Xgwm46 - 7B 和 Xgwm648 - 3D。

（4）川麦 107 具有慢条锈病特异性蛋白质。条锈菌侵入后，与高感条锈病的 80 - 8 比，川麦 107 多诱导出 1 个特异性的慢锈性蛋白质，其分子质量约为 16.8ku，pI 为 5.5。

3. 对促进行业科技进步的作用

川麦 107 是我国培育的少有的大面积推广的慢条锈病品种。率先对慢条锈性及其遗传规律、SSR 标记定位、蛋白质差异性表达等的研究，有助于我国慢锈性育种和小麦抗病蛋白质组研究。

4. 推广情况

川麦 107 是国家和四川审定的全国、全省重点推广品种，是四川和西南麦区 10 多年来育成的突破性品种和推广面积最大的品种，是国家和四川省区试对照，在川、滇、黔、渝、陕等省市推广 4 050 万亩。按平均增产 10%、且缩值 70% 计，亩增 18.5 千克，累积增产 7.5 亿千克。按每千克小麦 1.0 元计，新增社会效益 7.5 亿元。发表论文 25 篇，被引 32 次。

野生与特色棉花遗传资源的创新与利用研究

主要完成单位：中国农业科学院棉花研究所、河北省农林科学院棉花研究所、湖北省农业科学院经济作物研究所

主要完成人：王坤波、张香云、华金平、宋国立、耿军义、易先达、李俊兰、李宗友、黎绍惠、刘方

获奖等级：国家科学技术进步奖二等奖

成果简介：

该项目属农业研究领域。

主要科技内容是：收集保存一批野生与特色棉花遗传资源，挽救了我国棉花濒危资源；在海南建成国家野生棉种质圃，保存可收集到的棉种的 80%，获得 130 余个杂种，其中栽培棉与野生棉的杂种约 100 个，多数在国内外未见报道；通过远缘杂交创制的源于海岛棉、亚洲棉、陆地棉种系或野生棉种质的新材料 700 余份，其中海陆 1 - 1、海陆瑟 FR2 - 2 和海陆野 96 - 3 表现特优，用其育成品种近 50 个；较系统研究了半配生殖棉花，阐明了高频率自然产生单倍体的机理，获得诱导频率显著提高的半配生殖新材料 Vsg - 1，提出了"三步程序法"单倍体育种途径，并由此育成新材料 12 份、新品种 16 个。实现了陆地棉胞质和哈克尼西棉胞质三系配套，获得海岛棉、异常棉血缘的新恢复系，丰富了三系育种材料。提出棉花异源细胞质系培育的技术路线，育成了棉属细胞质同核系，研究了异源细胞质，特别是哈克尼西棉细胞质的遗传效应，证实异源细胞质的育种可利用性。棉花原位杂交研究在国内外较有特色，探针用到棉种基因组 DNA、靶 DNA 采用体细胞染色体、研究对象用到种间杂种；直观证实了四倍体棉种双二倍起源、发现四倍体棉种 A 与 D 亚组间染色体大片段易位或 DNA 殖民化现象、修正了雷蒙德氏棉为四倍体棉种 D 亚组染色体公共来源的理论、发现 GISH - NOR 等特殊现象。

该项目的总体技术水平为国际先进。项目组向国内提供遗传材料 7 000 余份次，直接用做亲本育成新品种 172 个（占全国同期总数的 38%）。其中，到 2004 年累计推广面积 50 万亩以上的有 51 个，在全国种植面积共达 5.5 亿亩（占全国同期总量的 50.6%），新增社会效益 508 亿元；完成获奖科技成果 31 项、科技论文 500 余篇、研究生学位论文近 70 篇。该项目在棉花野生与特色资源方面，建立了广泛收集和安

全保存机制、行之有效的创新方法和提供利用的平台，成为棉花遗传改良领域科研教学试验素材的主要来源，为棉花新品种选育创造了基础材料，为棉花高级专业人才的培养和新理论的创新提供了基础材料。

杀虫活性物质苦皮藤素的发现与应用研究

主要完成单位：西北农林科技大学、农大德力邦科技股份有限公司
主要完成人：吴文君、胡兆农、刘惠霞、姬志勤、朱靖博、祁志军、周文明、师宝君、刘国强、李富国
获奖等级：国家科学技术进步奖二等奖
成果简介：

该项目是新农药创制的前沿课题，属于生物与现代农业技术领域的生物农药及应用技术。

该研究：①采用活性追踪分离活性成分的策略，从杀虫植物苦皮藤中分离出 19 个苦皮藤素类（二氢沉香呋喃多元醇酯）化合物，其中 15 个是首次报道的新化合物，并独立发现苦皮藤素 V 和苦皮藤素 IV 为主要杀虫活性成分；②研究了温度和光照对苦皮藤素稳定性及杀虫活性的影响，发现苦皮藤素的光稳定性，证实苦皮藤素是具有"负温度系数"的杀虫活性化合物；③系统研究了苦皮藤素 V 的作用机制，独立提出苦皮藤素 V 作用于昆虫消化系统，以中肠细胞特异性受体为靶标的机理，并提出了"昆虫消化毒剂"的概念及创制昆虫消化毒剂的途径；④证实了苦皮藤素对昆虫的选择作用，阐明了选择机理。在上述研究的基础上从农药学的角度开展了苦皮藤素的应用研究，获得了"苦皮藤乳油及其制造方法（ZL92113104.06）"和"两种苦皮藤水基杀虫剂（ZL99109275.09）"等 3 项发明专利；研制出"0.2％苦皮藤素乳油（LS20001489）"和"0.15％苦皮藤素微乳剂"新型生物源农药，完成了相应的工艺条件、毒性试验、环境安全性评价、抗药性风险评价和两年两地的大田药效试验，最后实现产业化批量生产。

该项目中"杀虫植物苦皮藤有效成分研究"、"新型植物杀虫剂 0.2％苦皮藤素乳油的研制"分别于 2000 年 1 月和 2001 年 4 月通过陕西省科技厅组织的成果鉴定，专家一致认为两项成果均达到"国际先进水平"。

该项研究获得的两项国家发明专利于 2000 年以 330 万元转让给陕西农大德力邦科技股份有限公司，其中 0.2％苦皮藤素乳油已获农药"三证"批量生产。2003—2005 年生产 309 吨，企业新增利税累计 1 306.47 万元；推广应用面积 278 万亩，获经济效益 14.734 亿元。

该项目的完成促进了我国生物农药的发展，特别是极大地带动了我国植物源农药的研究与开发。所研发产品为无公害农药，可以部分取代我国当前使用的高毒农药品种，有助于农药产业结构调整。

微生物农药发酵新技术新工艺及重要产品规模应用

主要完成单位：中国农业科学院农业环境与可持续发展研究所、华中农业大学、中国农业大学、山东省农业科学院植物保护研究所、福建农林大学、湖北康欣农用药业有限公司、河南省农业科学院植物保护研究所
主要完成人：朱昌雄、陈守文、宋渊、于毅、关雄、蒋细良、刘红彦、杨自文、朴春树、李季伦
获奖等级：国家科学技术进步奖二等奖
成果简介：

该项目属于农业与生物技术领域，研究内容涉及发酵工程、植物保护、微生物和农药技术等多个交叉学科。

该项目获得了具有自主知识产权的中生菌素（中生）产生菌——淡紫灰链霉菌海南新变种，通过菌种选育得到摇瓶发酵单位比出发菌株提高了 3.25 倍的高产菌株；通过诱变育种和理性筛选获得了阿维菌素（阿维）高产菌株，阿维 B1 组分摇瓶发酵单位提高了 2.8 倍；利用基因工程技术获得仅产阿维 B 组分的工程菌。开发了不同品种各具特色的补料发酵新工艺，使 B1 发酵单位达到 5 500～6 000 国际单位/微升（40 吨罐），生产成本降低了 50％；中生发酵单位达到 1.028 万毫克/升（30 吨罐），生产成本降低了 67％；阿维发酵单位达到 4 500 毫克/升（60 吨罐），生产成本降低了 63％。建立了中生发酵后处理综合

利用新工艺和 Bt 微滤浓缩新工艺；中生产品总收率提高到 75％～78％，粉尘回收率达 99.9％以上；Bt 微滤浓缩产品收率提高至 85％以上。研制出 Bt 水分散颗粒剂、油悬浮剂、微胶囊剂和纳米制剂，中生可湿性粉剂、可溶性粉剂和缓释颗粒剂等新剂型，其中 3 个新剂型获得农药登记证。5 年累计生产阿维原药 200 吨、Bt 制剂（折算 4 000 单位）6.0 万吨、3％中生 1 450 吨，总产值 6.98 亿元，新增效益 3.1 亿元。制定了以微生物发酵农药主控茶、果、蔬病虫害的应用技术和无公害生产规程，建立了 5 个以微生物农药为主控药剂的病虫害综合防治示范基地。5 年累计在 5 个基地 3 类作物上的示范应用面积达到 1 亿多亩次，在其他作物和省份的辐射面积达到 7 亿亩次，累计应用总面积 8 亿亩次，减少病虫害损失 112 亿元。

该项目共申请专利 20 件，已授权 11 件；发表论文 105 篇，SCI 收录 12 篇；通过项目研究大幅度提高阿维、Bt、中生的发酵水平，其中 Bt、中生的发酵单位超过或达到国际先进水平，极大地提高了我国微生物农药的国际市场竞争力和产业的整体技术水平，使我国成为阿维的生产强国、Bt 的生产大国；获得 67 个绿色食品和无公害农产品认证证书，有效地促进了我国无公害和绿色食品的发展，取得了十分显著的经济、社会和生态效益。

小麦品质生理和优质高产栽培理论与技术

主要完成单位：山东农业大学、中国农业科学院农业信息研究所
主要完成人：于振文、王东、张永丽、王月福、赵俊晔、许振柱、姜东、吕修涛、王旭东、梁晓芳
获奖等级：国家科学技术进步奖二等奖
成果简介：

该项目属农业科学技术领域。

历时 12 年（1994—2005），利用系统工程原理，采用现代生物技术，系统深入地研究了小麦籽粒蛋白质品质和淀粉品质形成的生理机制，划分品种蛋白质品质和淀粉品质类型，揭示了高产条件下，小麦对氮素、硫素和光合产物的同化、降解及向籽粒分配与再分配的生理规律及其与籽粒蛋白质品质和淀粉品质形成的关系，外界因素对小麦蛋白质品质、淀粉品质和产量的调控效应与机理，开拓出有特色的协调籽粒蛋白质组分和淀粉组分，改善蛋白质品质和淀粉品质，并同步提高产量的技术途径。

该途径的核心是：运用优化的配套栽培技术，在拔节后调控植株有较多氮素和光合产物积累的基础上，提高灌浆期蛋白水解酶和果聚糖外水解酶活性，促进氮素和光合产物向籽粒转运，增加籽粒氮素和蔗糖供应水平，调节籽粒氮/硫比例，改善品质，达到优质小麦国家标准，增加产量，提高氮肥和水分利用率，减少土壤氮素淋溶，实现优质、高产、高效、生态、安全相结合。为黄淮冬麦区和北部冬麦区优质小麦生产，保证粮食安全提供了先进技术。

小麦优质高产栽培技术被农业部定为 2004 年、2005 年小麦生产主推技术，2003—2005 年在鲁、豫、冀、皖、苏、晋、鄂、川等小麦主产省累计推广 1.40 亿亩，增产小麦 39.01 亿千克，新增经济效益 36.79 亿元，为我国小麦生产作出重大贡献。在山东兖州创出 1.81 亩优质中筋小麦泰山 23 号实打验收亩产 735.66 千克超高产，为我国优质小麦高产更高产树立了样板。本项技术适用于我国黄淮冬麦区和北部冬麦区优质强筋和中筋小麦生产，该区小麦面积占全国小麦面积的 63％，有广阔的推广前景。

发表学术论文 56 篇，其中在 *J. Agronomy & Crop Science*、*Plant and Soil*、《作物学报》和《中国农业科学》等国内外重要学术刊物发表 42 篇，被国外 *Crop Physiology Abstracts* 等 8 种科技文摘摘录，在国际上产生一定影响，理论和实践上有重要创新，为作物栽培学科的发展作出重要贡献。

小麦抗病生物技术育种研究及其应用

主要完成单位：南京农业大学、中国农业科学院作物科学研究所、江苏省农业科学院、江苏里下河地区农业科学研究所、张掖市农业科学研究所、山西省农业科学院小麦研究所

主要完成人：陈佩度、陆维忠、辛志勇、张增艳、程顺和、周淼平、张守忠、王秀娥、林志珊、张旭

获奖等级：国家科学技术进步奖二等奖

成果简介：

小麦白粉病、黄矮病和赤霉病是危害我国小麦生产的 3 种主要病害，对我国小麦稳产、高产构成严重威胁。该项目将现代生物技术与传统的经典育种方法紧密结合，在国际上率先将簇毛麦的抗白粉病基因 *Pm21* 和中间偃麦草的抗黄矮病基因 *Bdv2* 通过染色体工程技术转入小麦栽培品种，对易位系进行了精细的细胞遗传学鉴定和分子标记分析，完成了抗病基因的染色体定位，并在此基础上进一步改良易位系的农艺性状，创造出综合农艺性状较好，便于育种家应用的高抗白粉病、黄矮病的新种质。通过花药、组织培养，并采用赤霉病病原菌毒素 DON 筛选抗赤霉病变异体，创造出抗赤霉病、综合农艺性状优良的体细胞变异系。抗病优异新种质已向国内外 50 多个单位发放，并已被用做抗病亲本育成了一批新品系和新品种。

该项目开发出与小麦抗病基因紧密连锁或共分离的分子标记。将细胞工程、分子标记辅助选择、滚动回交、轮回选择、聚合育种、人工接种和重病区鉴定和一年多代等方法紧密结合，构建了小麦抗病生物技术育种平台，创造出一批聚合多个抗病基因和优质基因的新种质，成功地用于育种实践。

育成了 15 个抗白粉病、抗赤霉病、抗黄矮病的小麦新品种。累计推广面积 4 319 万亩，增产小麦 10 亿千克以上，增收 14 亿多元。在国内外发表论文 107 篇，其中 SCI 收录论文 18 篇，被 SCI 引用 139 次。出版专著 2 本。申请发明专利 9 项，品种权 3 个。

该研究在利用细胞、染色体工程技术创造优异抗病新种质、研究、开发分子标记，建设、拓展生物技术育种体系、选育新品种等方面取得重大成果，并产生了显著的经济效益和社会效益。其中高抗白粉病、赤霉病和黄矮病的优异种质的创制在国际上处于领先地位；在应用分子标记聚合多个抗病基因进行小麦育种的研究及应用方面，在国内、国际均属领先水平。

西北地区农业高效用水原理与技术研究及应用

主要完成单位：西北农林科技大学、中国科学院水利部水土保持研究所

主要完成人：康绍忠、蔡焕杰、胡笑涛、马孝义、朱凤书、林性粹、王密侠、汪志农、熊运章、张建华

获奖等级：国家科学技术进步奖二等奖

成果简介：

项目涉及农田水利、土壤物理、植物生理等学科领域。该项目把生物节水、工程节水和管理节水作为一个整体，对多种农业节水技术进行创新研究，取得了如下主要成果：

（1）提出了水分胁迫条件下作物蒸发蒸腾量的估算方法；获得了不同地表湿润条件和膜下滴灌的作物系数值，建立了作物系数与地下水埋深的定量关系式，修正和补充了 FAO 灌溉排水丛书第 56 分册推荐采用的作物系数值，为农业节水提供了科学依据。

（2）获得了西北旱区小麦、玉米、棉花、春小麦-玉米带田、籽瓜和白兰瓜等的非充分灌溉制度，以及较系统的小麦、玉米、棉花等大田作物的调亏灌溉指标体系，其中对地膜籽瓜和白兰瓜耗水量与非充分灌溉制度的系统研究在国内属首例。

（3）首次系统提出了"控制性作物根系分区交替灌溉"的节水新方法，它能有效刺激作物根源信号产生和最优调节叶片气孔开度，达到不牺牲光合产物积累而减少水分消耗的目的，节水效果达 30％以上。

（4）提出了长畦分段灌溉法进水口间距的确定方法，得到了阶式水平畦灌的合理灌水技术要素组合；提出了膜下滴灌管网优化设计方法和棉花、加工番茄与籽瓜的膜下滴灌技术模式。

（5）研制了平底抛物线形无喉段量水槽、移动式量水堰板及闸前短管式量水分水装置，其结构简单、测流误差小于 3.5％，较好地解决了 U 型渠道和多泥沙渠道的量水问题。

（6）建立了 4 种适合西北不同类型地区的综合节水技术集成模式，并在甘肃河西石羊河流域、新疆石河子、陕西关中等地建设了示范区。该项成果在国内外发表论文 179 篇，出版著作 4 部，论著被国内外他

引 1 994 次，在学术界产生了重要影响，对揭示作物高效用水机理、开拓新的节水途径、促进农业节水科技进步和推动学科发展起到了重要作用。

成果已在陕西关中 10 大灌区，甘肃引大入秦工程、武威黄羊河、金塔河、西营河及民勤灌区，内蒙古河套灌区，山西霍泉灌区，新疆兵团农八师等地大面积应用，累计推广控制面积 2.455 9 亿余亩次，取得 4.528 7 亿元的经济效益。

佳多农业害虫监测系统及灯光诱控技术研发与应用

主要完成单位：汤阴县佳多科工贸有限责任公司、全国农业技术推广服务中心、河南省植物保护植物检疫站

主要完成人：张跃进、吕印谱、赵树英、王建强、赵红山、王贺军、杨万海、谈孝凤、刘祥贵、关瑞峰

获奖等级：国家科学技术进步奖二等奖

成果简介：

该项目属农业技术开发类。针对我国农业害虫监测工具简陋、效率低、精度差，灯光诱控技术落后等问题，汤阴县佳多科工贸有限公司以佳多上海研究所为研发基地，联合大专院校、科研院所和全国农业技术推广服务中心等单位，从 1998 年开始，先后研发出农业害虫监测系统、频振式杀虫灯，首次建立了我国农业害虫监测系统及灯光诱控产品推广应用体系。

害虫监测系统由佳多自动虫情测报灯、田间小气候信息采集系统和生物远程实时监控系统组成，各部分又可独立使用。利用光控、时控及微处理技术，实现虫情测报工具自动化，解决了测报工作者劳动强度大、效率低的问题；改进诱虫装置，解决了诱集昆虫逃逸问题，提高了预报准确率；采用远红外线代替有毒物质处理害虫，保证了测报人员身体健康，提高了虫体识别率；采用微电子技术，研发空气温度、空气湿度、土壤温度、光照度、风速、风向等 9 项传感器，在国内外同类产品中，率先增加了蒸发量、降雨量和土壤湿度 3 项气象因子采集技术，使虫情预报与田间小气候参数相结合，以便更准确地做出预报；利用视频、网络技术，研发远程实时监控系统，解决了病虫信息传递和远程实时监测的问题，实现全国各测报站信息共享。该系统诱虫数量比传统工具平均提高 65.8%，识别率和预报准确率分别提高 37.5 和 6.19 个百分点。根据昆虫对不同光源的趋性，研制出不同波长的光源，结合频振技术，开发出佳多频振式杀虫灯，解决了杀虫灯诱杀效率低、选择性差的问题。单灯日均诱杀害虫量和单灯控害面积是其他杀虫灯的 2～5 倍和 3～4 倍；应用区平均减少化防 2～3 次。

2002—2005 年该成果先后获 3 项设计专利、两项实用新型专利、《国家级星火计划项目证书》和河南省科技进步一等奖。已在全国 30 个省（自治区、直辖市）1 200 多个县应用，预报服务面积累计 2 836 万公顷；杀虫灯用量达 48.969 4 万台，控害面积累计 485.63 万公顷。已获经济效益 72.423 2 亿元，企业交税新增 893.12 万元；出口德国、澳大利亚、乌兹别克斯坦等 12 个国家，创汇 130 万美元。

柑橘加工技术研究与产业化开发

主要完成单位：湖南省农产品加工研究所、浙江省农业科学院、中国农业科学院柑橘研究所、湖南熙可食品有限公司、湖南大学、湖南轻工研究院有限责任公司、浙江省柑橘研究所

主要完成人：单扬、程绍南、吴厚玖、焦必宁、何建新、阳国秀、吴晓冬、汪秋安、张石蕊、李高阳

获奖等级：国家科学技术进步奖二等奖

成果简介：

该项目属食品技术领域，得到了国家科技攻关与科技部农业科技成果转化资金、国家自然科学基金、农业部重点科技攻关、中澳柑橘合作、中欧合作及湖南、浙江省科技攻关计划的支持。

柑橘是世界第一大水果，中国是世界柑橘生产第二大国，但由于加工技术落后、产品档次低、综合利

用率低、加工品种少等问题，柑橘加工业还不发达。

该项目主要对柑橘加工工艺技术创新、综合利用及加工品种选育进行全面研究：

（1）改进传统橘瓣罐头生产工艺，包括采用自动流槽结合络合剂全去囊衣，减少酸碱用量，降低环境污染，很好保持了橘瓣硬度，并节约生产用水 20％；改高温静止杀菌为低温回旋式连续杀菌防止二甲硫醚的产生，并提高了橘瓣硬度；应用酶制剂和品质改良剂，减少橙皮苷析出等，产品整瓣率提高到 96％；在柑橘加工领域首次引用含 EVOH 阻氧层的高性能新材料做容器，既解决开罐难题，又降低贮运成本。

（2）改进柑橘果汁生产工艺，提高出汁率、减少苦味，提高产品口感和品质。

（3）对柑橘皮渣（占果实的 40％～60％）的综合利用率达 95％以上，连续提取柑橘香精油、果胶、橙皮苷，其中橙皮苷产率提高一倍；从柚类皮渣中提取柚苷，研制出二氢查尔酮类甜味剂；研制"橘皮农药残留清除剂"，改进出口橘皮生产工艺；研制出柑橘低糖鲜香蜜钱；研制出耐贮存的橘皮青贮饲料和蛋白质含量达 20％以上的发酵饲料（干重），经饲喂试验证明，能显著增加饲养效益。

（4）应用食品生物技术和自行设计的发酵、蒸馏设备，研制出柑橘发酵酒、柑橘白兰地、柑橘果醋及其饮料，选育了耐酒精度和产酸量均高的醋酸菌株。

（5）筛选出柑橘加工优良品种 7 个。

该项目相关技术先后在湖南、浙江、重庆、四川、湖北、江西等柑橘产业大省市 10 多家企业全面推广，取得了显著的经济效益。其中，7 个主要推广企业 2003—2005 年新增产值达 20.0 亿元，出口创汇 1.7 亿美元，利税 1.7 亿元，直接安置就业 4 万余人，为农民增收 20 多亿元，为中国柑橘产业的崛起起到了核心技术推动作用。

马铃薯综合加工技术与成套装备研究开发

主要完成单位：中国农业机械化科学研究院
主要完成人：陈志、李树君、方宪法、赵有斌、杨延辰、孙赟、景全荣、张清泉、吴刚、赵凤敏
获奖等级：国家科学技术进步奖二等奖
成果简介：

马铃薯是第四大作物，粮蔬兼备，是欧美国家的必备食品和重要工业原料，加工率超过 50％，制品上千种，占快餐消费的 70％以上。我国年产量 7 500 万吨，居世界首位，主要分布于中西部和东北地区，加工率不足 10％，年进口 10 多亿美元的制品和设备；加工增值少则几倍，多则十几倍，发展马铃薯产业是解决"三农"问题的重要有效途径，是保障粮食安全的重要措施。

针对产业发展需求，攻关解决装备技术瓶颈，创新突破了加工急需的长轴射流定向和二维同步切割、蒸汽变压亚表层脱皮、淀粉细胞剪切破壁锉磨、组合旋流多级分离、变性淀粉黏稠物料分段变温超薄布膜和气囊刮刀柔性脱膜、薯片浅层混流多段控温油炸等关键共性技术，开发了重大装备 53 台套，研制成功了淀粉及变性淀粉、全粉、薯条、薯片及综合利用等 8 种成套生产线，推广 31 条，提供 12 种马铃薯系列产品。鉴定成果 11 项，7 项国际先进；申请专利 21 项（发明 4 项），授权 11 项；发表论文 33 篇。

技术突破，该项成果使我国全面掌握了其核心技术的自主知识产权；使机械工业具备了从根本上改变我国马铃薯加工产品单一、作坊式生产面貌的装备能力；使马铃薯加工技术与设备从单机走向成套，马铃薯产品的生产从无到有、从粗到精，从简单生产到规模化、系列化生产；填补了我国马铃薯深加工技术装备与产品的空白，极大地提高了设备的性价比，价格为进口设备的 1/5～1/3，面对已有百年历史的国外设备竞争，实现了从长期依赖进口到全面国产化，并成套出口的跨越。已在 17 个省（自治区、直辖市）推广生产线 25 条，出口 6 条，替代国外设备与马铃薯制品进口，节省外汇近 1 亿美元，近 3 年设备制造和主要的 7 条生产线实现产值 3.78 亿元。

通过项目实施，形成了以加工为龙头，原料生产和种质繁育协同发展的现代农业生产模式，加工率从 10％提高到 20％，将增值 180 亿元，推动了资源优势向经济优势转变，使小马铃薯做成了大文章。

农业专家系统研究及应用

主要完成单位：北京农业信息技术研究中心、中国人民解放军国防科学技术大学、吉林大学、哈尔滨工业大学、山西省网络管理中心、河北省农业技术推广总站、重庆大学

主要完成人：赵春江、吴泉源、刘大有、王亚东、杨宝祝、钱跃良、刘永泰、胡木强、陆文龙、李光灿

获奖等级：国家科学技术进步奖二等奖

成果简介：

农业专家系统研究及应用项目属计算机应用技术范畴，是在国家"863"等科技计划支持下，由全国20 多个省（自治区、直辖市）的科技人员经 10 年联合攻关完成；该项目以推进我国农业信息化建设、直接服务"三农"为目标，实现了专家系统构造技术、关键智能技术、应用开发技术的重大突破，是利用知识工程和信息技术改造传统农业的一项重大科技成果。

在系统构造技术方面，为满足农业大规模、多领域应用的需要，融合现代软件工程与知识工程，基于软构件和中间件技术，将农业数据库、模型库与知识库，知识获取、表示、推理机制等，推理解释与人机界面等分别映射到软件体系结构的资源层、业务逻辑层和表现层，建立了可定制、可部署、可组装、可协作的系统架构。

在关键智能技术方面，针对农业问题的复杂性，攻克发展了多项关键技术，包括基于模糊理论的产生式规则、框架与模型相结合的知识表示方法，基于凸函数证据理论和模糊逻辑的推理技术，定性空间推理技术，基于扩张矩阵、粗集、贝叶斯网和格机理论的多种农业知识获取技术。

在应用开发技术方面，为支持农业人员开发应用的需要，制定了技术规范，提出了农业专家系统开发平台、领域框架和实用系统的三层技术开发体系，及面向广大农民的"平民化"应用模式。

研制了构件化农业专家系统开发平台，100 多种农业领域应用框架和 300 多个本地化农业专家系统，共集成各类农业知识 30 多万条、模型 1 000 多个、数据 9 000 多万个，形成了单机/网络、中/外文、桌面/嵌入式等多类专家系统系列产品。建立了国家、省、地、县、乡五级技术培训和推广网络，在 28 个省（自治区、直辖市）、800 多个县（农场）、7 000 多个乡镇得到持续广泛应用，并推广到部分东南亚国家，取得了重大经济社会效益。

该成果促进了我国农业信息技术的跨越发展，其技术之新颖，规模之庞大，效益之显著，居国际领先水平，2003 年获联合国"信息社会世界峰会大奖（e-Science）"。

堆肥环境生物与控制关键技术及应用

主要完成单位：湖南大学

主要完成人：曾光明、黄国和、袁兴中、杨朝晖、胡天觉、谢更新、牛承岗、刘红玉、张盼月、杨春平

获奖等级：国家科学技术进步奖二等奖

成果简介：

项目属于环境科学技术领域。历时 16 年，得到国际国内 18 项各类计划基金项目的资助，在堆肥环境生物与控制五大关键技术方面进行了系统深入研究。

（1）对堆肥中功能菌株的筛选及特性、接种方法及效果、影响堆肥中重金属及五氯酚的情况、混合培养和堆肥复合菌剂的开发等进行了深入研究，发明了新型高效的堆肥复合微生物接种剂及其接种方法。

（2）对堆肥中产生生物表面活性剂的菌株的筛选及其产物的表征、对生物表面活性剂对堆肥中有机污染物降解的影响、对生物表面活性剂在堆肥中的作用机制及对实际堆肥的影响等进行了深入的研究，发明了 3 种应用于堆肥的生物表面活性剂。

（3）研究发明了城市垃圾两步厌氧消化处理工艺、厌氧好氧一体式堆肥反应装置、新型高效的好氧堆

肥装置及利用城市有机废物生产有机堆肥的好氧堆肥法。

（4）通过堆肥过程模拟及实际应用验证，建立了可以考虑不确定性因素影响的堆肥过程自动化控制的动力学优化数学模型；研究发明了测定堆肥菌株分泌有效酶活性（腐熟度）的电化学传感器、用于测定堆肥中重金属、难降解有机污染物（苯肼）等有毒有害组分的酶传感器、利用淡水绿藻水绵作为毒理学材料对堆肥重金属污染物及表面活性剂污染的检测方法。

（5）研究发明了堆肥除臭剂、除臭改良剂、除臭促进剂及堆肥除臭处理的系列方法；研究发明了电解脱氨氮—缺氧/好氧 SBR 生化处理—加氯消毒的堆肥垃圾渗滤液处理方法，以及可以在较短的时段和较低的成本下，去除土壤（堆肥）中重金属的阴极酸化电动力处理工艺。

项目申请了发明专利 25 项、实用新型 3 项（已授权发明专利 11 项，实用新型 2 项）；出版相关著作 8本；发表相关刊物论文 596 篇，其中 SCI 论文 203 篇（SCI 引用 626 次，SCI 他引 478 次），EI 论文 261篇；发表相关会议论文 176 篇，其中国际会议 136 篇，国内会议 40 篇，国际会议大会发言 10 篇，ISTP90 篇。成果已在国内多个城市应用，整体达到国际领先水平，极大地提高了我国城市生活垃圾堆肥技术和产品的科技含量以及国际竞争力。

中国橡胶树主栽区割胶技术体系改进及应用

主要完成单位：中国热带农业科学院、海南省农垦总局、云南省农垦总局、广东省农垦总局
主要完成人：许闻献、魏小弟、张鑫真、陈积贤、蔡汉荣、校现周、吴嘉涟、李传辉、刘远清、罗世巧
获奖等级：国家科学技术进步奖二等奖
成果简介：

科学技术领域：该项目属于农业科学的作物高效优质栽培领域。

主要科技内容：该项目是农业部下达的多项割胶技术专题组成的综合技术研究。经过 30 年跨省区、跨部门联合攻关，通过试验—总结—改进—提高—再改进—再提高—技术集成，完成了从实生树和国内低产芽接树到高产芽接树，从中老龄割胶树到幼龄割胶树，从较耐刺激品种到中等耐刺激品种的橡胶树割胶技术体系改进及应用，研究创建了"减刀、浅割、增肥、产胶动态分析、全程连续递进、低浓度短周期、复方乙烯利刺激割胶"等具有中国特色的割胶技术体系，并在我国橡胶树主栽区大面积推广应用。

主要技术经济指标：提高产量 10％～15％，提高劳动生产率 50％～150％，节约树皮 26％～52％。

促进行业科技进步作用：通过化学刺激割胶理论和技术创新，建立起低频高效割胶技术，改进了天然橡胶生产关键技术——割胶技术，由人割 383～478 株增加到 669～892 株，成倍地提高了割胶劳动生产率，同时增加单产、延长橡胶树经济寿命、增加胶民收入和植胶企业效益，从而促进了我国天然橡胶业的科技进步和产业升级。

特色创新：该项成果是一项集技术引进、理论研究、技术开发及推广应用，社会经济效益十分显著的农业综合技术，创建了一套有中国特色的刺激割胶理论和技术体系，解决刺激割胶的安全性、规范性、通用性和可持续性问题，同时，科研攻关、技术开发和推广应用紧密结合，使本项科技成果能快速和安全地推广应用到生产中去。

推广应用：30 多年来累计净增产干胶 99.04 万吨，新增产值 83.16 亿元，增收节支 103.55 亿元。仅2005 年，海南、云南、广东三省的农垦系统推广应用割胶技术和改进体系的割胶面积就达 28.86 万公顷，推广率达 98％，当年节省胶工 13.3 万人。天然橡胶割胶新技术 2005 年被列入农业部科技入户十大主推技术和海南省十大科技成果示范推广工程项目。

枣疯病控制理论与技术

主要完成单位：河北农业大学

主要完成人：刘孟军、周俊义、赵锦、郑来宽、裴冬梅、史同京、王泽河、陈德廷、王秀伶、刘连新

获奖等级：国家科学技术进步奖二等奖

成果简介：

该项目属森林病虫害和果树保护领域。

枣是我国特色优势果树，是许多贫困地区的支柱产业和近800万人的主要经济来源。枣疯病是典型高致死性植原体病害和重大疑难病害，俗称枣树"癌症"。50多年来一直未找到治疗良方和高抗优良品种，使之日趋猖獗，许多枣园甚至枣区被毁，成为枣业可持续发展最主要障碍。该项目历时10年，果树、植保、生理、分子生物学和农业机械等多学科合作，取得系统创新。

构建起枣疯病高效控制的创新技术体系。选育出国内外最抗枣疯病的新品种星光，并开辟了利用高抗品种高接改造病树的防治新途径；探索出既可杀灭病原，又补充关键矿质元素（镁）的树干滴注高效治疗新方法，并研制出配套药械；首次提出枣疯病分类治理新策略。创下大面积防治有效率95%以上、当年治愈率80%～85%的国内外最高纪录。

应用基础研究取得重大突破，弄清了病原在树体内的运移规律，澄清了枣疯植原体可否在地上部越冬及是否必须先运到根部才可繁殖致病的长期争议。明确了枣疯病生理中树体矿质营养及植物生长调节剂在病程中的变化规律及生理作用，为科学防治提供了关键理论依据。

在研究方法上，创建了病原室内保存繁殖研究平台和抗枣疯病种质高强度筛选新方法，研究提出病原快速、精确及活力鉴定的方法体系和多水平的病情分级指标体系。

项目成果被列入国家重点推广计划，广泛应用到冀、陕、晋、鲁、豫、辽等主产省，覆盖重病区60%以上，新增利润2.8亿元，有效遏制了枣疯病猖獗危害，经济社会效益重大。其自主研发的核心技术简便易行，实用性很强、效果突出、投入产出比高达10以上，市场需求度高，是国家林业局和科技部当前唯一重点推广的枣疯病控制技术。

取得国际领先和先进成果3项，审定新品种1个，申请专利3项，发表论文20多篇，在理论、关键技术和研究方法上均有实质性创新，实现了枣疯病控制技术的跨越式发展，对枣产业的可持续发展和枣疯病及植原体病害研究具有重要推动作用。

杉木遗传改良及定向培育技术研究

主要完成单位：中国林业科学研究院林业研究所、湖南省林业科学院、江西省林业科学院、贵州省林业科学研究院、广东省林业科学研究院、福建农林大学、中国林科院亚热带林业研究所

主要完成人：张建国、许忠坤、曾志光、段爱国、童书振、王欣、王赵民、胡德活、何智英、徐清乾

获奖等级：国家科学技术进步奖二等奖

成果简介：

该项目是中国林业科学研究院林业研究所承担国家"九五"、"十五"攻关项目系列重要研究成果的汇总，是杉木国家攻关课题组全体成员近20年来辛勤耕耘的结晶。项目研究涉及森林培育、林木遗传育种、森林测树及森林土壤等多个学科与研究领域。

（1）在遗传改良方面重点研究。①高世代种子园材料选择、营建和种子丰产技术；②缩短育种周期和无性系早期选择技术；③建筑材、纸浆材及耐瘠薄高效营养型无性系选育技术；④无性系稳定性评价；⑤无性系繁殖机理及规模化繁殖配套技术。

（2）在定向培育技术方面重点研究。①杉木大中径材形成机理及其大中径材林划分标准；②杉木大中径材培育的立地、密度控制技术；③杉木大中径材培育技术体系；④杉木营养平衡及施肥技术；⑤理论生长方程对林分直径结构的模拟与预测；⑥林分结构的Fuzzy分布及R分布模拟技术；⑦广义干曲线模型研制。

（3）主要技术经济指标。①系统提出了高世代杉木种子园营建技术和优良无性系选育技术。选出优良

家系 143 个，材积增益 15%～72.1%；建筑材优良无性系 387 个，材积增益 15%～217.2%；纸浆材优良无性系 20 个，材积增益 50%～145%；耐瘠薄高效营养型无性系 3 个，材积增益 20% 以上。②提出了大中径材培育的立地、密度控制技术和培育技术新体系；建立了杉木营养平衡理论，提出了配方施肥技术；解决了理论生长方程对直径结构模拟与预测精度问题。提出了林分结构的 Fuzzy 分布及 R 分布模拟新技术，研制了广义干曲线模型。③认定成果 4 项，4 项获省级科技进步二等奖，5 项获省部级科技进步三等奖。发表论文 50 余篇，专著 2 本。

（4）促进行业科技进步作用及应用推广情况。①高世代种子园营建技术和无性系选育技术奠定了我国在林木遗传育种方面已达国际先进水平，并形成了完整的大径材栽培技术新体系。②成果在杉木主产区湖南、江西、福建、浙江、贵州、广东等省国家造林项目中推广，面积达到 100 万公顷以上，产量平均提高了 20% 以上，新增利税 37.51 亿元。

重大外来侵入性害虫——美国白蛾生物防治技术研究

主要完成单位： 中国林业科学研究院森林生态环境与保护研究所、山东省烟台市森林保护站、北京市林业保护站、大连市森林病虫害防治检疫站、西北农林科技大学、山东省森林病虫害防治检疫站、北方绿化中心

主要完成人： 杨忠岐、张永安、魏建荣、谢恩魁、王小艺、王传珍、乔秀荣、庞建军、李占鹏、苏智

获奖等级： 国家科学技术进步奖二等奖

成果简介：

1. 该项研究属森林昆虫学和生物防治领域。

主要研究内容

（1）系统调查了美国白蛾的天敌昆虫，发现了重要寄生性天敌——白蛾周氏啮小蜂这个新属新种，以及另外 9 个寄生蜂新种。

（2）研究了美国白蛾的生物学特性、寄主植物、卵块和网幕幼虫的空间分布型。

（3）研究了白蛾周氏啮小蜂的行为学、繁殖潜能、发育与温度的关系，筛选出了优良的人工繁蜂替代寄主。

（4）攻克了小蜂人工大量繁殖的技术难关，研究出了人工规模化繁蜂和利用小蜂大面积生物防治美国白蛾的成套技术。

（5）研究出了利用小蜂持续有效控制美国白蛾的技术，包括小蜂的转主寄主、小蜂的持续控制作用的评价等。

（6）筛选出控制美国白蛾幼虫的核型多角体病毒（HcNPV）优良毒株。

（7）研究出了利用全人工饲料常年饲养白蛾幼虫、而后接种扩增生产病毒的技术，攻克了病毒大批量生产和质量控制的难题。

（8）研究成功在白蛾幼虫期喷洒 HcNPV 病毒，在蛹期放蜂防治的综合治理美国白蛾的新技术。

2. 特点

（1）研究历时 20 余年，在国内外首创出完全利用美国白蛾的天敌（寄生蜂和病毒）有效控制这种重大害虫的新技术，本项技术对环境无污染，对天敌安全，保护了生物多样性。

（2）基础研究工作扎实，研究系统性强，表现在调查清楚了我国美国白蛾的天敌资源（共 27 种），筛选出生物防治美国白蛾的主要天敌白蛾周氏啮小蜂，并对这种寄生蜂的生态学、行为学、解剖学和人工大量繁殖及释放利用技术做了深入研究，以及 HcNPV 病毒高效菌株的筛选和综合应用的控制技术研究等；申请和获得国家专利 3 项，具有完全独立的自主知识产权。

（3）将天敌昆虫和病原微生物综合应用，是该研究的一大特色，达到了显著的持续控制效果，不但使防治区当代美国白蛾的危害得到了有效控制，而且防治后连续 6 年保持了良好的控制效果。

（4）防治成本低（仅为化学防治的 1/3）。

3. 应用推广情况

应用推广面积大，达 118.6 万亩，占全国美国白蛾发生总面积（173 万亩）的 2/3 以上，上海、大连、烟台等地推广防治区的美国白蛾已得到有效控制。

沙漠化发生规律及其综合防治模式研究

主要完成单位： 中国林业科学研究院、中国科学院植物研究所、中国农业大学、中国科学院寒区旱区环境与工程研究所、甘肃省治沙研究所、新疆维吾尔自治区林业科学院、防治荒漠化管理中心（国家林业局）

主要完成人： 慈龙骏、卢琦、刘世荣、张新时、吴波、杨晓晖、李保国、董光荣、刘拓、王继和

获奖等级： 国家科学技术进步奖二等奖

成果简介：

研究成果源于国家"十五"科技攻关项目"防沙治沙综合技术体系研究"、国家"九五"科技攻关项目"荒漠化治理技术研究与示范"、国家自然科学基金重大项目"荒漠化发生机制与综合防治优化模式的研究"及联合国开发计划署"中国执行联合国防治荒漠化公约能力建设" 4 个项目的部分成果。经过 18 个科研和教学单位近 10 年的联合攻关，在荒漠化发生规律、过程和综合防治模式等方面填补了国内外空白。经科技部验收认定的成果 16 项，省部级成果 7 项；批准专利 6 项，发表论文 254 篇（SCI 收录 33 篇），出版专著及科普图书 18 部（册）；培训农牧民 3 500 多人，培养博士生 52 人。

（1）荒漠化发生规律研究。在气候变化的驱动下，半干旱区沙质荒漠化发生周期平均为 1 500 年，不合理人类活动则降低了能量和水分的利用效率，导致了历史时期沙质荒漠化的大面积发生。在气候变化的驱动下，干旱区沙质荒漠化的发生周期平均为 1 250 年，绿洲地区上游来水不足和区内对有限水资源利用不合理是导致历史时期沙质荒漠化发生的主因。

（2）完成了中国荒漠化生物-气候分区，并提出了荒漠化评价指标体系框架；根据联合国防治荒漠化《公约》的要求，编绘了第一幅"中国荒漠化气候分区图"，明确界定了中国荒漠化的潜在发生范围，首次在国家尺度上建立了多层次的荒漠化评价指标体系框架，并在内蒙古伊金霍洛旗建立了县级荒漠化监测和评价系统平台，这两项成果目前已被成功地应用于荒漠化监测和治理规划工作中。

（3）在不同类型区植物材料选育和主要荒漠化防治技术的基础上，创造性地提出了 4 个典型区荒漠化综合治理模式：极端干旱区沙漠-绿洲防护体系模式，干旱区次生盐渍化土地防治与利用集成模式，半干旱农牧交错区荒漠化防治"三圈"模式及青藏高原高寒草原沙化防治模式。这些模式在应用理论和关键技术研究方面有所突破。上述成果已在新疆、甘肃、青海、内蒙古等 4 个省（自治区）累计推广应用面积超过 388.8 万亩，增效、增收超过 20 亿元。

动物性食品中药物残留及化学污染物检测关键技术与试剂盒产业化

主要完成单位： 中国农业大学、中国疾病预防控制中心营养与食品安全所、北京望尔生物技术有限公司

主要完成人： 沈建忠、吴永宁、何方洋、丁双阳、李敬光、江海洋、苗虹、肖希龙、张素霞、万宇平

获奖等级： 国家科学技术进步奖二等奖

成果简介：

围绕保障食品安全的国家重大需求，针对当前我国动物性食品中药物残留和化学污染物的普遍性及危害程度，选择氯霉素和二噁英等 40 余种重要化合物，研究建立检测方法标准和快速检测试剂盒产品。

通过对药物半抗原分子结构改造，采用单抗技术制备出克伦特罗和氯霉素等 10 余种药物单克隆抗体，研制出快速检测动物性食品（肉、蛋、奶）中氯霉素等 11 种药物残留快速检测的 ELISA 试剂盒，其中磺

胺类、阿维菌素类残留检测试剂盒属国内外首创。经中国兽医药品监察所等 7 个单位复核验证，试剂盒检测性能达到国外同类产品水平，部分居领先水平。

在国内外率先研制出 5 种商品化免疫亲和色谱柱分别用于氯霉素、玉米赤霉醇等残留的高效分离、纯化和浓缩；建立了动物性食品中氯霉素和二噁英等 7 种残留痕量/超痕量检测的色质联用方法及磺胺类等 14 种残留检测的液相色谱或气相色谱方法；起草 21 项检测方法标准文本，其中 17 项已作为国家标准或行业标准发布，已应用到实际残留监控的工作中。

研制出的试剂盒产品均具有我国自主知识产权，已申请受理发明专利 20 项（其中 4 项已获授权，9 项已通过初审），试剂盒均取得农业部新产品批准备案文号，占国内已批准产品的 78％。产品成本价格均大大低于进口试剂盒，已在全国近 20 个省（自治区、直辖市）推广使用，目前占国内市场份额约 25％，在国产试剂盒中占 90％左右。发表论文 82 篇，其中 SCI 收录论文 29 篇。

检测方法标准和试剂盒产品已应用于国家兽药残留监控计划、卫生部食品安全行动计划、农业部无公害食品行动计划和 10 余个省（自治区、直辖市）的残留检测工作，并入选 2008 年北京奥运食品安全保障体系技术储备项目。该项目成果不仅为动物性食品中兽药物残留和化学污染物的监控和进出口检测提供了技术手段和方法标准，也打破了国外技术垄断，促进了我国残留检测产品行业的发展，提升了我国在残留检测领域的国际地位，同时为其他药物残留快速检测产品的研制奠定了基础。

瘦肉型猪新品种（系）及配套技术的创新研究与开发

主要完成单位：华中农业大学、湖北省农业科学院畜牧兽医研究所
主要完成人：熊远著、邓昌彦、梅书棋、彭 健、陈焕春、丁山河、雷明刚、李绍章、彭先文、蒋思文
获奖等级：国家科学技术进步奖二等奖
成果简介：

项目所属科学技术领域：畜禽、水产养殖业。

1. 主要内容

针对具有自主知识产权的优良种猪少、配套技术集成度不高，整体生产水平与养猪发达国家相比存在较大差距等问题，进行了瘦肉型猪新品种（系）及配套技术的创新研究与开发。选育出 3 个具有自主知识产权的高效父本新品系和 3 个繁殖力高、肉质优良、适应性强的母本新品系，优选出杂优组合 5 套。其中，母本品系作为"湖北白猪"品种于 2002 年通过了湖北省新品种审定；建立了批量分子标记检测技术，发现 50 多个 SNP 位点，在 GENBANK 上登录新基因序列 87 个，初步获得 21 个与主要经济性状显著相关的 DNA 分子标记；开发出预防仔猪腹泻卵黄抗体和早期断奶抗应激新型饲料添加剂、"双低"菜粕饲料用标准及专用酶制剂和"远著"牌猪用"双低"菜粕添加剂、预混料和浓缩料产品；进行猪场疫病监测、诊断、防制与净化技术研究，有效地解决了生产中疫病的监控和防制。建立核心育种场 2 个，扩繁场 5 个，商品猪示范基地 21 个，累计出栏优质种猪 29.98 万头，商品猪 323.5 万头，全群料肉比 3.28：1，达 100 千克体重日龄 160 天，出栏率 186.72％，取得了显著的经济和社会效益。促进了我国猪育种技术的升级和优良种猪的自主培育，带动了华中地区养猪业的快速发展。

2. 项目特点

在分子育种技术创新研究的基础上，充分利用"中外"两类不同基因资源，将分子标记辅助选择与 BLUP 法等常规育种技术相结合，进行瘦肉型猪新品种（系）及其配套技术创新研究与开发，建立健全良种繁育体系，开展种猪现场测定与集中测定；健全饲养管理、饲料营养、疫病防制等配套技术，不断提高种猪质量和供种能力。

3. 推广应用情况

项目实施以来，获省部级科技奖励 2 项，授权国家发明专利 2 项，申请发明专利 8 项，制定标准 3 项，审定新品种 1 项，新产品证书 1 项。2001 年以来在湖北、湖南、江西、福建、广东等省（自治区、

直辖市）推广应用，累计新增利润 2.84 亿元，新增社会效益 1.94 亿元。

鸡传染性喉气管炎重组鸡痘病毒基因工程疫苗

主要完成单位：中国农业科学院哈尔滨兽医研究所
主要完成人：童光志、王云峰、张绍杰、智海东、仇华吉、李书华、彭金美、王柳、周艳君、田志军
获奖等级：国家科学技术进步奖二等奖
成果简介：

该项目属兽医学领域。

1. 主要内容

该项目是将鸡传染性喉气管炎病毒（ILTV）的主要保护性抗原蛋白 Gb 基因，通过转移载体定向重组到鸡痘病毒（FPV）弱毒疫苗毒株的基因组非必需区，获得的重组 FPV 保持了其鸡痘亲本病毒的特性，同时可以表达 ILTV 的 gB 蛋白。该基因工程疫苗经过一系列免疫学试验、中间试制及区域性试验等，于 2003 年 6 月 20 日获得国家农业转基因生物安全证书，2005 年 1 月获得新兽药注册证书。与常规的 FPV 弱毒疫苗和 ILTV 减毒疫苗相比，该疫苗的优点是：①一次免疫可预防传染性喉气管炎和鸡痘两种鸡病。②该疫苗的生产成本只有传统的二联疫苗的一半，相当于单苗的成本。③安全性好。常规的 ILTV 减毒活疫苗均有一定的毒力，接种后反应较重，部分鸡还会发病。该基因工程疫苗只含 ILTV 的 gB 基因，接种后不会引起任何的临床负反应。④该疫苗免疫后，可通过检测抗 ILTV 的 gC、gD 或 gE 蛋白抗体区分疫苗免疫鸡和 ILTV 野毒感染鸡，这为最终扑灭 ILTV 提供了可能。

2. 技术经济指标

该疫苗免疫鸡后很快出现免疫应答，21 天抗体水平达到峰值，抗体水平和临床免疫保护力可以持续到免疫后 5 个月；对鸡群的初次免疫可以选择 3～4 周龄；在免疫效果和临床保护效力方面，该疫苗等同于传染性喉气管炎弱毒活疫苗。对 SPF 鸡及不同品种的商品鸡的免疫试验证明，该疫苗具有与现有的鸡瘟疫苗相同的免疫效果。

3. 推广应用情况

自 2002 年进行区域试验以来，共制备 3.83 亿羽份的疫苗，在除海南省和西藏自治区外的各省（自治区、直辖市）进行了推广应用，对 3.1 亿羽份的不同品种、不同饲养目的的鸡实施了预防接种。免疫效果良好，对传染性喉气管炎和鸡痘的临床保护率达到 99% 以上。经中国农科院农业经济研究所测算，用于该项科研成果的每 1 元研制费用，在经济效益计算年限内，平均可为社会增加 161.52 元的纯收益。

该疫苗是目前国内外应用于预防鸡传染性喉气管炎的唯一基因工程疫苗，其成功研制也为进一步开展基因工程载体多价疫苗的研制奠定了重要基础。

我国专属经济区和大陆架海洋生物资源及其栖息环境调查与评估

主要完成单位：中国水产科学研究院黄海水产研究所、中国水产科学研究院东海水产研究所、中国水产科学研究院南海水产研究所、农业部南海区渔政渔港监督管理局、农业部东海区渔政渔港监督管理局、农业部黄渤海区渔政监督管理局
主要完成人：唐启升、贾晓平、郑元甲、王衍亮、孟田湘、陈雪忠、李永振、金显仕、赵宪勇、赵江
获奖等级：国家科学技术进步奖二等奖
成果简介：

1. 领域

海洋资源与环境，属于自然资源调查和合理利用类社会公益项目。

2. 主要内容

针对家底不清、对外谈判和渔业可持续发展的瓶颈问题，使用先进科考船对我国专属经济区和大陆架广大海域生物资源与栖息环境进行同步综合调查，总调查面积 230 万千米^2，建立地理信息系统，绘制了内容丰富、翔实的生物资源及环境专业技术图件，全面、系统地评估了渤、黄、东、南海的生物资源、栖息环境及其变动趋势。

3. 技术指标

（1）应用声学技术，对我国广大海域混栖型生物资源进行调查评估，有效声学探测航程 12.5 万千米，面积 201.6 万千米^2，评估了 46 类、182 种，使我国声学资源评估达到世界先进水平，在多种类生物量评估方面处于国际领先。

（2）充分使用海洋生物资源与环境调查高新技术，完成各海域 4 个季节的全水层、同步综合调查（生物 2 175 站次、环境 1 577 站次），数据录入量 224.5 万个，包括生物资源及其鱼卵仔鱼的种类、数量、生物量、生物学特征、栖息环境的水温、盐度、各种化学因子、初级生产力、浮游生物和底栖生物等因子，采集海洋生物新记录标本 16 种。

（3）完成了系统集成，出版专著 10 部（694 万字）、论文 143 篇、图集 12 册（图件 4 849 幅），是迄今为止我国海域内容最丰富、最全面的生物资源与栖息环境的科学资料和专业技术图件，明显提高了对我国专属经济区和大陆架生物资源及其栖息环境现状的认识水平。

4. 科技进步及应用

（1）项目实施不仅发展了全水层生物资源评估技术和渔业环境质量综合评价技术，也从整体上推动了我国海洋生物与环境调查研究技术方法的进步。

（2）项目成果直接为中韩、中日和中越渔业谈判、中越北部湾划界及东-黄海划界方案研究提供了基础数据和技术图件，为国家维护海洋权益作出了重要贡献。

（3）项目成果为现在和今后我国海洋生物资源养护、渔业发展新模式探索和实现生态系统水平的渔业管理，提供了可靠、系统的基础数据和重要的科学依据。

海水生物活饵料和全熟膨化饲料的关键技术创新与产业化

主要完成单位：宁波大学、宁波天邦股份有限公司、浙江大学、中国科学院海洋研究所
主要完成人：严小军、吴天星、张邦辉、徐善良、骆其君、裴鲁青、黄勃、徐继林、刘保忠、陆裕肖
获奖等级：国家科学技术进步奖二等奖
成果简介：

该项目属于海水养殖饲料技术领域，旨在解决种苗育成率低、养成饲料质量低下及其造成的环境污染等制约产业规模与层次提升的瓶颈问题。

针对育苗期活饵料营养效价不明、可选种质稀少、生产效率低下，养成期人工配合饲料配方落后、工艺粗糙、质量与生态安全隐患等主要技术难点，开展了海水生物活饵料与全熟膨化饲料的创新研究。发明了群落演替饵料种质分离新技术、联体恒流光生物反应器、动物性饵料高密度连续培养防污染控制技术；实证了 DHA、胆甾醇、花生四烯酸等特效营养因子；采用了改善养殖动物肠道微生态、提高肉质风味等益生底物，研制成功特种营养饲料配方；研究并开发出国内领先的全熟膨化饲料加工工艺及后喷涂技术。

该项目建成了拥有 112 种（株）的国内最大的饵料生物种质库；利用光生物反应器首次实现了 7 种微藻、8 种饵料动物在育苗生产中的规模化应用；确定了符合养殖动物营养需求的高效价饵料种质；开发了大黄鱼、鲈等 6 个品种 5 个生长阶段专用的"天邦牌"系列饲料产品，是水产业唯一的国家 A 级绿色食品生产资料。

饵料生物的高效培养使单位育苗量与育成率均提高 10～20 倍，且有效解决了大黄鱼苗胀鳔病、鲍鱼稚贝脱板、泥蚶幼虫沉底等育苗恶性问题，在南方沿海近 300 家育苗场推广应用，近 3 年创直接经济效益 2.8 亿元。"天邦牌"海水鱼系列饲料销售遍及沿海各省，近 3 年共销售 7.13 万吨，实现销售产值 4.28

亿元，新增利润 3 473 万元，节支 1 801 万元；替代冰鲜鱼使用量 36.7 万吨，为养殖渔民减少饲料开支 1.78 亿元，累计减少向海区排放氮 5 610 吨、磷 932 吨，比使用非熟化饲料降低残饵率 30% 以上。

该项目申报发明专利 9 项，获授权 5 项，发表论文 60 余篇，其中 SCI 收录 14 篇。近 3 年共计实现直接经济效益 3.39 亿元。通过以上技术创新，建立了贯穿海水养殖动物生长全程的高效营养供应技术体系，实现了海水生物活饵料与绿色饲料的产业化，推动了海水养殖业可持续发展。

主要海水养殖动物的营养学研究及饲料开发

主要完成单位：中国海洋大学
主要完成人：麦康森、李爱杰、谭北平、张文兵、艾庆辉、徐玮、刘付志国、马洪明、梁英、孙世春
获奖等级：国家科学技术进步奖二等奖
成果简介：

所属科学技术领域：水产饲料技术。

项目紧紧围绕我国海水动物养殖 3 次浪潮（虾类、贝类和鱼类）的发展，系统开展代表动物的营养研究，进行饲料开发与推广。选择我国重大经济价值，在生态分布和营养生理都有典型代表意义的代表种——对虾、鲍、鲈、大黄鱼等为对象，系统研究其营养生理，构建营养需要参数和饲料原料生物利用率数据库。开展蛋白源替代、减少氮磷排放和重金属的残留、优化饲料工艺等研究。为海水养殖动物育苗和养成开发环境友好的高效人工饲料和富含 EPA 和 DHA 的生物饵料。该项目开发的免疫增强剂和微生态制剂提高了养殖动物的免疫力，减少抗生素的使用，保证产品食用安全，把无公害生产的理念和技术引进渔用饲料生产，为我国现代集约化海水养殖的快速健康发展突破了人工配合饲料的瓶颈。

所研发的恒兴、粤海、海新牌等系列水产饲料产品降低成本 10%～15%，饲料效率提高 15%～30%，饲料氮、磷排放降低 10%～15%，非特异性免疫增强剂和微生态制剂在饲料中的使用降低了池塘的 H_2S 和化学耗氧量，有效抑制弧菌的增殖，养殖成活率提高 15%～25%。分离筛选的海洋微藻的高度不饱和脂肪酸含量提高了 2～3 倍。阐明了镉在鱼体内的代谢和分布规律，提出了安全限量等。

边研究、边开发、边推广，在实践中不断完善与提高。已获授权国家发明专利 6 项。成果已在全国 50 余家饲料企业转化推广。仅其中规模较大的恒兴、粤海、海新、冠华等 6 家企业近 3 年所创造的产值就超过 38 亿元，利税超过 3.6 亿元。系列成果已经获得省部级科技进步一等奖 3 项，自然科学一等奖 1 项。已发表论文 160 余篇，其中 42 篇被 SCI 或 EI 收录，被他人 SCI 论文引用 130 次，丰富了比较动物营养学的内容。主编了农业部的"无公害食品行动计划"的《无公害渔用饲料配制技术》和我国第一部高校教材《水产动物营养与饲料学》。培养 100 多位研究生，还有大批青年教师、科研人员等高层次研发人才，并通过大规模的培训推广活动，推动了我国该学科领域的技术进步和饲料工业的发展。

低洼盐碱地池塘规模化养殖技术研究与示范

主要完成单位：山东省淡水水产研究所、中国海洋大学、中国科学院南京地理与湖泊研究所、中国科学院水生生物研究所
主要完成人：董双林、段登选、谷孝鸿、聂品、杨立邦、胡文英、张美昭、张建东、张兆琪、刘树云
获奖等级：国家科学技术进步奖二等奖
成果简介：

该项目属水产养殖领域。

我国有盐碱土地 5 亿多亩，其中 1 亿多亩属低洼盐碱地。开发这部分国土资源，是国家的重大需求之一。

以前，国内外曾采取多种措施对低洼盐碱地实施改造、利用，但效果均不甚理想。

　　该项目组利用基塘系统（俗称上粮下渔）实施了以渔为主的低洼盐碱地综合开发，通过抬田以降低台田土壤盐碱，通过调控池塘水质，改善养殖环境，进行高效养殖，使低洼盐碱地改造速度加快，经济效果极其显著。

　　该项目内容：对低洼盐碱地实施基塘系统改造；揭示低洼盐碱地水产养殖池塘水质特征，系统地评价10余种养殖生物对盐碱的耐受性和养殖生态学，据此建立综合水质调控技术，并优化了养殖模式与技术；开发池塘配置网箱养鱼和薄膜隔盐碱等节水养殖技术。建立了以挖池抬田技术、农艺降盐碱技术、6种渔农生态工程技术、6种水质调控技术、11种养殖模式和6种养殖技术、防病技术、2种节水养殖技术、13种名优种类养殖技术和对虾无公害养殖技术等构成的低洼盐碱地以渔为主、渔农综合利用的技术体系。

　　这些技术的应用使低洼盐碱地得到成功改造，台田土质和池塘水质明显改善，台田农作物产量达到600千克/亩以上，池塘养鱼产量普遍达到600千克/亩以上，实现了渔农双丰收。该成果在山东省应用池塘面积58.8万亩、台田59.5万亩，新增产值达153.76亿元；在河北等8个省（自治区、直辖市）应用池塘面积54.03万亩，台田面积21.03万亩。该项目已统计新增产值超过177亿元，其中2003—2005年该项目新增产值79.06亿元，经济、社会和生态效益极其显著。

　　该项目共发表论文145篇，其中SCI源刊论文21篇，申报国家专利6项（其中2项已授权），形成了国家行业标准（SC/T 1049—2006）。

　　该项目在国内外树立了低洼盐碱地渔农综合利用的典范，有力地带动了我国低洼盐碱地改造和渔农综合利用，拓展了我国水产养殖的领域，促进了我国渔业科学技术进步。

　　该项目规模大、系统性强、技术难度大，具有重大创新。鉴定委员会认为，该项目整体水平处于国际领先。

◆ 2007 年

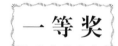

一 等 奖

高产稳产广适紧凑型玉米单交种郑单 958

主要完成单位： 河南省农业科学院粮食作物研究所、河南省高光玉米新品种研究所、河南省荥阳市飞龙种子有限公司、全国农业技术推广服务中心、河南省种子管理站、河北省种子总站、山东省种子管理总站

主要完成人： 堵纯信、张发林、王多成、房志勇、曹青、温春东、孙世贤、廖琴、周进宝、李龙凤、王定林、赵博、张慎璞、董战鲲

获奖等级： 国家科学技术进步奖一等奖

成果简介：

1. 主要科技内容

　　该项目采用耐密高产为核心的集成育种技术，培育出集多种优良性状于一体的玉米自交系郑58和单交种郑单958（郑58×昌7-2）；在研究分析郑单958高产生理、生育与遗传的基础上，集成了规模化繁制种和配套生产技术；与授权企业结合，开展育种、繁育、推广产业化应用。

2. 技术经济指标

　　（1）郑单958。通过国家和7省（自治区）审（认）定，2002年获品种权。

　　①高产稳产。3年各级区试平均产量均居第一，比对照增产15.1%～28.0%，达极显著水平。

　　②多抗：对国家指定鉴定的所有7种主要病虫害表现抗或高抗；抗旱、抗倒，综合抗逆能力居目前推

广品种领先水平。

③耐密性强。适宜种植密度 4 000～5 000 株/亩，较大多数品种高 1 000 株/亩以上。

④优质。籽粒容重高达 850 克/升，粗淀粉 72.95%，粗蛋白 9.09%，粗脂肪 4.12%，赖氨酸 0.30%，综合指标达到国家优质标准。

⑤广适。适宜我国黄淮海夏播、北方春播、西北灌溉玉米区种植。

⑥制种产量高。一般 500 千克/亩以上，最高达 700 千克，显著高于其他主栽品种。

(2) 郑 58。2002 年获品种权。株型紧凑、叶片上冲、穗位低，耐密抗倒，高抗多种病虫害；授粉结实性好，繁殖产量高，一般 500 千克/亩以上。

3. 促进行业科技进步作用

(1) 郑单 958 已成为我国玉米生产主导品种，其广泛应用显著提升了玉米产业的整体水平。

(2) 郑单 958 同时也是区试主要对照品种，引领了玉米育种方向。

(3) 作为优异种质，郑 58 已被业界重点研究并广泛应用。

(4) 郑单 958 的育成及大面积快速应用，阻止了跨国公司对我国玉米种业的冲击，促进了民族种业的成长，成为品种权经济发展的典范。

4. 应用推广情况

郑单 958 累计推广 1.9 亿亩，年均种植面积 2 711 万亩，推广速度超过"八五"以来所有玉米品种。2004 年始，连续 3 年为我国第一大玉米主栽品种和年种植面积最大的农作物品种；其中 2006 年 5 815 万亩，占全国玉米面积 13% 以上，创社会经济效益 106.19 亿元。该项目 2006 年获河南省科技进步一等奖。

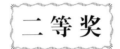

二 等 奖

专用花生新品种创制技术研究与应用

主要完成单位：山东省花生研究所、莱阳农学院、广东省农业科学院作物研究所、海阳市农业局

主要完成人：禹山林、曹玉良、崔凤高、闵平、徐晓东、曹干、王晶珊、杨庆利、焦坤、梁炫强

获奖等级：国家科学技术进步奖二等奖

成果简介：

该项目研究非破坏性品质（油分、蛋白质、脂肪酸）筛选技术，达到种子无损伤就知内在品质的目的；研究器官发生和胚胎发生途径及细胞融合组培技术和辐射诱变技术，创造新种质；利用新种质，结合常规育种技术培育专用新品种。

(1) 通过非破坏性品质筛选技术研究，建立了 4 套品质筛选数学模型，油分、蛋白质、油酸、亚油酸与化学分析值相关系数分别是 0.965 5、0.973 9、0.986 7、0.982 8。F_2 代即可进行品质选择。获发明和实用新型专利各一项。

(2) 通过器官发生和胚胎发生途径及细胞融合组培技术研究，愈伤组织不定芽分化率 94.1%，出愈率 100%，再生株率 10%，获得开花结果植株，创造新种质 117 份。

(3) 通过辐射诱变技术研究，创造新种质 226 份，其中 SPI098 油酸/亚油酸（O/L）值比一般小花生高 40 倍，申请发明专利一项。

(4) 利用优异新种质，选育出优质、高产、抗病油用型品种鲁花 14、高产适应性广品种海花 1 号、优质高产抗病食用型品种花育 20 及优质高产抗病出口型品种 8130。鲁花 14 在山东和河北区试，比对照荚果增产 8.7%～34.9%，高产攻关亩产 706.8 千克；含油量 57.78%，蛋白质 26.24%；品种通过山东、河北、国家品种审定。海花 1 号联合试验，比对照增产 15%～25%，山东审定；高产攻关亩产 785.6 千克，创世界高产纪录。花育 20 全国区试，比对照荚果增产 15.16%，O/L 值 1.51，比目前品种高 0.6，蛋白质 27.7%，国家审定。8130 山东区试，比对照莱果增产 7.9%，山东出入境检验检疫局鉴定果仁均符合出口要求，山东认定。

5. 发表论文 53 篇、专著 3 部、科普 2 本。

非破坏性品质筛选技术，解决了早期世代无法进行品质选择和品质育种盲目性的问题。组培技术、辐射诱变技术，扩大了基因源。以上技术已开始被育种者采用。新品种的应用，满足了生产和市场对专用品种的需求，累计种植 1.787 3 亿亩，获经济效益 150.1 亿元，其中 2004—2006 年种植 5 354 万亩，占全国的 26%，获经济效益 41.93 亿元。

花椰菜育种新技术研究及优质、抗病和高产新品种选育与推广

主要完成单位： 天津科润农业科技股份有限公司
主要完成人： 孙德岭、李素文、张宝珍、赵前程、温媛、方文慧、运广荣、刘奎彬、蔡荣旗
获奖等级： 国家科学技术进步奖二等奖
成果简介：

该项目属于农业科学技术领域，主要内容和指标如下：

1. 技术体系研究

（1）在国内率先开展了花椰菜自交不亲和系选育研究，创建了花椰菜自交不亲和系育种技术体系。

（2）创建了可行高效的花椰菜游离小孢子培养技术体系，突破了小孢子胚胎褐化死亡和"基因型障碍"等技术难题，使植株再生率达到 53% 以上；该项技术已成功应用于资源创新。

（3）在国内率先建立了花椰菜露地和日光温室杂交制种技术体系，并在云南省元谋县建成了我国第一个花椰菜露地杂交制种基地。

（4）首次研制出了花椰菜育种专家系统，F_1 代优势预测准确率达 86.6%。

2. 资源研究

（1）在国内首次发现花椰菜自交不亲和资源，育成了国内第一个花椰菜自交不亲和系 5-1。

（2）育成国内首批抗 TuMV、兼抗黑腐病的花椰菜育种资源材料 12 份。

（3）利用小孢子培养技术获得优异资源 120 份。

3. 新品种选育

（1）育成国内第一个自交不亲和系 F_1 品种——白峰。

（2）育成的津雪 88 是国内首批抗 TuMV、兼抗黑腐病的杂交品种。2004—2006 年单品种推广面积居全国第一。

（3）育成的云山 1 号综合性状明显优于进口的主栽品种雪山，结束了雪山在我国花椰菜生产中长达 20 年的市场垄断。

该项目创立的花椰菜自交不亲和系育种技术，开辟了我国花椰菜杂交优势利用的新途径；建立的花椰菜露地制种技术体系和花椰菜制种基地，被国内同行广泛应用，该花椰菜制种基地年产花椰菜种子占全国的 80%，带动了我国花椰菜产业的发展。

该项目育成的系列花椰菜品种推广到我国 20 多个省（自治区、直辖市），并出口到东南亚，1992—2006 年累计繁种 25.5 万千克，推广面积 926.5 万亩，创社会经济效益 58.1 亿元。其中 2004—2006 年累计推广 267.5 万亩，占全国花椰菜杂交品种面积的 35% 以上，取得社会经济效益 18.4 亿元，良种和产品出口创汇 585 万美元，单位直接经济效益 2 838.8 万元。

转 *Bt Cry*1A 基因系列抗虫棉品种和抗虫棉生产技术体系

主要完成单位： 山东棉花研究中心、中国农业科学院生物技术研究所

主要完成人：王留明、董合忠、李维江、王远、王家宝、唐薇、刘任重、李振怀、周玉、张冬梅

获奖等级：国家科学技术进步奖二等奖

成果简介：

该项目将转基因技术与常规育种技术有机结合，育成转 $Bt\ Cry1A$ 基因常规抗虫棉新品种鲁棉研 16、17、22 和杂交抗虫新品种鲁棉研 23，先后通过国家或山东省审定。该系列品种皆比美国品种（33B、99B）和对照品种（中棉所 29、45 等）显著增产，纤维品质优良，综合抗性好，不仅实现了高抗棉铃虫性与多个优良性状的良好结合，而且生长发育与栽培特性各异，极大满足了黄河流域棉区复杂多样的生产条件与种植制度对棉花品种类型的要求。

该项目的研究成果阐明了转 Bt 基因抗虫棉品种选育和高效生产的一些理论：研究明确了遗传背景和环境因素对 Bt 杀虫基因表达的影响；研究了熟相与库源协调性的关系，证实了控制棉花衰老的根冠传导信号，提出按照熟相对抗虫棉品种进行生产类型划分，以及通过协调库源关系实现正常熟相的栽培策略；揭示了杂交抗虫棉早熟高产的生理学基础和叶枝利用的机理；明确了抗虫棉田益、害虫消长动态和病害发生特点，揭示了青霉菌丝体诱导棉花产生抗病性的机制；探明了生态因子和农艺措施对提高杂交制种质量和效率的效应，以及包装贮藏过程中内外因子对棉种寿命的影响。为棉花遗传育种、栽培技术及相关学科增添了新的内容。

通过该项目的研究，建立了比较完整的转基因抗虫棉生产技术体系：包括早发型常规抗虫棉防衰栽培技术，杂交抗虫棉精简栽培技术，抗虫棉主要害虫防治策略和防治技术，杂交棉高效制种及棉种包装贮藏技术等。不仅满足了自育品种推广开发的需要，也为黄河流域棉区抗虫棉的发展提供了技术支撑。

该项目的成果转化取得显著的经济效益：4 个抗虫棉新品种和抗虫棉生产技术体系分别在山东及周边省（直辖市）累计推广 3 049 万亩和 4 040 万亩，共计增产皮棉 5.1 亿千克，棉籽 7.4 亿千克，新增经济效益 95.43 亿元；出版著作和科普书 3 部（本），发表学术论文 62 篇（SCI 论文 10 篇），申报发明专利 1 个、新品种保护 4 个，丰富发展了我国棉花栽培的相关理论与技术。

优质高产广适性小麦新品种烟农 19 的选育和推广应用

主要完成单位：山东省烟台市农业科学研究院

主要完成人：姜鸿明、梁新明、赵倩、张善勇、丁晓义、刘兆晔、吕建华、于经川、刘维正、陈永娜

获奖等级：国家科学技术进步奖二等奖

成果简介：

烟农 19 是集优质强筋、高产、水浇地和旱地两用、抗病、广适性于一体的小麦新品种，实现了难以结合性状的有机结合，解决了长期困扰我国小麦育种工作者的难题。烟农 19 先后通过山东、江苏、安徽、山西、河南、北京 6 省（直辖市）审（认）定，被山东、江苏、山西、安徽等省确定为小麦主导品种和国家良种补贴项目推荐使用的品种。已累计推广 9 146.83 万亩。

烟农 19 优质强筋且品质稳定，经农业部谷物品质监督检验测试中心多年多点检测分析，蛋白质含量 14%～15.1%，湿面筋含量 33.5%～35.5%，稳定时间 13.5～16.5 分钟，面包评分 88.8，品质指标达到或超过国家强筋小麦一级标准；高分子质量谷蛋白亚基组成为 1，17＋18，5＋10，亚基评分达到了 10 分的最高分，实现了优质亚基的优良组合。

烟农 19 是水浇地和旱地两用型小麦品种，抗旱性强，抗旱指数 1.11，干旱胁迫条件下绿叶面积持续期长，水分生产率高；抗病、抗寒性强，对秆锈病免疫，中抗至高抗条锈病，中抗纹枯病；氮、磷利用效率高；适应性广，适于黄淮冬麦区和部分北部冬麦区中高产地块和旱肥地种植。在黄淮北片、黄淮南片和北部冬麦区的山东、江苏、山西、河南、安徽、北京 6 省（直辖市）的区域试验、生产试验、大面积示范和高产攻关中，综合性状表现优良。

创建了优异基因分段聚合法，建立了亚基标记辅助选择、水浇地和旱地同时鉴定与常规育种方法（如

温室加代、早代测产、多点鉴定等）相结合的新品种选育技术体系。为优异基因的逐步累加、创造优良种质和选育突破性小麦品种提供了有效方法。

成果转化取得了显著的社会经济效益。该品种累计推广面积 9 146.83 万亩，增收小麦 11.32 亿千克，新增社会经济效益 27.4 亿元。新烟食品有限公司应用烟农 19 加工优质专用粉 12.6 万吨，新增利税 600 万元。该项目发表研究论文 17 篇，2004 年获山东省科技进步一等奖。

油料低温制油及蛋白深加工技术的研究与应用

主要完成单位：中国农业科学院油料作物研究所、华中农业大学、武汉工业学院、国家粮食储备局武汉科学研究设计院、安陆市天星粮油机械设备有限公司

主要完成人：黄凤洪、吴谋成、刘大川、张麟、李文林、袁俊华、刘金波、顾强华、吴绪翔、李元良

获奖等级：国家科学技术进步奖二等奖

成果简介：

该项目紧紧围绕制约油菜籽等油料高效加工与多层次增值的产业化重大关键技术问题，进行油料脱皮（壳）、低温制油和饼粕蛋白、油脂深加工技术的研究与产业化开发。

1. 主要研究成果

（1）联用剪切、挤压、搓碾等物料脱皮技术和流化悬浮分层、旋风分离、筛分、振动等物料分离技术，研制出了原理新颖独特、快速高效的菜籽脱皮机与皮仁分离系统和油茶籽脱壳分离装置，脱皮（壳）率＞98％，皮（壳）中含仁率＜2％。

（2）突破了脱皮菜籽仁等油料的低温压榨制油技术难题，开发出了低温榨油机，获国家专利 2 项，压榨饼（二次）残油＜12％，达到国际领先的德国水平。

（3）研究建立了油菜籽（油料）脱皮冷榨膨化优质油脂和饼粕蛋白制取新型工艺技术，开发出的"低温压榨油"达到四级菜籽油标准；脱皮菜籽粕残油＜1％，蛋白质含量＞46％（干基），达到饲料用低硫苷菜籽粕的标准（一级）；生产成本比现有常规工艺降低 20％以上，加工利润提高 30％以上。

（4）研究并建成了绿色溶剂分步提取菜籽多酚、多糖和植酸制备饲用浓缩蛋白深加工的生产线，具有工艺简捷、成本低、产品附加值高等显著特点，开发出了饲用浓缩蛋白（蛋白含量＞65％）和植酸等产品。

（5）开发出了营养保健食用油专利技术和调节血脂效果极显著的功能产品，获国家保健食品；初步探明了 α-亚麻酸调节血脂及对机体氧化损伤作用的分子作用机制。

（6）该项目共获得国家专利 8 项，其中发明专利 3 项、实用新型专利 5 项；油料脱皮（壳）低温制油新工艺及关键设备的开发研究均为自主创新，并拥有知识产权。

2. 应用推广情况

该项目成果已在湖北、江西、湖南、天津、山东、山西、吉林、河北、辽宁等 20 多家企业成功应用于油菜籽、油茶籽、紫苏籽、花生等油料的加工，并出口到巴西、印度尼西亚、匈牙利等国，获直接经济效益 5 亿多元，社会经济效益显著，显著地提升了我国油料的加工技术经济水平和产业国际竞争力。

国产化智能温室及其环境控制系统等配套设施的研制

主要完成单位：同济大学

主要完成人：吴启迪、徐立鸿、束昱、朱洪光、陈杰、蔡意中、陈以一、吴军辉、许维胜、蔡龙俊

获奖等级：国家科学技术进步奖二等奖

成果简介：

该项目属于以自动控制系统主导，结合农业工程用建筑和生物质能技术的交叉学科领域。

智能温室是现代农业产业的重要内容，是新农村建设的重要技术支撑。过去技术一直不太成熟，不仅设备和设施依靠进口，而且能耗高、污染重。项目组自1997年始，对该问题进行系统研究和实践，形成本成果。包括：

（1）温室环境智能控制方法的基础理论。提出温室冲突多目标相容环境控制理论，发展了温室环境多因子协调控制算法和基于叶面积指数图像处理的温室灌溉控制算法。

（2）温室环境智能控制的硬件平台和软件开发。开发了多主通讯集散架构的温室环境智能控制硬件平台，和与之相配套的，并体现控制新理论的控制软件。

（3）温室生产能源的可再生性和自供给性，以及供给系统控制。提出利用温室有机废弃物生产沼气作为温室生产能源，并保证沼气供应系统能够温室用能适时控制。

（4）低能耗温室建筑结构和环境控制执行配套设备开发。开发锯齿型不对称屋顶坡面温室结构和天窗导流板、温室顶部覆盖物全启闭机构等设施。

（5）温室技术人员短缺和大面积推广矛盾的解决。通过控制网络技术与专家系统结合，进行温室环境远程控制。

从控制系统、主体建筑和配套设施等实现智能温室全部国产化，彻底结束了国内温室建设依赖进口的局面；与进口温室相比，建造成本、管理成本、能耗和能源外依赖分别降低50%、60%、30%～40%、60%～80%，体现科学发展观精神，也使产品打开国际市场。

主要技术指标居国际先进水平。其中，冲突多目标相容控制理论、自身有机废弃物产沼气适时提供能源、顶部覆盖物全启闭3项技术属国际首创。

自1999年逐步在上海孙桥、上海松江和江西上饶建立示范基地，在全国掀起现代农业热潮，直接经济效益1亿多元人民币。技术转让给上海长征、上海灿虹、昆山永宏三家公司，其产品已经在华东、华南、中部和西南等大半中国广泛使用，并且已经出口，直接经济效益7 000多万元人民币，创汇600多万美元。

华北半湿润偏旱井灌区节水农业综合技术体系集成与示范

主要完成单位：中国科学院遗传与发育生物学研究所农业资源研究中心、河北省水利科学研究院
主要完成人：徐振辞、胡春胜、王玉坤、陈素英、赵勇、孙宏勇、谢礼贵、裴冬、程一松、张喜英
获奖等级：国家科学技术进步奖二等奖
成果简介：

该成果是"九五"国家重大科技产业工程计划（99－021－01－01）和"十五"国家"863"计划项目（2002AA2Z4231），自1999年至2005年完成。属于水利和农业科学技术领域。

1. 主要科技内容

针对华北地区水资源状况，以提高农田水分利用效率和遏制地下水超采为目标。

（1）研究筛选了管道输水畦灌、管道输水波涌灌、半固定式喷灌、设施农业微灌4种节水灌溉技术为主体的8项水利、农业和管理节水技术，配套集成了4套节水农业综合技术体系发展模式，提出了相关技术规程。

（2）利用遥感蒸散模型和多目标规划方法，制订了改善地下水环境的优化农业种植结构方案；研制了配套系列免耕机具，集成了以农田趋零蒸发为目标的少免耕全程秸秆覆盖节水综合配套技术，为地下水环境良性恢复发挥了积极作用。

（3）提出了输配水系统与田间灌水技术的优化配置方法。从理论和技术上解决了输配水系统与田间灌水技术的优化配置、技术集成问题。

（4）研制了灌溉智能控制系统、计量灌溉设备和定量灌溉器具等，提出了精量用水管理技术体系，建立了普适性的农民自主节水管理模式。该成果为华北井灌区节水农业发展提供了技术支撑。

2. 技术经济指标

（1）作物水分生产率由 1.3 千克/米³ 提高到 1.98 千克/米³；粮食作物增产率 26% 以上；亩均节水达到 60 米³。

（2）灌溉水利用率由 0.7 提高到 0.85 以上，大大提高了灌溉用水效率。

（3）项目实施效果良好，项目区地下水年均减少超采量 1270 万米³，经济、社会和生态效益显著。

3. 促进科技进步的作用

该成果给井灌区发展农业高效用水提供了超前模式和实用技术，在先进节水技术研究成果、节水机具、设备开发等方面有多项创新，成果总体达到国际先进水平。发表论文 28 篇，其中 SCI 1 篇，EI 6 篇；授权专利 18 项，其中发明专利 2 项。该成果对提升井灌区节水技术水平、推动节水产业化意义重大。

4. 应用推广情况

该成果经示范推广，效果良好。自 2003 年以来，在华北平原井灌区累计推广 2 001.2 万亩，新增产值 11.749 亿元；新增利税 7.945 亿元；节支总额 1.063 6 亿元。

转基因植物产品检测体系的建立及其在国际贸易中的应用

主要完成单位：中国检验检疫科学研究院、辽宁出入境检验检疫局检验检疫技术中心、深圳出入境检验检疫局动植物检验检疫技术中心、上海出入境检验检疫局动植物与食品检验检疫技术中心、中华人民共和国广东出入境检验检疫局、江苏出入境检验检疫局动植物与食品检测中心、中华人民共和国天津出入境检验检疫局

主要完成人：朱永芳、徐宝梁、曹际娟、章桂明、潘良文、覃文、陈颖、蒋原、陈红运、陈洪俊

获奖等级：国家科学技术进步奖二等奖

成果简介：

该项目属于工程与技术基础学科领域。为了应对国内外转基因产品（GMOs）标识管理要求，防止未获安全许可的转基因产品进出境，经国务院领导批示，科技部和质检总局分别立项开展了该项工作。

该项目的主要内容：

（1）研究建立了全套的检测技术体系，建立了实时荧光 PCR 和基因芯片对农产品和食品中 GMOs 的实时、高通量定性检测技术；率先破译了 16 个 GMOs 边界序列，建立了品系鉴定技术；研制了 16 种标准分子物质；建立了 GMOs 精确定量检测技术；研制了 GMOs PCR-ELISA 检测技术。

（2）建立了完整的标准体系：制定了 8 项国家标准、13 项行业标准，实质参与 5 项国际标准制定。

（3）获得国家发明专利 3 项，申请了国家发明专利 24 项，撰写专著 2 部，发表论文 55 篇。

（4）研制生产了 56 种 GMOs 检测试剂盒。

（5）建立了我国首个 GMOs 信息服务网站。

（6）建立了 GMOs 检测实验室体系，系统宣传、贯彻了技术标准体系，建立了 29 个国家认可委认证 GMOs 检测实验室；获得国际认可，9 次组织和参加了 APLAC、FAPAS 等国际实验室间能力比对。

建立了我国首个完整 GMOs 执法检验技术平台，填补了我国在 GMOs 检测人才、技术、标准和实验室空白，并及时应用到口岸执法检验中。据统计，2003—2005 年为 1.541 4 万家企业生产、货值 238 亿美元的 120 种产品提供了 GMOs 检测，打破了国外技术壁垒，产品出口到 40 多个国家，农业增收 113 亿美元，增加就业岗位 5 129 万个；对货值 259 亿美元、50 种进口产品实施 GMOs 监测；检测出 801 批次、20 亿美元货值产品存在混杂或未经许可的转基因品种，并及时采取了监管措施，保护了环境安全和人民健康，降低了 1.3 亿美元出口损失。该项目所建立的分子检测技术平台，还应用到防范外来生物和食品安全领域，提升了我国检验检疫技术水平。获国家质检总局"科技兴检奖"一等奖 2 项、国家标准创新贡献奖二等奖 1 项、省级科技进步奖一等奖 1 项。

棉铃虫区域性迁飞规律和监测预警技术的研究与应用

主要完成单位：中国农业科学院植物保护研究所、全国农业技术推广服务中心、江苏省农业科学院、中国科学院动物研究所、河南省农业科学院植物保护研究所、南京农业大学

主要完成人：吴孔明、郭予元、戴小枫、屈西峰、程登发、姜玉英、张跃进、柏立新、封洪强、梁革梅

获奖等级：国家科学技术进步奖二等奖

成果简介：

该项目属农业科学技术领域，通过对我国棉铃虫地理种群的遗传变异、滞育特征和抗寒性分化等的系统研究，将我国棉铃虫划分为热带型、亚热带型、温带型和新疆型，其分别对华南地区、长江流域、黄河流域和新疆地区的气候环境具有高度专化适应性。热带型棉铃虫主要分布于我国北纬 22°以南地区，亚热带型棉铃虫主要分布于北纬 22°至 32°以南的长江流域地区，温带型棉铃虫适宜分布的生态区为北纬 32°以北至 1 月份平均日最低温度－15℃等温线以南地区，新疆型棉铃虫适宜生态区为新疆中南部的南温带地区。

对棉铃虫在我国迁飞转移规律的研究表明，受东亚季风影响，5～7 月份温带型一代和二代棉铃虫成虫随偏南风向北迁移，可迁入山西北部、河北北部、内蒙古、辽宁和吉林等非越冬区的中温带地区；温带型三代和四代棉铃虫于 8 月中旬以后，随偏北风向南回迁。成虫种群密度过大和所处的不良环境是引起迁飞的主要原因。采用昆虫雷达等技术手段研究表明，棉铃虫迁飞的地面高度一般为 300～500 米，具顺风定向特征，一个夜晚迁移距离 150～300 千米，并据此建立了棉铃虫迁飞轨迹和迁飞路径预测的模拟模型。

制定和修订了"棉铃虫测报调查规范"国家标准，规范了全国棉铃虫监测工具、田间调查、数据汇总和传输、预测预报模型、发生程度分级、预报准确率评定等方法和指标，实现了全国棉铃虫预测预报标准化、数据信息传递网络化和预报发布的图视化。构建了国家棉铃虫测报及气象资料数据库管理系统平台，集成了由多种预报方法和预报模型组成的国家棉铃虫区域性灾变预警系统。

该项目 1997—2006 年，共计培训农民 620.844 万人次，各级测报站累计发布电视预报 7 887 期，发布棉田棉铃虫预测情报 2.425 万期，累计应用面积 4.805 6 亿亩，发布其他作物田棉铃虫预测情报 1.831 4 万期、累计应用面积 9.047 7 亿亩，长、中、短预报平均准确率分别达到 84.7％、89.8％和 95.2％，累计新增利润 106.7 亿元，节支总额 63.2 亿元。

精准农业关键技术研究与示范

主要完成单位：北京农业信息技术研究中心、中国农业大学、中国科学院遥感应用研究所、中国科学院地理科学与资源研究所、北京市农林科学院、北京派得伟业信息技术有限公司

主要完成人：赵春江、汪懋华、王纪华、孟志军、刘刚、王秀、张兵、张漫、陈立平、刘良云

获奖等级：国家科学技术进步奖二等奖

成果简介：

该项目属于农业技术领域，是在国家发改委高技术专项、"863"、"973"、国家自然科学基金等科技计划的支持下，经 7 年、多学科交叉联合攻关完成的一项重大科技成果。该成果围绕精准农业"田间信息获取、智能分析决策、变量精准实施"3 个环节，在理论方法、技术产品和系统集成技术上实现了重大突破，填补了我国在该领域的多项空白，在实践应用上取得了重大的经济社会效益。

项目提出了作物生长发育理化参量和农田信息遥感反演的理论方法体系，显著提高了作物、土壤信息获取精度和判读能力；研发了 9 种适合机载和掌上电脑等不同平台的农田信息采集和无线传输系统，有效地解决了农田信息快速获取的瓶颈问题。

项目建立了基于遥感数据的作物营养诊断和变量施肥算法，在国内外首次提出了变量施肥尺度效应理

论和变量作业单元划分理论；开发了联合收割机产量数据处理系统，精准农业 GIS 管理系统，变量施肥、灌溉、喷药处方图生成系统，可提供基于像元、农机作业单元、作业区和地块尺度的精准管理决策处方。

项目实现了作业导航、变量实施、谷物测产等作业环节共性关键技术的突破，研发了农田作业机械通用总线技术和电子控制单元技术，开发了基于 CAN 总线的导航控制系统和智能控制终端，研制了 2 种变量施肥机、2 种变量农药喷洒机和国产联合收割机配套的智能测产系统。

项目在精准农业系统集成技术上实现突破，在国内率先研制出基于 CAN 总线的机电液一体化变量作业控制、导航、信息监测平台和软硬件一体化的精准农业集成技术平台；构建了我国主要作物精准农业生产技术体系，根据我国农业不同类型区的实际特点，提出了 3 种精准农业技术应用推广模式。

项目获专利 27 项、软件著作权登记 30 项，发表论文 222 篇，出版专著 9 部。在全国 14 个省（自治区、直辖市）累计推广应用 5 707.71 万亩，技术培训 1.65 万人次，取得了重大经济社会效益，提高了我国农业机械化、信息化、智能化和现代化水平，对引领我国现代农业发展、推进农村建设具有重大意义。

食用菌优质高效大规模生产关键技术研究

主要完成单位： 广东省微生物研究所、广东粤微食用菌技术有限公司、广东环凯微生物科技有限公司、丰顺县穗光食品有限公司、东莞市星河生物科技有限公司

主要完成人： 吴清平、杨小兵、李森柱、李泰辉、廖世煌、张菊梅、吴献光、叶运寿、陈素云、阙绍辉

获奖等级： 国家科学技术进步奖二等奖

成果简介：

该成果属农业科技领域。我国食用菌产业由于林木原料缩减、菌种退化、生产工艺陈旧、缺乏在线质控技术，严重制约了优质高效大规模生产的发展。只有通过从种源、栽培、深加工到质量监控关键技术的系统创新，实现产业链整体技术升级，才能推动食用菌产业走向适应国情的现代农业和集约化生产之路。

该项目经过长期深入研究和实践，发明了松木屑快速除脂技术扩大原料来源；创新了快速制种、培养基高效灭菌、连续接种设备和筐式集成栽培法，提升工效 5 倍，创建了中国特色食用菌工厂化栽培工艺，生产规模高于传统工艺 4～600 倍，投资和能耗只有同等规模国外引进工艺的 1/3～1/2。研制了反季节栽培棚和层架式栽培法，满足集约化栽培要求。发明菌种保藏新技术，延长保藏时限 5～10 倍，并创建了华南最大的食用菌种质库，保障了种源的安全；发明食用菌活性成分原态提取法和发酵酶解深加工新技术，筛选了 5 种功能活性显著的食药用菌提取物，成功开发出系列功能性产品。创新食品卫生微生物及有害物质残留快速检测技术和高效环保污染微生物消杀技术，使检测时间从常规数天至数周缩短到几分钟至几小时，并提高消毒效率 30%～50%，在国内首次突破了食用菌产销在线质控技术难关。

该项目在国内率先对传统食用菌产业进行了关键技术系统集成创新，取得重大突破，申报发明专利 18 项，获授权 2 项，发表论文 55 篇，总体技术指标达到国内领先和国际先进水平，获得广东省科学技术一等奖 1 项，国家发明展览会金奖 2 项。

作为中国食用菌协会推荐的优秀成果，在我国南方和西部地区进行了大规模推广应用，并成功输出加拿大。共建立 10 个大型生产基地，技术辐射 100 多家食用菌企业和 1 000 多家相关食品企业，通过技术培训和产业扶持带动了 3.56 万户农户参与食用菌生产，户均增收 3 000～4 500 元。在成果应用地区，产品市场占有率超过 45%，近 3 年累计新增产值 52 亿元，利税 18.6 亿元，出口创汇 2 000 万美元，增收节支 20.8 亿元，取得了显著的经济和社会效益。

防治农作物土传病害系列药剂的研究与应用

主要完成单位： 贵州大学、全国农业技术推广服务中心、北海国发海洋生物产业股份有限公司、河南省植物保护植物检疫站、云南省植保植检站、四川省农业厅植物保护站

主要完成人：宋宝安、王士奎、郭荣、杨松、相士晋、胡德禹、王俊、曾松、陈书勤、杨阳

获奖等级：国家科学技术进步奖二等奖

成果简介：

该项目属于植物保护领域中化学和生物农药课题。自 1990 年开始，先后开展了防治土传病害杀菌剂广枯灵、净土灵、甲基立枯磷品种的研究开发及其应用，首次建立了我国生物农药和化学农药相结合的综合防治土传病害技术体系。

主要研究内容：

（1）自主研发出溶剂法闭环合成恶霉灵原粉新工艺（ZL 99115140.2），以恶霉灵为核心，首次开发出广枯灵制剂（LS981501，LS20011164），在大规模试验示范和应用推广的基础上，建立了防治水稻和蔬菜土传病害的综合应用技术。

（2）首次研发出 95％甲基立枯磷原药（LS20031018）及制剂（LS96339，LS98606）生产新工艺，在国内首家实现工业化生产，广泛用于棉花苗期病害和枯萎病等土传病害防治。

（3）通过诱变筛选获得高度降解菌株 BH♯1（*Bacillus* sp.），开发出采用专一性壳聚糖降解酶系生产氨基寡糖素的新技术（ZL 03128199.0），实现工业化生产；优选开发出以氨基寡糖素为核心的绿色环保海洋生物杀菌剂"国发净土灵 0.5％氨基寡糖素水剂"（LS20021143），用于瓜果和烟草土传病害的绿色防治。

该成果先后获得了两项国家发明专利、两项"国家重点新产品证书"、一项"国家火炬计划重点项目证书"和贵州省科技进步一等奖。2004—2006 年，企业新增利润累计 5 884.7 万元，新增税收累计 2 259.8 万元，出口日本、美国、德国、澳大利亚、马来西亚等国家，创汇 908.5 万美元；已在全国 28 个省 950 多个县应用，推广应用面积 1.102 1 亿亩，获经济效益 46.87 亿元。3 种产品的研制成功促进了我国高（残）毒农药品种如敌克松等的更新换代，现已成为我国农业生产中土传病害防治的主导药剂，对推动本行业的科技进步起到促进作用。

新疆棉蚜生态治理技术

主要完成单位：中国科学院动物研究所、中国科学院新疆生态与地理研究所、全国农业技术推广服务中心、新疆维吾尔自治区植物保护站

主要完成人：张润志、田长彦、朱恩林、赵红山、梁红斌、李晶、李萍、杨栋、王林霞、林荣华

获奖等级：国家科学技术进步奖二等奖

成果简介：

该项成果属于农业技术领域，是农业害虫无公害防治技术方向的实用技术成果与创新理论总结。主要技术内容为：

（1）根据新疆植棉历史与棉花害虫发生规律的研究，揭示了新疆棉蚜成为主要害虫的原因是冬小麦种植面积大量减少，从而导致棉田棉蚜的天敌来源减少，充足的食物和不足的自然天敌造成了新疆棉蚜成灾。

（2）经过多年探索和深入研究，发现苜蓿、苦豆子等具有最大的食物昆虫涵养量并且可以作为自然天敌繁殖库，发现这些植物生长期早而造成了其涵养天敌被利用中最关键的时间优势。

（3）创造了诱导棉田边缘植物带自然天敌进入棉田控制棉蚜的简便途径，从而达到了人为协助情况下、充分利用自然天敌控制棉花蚜虫的高效生态控制目的。

（4）巧妙地利用了长期以来一直得不到充分利用的农田林网林阴带种植耐阴牧草植物苜蓿，提高了土地利用率，并且为农村发展畜牧业提供了条件，探索出适合农业产业结构调整的农、林、牧有机结合的害虫生态治理新模式。

（5）创造性地提出了植物应当并且可以作为生物防治因素加以利用的"相生植保"害虫防治新思路。

该项成果的主要特点是利用新疆棉花种植区的生态学规律，充分利用了苜蓿带等作为自然天敌繁殖库，并成功应用于棉花蚜虫的防治，改变了农业害虫生物防治依赖人工繁殖天敌、费用过高的传统套路，创造了长期以来人们梦寐以求的操作简便、成本最低、效果持久的农业害虫生态控制技术，同时，通过林阴牧草种植，解决了农田林网影响农作物生长的矛盾，做到了农、林、牧协调发展。

该项成果适合新疆棉区棉蚜无公害控制，同时也为其他棉区害虫防治提供了参考。该项成果在新疆棉区广泛应用，1996—2005年在阿克苏地区、喀什地区、和田地区、巴音郭楞蒙古自治州、昌吉回族自治州和吐鲁番地区广大棉区累计应用3 812万亩（次），挽回棉花损失19万吨，节省农药使用量1.9万多吨，累计直接经济效益36.2亿元。

工厂化农业（园艺）关键技术研究与示范

主要完成单位：沈阳农业大学、北京市农林科学院、华南农业大学、上海市农业科学院、浙江省农业科学院、中国农业大学、中国农业科学院蔬菜花卉研究所

主要完成人：李天来、陈殿奎、申茂向、陈日远、余纪柱、马承伟、张志斌、张福墁、徐志豪、邹志荣

获奖等级：国家科学技术进步奖二等奖

成果简介：

该项目属农业科技领域，研究内容和技术经济指标如下：

（1）应用自主研制的设计软件，设计建造了拥有自主知识产权的适用我国"三北"地区的新型节能日光温室及其环境调控设施，使室内进光量达80%以上，室内外温差25℃以上，便于小型机械作业，可在−20℃地区不加温安全越冬生产喜温果菜。

（2）研制出具有自主知识产权的、适合我国南北不同气候特点的大型连栋温室及其环境自动控制系统，其中华南型温室可抗10级风，华北型温室实现了冬季高保温，夏季能自动降温，保证了周年生产运行，造价比进口同类温室低40%。

（3）建立了低成本蔬菜及花卉工厂化穴盘育苗技术体系，制定了相应的技术规范和标准，使成本降低30%，壮苗指数提高25%。率先在国内研制出西瓜砧木断根嫁接技术，嫁接速度提高1倍，壮苗指数提高28%。

（4）通过研究亚适宜环境下番茄和黄瓜生育障碍、光合和物质代谢机理，率先提出了温室番茄和黄瓜栽培逆境障碍防止新技术。建立了基于环境与生长发育的黄瓜、番茄生长模拟模型和栽培管理专家系统。

（5）通过集成创新构建的温室主要果菜周年高产优质安全生产技术体系，最高产量较项目实施前提高一倍以上；其中连栋温室最高年产量：黄瓜41千克/米²，番茄38千克/米²；最低气温−20℃地区日光温室黄瓜年产量35千克/米²，番茄33千克/米²；建立的番茄树式基质栽培，单株结果2.548 6万个，符合安全食品标准。

该项目在促进行业科技进步方面的作用：新型连栋和日光温室结构与环境控制系统及栽培技术的创新，促进了中国温室产业的形成和设施园艺产业化发展，使我国连栋温室结构与环境优化设计及建造达国际先进水平，日光温室结构与环境优化设计及园艺作物栽培技术居国内领先水平。在6省（自治区、直辖市）获省部级科技进步一、二等奖10项，大幅度提高了我国设施园艺整体水平，缩小了与设施园艺发达国家的差距。

该项目的应用推广情况：项目已在东北、华北、西北、华东、华南等18个省（自治区、直辖市）应用，3年累计推广544.52万亩，实现综合经济效益41.451 3亿元，产品出口日本、俄罗斯、美国等国。

棉花化学控制栽培技术体系的建立与应用

主要完成单位：中国农业大学、河间市国欣农村技术服务总会、扬州大学、山东棉花研究中心、新疆农业

科学院、湖北省农业技术推广总站、河北省经济作物服务中心

主要完成人： 李召虎、田晓莉、何钟佩、段留生、陈德华、王保民、王旗、羿国香、王炜、卢怀玉

获奖等级： 国家科学技术进步奖二等奖

成果简介：

该项目通过 20 年的持续研究和集成创新，建立了棉花化学控制栽培技术体系，成功解决了棉花因徒长而导致产量低、品质差和费工、低效等长期存在的难题，是农业领域作物栽培学的成果。

系统研究了植物生长延缓剂缩节安（DPC，甲哌鎓）防止棉花徒长、调控生长发育的作用效果，揭示了棉花化学调控的技术原理；确定了不同条件下的 DPC 应用技术参数，并以化控技术为核心，集成配套技术创新，建立了黄河流域、长江流域和新疆三大棉区各具特色的棉花化控栽培技术体系。在控制局部器官生长的"对症应用"技术基础上，首创了定向诱导整株发育的"系统（全程）化控"、对棉株和环境进行双重调控的"化控栽培工程"技术。随着转基因抗虫棉的快速发展，进一步研究了限制抗虫棉丰产性和抗虫性协同表达的生理基础，建立了抗虫棉化控栽培新技术。

棉花化控技术已成为遍及全国棉区广泛应用的一项支撑性关键技术。生产实践证明，该成果的技术成熟、科学完善、转化率高，可以稳定增加棉花产量 10％～15％，改善棉纤维的品质，对环境和人畜高度安全。据不完全统计，仅 2004—2006 年棉花主产区山东、新疆等 7 省（自治区）（占全国棉花面积近 90％），应用棉花化控技术超过 9 000 万亩，增产皮棉 7 亿千克以上，新增社会经济效益 90 亿元以上，节约棉花整枝用工 2 亿多个。

该项目建立的棉花系统化控技术，技术水平超过美国等植棉发达国家的"少量分次使用"技术，应用效果和推广普及也超过美国，确定了我国棉花化控技术的领先地位，对发展我国棉花生产和提高棉花竞争力意义重大。"转基因抗虫棉丰产高效化学控制栽培技术体系的建立与推广"2006 年获教育部高等学校科学技术奖一等奖。此外，棉花化控栽培技术利用了植物激素调控植物生育的研究成果，实现了基础研究向农业高新技术的转化，极大提升了我国大田作物化控技术的研究与应用水平，推动了作物栽培学的发展。

花卉新品种选育及商品化栽培关键技术研究与示范

主要完成单位： 北京林业大学、国家花卉工程技术研究中心、昆明杨月季园艺有限责任公司、中国农业科学院蔬菜花卉研究所、中国林木种子公司、中国林业集团公司、中国农业大学

主要完成人： 张启翔、刘燕、陈俊愉、潘会堂、杨玉勇、葛红、赵梁军、陈瑞丹、王四清、罗宁

获奖等级： 国家科学技术进步奖二等奖

成果简介：

该项目课题组经过 25 年的育种与区试研究，在抗寒梅花、切花月季、香花型地被菊、报春花育种方面取得重大突破，以中国特有花卉资源作为亲本，培育出具有我国自主知识产权的花卉品种 48 个，获国家新品种保护 5 个，国际品种登录 5 个，申请新品种保护 6 个，申请发明专利 5 项。培育的抗寒梅花品种使梅花的露地栽培区域从长江流域推移到三北 11 个省（自治区、直辖市），培育的切花月季品种生产的切花 90％以上出口。

切花月季、大花蕙兰、蝴蝶兰等 10 余种重要商品花卉生产关键技术攻关取得重大进展，建立了适合国情的优质、高效、低能耗的花卉生产技术体系，实现重要商品花卉生产技术的国产化，降低育苗成本 20％～40％、基质成本 15％～56％，提高综合经济效益 15％～30％。制定国家标准 2 项、企业技术标准 31 项，申请发明专利 18 项。

建立的主要技术体系包括：①利用我国特有花卉基因资源的中国名花综合育种技术体系，②重要商品花卉高效低能耗的工厂化种苗生产技术体系，③适合国情的商品花卉优质高产栽培技术体系，④新型环保型花卉栽培基质、相应的营养液配方及配套生产技术体系，⑤重要商品花卉的花期调控技术，⑥重要商品花卉的营养诊断技术，⑦重要商品花卉的产后处理及品质保持技术体系。

该项目促进行业科技进步作用及应用推广情况：项目实施期间，建成生产示范基地 11 个，2004—2006 年累计生产盆花、切花、种苗（球）1.21 亿株（盆、粒），出口花卉 1 960 余万株（盆），新增产值达 6.53 亿元，新增利润 6 721 万元，出口创汇 490 万美元，约占同期我国花卉出口总额的 1％；发表论文 200 余篇，出版论文集 3 部、专著 1 部；培养研究生 60 余名；举办技术咨询 420 次，培训技术人员 2 300 余人次，促进企业整体技术进步，带动了我国花卉产业整体水平的升级，提高了我国花卉生产的国际竞争力。项目部分成果获中国花卉博览会科技成果一等奖等。

《沼气用户手册》科普连环画册

主要完成人：白金明、孙玉田、胡金刚、王久臣、寇建平、郝先荣、闫成、张德君、李景明、郑时选
获奖等级：国家科学技术进步奖二等奖
成果简介：

《沼气用户手册》（以下简称《手册》）系中国农业出版社组织创作，配合农业部实施生态家园富民计划出版发行，面向广大农民、沼气用户和沼气建设专业技术人员的农村能源生态科普连环画册。

《手册》重点传播和普及农村沼气建设的作用、沼气池的建造、户用沼气配套产品安装、户用沼气运行与维护、沼气安全使用和沼气综合利用等知识。

《手册》在创作过程中有三方面创新：一是在选题内容上，紧紧围绕重大农业工程技术推广项目，准确把握沼气技术的先进性和农民实际需求。创作人员先后深入河北、湖北等十几个省、几十个县、上百个村，走访近千家农户，了解农民的实际需求，把握技术要求，尊重农民创造，做到科学性与实用性相结合；二是在创作手法上，突出沼气知识科普化、语言表达通俗化，尽可能用农民的语言普及沼气知识和技术，做到知识性和可读性相结合；三是在表现形式上，灵活运用写实、夸张、卡通、拟人、装饰和电脑设计等多种科普创作手段，做到图文并茂。这种科学技术来源一线，表现形式浅显易懂的创作手法，在有关农村能源生态科普图书中为首创。

《手册》自 2003 年 12 月出版以来，通过新华书店发行、媒体联动宣传、科技下乡入户、为农民书屋配书、网络图书商场等方式扩大发行渠道，再版一次，印刷 12 次，累计发行量达 120 万册。这一发行数量位居全国图书市场畅销书排行榜的前列，在"三农"图书市场上更是一枝独秀。

据统计，截止到 2006 年年底，全国有沼气用户 2 200 万户，相当于每 18 个沼气用户当中就有 1 户拥有一本《手册》。《手册》使农村沼气政策入户、科普到人、技术到手、理念入心，对普及沼气知识、推动农村沼气建设发挥着积极作用，社会效益巨大，也对"三农"图书的策划、编辑、出版和发行产生了积极影响。

2004 年 12 月，《手册》被中国书刊发行业协会授予"全国优秀畅销书"；2006 年 7 月，《手册》被中宣部、新闻出版总署、农业部联合授予"全国服务'三农'优秀图书"。

杨树工业用材林高产新品种定向选育和推广

主要完成单位：中国林业科学研究院林业研究所、北京市林业种子苗木管理总站、山东省林木种苗站、黑龙江省森林与环境科学研究院、安徽农业大学、河南省林业技术推广总站、河北省林业技术推广总站
主要完成人：张绮纹、苏晓华、李金花、解荷锋、李占民、卢宝明、王福森、姜英淑、张玉洁、刘长敏
获奖等级：国家科学技术进步奖二等奖
成果简介：

"八五"和"九五"攻关研究成果。包括"美洲黑杨基因资源收存及其遗传评价的研究"、"杨树纸浆材 4 个新品种选育"和"欧美杨 107 杨和 108 杨大面积推广"。以黑杨派杨树遗传改良为主攻方向，重点

开展了大规模收集引进国外黑杨派基因资源，在国内建立了基因库，连续 10 年对库内无性系进行多性状遗传变异系统研究；系统开展黑杨派无性系良种选育，历时 15 年选育出高产优质工业用材林新品种；杨树工业用材林品种系统选育程序和多性状综合选育技术；确定杨树纸浆材早期利用年龄和杨树品种分子指纹图谱研究。

该项目取得的主要成果包括：

（1）从 17 个国家引进和筛选出 114 个黑杨派无性系建立了基因库。

（2）在我国三大气候区 17 个试验点建立了无性系对比林和区域化试验林共计约 250 公顷，定向选育出了 4 个具有速生、优质、干直、窄冠等优良特性的杨树工业用材林新品种（欧美杨 108 杨和 DN113 杨、派间杂种 110 杨和美洲黑杨 725 杨），生长量比对照品种平均提高了 60% 以上。

（3）植物新品种权 5 项，林木良种证 2 个，鉴（认）定成果 5 项，林业行业标准 1 项。

该项目在促进行业科技进步方面具有如下作用：

（1）首次建立我国第一个黑杨派无性系基因库，缓解了我国黑杨派基因资源不足的矛盾，为杨树品种高效选育奠定了物质基础。

（2）4 个杨树新品种速生优质、适生范围广、木材增产显著。

（3）首次规范化杨树工业用材林新品种定向选育程序和方法，即多步骤系统筛选法和二次造林筛选法，使无性系选择效率提高 10%，生长与材性等多性状选育技术使杨树工业用材林品种定向选育取得突破性进展；首次确定杨树短周期纸浆材品种利用年龄为 4～12 年；首次建立欧美杨 107 杨和 108 杨等 10 个黑杨派品种 AFLP 分子指纹图谱。

107 杨和 108 杨已在华北平原地区为重点的 14 个省（直辖市）推广总面积 2 000 多万亩，每年增产木材近 3 000 万米^3，新增产值 126 亿元，解决我国每年木材进口量 1/5，以 6 年为轮伐期，则产值可达 900 多亿元，取得重大经济效益。

四个南方重要经济林树种良种选育和定向培育关键技术研究及推广

主要完成单位：南京林业大学、四川农业大学、中国林业科学研究院资源昆虫研究所、浙江林学院、广西师范大学、四川省林业科学研究院

主要完成人：曹福亮、陈其兵、张燕平、周国模、邓荫伟、汪贵斌、孙鹏、彭兴民、吴家胜、张健

获奖等级：国家科学技术进步奖二等奖

成果简介：

1994 年以来，项目组运用森林培育学和林木遗传育种学理论，对银杏、丛生竹、印楝和喜树等树种高效栽培的理论和技术，进行了全面系统的研究。重点开展：

（1）4 个树种种质资源创新利用的理论和技术。

（2）4 个树种苗木无性系化快速繁殖的机理和技术体系。

（3）4 个树种优质高效定向培育的机理和技术体系。

（4）4 个树种高效推广理论和技术体系。取得了 12 项鉴定或验收成果，成果整体达到国际先进水平，部分达到国际领先水平，先后获省级科技奖励 9 项，其中一等奖 1 项。在 4 个树种的种质资源创新利用、组织培养等快速繁殖技术及技术体系、密度调控和复合经营等定向培育关键技术及技术体系、科技支撑和技术推广体系等方面，均有原始性或集成性创新。

通过 10 多年的研究，达到了如下技术经济指标：

（1）最早建成 4 个树种种质资源最丰实的基因库 191 亩，收集 4 个树种种质 228 份、种源 34 个。

（2）创新开展银杏和印楝遗传分析和种质资源创新利用，选育出银杏叶用家系 20 个和核用无性系 5 个、纸浆用和笋用丛生竹种各 4 个、果用印楝种源 4 个和单株 32 个、叶用喜树种源 1 个。

（3）创新集成银杏、印楝和喜树组织培养体系各 1 个，丛生竹原丛留竹等苗木繁育体系 3 个，印楝扦

插等育苗技术体系 3 个。

（4）创新集成了银杏叶用园和核用园、纸浆用和笋用丛生竹林、印楝果用林和喜树叶用林等林种的定向培育技术体系共 6 个，竹材增产率达到 180％～200％，其他树种增产 32％～140％。

（5）制定规程、标准或规范 11 个。

（6）创新集成定向培育技术支撑和推广体系。

该成果发展了林木遗传育种和森林培育学的理论，有力地促进了林业科技进步。研究成果的应用对于生态环境改善、农村产业结构的调整、推动深加工、发展地方经济和社会主义新农村建设均有巨大的推动作用。该成果在生产实践中技术转化程度高、应用范围广、推广面积大，实施效果显著。近 3 年，在南方 12 个省累计推广该项成果 640 多万亩，新增利润约 32 亿元，产生了巨大的社会影响。

长江中下游山丘区森林植被恢复与重建技术

主要完成单位：南京林业大学、江西农业大学、中国林业科学研究院亚热带林业科学研究所、安徽省林业科学研究院

主要完成人：张金池、杜天真、胡海波、虞木奎、郭晓敏、刘苑秋、俞元春、程鹏、牛德奎、方炎明

获奖等级：国家科学技术进步奖二等奖

成果简介：

该项目属于应用生态学技术领域，它针对长江中下游山丘区森林植被退化、生物多样性锐减、土壤侵蚀剧烈等突出生态问题，以治理水土流失、改善山丘区生态环境为目标，紧紧围绕水土流失治理和森林植被恢复与重建这一主题，自 1990 年始，以"江西省低丘陵荒山林业生态经济模式研究"为题首次立项。15 年来，先后获国家林业局重点项目、国家自然科学基金、科技攻关、国际合作等 15 项课题的资助，系统研究区域环境特点及森林植被退化的机理和驱动力，探讨植被恢复与重建的基础理论，构建适合不同立地的植被恢复与重建模式，研究其关键技术，为区域植被恢复与重建提供技术支撑与示范。

该项目系统研究了南方红壤区和石灰岩山地等立地的植被退化机理，土壤侵蚀规律，主要造林树种的生理生态学特征，森林植被的水文生态特性；提出了杉木萌芽更新和次生林择优封育补植技术理论；构建了区域植被恢复与重建技术的监测指标体系。并通过长期定位和对比观测试验，有针对性地研究了重建森林植被对土壤抗蚀性、抗冲性和渗透性的强化效应，首次构建了降雨—径流—森林覆盖率关系模型，以及树木根系固土功能评价模型，实现了成果的基础理论创新。

课题组应用生态学和森林培育学等的原理与方法，研究提出了"植被恢复与重建经营类型划分"的论点，确立了不同类型组植被恢复与重建的目标、原则、经营方向。经过 15 年的实践，在极度侵蚀退化红壤、破坏山体废弃劣地、石灰岩山地等立地，筛选植被恢复与重建优化模式 30 多种，提出了优良植物材料选择与应用技术、次生林择优封育补植技术、低丘陵林农复合经营技术、极度侵蚀红壤植被重建技术、森林土壤地力维护技术等 10 项关键技术，制定了江苏露采矿山整治技术标准（试行）（苏国土资发 [2006] 253 号），实现了成果的集成创新。

3 年来，推广应用面积达 60.75 万公顷，创造直接经济效益 41 亿多元，生态、经济和社会效益极其显著。有 5 项阶段成果先后获省部级科技进步二等奖。

林木种苗工厂化繁育技术研究及产业化

主要完成单位：宁夏林业研究所（有限公司）、宁夏回族自治区林业局、宁夏经济林技术推广服务中心、宁夏回族自治区新华桥种苗场、宁夏枸杞研究所（有限公司）、宁夏中宁县枸杞产业管理局、西北第二民族学院

主要完成人：李健、沈效东、王立英、李建国、时新宁、陶铮、胡忠庆、赵世华、王自新、余治家

获奖等级： 国家科学技术进步奖二等奖

成果简介：

该项目研究涉及内容属生物工程及林业应用科学技术领域。针对林木种苗工厂化繁育技术、工艺流程和设备的落后，林木优良品种繁殖推广速度缓慢及缺乏耐旱园林观赏植物的问题开展研究工作。

该项目开展并完成林木优新品种组织培养、微型扦插、播种等工厂化繁育技术、工艺流程、配套设施设备体系的研究，实现技术与工艺的自主创新、设施设备的集成创新与国产化，建成"国家经济林木种苗快繁工程技术研究中心"；开展林木种苗工厂化生产过程智能决策支持系统研究，开发出系统软件；首次开展并完成节水耐旱观赏植物引种驯化、系统分类、栽培应用等综合研究，探索出一条适合我国北方的园林绿化植物之路；在我国北方不同地区建立了完善的示范推广网络，加速科技成果的推广，实现了成果的产业化；相关成果已推广应用到我国北方15个省（自治区、直辖市）的相关种苗生产企业和重点建设工程。

该项目完成了60多种木本植物工厂化繁育技术研究，10万株/批次木本植物试管苗移栽成活率超过90%，微型扦插、播种育苗成活率稳定在95%以上；自主研制的关键设备自动湿度控制系统、林木穴盘和基质等获3项国家专利，14项非专利自有技术达到国际同类产品的技术性能指标，设备价格是同类进口产品的40%～60%；开发出"节水耐旱园林观赏植物"优新品种10个，其耗水量是草坪的10%以下，是喜水型植物的30%以下，降低管护成本20%～60%；建立了8个示范推广基地，年产种苗1 100万株。

该项目引领和支撑了我国林木种苗工厂化繁育的现代化水平，实现了林木优良品种产业化，使我国林木种苗生产由传统农业向现代农业转变，并逐步达到国际先进水平；提高了我国林木优良品种在林业生产中的贡献率，增加了农民收入，改善了环境。

该项目应用推广情况：共计繁殖各类优良品种苗木1.33亿株，推广经济林26.93万亩，生态林32.6万亩，节水园林绿化0.9万亩，累计新增产值18.36亿元，新增利税7.13亿元，节支960万元。

年产8万米³ 中密度纤维板生产线成套设备关键技术研发及应用

主要完成单位： 上海人造板机器厂有限公司

主要完成人： 李绍昆、陈沪成、刘葆青、刘翔、袁建新、张剑峰、朱凯旋、杨志强、朱旌、汪军

获奖等级： 国家科学技术进步奖二等奖

成果简介：

该项目在提出新的真空负压机械铺装和多层装卸的技术思想及独特的最优化新工艺流程的、年产8万米³ 中密度纤维板生产线成套设备总体设计方案及其技术实现上，有较重大创新。突破解决了以下6项重大关键技术：

（1）国内外首创高效高密实、均匀厚度真空负压板坯成型机械式铺装技术，解决了传统板坯成型质地蓬松不均、强度低、生产效率低的老大难问题。

（2）装板热压匹配双层式板坯预装技术，解决了高产能瓶颈的技术难题，达到年产12万米³ 连续式压机的生产能力。

（3）国内首创基于坚固轴承结构和磨盘间隙液压控制的50英寸①大型热磨机组技术，解决了纤维制浆质量控制所必须具有的轴承结构高可靠性和高精度磨盘间隙控制的技术难题。

（4）发明大幅面人造板热压机的大幅面工作横梁隔热冷平衡抗变形技术，达到（12×50）英尺²②大幅面热压横梁热态高工作精度（制品平面弯曲不大于0.25毫米）要求，处于世界领先水平。

（5）首创固定式贮存料架、平衡式推拉板装置、链条式导轨上下运动的装卸小车的结构与热压机一体

---

① 英寸为非法定计量单位，1英寸＝0.05 4米。

② 英尺²为非法定计量单位，1英尺²＝9.290 304×10⁻²米²。

化的人造板宽幅超高程装卸技术，结合研发出的新型旋转编码数控位置精度控制系统技术（达到 0.01 毫米级国内最高精度），从根本上解决了 20 层以上中密度热压机组的装卸定位难题。

（6）人造板连续式预压的纤维排气技术和双电机驱动的连续式预压机皮带速度同步抗纤维层错动技术，解决了传统预压机板坯强度及异步错动形成板坯鱼斑纹质量技术难题。

该项目研发完成了国家急需的大型、环保、自动、高可靠的中密度纤维板生产线成套设备，实现了产业化。

获发明专利 1 项，申请受理发明专利 5 项，获实用新型专利 9 项，获 PDM 产品设计软件著作权 1 项。

该项目 3 年上缴利税 1.61 亿元，创汇 1 125 万美元（2007 年新接合同 2 200 万美元），节支 11 亿元，经济效益巨大。

该项目彻底改变了国家大型人造板设备长期依赖进口的落后局面，市场占有率 90％，大大提高了国际市场竞争力。

猪链球菌病研究及防控技术

主要完成单位：南京农业大学、江苏省农业科学院、上海市畜牧兽医站
主要完成人：陆承平、何孔旺、范红结、姚火春、张苏华、华修国、孙建和、倪艳秀、刘佩红、王建
获奖等级：国家科学技术进步奖二等奖
成果简介：

该项目课题组自 1998 年以来，对我国猪链球菌病进行了系统地研究，首次证实了近年来我国部分地区发生和流行的猪链球菌病的主要病原为猪链球菌 2 型及马链球菌兽疫亚种；阐明了这两种细菌的 mrp 致细胞凋亡作用、$fbps$ 及类 M 蛋白的细胞黏附作用等分子致病机理；克隆表达了猪链球菌 2 型中国分离株的 mrp、epf 和 $fbps$ 等毒力基因及猪源马链球菌兽疫亚种类 M 蛋白基因片段，并证实这些表达产物具有良好的免疫保护作用；发现了猪链球菌 2 型 5 个可能的新毒力基因片段；建立了斑马鱼及 SPF 微型猪链球菌 2 型致病与免疫的动物模型；研制了猪链球菌 2 型及毒力因子快速 PCR 检测试剂盒；制定了猪链球菌鉴定的 3 项国家标准，发表相关研究论文 59 篇，被他人引用 257 次。研制成功猪链球菌 2 型及猪链球菌 2 型与马链球菌兽疫亚种二联灭活疫苗，后者获得农业部新兽药注册证书。

上述疫苗自 2005 年以来，在四川、江苏、广西、江西、福建等地推广使用 7 786 万头份，直接经济效益达 5.4 亿元。

该成果在 2005 年四川资阳等地暴发猪链球菌病的诊断与防控中，发挥了重要作用，产生了良好的社会影响。

"大通牦牛" 新品种及培育技术

主要完成单位：中国农业科学院兰州畜牧与兽药研究所、青海省大通种牛场
主要完成人：陆仲璘、阎萍、王敏强、何晓林、韩凯、李孔亮、杨博辉、马振朝、马有学、柏家林
获奖等级：国家科学技术进步奖二等奖
成果简介：

该成果属于农业领域动物育种理论和遗传资源利用技术开发应用研究成果。"大通牦牛"是利用我国独有的本土动物遗传资源培育的第一个国家级牦牛新品种。历经 3 代畜牧科技人员 25 年的科研攻关，建立了青藏高原特定自然环境和生产系统条件下高寒牧区牦牛培育的方法和理论，在牦牛新品种培育及配套技术研究方面取得了突破性进展。成果主要内容：

（1）建立了新品种牦牛系统培育的理论与方法，探索出野牦牛遗传资源用于现代育种培育新品种的机理，确定了主选性状，制定了育种指标和品种标准。

（2）建立了牦牛育种繁育体系。以野牦牛为父本、当地家牦牛为母本，应用低代牛横交等育种方法，首次培育出了含 1/2 野牦牛基因的国家级牦牛新品种，理想型成年母牛已达 2 200 头，特一级公牛 150 头（国家牛新品种审定条件要求母牛达 1 000 头，公牛 40 头）。

（3）新品种牦牛具有肉用性能好、抗逆性强、体型外貌一致、遗传性稳定等优良特征，产肉量比家牦牛提高 20%，产毛、绒量提高 19%，繁殖率提高 15%～20%。

（4）在国内外率先研究和成功利用牦牛野外人工授精、体外受精、胚胎移植技术进行牦牛繁育。

（5）建立了牦牛种质资源数据库体系和牦牛遗传资源共享平台，以文字版、光盘版和 Internet 网络形式与全社会共享。

"大通牦牛"新品种的育成及繁育体系和培育技术的创建，填补了世界上牦牛没有培育品种及相关技术体系的空白，创立了利用同种野生近祖培育新品种的方法，提供了家畜育种的成功范例，提升了牦牛行业的科技含量和科学养畜水平，已成为牦牛产区广泛推广应用的新品种和新技术。

研究成果已在牦牛产区大面积应用，近 3 年销售种牛 9 654 头，冻精 27 万粒（支），每年改良家牦牛约 30 万头，覆盖率达我国牦牛产区的 75%，对促进高寒地区少数民族聚集地，尤其是藏民族地区社会、经济的发展具有重要作用和意义。该项目实际推广已获经济效益 4.34 亿元，预计到 2011 年可获效益 5.026 2 亿元。具有显著的直接效益、间接效益和广阔的推广应用前景。

规模化猪、禽环保养殖业关键技术研究与示范

主要完成单位： 浙江省农业科学院、浙江绿嘉园牧业有限公司、宁波舜大股份有限公司

主要完成人： 徐子伟、李永明、邓波、冯尚连、薛智勇、楼洪兴、刘敏华、周立明、华卫东、费笛波

获奖等级： 国家科学技术进步奖二等奖

成果简介：

该项目属于畜牧业技术领域，为规模化猪、禽环保养殖业解决了如下关键技术问题：

1. 研究建立体内减污技术

（1）测建猪、鸡主要饲料原料氨基酸消化率参数库，在国内外首次建立氚水（TOH）法活体测定鸡体成分技术，进而首创猪、鸡理想蛋白质模式实用化延伸模型，为环保饲粮开发提供平衡调控氮减排技术。

（2）研发出非淀粉多糖酶（NSP 酶），建立 NSP 酶和植酸酶降解谷物饲料抗营养因子系统技术，为环保饲粮开发提供酶控氮、磷减排技术。

（3）遴选出绿色饲料添加剂 3 种，辅以动物病原净化新技术，成功实现了健康养殖和药残控制。猪禽饲料通过国家绿色食品生产资料认定。

2. 研究形成体外治污技术

（1）研发出高温堆肥生物发酵菌剂，具有快速升温腐熟特性，研发出配套用多槽式转位旋挖翻混设备，经应用增效降本显著，开发出生物发酵有机肥系列产品 5 个。

（2）对厌氧发酵沼气工程加载多级减污去污，使废水净化效果显著提高，同时扩展了沼气利用（供燃气和发电，与柴油双燃料发电，省油率 79.7%），解决了沼液的生态循环利用（输出农业有机肥）。

3. 集成循环经济环保养殖技术体系

集成体内减污和体外治污技术，经应用环保效果取得重大突破：

（1）猪、禽粪尿氮、磷排泄分别下降 24.7%～47.4% 和 18.3%～32.0%，臭气排放下降到 76% 以上。

（2）养殖环境臭气浓度和废水 CODcr、氨态氮等污染物均低于 GB 18596—2001 允许排放量，建立了"体内减污排泄，体外固体废弃物生物发酵生产有机肥，废水经多级减污去污和厌氧消化生产沼气供燃料和发电，沼液达标农灌并对河道零排放"的循环经济模式。

项目获授权国家发明专利 3 项，发表论文 40 多篇。环保养殖关键技术在难度极为突出的长三角密集区取得突破，并已向全国推广；绿色环保技术应用于 380 万吨猪禽饲料，供全国 4.74 亿羽家禽、600 万

头猪的环保饲养；有机肥产品及设备已产业化生产。近3年取得经济效益5.106亿元，社会、生态效益尤为显著。项目经鉴定总体水平国际先进，其中集成创新达国际领先。

绵羊育种新技术——中国美利奴肉用、超细毛、多胎肉用新品系的培育

主要完成单位：新疆农垦科学院、石河子大学
主要完成人：刘守仁、王新华、石国庆、杨永林、王建华、李辉、钟发刚、代江生、戴永林、李宝成
获奖等级：国家科学技术进步奖二等奖
成果简介：

该项目在常规育种技术的基础上，应用MAS技术，建立FecB标记基因诊断方法，在国内首次研制出基因芯片，并应用于多胎肉用新品系羊的培育。引进优秀基因，结合RAPD技术，建立了嫡亲级进育种方法；大面积应用MOET和子宫角深部输精技术，迅速扩繁品系羊种群，拓展优秀种羊的时空利用效率。通过研发平台和3级繁育体系，使选育、扩繁、推广有机结合。经13年不懈努力，成功培育出中国美利奴肉用、超细毛、多胎肉用3个新品系羊，其生产性能达到国际同类领先水平，提高了绵羊主产品生产性能和市场应对能力。

该项目的技术经济指标：①肉用品系。群体规模3万只（核心母羊群2 400只）。成年母羊平均体重60千克，屠宰率48.32%，羊毛细度70支，毛长9.1厘米，主要生产性能均超过德国美利奴羊标准。②超细毛品系。群体规模8.4万只（核心母羊群1.2万只），羊毛细度16微米为主（最细12.4微米），平均毛长8.5厘米，毛量4.96千克，羊毛强度、白度均达澳大利亚超细毛羊水平。③多胎肉用品系。群体规模2.2万只（核心母羊群1 200只），周岁母羊产羔率190.2%，6月龄公、母羔体重分别比同龄中国美利奴羊提高51.85%和24.01%，羊毛细度64～66支。多胎、肉用、毛用性能突出。

该项目研制的基因芯片被应用于新品系羊的培育和大面积实施MOET、子宫角深部输精，为其他畜种的选育提供了借鉴技术；嫡亲级进育种方法的改进，丰富了育种实践；研究开发平台的建立和3级繁育体系的完善，为产业化养羊提供了比较成熟的管理模式。3个新品系羊的育成，丰富了中国美利奴羊的多用性能，提高了主产品生产性能和市场应变能力，推广应用前景广阔。

该项目的应用推广情况：建立示范基地4个，育成肉用品系羊2.0万只、超细毛品系羊1.23万只、多胎肉用品系羊0.5万只。辐射推广到兵团垦区、伊犁、博乐、塔城、阿勒泰、巴州、哈密等地州和吉林、内蒙古、山东等省（自治区）。累计杂交改良136万只，新增经济效益1.16亿元。

皱纹盘鲍杂交育种技术及其养殖工艺体系

主要完成单位：中国科学院海洋研究所、大连市水产研究所、大连獐子岛渔业集团股份有限公司、中国水产科学院黄海水产研究所、山东西霞口水产科技开发股份有限公司、大连新碧龙海产有限公司、寻山集团有限公司
主要完成人：张国范、赵洪恩、刘晓、张金世、周延军、燕敬平、王琦、黄健、张聿钦
获奖等级：国家科学技术进步奖二等奖
成果简介：

该项目以种质特性研究为基础，以良种培育为核心，以健康菌种和高效养殖技术为主线，着眼于皱纹盘鲍养殖业的可持续发展，从群体遗传结构、功能基因和生长的遗传基础入手，深入系统地研究了皱纹盘鲍的种质特性；在杂交组合性状、遗传规律、配合力和性状稳定性分析的基础上，通过杂交组合的优化，获得大连长海（♀）和日本岩手（♂）群体强杂种优势组合，培育出大连1号杂交鲍新品种，建立了以大连1号杂交鲍规模化生产为目标，以定向配对杂交和RHD苗种培育为核心的制种技术新工艺。在大连1号杂交鲍健康苗种的规模化稳定高效培育的基础上，建立了陆基工厂化、潮间带生态系、平台沉箱式和南

北跨区养殖等杂交鲍多元化养成新模式，并在不同层次研究了杂交鲍性状优势的生物学基础，成功创建了系统的皱纹盘鲍杂交育种技术及其养殖工艺体系和理论基础。

　　该项目通过"良种良法"的实施，使杂交鲍苗种出苗率稳定提高 4～5 倍，存活率提高 1.9 倍以上，生长速度提高 20％以上，养成周期缩短 1/4～1/3。生物学零度降低 1.4℃，耐温上限提高 2℃。建立了系统的以杂交育种制种和养成技术力核心的皱纹盘鲍杂交育种和养殖技术体系，培育出我国首个养殖贝类新品种，在国际上开创了杂交育种技术在海水养殖产业中规模化应用，并取得重大实效的先例，不仅解决了养殖皱纹盘鲍的大规模暴发性死亡问题，拯救了我国的皱纹盘鲍养殖产业，并且使杂交鲍养殖发展成为我国海水养殖产业中独有的稳定持续高效龙头产业，从而使我国一跃成为世界第一鲍鱼生产大国。

　　该项目的研究成果已在辽、鲁、闽等省推广，杂交鲍在皱纹盘鲍养殖中的份额从 1999 年的 47.36％增加到 2006 年的 98.96％，养殖区从黄海北部扩展到东海中南部，福建已成为主产区之一。1997—2006年我国累计培育出杂交鲍苗种 32.35 亿个，生产成品鲍 3.818 1 万吨，产值 121.15 亿元，其中近 3 年总产值为 78.03 亿元。

中华鲟物种保护技术研究

主要完成单位：中国水产科学研究院长江水产研究所、农业部淡水鱼类种质资源与生物技术重点开放实验室

主要完成人：危起伟、杨德国、陈细华、刘鉴毅、朱永久、王凯、柳凌、汪登强、文华、杜浩

获奖等级：国家科学技术进步奖二等奖

成果简介：

　　中华鲟为大型江海洄游性鱼类，国家一级重点保护动物，产卵场目前仅发现于长江葛洲坝下。该项目对 1981 年葛洲坝截流以来中华鲟产卵群体数量、群体结构、长江口幼鱼资源和自然繁殖进行 20 多年不间断监测；采用世界先进技术对产卵场及其交配区进行精确定位和测量，研究了中华鲟产卵行为和生态因子；承担历年中华鲟人工增殖放流任务，通过技术改进和系统集成突破苗种成活率低的技术瓶颈，采用先进技术评估放流效果；进行了中华鲟产后亲鲟海洋馆驯化康复、多种模式的子一代养殖试验、三峡库区中华鲟自然种群构建试验，探索多途径保护中华鲟。

　　技术经济指标：

　　（1）获得了中华鲟产卵群体及其自然繁殖连续 25 年的监测数据。

　　（2）建立了中华鲟超声波遥测、江底采卵、苗种标志放流技术。

　　（3）定位了中华鲟产卵场范围，调查了其自然繁殖主要环境因子，发现了交配区至播卵区的负坡地形特征和流场特征，提出了产卵场功能分区模型。

　　（4）突破了苗种培育成活率极低的技术瓶颈，建立了大规格苗种批量培育技术体系，向长江等水域放流中华鲟苗种 190 万尾。

　　（5）贮备 1～9 龄中华鲟 F_1 后备亲鱼近万尾。

　　（6）突破了野生、产后亲体的开口摄食难关。

　　（7）发现亲鲟体内人工合成的内分泌干扰物较高，暗示污染可能也是中华鲟致危原因。发明专利通过初审 1 项，实用新型专利授权 2 项，共发表论文 78 篇（SCI 16 篇，CSCD 核心 28 篇），会议宣读 17 篇（国际 10 篇，国际大会特邀 2 篇）。

　　应用推广情况：主要研究成果已应用于中华鲟自然保护区建设及管理、多项国家特大和重大建设项目论证和运行、我国鲟鱼籽酱出口配额争取、广泛科普和公益性宣传以及我国鲟鱼产业化中，为政府决策提供了关键科学依据。同时，所采集的中华鲟自然繁殖生物与非生物同步数据，应用于生态水文学研究，促进了我国生态水文学的发展。在国际上，还为 IUCN 红色目录中国鲟鱼种濒危等级划分、国际濒危物种贸易公约对中国政策制定提供了关键依据。

2008 年

一等奖

中国小麦品种品质评价体系建立与分子改良技术研究

主要完成单位：中国农业科学院作物科学研究所、首都师范大学、山西省农业科学院小麦研究所

主要完成人：何中虎、晏月明、夏先春、张艳、安林利、庄巧生、王德森、张勇、陈新民、夏兰芹、胡英考、蔡民华、王光瑞、阎俊

获奖等级：国家科学技术进步奖一等奖

成果简介：

（1）首次创立中国小麦品种品质评价体系，在国内广泛应用。从分子水平揭示我国小麦品种的品质现状，40％的关键指标和方法为国际最早报道；建立了传统食品的标准化评价方法与选择指标，已用于修订4项国家小麦品质标准。

（2）创立新技术与发掘新标记，丰富了品质育种与谷物化学的理论与方法。创立了小麦贮藏蛋白的鉴定新方法两种，效率比常用的 SDS－PAGE 方法提高3倍；在国际上首次发现并命名37个新等位基因，发掘验证22个可用的新标记，占国际可用品质标记的70％。

（3）首次在国内育成两个优质强筋亲本中作 8131－1 和临汾 5064，二者的面筋强度和面包品质都达到国际对照加麦1号的标准，产量高，成为我国小麦品质育种的骨干亲本，在7省（自治区、直辖市）做亲本育成优质强筋品种10个，10省（自治区、直辖市）累计推广1.2亿亩，占国内强筋麦面积的60％，推动全国优质麦育种水平全面提高。

（4）获授权发明专利10项，发表 SCI 论文共54篇，最高影响因子达10.2，用20年时间使落后国际50年的我国小麦品质研究在国际上占有重要一席。

二等奖

黑色食品作物种质资源研究与新品种选育及产业化利用

主要完成单位：广东省农业科学院农业生物技术研究所、中山大学、华中农业大学、陕西省水稻研究所、广西黑五类食品集团有限责任公司

主要完成人：张名位、赖来展、李宝健、池建伟、孙玲、彭仲明、吴升华、张瑞芬、徐志宏、陆振猷

获奖等级：国家科学技术进步奖二等奖

成果简介：

项目组作为国内外最早的黑色食品研发团队，历时25年，以黑色食品作物产业链为主线，进行了种质收集、评价、发掘、创制、新品种选育与产业化利用的系统研发。

（1）在国内外率先开展黑米、黑大豆、黑玉米、黑小麦、黑芝麻种质收集、鉴定与保护，创建了首个黑色食品作物种质库，保存种质806份；对所收集资源的农艺经济性状、营养成分、活性物质 HPLC 指纹图谱及生物活性进行系统评价，构建了首个种质资源数据库和相应电子文档，制订了国家农业标准《黑米》。

（2）率先研究黑米的营养品质遗传，明确其花色苷、蛋白质和 Fe、Zn、Mn、P 含量的种子、母体和细胞质遗传效应与遗传相关性。

（3）发掘出优异黑米资源 12 份、黑大豆资源 5 份，筛选出富碘和铁的黑大豆新品种粤引黑大豆 1 号；创新黑米优异种质 80 份上交国家种质库，其中营养和活性成分突出的 8 份。

（4）选育出我国推广面积最大、被广泛应用于加工的黑米新品种黑优粘和黑丰糯；培育出第一个黑糯米三系不育系 186A、恢复系华 161 及其强优势组合华黑 1 号，率先实现了三系配套。

（5）从分子、细胞和整体水平开展黑米、黑大豆的保健功能评价，发现其具有抗氧化、降血脂、抗动脉粥样硬化、护肝和抗衰老等功能；明确其物质基础与 4 种花色苷类化合物关系密切。

（6）发明系列黑色食品核心加工技术，申请发明专利 14 项、获授权 9 项，研制新产品 40 个，获保健食品 2 个，国家重点新（名牌）产品 8 个。

（7）黑米和黑大豆新品种在 16 个省（自治区、直辖市）推广 1 206 万亩，加工技术在全国 36 家企业应用，新增经济效益 62.3 亿元，其中近 3 年 21.0 亿元；开拓并引领了全国黑色食品产业化发展，目前全国黑色食品年产值逾 60 亿元。

（8）出版专著 5 部、发表论文 136 篇，其中 SCI、EI、ISTP 和国家学报 54 篇，被国内外同行引用 1 338 次，成果总体达国际先进水平，获广东省科学技术一等奖 1 项、二等奖 1 项，极大地促进了黑色食品和特色农作物开发利用科技进步。

广适多抗高产稳产冬小麦新品种邯 6172

主要完成单位：邯郸市农业科学院、中国科学院遗传与发育生物学研究所农业资源研究中心
主要完成人：马永安、陈冬梅、宋玉田、周进宝、刘保华、周瑾、吴智泉、宋香武、纪军、张长生
获奖等级：国家科学技术进步奖二等奖
成果简介：

该项目是国家"863"计划和河北省重大攻关项目。主要是针对黄淮麦区高产品种适应性差、难以大范围推广种植的突出问题，利用创新的"三性"选择技术和"双对照加压"等选育方法，历时 14 年育成了高产广适型小麦新品种邯 6172。先后通过黄淮南片、北片两大生态区国家审定和晋冀鲁 3 省审定，并获植物新品种保护权；是我国 20 世纪 80 年代以来审定区域最广、应用范围最大的高产广适型小麦品种之一，2007 年获河北省科技进步一等奖。

该项成果突出解决了一个生态区内选育能够适应多个生态区种植的广适型小麦品种的技术难题，实现了高产与广适的结合和高产品种种植范围的重大突破。在适应性、丰产性、抗逆性等方面与黄淮麦区大面积推广品种石 4185、鲁麦 14、豫麦 49 相比取得重大进展，总体技术在同类研究中达国内领先水平。

（1）高产与广适相统一。在国家黄淮南片、北片区试中产量均居第一位，表现出对生态、环境、土壤、肥力等多变条件的高度适应性，是我国 20 世纪 80 年代以来第一个跨生态区双国审品种。

（2）高产与稳产相统一。6 年 19 次区试，平均亩产 12 次第一，146 个试点 127 点增产，增产点率 87%，是近年国审小麦品种中稳产性最好的品种。

（3）产量高，增产潜力大。一般亩产 500～550 千克，高产达 600 千克以上，区试产量较对照增产 9.08%，代表了当前黄淮麦区的高产水平。

（4）综合抗逆性强。邯 6172 先后列为国家转化资金项目，国家后补助品种，连续多年列为国家主导品种和晋、冀、鲁、苏、皖 5 省良补品种，种植范围遍布晋、冀、鲁、豫、苏、皖、陕、新 8 省，种植面积位居全国前列，年最大推广面积 1 766 万亩，是全国少数几个超千万亩品种之一。据农业部统计，截至 2007 年累计推广 6 154.5 万亩，增产小麦 14.0 亿千克，新增利税 19.3 亿元，产生了重大经济效益。该品种的育成与推广，丰富了我国高产广适性小麦育种技术内容，再次引发了小麦育种界对高产广适型品种的普遍关注和广泛研究，促进了品种更新，较大幅度地提高了黄淮麦区小麦育种和生产水平。

黄瓜育种技术创新与优质专用新品种选育

主要完成单位： 天津科润农业科技股份有限公司黄瓜研究所

主要完成人： 杜胜利、李淑菊、李加旺、马德华、张文珠、魏爱民、张桂华、哈玉洁、杨瑞环、王全

获奖等级： 国家科学技术进步奖二等奖

成果简介：

1. 主要内容和指标

（1）系统研究了影响黄瓜未受精子房离体培养的主要因素，在国内首次建立了一套高效稳定的黄瓜单倍体育种技术体系，最高胚胎发生率达80％，植株再生频率达17.3％，创制出优异DH系115个，育成品种2个，使黄瓜育种周期由常规技术的6～8年缩短到3～4年。核心技术诱导培养基获国家发明专利。

（2）采用AFLP技术研制出与黄瓜白粉病、霜霉病、黑星病、炭疽病等主要病害抗性紧密连锁的分子标记，与抗性基因的遗传距离分别为5.56cM、5.22cM、4.83cM和2.73 cM，上述4种标记均已获国家发明专利，并用于核心亲本材料的定向改良和资源材料抗性鉴定，提高了抗性筛选效率。

（3）建立完善了黄瓜黑星病等9种黄瓜病害单一病害人工接种鉴定技术和2套4种黄瓜病害多抗性鉴定技术，提高了鉴定的效率和准确性。"九五"以来应用该技术对3 000多份黄瓜材料进行了抗病性鉴定。

（4）通过上述技术与常规育种技术相结合，选育出优质多抗的系列专用黄瓜新品种11个，各品种的突出特点为品质优、抗3～4种主要病害、抗逆性强等，产量超过主栽品种10％以上，育成品种成为我国黄瓜生产的主栽品种。

2. 促进行业进步及应用推广情况

（1）该项目创建的黄瓜单倍体育种技术、分子标记辅助育种技术及抗病性人工接种鉴定技术构成黄瓜高新技术育种平台，是对黄瓜细胞生物学、分子生物学、植物病理学基础理论的创新和发展；使黄瓜育种由过去单纯依靠常规技术发展到综合运用各种高新技术，提高了育种的水平和效率，带动了蔬菜育种学科的发展；资源创新过程中整合了国内外优良黄瓜种质资源，新品种提高了良种市场竞争力，保持了我国黄瓜种业优势。

（2）该项目育成的津优系列黄瓜品种推广到我国所有黄瓜产区。新品种推广以来，累计推广面积407.68万亩，创社会经济效益达29亿元。2005—2007年，累计推广销售津优系列黄瓜良种26.18万千克，直接经济效益7452.9万元，为157万亩黄瓜生产提供了良种，创社会经济效益11.8亿元。

高油双低杂交油菜秦优7号选育和推广

主要完成单位： 陕西省杂交油菜研究中心、陕西省秦丰杂交油菜种子有限公司

主要完成人： 李殿荣、田建华、穆建新、周轩、陈文杰、任军荣、李永红、杨建利、张文学、管晓春

获奖等级： 国家科学技术进步奖二等奖

成果简介：

该项目通过优质加杂优的技术路线，聚合优质、高产、抗逆等性状基因，采用杂交、回交、复交的方法，先育成优良的双低（低芥酸、低硫苷）油菜雄性不育系陕3A和保持系3B及恢复系K407，再用不育系陕3A×恢复系K407育成秦优7号。据多年多点国家抽样测定：芥酸含量平均0.39％，硫苷25.36微摩尔/克（饼），含油量43％左右，符合国家高油双低优品种标准。2007年在黄淮、长江下游两大区4个区试组作对照，平均含油量45.15％，与2005—2007 3个年度黄淮、长江流域全国冬油菜区试抽检的311份参试新品种的平均含油量42.08％相比，高出3.07个百分点。秦优7号一般亩产200千克，高产田达300千克以上。品质优，含油高，抗性强，适应性广，丰产稳产性好，已通过了陕、黔、新、川等省（自治区）和全国（黄淮区、长江中、下游区）品种审（认）定。

研究提出的杂交油菜制种的环境系、亲本系和媒介系的新观点及相应的关键技术，对搞好油菜制种有重要指导作用；研制的栽培调控和化杀技术专利，规避了制种风险，有效地解决了细胞质不育初花期出现的微粉自交问题，保障了杂交种的制种纯度；研究应用的酯酶同工酶生化技术和分子标记技术，实现了亲本及杂种纯度的快速检测，为油菜生产用种提供了强有力的质量保障。

建立了"北育南用、北制南用"的优质杂交油菜育繁技术体系，实行"育繁推一体化，产加销一条龙"科研生产联合的产业化运作机制，加速了育种和推广，成果高效转化效益显著，陕西已成为全国最大的杂交油菜育繁基地，常年生产销售的优质油菜杂交种占全国 25% 左右。

成果鉴定认为："秦优 7 号是继秦油 2 号重大成果之后，在优质油菜育种上的又一重大突破，其丰产性、稳产性、适应性居国内领先水平；杂交油菜繁育技术和推广应用居国际领先水平。"秦优 7 号是目前我国适应区域最广、年种植面积最大的优质油菜杂交种，也是国家黄淮区和长江下游区油菜区试的对照品种。截至 2007 年，累计在黄淮和长江流域收获 3 755.1 万亩，已获经济效益 34.1 亿元。

香菇育种新技术的建立与新品种的选育

主要完成单位：上海市农业科学院、三明市真菌研究所、华中农业大学、浙江省庆元县食用菌科学技术研究中心、武义县真菌研究所、浙江省林业科学研究院

主要完成人：潘迎捷、黄秀治、林芳灿、吴克甸、李明焱、谭琦、曾金凤、陈俏彪、陈明杰、朱惠照

获奖等级：国家科学技术进步奖二等奖

成果简介：

香菇产业以其显著的经济效益和优质的产品成为我国农业结构中一个新型的支撑产业。在我国香菇产业的发展历程中，经历了代料栽培替代段木栽培、从少数山区栽培扩展至全国广域栽培的变革。为了满足香菇生产方式的发展对新菌种的迫切需求，上海农业科学院食用菌研究所等 6 个我国香菇育种单位，开展了全国性跨地域的技术协作，建立了以原生质体单核体为育种材料的对称杂交与非对称杂交育种新技术。并结合传统育种技术，共培育出 10 个分属于秋冬菇型、中低温型和耐高温型的香菇新品种，这包括申香 8 号、申香 10 号、L26、L135、241－4、9015、庆科 20、Cr02、Cr62 和武香 1 号。该项目组在反复试验的基础上，形成了适合新品种栽培的生产模式和栽培技术。

该项目组还评价了中国香菇野生和栽培种质资源的遗传特性。发现了香菇野生种质有 3 个遗传多样性高丰度区，而香菇栽培品种的遗传背景十分狭窄。证明了原生质体单核体较孢子单核体能够更加稳定地向杂交后代传亲本的优良性状。这些成果为新品种选育中亲本的选择提供了理论指导。

该项目组还为保护香菇新品种的知识产权，建立了香菇菌种检测系统和菌种快速鉴定技术。

这些研究成果丰富了食用菌学科基础理论研究内容，提升了食用菌学科的整体研究水平，对我国食用菌学科的发展具有较大的影响。

该项目共发表 96 篇论文，申报 13 项发明专利，获 7 项省（自治区、直辖市）级科技进步二等奖。

目前，这 10 个适合不同栽培模式和环境条件的香菇新品种和相应的栽培技术经推广后，品种覆盖率超过全国香菇用种的 70%，累积推广了 130 多亿袋，产值达到 280 多亿元。近 3 年产值为 110 多亿元，利润超 50 亿元。这些香菇新品种的成功培育推动了我国香菇产业从段木栽培方式向代料栽培方式的转变，拓展了香菇的栽培季节和栽培环境，提高了我国香菇产品质量，增加了菇农收入，为我国香菇栽培技术的提高和香菇栽培产业的发展，为我国成为世界香菇生产大国提供了重要的技术支撑。

优质高配合力重穗型杂交水稻恢复系绵恢 725 的选育和应用

主要完成单位：绵阳市农业科学研究所

主要完成人：龙太康、胡运高、王志、肖龙、李成依、汪旭东、龙斌、刘定友、魏灵、王茂理

获奖等级：国家科学技术进步奖二等奖

成果简介：

绵恢 725 是利用亚种间杂种优势，采用具有爪哇稻血缘的培矮 64 与强优恢复系绵恢 501 杂交选育而成，并大面积应用的籼型骨干恢复系。利用绵恢 725 育成了冈优 725、Ⅱ优 725、金优 725、宜香 725 等 10 个品种，通过中国、越南、印度尼西亚国家审定或我国的省市级审定。绵恢 725、金优 725、宜香 725、C优 725 获农业部植物新品种权，其中绵恢 725 被农业部授予"水稻授权品种 2004 年全国推广面积前五名"称号。

绵恢 725 所配组合优势强，适应性广。冈优 725、Ⅱ优 725 通过国家和四川、贵州、湖北、湖南省等省审定，金优 725 通过四川、湖北、安徽、贵州、广西、河南、重庆、陕西 8 省（自治区）的审（认）定，Ⅱ优 725、金优 725 在越南，D优 725、Ⅱ优 725 在印度尼西亚通过国家审（认）定。冈优 725、Ⅱ优 725 被农业部确定为全国水稻主导品种；冈优 725、Ⅱ优 725、金优 725 列为四川省水稻重点推广品种，四川省水稻主推品种；宜香 725 获四川省"稻香杯"特等奖；金优 725 获四川省"稻香杯"优质杂交稻新品种。冈优 725 和Ⅱ优 725 分别是四川和湖北省区试中稻对照品种。

绵恢 725 所配组合抗逆力强。在低温胁迫条件下，耐冷性强于蜀恢 527、明恢 63 和科恢 746 等恢复系所配的组合，Ⅱ优 725 结实率抽穗期遇到高温的同等条件下高于汕优 63；冈优 725 在抽穗期遇 37～38℃的特殊高温，结实率比汕优 63 高 7.3 个百分点；四川农业大学对冈优 725 等 90 个水稻品种进行苗期耐旱性鉴定；冈优 725 苗期耐旱性为强抗。

绵恢 725 作为选育新恢复系的重要亲本，在全国育种科研单位使用，选育出了 Q恢 108、蜀恢 158、泸恢 H103 等 18 个水稻新恢复系，配组并育成了 18 个杂交水稻新组合通过国家省级审定，这对于推动我国杂交水稻的发展发挥了重要作用。

绵恢 725 应用面积大，创造的社会价值高。在我国南方 13 省（自治区、直辖市）和越南、印度尼西亚等东南亚国家推广应用，累计推广 2.032 亿亩，创社会经济效益 43.15 亿元。

成果鉴定结论：成果总体达国际同类研究的领先水平。

桑蚕良种开发与应用

主要完成单位：广西壮族自治区蚕业技术推广总站

主要完成人：顾家栋、张明沛、胡乐山、闭立辉、陆瑞好、何彬、潘志新、韦伟、蒋满贵、罗坚

获奖等级：国家科学技术进步奖二等奖

成果简介：

该项目以全国亚热带桑蚕良种开发应用为主线。通过复壮及改良，保持和提升全国强健性最强的夏秋用品种两广二号的种性和综合性状，使其经久不衰应用于生产；续研发的桂蚕 1 号、芙·桂×朝·风成为广西等亚热带蚕区优质高产春秋用种，为广西等亚热带蚕区生产可缫 4A 至 5A 高档生丝的优质茧、全面提高茧丝质量发挥了重要作用。

两广二号成为我国主导品种，年推广量居全国首位，占全国年推广量的 19.94%～30%，占夏秋用品种的 43%～55%。

这 3 个品种的研发应用，在广西年推广量占总量的 95% 以上，创造了 6 个全国之最：一是蚕业发展速度最快；二是年产蚕茧产量最大；三是年蚕种生产量最多；四是蚕农增收最佳；五是蚕业扶贫效果最好；六是蚕品种市场占有率最高。两广二号的应用开创华南省区第一对桑蚕四元杂交种，成为华南省区推广量最大、应用时间最长的当家品种；桂蚕 1 号推广应用，开创广西第一对高产优质桑蚕四元杂交种，产量和茧丝质量均能达到和部分超过全国优质主产品种菁松×皓月，解决亚热带育种中强健性与茧丝质量负相关的技术难题。

2007 年底止，这 3 个品种在广西累计推广 2 637.60 万张，蚕农售茧收入 157.76 亿元，蚕农新增收入

114.62 亿元；工厂缫丝产生效益 173.76 亿元，新增工业产值 121.04 亿元，生丝可出口创汇 20.85 亿美元。

桑蚕"良种、良法、产业化"模式创新应用，极大地推动了广西蚕业发展。为广西成功地承接全国"东桑西移"和 2005 年广西产茧量跃居全国第一，到 2007 年连续 3 年保持全国第一发挥了巨大贡献。2007 年广西产茧量达 20.52 万吨，约占全国总产量的 26%，约占世界蚕茧产量的 19%，超过世界第二蚕业大国——印度。同时推动广西加工业的发展，生丝质量也由 3A 上升到 4A，部分达 5A 级。

预计推广量逐年增加，年用种量将达 800 万～900 万张。为未来世界蚕业向亚热带转移和巩固我国"东桑西移"成果、稳定中国蚕业在世界的主导地位起到极其重要作用。

高产、优质、多抗、广适国审小麦新品种豫麦 66、兰考矮早八

主要完成单位：河南天民种业有限公司
主要完成人：沈天民
获奖等级：国家科学技术进步奖二等奖
成果简介：

从 1968 年在河南省兰考县樊寨科研站从事小麦良种繁育开始，由最初的系统选育逐渐发展到品种间杂交、远缘杂交等育种途径相结合选育小麦新品种，先后培育出了豫麦 20，樊寨 1、2、3、4 号，兰考 8679，豫麦 66，兰考矮早八等 20 多个小麦新品种，其中，尤以 GS 豫麦 66 和 GS 兰考矮早八表现最为突出。

GS 豫麦 66 和 GS 兰考矮早八是 1984 年以 CI－MMYT 育成的六倍体小黑麦品种 MZALenod Beer 为母本，普通小麦品种宝丰 7228 为父本进行种间杂交，从中选育的 F_6 代小黑麦麦品系 84（184）1 再与普通小麦兰考 90 选进行第二次种间远缘杂交，结合花药培养，经连续 20 多年定向杂交和定向培育选择育成，2003 年同时通过国家审定，并获植物新品种权保护。

主要性能指标：

（1）丰产潜力大。在国家区试和生产试验中平均亩产分别为 468 千克和 508.9 千克，比对照平均增产1.9% 和 7.93%；1998—2007 年，两品种在同一块地上连续 11 年经专家实打验收，平均亩产为 671.8～732.4 千克。

（2）品质优良。主要品质指标均分别达到国家一级中筋标准和优质强筋二级标准。

（3）抗病性强。高抗白粉病、条锈病、慢叶锈病，中抗赤霉病和纹枯病。豫麦 66 的 2AL 染色体上含有一个新的小种专化隐性抗白粉病基因 $PmLK906$。

（4）株型紧凑强抗倒。株高 75 厘米左右，茎秆粗壮，叶片宽、短、厚、色深上举，株型紧凑，受光姿态好，穗大直立（穗长 15 厘米，25～30 个小穗，单穗重 2.5 克左右），澳大利亚著名小麦专家 Hollamby 教授称其完全符合 Donald 博士提出的"理想型"育种目标。

（5）适应性广泛。适宜豫、苏、皖、鄂、陕、鲁南等黄淮南部冬麦区种植。

该项目大幅度地提高了我国小麦育种产量指标，为我国小麦亩产 650～700 千克高产育种由多穗型向大穗型转变提供了一种全新的品种类型，代表了未来小麦高产育种的方向。据不完全统计，两品种在河南、苏北、皖北、鲁南、陕西、鄂西北 2004—2006 年度累计推广 1 705 万亩，增产小麦 12.12 亿千克，新增利润 13.82 亿元，增收节支 1.054 亿元。

高产、优质、多抗型玉米新品种金海 5 号的选育与应用

主要完成单位：莱州市金海种业有限公司
主要完成人：翟延举
获奖等级：国家科学技术进步奖二等奖

成果简介：

1. 主要科技内容

（1）明确育种目标，选育以黄淮海地区为主，适宜我国栽种的超高产、优质、多抗广适型玉米新品种，促进我国粮食生产；解决我国超高产夏玉米单交种种质资源单一，遗传基础脆弱的问题。

（2）科学选用具有不同优良性状并具高配合力的育种材料，据基因重组、性状互补原理，先选育创新出两个自交系 H-178-2 和 JH3372，最终将高产、优质、矮秆、紧凑、大穗、抗倒、抗病、根量大等多个优良性状集于一体。

（3）综合性状鉴定中，采用扩大群体、南繁北育、早代测比的方法，并及时掌握材料的配合力。在我国不同生态、生产的条件下对本品种进行多地区、多点次、多年份的产量及性状鉴定，使试材性状得到充分表现，进一步明确其生产潜力及适宜栽培范围。

（4）坚持对其育成、推广后的研究工作，强化制种管理，规范制种，严格检验。

（5）良种良法相配套，形成并推广了一整套高产栽培模式。

2. 主要特点

（1）超高产。产量达 17 201.10 克/公顷，创世界夏玉米单产最高纪录。

（2）优质。高于玉米国标二级指标，符合国内粮饲兼用玉米新品种品质标准。

（3）高抗、稳产。高抗茎腐病、锈病、黑粉病；抗大斑病，抗病毒病、抗虫害；耐密植、抗倒伏、耐干旱、耐肥、耐阴雨寡照、耐低温。

（4）广适。适宜我国黄淮海、京津唐夏玉米区和东华北、西北春玉米区和西南玉米区种植。

（5）易制种。在主要玉米种子生产基地，制种产量超 7 500 千克/公顷，花期相配，易操作。

3. 作用及应用推广情况

金海5号的育成，推动了玉米育种和超高产栽培学科的发展，丰富和发展了玉米育种和超高产栽培理论，取得了显著的科研成果，并应用于生产，使玉米产量有大幅提高，对我国玉米育种和栽培事业以及玉米生产产生了巨大而深远的影响。现已推广面积近 1 800 万亩，预计推广面积可达 3 200 万亩以上，社会效益、经济效益明显，已获经济效益 8.1 亿元，预计还可能产生的经济效益为 14.78 亿元以上。

茶叶功能成分提制新技术及产业化

主要完成单位：湖南农业大学、湖南金农生物资源股份有限公司、中南大学
主要完成人：刘仲华、施兆鹏、黄建安、卢向阳、林亲录、朱旗、张盛、龚雨顺、肖文军、何小解
获奖等级：国家科学技术进步奖二等奖
成果简介：

茶叶是中国重要的传统出口创汇农产品。然而，由于国际茶叶消费品种结构的局限和中国茶叶质量与安全性指标（如农药残留和重金属污染）存在的现实问题，使得中国茶叶在国际贸易中的地位受到日益严重的威胁，中低档茶叶滞销严重，传统茶叶产业效益低下。

该项目针对我国中低档茶滞销的严峻局面，采用低温动态提取、膜浓缩与膜分离、高效逆流萃取、柱色谱分离、高速逆流色谱、冷冻干燥、喷雾干燥等系列新技术，以我国丰富廉价而滞销的中低档茶为原料，深度开发出高附加值的茶多酚、儿茶素及其单体（EGCg）、茶氨酸、咖啡碱等数种天然功能成分和速溶茶系列产品，作为天然药物、高效保健品、功能食品与饮料、日化用品、天然化妆品的新原料，为传统茶业向高技术、高效益的现代茶业及健康产业延伸提供了最先进的技术支撑。

该项目通过一系列多学科融合的技术创新，高效提制茶叶功能成分。在国内外率先提出无酯儿茶素的概念并创立绿色提制新技术（只采用酒精和水为溶剂，不采用乙酸乙酯等溶剂），规模化开发高纯儿茶素；独创了乙酸乙酯残留高效去除新技术，全球独家开发出药品级无乙酸乙酯残留的高纯儿茶素（Polyphenon E），并成为美国1962年修改药品法以来FDA批准的第一个植物药（Veregen）的原料；创

立儿茶素单体（EGCg）的工业化分离新技术，使 EGCg 单体的成本成倍降低；创立天然 L–茶氨酸的分离纯化技术体系并率先实现产业化；首次构建儿茶素组分和速溶茶的膜分离体系，探明了速溶茶品质与风味形成的机理，有效解决了传统速溶茶香低、味淡、溶解性差等品质难题，并发明了矿泉茶饮料及其包装体系。

该项目的 12 项专利技术先后在湖南、湖北、江苏、浙江、四川等 9 个省（自治区、直辖市）的 30 多家企业全面推广，取得了显著的经济效益和社会效益。重点推广企业近 5 年累计新增产值 25 亿元，新增利税 10 亿多元，新增出口创汇 2.5 亿美元。该项目为中国茶叶提取物和茶饮料产业的飞速发展起到了强劲的科技驱动作用。

南方主要易腐易褐变特色水果贮藏加工关键技术

主要完成单位： 浙江工商大学、浙江大学、中国科学院华南植物园、华南农业大学、海通食品集团股份有限公司、慈溪市横河镇农业服务总公司、广东广弘食品冷冻实业有限公司

主要完成人： 励建荣、应铁进、蒋跃明、郑晓冬、张昭其、王向阳、梁新乐、孙金才、黄康盛、缪安民

获奖等级： 国家科学技术进步奖二等奖

成果简介：

1. 主要科技内容

研究我国产量均居世界第一的杨梅、草莓、荔枝、龙眼 4 种易腐易褐变南方特色水果保鲜加工技术，为它们的时空市场拓展和增值提供关键技术支撑。

（1）杨梅等极端易腐水果的腐败微生物分离鉴定。

（2）分离筛选新型拮抗微生物，确定其拮抗机理，开发生防制剂。

（3）荔枝、龙眼的酶促褐变机理及防褐保鲜技术。

（4）杨梅、草莓果实保鲜生理、基础生物力学特性及运输生理适应性研究，并开发集成保鲜技术。

（5）特色果酒和果汁生产关键技术。

2. 技术经济指标

（1）鉴别了杨梅等易腐水果的主要腐败微生物，建立了动态生长模型；开发出的抑霉剂在延长 5 倍保鲜期下好果率 90% 以上。

（2）从生态、生理和基因水平阐明了水果采后病害的生防机理，筛选了拮抗微生物，开发了对人体安全、价廉的生防制剂，对杨梅、草莓真菌病害性腐烂的抑制率达 60%～70%。

（3）研究了衰老、褐变、腐烂、冷害等影响荔枝、龙眼采后品质的关键问题，阐明了酶促褐变和品质劣变机理；开发的抗褐变综合保鲜贮运技术使荔枝、龙眼保鲜期达 2 个月，好果率 90% 以上。

（4）建立较系统的果实生物力学与运输生理学研究体系，开发的易腐水果控温长途运输保鲜集成技术可延长保鲜期 5 倍以上，将杨梅、草莓的运销半径由产地周边数百千米拓展到全国和国际市场。

（5）阐明了杨梅花色苷降解特性，开发了杨梅汁、酒护色和澄清关键技术。

（6）申请 5 项发明专利，发表相关论文 102 篇，其中 SCI 收录 42 篇。

3. 促进行业科技进步及应用推广情况

成果在主产区众多企业应用后，近 3 年来直接创产值 7.574 3 亿元，创利税 1.863 4 亿元，创汇 1 375 万美元；向果农收购四种水果 10 万多吨，使果农增收 4 亿多元。该成果的技术在其他许多果蔬的保鲜和加工方面具有普适性，对推动"水果蔬菜贮藏加工"这一重要行业的产业结构优化升级、技术进步、带动农民致富均有积极意义。

农业智能系统技术体系研究与平台研发及其应用

主要完成单位： 中国科学院合肥物质科学研究院

主要完成人：熊范纶、李淼、张建、王儒敬、张俊业、宋良图、李绍稳、胡海瀛、崔文顺、黄兴文

获奖等级：国家科学技术进步奖二等奖

成果简介：

该项目属信息技术领域，是将智能信息技术应用于农业的一项高新技术。1990 年开始得到国家"863"计划和国家自然基金委 15 项连续立项资助，在理论方法、关键技术、产品研发以及推广应用方面，均取得重大创新性进展。

该项目紧密结合中国国情和农业领域的特点，运用智能技术和信息技术国际主流和前沿技术，提出和实现面向农业领域的知识表示方法及其相应推理机制，综合智能引导人工知识获取和自动半自动知识获取环境，智能系统的技术集成，构建农业智能系统技术体系，推动智能农业信息工程和智能农业信息学新兴研究方向的发展。

运用上述研究成果，研发出构件化、网络化、智能化、具有开放体系结构的农业专家系统开发平台系列产品，性能稳定可靠，方便快捷进行系统开发，成为国内开发农业专家系统的品牌。

探索适合中国国情的信息技术服务"三农"、推进农村信息化和现代化的突破口和切入点。成果已在全国 28 个省（自治区、直辖市）的 480 多个县推广应用，开发了 700 多套专家系统，取得显著效益。受到国家领导的重视和各省普遍欢迎，近年来又在少数民族地区取得明显成效。

对于农业资源合理使用与保护、促进农村生产结构调整、变革农村农技推广和科普机制、提高广大基层干部和农民的科学文化素质、促进农业可持续发展等，均具有重大和深远影响。获得发明专利 4 项、实用新型专利 1 项，软件著作权 63 项，曾获得 4 项省科技进步奖一、二等奖，国家"863"计划突出贡献奖。近年来，获得国际认可和嘉奖，其相关成果于 2003 年 12 月荣获联合国世界信息峰会的 World Summit Award 大奖，2005 年获国际自动控制联合会 IFAC Fellow 奖。走出了中国农业信息化自己的发展道路，成为国际上一个成功案例。

世界常用 1 000 多种农药兽药残留检测技术与 37 项国际国家标准研究

主要完成单位：中华人民共和国秦皇岛出入境检验检疫局、山东农业大学、中华人民共和国上海出入境检验检疫局、中华人民共和国深圳出入境检验检疫局、中华人民共和国河北出入境检验检疫局、广东出入境检验检疫局检验检疫技术中心、辽宁出入境检验检疫局检验检疫技术中心

主要完成人：庞国芳、范春林、刘永明、曹彦忠、张进杰、李学民、连玉晶、方晓明、谢丽琪、王凤池

获奖等级：国家科学技术进步奖二等奖

成果简介：

该课题攻克了从不同种植养殖业产品中提取、分离、富集和检测世界常用 1 000 多种农药兽药残留四大分析过程所遇到的一系列关键技术，研制了 37 项农药兽药残留检测技术国际国家标准，构建了一个自动化水平比较高的定量测定水果、蔬菜、粮谷、果汁、果酒和动物组织中近 800 种农药兽药残留国家标准体系，达到了与国际先进标准接轨，实现了该领域检测技术的跨跃式发展。

（1）创建了 1 000 多种农药兽药三大分析参数数据库，搭建了多残留快速筛查技术基础平台。

（2）攻克了不同类型样品制备技术难题，开发了 4 种高通量样品制备技术，一次可从复杂基质中提取多达 650 种残留农药。

（3）设计了按时段分组检测新程序，建立了 4 种高通量检测技术，实现了用 GC－MS 或 LC－MS－MS 一次可同时检测多达 500 种残留农药，与美国、加拿大、德国和日本同类标准相比同时检测的品种超出 140～235 种，技术水平居国际同类标准领先地位。

（4）组织领导了亚洲、欧洲和美洲 10 个国家和地区 18 个实验室国际协同研究，建立了我国首个兽药残留国际 AOAC 先进标准。著作 4 部（英文版 2 部），其中英文专著《动植物源性食品中 800 多种农药兽药残留检测技术》入选国务院新闻办公室与新闻出版总署组织的"中国图书对外推广计划"，由世界第一

大出版公司 Elsevier 和科学出版社联合出版，成为"我国第一部海外发行的食品安全检测技术专著"。同时，在美国、英国、德国和荷兰 5 个国际权威杂志发表 SCI 论文 11 篇。

该项研究破解目前世界最严格日本"肯定列表制度"规定要检测农药技术措施 70％以上，欧美同类技术标准 80％以上，解决了我国该领域应对世界先进国家技术壁垒的急需，满足了国际贸易的苛求。已在全国 20 个省（自治区、直辖市）质检机构 100 多个法规实验室推广应用，在 2007 年全国产品质量与食品安全专项整治工作中发挥重要作用，促创汇 19.1 亿美元。特别是对本地一企业实施全面残留监控 10 多年，促年销售收入由 2 000 万增加到 11 亿元，跻身外资企业 500 强，产生了良好的经济和社会效益。获 2007 年度河北省科技进步一等奖。

农业废弃物气化燃烧能源化利用技术与装置

主要完成单位：中国科学院广州能源研究所、广州中科华源科技有限公司
主要完成人：吴创之、马龙隆、陈勇、李海滨、阴秀丽、陈坚、赵增立、周肇秋、蔡建渝
获奖等级：国家科学技术进步奖二等奖
成果简介：

我国是农业大国，每年产生各类秸秆等农业废弃物 6.5 亿～7 亿吨。随着农村生活水平的提高，以农业秸秆作为生活能源的地区越来越少，大量秸秆在收割季节就地焚烧，产生大量浓烟和灰尘，污染大气，并严重影响高速公路行车和飞机升降安全，形成特殊的环保难题。农业秸秆和其他生物质一样是宝贵的可再生能源，开发适合我国农业特点的农业废弃物能源化利用技术，对发展农村循环经济、减少污染排放有重大现实意义。

由于秸秆能量密度低，种类复杂，分布分散，如何高效低成本利用秸秆的能量一直是实现农业废弃物能源化利用的难题。该项目以特殊结构的流化床气化工艺和气体净化工艺为核心技术，配套自主开发的低热值燃气内燃机组，研制出适合于中小规模应用的农业废弃物气化发电系统。该系统可灵活使用多种农业废料做原料，在不同负荷下连续运行，适合我国农村地区。该系统发电规模 5～10 兆瓦，系统发电效率 26％～28％，单位投资 6 500～7 000 元/千瓦，仅为国外同类设备的 2/3 左右，单位原料耗量 1.0～1.2 千克（干秸秆）/千瓦时，发电运行成本 < 0.45 元/千瓦时（秸秆按 200 元/吨计算）。系统最高发电效率达到或高于小型燃煤发电水平，设备全部国产化，适合我国目前工业水平。

该项目的开发和推广应用为根本解决我国农村普遍存在而又无法根治的"秸秆焚烧"难题提供了有效途径，对发展农村经济、提高农民就业创造了有利条件。自 2001 年示范推广以来，已完成和签订各种废弃物气化发电站共 27 座，总装机容量超过 40 兆瓦，累计合同额约 1.65 亿元；为农村提供 1 000 多人的就业岗位；先后利用废料共 30 多万吨，相当于节约标煤约 15 万吨，避免了大量的焚烧污染，与燃煤电站相比，减排 CO_2 约 35 万吨、SO_2 约 5 000 吨，取得显著的社会效益和节能减排效益。

该项目经过近 10 年的试验研究、关键设备研制、示范工程建设和推广运行，已申请和获得 6 项发明专利，3 项实用新型专利，发表专著 4 部、论文 60 多篇。

花生高产高效栽培技术体系建立与应用

主要完成单位：山东省农业科学院、山东农业大学、青岛农业大学、青岛万农达花生机械有限公司
主要完成人：万书波、王才斌、李向东、王铭伦、单世华、张建成、吴正锋、张伟、尚书旗、刘兆辉
获奖等级：国家科学技术进步奖二等奖
成果简介：

该项目属农业科学技术领域。

针对黄淮海地区花生生产中存在的春播覆膜高产田后期早衰、产量不稳、产投比低，连作、麦套和夏

直播田植株发育不良、产量低，农机农艺不配套、标准化程度低以及籽仁易受黄曲霉毒素污染等突出问题，1991—2006 年系统开展了花生高产栽培、相关机理及配套物化技术研究，构建出完善的花生高产高效栽培技术体系，并成为山东及黄淮海地区花生生产技术的主体，应用后增产增效效果显著。

（1）创建了春播覆膜田防早衰高产栽培、连作田高产栽培、小麦花生两熟田高产栽培、精播节本增效栽培和控制黄曲霉毒素污染的 5 套适合黄淮海地区不同生态条件和种植方式的花生增产、增效、安全生产技术；明确了花生叶片衰老机理、连作障碍主要成因、花生种皮结构与抗黄曲霉毒素污染的关系等与项目技术密切相关的理论基础；研发出控释肥、连作专用肥 2 种花生肥料，播种机、套播机和收获机等 5 种花生生产机械和无公害生长调节剂"壮饱安"。

（2）2004—2006 年项目技术在山东、河南、河北、安徽、江苏、辽宁 6 省推广 4 118.1 万亩，平均亩增荚果 41.5 千克，亩增效 192.5 元，累计增产 170.91 万吨，增效 76.46 亿元，实现了大面积增产增效；高产攻关春花生实收亩产达到 698.7 千克，创出麦套和夏直播花生实收亩产 559.8 千克和 508.4 千克的高产纪录，实现了花生高产新突破。

（3）项目获得 8 项专利，其中发明 3 项、实用新型 5 项；制定山东省地方标准 8 个，其中"黄曲霉毒素污染控制技术"2005—2007 连续 3 年被山东省政府确定为农业生产主推技术；在国内外重要学术刊物上发表论文 138 篇，其中被 EI 收录 3 篇；出版著作和科普书籍 15 部，其中《中国花生栽培学》获第十四届中国图书奖，发行《花生优质丰产栽培》电视片 1 部；研发出计算机专家决策系统 2 套；2BFD - 2B 花生覆膜播种机和 4H - 2 花生收获机分别获得山东省和农业部颁发的推广许可证，并成为北方产区花生生产机械的主推机型，"壮饱安"获山东省农业厅颁发的推广许可证。

天敌捕食螨产品及农林害螨生物防治配套技术的研究与应用

主要完成单位：福建省农业科学院植物保护研究所、全国农业技术推广服务中心、四川省农业厅植物保护站、浙江省植物保护检疫局、福建省植保植检站、新疆生产建设兵团农业技术推广总站、湖北省植物保护总站

主要完成人：张艳璇、林坚贞、李萍、季洁、罗林明、刘巧云、陈宁、罗怀海、姚文辉、杨普云

获奖等级：国家科学技术进步奖二等奖

成果简介：

该项目研制成功适合我国国情具有自主知识产权的天敌胡瓜钝绥螨人工饲养方法及工艺流程（获 1 项国家发明专利）；通过较为系统的天敌与猎物生物学、生态学研究及在 358 个县市大规模地应用，在国际上第一个发现并证明了胡瓜钝绥螨可作为有效天敌控制柑橘、棉花、毛竹等 20 多种作物上害螨的危害（获 3 项国家发明专利），为我国害螨综合治理提供一个优良天敌品种和有效途径。

2002—2006 年创建我国第一个年生产能力达 8 000 亿只捕食螨商品化生产基地，解决困扰我国 40 年之久捕食蛾工厂化生产—产品包装—产品贮存—长途运输—大田应用与环境相互协调五大难题。研究成功捕食螨田间慢速释放器（获 2 项外观专利、1 项实用新型专利），提高天敌田间控害效能，实现田间应用天敌费用仅为化防 30%，提高作物产值 5%～15%，年减少农药使用量 60%～80%。天敌捕食螨获国家重点新产品证书。

10 年共在国内外学术刊物发表学术论文 51 篇，其中 4 篇被 SCI 收录，25 篇被 CAB 收录，在英国大英博物馆出版英文专著 1 本。相关研究获得农业部神农中华农业科技奖二等奖 1 项，福建省科技进步一等奖 1 项，三等奖 4 项；7 个注册商标。2005 年主持人自筹资金创办我国第一家经营捕食螨的民营企业（获国家 ISO 质量管理体系认证），3 年创产值 800 多万元，实现科研成果转化为生产力的质的跨越，掀起又一轮我国捕食螨研究与应用高潮，开创我国天敌商品化新行业，有力地推动生物防治工作深入开展。

10 年共在我国 20 个省（自治区、直辖市）358 多个县市的柑橘、棉花、毛竹、茶、苹果等 20 多种作物上应用，建立"以螨治螨"示范区 287.03 万亩次，受益农户 87 万户，减少农药用量 3 234.75 吨，节

约防治成本 1.769 亿元，增加产值 4.706 7 亿元；生产无公害农产品 235.95 万吨，价值 49.728 亿元，减少劳动用工 640.75 万个，节约防治用水 100 万米³。2004 年被全国农业技术推广服务中心列入重点示范项目，2006 年被农业部列入全国重点示范推广的绿色防控技术。为我国生态文明建设和农民增收、增效提供科学依据与技术支撑。

重大外来入侵害虫——烟粉虱的研究与综合防治

主要完成单位：中国农业科学院蔬菜花卉研究所、北京市农林科学院植物保护环境保护研究所、中国农业科学院植物保护研究所

主要完成人：张友军、罗晨、万方浩、张帆、吴青君、王素琴、朱国仁、徐宝云、于毅、褚栋

获奖等级：国家科学技术进步奖二等奖

成果简介：

烟粉虱是一种由 30 余种生物型组成的世界性重要农业害虫，其中的 B 型和 Q 型是入侵性最强、危害最大、国际公认的"超级害虫"（Science，1991，254：1445），防治不及时可使蔬菜等作物减产 50%～60%，严重时甚至绝收。

20 世纪 90 年代后期，在我国广大地区突然暴发了一种"白色虫灾"，因不能确定其害虫种类，防治工作陷入被动。该项目通过形态学、生物学和分子生物学方法，首先明确了这种"白色虫灾"是一种新的危险入侵生物——B 型烟粉虱；随后又发现了另一生物型烟粉虱——Q 型入侵我国，并开发出了能快速检测这两种外来入侵生物型烟粉虱的分子检测方法。

通过对全国范围内 260 多个田间种群共 6 000 余个样本的检测和种群间等位基因频率、分化系数和基因流的研究，首先阐明了 B 型、Q 型烟粉虱在我国的入侵分布现状、入侵种群来源、扩散路径和入侵特点。发现入侵我国各地的烟粉虱种群间存在显著的遗传分化，并率先阐明了这种遗传分化的形成机制。通过生物学、生态学与分子生物学方法，明确了入侵烟粉虱种群扩散、暴发与其独特的生物学特性、对高温和变温更强的适应能力和更强的寄主适应性有关。

首先研究明确了入侵烟粉虱在我国北方地区的发生、危害规律；开发出具有自主知识产权、颜色为金盏黄的环保型捕虫黄板，年生产能力达到 100 万片；建立了粉虱天敌——丽蚜小蜂的产品质量标准、生产技术规程和规模化生产线，丽蚜小蜂的年生产能力达到 10 亿头。筛选出了噻嗪酮等 10 余种对天敌安全、对环境友好的高效低毒药剂，并提出害虫生防与化防的协同应用技术。

创造性地提出了与我国设施栽培条件相适应，以隔离、净苗、诱捕、生防和调控为核心技术的烟粉虱可持续控制技术体系，该技术体系有效控制害虫危害的同时，可减少杀虫剂使用量 70%。从 2000 年至今已在京、津、鲁、冀、辽、吉 6 省（直辖市）推广应用 610.91 万亩，累计经济效益 56.48 亿元，经济、社会与生态效益重大。

双低油菜全程质量控制保优栽培技术及标准体系的建立与应用

主要完成单位：中国农业科学院油料作物研究所、全国农业技术推广服务中心、湖北省种子管理站

主要完成人：李培武、李光明、张冬晓、刘汉珍、丁小霞、杨湄、张文、姜俊、谢立华、聂练兵

获奖等级：国家科学技术进步奖二等奖

成果简介：

1. 主要科学内容

针对我国育成双低油菜品种后，传统的普通油菜栽培技术不适于双低油菜生产，导致我国双低油菜育种及品种水平高而产品质量低，制约双低油菜产业发展和行业科技进步的重大关键技术难题，系统研究双低油菜生理与生育特性及品质影响因素，发现了双低油菜糖高氮低生理特征，探明了双低油菜与普通油菜

硫苷组分差异及叶片与种子硫苷变化规律和相关性，破解了双低油菜与普通油菜栽培生理特性差异，建立了双低油菜产前良种繁育、产中保优栽培生产技术体系；并通过多年多点田间试验、检测、调研以及全国双低油菜连续质量普查研究，以全程质量控制保优为目标，研究制定了双低油菜从产前种子源头质量控制，到产中产地环境、菌核病防治及保优栽培生产技术和产后低芥酸、低硫苷产品以及配套检测方法 4 大类 20 多项技术标准，把产前、产中、产后全过程纳入标准化轨道，实现了双低油菜保优栽培技术成果标准化转化，构建了系统配套的双低油菜全程质量控制保优栽培技术及标准体系，解决了双低油菜产业发展中质量控制一系列复杂技术难题。

2. 技术经济指标

（1）发现了双低油菜糖高氮低的生理特征、双低与普通油菜糖氮含量差异梭形分布和叶片与种子硫苷变化规律及相关性，探明了双低油菜种子繁育、施肥水平、产地环境等因素对芥酸、硫苷及其他生化品质影响，建立了双低油菜全程质量控制保优栽培技术体系。

（2）实现了双低油菜质量控制技术成果标准化转化，研制出双低油菜产前、产中、产后全程质量控制农业行业系列标准，首次构建了从产前种子源头质量，到产中保优栽培技术和产后双低油菜产品质量以及配套检测方法系统配套的标准体系。

3. 应用推广情况

在我国油菜主产区 13 省（自治区、直辖市）得到广泛推广应用，覆盖率达油菜产区 90%，推动了油菜产业结构优化升级，实现了我国由普通油菜向双低油菜生产的技术跨越，显著促进双低油菜行业科技进步，社会及经济效益显著。

棉花精量铺膜播种机具的研究与推广

主要完成单位： 新疆农垦科学院农机研究所、新疆科神农业装备科技开发有限公司、新疆兵团农机推广中心

主要完成人： 陈学庚、李亚雄、温浩军、唐军、陈其伟、张光华、王士国、王浩、郭新刚、颜利民

获奖等级： 国家科学技术进步奖二等奖

成果简介：

该项目是针对棉花生产中大面积实施膜下滴灌节水技术及全程机械化技术开展的科技攻关项目。

技术内容：

（1）发明了一次作业完成铺滴灌管、铺膜、膜上打孔精量播种等八道作业程序的新机具。

（2）攻克了滚筒穴播器精密取种、分种的技术难题，首创了由中空轴进气取种、断气排种装置和二次投种机构组成的新型气吸式穴播器。

（3）解决了机采棉"66 厘米＋10 厘米"窄行配置难题，实现了最窄行距小于 9 厘米。

（4）解决了滴灌带大面积铺设问题，创造出平铺、浅埋等多种铺设方式。

（5）创新了利用机架代替吸气管的气路系统，解决了吸气管影响铺管铺膜作业的难题。

（6）创新了风机传动系统，解决了正常作业时工作负荷轻，而风机达到额定转速需要使用大油门这一难题，降低了能源消耗。

（7）开发出 12 种与农艺要求配套的系列新机型与精密穴播器试验台，机具整体水平达到国际先进。获授权专利 7 项。

（8）发展了精密播种理论。出版培训教材 1 部，发表论文 10 篇。

（9）快速进行成果的中试示范和大规模产业化，建立起了一整套生产、推广和技术服务体系。召开现场演示研讨会 30 余次，举办技术培训 70 余期，培训干部农工 9 000 余人次。

技术经济指标：最窄行距 9 厘米，最小株距 8.8 厘米，穴粒数合格率≥92%，空穴率＜3%，作业效率 27.3 亩/小时。与常规机具对比每亩节省优质良种 3.5 千克，增产籽棉 12～18 千克，减少人工费 35

元，亩增收节支约 118 元。机具在新疆全面推广，在黑龙江、甘肃部分地区推广。精播的作物从棉花扩展到玉米、甜菜、番茄、哈密瓜、甘草等。近 3 年共推广大型机 5 449 台，折合 65 388 个单组，仅新疆兵团棉花精播面积累计达到 1 231.8 万亩，其中 2007 年 600.2 万亩，占到了兵团棉花总面积的 82%。新增经济效益 15.14 亿元。项目的实施促进了新疆棉花生产技术革命性进步和跨越式发展，也加快了节水农业技术发展步伐，新疆兵团 2007 年滴灌面积达到 760 万亩。

防治重大抗性害虫多分子靶标杀虫剂的研究开发与应用

主要完成单位：中国农业科学院植物保护研究所、中国农业大学
主要完成人：冯平章、高希武、芮昌辉、陈昶、黄啟良、张刚应、郑永权、袁会珠、曹煜、蒋红云
获奖等级：国家科学技术进步奖二等奖
成果简介：

自 1986 年以来，针对我国农业重大害虫发生频繁、抗药性发展迅速、高毒农药不合理使用、农药中毒事故频发和农产品质量安全等突出问题，开展了我国重大害虫抗药性监测、机理及治理对策、新型药剂、剂量传递规律等系列研究。

（1）通过研究明确了棉铃虫、小菜蛾、稻飞虱等重大害虫抗药性主导机制和抗性早期预警技术体系及其抗药性种群遗传特性，制定了抗药性治理策略。为进一步研制多分子靶标位点杀虫剂组分与配比选择、轮换用药与药剂抗性风险评估提供了理论依据和技术指导。

（2）通过杀虫剂三级分散体系、活性成分控制措施及药剂分散行为和影响因子研究，明确了杀虫剂在药液中分散度与生物活性的关系，雾滴在空气、作物、害虫不同部位沉积分散行为、分布规律及助剂在杀虫剂使用中的增效减量规律。

（3）研制的杀虫剂新品种共毒系数超过 200，甚至高达 500 以上，增效显著，减少了药剂用量。产品质量稳定，热分解率≤2%；微乳剂中有机溶剂用量<20%，减少有机溶剂田间投放量 10 000 多吨。

（4）构建了以抗性害虫大发生时空动态为线索，以科研成果示范推广为先导，以植保专家专业技术服务为纽带，以及时有效解决抗性害虫防治需要为宗旨的覆盖全国的推广体系，加快了成果推广速度，提高了农民用药水平。

（5）应用多分子靶标位点治理抗性害虫的策略所研制的 20%斑潜净微乳剂、3%高氯甲维盐微乳剂、20%菊马乳油、15%阿维毒乳油等系列杀虫剂新品种，在棉铃虫、斑潜蝇、水稻螟虫、稻飞虱等抗药性严重的害虫相继暴发过程中，表现出突出防治效果。仅中国农科院植保所农药中试厂在 1993—2007 年推广使用多分子靶标位点杀虫剂 24 500 多吨，防治面积 73 350 万亩次，减少使用高毒农药 60 000 吨，已实现经济效益 1 404.5 亿元，近 3 年实现经济效益 390 多亿元。该系列成果还在北京顺义农药厂、广东化州第一农药厂等全国 30 多家企业转化，累计推广应用 200 多万吨。取得了巨大的经济和社会效益。

塔里木河中下游绿洲农业与生态综合治理技术

主要完成单位：中国科学院新疆生态与地理研究所
主要完成人：张小雷、陈亚宁、田长彦、尹林克、黄子蔚、陈曦、杨德刚、杨兆萍、李卫红、严成
获奖等级：国家科学技术进步奖二等奖
成果简介：

该成果面向国家塔里木河流域生态整治重大工程建设项目的科技需求，针对塔里木河流域绿洲农业耗水严重、生产力低下、绿洲-荒漠过渡带萎缩、沙漠化加剧以及塔里木河下游荒漠生态系统严重受损等问题，重点开展了包括绿洲水、肥、热优化配置模式、绿洲农业节水灌溉技术、棉花高产栽培模式以及棉花有害生物防治等绿洲生态农业建设关键技术，绿洲-荒漠过渡带退耕还林、还草与退化土地转化利用技术，

荒漠区以植被-土壤-地下水变化为主要内容的地下水与植被系统和生态恢复技术的研发、集成与试验示范。

完成的主要技术经济指标有：

研发提出绿洲农田节水、棉花高产栽培、有害生物生态防治等提高绿洲生产力技术7套，建立绿洲农田节水和棉花高产示范区150万公顷。

研发提出过渡带退耕还林还草模式7套，退化土地转化利用技术4套，建设示范区3 490公顷。

研发提出荒漠区受损生态系统保育恢复技术4项，建设植被恢复试验示范区200公顷。

确立了维系塔里木河下游生态安全的合理地下水位与生态需水量，提交塔里木河流域生态恢复和可持续发展战略问题咨询报告3份。

在塔里木河下游建成1∶1地下水原型监测断面，构建"数字塔河"系统1套。

申报国家发明专利7项，其中授权发明专利2项，软件登记6项；发表论文（著）233篇。

促进行业科技进步作用及应用推广：该项成果大大提高了塔里木河生态建设工程的科技含量。提出绿洲节水农业与棉花高产栽培技术成为促进区域农业经济发展的重要技术支撑。3年推广150万公顷；过渡带生态退耕模式为脆弱区生态建设提供了重要技术支持，累计退耕约136万公顷；荒漠区退化生态系统重大科学问题的探索以及一系列成果的发表丰富了内陆河流域生态水文问题研究的内涵，促进了学科发展；"数字塔河"平台有效提升了流域水资源管理水平，增强流域水资源实时监控与调配能力；塔里木河中下游城镇体系和产业空间布局方案为区域发展提供了科学依据。

协调作物高产和环境保护的养分资源综合管理技术研究与应用

主要完成单位：中国农业大学、全国农业技术推广服务中心、河北农业大学、四川省农业科学院土壤肥料研究所、西北农林科技大学、华中农业大学、吉林农业大学

主要完成人：张福锁、陈新平、高祥照、江荣风、陈清、马文奇、吕世华、申建波、杜森、崔振岭

获奖等级：国家科学技术进步奖二等奖

成果简介：

针对当前我国农业生产中施肥增产效益降低、环境污染加重，而现有的技术又难以协调作物高产与环境保护的尖锐矛盾这一重大问题，经过14年努力，突破了根层养分定量调控的技术难关，建立了协调作物高产与环境保护的养分资源综合管理技术体系，取得了一系列创新性成果。

（1）阐明了氮磷钾等养分的资源特征和环境来源养分的重要性，揭示了作物主动响应和活化利用根层养分的生物学机制，建立了以根层养分调控为核心的协调作物高产与环境保护的养分资源综合管理技术新途径。

（2）创建了氮素实时监控技术，突破了根层氮素定量方法及其调控指标的技术瓶颈，实现了来自土壤、肥料和环境的根层氮素供应与高产作物的需求在数量上匹配、时间上同步、空间上耦合，保障高产作物需求并最大限度地减少养分向环境的排放。

（3）创建了基于根层土壤测试和养分平衡的磷钾恒量监控技术，改变了过去忽视磷钾长期后效的做法，发挥了磷钾的生物有效性，并简化了管理。

（4）抓住主要限制因子，将养分管理技术与高产栽培、水分管理等技术有机集成，建立了全国不同生态区小麦、玉米、水稻、蔬菜、果树等12种主要作物的养分资源综合管理技术体系，并简化为可操作的区域技术模式。

在20个省（自治区、直辖市）127个基地进行的1 517个试验示范结果表明，在集约化生产条件下，本技术平均增产8%，节氮26%，节磷20%，提高氮肥利用率11个百分点，减少氮素损失47%。该技术成果近3年累计推广面积6 815万亩，增产193.6万吨，增收节支34.9亿元。

项目实施过程中形成了科研、教学、推广、企业等55个单位组成的土肥、栽培和环境等多学科结合

的全国养分资源综合管理协作网，培养研究生 82 人，发表论文 168 篇，出版专著 10 部，出版科普画册 4 部累计发行 50 万册，推动了学科发展和行业科技进步，为全国测土配方施肥等国家行动提供了有力的技术支撑，为国际集约化农业协调作物高产与环境保护的发展道路探索提供了可行的途径。

长效缓释肥料研制与应用

主要完成单位：中国科学院沈阳应用生态研究所、锦西天然气化工有限责任公司、黑龙江爱农复合肥料有限公司、施可丰化工股份有限公司、沈阳中科新型肥料有限公司

主要完成人：石元亮、武志杰、陈利军、张旭东、何兴元、高祥照、李忠、陈卫东、孙运生、张世强

获奖等级：国家科学技术进步奖二等奖

成果简介：

长效缓释肥料的研究对提高农业效益，解决农产品品质差，减少污染源，保障食品安全等具有十分重大的意义。

国际上，美国、日本、德国以及以色列等国家在研究缓释肥料方面一直处于领先地位，但存在着抑制剂作用时间短，磷在土壤中固定过快，有效期短及价位高等世界性难题。该项目经过 10 多年的研究，开发了抑制剂协同增效及磷素活化技术，研制了缓释尿素、长效缓释复混肥等系列产品。肥效期长，氮肥有效期长达 120 天，养分利用率高，土壤有效磷提高 29%～49%，在减少磷肥用量 1/3 时仍可获得正常产量；在玉米、水稻、小麦等 27 种作物上平均增产 10% 以上；环境友好，抑制剂和活化剂当年降解率达 75%～99%，土壤中无累积残留；成本低，为国际同类产品成本增加量的 4%～12%；实现了产业化生产，并在农业生产中大面积推广应用，其综合技术指标达到国际领先水平。

该项目已在国内 48 家肥料企业推广应用，累计生产长效缓释肥料 317.6 万吨。肥料产品在 21 个省（自治区、直辖市）得到推广，农业推广面积累计 9 153 万亩，增收节支 52.84 亿元。发表论文 213 篇，其中 SCI 23 篇，出版长效缓释肥料有关的著作 3 部。获国家发明专利 30 项，其中授权专利 7 项。获省部级科技奖励 3 项，其中省科技进步一等奖 1 项。培训专业技术人员 543 人次，该项目的研究成功为我国肥料行业的发展奠定了重要基础，为推动技术、经济的发展作出了重大贡献。

基于模型的作物生长预测与精确管理技术

主要完成单位：南京农业大学

主要完成人：曹卫星、朱艳、戴廷波、孟亚利、刘小军、田永超、周治国、荆奇、姚霞、汤亮

获奖等级：国家科学技术进步奖二等奖

成果简介：

自 1994 年以来，在国家及部省科技计划的支持下，该项目将系统工程原理和动态建模技术应用于作物生长与管理系统的定量化分析与数字化表达，以小麦、水稻等为对象，基于大量试验资料的解析和提炼，创建了具有动态预测功能的作物生长模型及具有精确设计功能的作物管理知识模型，进一步融合空间信息技术，提出了基于模型的精确作物管理系统，实现了作物生长与生产力预测的数字化及作物管理方案设计的精确化，从而为精确栽培和数字农作提供了广适性的决策支持技术。

主要有 4 个方面的技术创新：

（1）创建了基于生理生态过程的数字化可视化作物生长与生产力形成模拟模型，实现了不同条件下作物生长状况的动态预测。

（2）创立了基于环境-品种-技术关系的作物管理知识模型，实现了作物生产管理方案的精确设计。

（3）首次提出了基于生长模型与知识模型耦合的作物管理决策支持系统，实现了整个作物生长与管理过程的精确化设计、动态化预测和数字化调控。

（4）率先确立了数字农作的技术原理及应用模式，推进了精确栽培和数字农作的发展。

发表重要学术论文 216 篇（含 SCI、EI、ISTP 收录论文 28 篇，国内一级学报论文 102 篇）；出版著作 3 部；获国家软件著作权 25 项，培养博士与硕士研究生 45 名，有力地促进了作物信息学与作物栽培学的内涵创新和人才培养，推动了数字农业的快速发展和农业产业的技术升级，获得了国内外同行的广泛关注和高度评价。

技术成果在江苏全省及安徽、浙江、河南、山东、河北等省份的部分农区进行了试验示范和推广应用，表现为明显的增产增收作用（一般可增产 5%～15%，节氮 10%～20%），显著提升了作物生长与生产系统的设计、预测和调控水平，促进了农业产业管理的信息化和现代化，取得了重大的经济社会效益（累计推广面积 2 990.7 万亩，新增经济效益 11.08 万元），展示了良好的应用前景。

松材线虫分子检测鉴定及媒介昆虫防治关键技术

主要完成单位： 南京林业大学、福建省林业科学研究院、江苏省林业科学研究院、福建省森林病虫害防治检疫总站、安徽省林业有害生物防治检疫局

主要完成人： 叶建仁、黄金水、陈凤毛、吴小芹、李玉巧、何学友、解春霞、潘宏阳、魏初奖、郑华英

获奖等级： 国家科学技术进步奖二等奖

成果简介：

（1）松材线虫分子检测鉴定技术。针对松材线虫监测和疫木控制关键技术环节，研究开发了松材线虫 SCAR 标记特异引物、非放射性杂交探针、实时 PCR 特异引物与探针，成功构建了相应的分子检测鉴定试剂盒，开发出松材线虫分子检测鉴定系列技术。创造了松材线虫 SCAR 标记检测鉴定 2.2 小时，定量 PCR 检测鉴定 1 小时的准确检测鉴定技术。该系列检测鉴定技术已成为我国松材线虫病疫情监测和疫木控制两个重要防控环节的核心技术，被国家林业局推广在南方 14 省应用。先后检测鉴定了 14 个省（直辖市）重要地区、新疫点及扩散区疑似样本 460 个，包括确定了三峡库区疫情，庐山疑似疫情，鄂、湘、赣、川、渝、贵等省（自治区、直辖市）新疫点市县，检测准确率 100%。申请国家发明专利 1 项，已进入公开阶段。2007 年获梁希科技进步二等奖。

（2）传病媒介松墨天牛诱捕技术。研究开发了松墨天牛 FJ-MA 系列引诱剂及与之配套的昆虫诱捕器，创建了天牛活成虫监测诱捕技术。诱捕的天牛怀卵量多，可降低翌年林间松墨天牛虫口数量 84.9%。该技术在病害监测与媒介昆虫控制中发挥了重要作用，已在闽、渝、鲁、滇、赣、湘、鄂、粤等省（直辖市）应用。获国家专利 2 项，2006 年获福建省科学技术一等奖。

（3）松墨天牛天敌肿腿蜂规模繁育及释放技术。创新规模化利用松墨天牛幼虫繁殖肿腿蜂和点株式释放技术，可使松墨天牛的肿腿蜂寄生率达 84.2%。作为降低疫区松墨天牛种群数量的无公害可持续生防技术，多次被国家林业局作为政府采购项目在全国推广，在苏、浙、皖、闽等省应用。2003 年获江苏省科技成果转化二等奖。

（4）松材线虫病防治关键技术组装应用。在福建省设立 2 830 个引诱监测点，对全省松林实行监测，结合形态和分子检测及时发现新疫点。在福建最早发生区厦门市，通过集成清理病死木、设置诱捕器、释放肿腿蜂等，病死树由 2002 年 16 640 株下降到 2006 年 17 株。在南京 1 万公顷试验区采用清理病死树与释放肿腿蜂相结合，死树率由 2001 年治理初 25% 下降至 2007 年 0.1% 以下。

名优花卉矮化分子、生理、细胞学调控机制与微型化生产技术

主要完成单位： 北京林业大学、中国农业大学、国家花卉工程技术研究中心、洛阳国家牡丹园、菏泽市牡丹区牡丹研究所、北京世纪牡丹园艺科技开发有限公司

主要完成人： 尹伟伦、王华芳、段留生、徐兴友、彭彪、韩碧文、侯小改、刘改秀、王玉华、曾端香

获奖等级：国家科学技术进步奖二等奖

成果简介：

该项目汇集了 12 年来 6 个国家及省部级课题的研究，集中探索花卉矮化的分子生理代谢调控机制和微型化生产技术体系的建立。

项目主要成果：

（1）揭示 5 个花卉矮化机制，解决和支撑了技术的创新。①确立矮化基因表达调控；②多种激素配比（ABA/GA 等）和变化、适度干旱、光合能力、旱生根系水培分区调控；③细胞形态矮化途径和调控；④矮化中间砧调控；⑤鉴定 GA 等花芽分化调控物质、叶芽转变与开花调控。

（2）建立 5 类矮化关键技术。①AFLP 分子标记辅助选择，建立木本为主的矮化资源基因库，获优异矮化资源 33 个；②矮化基因克隆与分子育种平台，克隆 2 个矮化关键基因，获转基因月季株系 3 个；③化学控制，建立了系列矮化剂和应用技术，3 年生牡丹株高比对照降低 50%；④矮化中间砧嫁接，9 年生梅花株高仅为对照 1/3；⑤光合、水分、根系综合控制。

（3）研建 3 类高效繁育技术，开辟和解决微型花卉繁育新途径难题。①牡丹体细胞胚胎发生；②牡丹黄化嫩枝扦插；③黄花月季组织培养。

（4）建立 4 种微型化栽培技术。①肉质主根须根化，攻克牡丹等难以盆栽成活的难题，发明了牡丹矮化盆栽技术；②光合、水分、营养综合调控，建立多种花卉矮化轻质盆栽技术；③旱生根系水分、营养吸收与供氧分区化，攻克水、气、营养协调供给难题，建立了水培花卉生产技术；④以花芽分化调控物质设计开花诱导剂，将春季开花牡丹调控为多季开花。

（5）集成上述关键技术，创建了牡丹、竹子、梅花、月季、菊花等多种名优花卉微型化生产技术体系。

该成果独辟蹊径，将田间大型名优花卉特色与矮型盆栽、案头观赏效果相融合，形成矮、精、美、特新型花卉资源，开辟了中国特色的国内外新市场；在全国多个生产单位应用推广，形成新的产业链，近 3 年累计直接经济效益（增加利润和节支总额）5 513.7 万元。获国家授权专利 2 项，发表论文 36 篇，专著 7 部，国际发表论文被收入国外专著，培养研究生 17 名，培训大批技术人才。引领微型花卉产业形成和发展，促进宜居环境建设。

松香松节油结构稳定化及深加工利用技术

主要完成单位：中国林业科学研究院林产化学工业研究所、株洲松本林化有限公司

主要完成人：宋湛谦、赵振东、孔振武、商士斌、陈玉湘、高宏、王占军、李冬梅、王振洪、毕良武

获奖等级：国家科学技术进步奖二等奖

成果简介：

该项目利用我国丰富的林业特产生物质资源松香松节油，经化学改性，在松香无色化、松香松节油化学结构稳定化机理方面取得重大理论突破，解决了松脂深加工利用技术瓶颈；通过集成创新，研发了一批具有自主知识产权的高稳定深加工新产品及相关关键技术；与企业结合，建立中试示范生产线，得到产业化推广应用。

该项目在前期探索及国家自然科学基金倾斜项目取得理论研究成果基础上，通过承担国家"十五"科技攻关重大专项等课题，进行深加工系列产品生产技术的集成创新研究与开发。在松香无色化机理、松香松节油化学结构稳定化及其产物深加工利用方面取得了重大理论和技术突破，解决了松香松节油结构稳定化关键技术问题。发明了松香无色化、高稳定化新方法，松节油系列高级香料合成的一体化技术及乙炔化新技术；创制了无色松香低成本的酯化复合功能催化剂及松节油结构稳定化的空气氧化催化剂；独创了无溶剂、无水条件下固体碱制备环氧树脂的新技术。创新开发了无色松香及无色松香树脂系列产品、户外电气绝缘特种环氧树脂、莰烷类氢过氧化物系列产品和松节油萜类高级香料等一系列高附加值深加工产品，

并实现产业化与推广应用。

发表学术论文 27 篇，EI 收录 11 篇；申请专利 11 项，已授权 4 项；培养研究生及博士后 28 人；制定企业标准 10 项；建立中试、示范生产线 4 条，在 4 家企业建立 4 条生产线。近 3 年共实现新增产值 3.13 亿元，出口创汇 789 万美元，实现净利润 3 577 万元，税收 1 431 万元，节支总额 1 940 万元。总体达到、部分超过国际水平。

该项目的实施，拓展了松香松节油利用新途径。大幅提高深加工产品附加值，明显提升了我国松脂资源开发利用的整体水平，对利用可再生资源发展精细化学品起到积极示范作用，有效促进了我国松脂林化支柱产业及相关行业的发展与技术进步，为实现林业资源的环境友好综合利用、可持续发展及山区农民脱贫致富创造了良好条件。

社会林业工程创新体系的建立与实施

主要完成单位： 中国林业科学研究院、北京大学数学科学学院、陕西省林业技术推广总站、青海省林业技术推广总站、湖南省林业科技推广总站、山西省林业技术推广站、安徽省林业科技中心
主要完成人： 王涛、胡德焜、孙靖、于海燕、葛汉栋、鲜宏利、徐生旺、翟庆云、王道金、孟祥彬
获奖等级： 国家科学技术进步奖二等奖
成果简介：

该项目以科技为先导，以林业重点生态建设工程为服务主体，组织起林学、法学、社会学、信息科学等 24 名专家领导的 861 人参加的 33 个省级子课题，2 657 人主持的 1 969 个县级子项目，通过培训组织起 159 万人的技术推广骨干队伍，将林业系统蕴藏的技术、人才和组织资源进行全面系统总结、优化配置，建立起社会林业工程与林业重点工程互动机制，网络集聚、提升和激励机制及组合研究与实施机制。依靠各级林业部门的领导与支持，面向林业建设主战场，进行林业科技社会化集成创新与林业技术推广服务。

通过对全国 33 个省级单位 1 969 个县级单位进行社会、经济、人文、自然、林业等 371 项指标的调查，建立起中国社会林业工程与省域社会林业工程评价指标体系，将社会林业工程区划分为 10 大类型区、45 个亚类型区和 172 个省域实施区，提出 325 个社会林业工程典型模式和省域 175 个典型综合技术模式。推出 280 个社会林业工程示范县和 11 629 个示范点进行辐射推广，同时对新中国成立以来先进实用的技术进行系统总结、优化归类，选出 1 816 项，建立起中国社会林业工程技术体系进行推广，推广面覆盖了全国 83.13% 县级单位，推广面积达 5 054.79 万公顷，其中：造林推广面积占同期造林面积的 69.03%，育苗 5 918 245 万株，为六大工程为主的林业建设提供了有力的科技支撑。并对与中国社会林业工程相关的政策、法律、法规进行了调查研究，提出分析报告。通过项目的实施，提出报告 4 941 篇，出版编、著 22 本，召开全国会议 8 次，国际会议 3 次，地方协作交流会议 10 016 次。因成绩显著获林业部科技委等单位奖励先进集体 1 595 次，先进个人 2 603 人次，优秀论文 1 539 篇，还进行了 34 898 次多种形式的技术传播与宣传，不仅培养了人才，提高了林业生态建设工程的技术水平，取得了显著的社会效益、生态效益和经济效益，为社会林业在中国的实施创立一种新模式，也为林业技术推广领域创新体系的建立探索出一条新途径。

北方防护林经营理论、技术与应用

主要完成单位： 中国科学院沈阳应用生态研究所、中国林业科学研究院、北京林业大学、东北林业大学、西北农林科技大学
主要完成人： 朱教君、曾德慧、姜凤岐、刘世荣、范志平、朱清科、赵雨森、宋西德、周新华、金昌杰
获奖等级： 国家科学技术进步奖二等奖

成果简介：

（1）科研内容。成果是 20 年防护林研究的系统总结，先后获国家攻关、国家基金、中科院知识创新和国际合作等 11 项课题资助。在国内外尚缺乏防护林经营理论与技术体系背景下，创建了以高效持续发挥防护效能为目标的防护林经营理论和技术体系；建立了防护成熟理论和成熟龄界定方法，据此将防护林经营过程划分为成熟前期、成熟期和更新期 3 个阶段；建立了各阶段定向经营技术与模式：成熟前期促进防护成熟的幼林综合抚育技术与模式，成熟期维持防护成熟的最佳结构调控技术与模式，更新期恢复防护成熟的多种更新技术和多树种配置模式；系统揭示了防护林衰退机制，提出衰退早期诊断理论，建立生态、生物因子衰退早期诊断方法及防衰退、避风险的技术体系；创立了多树种组成、多样化配置、多功能利用的衰退防护林更新改造系列模式。实现了防护林经营的理论原创新和技术集成创新，创建了完整而全新的防护林经营学。

（2）技术指标。量化 3 骨干林种、9 树种防护成熟龄和更新龄；编制 2 套图像处理软件；制定区域性 6：4 杨树与其他树种混交构架和对称式行混配置模式，确定固沙林与水保林系列经营密度及保留带与更新带 1：3 纯林更新改造、近自然经营与栽阔保针等 9 种模式。论文 211 篇（SCI 16 篇），专著 6 部，专利 7 项，中央办公厅采纳咨询报告 1 份，阶段成果 8 次获省部及国际奖，核心理论与技术被《世界生态学百科全书》收录。

（3）科技进步。创建了防护林经营学，防护林可持续经营理论、更新改造技术体系与模式成果极大地推动了防护林工程学科领域的科技进步，为解决当前防护林工程建设中存在的问题及将来潜在出现的问题提供了可靠的科技支撑，并在应用中发挥着巨大作用。

（4）推广应用。以阶段成果为基础，与林业部门共同编制经营技术方案，形成科研院所与高校为科技支撑，省地县乡林业推广站协同参与的推广体系，在辽、吉、黑、陕、冀、蒙等省（自治区、直辖市），近 3 年应用面积达 159 万公顷，间接经济效益 45 亿元，生态、社会效益价值逾百亿元。

油茶高产品种选育与丰产栽培技术及推广

主要完成单位： 中国林业科学研究院亚热带林业研究所、中国林业科学研究院亚热带林业实验中心、中南林业科技大学、江西省林业科学院、广西壮族自治区林业科学研究院

主要完成人： 姚小华、韩宁林、赵学民、徐林初、马锦林、王开良、李江南、何方、庄瑞林、龚春

获奖等级： 国家科学技术进步奖二等奖

成果简介：

1980 年以来，项目组运用森林培育学和林木遗传育种学理论，对油茶品种选育及丰产高效栽培的理论和技术进行了全面系统的研究。

1. 重点研究

（1）油茶种质资源收集保存、高产新种质创制的理论和技术。

（2）油茶新品种选育的技术与标准。

（3）油茶苗木无性系化快速繁殖的机理和技术体系。

（4）油茶丰产优质高效栽培的机理和技术体系。取得了 8 项鉴定或验收成果，成果整体达到国际先进水平，部分达到国际领先水平，获得了省部级科技奖励 7 项。在油茶的种质资源收集保存、高产新品种选育、芽苗砧嫁接快繁技术、密度调控和无性系配比等丰产高效栽培关键技术等方面有原始性或集成性创新。

2. 主要技术经济指标

（1）最早建成油茶种质资源基因库 1 100 亩，收集油茶种质 2 505 份、种源 68 个。

（2）创新开展油茶遗传分析和种质资源利用，选育出油茶高产新品种 49 个，亩产油量达到 30～50 千克/亩。

（3）研发油茶芽苗砧嫁接快繁技术为核心的苗木规模化快繁技术体系。

（4）创新集成油茶丰产高效栽培技术体系 2 个，茶油增产率达 300%～600%。

（5）制定油茶育苗和丰产高效栽培技术规程、标准或规范 3 个。

该成果发展丰富了林木遗传育种和森林培育学的理论，拓展和提升了我国重要经济林领域的科技水平，特别是我国油茶产业的科技进步，推动了油茶产业的高产高效快速发展乃至林业产业发展。成果的应用对保障粮油安全、改善生态环境、调整农村产业结构、发展地方经济和建设社会主义新农村均有巨大的推进作用。

该成果在生产实践中技术转化程度高、应用范围广、推广面积大，实施效果显著。项目 1990 年开始进行中试和推广，推广了新品种 58.3 万亩，育苗 8 110 万株，进行低产林改造 570 万亩。其中，仅近 3 年，在南方 12 个省份就新建 15 个良种快繁基地，繁育优质苗木 6 110 万株，建立了 28 个新品种和高效栽培推广示范点，推广新品种 38.3 万亩，低产改造示范林 170 万亩，培训了一大批油茶栽培技术人员，产生了巨大的社会经济效益。

畜禽氮磷代谢调控及其安全型饲料配制关键技术研究与应用

主要完成单位：中国科学院亚热带农业生态研究所、广东省农业科学院畜牧研究所、南昌大学、湖南省畜牧兽医研究所、湖南农业大学、长沙绿叶生物科技有限公司、广州天科科技有限公司

主要完成人：印遇龙、黄瑞林、李铁军、李丽立、林映才、方热军、戴求仲、文利新、李爱科、谭支良

获奖等级：国家科学技术进步奖二等奖

成果简介：

该成果针对我国饲料资源利用率低以及环境污染日趋严重等重大问题，开展了饲料氮磷和矿物质代谢与利用及减排研究，并取得如下突破性成就：

（1）通过创建体外透析管和体外发酵技术、改进肝门静脉插管技术和建立消化道内源性氮磷排泄量和氮磷真消化率测定技术，开发了畜禽氮磷代谢与调控及安全型饲料配制等研究所必需的系列关键技术。

（2）在畜禽饲料氮磷消化吸收代谢机理方面的研究发现：①养分利用主要取决于门静脉回流组织（PDV）的吸收，阐明了内源性氮磷对饲料氮磷转化率的制约机理；②肠黏膜代谢和淀粉来源显著影响 PDV 氮净吸收和氨基酸组成模式，丰富和完善了理想蛋白质体系。按照修正后的模式配制日粮，蛋白质消化吸收利用率更高，氮排泄量更少。

（3）成功研制了系列功能性碳水化合物、功能性氨基酸和氨基酸金属螯合物 3 大类产品，可提高畜禽饲料利用率、调控畜禽氮磷代谢、减少氮磷和矿物元素过量排放，且具有部分替代抗生素的功能。

（4）创建了畜禽环境安全型饲料配制技术体系：①补充和更新了世界猪饲料氮磷真消化率及需要量数据库参数 731 个；②开发了畜禽低氮磷排放日粮技术，形成了环境安全型饲料配方技术体系。以猪为例，与美国 NRC 标准比较，采用以上新技术配制饲料，饲料利用率提高 5%～8%，每年可节约蛋白质饲料 400 万吨和磷酸氢钙 30 万吨，分别减少氮和磷的排放量为 55 万吨和 5 万吨，并减少其他矿物质元素排放量 50% 以上，降低饲料成本近 160 元/吨。

该项目还获得了国家 3 项农转资金和 2 项星火计划支持，已培植 3 家高新技术企业，开发出省（部）认定名优产品 15 个、无公害认证产品 3 个；所形成的技术和产品已直接推广应用到全国 14 个省的 55 家饲料及养殖企业，累计新增产值 271.61 亿元，创纯利 26.20 亿元，同时产生社会效益达 70.84 亿元；获得发明专利授权 7 项（另有 11 项在实审阶段），实用新型专利 3 项，向 Genbank 递交基因序列 7 个；发表论文 343 篇，其中 SCI 65 篇，国际会议论文 99 篇，国内期刊论文 159 篇，出版专著 2 部。

猪健康养殖的营养调控技术研究与示范推广

主要完成单位：中国农业大学、四川南方希望实业有限公司、湖南正虹科技发展股份有限公司、广东省农

业科学院畜牧研究所、唐人神集团股份有限公司、海口农工贸（罗牛山）股份有限公司

主要完成人：李德发、谯仕彦、沈水宝、杨坤明、郑春田、曹云鹤、李俊波、陆文清、樊哲炎、王军军

获奖等级：国家科学技术进步奖二等奖

成果简介：

该项目以我国猪健康养殖的饲料营养问题为主线，建立猪免疫应激模型，系统、多方位研究并阐明日粮重要营养素对免疫功能和肠道健康的调控机理，为提高猪抗应激能力和肠道健康的日粮配制做了丰厚的技术储备；改进猪饲料养分利用率的测定方法，测定了 62 种饲料消化能，系统研究了 3 种新型饲料和 21 种非常规蛋白饲料的营养价值，开发 4 种提高饲料利用率的酶制剂，为缓解资源短缺、降低环境污染的日粮配制提供了重要数据；开发 3 种可部分替代抗生素、增强免疫力和抗病力的添加剂，为健康养殖的日粮配制提供了物质基础；研究形成我国主要饲养模式下猪健康养殖的营养调控技术，制定了五阶段饲养的饲料配制方案。

首次建立猪饲料中 13 种违禁药物的同步检测技术及转基因豆粕生物安全评价技术，制定了 6 个有关饲料安全的国家和行业标准，在示范区内建立饲料和生猪安全生产 HACCP 管理体系，为健康养殖提供了重要的技术支撑。

技术经济指标：规模饲养条件下，20～100 千克日增重达 803～867 克，饲料转化率 2.75～2.88；农户饲养条件下，20～100 千克日增重达 744～819 克，饲料转化率达 2.80～2.96；氮、磷排泄量分别减少 25%～37% 和 18%～35%，猪肉卫生指标符合国家相关标准要求，生产效益比国内总体水平提高 10%。

在四川新希望集团等大型企业示范，建成试验基地 8 个，示范生产线 11 条，示范猪场 560 个，农户 15.6 万多户，示范规模 5 580 多万头，培训人员 34 920 人，推广健康养殖饲料 1 655 万吨，培育了"正虹"等 5 个知名品牌饲料和"乡里乡亲"等 3 个知名品牌猪肉，获直接经济效益 15.68 亿元。

国家发明专利 5 个（授权 3 个，申请 2 个），计算机软件著作权 1 个，国家重点新产品 4 个，发表论文 99 篇，SCI 收录 47 篇，"全国百篇优秀博士论文"1 篇，培养研究生 75 人。

该项目成果已通过教育部鉴定，鉴定专家评价项目总体技术水平达国际先进水平，部分研究达国际领先水平，并获 2006 年度教育部科技进步一等奖。

生猪主要违禁药物残留免疫试纸快速检测技术

主要完成单位：河南省动物免疫学重点实验室、河南科技学院、河南百奥生物工程有限公司

主要完成人：张改平、邓瑞广、杨艳艳、李学伍、王自良、王选年、王爱萍、肖治军、杨继飞、邢广旭

获奖等级：国家科学技术进步奖二等奖

成果简介：

1. 项目主要科技内容

（1）针对小分子药物半抗原免疫原性的关键问题，分析了小分子药物的分子结构，设计了一系列小分子药物完全抗原的合成路线，通过偶联位点、连接臂、载体效应、偶联率的筛选试验，建立了 15 种药物完全抗原的偶联方法，制备并鉴定了完全抗原。

（2）针对小分子药物抗体亲和力低的核心问题，通过免疫剂量、途径、间隔、佐剂及检测方法、抗体亲和力、类型和特异性的筛选，建立了稳定分泌高亲和力、高特异性的 15 种小分子药物单克隆抗体的杂交瘤细胞 84 株。

（3）针对现行小分子药物残留检测技术烦琐、费时和成本高等问题，通过系列筛选试验，建立了胶体金标记抗原和标记抗体两种免疫膜层析技术模式，研制成功了 15 种残留药物的快速检测免疫试纸。

2. 主要技术经济指标

该技术具有快速、简便、特异、敏感、经济等特性。快速：5 分钟，国标 GC－MS 需 72 小时。简便：无需任何仪器和试剂，人人均可现场操作。特异：交叉反应率小于 1%。敏感：检测限符合国家限量标

准。经济：检测成本不到 GC - MS 的 1/20。

3. 促进行业科技进步作用

该技术体系的建立使小分子药物残留实时检测成为现实；增强了违禁药物非法使用的监控能力，提高了猪肉及其制品的安全水平；为其他小分子残留物的快速检测提供了技术模式。在国内外学术期刊发表论文 35 篇，为美国 Humana 出版集团《生物传感器技术》撰写了"免疫试纸快速检测技术"，首次将该技术正式列入科研、教学工具书，将对该领域的技术进步和学科发展产生积极的影响。

申请发明专利 7 项，已获授权 2 项；获得实用新型专利 7 项。

4. 应用推广情况

该技术在全国示范应用，有效遏制了生猪生产中违禁药物的滥用，违禁药物残留检出率由原来的 50％ 以上，下降到目前的 1％ 左右。节省检测费用 8.29 亿元，减少经济损失 201.92 亿元。

中国北方草地退化与恢复机制及其健康评价

主要完成单位：兰州大学、内蒙古大学、甘肃农业大学、内蒙古自治区阿拉善盟草原工作站、新疆维吾尔自治区畜牧科学院草业研究所、青海省草原总站、内蒙古锡林郭勒盟职业学院

主要完成人：南志标、任继周、傅华、周志宇、侯扶江、刘钟龄、张自和、王彦荣、张卫国、陈秀蓉

获奖等级：国家科学技术进步奖二等奖

成果简介：

该项目组在我国甘肃、内蒙古等地分别建立了 44 个样地，面积达 340 公顷，围栏长度 86.2 千米，1996—2006 年，开展了系统的定位研究，采集样品 3 万余份，获得数据 25 万余个，发表论文 399 篇，其中 SCI 论文 36 篇，作国际学术大会特邀报告 16 次，出版专著 9 部。培养毕业研究生 71 名，吸引澳大利亚援助项目 3 项。取得的主要成果包括：

（1）在国际首次提出了草业系统的界面论，研制出草地健康评价的 CVOR 综合指数及其测算模型和一系列辅助指标体系，并评估了我国草地的经营状况。

（2）揭示了草地退化与恢复过程中土壤、植物、微生物、家畜与啮齿类动物的动态及其对草地生态系统的作用，明确了草地退化的主要原因。阐明了草地围封禁牧对草地生态系统的正、负作用。研究提出了合理利用与改良草地的技术体系。建立了 4 660 公顷的示范样板，以畜产品单位衡量，不同区域的草地生产力提高了 33.3％～100％，部分草地已达到或接近发达国家的水平。

（3）分别建立了以系统耦合为特点，适合我国北方牧区、农区、半农半牧区、藏粮于草、保障我国食物安全和生态安全的可持续发展模式，在示范区得到了验证，在相关区域进行了大范围推广。

该项目的整体技术已对我国草业实现技术性跨越，推动草业科技进步发挥了显著作用，为国家和有关地方政府制定退化草地恢复、新牧区建设和退牧还草等重大决策提供了科学依据及技术支持，在甘肃、内蒙古、青海、新疆等主要牧区累计治理退化草地 2 722 万公顷，占我国草地总面积的 6.7％，可利用草地面积的 8.3％，累计新增产值 40.52 亿元，新增利润 11.41 亿元。依据项目研究成果，分别向国务院和农业部、甘肃省、内蒙古自治区提出了发展草地农业的建议，得到了温家宝总理和有关部省（区）领导人的肯定与支持，已付诸实施。以蒋有绪院士和李文华院士为首的项目鉴定委员认为"整体达国际同类研究的先进水平，关于 CVOR 的评价方法处于国际领先水平"。

栉孔扇贝健康苗种培育技术体系建立与应用

主要完成单位：中国海洋大学、中国水产科学研究院黄海水产研究所、长岛县水产研究所、荣成海洋珍品有限公司、烟台开发区常飞海产品养殖有限公司

主要完成人：包振民、王如才、于瑞海、胡景杰、方建光、胡晓丽、王昭萍、张群乐、张连庆、吴远起

获奖等级：国家科学技术进步奖二等奖

成果简介：

从 1974 年开始，项目组开展了栉孔扇贝的自然海区采苗技术、人工育苗技术和良种培育技术的研发，创立了一系列栉孔扇贝苗种繁育和良种培育的关键技术，建立起我国扇贝健康苗种培育技术体系并使其产业化。主要研发内容：

（1）栉孔扇贝自然海区采苗技术。研发了高效实用的采苗器，突破了采苗海区的选择及采苗期准确预报等系列关键技术，形成了科学合理的采苗模式。栉孔扇贝自然海区采苗技术的推广应用，累计生产了 2 万亿粒以上的苗种，推动了扇贝人工养殖业的发展。

（2）栉孔扇贝人工育苗技术。集成亲贝蓄养、人工受精、幼虫培育、稚贝附着、饵料培育、病害防治等关键技术，建立了扇贝人工育苗技术体系，奠定了我国栉孔扇贝全人工养殖的产业基础，研究成果推动了其他海产贝类育苗技术的发展。

（3）栉孔扇贝高产抗逆新品种培育技术。在国际上率先构建了扇贝的遗传连锁图谱，开展了种间杂交的 GISH 分析，建立了扇贝种质评价技术，研发了以"叠代逐年选育"和"远缘杂交诱导雌核发育"为核心的育种新技术，建立了扇贝育种的技术体系；培育出我国第一个高产抗逆的养殖扇贝新品种蓬莱红，为饱受病害侵扰的扇贝养殖业快速恢复提供了保障。

"栉孔扇贝健康苗种培育技术体系的建立和应用"是扇贝养殖业健康发展的基础，掀起了我国水产养殖业的第三次浪潮，扇贝养殖成为我国海水养殖主导产业之一，一度年产量近百万吨，占世界产量的 80% 以上。

扇贝"良种良法"的产业模式效益显著，在鲁、辽两个主产省已生产优质商品扇贝苗 2 万亿粒以上，直接经济效益 60 亿元；两省累计养殖 363 万余亩，总产量 548.02 万吨，创产值 351.87 亿元，纯收入 241.45 亿元，提供了上百万个就业岗位，社会经济效益显著。

项目发表论文 91 篇，其中 SCI 收录 25 篇；撰写专著 7 部；申报专利 14 项（8 项授权，6 项受理）；规范 2 项。项目的实施使我国的扇贝种苗工程研发处于国际领先水平。

北太平洋鱿鱼资源开发利用及其渔情信息应用服务系统

主要完成单位：中国水产科学研究院东海水产研究所、上海水产大学、中国科学院地理科学与资源研究所、国家海洋局第二海洋研究所

主要完成人：陈雪忠、陈新军、程家骅、邵全琴、毛志华、王尧耕、苏奋振、朱乾坤、沈新强、李圣法

获奖等级：国家科学技术进步奖二等奖

成果简介：

该项目通过对西北太平洋鱿鱼资源进行的多次综合科学调查，研究掌握了鱿鱼的渔汛特性、渔场形成机制和资源分布状况，首次开发了北太平洋海域的鱿钓渔场，并使之成为我国远洋鱿钓渔船从事大规模商业性捕捞的重要作业海域。揭示了西北太平洋鱿鱼产卵场和索饵场表温对其资源补充量和渔汛迟早的影响机理，掌握了黑潮和亲潮及其空间配置左右着鱿鱼渔场形成的规律，建立了相应的渔情预测模型。首次评估了 165°东经以西海域鱿鱼捕捞群体的汛初资源量为 1.99 亿～7.04 亿尾，该资源具有开发利用潜力。开发了渔场现场环境数据自动采集和传输系统，利用自主研制的船用数据仪，实现了渔场海洋环境信息、船位动态信息自动采集，温盐精度分别达到 0.1℃ 和 0.1；利用自主研发的 INTERSAT 通信卫星专用控制软件，在中小型渔船上实现了高质量的船基大数据量（600M/天）自动传输。研了渔场环境遥感信息获取、传输、处理、分析与产品制作系统和生产指挥决策辅助系统，实现了海况信息产品的自动制作、生产信息的实时获取和渔船的动态管理。自主开发了北太平洋鱿鱼渔情速预报系统，实现了中心渔场智能预报。应用系统集成技术，首次建成我国具有独立知识产权的远洋渔业信息应用服务系统，渔海况信息产品每周发布 1～2 次，可信度达 70%，表温误差小于 0.5℃，成功地应用于我国北太平洋鱿钓渔业，实现了

该系统的分布式业务化运行。

获实用新型专利 3 项；软件著作权 7 项；发表论文 85 篇，其中 SCI 和 EI 收录 19 篇；出版专著 1 部；培养博士、硕士研究生 34 名。

研究成果已为 30 多家远洋渔业企业和管理部门应用，极大地推动了我国远洋渔业产业的科技进步，确立了我国在北太平洋鱿鱼渔业 10 万～13 万吨/年的资源利用地位，增强了我国公海渔业的综合竞争力。据统计，1994—2007 年，已累计捕获鱿鱼 132.85 万吨，产值 100 多亿元，利润 10 多亿元；近 3 年节支增收约 3.8 亿元。

凡纳滨对虾引种、育苗、养殖技术研究与应用

主要完成单位： 中国科学院海洋研究所、中国科学院南海海洋研究所、海南省水产研究所、广西壮族自治区水产研究所、大连水产学院、广东省水产技术推广总站、山东省渔业技术推广站

主要完成人： 张伟权、张乃禹、李向民、胡超群、陈晓汉、于琳江、王吉桥、姚国成、王春生、沈琪

获奖等级： 国家科学技术进步奖二等奖

成果简介：

（1）主要科学内容。1988 年和 1991 年分别从美国和厄瓜多尔引进凡纳滨对虾虾苗，进行人工培育获得成功，1993 年采用人工植精技术成功繁殖出虾苗，获得了开放型纳精囊类对虾在东半球人工繁育传代成功的先例；通过与国内主要养殖对虾种类进行生物学特性和环境适应性比较研究，发现该虾具有生长快、抗病抗逆性强、出肉率高、饲料蛋白要求低等优良特性，适于在我国发展养殖生产。通过池塘培育研究，发现池养凡纳滨对虾具有雌、雄性发育不同步，雄虾先成熟、雌虾后成熟的规律，提出和研发成功了凡纳滨对虾亲虾强化培育、人工控制条件下诱导自然交配和产卵的繁殖新方法，突破了雌、雄虾交配成功率、授精率和孵化率低的技术瓶颈，建立了规模化全人工繁育技术并在养殖生产中应用，解决了种苗规模化生产技术难题。建立了集约化防病养殖和淡化养殖新型养殖模式及技术体系，研制和应用了多种病原快速检测试剂盒、亲虾颗粒饲料和复合多糖免疫增强剂等新产品，集成创新建立了虾病严重流行地区的无特定病原（SPF）种苗规模化生产新技术。

（2）技术经济指标。解决凡纳滨对虾在我国的大规模全人工繁育和养殖技术，实现了养殖所需种虾和虾苗完全国内自给，集约化养殖单产高达每年 25 000～60 000 千克/公顷，2005—2007 年项目推广区新增利润 154 亿元。该项目共发表论文 101 篇，出版专著 4 部等成果。自该成果推广应用以来，我国已累计生产凡纳滨对虾 340 万吨以上，创造经济效益 1 000 多亿元，养殖产量占全国对虾产量的 80%，占全世界产量的 40%，出口创汇额居全国农产品前列，增加养虾就业岗位 100 万个以上。

（3）促进行业科技进步作用及应用推广情况。开发出适合于我国海水和淡水水域养殖的对虾新种类，丰富了种质资源，调整了养殖品种结构。从无到有，创建和发展了我国凡纳滨对虾全人工养殖新产业，带动了相关饲料、加工、出口等产业的大规模发展，使我国成为全世界最大的养殖对虾生产国。

◆ 2009 年

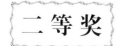

棉花抗黄萎病育种基础研究与新品种选育

主要完成单位： 河北农业大学、邯郸市农业科学院

主要完成人：马峙英、张桂寅、杨保新、刘素娟、宋玉田、吴立强、王省芬、刘景山、刘占国、曲健木

获奖等级：国家科学技术进步奖二等奖

成果简介：

棉花黄萎病是毁灭性的、对产量影响最大的病害，其防治是继棉铃虫之后又一世界性难题。应用抗病品种是控制黄萎病的最有效措施。由于病菌致病性分化和棉花抗性遗传的复杂性，加之抗性与产量、品质间的负相关，使得选育优良品种难度大。针对这些难题，课题组深入开展了抗黄萎病育种基础和抗病、丰产、优质新品种选育研究，取得显著成效。

系统开展了棉花种质资源搜集、鉴评、筛选和创新。搜集国内外种质资源，结合自主创新，积累了2 200份基础种质，田间鉴定、筛选出565份不同类型特色种质；人工气候室和田间病圃相结合，系统鉴定、评价了黄萎病抗性等重要性状，进一步筛选出240份优异种质，并首次建立了较为系统完整的AFLP、SSR分子指纹图谱，构建了棉花优异种质数据库，筛选出70份核心种质；利用优异种质，创造了47份抗黄萎病育种亲本，克隆了7个抗黄萎病相关新基因。为育种提供了可持续利用的基因资源。

创新了黄萎病抗性鉴定和选择技术。创立了"六棱塑料钵定量注菌液"抗病性苗期鉴定技术；研究发现了抗病性鉴定和选择的POX-PC1生化标记，寻找到与抗病基因连锁的BNL3556、BNL3255-208 SSR分子标记。为抗性鉴定与选择提供了有效技术和方法。

研究发现了落叶型菌系、品种抗病类型以及棉花新的抗病性遗传方式。首次发现河北棉区存在落叶型菌系，强、中等致病力菌系是主要病菌类型；棉花品种存在5种抗病类型；一些陆地棉品种的抗病性由2个显性互补主效基因控制，不同海岛棉的抗性均由1个显性主效基因控制且等位。为抗病育种亲本选配、后代鉴定选择提供了理论依据。

集成创新了棉花抗病品种选育技术。主要为：高起点选择亲本、复合杂交配组；多菌系鉴定抗病性，生化、分子标记辅助选择；多点、多环境、全生育期动态综合选择、鉴定，同步改良抗病性、产量和纤维品质；多个生态类型区鉴定和筛选高世代材料，增强品种的适应性和稳产性。

育成5个棉花新品种，实现了抗病、丰产、优质同步改良和突破。新品种表现抗病性强，黄萎病抗性均优于抗病对照，病情指数较对照平均减少13.2%，枯萎病表现高抗或抗（耐）病；丰产性突出，产量均较对照增产显著，冀棉26、农大94-7、邯284、邯109在区试中产量均居第1位，农大棉6号居第2位；纤维品质优良，指标配套，冀棉26、邯284、邯109在区试中主要品质指标均居第1位。

品种示范、推广面积大，经济、社会效益显著。新品种在黄河流域棉区大面积示范、推广，累计种植5 867.13万亩，新增效益137.10亿元。其中，近3年推广3 035.5万亩，新增效益56.78亿元。

种质材料和研究论文被广泛引用。筛选、创新的种质材料被多家单位引用140多份次，育成40多个新品系；所列附件论文被他引144次。

项目得到第三方充分肯定和高度评价。同行专家认为研究系统性强，具有实质性创新，整体达国际先进水平，部分内容达国际领先水平；5个新品种成为适宜种植区的主推抗病品种，获得省部级科技进步奖一等奖2项、二等奖2项。

北方粳型优质超级稻新品种培育与示范推广

主要完成单位：沈阳农业大学、吉林省农业科学院水稻研究所、辽宁省稻作研究所、黑龙江省农业科学院水稻研究所

主要完成人：陈温福、徐正进、张三元、邵国军、潘国君、隋国民、张俊国、华泽田、闫平、张文忠

获奖等级：国家科学技术进步奖二等奖

成果简介：

以籼粳稻杂交育种为核心内容的"籼粳稻杂交新株型创造与超高产育种研究"1998年通过鉴定，2002年获国家科技进步二等奖之后，由沈阳农业大学牵头，组织东北三省农科院水稻所成立了"东北稻

区超级稻育种与示范推广"联合攻关协作组，共同承担了国家"863"计划重大专项"北方粳型优质超级稻新品种培育"和农业部超级稻育种重大专项"北方稻区超级稻品种选育与示范推广"等项目的研究任务，重点开展了超级稻新品种选育、生产技术集成与示范推广工作。经过 10 年的努力，取得如下创新成果：

（1）对超级稻育种理论进行了进一步补充和完善：首创了通过选育二次枝梗粒上位优势型以确保结实率，进而实现超高产与优质相结合的理论和关键技术（科学通报等），提出了理想穗型概念及其量化选择指标体系（科学通报等）；证明了直立穗型由 1 对显性基因控制，并将其定位在第 9 染色体上（Mol Breeding 等）；出版了专著《水稻超高产育种理论与方法》（科学出版社），发表论文近百篇，SCI 收录 2 篇，他引 9 次，CSCD 收录 94 篇，他引 326 次（检索证明）。研究成果荣获 2005 年辽宁省科技进步奖一等奖，2007 年教育部科技进步奖二等奖。

（2）育成了适于东北南部稻作区的优质超级稻。辽粳 9 号、沈农 016 和辽星 1 号等，成为近年来该稻区占绝对优势的主栽品种。研究成果荣获 2006 年和 2008 年辽宁省科技进步奖一等奖。

（3）育成了适于东北中部稻作区的优质超级稻吉粳 88，在吉林、辽宁北部和内蒙古稻区大面积推广，成为该稻区占绝对优势的主导品种。研究成果荣获 2006 年吉林省科技进步奖一等奖，2008 年农业部神农中华农业科技奖一等奖。

（4）育成了适于东北北部寒地稻作区的优质超级稻松粳 6 号和龙粳 14，彻底打破了日本品种在该稻区一统天下的局面，实现了该稻区水稻面积和单产的双突破。研究成果荣获 2006 年和 2008 年黑龙江省科技进步奖一等奖。

（5）超级稻生产技术集成与大面积示范推广取得新突破，建立了以无纺布覆盖旱育稀植为核心的超高产栽培技术，实现了良种与良法配套，连续多年多点万亩连片试验示范单产稳定超过 700 千克，最高达 755.3 千克。

经过 10 年的努力，育成通过部省级认定的优质超级稻品种 16 个，到 2008 年，在东北稻作区累计推广 14 721 万亩，其中近 3 年为 8 633 万亩，平均覆盖率超过 60%，在适宜稻区达 80%；每亩平均增产稻谷 50～65 千克，总增产 83.11 亿千克，新增直接经济效益 124.67 亿元。

东北超级稻已实现从小面积示范到大面积推广，从新闻产量到农民产量的历史性转变，由此拉动东北水稻平均单产从"九五"末期的 424.6 千克/亩，迅速提高到现在的 488.0 千克/亩，平均亩增产 63.4 千克，增幅高达 14.9%，远高于全国同期水稻平均增产水平（《中国农业年鉴》）。农业部发布的 2009 年全国水稻主导品种共 17 个，东北 4 个，其中 3 个是该项目育成的优质超级稻。

项目子课题研究成果先后 7 次荣获省部级科技进步奖一等奖。

骨干亲本蜀恢 527 及重穗型杂交稻的选育与应用

主要完成单位： 四川农业大学、西南科技大学
主要完成人： 李仕贵、马均、李平、黎汉云、周开达、高克铭、王玉平、陶诗顺、吴先军、周明镜
获奖等级： 国家科学技术进步奖二等奖
成果简介：

针对西南稻区寡日照、高温度、小温差的生态条件，通过增穗增产的方式，导致叶片多、荫蔽重、光合效率低、病虫害严重，个体与群体的矛盾突出等问题，进一步提高产量较困难。据此，该项目在充分分析和研究生产应用杂交稻的株叶形态、产量构成因素、栽培生理特性的基础上，提出重穗型杂交稻育种理论与技术路线，确定选育重穗型杂交稻骨干恢复系、组配重穗型杂交稻组合、研究其高产机理及配套栽培技术体系，以解决水稻产量瓶颈的问题，确保国家粮食安全。

主要研究内容、经济技术指标和应用推广情况：

（1）创造性地提出重穗型杂交稻育种理论，确定提高恢复系的单穗重和一般配合力，组配重穗型杂交

稻为主要育种目标。

（2）利用国外优良品种做亲本，通过渐渗杂交扩大有益基因重组，提高有利基因频率；采用增加千粒重和单穗重，早代配合力测定、抗病性和稻米品质同步选择，以及利用分子标记快速改良单一性状等方法和技术，成功育成了重穗型杂交稻骨干恢复系蜀恢 527。

（3）蜀恢 527 一般配合力高，所配组合杂种优势强，实现了高产、优质、多抗和广适的有机结合。多组双列试验结果表明，该恢复系产量配合力高，千粒重和单穗重的配合力突出，是继明恢 63 后我国杂交稻恢复系配合力育种上的重大突破；组配出经国家或省级审定的三系和两系杂交稻组合 36 个，其中国审 17 个，5 个被农业部认定为超级稻，9 个达国颁优质米标准，4 个被评为四川"稻香杯"优质米，是我国组配出超级杂交稻最多的恢复系。迄今，获新品种保护权 8 项。

（4）蜀恢 527 是新恢复系选育的优良种质和遗传研究的重要材料，在全国水稻遗传和育种研究单位进行了广泛交流，以蜀恢 527 为主体亲本育成新恢复系 29 个。

（5）系统研究了重穗型杂交稻源、库、流特征，揭示了重穗型杂交稻高库容、高光效、高转化的高产机理，建立了重穗型杂交稻高产、高效的稀植优化栽培技术新体系。

（6）项目取得了显著的社会经济效益。据不完全统计，至 2008 年，蜀恢 527 系列组合累计推广 1.97 亿亩，其中国内推广 1.88 亿亩，新增稻谷 80.2 亿千克，新增产值 120.3 亿元，国外推广 863.0 万亩，创收外汇 976.3 万美元。发表研究论文 60 余篇。该成果原创性突出、实用性强、国内外影响较大，是我国杂交稻育种理论与实践、高产机理与栽培技术体系研究有机结合、自主创新的一个范例。

高产、优质、多抗、广适玉米杂交种鲁单 981 选育

主要完成单位：山东省农业科学院玉米研究所
主要完成人：孟昭东、汪黎明、郭庆法、刘治先、张发军、潘月胜、刘玉敬、赵宝和、王庆成、丁照华
获奖等级：国家科学技术进步奖二等奖
成果简介：

该项目属于农业科学技术领域。

近 10 年来，我国玉米产量增长缓慢。究其原因，一是种质基础狭窄，育种难有突破性进展；二是玉米病虫害和自然灾害频繁发生。在国家科技攻关、"863"和山东省农业良种工程等项目资助下，从拓宽玉米种质遗传基础、培育优良自交系入手，育成我国玉米骨干自交系 1×9801；利用 1×9801 与自育骨干自交系齐 319 杂交，育成"高产、优质、多抗、广适"玉米杂交种鲁单 981。该杂交种于 2002 年获得植物新品种权，2002、2003 年通过国家、山东、河南和河北省审定。该成果有 3 项主要科技创新。

创新一：针对黄淮海夏玉米区产量波动较大、品质较差、病虫害频发等问题，分析原因、探索规律，加强种质创新，育成我国主推玉米杂交种鲁单 981，有效解决了玉米"大穗与秃尖"、"高产与优质"、"大穗与早熟"等多个矛盾。

（1）遵循玉米果穗结实习性遗传规律，选育有限结实类型自交系和杂交种，解决了玉米"大穗与秃尖"的矛盾，有效提高了杂交种的丰产性和稳产性。

（2）在注重产量性状的同时，加强子粒品质相关性状的选择，解决了玉米"高产与优质"的矛盾。鲁单 981 子粒品质达到国家玉米和饲料玉米一级标准，品质优于主推杂交种郑单 958 和农大 108。

（3）遵循主要病害的抗性遗传规律，充分利用亲本自交系齐 319 突出的抗病、抗虫性及其与 1×9801 的抗性互补作用，提高杂交种鲁单 981 的抗病性。经比较，鲁单 981 的抗病性优于主推杂交种郑单 958、农大 108 和浚单 20。

（4）针对玉米"大穗与早熟"的矛盾，通过选育叶片数较少的自交系达到控制杂交种叶片数，从而实现大穗杂交种早熟的目标。鲁单 981 的成熟期早于我国主推品种农大 108。

创新二：面对玉米育种创新艰难的现状，改变创新思路，高效利用我国春、夏玉米区两大核心种质，

育成我国玉米骨干自交系 1×9801。

立足于我国夏玉米骨干种质塘四平头的改良，以掖 502（含旅大红骨种质）×H21（塘四平头种质）为自交系选育基础材料，将春玉米旅大红骨种质的丰产、大穗基因有效融入塘四平头种质，经 5 代自交分离，育成优良玉米自交系 1×9801，有效改善和拓宽了黄淮海夏玉米区的种质基础。

创新三：针对当前玉米生产种质基础狭窄的问题，突破原有杂种优势模式的局限性，综合利用温带和热带、亚热带玉米核心种质，形成杂种优势利用新模式"P78599 系统×塘四平头系统"。

该模式中含热带种质的"P78599 系统"所具有的优良抗性基因，有效提高了玉米生产的抗性水平，使育成杂交种对该区的主要玉米病害具有良好抗性；"塘四平头系统"所具有的"高产、优质、早熟性"则保障了杂交种良好的产量、品质性状和适宜的熟期。

鲁单 981 的选育实现了黄淮海区域玉米育种的突破。自 2004 年以来，鲁单 981 3 次被列为全国农业主导品种，连续 5 年位居全国三大品种之一。截至 2008 年，鲁单 981 在全国累计推广 7 642.5 万亩，获经济效益 57.6 亿元。近三年累计推广 4 318 万亩，获经济效益 32.6 亿元。

籼型系列优质香稻品种选育及应用

主要完成单位：湖南省水稻研究所、中国水稻研究所、湖南金健米业股份有限公司
主要完成人：胡培松、赵正洪、黄发松、唐绍清、龚超热、王建龙、周斌、罗炬、曾翔、段传嘉
获奖等级：国家科学技术进步奖二等奖
成果简介：

该项目面向我国优质稻产业发展战略需求，历时 20 多年，开创了我国籼型香稻遗传育种的先河，选育出了一批香型特优长粒高产籼稻优良品种；研创了香型特优长粒高产籼稻品种保纯扩繁技术和高产保优栽培技术，并通过产业化开发，创立了国际知名稻米品牌。

（1）创造了米质优良的香型核心种质材料 80-66。在长期的优质稻品种资源研究的基础上，引进国内外优异糊型香稻种质资源 6 份，通过系统鉴定和全面评价，筛选出了有较大利用价值的优异籼型香稻种质资源 9 份，重点创新香稻核心种质材料 80-66，该材料已经成为我国特优籼型香稻品种选育的基础种质资源。

（2）选育了长江流域高档优质香稻主栽品种 10 个。该项目以 80-66 为基础种质材料运用性状互补原理，将具有目的性状且遗传背景和特性不同的双亲杂交，采用大分离群体选育和微卫星分子标记育种方法和 RVA、近红外等稻米品质辅助选择技术。通过基因重组和微效多基因多世代的累加作用，对其杂交后代进行连续的定向选择和高压选择，培育出籼型香稻新品种 10 个。其中，高档优质香稻湘晚籼 13、中香 1 号、湘晚籼 5 号、中健 2 号等均为"九五"国家攻关和"十五"、"863"重大成果，其稻米品质达国标一级和农业部部颁一级食用优质稻标准。填补了我国高档优质籼型香稻研究的空白。

（3）研创了籼型香稻良种保纯和繁殖技术。该课题根据优质香稻的品种特性，通过多年的研究摸索，创立了适合籼型香稻良种保纯和繁殖技术。利用自然隔离和生育期隔离进行良种保纯和繁殖，利用单本一圃法进行原种生产。该技术不仅减少了繁育世代，加快了良种生产速度，还节省了良种的繁育成本，更有利于保证良种的种子质量，为籼型香稻品种的大面积推广应用奠定了坚实的良种基础。

（4）集成了籼型香稻高产保优栽培技术。根据籼型香稻的生长发育特性和水肥吸收规律以及籼型香稻大面积生产"优而不丰、优而不稳"的问题，通过多年多点的综合性试验，形成了针对高档籼型香稻的"减氮增苗"高产稳产栽培技术模式。该技术为高档籼型香稻的大面积推广提供了重要的技术支撑。同时项目根据高档优质籼型香稻产业化升级的需要，以无公害、高效、优质和可持续生产为研究方向，通过自主创新，结合我国的实际情况，集成了旨在改善籼型香稻卫生品质的稻米质量安全控制技术体系，为籼型香米大规模的产业化开发提供了强有力的技术支撑。项目依托湖南金健米业股份有限公司等多个稻米加工龙头企业，开发出金健牌天然香米、良兴牌衢州香米、润珠牌中国香米等稻米精品名牌 20 多个。项目育

成的 10 个优质籼型香稻新品种累计推广 5 422 万亩，农民增收 17.41 亿元，企业增加毛利 31.88 亿元。该项目研发的高档籼型香米品牌在国内高档优质香米市场的占有率达 70％以上，使泰国香米的进口总量从 1995 年 164 万吨下降到 2006 年 10.6 万吨，发挥了重大的进口替代作用。

木薯品种选育及产业化关键技术研发集成与应用

主要完成单位： 中国热带农业科学院、广西阴阳生化科技股份有限公司、广西壮族自治区亚热带作物研究所、广西壮族自治区农业科学院经济作物研究所、广西木薯产业协会、广西红枫淀粉有限公司

主要完成人： 李开绵、黄洁、叶剑秋、韦爱芬、黄强、韦本辉、邵乃凡、王炽、李兆贵、王卫明

获奖等级： 国家科学技术进步奖二等奖

成果简介：

该项目围绕木薯产业化的技术需求，联合全国主要木薯科研、种植和加工企业等单位进行攻关，通过实施跨越计划、"948"、农业科技成果转化等重点项目，取得支撑我国木薯产业发展的一系列重要技术成果：收集、保存和创新利用木薯种质资源，创新杂交选育种技术体系，选育出高产、高淀粉和抗逆性强的品种，解决品种匮乏、低劣等问题；创新利用复合种茎快繁技术，解决新品种推广速度慢的问题；研究出木薯养分需求规律并开发营养诊断配方施肥技术，研究出木薯种植地水土流失规律并提出综合预防保障措施，解决木薯种植持续高产、稳产所面临的肥力下降、水土流失等难题；研发出木薯轮种、间套种和跨年栽培的种植模式；深入研究木薯高产高效栽培技术，形成木薯标准化栽培技术规程并推广到主产区。

建立我国唯一的国家级木薯种质圃，收集木薯核心种质资源 500 多份，占世界木薯核心种质的 80％以上；创新培育育种中间材料 5 000 多份。育成自主创新的新品种 15 个，占我国同期选育、推广的木薯新品种的 90％以上。与第一代主栽品种华南 205 相比，第二代主栽品种平均鲜薯单产提高 38.85％，块根干物率和淀粉率分别平均提高 2.71％和 2.08％，达到国际先进水平。

木薯标准化高产高效栽培技术可以提高劳动生产效率 10％～30％，节支 30％～50％。新型木薯种茎快繁技术可提高种茎繁殖速度 30～300 倍；综合水土保持措施可减少水土流失 30％～95％；跨年度栽培技术有利于延长鲜薯原料的供应时间，提高木薯企业的规模效益。

创新鲜木薯淀粉"高粉、高提、多储"加工新工艺，提高淀粉的商品回收率 25％～30％，降低能耗 20％以上；研发加工节能降耗新工艺及新设备，节省设备投资 50％，节省动力 50％，节省电耗 30％；利用复合或多元变性技术研发出 13 个木薯变性淀粉品种，部分产品被认定为国家级高新技术产品。

选育的木薯新品种以及高产高效率栽培和加工技术已在我国木薯主产区推广。新品种累计推广面积达 1.64 亿亩，获得巨大的社会、经济和生态效益。该项目实施以来，使全国木薯品种更新 2 代。以华南 5 号、华南 8 号、华南 124、GR911 等为主栽品种，1997—2007 年，年平均栽培面积达 292 万亩，约占全国木薯种植面积的 45％。2005—2007 年，该项目选育木薯主栽品种在主要木薯加工企业及周边地区共累计推广面积达 635.00 万亩，增产鲜薯 200.03 万吨，新增利润 8.00 亿元，新增利税 1.36 亿元，节支 6.35 亿元。

获授权发明专利 1 项，实用新型 4 项，审定 14 个新品种，形成技术标准 2 项，共获省部级奖励 18 项。

油菜化学杀雄强优势杂种选育和推广

主要完成单位： 湖南农业大学

主要完成人： 官春云、王国槐、陈社员、李枸、刘忠松、官梅、张琼瑛、刘宝林、田森林、康国章

获奖等级： 国家科学技术进步奖二等奖

成果简介:

该项目属作物杂种优势利用领域。项目采用创新的化学杀雄育种技术育成 2 个强优势杂交油菜品种——湘杂油 1 号和 6 号,分别通过湖南省、浙江省和国家审定,是我国南方油菜主栽品种,突出优点有:

(1) 超高产。在国家区试中,湘杂油 6 号比对照增产 21.53%,居参试品种(组合)第 1 位,是国家区试中少有的超高产品种,也是国家区试中(长江中游区)比对照增产幅度最大的高产、稳产品种;在 2 年国家区试共 20 个试点中,19 个点比对照增产,其中居第 1 位的有 13 个点,居第 2 位的有 5 个点;在湖南省区试中比对照增产 7.95%,居参试品种(组合)第 1 位,3 年共 24 个试点中有 21 个点比对照增产,其中居第 1 位的有 5 个点,居第 2 位的有 7 个点;在湖南省生产试验中比对照增产 16.12%。湘杂油 1 号是我国较早育成的优良杂交油菜,在国家 3 年区试中,比对照增产 4.79%;在湖南省 3 年区试中,比对照增产 6.12%,仅次于高产品种秦油 2 号;在浙江省 3 年区试中,比对照增产 10.7%;在湖南省高产擂台赛中,最高产量达 268.1 千克/亩,表现出极好的丰产、稳产特性。

(2) 强抗逆。两品种在低温阴雨寡照天气条件下具有良好的结果能力,分段结实现象少,十分适合我国南方栽培,其中湘杂油 1 号田间阴果率比中油 821 和秦油 2 号降低 30% 以上,果粒数比中油 821 增加 15% 以上;湘杂油 6 号高抗菌核病,在湖南省区试中发病率低于 3%,两品种成熟时黄丝亮秆。

(3) 高油分。两品种含油量分别达 42.37% 和 41%,比湖南同期种植的油菜品种提高 2~4 个百分点;芥酸、硫苷含量均达国家双低油菜标准。

(4) 零风险。杂种中没有不育株,大面积推广无风险。鉴于上述突出特点,两品种被国家确定为农业高科技产业化示范品种、农业跨越计划品种、优质专用农作物新品种、长江流域主推品种。

项目从 1976 年开始在世界上率先对油菜化学杀雄利用杂种优势进行深入、系统的研究,创立了全新的油菜化学杀雄利用杂种优势技术体系——建立了高效的化学杀雄杂种选育方法;培育优良自交系,注重亲本间的遗传差异及配合力,强化抗逆性、品质和农艺性状选择;发现了油菜高效无毒化学杀雄药物杀雄剂 1 号;弄清了杀雄药物最佳施用时期花粉单核期;揭示了化学杀雄不育机理,花粉因花药绒毡层被破坏营养中断而败育;形成了实用的油菜化杀种子生产技术,严格隔离、母本密植、大小苗分栽、单核期用药、放蜂传粉、严格除杂等,成功实现油菜化学杀雄杂交种子规模化生产。

在国家跨越计划和产业化项目支持下,通过与推广部门配合,建立万亩高产示范片,开展高产擂台赛等独特推广方式使育成品种大面积推广。2000—2008 年,项目品种在湖南、江西、湖北、安徽、浙江、江苏等省共推广 3 435.2 万亩,获直接经济效益 9.86 亿元,在世界上首次成功将油菜化学杀雄杂种大规模应用于生产。项目研究成果对油菜化学杀雄利用杂种优势具有开创性意义,拓宽了作物杂种优势利用手段,丰富了作物育种学内容,成果被国内外作物育种、杂种优势利用专著和论文广泛引用,确立了我国油菜化学杀雄利用杂种优势研究和应用在世界上的领先地位。

中国北方冬小麦抗旱节水种质创新与新品种选育利用

主要完成单位:中国农业科学院作物科学研究所、西北农林科技大学、中国科学院遗传与发育生物学研究所农业资源研究中心、山西省农业科学院、洛阳市农业科学研究院、河北省农林科学院旱作农业研究所、甘肃省农业科学院

主要完成人:景蕊莲、谢惠民、张正斌、张灿军、孙美荣、陈秀敏、卫云宗、昌小平、李秀绒、樊廷录

获奖等级:国家科学技术进步奖二等奖

成果简介:

干旱是我国小麦生产的首要灾害,常年受旱面积约 1 亿亩,减产 50 亿千克,经济损失超 100 亿元。选育利用抗旱节水品种是抵御干旱、保障粮食安全的重要途径。该项目针对国内外小麦抗旱节水鉴定评价标准体系缺乏,国内抗旱节水分子标记研究尚属空白,抗旱节水优异种质资源短缺,国家急需抗旱节水高

产品种等关键问题，开展系统深入研究。

（1）创建小麦抗旱节水鉴定评价指标体系，为抗旱节水种质创新和新品种选育奠定技术基础。创立国家标准《小麦抗旱性鉴定评价技术规范》，确定小麦品种及种质资源不同生育阶段抗旱节水鉴定评价的性状指标、技术参数、控制条件和量化标准，填补国内外空白，被国家农作物品种审定委员会采用，并在全国广泛应用。

（2）创制出小麦抗旱性状遗传分析加倍单倍体（DH）群体，发掘出 15 个国内外未见报道的抗旱节水主效 QTL，为分子标记育种提供技术支撑。首次创制出以我国抗旱耐瘠稳产广适应品种为背景的小麦DH 群体及遗传连锁图谱，发掘出 15 个国内外未见报道的抗旱节水主效 QTL，其中 11 个多年点稳定表达，与抗旱性密切相关的结实性 SSR 标记获国家发明专利，取得小麦抗旱节水分子标记研究原创性突破。

（3）分子标记与常规技术相结合，创制出北方冬麦不同生态区的晋旱、长旱、洛旱、衡旱和西农旱五大系列抗旱节水优异种质 39 份，在我国抗旱节水育种中发挥重要作用。以创制的抗旱稳产种质晋麦 63 为亲本育成 5 个品种，5 年内相继审定（3 个国审，2 个省审）；以节水高产 82230 - 6 和抗旱多花 94 - 5383 种质为亲本，育成 2 个同年国审品种长 6359 和长 4738；其适应范围跨越黄淮冬麦区旱地、北部冬麦区旱地和水地三大生态麦区，是我国小麦抗旱节水种质资源发掘利用领域重大原始性创新。

（4）利用创制的抗旱节水鉴选技术和优异种质，育成抗旱节水新品种 33 个（国审 16 个），应用 1.2 亿亩，在我国小麦增产中发挥支柱作用。新品种洛旱 2 号和长 6878 分别被确定为国家黄淮和北部两大冬麦区旱地区试新对照，创新和提升了我国抗旱节水冬小麦品种评价利用标尺。长 6878 创旱地亩产 618.4 千克纪录，在北部冬麦区旱地累计种植 1947 万亩，占该区面积 70%，创北部冬麦区旱地单产和推广面积之最。育成品种平均增产 7.8%，水分利用效率提高 20.7%，累计应用 1.2 亿亩，增产小麦 33.4 亿千克，获社会经济效益 50.1 亿元，节水 43.6 亿米^3，节水节支 23.5 亿元。

（5）整体提升了我国小麦抗旱节水遗传育种研究水平，育成品种获多项重要科技奖励。育成的小麦抗旱节水品种获省级科技进步奖 9 项（科学技术突出贡献奖 1 项，一、二等奖各 3 项，三等奖 2 项）；获发明专利 1 项、品种权 6 项。发表论文 150 篇，被 SCI 收录 14 篇，引用 97 次；主编专著 2 部，在国内外产生广泛影响。

该成果在推动我国小麦抗旱节水育种，保障国家粮食、水资源及生态安全方面作出了重大贡献。鉴定专家认为："该成果总体达到国际先进水平"。

中国农作物种质资源本底多样性和技术指标体系及应用

主要完成单位：中国农业科学院作物科学研究所、中国农业科学院茶叶研究所、中国农业科学院蔬菜花卉研究所、中国农业科学院草原研究所、中国农业科学院油料作物研究所、中国农业科学院麻类研究所、中国农业科学院果树研究所

主要完成人：刘旭、曹永生、董玉琛、江用文、李锡香、王述民、郑殿生、朱德蔚、方嘉禾、卢新雄

获奖等级：国家科学技术进步奖二等奖

成果简介：

保障国家粮食安全是我国面临的长期战略任务，发掘和利用高产、优质、多抗、高效作物种质资源是培育突破性新品种的物质基础和必要条件。针对我国农作物种质资源本底不清，收集、整理、保存、鉴定、评价和利用不规范，缺少科研和生产急需的技术指标等突出问题，该项目开展了跨部门、跨地区、多作物、多学科综合研究，取得了重大突破与创新。

（1）提出了粮食和农业植物种质资源概念范畴和层次结构理论，首次明确中国有 9 631 个粮食和农业植物物种，其中栽培及野生近缘植物物种 3 269 个（隶属 528 种农作物），阐明了 528 种农作物栽培历史、利用现状和发展前景，查清了中国农作物种质资源本底的物种多样性。

（2）建立了主要农作物变种、变型、生态型和基因型相结合的遗传多样性研究方法，研究了 110 种作

物的 987 个变种、978 个变型、1 223 个农艺性状特异类型，阐明了中国 110 种作物地方品种本底的遗传多样性，提出了中国是禾谷类作物裸粒基因、糯性基因、矮秆基因和育性基因等特异基因的起源中心或重要起源地之一的新结论。

（3）在国际上首次明确了我国 110 种农作物种质资源的分布规律和富集程度，提出了中国农作物种质资源分布与作物起源地、热量资源、农业种植历史和地形条件密切相关，黄河中下流地区是农作物种质资源富集区，山西是旱粮作物富集区等一系列新结论，绘制了 512 幅地理分布图，系统、全面、定量地反映了我国主要农作物种质资源的地理分布，分析了我国主要农作物种质资源地理分布的特点和形成原因。

（4）在国际上首次提出利用作物种质资源质量控制规范保证描述规范和数据规范可靠性、可比性和有效性的创新技术思路。在国内外首次统一了试验设计、样本数、取样方法、计量单位、精度和允许误差、等级划分方法等 10 大类全国农作物种质资源的度量指标，国际首创了 3 824 个作物种质资源技术指标。系统集成了 1 793 个技术指标，统一规范了 9 436 个技术指标，系统研制了 110 种作物种质资源数据质量控制规范、描述规范和数据规范，其中 110 种数据质量控制规范、38 种描述规范为国际首创，创建了作物种质资源科学分类、统一编目、统一描述的技术规范体系。

（5）创新了以规范化和数字化带动作物种质资源共享和利用的思路、方法和途径，完成了 110 种作物 20 万份种质资源的标准化整理、数字化表达和远程共享服务，从中筛选出一批优异种质，分发后有 450 份在育种和生产中得到有效利用，极大提高了资源利用效率和效益。

该成果为国家制定农业生物种质资源保护和可持续利用的法律法规与政策、为国家履行《生物多样性公约》等提供了科学依据，已应用于 50 多个国家项目，在国际上得到应用。2004—2007 年，分发种质 11.18 万份次，直接应用于生产 265 个，育成新品种 231 个，累计推广面积 9.17 亿亩，间接效益 985.34 亿元，为作物种质资源高效利用、保障粮食安全和农业可持续发展奠定了坚实基础。

高效广适双价转基因抗虫棉中棉所 41

主要完成单位：中国农业科学院棉花研究所
主要完成人：郭香墨、李付广、郭三堆、张永山、刘金海、姚金波、李根源、张朝军、杨瑛霞、王远
获奖等级：国家科学技术进步奖二等奖
成果简介：

中棉所 41 是我国第一个国审双价转基因抗虫棉品种，将我国自主知识产权的 $Bt+CpTI$ 双价基因，采用花粉管通道法转入常规棉品种中育成，具有以下突出优点：

（1）高产广适。产量比同类品种增产 11.2%～14.1%，比美棉 33B 增产 22%～25%，2002 年审定以来一直是黄河流域主推品种，占陕西、山西种植面积的 50% 以上，适宜黄河流域春直播和麦棉套种。

（2）抗逆性强。抗棉铃虫性强而持久，减少棉铃虫防治 70%～80%，棉花生长中后期抗虫性显著优于单价抗虫棉；抗枯萎病，耐黄萎病，枯萎病指 6.7，黄萎病指 21.0，耐干旱、盐碱。

（3）纤维品质优良。上半部平均长度 29.7 毫米，比强度 30.6cN/特克斯，麦克隆值 4.6。

（4）种植面积大，效益显著。2002 年审定以来累计种植 3 691.1 万亩，增收节支 65.48 亿元，新增社会经济效益 45.26 亿元，其中 2006—2008 年累计推广面积 2 098 万亩，增收节支 37.22 亿元。该品种列入国家级科技成果重点推广项目，先后获得陕西省科技进步奖一等奖和农业部神农中华农业科技奖二等奖，专家认为，"该品种的育成是我国转基因抗虫棉育种的重大突破"。

该成果研制和应用以下关键技术：

（1）全程逆境鉴定技术。中低代材料在病害、虫害、干旱和盐碱等逆境条件下连续鉴定和强化筛选，中高代通过正常和逆境条件下增产百分率、产量损失率等参数继续鉴定和强化选择，提高了选择效率，该技术进入国家发明专利实审。

（2）灰色决策技术。高代品系试验通过数据转换和赋予不同权数，以多指标综合决策评判为依据选

择，打破了产量、抗逆性和纤维品质间的遗传负相关，提高了品种适应性，该技术已申报国家发明专利。

（3）研制并应用棉花四级种子生产程序，克服了"三圃制"良种繁育周期长、种性易漂变、成本高等弊端，提高了繁种效率，保证了品种优良性和纯度，该技术已成为河南省地方标准，被全国多家棉种企业应用，现正申报国家标准。

（4）配套栽培技术集成。项目研制促早栽培和防早衰、推荐决策施肥、害虫综合防治、种子精加工等技术并组装集成为多媒体专家系统推广应用，使肥料利用率提高 10%，霜前优质棉率增加 10%～15%。

对促进行业科技进步的作用：

（1）在其带动下，开创了抗虫棉育种的新局面，国产抗虫棉面积由占全国抗虫棉 10% 迅速上升为 90%。

（2）中棉所 41 为亲本被全国 20 多家育种单位应用，育成新品种（系、组合）54 个，其中通过省级以上审定的杂交种 11 个，常规新品种 1 个，有力地促进了我国转基因抗虫棉新品种的培育。

（3）转基因抗虫棉快速育种技术，缓解了主要性状的遗传负相关，缩短育种周期 2～3 年。

（4）研制的棉花四级种子生产程序对我国良繁体制改革产生重大影响，有力推动了棉种产业化的发展。

北方抗旱系列马铃薯新品种选育及繁育体系建设与应用

主要完成单位：河北省高寒作物研究所、山西省农业科学院高寒区作物研究所
主要完成人：尹江、马恢、张希近、杜珍、温利军、左庆华、齐海英、王晓明、杜培兵、高永龙
获奖等级：国家科学技术进步奖二等奖
成果简介：

该项目属作物育种及良种繁育领域，是国家"863"计划和河北省科技攻关项目。主要针对我国北方马铃薯产区干旱缺水，旱灾发生频繁，产量低而不稳的问题，利用具有国际先进水平的马铃薯倍性育种技术以双单倍体和 2n 配子为桥梁有针对性地将马铃薯二倍体野生种中的抗旱丰产基因成功导入四倍体栽培种中，结合常规育种，历时 11 年育成并审定了适应北方干旱区种植的抗旱系列新品种，先后通过国家和省级审定，有效地挖掘了我国北方贫水区域内旱地生产潜力，大幅度提高了单产。并于 2007 年、2008 年分别获得河北省科技进步奖一等奖、山西省科技进步奖一等奖。品种育成后，因其抗旱丰产性显著受到华北、西北、东北马铃薯主产区的好评，张薯 7 号于 2004 年受到农业部新品种推广资助，并于 2006 年被科技部列入"科技成果转化资金项目"，冀张薯 8 号是河北省首个申请植物新品种保护的马铃薯新品种。

该成果成功地解决了我国北方马铃薯主产区由于干旱贫水而造成的马铃薯产量低而不稳的问题，实现了旱作区马铃薯高产、优质和高效的目的。根据新品种在不同发育过程中对水、肥、光、热的不同要求，研究制定出了北方抗旱系列马铃薯配套栽培技术、脱毒种薯（苗）高效优质生产技术及繁种体系建设等，推广应用后比常规栽培增产 20% 以上，建立了在马铃薯产品质量监督检测系统全程控制下的标准化生产技术体系，使马铃薯种薯、商品薯及原料薯质量有了大幅度提高。

该项目在资源创新、品种选育、栽培生产及繁育技术方面具有突出的创新性：

（1）利用倍性育种和常规育种相结合的方法首先育成了抗旱系列新品种，适应了北方干旱贫水区的马铃薯生产，并在抗旱性、丰产性、抗病性、品质等方面都较以往品种有了极大的提高和改善。

（2）在国内首次研究提出了完整的马铃薯双单倍体鉴定技术，在二倍体资源的利用上取得了重大突破。

（3）研究制定的配套栽培技术为进一步提高旱作区马铃薯单产提供了科学的理论依据和操作规范。张薯 7 号、冀张薯 8 号、张围薯 9 号、同薯 20、晋薯 15 抗旱型新品种及其繁育体系从 2006—2008 年，在我国北方马铃薯主产区华北、西北、东北的 11 个干旱贫水省（自治区）累计推广面积 3 237.2 万亩，占总面积的 1/3，平均增产 20% 以上，纯增收 33.4 亿元，产生了重大的经济效益。抗旱系列品种的育成与推广，促进了品种的更新与换代，显著提高了旱地马铃薯的生产水平，实现了节水与高产目标的统一。

高产优质抗逆杂交油菜品种华油杂 5 号、6 号和 8 号的选育推广

主要完成单位: 华中农业大学

主要完成人: 杨光圣、刘平武、洪登峰、何庆彪、段志红、瞿波、梅方竹、李艳军、张琼英、邢君

获奖等级: 国家科学技术进步奖二等奖

成果简介:

该项目属于作物育种技术领域,具体涉及一种新的杂交油菜育种方法及其高产优质抗逆杂交油菜新品种的选育与推广。主要研究内容于 2003 年获得湖北省技术发明奖一等奖,2006、2007 年分别获得湖北省科技进步奖一等奖。

项目提出了"植物细胞核+细胞质雄性不育"的科学构想,发明了"油菜细胞核+细胞质雄性不育 (GCMS) 三系选育方法"(国家发明专利:ZL93109219.1),为油菜乃至植物杂种优势利用开辟了新的途径。

项目利用"油菜细胞核+细胞质雄性不育三系选育方法"专利技术体系,通过有性杂交、回交和自交等方法将隐性细胞核雄性不育基因导入到波里马雄性不育细胞质中,选育出新的具有重要利用价值的不育系 986A 和 8086A。目前已利用它们育成 5 个杂交油菜品种。

项目利用分子标记辅助育种现代生物技术对华油杂 3 号恢复系恢-5200 进行改良,将宁 RS-1 的耐菌核病基因转移到恢-5200 中,使得原有恢复系耐菌核病能力显著增强,选育出耐菌核病的恢复系 7-5。构建了一个用于综合改良恢复系的轮回选择群体,并通过轮回选择方法结合小孢子培养技术对原有恢复系耐菌核病能力和含油量进行改良,选育出高耐菌核病且含油量高达 45% 的恢复系轮-31。该研究成果不仅具有重要利用价值(目前已利用 7-5 和轮-31 选育出华油杂 6 号、华油杂 8 号等 6 个杂交油菜品种),且对油菜耐菌核病和高含油量育种具有重要指导意义。

项目用 986A 及其恢复系恢-5900 选育出华油杂 5 号。华油杂 5 号比原对照华油杂 4 号在产量(增产 5% 以上)、品质(含油量提高 2~3 个百分点)和抗性方面有明显提高。华油杂 5 号于 2002 年分别通过湖北省和安徽省品种审定,2004 年通过河南省品种审定,被分别命名为华油杂 5 号、华皖油 1 号和改良型华油杂 4 号。用不育系 8086A 与恢复系 7-5 选育出杂种华油杂 6 号。华油杂 6 号比对照中油 821 在产量(增产 15% 以上)、品质(芥酸含量 0.4%,硫苷含量 27.78 微摩尔/克,含油量 40.4%)、抗倒伏和早熟性方面有明显提高,且适应性广泛。华油杂 6 号于 2002 年分别通过湖北省和安徽省品种审定,2003 年分别通过湖南省和全国品种审定,2004 年通过河南省品种审定。用不育系 8086A 与恢复系轮-31 选育出杂种华油杂 8 号。华油杂 8 号比对照中油 821 在产量(增产 20% 以上)、品质(芥酸含量 0.62%、硫苷含量 22.83 微摩尔/克)、含油量(平均 42.06%,正常年份 44.9%)、抗倒伏和早熟性方面有明显提高,且适应性广泛。华油杂 8 号于 2003 年通过湖北省品种审定,2004 年通过国家品种审定。

项目采用官、产、学、研相结合的推广模式,在湖北、湖南、安徽、河南、江苏、浙江等省开展华油杂 5 号、华油杂 6 号和华油杂 8 号的推广应用。2001—2008 年累计推广应用 5 965 万亩,累计新增产值 23.22 亿元,新增利润总计 19.88 亿元。其中,近 3 年累计推广应用 1 815 万亩,累计新增产值 7.81 亿元,新增利润总计 6.82 亿元,经济效益和社会效益十分显著。

面包面条兼用型强筋小麦新品种济麦 20

主要完成单位: 山东省农业科学院作物研究所、中国农业科学院作物科学研究所

主要完成人: 刘建军、赵振东、何中虎、王法宏、曲辉英、宋健民、李豪圣、肖世和、刘爱峰、尹庆良

获奖等级: 国家科学技术进步奖二等奖

成果简介:

　　针对我国面包强筋小麦综合品质及其稳定性较差，缺乏面包面条兼用型强筋小麦品种，强筋小麦品种产量偏低及优质资源缺乏等问题，以优质种质资源的创新为切入点，综合运用作物育种学、谷物化学、分子标记检测技术和方法，培育优质、高产、广适面包面条兼用型强筋小麦新品种，并将亲本创新、品种选育和方法研究及推广应用有机结合，提高育种效率，加速成果转化。

　　（1）对引进的美国优质资源进行农艺和品质性状的系统鉴定，筛选出品质优异、农艺性状相对较好的亲本材料 Lancota，利用杂交转育方法对其进行改良，创造出产量较高的优质面包强筋小麦亲本材料 884187，是对国外优质源成功改良创新的范例。利用 884187 与丰产亲本鲁麦 14 杂交，杂种后代采取微量分析与常量分析、蛋白质特性分析与淀粉特性分析、室内分析与田间鉴定等相结合，实现杂种后代农艺性状和品质性状同步选择，选育出面包面条兼用型强筋高产广适小麦新品种济麦 20，并对其优质特性进行了分子检测确认。

　　（2）济麦 20 实现了优质、高产、抗逆和广适的良好结合，是我国优质小麦育种的新突破。其综合品质达到国标优质强筋小麦一等标准及美国面包品质最好的小麦 DNS 水平，面包评分 96.3 分（国标一等≥80 分），面条评分 92.6 分［面条专用粉一级标准（SB/T 10137—93）≥85 分］，为面包面条兼用型强筋小麦。该品种是我国强筋小麦品种中产量潜力最高的品种，实打验收亩产 662 千克，创国内强筋小麦高产纪录；山东省生产试验 513 千克/亩，较高产对照增产 8.7%。具有抗寒、抗旱（抗旱指数 1.02，达到国家一级标准）、抗倒伏、抗穗发芽和氮磷高效利用五大突出特点，对叶锈和秆锈免疫，是 260 个中国小麦品种中唯一高抗 Ug99 秆锈新小种的品种。适应性广，通过山东、河南、安徽和天津 4 省（直辖市）及国家审（认）定，在 8 省（自治区、直辖市）大面积种植，跨北部、黄淮北片、黄淮南片三大冬麦区。于 2004 年获植物新品种保护权。

　　（3）济麦 20 2002—2008 年累计推广 8 481 万亩，获社会经济效益 69.25 亿元。该品种一直是山东省首推、国家主推优质强筋小麦品种。据全国农业技术推广服务中心统计，2005 年、2006 年播种面积分别为 1 350 万、1 451 万亩，为全国第三大品种；2007 年推广 2 255 万亩，居全国第一。据不完全统计，2008 年秋播 2 560 万亩。由于综合品质优良且稳定性好，该品种已成为国内主要大中型粮食、面粉和食品加工企业替代进口优质小麦的主要原料，并出口国际市场。

　　（4）对小麦品质性状与面包和面条品质的关系进行了系统研究，提出面筋强度是影响面包和面条品质的共同性状，淀粉品质和面粉色泽对面条品质有重要作用，面包面条兼用型小麦品种选育应对面筋强度、淀粉品质和面粉色泽进行同步选择等观点。在 *Journal of Cereal Science*、*Cereal Chemistry*、《作物学报》和《中国农业科学》等刊物发表学术论文 23 篇。

高产优质广适强抗倒小麦新品种豫麦 49、豫麦 49 - 198 选育与应用

主要完成单位： 河南平安种业有限公司
主要完成人： 吕平安
获奖等级： 国家科学技术进步奖二等奖
成果简介：

　　该项目所属技术领域为作物育种学和良种繁育学。

　　该项研究针对小麦高产区普遍存在的高产不抗倒、高产不稳产等主要技术问题，通过对当时高产灌区小麦主导品种产量结构、农艺性状的调查分析，确定了以改良株型、增强植株抗倒性、增加单位面积成穗数与粒重，实现丰产性与稳产性有机结合，产量与品质同步提高作为主要育种目标。在高肥力、高密度种植条件下，结合对茎秆基部节间测量鉴定，从当时生产上大面积推广但抗倒性差的豫麦 25（温 2540）变异单株中经多年连续定向选择，育成了高产抗倒优质广适小麦新品种豫麦 49，于 1998 年、2000 年分别通过河南省和国家审定，2000 年获河南省科技进步奖一等奖。并迅速成为黄淮冬麦区大面积推广的主导品种。

与该区生产上同期推广的同类型小麦品种相比较，GS 豫麦 49 突出优点和创新性主要表现在：

（1）高产稳产。在 1995—1997 年和 1996—1998 年河南省区域试验和生产试验中，平均比对照品种豫麦 21 增产 9.04％和 11.13％，最高亩产 666.4 千克，连续 4 年试验产量均居所有参试品种第 1 位。在 1997—1999 年国家区试和生产试验中，比对照品种豫麦 21 平均增产 7.51％和 10.84％，均达显著和极显著水平，表明该品种丰产潜力大、稳产性好。

（2）株型紧凑强抗倒。GS 豫麦 49 株高 76～80 厘米，叶片上冲，旗叶内卷，株型紧凑，茎秆粗壮，且基部第 1、2 节阔短，抗倒伏能力强。

（3）品质优良。据农业部谷物品质监督检验测试中心测定：粗蛋白含量 16.19％～16.81％，湿面筋 33.5％～39.3％，沉降值 43.8～45.5 毫升，面团形成时间 3 分钟以上，稳定时间 13～15 分钟，最大阻力 548E.U，延伸性 17.0 厘米，面包体积 760 厘米^3，面包评分 83.5 分，是加工优质面条和馒头等东方传统食品的理想品种。

（4）遗传基础丰富，适应性广。豫麦 49 和豫麦 49-198 含有法、意、日等国家种质和中国地方品种的优良遗传基因，遗传基础丰富，适应性广泛。以豫麦 49 作为亲本材料，省内外有关育种单位从中培育出通过国家和河南省审定的小麦新品种 12 个，累计推广种植面积达 4 100 万亩。豫麦 49 连续 8 年作为国家、河南省区域试验的对照品种，鉴定出 52 个小麦新品种；是河南省第七、八、九 3 次小麦品种更新换代的主导品种，在生产上推广应用时间长达 13 年之久，目前仍是河南省主导品种之一。

在豫麦 49 基础上系统选育的小麦新品种豫麦 49-198，于 2005 年通过河南省审定，2007 年通过陕西省认定，并取得国家植物新品种权保护，其丰产性、抗逆性均比豫麦 49 有所提高。2003—2005 年河南省区域试验中平均亩产分别为 558.3 千克和 497.6 千克，比对照品种分别增产 3.11％和 4.52％。2006 年科技部组织以李振声院士为组长的专家组对 15 亩连片豫麦 49-198 超高产攻关田实打验收，首次创造了亩产 717.2 千克的超高产纪录。

该项目大幅度提高了我国小麦整体育种和大面积产量水平，为黄淮麦区小麦新品种选育提供了新目标和思路。据不完全统计，在河南、安徽、江苏、陕西、山东、湖北累计推广面积达 1.108 4 亿亩，增产小麦 33.36 亿千克，新增经济效益 46.70 亿元。

4YW-Q 型全幅玉米收获机自主研发自行转化推广

主要完成单位：天津富康农业开发有限公司
主要完成人：郭玉富
获奖等级：国家科学技术进步奖二等奖
成果简介：

该项目属现代农业技术领域，自 2000 年 1 月至 2008 年 12 月实施。其实施过程主要分为产品自主研发、成果转化提高和示范推广 3 个环节。产品自主研发环节主要对：不对行玉米收获割台、秸秆切碎灭茬机构、果穗苞叶剥除装置、果穗箱横移自满机构、行进间双向卸粮装置和秸秆切碎回收装置 6 项内容，进行技术攻关与研究试制，取得了授权专利 13 项（其中发明专利 2 项），集成这 13 项专利研发生产出具有不对行收获核心技术的"4YW-Q 型全幅玉米联合收获机"。2000 年 10 月，项目产品配套机构"小麦玉米秸秆切碎灭茬机"获得天津市科技进步星火奖二等奖。2003 年 1 月通过天津市科委组织的成果鉴定，鉴定意见为"成功地实现了玉米收获机技术上的重大突破，其技术水平达到国内领先水平"。2005 年 5 月项目产品配套机构"4YW-Q 型全幅玉米联合收获机"获天津市科技进步奖三等奖，并顺利通过中试，应用作业时，可从田间任意位置自行开道进入，相关技术性能指标经权威部门检测均优于国家标准。

成果转化提高环节，根据各地农业生产的实际需要，改进玉米收获机的适应性和可靠性，主要对产品与不同拖拉机的挂接、果穗升运除杂、秸秆收割整留、传统系统优化等器件进行了技术改进，使机械性能得到了明显提高。2005 年 9 月通过天津市农业机械试验鉴定站的推广鉴定。项目实施期间开发 4YW-Q

剥皮型、茎穗兼收型、兼用型（小麦玉米两用型）以及自走式系列玉米收获机产品，并均入选国家支持推广的农业机械产品目录。2006年9月在全国21种玉米收获机作业效果综合测评中，其实测技术性能均优于国家标准。在连续30小时生产考核中，班次小时生产率10.69亩/小时，比第二名高38.47%，比其余18台机平均种业高123.17%，耗油量0.82千克/亩，故障率为零，在参评机型中成为突出的第一名，引起强烈反响。

示范推广环节，结合实施国家星火计划项目，在全国各玉米主产区分别建立了项目产品示范基地，采取媒体宣传、现场示范、技术培训相结合的推广措施，并在具有代表性的玉米主产区选择具备优势技术的农机企业联厂生产，实现就地生产与销售，促进了项目产品的快速推广，高质量地完成了国家星火计划项目任务和指标，通过了天津市科委组织的验收。在此期间又承担了"玉米主产区机械收获技术推广"项目，荣获2008年度神农中华农业科技奖科学研究成果奖三等奖。2006—2008年3年累计销售推广项目产品3 846台套，实现销售收入1.96亿元，创利润6 600.68万元，完成玉米机收面积691.41万亩。带动购机户通过机收服务，按每亩创利31.95元计算，累计创利2.21亿元；种植户每亩比人工收获节支25元，累计节支1.73亿元，该项目的经济、社会、生态效益显著。

粮食保质干燥与储运减损增效技术开发

主要完成单位：武汉工业学院、江苏牧羊集团有限公司、国家粮食储备局郑州科学研究设计院、国家粮食储备局成都粮食储藏科学研究所、中国农业大学、湖南金健米业股份有限公司
主要完成人：刘启觉、王继焕、范天铭、张明学、高峰、王双林、李栋、周坚、李杰、肖勋伟
获奖等级：国家科学技术进步奖二等奖
成果简介：

该项目主体技术"LXSD8型稻壳悬浮燃烧炉"是湖北省科技厅2002年度重点新产品计划项目，于2004年2月通过了省科技厅组织的专家鉴定，结论为国际先进，并获2004年度湖北省科技进步奖一等奖。"稻谷高效干燥与玉米储运减损增效技术开发与示范"是科技部"十五"国家科技攻关计划项目，于2006年8月通过了由科技部组织的专家验收。利用项目技术，研究开发了粮食干燥技术和工艺；大型塔式干燥机干燥谷物和油料的"一机两用"技术和工艺；粮食就仓干燥技术和工艺；粮食储运减损新技术与新装备；粮食干燥机水分在线检测和侍服控制的机电一体化技术和工艺；中、小型粮食干燥机和"一机多用"技术；就仓干燥装备、袋式干燥装置。获得"生物质燃料分段悬浮燃烧工艺"等发明专利4项；获得"生物质农用干燥机"等实用新型专利33项；"大型油料烘干塔"获得科技部国家火炬计划项目。完成相关的国家级项目10余项、省部级项目20余项、横向项目及重大工程200余项。发表相关的科学研究论文200余篇，其中SCI收录30余篇，EI收录40余篇。获得省、部级和行业学会科技进步奖励13项。培养博士生10余名、硕士生100余名，培养技术骨干800余人。

主要技术经济指标均符合国家标准。采用风网并联与串联可切换的组合技术，突破国内外谷物干燥机与油料干燥机不能通用的传统模式，实现谷物和油料的"一机两用"，可提高干燥塔使用效率50%，使投资回收期缩短1/2。开发了粮食整仓干燥技术与设备，完善了移动组合立体通风系统。开发了特大风量含尘气体就地净化技术，可节省尾气净化投资费用60%以上；稻壳悬浮燃烧供热炉混合烟气温度可达600～1 000℃，燃烧效率＞99%，间接换热总效率＞68%，其体积、重量和设备总投资为蒸汽换热式产品的30%～40%，为热风管式产品的50%～60%。

通过项目实施和示范，促进谷物、油料等农品收获、干燥、储藏的机械化连续作业技术进步，减少粮食产后损耗、增加农民收入。仅在2006、2007、2008年就推广各种粮食干燥和储运装备2 600余台（套），新增干燥能力约40万吨/日。3年间，企业增加产值11亿多元，获利税约3亿多元，取得了很好的经济效益。近3年来，共干燥粮食约3 800万吨。实施粮食保质干燥和储运减损增效技术后，粮食的产后损耗约为4%，已达到发达国家小于5%的国际先进水平。与人工靠天晾晒的产后损耗大于10%相比

较，按减少产后损耗 5% 计，减少粮食损耗约 190 万吨，约值 35 亿元。另外，约有 40% 的干燥量是采用生物质燃料，按干燥每千克粮食节省 2 分钱计，节省燃油费用 3 亿多元。粮食可以实现优质优价，按每千克粮食增加收入 0.2 元计，每年可增加收入 76 亿多元。

综上所述，项目近 3 年减损增效可达 100 多亿元。所以，项目的推广和普及，是改变我国粮食传统干燥模式，提高粮食干燥、装卸、运输、储藏等流通环节机械连续作业技术水平，减少产后损耗，保障国家粮食安全的有效途径之一。

国家粮仓基本理论及关键技术研究与推广应用

主要完成单位：河南工业大学、国贸工程设计院、国家粮食储备局郑州科学研究设计院、国家粮食储备局
　　　　　　　无锡科学研究设计院、郑州粮油食品工程建筑设计院
主要完成人：王录民、王振清、袁海龙、程四相、陈华定、赵小津、吴国胜、王薇、张来林、陈桂香
获奖等级：国家科学技术进步奖二等奖
成果简介：

粮食是国家的战略资源，粮食问题事关国家的稳定和安全。20 世纪 90 年代以来，随着农业的连年丰收，我国的粮食流通和存储成为了一个突出的社会问题。为解决上述问题，河南工业大学（原郑州粮食学院）等 5 家国内粮食工程教学研究及设计的主要单位，在国家发改委和国家粮食局的组织领导下，结合"世界银行贷款改善中国粮食流通项目"和"5 000 万吨国家储备粮库建设项目"两批国家重点工程建设，有针对性地进行了基础理论研究和技术研发与推广，从根本上改变了我国粮食流通和仓储领域技术设施落后和抗风险能力低的局面，为我国现代粮食流通体系和国家粮食储备体系的构建提供了技术支撑，确保了国家粮食安全，项目总体达到了世界先进水平，并实现了该技术领域的国际输出。

1. 主要技术内容

（1）研究开发了散装粮高大平房仓和大直径浅圆仓两种新的主导仓型，解决了传统粮仓仓房简陋、占地面积大、储粮技术落后、粮食损耗高的问题。

编制了粮食工程建设国家和行业规范 14 部，统一了国家粮仓的建设标准及技术要求，提升了行业的技术水平。

编制了 26 个系列 69 套通用仓型施工图，并在全国范围内推广，促进了行业基本建设规范化和标准化。

（2）针对粮仓散料的不同种工况，提出了平房仓、浅圆仓散料侧压力计算方法，构建了粮食荷载计算理论。

研制了专用直剪仪，重新测定了沿用 50 多年的不同区域、不同品种的粮食力学参数。

采用离散单元、有限单元综合和震动台试验相结合方法，得到地震荷载作用下物料与筒体的相互作用模式和群仓地震响应机理，为仓体结构分析奠定了基础。

（3）配套研发了连梁-柱抗侧力墙体、双坡板架屋盖等结构关键构件；获得了保温隔热和通风气密多项技术专利；构建了粮库布局和优化调运模型，开发了国家储备粮库建设与管理智能决策系统，实现了粮库建设与管理决策的智能化。

2. 主要研究成果

获得省部级科技进步奖 13 项；国家优秀工程设计金奖 1 项和银奖 2 项；获授权实用新型专利 16 项；出版专著 5 部；核心期刊发表论文 65 篇；培训粮食行业技术人员 8 000 余人，培训亚非拉 24 个国家部长级粮食官员 46 名；培养博士和硕士研究生 23 人。

3. 成果推广及效益

研究成果在两批国家重点工程 31 个省（自治区、直辖市）的 1 396 个项目中推广应用，总仓容 5 699 万吨，总投资达 420 亿元；节约用地 5.2 万亩，减少粮食损耗 171 万吨/年，节约运营费用 45 亿元/年。

成果技术输到越南、苏丹、赞比亚、孟加拉等国家。

为我国粮食体制改革、形成粮食仓储与流通网络、解决农民卖粮难、实现粮食储运和管理跨越式发展，增强国家对粮食的宏观调控能力，保证国家粮食安全提供了技术支撑。使我国的粮食储备与流通技术与设施达到了国际先进水平。

真菌杀虫剂产业化及森林害虫持续控制技术

主要完成单位： 安徽农业大学、国家林业局森林病虫害防治总站、中国科学院过程工程研究所、中国科学院上海生命科学研究院植物生理生态研究所、江西天人生态工业有限责任公司、广西壮族自治区森林病虫害防治站、广东省森林病虫害防治与检疫总站

主要完成人： 李增智、王成树、陈洪章、潘宏阳、樊美珍、罗基同、王滨、黄向东、丁德贵、梁小文

获奖等级： 国家科学技术进步奖二等奖

成果简介：

该项目属林业领域，综合了 20 多个国家及省部级项目，系统地研究了利用我国丰富的真菌资源开发真菌杀虫剂，实现其产业化以及持续控制森林害虫的科学和技术问题，取得以下创新成果：

1. 基本查明我国的虫生真菌资源，建成位居世界前列的菌种库

(1) 25 年足迹遍及全国，共采虫尸标本 7 102 号，土壤标本 788 份，建立了全国最大的虫生真菌标本库；记录我国虫生真菌资源共 331 个种，占世界已知种的 40% 以上。发现并发表 27 个新种。

(2) 解决了一些虫生真菌分类难题，尤其是世界上已争论 50 余年的关于球孢白僵菌和金龟子绿僵菌这两种最重要虫生真菌的有性型问题。

(3) 分离并以 4 套系统保藏 4 073 株虫生真菌，建成位居世界前列的虫生真菌菌种库，为害虫生物防治保育了大量宝贵的种质资源。

(4) 为害虫生物防治筛选提供大量优良菌种。

2. 球孢白僵菌菌种防退技术和转基因技术取得突破性进展

(1) 定量评估了菌种退化所造成的损失，掌握了开发出森林害虫持续控制新技术，查明了白僵菌的线粒体 DNA 全基因组序列以及各种核外变异的准确位点，推出菌种防退技术。

(2) 通过基因工程成功地将蝎毒基因转入金龟子绿僵菌和球孢白僵菌，金龟子绿僵菌工程菌株提高毒力 9~22 倍，球孢白僵菌工程菌株提高毒力 15 倍。

3. 攻克固态发酵生产技术难关，建成全球最大的真菌杀虫剂产业化生产基地

(1) 提出固态发酵新理论并据此设计出适合大量生产真菌杀虫剂的新型固态发酵罐。

(2) 推出固态发酵生产真菌杀虫剂的新技术，实现了封闭式发酵，提高效率 1 倍以上，并具有节能降耗、保护环境的中国特色，解决了长期以来开放式发酵的作坊式低技术生产容易污染杂菌、质量不稳和效率低下的问题。

(3) 在江西吉安建成年产千吨的全球最大的真菌杀虫剂生产基地，实现了真菌杀虫剂的产业化。5 年来生产出 3 000 多吨产品供害虫生物防治使用，近 3 年创利税 1.62 亿元。

4. 开发出一批新产品，在国内率先实现真菌杀虫剂产品的登记注册

自主开发出 3 种新剂型，制定出 6 个产品的企业生产标准，在国内首次登记 5 个具自主知识产权的真菌杀虫剂产品，改变了我国 30 多年来产品单一和无证生产的落后局面。

5. 开发出森林害虫持续控制新技术

(1) 研究出利用真菌经济、有效地持续控制森林害虫的新技术，证明了使用真菌防治害虫的环境安全性。

(2) 通过接种式放菌的新技术持续控制了马尾松毛虫，减少白僵菌用量 62.5%~75%。

(3) 通过白僵菌无纺布菌条与化学引诱剂相结合的新技术为防治松材线虫病的传媒天牛提供了方便易

行、经济有效的途径。

（4）近20年来在南方七省（自治区）大面积推广应用这些新技术达161.6万公顷次，挽回经济损失达14.3亿元，并具有巨大的社会效益。

先后获发明专利授权11项，实用新型专利2项。发表相关学术论著236篇（部），其中被SCI收录32篇，52篇（部）被SCI他引241次；161篇中文论著被《中国引文数据库》他引714次。在国际学术会议上作报告23人次。

马尾松良种选育及高产高效配套培育技术研究及应用

主要完成单位：贵州大学、广西壮族自治区林业科学研究院、南京林业大学、中国农业科学研究院亚热带林业研究所、中国林业科学研究院热带林业实验中心、华中农业大学

主要完成人：丁贵杰、杨章旗、周志春、季孔庶、周运超、谌红辉、王鹏程、夏玉芳、谢双喜、洪永辉

获奖等级：国家科学技术进步奖二等奖

成果简介：

该项目在国家及各省"八五""九五""十五"重点科技攻关课题资助下，经7省（自治区、直辖市）、16单位、50多名研究人员16年辛勤工作，形成如下成果：

（1）在连续多年定位研究基础上，形成技术上先进、经济上高效的建筑材和纸浆材林优化培育技术体系，并在多个方面取得突破和创新。

（2）用多性状选育技术，选出100多个优良家系、25个优良无性系和2个抗旱能力较强家系及200多个二代育种亲本；明确了纸浆材优良种源最佳布局。

（3）创建了建筑材和纸浆材林生长收获和经营模型系统；科学合理地提出了建筑材和纸浆材林的合理采伐年龄，使采伐年龄明显缩短；分带、立地筛选出建筑材和纸浆材林优化栽培模式。

（4）率先取得马尾松扦插繁殖成功，揭示并明确了扦插基质、时间、母株年龄、种源（家系、无性系）、生长激素等对扦插成活率及生根情况的影响，突破了扦插育苗技术难关。

（5）率先建立了优良家系纸浆材专用性种子园，探明内源激素与性别分化的关系，提出种子丰产综合配套技术，使产量提高40%以上。

（6）首次在马尾松幼树根系上发现并分离到固氮细菌，填补研究空白。

（7）创建了芽苗定距移栽3次切根育苗新方法，提出促进早期速生综合配套技术。

（8）率先开展并揭示了造林密度、施肥、年龄等对木材性质及浆纸特性的影响，揭示了纸浆材主要经济性状在家系间的遗传变异和所受的遗传控制。

（9）创新性提出马尾松的耐旱机理属于典型的高水势延迟脱水耐旱机理型，揭示了养分特点和耐低磷生理机理；明确了连栽对土壤理化性质、林分生产力及微生物的影响，提出合理连栽2代不会导致林分生产力和地力下降；以及马尾松自毒现象不明显等新结论；首次提出马尾松幼苗期铝毒害临界值。

（10）发明低接诱导生根、嫩枝嫁接和异砧嫁接方法，并在全国广泛应用。

（11）建成国内最大马尾松种质资源基因库。

（12）试验示范林生产力比国家《马尾松速生丰产林》标准提高20%以上。

发表论文148篇，出版学术专著2部，制定国家《马尾松速生丰产林》标准1个。填补多项空白，形成8项成果，经鉴定（验收）5项达国际先进水平、3项国内领先水平，已获国家林业局和各省科技进步奖二等奖5项及中国林学会梁希奖、梁希林业科学技术奖二等奖等。有多项成果被列入科技部、国家林业局及各省重点推广项目。

成果可明显提高马尾松商品林造林质量、生产力及林分稳定性，可促进人工林发展和良种选育及森林培育水平提高。成果在贵州、广西、福建、湖南、湖北、江西等11省（自治区、直辖市）150多个县市推广造林面积达39.1万公顷，改造现有林和规划造林30.7万公顷，生产力平均比国家速生丰产标准提高

15%～20%以上，据测算，一个轮伐期可新增产值 37.36 亿元，新增利税 25.57 亿元，同时节资 10 125 万元，产生了重大经济效益。成果可广泛应用在各重大工程的建筑材、纸浆材及速生丰产商品林的造林及现有林经营管理中，市场需求量大，应用前景广阔。

森林资源遥感监测技术与业务化应用

主要完成单位：中国林业科学研究院资源信息研究所、国家林业局调查规划设计院、中国科学院地理科学与资源研究所、中国科学院遥感应用研究所
主要完成人：李增元、张煜星、周成虎、武红敢、黄国胜、陈尔学、韩爱惠、杨雪清、庞勇、骆剑承
获奖等级：国家科学技术进步奖二等奖
成果简介：

针对国家森林资源连续清查（一类调查）与县级经营单位森林资源规划设计调查（二类调查）业务的重大需求，分别以中、高空间分辨率卫星遥感数据作为基础数据源，经过近 10 年的联合研究，首次建立了多阶遥感监测抽样技术体系，突破了森林资源遥感数据综合处理、分析及其集成应用的关键技术，规范了遥感技术应用的技术流程与标准，自主研发了森林资源调查遥感数据处理通用软件系统，建成了面向一类调查和二类调查两个服务层次的森林资源遥感监测业务应用系统，实现了森林资源遥感监测与信息管理的自动化、智能化和流程化。

项目的主要技术内容包括：

（1）建立了基于 GPS 精确定位的全国 284 万个遥感样地与 41.5 万个固定样地相关联的森林资源遥感调查综合群地系统和遥感图像解译标志数据库，以及用于中分辨率遥感数据快速几何校正的控制点影像数据库。

（2）提出和建立了基于中等空间分辨率多光谱遥感影像解译标志数据库的森林类型自动分类、林分郁闭度与蓄积量分级估算模型，森林变化概率模型。

（3）建立了基于 SPOT-5 高空间分辨率遥感影像的小班边界提取、林相图及森林分布图快速提取更新技术。

（4）建立了基于激光雷达的林分平均高估算定量反演模型和方法。

（5）研发了具有自主知识产权、全组件化森林资源调查遥感数据处理通用软件系统和森林资源遥感信息定量提取与反演的专业化模块。

（6）通过系统集成，建立了基于自主遥感数据处理通用系统的国家级森林资源遥感监测和县级森林资源规划设计调查遥感业务应用系统。

项目成果的主要经济技术指标为：遥感影像批处理能力达到准实时，几何校正中误差优于 0.5 个像元；人机交互有林地判别正确率优于 95%，针叶林、阔叶林、混交林和竹林等森林类型的判识正确率优于 85%；业务化运行系统满足国家相关规范的要求，国家级森林资源遥感监测业务运行系统的运行成本比常规体系降低 20%；县级森林资源规划设计调查的林相图和森林分布图的制作效率比常规提高 2 倍以上。

项目成果及其应用：

（1）申请发明专利 1 项，已获软件著作登记权 8 项。

（2）发表技术论文 140 余篇，其中 SCI 收录 9 篇，EI 收录 21 篇，ISTP 收录 6 篇。

（3）出版专著 4 部。

（4）在第 7 次（2004—2008 年）全国森林资源清查中，国家级森林资源遥感监测系统在全国 31 省（自治区、直辖市）和 8 个国有森工集团得到了全面的业务化运行，基本解决了样地不匹配偏差、不可及样地调查、样地特殊对待等技术问题，取得间接效益（5 年）约 1.3 亿元。

（5）自 2005 年起，县级森林资源规划设计调查遥感监测系统在辽宁、内蒙古、山西、浙江等 8 省

（自治区）586 个县和长防林工程区 100 多个县得到全面的业务化运行，取得间接效益约 3 000 万元。

（6）该项目的两个业务应用系统在 2008 年低温雨雪冰冻灾害和地震灾害的森林资源损失评估中发挥了巨大作用，产生了巨大的社会效益。

油茶雄性不育杂交新品种选育及高效栽培技术和示范

主要完成单位：湖南省林业科学院、浏阳市林业局、浏阳市沙市镇林业管理服务站
主要完成人：陈永忠、杨小胡、彭绍锋、柏方敏、粟粒果、王湘南、王瑞、欧目明、李党训、喻科武
获奖等级：国家科学技术进步奖二等奖
成果简介：

我国食用油的进口依存度高达 60%，草本油料生产与粮争地，发展空间有限。油茶是我国特有的优质木本食用油料资源，适宜南方 14 个省（自治区）丘陵地区栽培，市场潜力和发展前景广阔。但目前普遍存在单位面积产量低，系统科学的栽培技术缺乏；生产上使用的无性系苗木繁育技术难度大、出圃时间长；优良无性系长期连续扩繁品种退化等产业发展的技术瓶颈。项目通过 20 多年的系统研究，以油茶雄性不育系为核心材料，在优良无性系的基础上开展杂交育种，选育出高产杂交组合，营建杂交种子园，研制高效经营技术并实现产业化。

（1）首次发现并选育出 1 个油茶高产雄性不育优良无性系。解决了油茶杂交育种去雄难、种子纯度低的关键瓶颈。

（2）首次以雄性不育系进行杂交育种研究，创建了油茶"两系"杂交育种理论和应用技术体系。从 101 个组合中选育出 10 个优良杂交组合，产油 450.7～660.6 千克/公顷，比对照增产 31.4%～100.8%，其中 5 个通过湖南省林木良种审定；油质优良，油酸含量 81.1%～87.4%，比橄榄油中油酸含量 75% 高 8.2%～16.6%；通过对其子代进行群体遗传学研究，揭示了油茶杂交新品种增产潜力大、群体产量性状稳定等群体产量结构和结实规律。创制了杂交种子园营建的核心材料，是油茶育种技术的重大突破。以雄性不育系为母本营建了国内第一个油茶"两系"杂交种子园。攻克了种子园材料配置与丰产技术难题，提高了杂交 F_1 代的制种效率和质量，解决了无性系育苗周期长、成本高等问题，使杂交新品种实现了规模化应用，是油茶杂交育种理论和应用技术的重大创新，有力地推动了油茶良种化进程。

（3）提出了油茶优良新品种高效栽培技术体系。通过攻克多项关键技术，使油茶高产示范林产量达 1 162.0 千克/公顷，比优良品种的 450 千克/公顷提高 158.2%，为集约经营提供了技术储备。运用油茶养分循环和平衡施肥的原理，筛选出配方施肥技术，使产量提高 58.6%～136.4%；探明了油茶叶片与果实的定量关系，提出合理的叶果比为 10.8～12.9；研究了树体结构调控对油茶产量和含油率的促进作用，可增产 99.4%～107.2%；揭示了油茶果实生长特性和含油率及脂肪酸转化机理，提出了最佳采收时期，筛选出促进油脂转化的植物生长调节剂，喷施植物生长调节剂，使鲜果含油率提高 11.2%～22.4%，使种仁含油量提高 11.9%～18.0%。

项目以油茶雄性不育系为核心，通过 20 余年油茶杂交新品种创制，选育出 10 个油茶高产优良杂交组合，5 个通过良种审定；制定并颁布行业标准《油茶良种选育及苗木质量分级》；出版专著 3 部、发表论文 70 多篇；在全省乃至周边省举办培训班 60 余期，培训技术骨干 10 000 多人次，发放油茶技术资料与光盘 10 多万份。在湖南 40 多个县市及广西、江西等 6 省（自治区）建立杂交新品种及高效栽培技术示范林 13 568 公顷，已产生巨大的经济效益，近 3 年新增产值 15.86 亿元，新增税收 1.90 亿元，出口创汇 2.4 万美元。

活性炭微结构及其表面基因定向制备应用技术

主要完成单位：中国林业科学研究院林产化学工业研究所、江西怀玉山三达活性炭有限公司

主要完成人：蒋剑春、邓先伦、刘石彩、刘军利、戴伟娣、孙康、郑晓红、张天健、应浩、龚建平

获奖等级：国家科学技术进步奖二等奖

成果简介：

　　该项目属于林产化学加工学科领域。项目利用木屑、酸木素等农林废弃物，通过活性炭孔隙结构、表面基团与选择性吸附关系基本科学问题和理论的创新研究，独创和突破了活性炭超微孔隙结构定向调控、表面功能化基因选择性修饰、木质原料低分子化自成型造粒等关键技术，创新集成开发了活性炭定向制备工艺方法及清洁生产关键装备，大幅度提高了活性炭选择性吸附能力，成功创制出气体精制、液相大分子脱色、挥发性有机物（VOC）捕集和双电层电容器用等系列功能化活性炭新产品，实现了废弃资源高值化利用和节能减排的目的，显著促进了生物质产业及环保、食品、医药、化工等领域和行业的技术进步。

　　主要技术内容：

　　（1）活性炭超微孔隙结构定向调控技术。首创类分子筛微孔孔隙催化活化定向调控、介孔纳米级孔隙结构二次活化定向调控、微孔与介孔高温定向重整等定向成孔方法和制备技术，将活性炭孔径主要集中调整于介孔或超微孔范围，定向制备出 0.7 纳米级超微孔达 80％以上和 1.5～3.0 纳米级介孔达 50％以上的孔隙。

　　（2）表面功能化基团选择性修饰产业化技术。根据活性炭的化学吸附特性，独创了氧化性气氛空气氧化、化学药品催化氧化等表面功能化基团选择性修饰技术，选择性获得羟基、羧基、内酯基等官能团，并结合应用场合吸附质的特性研究，设计与制造出具有物理和化学吸附联合作用的活性炭功能材料，实现了经济可行的工业化应用。

　　（3）木质原料低分子化自成型造粒技术。首创了低温催化降解低分子化、不添加黏结剂木质颗粒自成型、低温催化活化及清洁生产工艺技术，高值化利用废弃粉状资源成功进行了高强度颗粒活性炭的造粒。

　　（4）定向制备技术集成创新与新产品创制。集成创新出活性炭定向制备工艺，解决了成果工程化应用关键技术，创新开发出四大类系列活性炭，成功实现了产业化，产品技术指标超过国内外同类产品指标。

　　该项目在国家"863"、国家自然科学基金等国家、部委项目的支持下，经过针对瓶颈技术的攻关，开发出活性炭微结构及其表面基因定向制备与应用技术，发表论文 31 篇，EI 收录 6 篇；申请专利 5 项，已授权 4 项；制定国家标准 4 项，行业标准 5 项；形成 3 项核心技术，填补 3 项国内空白；成果已成功应用于江苏、上海、江西、浙江等地的活性炭生产企业，建立了 12 条生产线，开发了 20 余种新产品；近 3 年，生产颗粒活性炭 3.7 万吨，生产粉状活性炭 3.2 万吨。通过示范生产线的建设和产品的应用，共新增产值 7.78 亿元，新增利润 1.35 亿元，税收 3 820 万元，出口创汇 1 862 万美元。创制开发的功能产品已成功应用于国内生物炼制、气体净化与回收、电容器电极材料等行业龙头企业。

　　随着科学技术的发展和人们生活水平的提高，活性炭将在食品、化工、水源治理及空气污染治理等领域中发挥更加重要的作用。活性炭微结构及其表面基团定向制备技术的应用与推广示范，将为我国 1 000 多家活性炭企业的产品升级换代和技术进步提供支撑，使我国活性炭制造技术达到国际先进水平。提高农民收入和增加就业岗位，促进农村经济发展。

稻／麦秸秆人造板制造技术与产业化

主要完成单位：南京林业大学、中国林业科学研究院木材工业研究所、万华生态板业（荆州）有限公司、山东同森木业有限公司、江苏鼎元科技发展有限公司、江苏洛基木业集团公司、苏州苏福马机械有限公司

主要完成人：周定国、于文吉、于文杰、张洋、梅长彤、周月、徐咏兰、周晓燕、任丁华、徐信武

获奖等级：国家科学技术进步奖二等奖

成果简介：

　　该项目属于木材科学与技术领域，涉及农作物秸秆资源综合利用、循环利用和节约代用。研究以稻／

麦秸秆为原料，不含甲醛的异氰酸酯为胶黏剂，制造环保型人造板的技术，并实现产业化。该项目被列为国家"863"计划，至今已有13年的研究和推广历程。主要包括以下科技内容：

（1）针对稻/麦秸秆表面富含蜡状物质和有机硅，应用分子生物学和高分子材料学理论，研究秸秆界面特性，探讨了水热处理、生物处理、等离子体处理、化学处理和机械处理等多种调控处理方法，为改善单元界面活性、降低胶黏剂用量和提升单元胶合性能提供理论依据，取得了行之有效的处理效果。

（2）针对稻/麦秸秆原料的细胞构造和化学组成特点，运用植物解剖学和生物材料加工工艺学理论，就秸秆原料的收集和贮存、物料单元制备、异氰酸酯胶黏剂施加和脱模、秸秆板坯传送和热压等关键技术进行创薪，提出了稻/麦秸秆人造板制造的成套工艺，获得了自主知识产权。

（3）针对稻/麦秸秆人造板的工业化生产，运用现代机械制造和程序控制理论，通过集成创新，研制成功了具有我国特色的年产15 000米³和50 000米³稻（麦）秸秆人造板生产线，组织了年产80 000米³农作物秸秆人造板生产线的技术攻关。生产线总体技术达到国际先进水平，部分技术处于国际领先地位。同等条件下，国产化成套生产线的价格仅相当于国外同类生产线的1/6~1/3。国产化生产线可以替代进口，也可以提供出口，受到国内外用户的认可，具有国际市场竞争能力，对于我国农作物秸秆人造板产业的形成和发展作出了积极的贡献。

（4）针对应用该项成果制造的秸秆人造板不含甲醛的特点和优势，创造性地开发了产品的用途，在无醛家具制造和环保型居住环境营造等方面取得突破。产品在国内外市场受到消费者的欢迎，推动了木材加工、家具制造、建材、化工和机械行业的科技进步。对于节省森林资源，保护生态环境，帮助农民增收和建设社会主义新农村具有重要的现实意义。

应用该技术生产的产品性能达到木质人造板国家标准的要求，产品被评为国家级新产品和省级高新技术产品。已在国内建成了2条年产50 000米³生产线和1条年产15 000米³生产线，并连续4年正常运行，起到了很好的示范作用。近3年来，应用该项技术新增产值3.335亿元，新增利润3 370.00万元，新增税收4 945.00万元，创汇110万美元，取得了良好的经济效益和社会效益，具有广阔的推广应用前景。该项技术被延伸列入"十一五"科技支撑项目选题。

在该项目实施过程中，授权发明专利10项，鉴定科研成果4项，起草国家标准3项，获得省级科技进步奖一等奖1项、二等奖1项，组建省级工程技术研究中心1个，主办国际学术研讨会2次，培养研究生22名，出版专著2部，发表学术论文96篇。

竹炭生产关键技术、应用机理及系列产品开发

主要完成单位：浙江林学院、南京林业大学、遂昌县文照竹炭有限公司、衢州民心炭业有限公司、福建农林大学、浙江富来森中竹科技股份有限公司、浙江建中竹业科技有限公司

主要完成人：张齐生、周建斌、张文标、马灵飞、鲍滨福、陈文照、陆继圣、邵千钧、叶良明、钱俊

获奖等级：国家科学技术进步奖二等奖

成果简介：

浙江林学院、南京林业大学、福建农林大学和多家企业通过产学研联合攻关，在科技部、浙江省和福建省有关项目的支持下，项目组率先对竹炭生产的关键技术、产品质量的影响因素以及各种功能的作用机理等方面进行深入、系统的研究，并在研究成果的基础上开发了竹炭、竹醋液系列产品。竹炭、竹醋液是目前竹材加工领域中竹材利用率最高、附加值最大的科技产品。大力发展竹炭、竹醋液生产，对增加竹产区农民的收入、建设社会主义新农村都具有重要意义。

（1）研究竹炭生产关键技术。系统地研究了300~1 000℃8种不同炭化温度的竹炭得率和竹炭密度、灰分、挥发分、固定碳、pH、电阻率、比表面积等理化性质，揭示了竹炭品质、理化性质与炭化工艺间的关系，确定了不同功能竹炭生产的最佳工艺。

（2）研究竹炭微观结构和表面基团。综合运用傅立叶变换红外光谱仪、X-射线光电子能谱仪、X-射

线衍射仪、电子顺磁共振测试仪、拉曼光谱测试仪等技术手段研究了竹炭的化学官能团、结晶状态、微观结构，揭示了竹炭的微观结构与功能之间的关系。发现了竹炭的孔隙结构形状类似于洋葱状富勒烯（C60）和展开的碳纳米管结构。

（3）竹炭应用机理研究。运用傅立叶变换红外光谱仪、红外辐射测量仪和电子顺磁共振测试仪等技术手段，研究竹炭产生红外和负离子功能的机理。通过比表面积测定仪对竹炭比表面积、孔容及孔径等进行了表征；采用元素分析仪、等离子光谱仪和原子荧光光谱仪等研究了竹炭的元素组成、含量与性能关系。研究不同生产工艺的竹炭对甲醛、苯、甲苯、氨等有害、有毒气体的吸附性能；对饮用水的净化并释放人体必需的微量元素及矿物质元素的功效。

（4）竹醋液应用功能研究。经气-质联用仪测试与分析，竹醋液主要为酸类、酚类、醛类等80多种化合物，pH 2.0～3.0，明确了主要成分与抑菌、杀菌及促进植物生长等作用功能。

（5）研发系列产品和制定国家标准。开发了竹炭吸附净化、竹炭保健、竹炭纤维、竹炭基复合、竹炭工艺品、竹炭洗涤洁肤及竹醋液7大系列，近300种产品。制定《空气净化用竹炭》、《竹炭基本理化性能测定方法》和《竹炭》等3项国家标准；获发明专利11项，实用新型专利17项；出版专著2部，论文集1册，发表论文33篇；培养博士后2人，博士3人；晋升教授3人，为竹炭企业培养技术人员200多人。

研究成果先后在浙江省遂昌县文照竹炭有限公司、衢州民心炭业有限公司、福建省建瓯市特艺竹木有限公司、江苏省宜兴市金凯德竹炭有限公司等15家企业推广应用，产品出口日本、韩国、欧美等国家和地区，国内销售遍及20多个省（自治区、直辖市）。参与项目的7家企业和技术推广的8家企业，已建成21条竹炭生产线，近3年竹炭和深加工产品总产值14.4亿元，利税2.6亿元，出口创汇2 333万美元。

该项成果已经推广、辐射至浙江、福建、上海、江苏、湖南等省（自治区、直辖市），引领和促进了全国竹炭产业的形成与发展。

干旱沙区土壤水循环的植被调控机理、关键技术及其应用

主要完成单位：中国科学院寒区旱区环境与工程研究所、中国林业科学研究院林业研究所
主要完成人：李新荣、肖洪浪、王新平、刘立超、卢琦、张景光、张志山、樊恒文、何明珠、龚家栋
获奖等级：国家科学技术进步奖二等奖
成果简介：

这是项目承担单位近10年来完成国家自然基金重大研究计划、中科院重要方向性项目和国家科技攻关等项目研究的集成成果。该成果建立在长期定位监测和研究的基础上，通过对宁夏、内蒙古、陕西和甘肃典型沙区水循环的植被调控机理的系统研究，首次基于沙地水量平衡和植被的稳定性，提出了人工植被建设促进生态修复的关键技术和模式，并在沙区得到大面积的推广和应用。所属学科涉及环境学、生命学、地理学、社会与经济学，是多学科交叉的综合研究成果。

创新性研究成果包括：

（1）首次对干旱沙区植被调控水循环和水循环驱动植被演替过程进行了参数化和定量化研究，发展了植被水分利用从个体到群落水平的尺度转换模型，量化了沙地植被-土壤系统的水量平衡动态关系。

（2）首次提出了干旱沙区植被恢复的理论模式。

（3）模拟和预测了沙地生态恢复过程的基本特征，回答了干旱沙区植被与土壤系统中水分及生境因子恢复的速率、恢复时间等恢复生态学特性，是国内外最早对该科学问题的研究。

（4）基于沙地水循环，首次提出了沙地主要植物生态需水的阈值，理论上解释了干旱沙区植物生物量大比例地下分配的生态学机理。

（5）首次将生物土壤结皮作为参与沙地水循环的重要环节，揭示了其对人工固沙植被系统水循环和水量平衡的贡献和影响，明确了沙地土壤水分有效性的浅层化发展与植被向荒漠化草原演变的驱动机制，阐明了生态恢复过程生物多样性的繁衍与水循环关系，以及对植被稳定性影响的生态水文学机理。

通过以上理论研究和试验，凝练了适用于干旱沙区防沙治沙和生态修复的系列关键技术：

（1）沙区雨养型植被建设技术与模式。

（2）沙区飞播固沙植被建立技术和优化管理模式。

（3）沙区交通干线"灌木＋草本＋隐花植物"立体生态恢复技术。

（4）沙区抗旱造林保苗技术。

（5）"沙区植物水分生态位分配"造林技术。

与以往传统技术相比较，这些技术突出的创新点表现在：以沙区不同立地的水分条件为前提，以追求植被的稳定性和可持续发展为目的，可减少因常规植被建设而导致地下水位下降等生境退化带来的风险，可为国家节省因植被后期管理和重复造林所需的长期投入。

这些技术在宁夏的腾格里和毛乌素、内蒙古阿拉善和鄂尔多斯、陕西榆林和甘肃民勤等沙区，以及在国家以防沙治沙为重点的"三北防护林建设"四期工程、"西气东输"工程和"宁东-天津直流输电线工程"宁夏沙漠段植被恢复、沙漠公路防沙、农田沙害防治和植被防护体系等工程中得到大面积推广和应用，有效地遏制了沙害，产生了巨大的生态、社会和经济效益，累计推广面积达 1 200 万亩，近 3 年累计经济效益超过 10 亿元。

该成果共发表论文 208 篇，其中 SCI 收录的论文 89 篇、CSCD 论文 102 篇、专著 6 部；成果被国际同行在 SCI 刊物他引 461 次，CSCD 引用 1 041 次；获省部级一等奖 2 项和国家发明专利 1 项，制定国家行业标准 1 项；培养硕博士 60 人；为地方举办培训 10 000 人次，项目承担单位被授予"全国防沙治沙先进集体"和"全国科普教育基地"。

蛋白质饲料资源开发利用技术及应用

主要完成单位： 国家粮食局科学研究院、武汉工业大学、北京中棉紫光生物科技有限公司、国家粮食储备局武汉科学研究设计院、国家粮食储备局无锡科学研究设计院、江南大学河南工业大学

主要完成人： 李爱科、金征宇、杨海鹏、王毓蓬、胡健华、周瑞宝、刁其玉、何武顺、黄庆德、刘多敏

获奖等级： 国家科学技术进步奖二等奖

成果简介：

我国蛋白饲料资源长期严重不足，年进口大豆类产品约 3 500 万吨、鱼粉 100 多万吨，豆粕、鱼粉及相关原料、养殖产品价格不断上涨且大幅波动，同时间接导致不法原料商通过加入三聚氰胺以提高蛋白质饲料粗蛋白质含量的掺假事件发生，蛋白饲料资源短缺已成为制约我国饲料业及养殖业发展的瓶颈。

项目开发出了低毒、高蛋白、高生物利用率的棉、菜籽粕生产新技术、提高大豆及其饼粕饲用效价的新技术以及替代常规蛋白原料的新型饲料资源生产关键技术。

（1）成功开发了与制油工艺相匹配的油籽脱溶饼粕高效脱毒新技术，发明了油籽脱溶饼粕的化学脱毒方法及所用设备，溶剂二次浸提直接脱除棉籽粕游离棉酚的新工艺及专用设备；研究出油籽脱皮（壳）及仁壳分离新技术和提高棉、菜籽粕消化利用率的制油新工艺技术；建成了一次完成的油籽加工与饼粕脱皮、脱毒、营养保护相结合的新工艺和关键设备。能使菜籽粕中有毒组分（ITC、OZT 和腈）一次脱除率达 90％以上，棉籽粕游离棉酚含量可达 100 毫克/千克以下；棉、菜籽粕粗蛋白质含量提高 5％～15％，蛋白质（赖氨酸）消化利用率提高 10％以上；新型饼粕主要营养成分及毒素含量指标国内领先，优于美国等国营养成分表相关数据，产品外观从黑褐色变成浅黄色，可替代豆粕。

（2）研发了大豆类蛋白饲料挤压膨化工艺和新技术，并实现专用设备的国产化和系列化；建立了高效脱皮豆粕与含油豆粕的生产新工艺及成套设备，解决了大豆饼粕生产过程中脱皮、灭酶与保护氨基酸消化利用率相矛盾的技术难题，蛋白质（赖氨酸）消化利用率提高 5％以上，促进了进口鱼粉的替代。

（3）开发了发酵、酶解等技术生产优质蛋白饲料的新工艺，成功地将果渣及酒糟等食品工业废弃物转化为含蛋白质高的饲料原料；建立了茶籽饼粕、蓖麻饼粕、胡麻饼粕等资源的脱毒及饲用技术，实现了常

规蛋白质资源的部分替代。

该项目建立了蛋白质饲料的显微镜快速鉴别真假技术，改进了蛋白质饲料中毒素、小肽的分析检测技术，攻克了腈毒素提取纯化和饲料小肽快速检测等技术难题；完成了棉籽粕、菜籽粕等 9 个国标（行标）的制、修订。从提高原料饲用价值及改善原料外观入手，开发了畜、禽、水产动物无鱼粉、低（无）豆粕饲粮配制新技术，可替代 75％～100％豆粕和 50％～100％鱼粉。

该项目已获 10 项发明专利，14 项实用新型专利。15 个课题成果通过了国家及省、部级验收和鉴定，达国内领先或国际先进水平、部分关键技术达国际领先。已获行业学（协）会科技进步奖一等奖 2 项，省、部级二等奖 5 项。发表论文 138 篇，主编专著 4 本。候选单位设计建设的新型棉籽、菜籽和大豆粕生产线，年加工油籽能力达 420 万吨、120 万吨和 700 多万吨，分别占全国产量的 30％、10％和 50％。该项目成果已在全国 20 多个省（自治区、直辖市）推广应用，对 40 多家用户的统计，已新增产值 2 598 亿元，新增经济效益 128 亿元，减少豆粕、鱼粉进口，节约外汇达 92 亿美元，为养殖户等创造间接经济效益 315 亿元，对缓解我国蛋白资源进口，确保粮食安全具有显著意义。

新兽药喹烯酮的研制与产业化

主要完成单位：中国农业科学院兰州畜牧与兽药研究所、中国万牧新技术有限责任公司、北京中农发药业有限公司

主要完成人：赵荣材、李剑勇、王玉春、薛飞群、徐忠赞、李金善、严相林、张继瑜、梁剑平、苗小楼

获奖等级：国家科学技术进步奖二等奖

成果简介：

该项目属畜牧兽医科学技术领域，适用于提高畜、禽、水产动物的生长速度和抗病力。主要内容包括喹烯酮原料药和预混剂的研制、工业化生产及推广应用。

喹烯酮原料药和预混剂 2003 年已分别获得农业部颁发的国家一类新兽药证书，是历时 20 多年经三代科技人员的不懈努力研制成功的我国第一个拥有自主知识产权的兽用化学药物饲料添加产品，也是我国新中国成立以来第一个获得国家一类新兽药证书的兽用化学药物。喹烯酮的化学结构明确，合成收率高达 85％，稳定性好；促生长效果明显，对猪、鸡、鱼的最佳促生长剂量分别为 50 毫克/千克、75 毫克/千克、75 毫克/千克，增重率分别提高 15％、18％和 30％，可以使畜禽的腹泻发病率降低 50％～70％；无急性、亚急性、蓄积性、亚慢性、慢性毒性，无致畸、致突变、致癌作用；原形药及其代谢物无环境毒性作用；动物体内吸收少，80％以上通过肠道排出体外。2004 年科技部、商务部、质检总局、环保总局国家四部委联合认定喹烯酮原药及预混剂为国家重点新产品。

"喹烯酮"可完全替代国内广泛使用的毒性较大、残留量较高的动物促生长产品喹乙醇，填补了国内外对高效、无毒、无残留兽用化学药物需求的空白，产品的应用有利于安全性动物源食品生产，增强我国动物性食品的出口创汇能力，促进我国养殖业的健康持续发展，提高了我国兽药自主研发的水平，已成为我国畜牧养殖业中广泛推广使用的兽药新产品。

截至 2008 年 12 月底已累计生产喹烯酮 1 929 吨，在包括我国香港、台湾在内的 33 个省（自治区、直辖市）的猪、鸡、鸭和水产动物上推广应用，部分产品已出口到东南亚国家，已取得经济效益 282.9 亿元。具有极其显著的经济、社会效益和广阔的应用前景。

畜禽养殖废弃物生态循环利用与污染减控综合技术

主要完成单位：浙江大学、浙江省沼气太阳能科学研究所、江苏省农业科学院、福建农林大学

主要完成人：陈英旭、常志州、郑平、黄武、邓良伟、李延、吴伟祥、徐向阳、石伟勇、泮进明

获奖等级：国家科学技术进步奖二等奖

成果简介:

项目属环境生态工程领域。畜禽养殖废弃物量大面广，其污染防治是我国环境保护的重大课题。我国畜禽养殖业是关系国计民生的重要产业，肉、蛋总产量居世界首位。全国畜禽粪便产生量约 25 亿吨/年，养殖废水排放量超过 200 亿吨/年。项目针对畜禽养殖废弃物污染严重，普遍采用点源污染治理方式，存在运行费用高、效能稳定性差、资源化利用效率低等问题，提出了养殖废弃物高效生态循环利用的区域污染减控技术思路，项目创新内容如下:

(1) 发明了畜禽养殖废弃物保氮除臭适度发酵与功能有机肥技术。研制了系列"纤维素降解——保氮除臭"堆肥发酵复合菌剂和生防促生多功能微生物添加剂，开发了畜禽养殖废弃物堆肥"保氮除臭适度发酵"技术，发明了多功能生物有机肥技术，实现了工程化应用，堆肥周期仅为 10～12 天，氮素损失率降至 10% 以内，成本降低 24%，有机肥附加值提高 50% 以上，突破了畜禽养殖废弃物资源化堆肥周期长、养分损失大和品质功效差等技术瓶颈。

(2) 发明了畜禽养殖废水碳源碱度自平衡的碳氮磷同步处理技术。揭示了畜禽养殖废水厌氧 SBR 工艺氮磷转化与碳源/碱度耦联机制及生物脱氮效能衰变机理，发明了废水高效厌氧产沼反应器，创新开发了高氮高浓度有机废水"厌氧-加原水-间歇曝气"Anarwia 处理工艺和微动力双循环碳氮磷同步处理工艺，废水 COD、$NH_4^+ - N$、TP 去除率分别达到 93%、95% 和 90% 以上，运行效果明显优于国内外现有技术。与国际流行的畜禽养殖废水好氧 SBR 处理工艺相比，Anarwia 工程投资降低 11.8%，电耗降低 81.0%，处理费用降低 47.5%。攻克了畜禽养殖废水常规厌氧 SBR 处理工艺效率低、稳定性差、运行费用高的技术难题。

(3) 创建了畜禽养殖废弃物资源高效循环利用和区域污染减控的生态技术体系。发明了生态强化脱氮技术和间歇溢流式养殖废水厌氧产沼与生态化处理一体化技术，开发了废弃物多层次高效循环利用的生态农业技术，结合创新点 (1) 和 (2)，集成创建了"废弃物固液分离、畜粪适度发酵——功能有机肥生产、废水厌氧产沼/碳氮磷同步处理、农业多级综合利用"畜禽养殖废弃物资源循环利用与污染减控的生态技术体系，并得到广泛应用，实现了废弃物生态循环利用和区域消纳，解决了畜禽养殖废弃物面源污染削减难、循环利用效率低、产业化效益差等问题。

该成果整体处于国际先进，部分达到国际领先水平。创新点 (1) 和部分创新点 (3) 的成果获教育部科学技术进步奖一等奖，创新点 (2) 和部分创新点 (3) 的成果获浙江省科学技术奖一等奖，申报国家发明专利 19 项，获授权 14 项，发表论文 82 篇，其中 SCI 论文 27 篇，出版 (编) 著作 6 部。

项目成果已在全国 115 个畜禽养殖废弃物资源化与废水处理系统中成功应用，明显削减 COD、$NH_4^+ - N$、TP 排放量，改善了区域环境质量，近 3 年产业化应用累计新增产值 18.48 亿元，取得了重大社会、环境和经济效益。项目集理论创新、技术发明、工程应用于一体，极大地提升了我国畜禽养殖行业污染防治技术水平，为规模化畜禽养殖区域 (流域) 面源污染治理和实现我国节能减排目标提供了技术支撑。

鲟鱼繁育及养殖产业化技术与应用

主要完成单位: 中国水产科学研究院黑龙江水产研究所、中国水产科学研究院东海水产研究所、杭州千岛湖鲟龙科技开发有限公司、中国水产科学研究院南海水产研究所、中国水产科学研究院长江水产研究所、华东师范大学、北京市水产科学研究所

主要完成人: 孙大江、庄平、曲秋芝、章龙珍、王斌、马国军、张涛、李来好、叶维钧、朱华

获奖等级: 国家科学技术进步奖二等奖

成果简介:

鲟鱼属世界性保护物种和重要经济鱼类，该项目研究之前，我国鲟鱼养殖完全空白。项目历经 16 年，系统研究了鲟鱼养殖产业发展中"种、繁、养、加、产"各环节的关键技术，形成了包括土著种类驯化、良种引进、杂交选育、人工繁殖、增殖放流、商品鱼养殖、产品深加工和鱼子酱出口在内的产业技术体

系，使我国鲟鱼养殖从无到有，并一跃成为世界瞩目的最大养鲟国家。

主要技术内容：

（1）自主开发和成功引进鲟鱼养殖品种。攻克了土著鲟鱼驯化、远缘杂交、受精卵运输、孵化和苗种培育技术，开发出我国第一个鲟鱼养殖品种和鳇鲟杂交品种，成功引进了多个优良品种，使鲟鱼贮备品种达到 15 个，奠定了鲟鱼养殖产业的种质基础。

（2）实现 7 个主养鲟鱼品种的全人工繁殖。在系统研究鲟鱼生殖生理和人工繁殖技术的基础上，自主开发了精子低温保存、活体取卵和产卵期调控技术，解冻后的精子受精率达 80%，活体取卵手术成功率 96%，亲鱼提早 2～3 年成熟，连续 7 年规模化繁殖，年产鱼苗超过 2 000 万尾，实现了鲟鱼养殖苗种的自给。

（3）形成了多种模式的鲟鱼养殖技术规范。系统研究了鲟鱼养殖生物学和养殖技术，自主研发了鲟鱼的专用饲料配制加工、病害防治、全雌诱导和性别早期鉴定技术，苗种培育成活率由不足 7% 提高到 86%，幼鱼雌雄鉴别准确率 96%～100%，人工诱导形成全雌群体 4 万尾，建成年产 2 000 吨专用饲料加工厂，形成了不同养殖期、不同水体（淡水、盐碱水、海水）、不同养殖方式（池塘、网箱、工厂化、放牧式）的生产技术规范，促进了鲟鱼养殖产业的健康发展。

（4）建成我国第一条养殖鲟鱼产品深加工生产线，创建第一个鱼子酱出口品牌。生产并出口鲟鱼子酱 5 100 千克，养殖的鲟鱼产品走出国门。

（5）形成鲟鱼养殖的科研、推广、生产示范体系和产业规模效益，全国养殖年产达 1.74 万吨。

申请专利 35 项，其中授权的发明专利 5 项、实用新型专利 6 项、外观设计专利 1 项，审定水产新品种 1 个；制定行业标准 1 个、企业产品标准 1 个；发表论文 190 余篇，其中 SCI 收录 14 篇；专著 4 部；培养博士 7 名、硕士 19 名。研究成果极大丰富了我国水产养殖的科学内容，推动了产业的科技进步，使我国鲟鱼研究达到国际同类的先进水平。

在东北、华北、华中、西南、长三角和珠三角地区建立了繁育和养殖示范基地，技术推广几乎覆盖全国。2006—2008 年，该项目 15 个主要基地的直接经济效益 8 561.8 万元，其中出口养殖的鲟鱼子酱创汇 306 万欧元。目前，国内的鲟鱼养殖场 1 000 多个，年产商品鲟鱼 1.74 万吨（FAO 资料），年产值 6.9 亿元，累计产值超过 56 亿元。从事鲟鱼繁育、养殖、饲料生产、包装运输、产品加工、经营销售等工作 4 万～5 万人。鲟鱼养殖产业的兴起和发展，有效减少了对自然资源的捕捞压力，国内贮备的几十万尾亲鱼及后备亲鱼，为鲟鱼资源的保护、修复和增殖放流提供了可靠的苗种保障。

菲律宾蛤仔现代养殖产业技术体系的构建与应用

主要完成单位：中国科学院海洋研究所、大连水产学院、福建省莆田市海源实业有限公司、国家海洋环境监测中心、中国水产科学研究院黄海水产研究所、庄河市海洋贝类养殖场、福建省水产研究所

主要完成人：张国范、闫喜武、林秋云、梁玉波、方建光、刘庆连、曾志南、翁国新、孙茂盛

获奖等级：国家科学技术进步奖二等奖

成果简介：

（1）主要技术内容。我国菲律宾蛤仔（蛤仔）年产量近 300 余万吨，约占世界蛤仔总产量 90%，我国海水贝类养殖产量的近 1/4，产业地位十分重要。该成果以构建蛤仔现代养殖产业技术体系为核心，以产量增长和产品食用安全为主线，着眼于蛤仔养殖业的可持续发展，深入系统开展蛤仔养殖生物学、遗传育种学、实验生态学和病原生物学研究，首次突破健康苗种大规模繁育，室内、池塘和海区高效中间培育，基于养殖容量的潮下带生态养成和基于生态位的池塘混养等产业关键技术。创建了菲律宾蛤仔"三段法"养殖模式，突破无公害病害防控及基于良好养殖环境的海区生态净化等关键技术，集成创新了蛤仔食用安全保障技术工艺。首次在现有贝类养殖种类中构建了最系统的技术集成和可持续生产技术体系，特别

是首创的高效中间培育技术为苗种繁育和商品贝养成架起一座坚实的桥梁，是蛤仔现代产业技术体系成功构建的关键。

该技术体系的构建和实施，使我国北方主要养殖区蛤仔的生产周期由原来的 2 年缩短到 1 年，南方池塘养殖从无到有，继而成为一种主要养殖模式。产业效益显著增加，养殖风险明显降低，使蛤仔生产实现了由天然资源依赖型到高产稳产人工养殖型的转变，由扩大规模到提高单产的转变，由产量效益型到产量与质量并重型的转变。产品的食用安全得到充分保障，引领了蛤仔养殖产业模式的升级换代，形成了年产近 300 万吨，产值逾 250 亿元，我国单品种产量最大的贝类养殖产业。每年可解决 7 万～8 万人就业。同时蛤仔的现代养殖技术体系已被应用于其他滩涂贝类养殖。

（2）技术经济指标。该成果的系统性、完整性和先进性都居国际领先水平。通过项目实施，合作企业庄河贝类养殖场养殖单产达 2 151 千克/亩，莆田海源公司池塘混养单产达 850 千克/亩，比项目实施前全国平均单产分别增加 560% 和 220%。国际权威水产养殖学术刊物 *Aquaculture* 评价：蛤仔"三段法"养殖技术"是一项令人振奋的，有重大应用价值的研究，是贝类养殖领域有重大意义的进展"。FAO 报告指出"中国领衔世界蛤仔的养殖"。

该成果的应用，使蛤仔产量和质量得到保障，使传统的低档海产品进入了大型超市。在持续增产的同时，价格保持相对稳定，市场占有率逐年提高。项目区每年都有 1 万～2 万吨鲜活产品直销日本。

（3）应用推广及效益情况。该成果主要依托合作单位进行技术集成和示范，并通过 35 个示范点在沿海进行应用推广。由于典型单位的示范带动，全国蛤仔平均单产由 1999 年的 385.5 千克/亩，增加到 2008 年的 682.3 千克/亩，提高了 77.0%。两合作企业年生产苗种达 6 000 亿粒，产量占全国养殖苗种总需求的 30%，2002—2008 年项目突破苗种瓶颈，产生相关直接效益 132.0 亿元。2004 年后"三段法"养殖技术推广产生相关直接效益 144.2 亿元，合计新增直接效益 276.2 亿元。其中近 3 年全国新增产值 256.8 亿元，利润 154.1 亿元。

项目实施后新增近 600 万吨的蛤仔，通过食物链作用可消减二氧化碳 225.2 万吨，以国际上 36 美元/吨排放额度补偿费计，潜在经济效益 8 111 万美元。

（4）知识产权。获授权国家发明专利 9 项，发表研究论文 40 篇（3 篇 SCI），2004 年获辽宁省科技进步奖一等奖 1 项。

罗非鱼产业良种化、规模化、加工现代化的关键技术创新及应用

主要完成单位：中国水产科学研究院淡水渔业研究中心、上海海洋大学、广东罗非鱼良种场、广西壮族自治区水产研究所、中国水产科学研究院南海水产研究所、青岛罗非鱼良种场、中国水产科学研究院珠江水产研究所

主要完成人：李思发、杨弘、夏德全、叶卫、李家乐、李来好、甘西、周培勇、姚国成、吴婷婷

获奖等级：国家科学技术进步奖二等奖

成果简介：

1. 立项背景

罗非鱼类（*Tilapias*），原产非洲的暖水性鱼类，FAO 推广养殖的国际性养殖鱼和贸易水产品。我国自 1978 年以来多次引进尼罗罗非鱼，由于不注意保种和选育，养殖技术与管理水平低，生长和质量不理想，加工技术和产品质量低下，缺乏国际市场竞争力，严重制约我国罗非鱼产业发展。该项目"产、学、研、管"协作，旨在为我国罗非鱼产业良种化、规模化及加工现代化提供科技支撑和服务。

2. 总体思路和技术路线

（1）通过罗非鱼的引进—消化—吸收—创新，研制适合我国国情的可供规模化生产的优良品种，提高良种覆盖率。

（2）引导罗非鱼苗种培育和成鱼生产的规模化和优质化，为国内外市场提供安全水产蛋白源。

（3）研究罗非鱼从原料到加工的质量安全控制技术，推进加工"零废弃"，提高资源利用率，减少环境污染。该项目最终目标为罗非鱼产业可持续发展提供强有力的科技支撑。

3. 创新性成果

（1）以数量遗传理论为指导，系统选育和生物技术集成，培育并经国家审定了 4 个良种（引进种 1 个，选育种 2 个，杂交种 1 个）。生长快，出肉率高，抗逆性强。覆盖我国罗非鱼产业 80% 以上。从"吉富"到"新吉富"——尼罗罗非鱼种质创新与应用项目获 2007 年上海市科技进步奖一等奖。

（2）高雄性罗非鱼的研制和应用，推动了我国罗非鱼雄性化养殖。

（3）罗非鱼规模化健康养殖技术体系的建立。通过良种、早繁、大规格鱼种培育、配合饲料、池塘改大改深、水质调控等技术组装集成，以及养殖技术的规范，促进了罗非鱼养殖大面积高产和产品质量的提高。

（4）从罗非鱼原料到加工过程的质量安全控制技术，提高了产品质量和稳定性；罗非鱼加工废弃物利用技术，提高罗非鱼资源的利用率，减少对环境的污染。2004 年以来，获授权国家发明专利 6 项、实用新型专利 1 项。

该项目整体居国际领先水平。

4. 经济效益与社会效益

该项目的实施，形成了贯串罗非鱼产业上、中、下游的种源、养殖及加工 3 大亚产业，保证了我国罗非鱼养殖产量全球第一、加工出口全球第一、产业链规模全球第一的地位。

种源产业实现了我国罗非鱼产业的良种化，4 个良种的覆盖率达 80% 以上；养殖产业实现了从传统作坊型鱼鸭（猪）混养方式到规模化健康养殖的转变和质量的提高，南方 5 省 2006—2008 年共创产值合计约 217 亿元；加工产业促进了我国罗非鱼加工的现代化，涌现了一批设备优良、技术先进、管理规范的加工企业，南方 5 省 2006—2008 年加工品出口创汇 16.7 亿美元。该项目可为 5 省提供 49.35 万人的就业岗位。

该项目共培养博士生 9 名，硕士生 18 名，培训人次 20 万以上。授权专利 8 项，申请专利 13 项；发表论文 187 篇，其中 SCI 7 篇；制定国家标准 2 项和省部级标准 10 项；获省市一等奖 1 项，三等奖 2 项。

2010 年

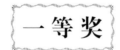

一 等 奖

矮败小麦及其高效育种方法的创建与应用

主要完成单位： 中国农业科学院作物科学研究所、江苏徐淮地区淮阴农业科学院研究所、四川省农业科学院作物研究所、河南省农业科学院小麦研究中心、中国农业大学、山东农业大学、安徽省农业科学院作物研究所、北京市杂交小麦工程技术研究中心、新乡市中农矮败小麦育种技术创新中心、甘肃农业大学

主要完成人： 刘秉华、翟虎渠、杨丽、孙苏阳、周阳、王山荭、蒲宗君、吴政卿、孙其信、甘斌杰、杨兆生、刘宏伟、孟凡华、赵昌平、位运粮

获奖等级： 国家科学技术进步奖一等奖

成果简介：

以太谷核不育小麦和矮变 1 号小麦为材料，经过大量细致的表型鉴定和细胞学研究，将小麦种雄性败育最彻底的太谷核不育基因 $Ms2$ 和降秆作用最强的矮秆基因 $Rht10$ 紧密连锁于 4D 染色体短臂，国际首创

矮败小麦。

矮败小麦是我国珍贵遗传资源，其群体中一半矮秆株，表现雄性败育；一半高秆株，表现正常可育，兼有异花授粉和自花授粉特性，且育性鉴定简便、异交结实率高，是高效育种工具。有了它，可以实现基因的大规模交流与重组；利用它，可以构建遗传基础丰富的群体。通过轮回选择，使基因不断优化，群体持续得到改良。课题组已建成各具特色的改良群体，例如超高产、优质高产、高产多抗的改良群体等，全国各麦区共构建 210 个改良群体。这些改良群体就像品种"加工厂"一样，从中不断选育出适应不同地区满足不同需求的新品种。例如：利用矮败小麦育种技术选育的新品种轮选 987，两年国家区试平均比对照增加 14.8％，区试点最高亩产 715 千克，徐水县生产田亩产 673.5 千克。产量潜力大，抗寒，抗白粉病和条锈病，耐旱，抗干热风，抗穗发芽和吸浆虫，种植面积不断扩大，已成为北部冬麦区当家品种或主栽品种。

全国上百个单位应用矮败小麦育种技术，育成新品种 42 个，推广面积 1 亿多亩，有 69 个品种（系）参加区域试验或生产试验，展现了广阔的发展前景。

矮败小麦及其高效育种方法是具有自主知识产权的重大原创性成果，对保障国家粮食安全具有重大而深远的意义。

抗条纹叶枯病高产优质粳稻新品种选育及应用

主要完成单位：南京农业大学、江苏徐淮地区徐州农业科学研究所、江苏省农业科学院、中国农业科学院作物科学研究所、江苏里下河地区农业科学研究所、江苏沿海地区农业科学研究所、江苏徐淮地区淮阴农业科学研究所、连云港市农业科学院、江苏丘陵地区镇江农业科学研究所

主要完成人：万建民、王才林、刘超、李爱宏、姚立生、袁彩勇、徐大勇、盛生兰、钮中一、江玲、周春和、邓建平、何金龙、陈亮明、滕友仁

获奖等级：国家科学技术进步奖一等奖

成果简介：

首次建立了规模化水稻条纹叶枯病抗性鉴定技术体系，鉴定准确性达 99％以上；对 10 977 份水稻种质资源进行了条纹叶枯病抗性鉴定，筛选出高抗种质 212 份。从高抗种质中挖掘水稻抗条纹叶枯病基因/QTL 24 个，占国内外已报道的 71％；开发抗病基因的紧密连锁分子标记 16 个；创建了抗条纹叶枯病高产优质水稻分子标记聚合育种技术体系，创制抗条纹叶枯病优质新种质 16 份。构建了南方粳稻品种选育与应用的综合平台，选育出早、中、晚熟抗条纹叶枯病高产优质新品种 10 个。获国家专利 2 项，获新品种权 9 项。发表 SCI 论文 46 篇（IF＞2.025 篇），他引 360 次。

2007—2009 年新品种推广 8 314 万亩，2009 年推广面积占南方粳稻区种植面积的 78％。累计推广 1.36 亿亩，有效解决了南方粳稻区受条纹叶枯病流行危害的难题，有力地促进了水稻生产的发展，为保障我国粮食安全作出了重要贡献。

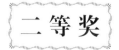

二等奖

水稻重要种质创新及其应用

主要完成单位：中国农业科学院中国水稻研究所

主要完成人：钱前、朱旭东、程式华、曾大力、杨长登、郭龙彪、李西明、胡慧英、曹立勇、张光恒

获奖等级：国家科学技术进步奖二等奖

成果简介：

1. 主要科技内容及技术指标

（1）水稻遗传材料及育种资源的创制。通过化学诱变、辐射诱导、自然突变等技术，分离、筛选、鉴定了类型丰富的各种形态、生理、生化材料并拓建突变体库；在详尽的遗传学分析的基础上，与国内外科学家开展了广泛的合作，分别克隆了 GIF1、DEP1、GN1、EUI 等 20 多个基因，研究论文发表于 NATURE GENETICS、SCIENCE 和 PLANT CELL 等国际一流学术期刊，促进了我国在水稻功能基因组研究中的国际地位。

（2）重要遗传工具的构建。构建了国际上第一套籼型形态标记等基因系，该套等基因系以浙辐 802 为轮回亲本，27 个标记基因涵盖了水稻 12 条染色体，现被广泛应用于水稻的遗传分析，其所携带的 27 个标记基因现已全部被克隆；成果完成人还为我国水稻全基因组测序提供了基因型高度纯合的遗传材料或遗传群体，如籼稻广陆矮 4 号和日本晴/9311 的 RIL 群体，为我国的水稻全基因组测序奠定材料基础。

（3）抗（病）虫资源的发掘与育种利用。利用成果完成人发掘的抗虫、抗病、二系的淡绿叶、巨胚等种质资源，如高抗褐飞虱基因 $Bph-11(t)$、高抗白背飞虱基因 $Wbph6$ 等，选育了抗虫常规稻中组 1 号、中组 3 号和优质抗病杂交稻菲优 600、菲优 E1 等系列水稻新品种。利用带标记性状的二系不育系（M2S、A7S、中紫 S），育成了二系杂交稻光亚 2 号等；利用水稻巨胚等种质资源，选育了伽马 1 号等功能米，正在南方稻区推广应用。

2. 促进行业科技进步与推广应用情况

（1）遗传材料被广泛用于我国的水稻基础研究。成果完成人 20 多年来，积累了几万份的功能基因研究材料、遗传分析工具材料等遗传育种材料，为国内外开展基础研究、应用基础研究以及育种利用提供了丰富的研究材料，为我国水稻生物学等领域在国际上领先地位奠定了基础。相关研究在国内外发表 SCI论文 58 篇，其中 28 篇被 SCI 引用 614 次。

（2）水稻优异材料在育种上利用。利用发掘的抗病虫、淡绿叶、巨胚的种质资源，选育了中组 1 号、中组 3 号、菲优 600、菲优 E1、光亚 2 号、伽马 1 号等水稻新品种，分别通过浙江省、江西省以及国家品种审定。累计推广面积达 460 多万亩。

（3）成果鉴定专家一致认为，该研究工作系统而深入，具有科学性和创造性，这是我们国家农学领域长期坚持研究而取得的系统性的标志性成果，对提升我们国家在水稻功能基因组研究中的国际地位发挥了重要作用。

枣林高效生态调控关键技术的研究与示范

主要完成单位：北京农学院、山西省林业有害生物防治检疫局、山西省农业科学院果树研究所、北京林学会、山东农业大学、北京市林业保护站、内蒙古永业生物技术有限责任公司

主要完成人：王有年、师光禄、苗振旺、李登科、李照会、张铁强、甘敬、陶万强、张海明、何忠伟

获奖等级：国家科学技术进步奖二等奖

成果简介：

该项目属果树保护学技术领域。

枣树是重要的经济支柱产业，在国民经济中发挥着重要的作用，它原产于中国，目前我国拥有全球96％的枣资源和 98％的枣产品国际贸易，在全球占有绝对的主导地位。枣树已成为我国第一大干果树种，也是农民脱贫增收的重要民族产业。但粗放经营致每年 20％～30％遭受危害，损失在数十亿元以上，枣林高效生态调控研究已成为本领域重大难题，国内外鲜见相关报道。该项目在国家和省部科技计划支持下，历经 20 多年与多部门联合攻关，分别从试验设计、林间调研、室内试验、区域示范、有害生物生态调控等多层面入手进行了研究，取得了重要的科技创新：

（1）首次创立了枣林高效生态调控的关键理论体系。查明了中国枣林植食性害虫 129 种，天敌 78 种。发现了枣林新害虫 74 种及天敌 36 种，其中害虫天敌新种 1 个和害虫新记录种 1 个，创建了枣林高效生态

调控数据库；创造性地提出生物量多样性指数的计算公式，替代了用物种数量计算多样性指数的方法，计算精准度提高了 28.7％；创立了枣林高效生态调控的理论体系，解决了枣林集约化栽植过程中，天敌调控害虫优势种的瓶颈问题，生态调控率提高了 26.7％。

（2）首次创建了枣林高效生态调控的关键技术体系。创造性地研究出了抽样调查枣林害虫的新方法，效率由传统 2 周完成的工作量缩短为 10 小时，精度由传统的 74.3％提高到 96.6％；率先研究出利用排粪粒数制定防治指标的新技术，由全年候跟踪减小到 8 小时就可获得准确的防治指标，准确率由 68.2％提高到 95.7％以上；首次研究出了枣林害虫生命表并成功用于害虫测报与防治中，由常规精度的 73.5％提高到 96.8％，防治效果由 72.8％提高到 93.6％；研发创制了枣林高效生态调控的关键物质体系，首次发现并开发的控制枣林害虫的环保新病毒长效杀虫物质，平均防效达到 91.25％；创制研发的新型植物杀螨活性物质，防效 88.6％以上，持效期 2 周以上。

（3）首次创建了枣林高效生态调控的推广应用体系。应用后亩用药由 18 次降到 7 次，益害比由 1∶203.31 增至 1∶18.22，提高 11.16 倍，控害率由 23.8％提高到 89.9％，好果率由 72％升到 97％。克服了盲目使用化学农药的弊端，改变了枣林传统的经营模式，解决了枣林有害生物一直制约枣树发展的重大瓶颈问题，提升了枣果品质与环境保护水平；亩防成本由 78 元降到 46 元，平均亩产提高 29.31 千克，效益提高 103.67 元；推广应用面积达 1 276.02 万亩．增产 4.48 亿千克，增收 10.02 亿元，节省开支 4.2 亿元，增收节支累计 14.22 亿元。取得了显著的经济、生态与社会效益，为生产无公害枣果作出了贡献；同时带动了相关产业的发展，推动了果树产业的进步与提升，并以领先的技术保持了我国在果树产业高效管理的优势与领先地位；培养硕士 86 人，博士 22 人，中青年骨干教师 11 人；获省部科技进步奖 4 项，国家发明专利 18 项，发表论文 94 篇，63 篇被引用 544 次。

综合各项技术指标与国内外同类研究比较，总体达到了国际领先水平。

人工合成小麦优异基因发掘与川麦 42 系列品种选育推广

主要完成单位：四川省农业科学院作物研究所、复旦大学、四川省农业科学院、西华师范大学、重庆市农业科学院

主要完成人：杨武云、汤永禄、卢宝荣、黄钢、彭正松、胡晓蓉、余毅、李俊、邹裕春、李朝苏

获奖等级：国家科学技术进步奖二等奖

成果简介：

人工合成小麦是模拟小麦进化过程，利用四倍体小麦（AABB）与节节麦（DD）杂交、染色体加倍而成的新型小麦基因资源（AABBDD）。由于人工合成小麦携带现代小麦所不具有的特殊优良基因，20 世纪 90 年代以来，世界各国小麦育种家争相利用。然而，人工合成小麦野生性强、农艺性状差，育种应用难度大，国际上至今尚未在育种应用领域取得实质性突破。该项目针对这一重大难题，在国家自然科学基金（3 项）等科技项目资助下，历时 15 年深入系统开展了人工合成小麦优良基因发掘与新品种选育工作，在育种方法、品种选育和优异基因发掘等方面取得了实质性突破。

（1）突破人工合成小麦育种应用关键技术，建立"大群体有限回交"高效育种技术体系，在国际上首次利用人工合成小麦基因资源育成了大面积推广应用的小麦新品种川麦 42、川麦 43、川麦 38 和川麦 47，成功解决了国际上人工合成小麦育种应用的技术难题。其中，川麦 42 和川麦 43 为通过国家审定的突破性新品种。

（2）川麦 42 成功聚合了高产、抗病、抗逆等优良性状，突破了西南麦区穗容量不足的障碍，成为四川省区试中唯一连续两年平均亩产超过 400 千克以上的品种，也是国家区试长江中上游组第一个亩产超过 400 千克的品种。川麦 42 在四川区试和国家区试中比对照川麦 107 分别增产 22.8％、16.4％；在生产上创造了四川盆地高温高湿寡日照生态区亩产 591.9 千克的高产新纪录，比原有高产纪录提高了近 100 千克；连续 5 年被农业部列为全国主推品种。

（3）研究揭示了川麦 42 的高产抗病遗传基础，标记重要功能基因 4 个，其中 $YrCH42$、$Dtx1.5$ 和 $Dty10$ 已被正式收入国际小麦基因目录；在川麦 42 遗传背景中发现 2 个人工合成小麦高产导入位点；发现 6 个重要性状 QTL 富集区；首次明确了人工合成小麦 HMW－GS 6 ＋8 对中国面条品质的正效作用。

（4）川麦 42 等 4 个新品种推广应用面积大，创造了巨大的社会经济效益。据农业行政主管部门出具的证明，2003—2009 年川麦 42 等 4 个新品种在西南（川、渝、滇、黔）及湖北、陕南累计推广 5 286 万亩。其中，2007—2009 年累计 3 516 万亩，新增小麦 10.57 亿千克，节本增收 23.73 亿元。

（5）川麦 42 等品种的产量高、抗病性好、遗传力强，现已成为国内抗病、高产育种的骨干亲本，已培育出小麦新品种（系）24 个，其中审定 2 个，22 个正参加 2009—2010 年省或国家级区试（2 个生产试验）。

（6）申报国家发明专利 5 项（已授权 2 项）。发表学术论文 71 篇，经中国科学院成都科技查新咨询中心检索，SCI 收录 10 篇、SCI 引用 41 次，CSCD 收录 26 篇、引用 99 次。

（7）项目得到第三方高度评价。国际同行在著名刊物 *Euphitica* 和 *Field Crop Research* 上发表论文称：川麦 42 是世界上第一个利用人工合成小麦新资源育成的小麦新品种，为近 20 年国际上成功利用作物野生资源的范例。由程顺和院士、荣廷昭院士、CIMMYT 种质资源部主任 Mujeeb-kazi 博士等专家组成的鉴定委员会鉴定认为："人工合成小麦优异基因发掘与川麦 42 选育推广"研究成果在人工合成小麦育种应用方面居国际领先水平。

高产优质多抗"丰花"系列花生新品种培育与推广应用

主要完成单位：山东农业大学、中国农业科学院油料作物研究所
主要完成人：万勇善、刘风珍、廖伯寿、李向东、迟斌、姜慧芳、张昆、孙爱清、吕敬军、陈效东
获奖等级：国家科学技术进步奖二等奖
成果简介：

多年来我国花生品种遗传基础狭窄，优质与高产矛盾突出，存在植株早衰、抗病抗逆性差等缺陷，难以适应北方主产区土壤瘠薄、干旱、病害、缺铁等生产条件，限制了花生生产的发展。针对上述问题，该项目历经 20 余年，探索克服早衰问题提高品种产量及适应性的生理育种理论和方法，建立了利用花生交替（开花）亚种种质改良连续（开花）亚种主栽品种，亚种间杂交实现高产、多抗和优质聚合的高效育种体系，育成 6 个"丰花"系列新品种，并实现大面积推广应用。

（1）育成 6 个丰产性和综合抗性突出、优质专用花生新品种。成功解决了早衰问题，实现了产量、抗性、品质协同提高。

①高产多抗油食兼用型大花生品种丰花 1 号，区试增产达 16.8％。创出亩产 675.9 千克的高产典型。在北方 7 省种植面积已达 7 省花生总面积的 20％，占全国的 13％，在山东已达 38％，是全国年推广面积最大的花生品种，是当前山东省区试高产对照品种。

②高产出口食用型大花生品种丰花 3 号、小花生品种丰花 2 号和 6 号，区试增产分别达 13.61％、13.4％、13.0％。丰花 3 号亩产 652.02 千克创出口大花生高产纪录，丰花 6 号亩产 523 千克创小花生高产纪录。已成为出口主导品种。

③高产多抗油用型大花生品种丰花 5 号、小花生丰花 4 号，区试分别增产 9.43％和 14.49％。创亩产 662 千克高油大花生、亩产 504 千克高油小花生高产纪录，是榨油企业优选品种。6 个品种在区试中 3 年平均产量均居各自试验组第一位。用途和适应性合理搭配，满足了不同生产条件和市场需求，推动了北方花生品种升级换代。

（2）创新花生育种理论和技术。发掘出光合生理特性、抗性和品质优异的交替亚种种质。明确了主要病害抗性、含油量、油/亚比、光合等重要性状遗传特征和高产生理特性。发现早衰是影响品种丰产性和稳产性的关键因素，库强、源弱是导致早衰的主要原因，提出了克服早衰提高产量的育种技术路线。针对

亚种间杂交强烈分离和多性状选择难度大的问题，建立了综合运用亚种间杂交、充分扩大分离群体、早代严格选择、无损快速检测品质、离体鉴定抗病抗旱性、抗病性分子标记辅助选择、复式程序同步鉴定的高效育种体系。提高了育种的有效性和预见性。首次直接利用龙生型种质成功改良珍珠豆型品种，育成丰花2号和4号。

（3）研发集成系列配套栽培技术。在研究新品种生长发育规律和生理特性的基础上建立相应的生长模型，研发集成了4套高产配套栽培技术和1套栽培管理计算机专家系统，创建了品种鉴别和种子纯度检测SSR分子标记技术。提升了栽培管理水平，加快了新品种推广。

（4）推广覆盖率高，效益显著。丰花系列品种在山东、河南、河北、安徽、江苏、辽宁和吉林北方7省2001—2009年累计推广7 146.3万亩，近3年3 969.3万亩，年面积已占7省花生面积的36%，占全国的23%。累计增产花生28.3亿千克，新增经济效益116.0亿元，其中近3年效益65.3亿元。出口创汇5.9亿美元。

该项目已获品种权1项，有4个品种获国家新品种后补助，6个主导品种，4套主推技术，发表论文58篇，著作2部。2009年获山东省科技进步奖一等奖。

枇杷系列品种选育与区域化栽培关键技术研究应用

主要完成单位：福建省农业科学院果树研究所、四川省农业科学院园艺研究所、华南农业大学、北京市农林科学院林业果树研究所、成都市龙泉驿区农村发展局、西南大学、云南省农业科学院园艺作物研究所

主要完成人：郑少泉、江国良、黄金松、林顺权、许秀淡、姜全、许家辉、周永年、梁国鲁、蒋际谋

获奖等级：国家科学技术进步奖二等奖

成果简介：

该项目属果树育种与良种繁育技术、种质资源鉴定评价技术、果树栽培技术领域。

枇杷是南方佳果，《本草纲目》记载：枇杷具有"清肺和胃"的功效；日本等研究表明，枇杷富含β-胡萝卜素、橙花叔醇、金合欢醇、苦杏仁苷等功能成分，具有防癌抗癌的功效。台湾市场上枇杷单价是相同产地梨的3.02倍、苹果的6.36倍，市场前景广阔。该项目针对枇杷产区狭小、生产上多采用实生树和地方品种、果小、产期短（产果期集中在4～6月份）、熟期不配套、栽培技术落后、单产低等问题，经29年协作攻关取得以下主要成果：

（1）利用杂交育种等技术选育出8个良种。即不同熟期、不同肉色、不同风味的系列品种——早钟6号、大五星、长红3号、龙泉1号、贵妃、香钟11、粤引佳伶枇杷和粤引马可枇杷，全部通过品种审定、认定或鉴定。

（2）率先研制出农业部颁布的行业标准《农作物种质资源鉴定技术规程枇杷》，并以此鉴定枇杷种质435份，发掘出包括"无籽枇杷"在内的37份优异种质用于育种或生产。利用细胞工程等技术创制原生质体植株、胚乳植株、四倍体枇杷（单籽或无籽）等5个种质新类型。

（3）研究出5个不同类型区的区域栽培"产期调节关键技术"，突破了制约世界上枇杷鲜果一年四季上市的技术瓶颈。

①川滇干热多日照生态区"控春梢，促夏梢，春梢摘心促侧梢，肥水调控，抑梢控长，适时促花"技术，解决了春梢早花坐果率低、夏梢花量不足的问题。

②南亚热带生态区"剪除早花、推迟开花、高海拔种植"技术，解决了早花序干枯和早花坐果不良的问题。

③南温带干暖多日照生态区"环割抑长、旱控促花"技术，解决了海拔较高地带成花难的问题。

④中亚热带生态区"推迟花期、利用迟花、果实套袋、科学避寒"技术，解决了冬季花期及幼果期的低温冻害问题。

⑤北方设施栽培区"温湿度调控、三层整形修剪"技术，解决了枇杷在北方设施栽培的技术问题。

研究出 5 项枇杷栽培关键共性技术，即周年定植、矮化栽培、优良结果母枝培养、促花、绿色食品生产等技术，提高了优质果率和生产效率。

通过"良种选育、品种搭配、区域组合、共性的关键栽培技术、区域栽培的产期调节关键技术"等良种良法技术体系的综合应用，大幅扩大枇杷栽培范围并提高单产、品质和生产效率，同时实现了世界枇杷栽培史上的鲜果周年供应。

8 个良种推广 183.57 万亩，占全国 81.8%，占世界 73.4%。其中早钟 6 号具有特早熟、大果、优质、适应性广等优点，至今连续 12 年为我国主栽品种，是世界上采用杂交育种方法选育出的、种植面积最大的枇杷良种。

经中国农科院农经所效益测评，近 3 年来新增利润 82.95 亿元。3 位院士和 6 位知名专家组成的鉴定委员会及福建省"三农"专家组认为"该项目技术总体达国际先进水平，其中枇杷品种选育和实现鲜果四季供应的产期调节技术居国际领先水平"。

该项目获三省一部科技成果奖励 9 项，其中省科技奖一等奖 2 项、二等奖 1 项；农业部行业标准 1 项；审定、认定或鉴定品种 8 个。

华南杂交水稻优质化育种创新及新品种选育

主要完成单位： 广西壮族自治区农业科学院水稻研究所、广西稻丰源种业有限责任公司
主要完成人： 邓国富、粟学俊、陈彩虹、李丁民、梁世荣、覃惜阴、陈仁天、黄运川、李华胜、卢宏琮
获奖等级： 国家科学技术进步奖二等奖
成果简介：

中国杂交水稻技术世界领先，但因长期对产量的片面追求，生产上应用的杂交稻品质与优质常规稻相差甚远。就华南而言，一方面高温高湿不利于稻米优质形成，另一方面，粤港澳消费水平带动，对稻米品质要求更高。因此，杂交水稻的优质化是本地区种植业结构调整过程中稳定粮食面积和增加农民种粮收入所必须攻克的技术难题。该项目针对华南杂交稻最突出的品质问题，创新育种策略，开展杂交水稻优质化育种，经过 16 年的长期攻关，取得了显著成效。

（1）创新华南杂交水稻优质化育种体系。改变育种策略，大幅度降低杂交稻品种的千粒重，选育千粒重 20 克左右的丝苗米型杂交稻品种以有效提高稻米品质，并通过增加穗数和穗粒数来补偿粒重降低的负效应，以保持杂交稻的高产优势。按照这一策略，采用同步改良不育系和恢复系双亲品质，优优配组提高杂种品质的技术路线，实现了"杂交稻的产量、优质常规稻的品质"的育种目标。研究成果获 2006 年度广西科技进步奖二等奖。

（2）种质创新成效显著。不断引进国内外，尤其是东南亚地区的优异种质资源，并坚持长期的育种材料创新，项目组先后育成 4 个丝苗米型不育系、2 个丝苗米型恢复系，其中 5 个获国家植物新品种权。

（3）育成了 10 个达国标优质米标准的丝苗米型杂交稻新品种，其中达到国标一级优质米标准的品种 1 个，国标二级 4 个，国标三级 5 个。实现了早晚配套、熟期配套和类型的配套，填补了华南稻区杂交稻优质化育种的空白。在华南稻区，秋优 1025 是第一个达到国标优质米标准的杂交稻品种，美优 998 率先突破国标二级，百优 838 率先达到国标一级。

（4）丝苗米型优质杂交稻种子生产和市场开发取得新突破。因不育系柱头细小，丝苗米型优质杂交稻品种制种技术需要攻关，在 2 个国家成果转化资金的带动下，项目形成和完善了兼顾保花、"920"施用等的一套丝苗米型优质不育系的繁殖和制种技术规程，实现了丝苗米型不育系繁殖制种的稳定高产。利用植物新品种权保护机制，秋优和美优系列品种在广东和海南打开了市场。研究成果获 2009 年度广西科技进步奖一等奖。

（5）生产技术集成与大面积示范推广取得新突破。在国家农业科技成果转化资金和跨越计划项目的带

动下，建立了以无公害生产为核心的优质高产栽培技术，实现了良种良法的配套，连续多年高产示范平均单产超过 600 千克/亩，最高产田块亩产 749.0 千克。

项目经过 16 年的努力，育成通过国家和省级审定的国标优质米品种 10 个，其中秋优 1025 和美优 998 成为华南稻区的主栽品种。据不完全统计，到 2009 年，在华南稻区累计推广种植 4134.6 万亩，其中近 3 年为 2 248.8 万亩，每千克稻谷市场价比普通稻谷高 0.4～0.6 元，按区试每亩 500 千克的基础单产计，项目新增社会总产值 82.692 亿元。有效推动了华南稻区杂交水稻优质化的进程，为粮食安全和农民增收作出了重大贡献。

黑龙江农业新技术系列图解丛书

主要完成人： 韩贵清、张相英、肖志敏、刘娣、陈伊里、矫江、王国春、贾立群、魏丽荣、周晓兵
获奖等级： 国家科学技术进步奖二等奖
成果简介：

《黑龙江农业新技术系列图解丛书》（简称丛书）系韩贵清同志牵头组织创作，配合全省"农科教结合"和"农业科技合作共建"，为全面提升农民科技文化素质，面向广大农民、农技推广人员、农职院校师生和基层农业管理人员而编写出版发行的实用新技术图解丛书。

《丛书》由水稻、玉米、大豆、小麦、马铃薯、经济作物、奶牛、肉牛、肉羊、紫花苜蓿、食用菌、蜂产品、养蚕、水产品及农业机械化、农村沼气 16 本单册组成。技术内容涵盖了东北地区五大作物、两大产业，涉及特色种养实用技术、市场消费需求、农村经济增长密切相关的 200 多项农业新技术，具有鲜明的寒地特色。

《丛书》在创作过程中，根据黑龙江省大农业、大粮仓、大机械的农业大省这一特点，抓住"三农"中农民这一主体，结合千亿斤粮食产能工程，在内容的编排上注重农民关心、生产急需、运用有效的实用、高效农业新技术。加大了水稻、大豆、玉米、小麦、马铃薯五大粮食作物和与之配套的农业机械化等新技术比重，兼顾到改善民生的农村沼气建设内容。

《丛书》在编写的过程中，既考虑现代农业技术发展的最新成果，又考虑农民的接受能力，采取"农民点菜，专家下厨"的方式，准确把握先进技术与生产实际、农民接受程度的衔接，力求科学性与实用性相结合。

《丛书》在创作上有五方面创新：一是科普作品策划、选题上的创新。突出农业最新实用技术的科普性、系统性、全面性和原创性。二是科技传播理念上的创新。推崇"以趣味性为核心"的科普作品模式，即注重科学性，更注重趣味性，在趣味中讲科学，在趣味中学科学，在趣味中用科学。三是科普作品表现形式上的创新。突出"3P"理念，即：Person 人性化，Picture 图片化，Pocket 口袋化。采用"3P"理念创作农业技术类系列丛书在国内属首创。四是科普作品创作手法上的创新。突出农业新技术科普化、语言表达通俗化，尽可能达到直观、趣味、易懂和可操作，让农民一看就懂、一学就会、一用就见效。五是科普作品传播方式的创新。创新载体，大力实施政府主导、农技部门引带、农民自愿使用的"一套书、一套图、一套盘的三个一"模式，易于农民接受，百姓喜爱。

《丛书》自出版以来，通过新华书店发行、媒体联动宣传、科技下乡入户、为农村科技书屋配书等方式推广发行，再版 1 次，印刷 4 次，累计发行量达 96.5 万册。在《丛书》基础上，创作的系列技术挂图累计印刷 50 万张，系列技术光盘 3 万张，总计 149.5 万份。向全省 67 个县市区广大农民、种养大户、科技示范户等发放。这一发行数量位居全国图书市场畅销书排行榜的前列，在"三农"图书市场上更是一枝独秀。

《丛书》将农业新技术送到农民手中、贴在农家墙上、观看在电视里，成为农业技术培训的教材，师生了解生产实际的参考书。对新成果、新技术的示范传播起到了积极的推动作用，产生了巨大的社会效益。自发行以来，《丛书》先后被纳入国家建设社会主义新农村书系中，被新闻出版总署确定为"农家书屋工程"指定用书。以《丛书》为教材，累计培训农民 450 万人。

辣（甜）椒雄性不育转育及三系配套育种研究

主要完成单位：四川省川椒种业科技有限责任公司

主要完成人：陈炳金

获奖等级：国家科学技术进步奖二等奖

成果简介：

　　川菜享誉全国乃至世界，川菜的主要调料就是辣椒。据有关文献记载：辣椒大约在 19 世纪中期传入四川，历经 150 年。四川盆地湿度大，人体易感湿邪，而辣椒具有发汗发热、驱除寒湿的功能，深受广大人民群众嗜食，全省年人均消费干椒 3 千克以上，全省每年消费干椒 10 万～12 万吨，鲜椒消费量是干椒的几十倍。因消费群体大，消费者吃得辣，加上四川火锅、四川香辣酱、郫县资阳豆瓣、富顺豆花等均以辣椒为原料，市场消费的需求使四川辣椒种植面积广阔，一直是全国数一数二的辣椒种植大省。

　　种植辣椒也是四川农民增收的重要途径之一。因此，培育辣椒良种，提高辣椒产量品质，增加农民收入，满足消费者需求势在必行。陈炳金，一个爱好辣椒种植研究的农民，受命于时代的需求，开启了四川辣椒育种的先河。

　　（1）搜集辣（甜）椒种质资源，建立辣（甜）椒种质资源基因库。陈炳金同志从国内 24 个省（自治区、直辖市）的高校、科研机构及广大农村搜集辣（甜）椒种质资源 600 余份，从印度、泰国、韩国、墨西哥和我国台湾等国家和地区引进辣（甜）椒种质资源 46 份，又在引进的 200 多个杂交一代辣（甜）椒中经过多代分离从中提纯辣（甜）椒种质资源 95 份，将所有的辣（甜）椒种质资源经过系统栽培、分析、整理，同时开展于辣（甜），杂交优势利用育种研究。

　　（2）发现辣椒雄性不育株。1992 年陈炳金偶然在一羊角椒品系中发现 1 株不育株，立即在同系中选择了 20 个单株与不育株进行测交选择保持系，测交后代父本编号为 L 羊角-2-3 的为全不育。继续以 L 羊角-2-3 做父本与全不育一代进行多代转育（6 代以上），获得 L 羊角-2-3 不育系。在育成 L 羊角-2-3 不育系进程中利用的父本 L 羊角-2-3 即为保持系。

　　（3）筛选转育不育系和恢复系。在 1992—2009 年的 17 年中，陈炳金利用 L 羊角-2-3 不育系为不育源对 700 余份辣（甜）椒材料分多年度进行测交，杂交一代为全不育的继续转育，杂交一代为全恢复的其父本即为恢复系，甜椒全不育全恢复的材料极难找，就分离为两用系。

　　截至 2009 年 12 月 30 日，共育成甜椒两用系材料 3 份，育成雌性不育系甜椒材料 2 份，育成雄性不育系朝天椒材料 2 份，育成雄性不育系线椒材料 8 份，育成雄性不育系尖椒材料 19 份，育成雄性不育系牛角椒材料 11 份，共计获得保持系材料 42 份，选育出恢复系材料 63 份。辣椒育种技术国内领先，达到了国际先进水平。

　　（4）组配品选杂交一代新品种应用推广。17 年来利用常规二系测交、雄性不育系三系测交及多系测交方法组配了上万个辣（甜）椒新组合进行杂交优势品选，其中选出了 40 多个杂交优势最明显的组合进行区域试验和示范推广应用。

农业装备技术创新工程

主要完成单位：中国农业机械化科学研究院

获奖等级：国家科学技术进步奖二等奖

成果简介：

　　中国农业机械化科学研究院成立于 1956 年，1999 年转制为中央直属科技企业，通过实施农业装备技术创新工程，加强自主创新能力建设，逐步发展为科研、生产、工程、贸易、服务一体化的创新型企业。

1. 目标

建成"四位一体"技术创新体系，突破一批自主知识产权的核心技术，引领高端产品技术发展，形成科技支撑产业、产业回馈科研的良性循环，探索中国特色的公益性院所转制创新模式。

2. 系统性

实施"一道纲领、一项方针、一种战略、一套体系、三大工程"系统的创新工程，即围绕创新工程目标，以《中国农机院关于加强自主创新能力的若干意见》为纲领，坚持"科研立院、人才兴院、发展产业、服务农业"的方针，"自主创新、领先半步"的发展战略，建成"四位一体"技术创新体系（国家重点实验室、国家工程中心、战略联盟、服务平台），建设完善了三大保障工程（创新人才工程、企业文化工程、规范制度工程），形成可持续的系统保障能力。

3. 创新性

（1）机制创新。

①"领先半步"的务实创新战略。立足当前，着眼长远，前瞻性与基础性相结合，自主开发与引进、消化、吸收相结合，技术与市场紧密结合，是立足国情兼顾市场的先进适用领先。

②"四位一体"的持续创新体系。从完善创新链和延伸产业链的角度，形成了以国家重点实验室为核心的科研、以战略联盟为稳定纽带的产学研合作、以国家工程技术研究中心为支撑的成果转化与产业化和以创新服务平台为依托的产业服务完整创新体系。

③"战略联盟"的合作创新摸式。建立契约式产学研稳固的联合研发、风险共担、产权共享的产业技术创新机制。

（2）技术创新。突破了一批保障国家粮食安全、促进节能减排、培育战略新兴产业领域的关键技术和重大创新产品，引领支撑我国农业机械化水平跨入中级发展阶段。

4. 有效性

"四位一体"完整技术创新体系成为创新能力可持续的有效组织保障，技术创新提升了主导产品市场竞争力，"中农机"品牌成为行业最具影响力和最受欢迎的品牌之一，大中型免耕施肥播种机、施药机械、秸秆收获机械、水稻生产机械等市场占有率稳居第一；企业综合创新能力显著增强，取得科技成果鉴定35项，获国家和省部级以上奖励15项，获国家专利和软件著作权65项；企业经营效益持续快速提升，每年推进新产品市场化销售收入效益近5亿元，2009年全院主营业务收入、利润以及总资产分别为2005年的2.18倍、2.73倍和2.36倍，各项经营指标年均以超过20％的速度增长。

5. 带动性

开发转化了一批资源节约型、环境友好型先进适用的新技术产品，支持服务了一批行业骨干企业，推动我国农业机械化水平跨入中级发展阶段，走出了一条有中国特色农业机械化道路。种、肥、药、水、油等节约型农业装备技术，促进节本增效、农产品安全和环境友好；推出9大类378种农业机械产品技术，服务企业293家，占行业规模企业的18％，企业产品技术和国际竞争力显著增强，实现我国农机企业从出口零部件到出口整机产品的突破，促进拓展了农业机械服务作业领域，保障国家粮食安全和农业生产可持续发展。

黄淮区小麦夏玉米一年两熟丰产高效关键技术研究与应用

主要完成单位：河南农业大学、河南省农业科学院、中国农业科学院农田灌溉研究所、河南省土壤肥料站、洛阳市农业科学研究院、河南省农村科学技术开发中心

主要完成人：尹钧、李潮海、谭金芳、孙景生、王炜、季书勤、张灿军、王俊忠、李洪连、王化岑

获奖等级：国家科学技术进步奖二等奖

成果简介：

该项目属于农业科学技术领域。

黄淮区是我国粮食主产区，小麦总产占全国 73%、玉米占 28%，在国家粮食安全中占有举足轻重的地位。针对 1998 年后该区粮食产量徘徊，小麦冬前冻害、玉米后期早衰、阶段性光热资源浪费与水肥失衡等制约粮食增产的关键问题，2001 年以来，在国家"粮食丰产科技工程"等重大项目资助下，组织 29 个单位 315 名科技人员通过系统研究，取得了创新性成果，为小麦-夏玉米一年两熟均衡增产提供了科技支撑。

1. 主要创新内容

（1）首次揭示了黄淮区小麦春化发育基因型及其与表现型的对应关系，建立了各类型品种发育特征与适播期指标，创建了黄淮中北部（南部）改弱春性（春性）品种为半冬性（半冬偏春性）品种、改晚播为适当早播的"双改技术"；研制出改善土壤容重与控水增钾保证夏玉米后期健壮生长的"延衰技术"。通过小麦播期前提、玉米生长期后延，突破了两熟休闲期光热水资源不能利用的技术瓶颈，避免了小麦冬前冻害，解决了玉米后期早衰问题。

（2）首次探明了基于土壤-作物水势理论的小麦-夏玉米高产节水原理，确立了两熟作物节水灌溉指标，创制出土壤、作物水分信息自动采集装置 4 项专利与灌溉决策支持系统，构建出智能化两熟节水灌溉技术体系，实现了高产与节水同步。

（3）明确了小麦、夏玉米超高产养分吸收特征，研制出适合两熟作物氮素需求的缓/控释肥专利产品；发明的杀菌组合物专利产品，解决了秸秆还田土传病害加重问题；建立了两熟一体化土壤培肥施肥技术体系，实现了施肥技术简化高效。

（4）明确了黄淮区小麦、夏玉米超高产生育特征，创建出小麦-夏玉米两熟亩产吨半粮栽培技术体系；集成了适合不同生态区的两熟亩产吨粮田、中产田和旱作田丰产高效栽培技术体系；创造了百亩连片亩产小麦 751.9 千克、夏玉米 1018.6 千克和一年两熟 1770.5 千克的超高产纪录。

2. 同类技术比较及其对科技进步的推动作用

首创的小麦品种、播期"双改技术"、智能化节水灌溉技术、两熟亩产吨半粮栽培技术与集成的技术体系，支撑了河南小麦、夏玉米产量连续 6 年创历史新高，成为全国唯一超千亿斤粮食大省。戴景瑞、李振声、刘更另、袁隆平、于振文 5 位院士认为该成果："创新了小麦夏玉米两熟制作物丰产高效的理论，实现了群体质量指标化，技术体系配套化，管理措施定量化的技术要求；首次实现了小麦夏玉米均衡增产，创造了同类型区小麦、夏玉米和一年两熟 3 个超高产纪录，对两熟作物超高产研究具有引领作用。技术集成创新性突出，社会经济效益显著，为实现全国粮食恢复性增长和保障国家粮食安全作出了重要贡献。"

3. 推广应用情况

2007—2009 年在河南、山东、河北、山西和安徽 5 省粮食主产区累计推广 1.102 3 亿亩，新增粮食 690 万吨，创造经济效益 111.62 亿元。培养博士硕士 164 名、技术骨干 5 372 名，培训农民 86 万人次。发表论文 309 篇，其中 SCI 论文 15 篇（被引 96 次），一级学报 67 篇（被引 483 次）；获国家专利 6 项，计算机软件权 3 项，省级科技进步奖一等奖 2 项、二等奖 4 项。

数字农业测控关键技术产品与系统

主要完成单位：北京市农业信息技术研究中心、北京农业智能装备技术研究中心、北京农产品质量检测与农田环境监测技术研究中心、北京派得伟业信息技术有限公司、北京市农林科学院

主要完成人：赵春江、王成、郑文刚、黄文江、乔晓军、王秀、薛绪掌、陈立平、张馨、申长军

获奖等级：国家科学技术进步奖二等奖

成果简介：

该项目在国家和北京市科技计划支持下，历经 9 年，系统开展了数字农业作物与环境信息传感探测、生产管理智能决策控制、平台构建与系统集成 3 个方面的创新研究。

（1）作物与环境信息传感探测。研究了农作物个体生命信息无损监测方法，研制了叶片、茎秆、果实等7种生命信息传感器，开发了农作物营养、病害、水分胁迫等监测技术产品和诊断系统；提出了集光学传感、农学模型于一体的作物群体生物量、叶面积指数，氮素、水分营养生理指标的监测方法，研制了小麦、水稻便携式作物综合长势信息测定仪，可实现作物群体长势信息的无损探测及诊断，填补了国内空白。

研制了可自恢复、自校准和组网的光照、温度、湿度、CO_2 等9种农业环境专用传感器，开发了温室娃娃等3款语音型便携式环境信息采集器，集成作物管理知识和语音芯片，以语音方式指导农民生产。开发了无线射频地埋多剖面土壤水分传感器，可在线监测1米深间隔10厘米的土壤水分；开发了土壤温、湿度和电导率三参数复合土壤信息传感器，实现了三参数的集成准确测量。研制了集成GPS便携式X荧光土壤重金属测定仪，可同时快速原位测定 Pb、As、Cr、Hg、Cu、Zn 等多种土壤重金属元素含量，填补了国内空白。

（2）生产管理智能决策控制。研发了基于作物生长发育模型的5款环境监控产品，可对不同农业生产类型进行决策控制。建立了植株含水量光谱探测模型，提出了植株水分光谱探测和土壤湿度传感测定结合的灌溉决策方法，建立植株水、土壤水、ET 值为指标的灌溉决策模型；研究了3种负水头控制方法，研制了硅藻土陶瓷灌水器、温室负水头灌溉系统和串联式负水头供水盆栽装置；研制了5种用水管理设备，支持多种灌溉控制方式。研制了大田自动灌溉施肥机，可实现3种肥料和1种酸液的精确配比及自动水肥耦合，单机可控面积5000亩；研制了注肥施药一体化作业系统，解决了农药喷洒和注肥系统复合运行的技术难题。

（3）平台构建与系统集成。建立了包括对象感测、数据采集、信息传输、分析决策、设备驱动、智能控制等层次结构的共性农业测控技术平台。具有模块化的标准软硬件接口，支持各类传感器及受控设备的"即插即用"，通过集成数据分析管理软件和智能决策系统，可快速重构定制设施环境、水、肥、药等农业生产关键要素专业智能测控系统，以满足我国不同地区、不同生产领域及生产条件的需求。构建了自主产权的配套化、实用化测控技术产品体系，主要产品技术性能指标、稳定性、一致性和恶劣环境适应性达到国际同类产品水平，成本降低50%～70%。

获国家专利49项，其中发明专利11项，获软件著作权60项，发表核心刊物论文108篇，其中SCI 9篇，EI 42篇。通过"技术套餐"模式，成果在设施农业和大田生产的环境监控、灌溉、施肥、施药等方面大面积应用，节能20%～30%，节肥水药20%～50%。在全国14个省（自治区、直辖市）累计应用560万亩，技术培训1.3万人次，增收节支21.2亿元；近3年累计应用390万亩，增收节支15.5亿元。该研究提高了我国农业技术装备与信息化水平，促进了数字农业的发展。

干旱半干旱农牧交错区保护性耕作关键技术与装备的开发和应用

主要完成单位： 内蒙古自治区农牧业科学院、内蒙古农业大学、内蒙古自治区农牧业机械技术推广站、内蒙古大学、中国农业大学、宁夏回族自治区农业机械化推广站、新疆维吾尔自治区农牧业机械化技术推广总站

主要完成人： 路战远、赵满全、张德健、程国彦、张学敏、张建中、赵举、赵士杰、王洪兴、阿力戈代·贾库林

获奖等级： 国家科学技术进步奖二等奖

成果简介：

该项目属农业机械设备设计与制造技术领域。

保护性耕作是防治我国农牧交错区农田风蚀沙化、草场退化、生态环境恶化等问题的主要途径。但抗旱防尘机理研究不够、技术不配套，杂草危害加重，已有播种机在秸秆覆盖条件下易堵塞，小粒种子播深、播量难以控制，无法实施牧草和小杂粮免耕播种。项目创新了干旱半干旱农牧交错区保护性耕作抗旱

防尘、草害治理及免耕播种的关键技术与装备。

1. 主要技术内容

（1）首次量化牧草与小杂粮免耕播种对种床的要求，创新专用开沟器和小粒种子精量排种技术与装置，研发适合农牧交错区牧草与小杂粮的系列免耕精量播种机，并列入国家补贴目录。

（2）探明保护性耕作抗旱防尘关键因子和作用机理，形成适合农牧交错区农田、草原蓄水保墒与抑制扬尘的关键技术与模式。

（3）首次系统研究农牧交错区保护性耕作农田杂草发生及演替规律，建立杂草综合防控技术与体系。

（4）集成项目抗旱防尘、杂草控制和免耕播种等技术，创新农牧交错区保护性耕作关键技术与装备。

2. 项目专利及论文情况

授权实用新型专利 5 项，进入公开阶段国家发明专利 2 项；制定技术标准 4 部；发表论文 135 篇。

3. 技术经济指标

（1）检测表明，研发的 2BM 系列牧草与小杂粮免耕播种机，作业质量明显优于标准（JB/TS 1199—1999）；秸秆覆盖量 1～3 千克/米^2 无堵塞；表土破坏率 25%～30%；精量排种范围 0.3～30 千克/亩。

（2）增加农田播前土壤含水量 9.3%～25%，减少扬尘 35.9%～68%，减轻农田风蚀沙化和沙尘暴的危害。

（3）杂草株防除率和鲜重防除率均达 90% 以上，用药量减少 30% 左右，减轻污染，降低了成本。

（4）项目技术应用后，作物平均增产 6%～12%，牧草干草平均增产 7%～15%。

4. 应用推广及效益

项目技术在内蒙古、宁夏、新疆、河北、甘肃、山西 6 省（自治区）应用。仅对应用面积较大的内蒙古、宁夏、新疆 3 省（自治区）进行统计，应用总面积 2 036.7 万亩，其中，2009 年当年面积 790 多万亩，近 3 年累计面积 1 626.9 万亩，应用项目机具 3 848 台。经中国农科院农经所测算，项目近 3 年增收、节支总经济效益 16.9 亿元，创汇 32 万美元。

项目成果提高土壤保墒防尘能力，保护和改善生态环境，为建设北方生态屏障和保障粮食安全发挥重要作用。

5. 促进行业科技进步作用

（1）解决了牧草与小杂粮免耕播深与播量控制难的瓶颈性难题，实现了农牧交错区小杂粮和牧草免耕播种。机具进入国际市场，出口蒙古、朝鲜等国家。

（2）专家鉴定认为，保护性耕作抗旱防沙技术居国际先进水平。国际草地大会主席 Cavin Sheath 认为，项目技术"是对世界农田、草地保护技术的重大突破"。

（3）解决农牧交错区保护性耕作农田杂草危害重、防治难的重大难题，丰富了国际保护性耕作技术内容。

（4）促进保护性耕作技术由玉米、小麦向牧草和小杂粮拓展，使农牧交错区成为主要实施区，近 3 年，每年平均增加面积 50% 以上。项目技术可在北方农牧交错区 1.2 亿亩耕地和已退化 6 亿亩草原上推广应用。

（5）项目获内蒙古科技进步奖一、二等奖各 1 项，内蒙古丰收计划奖一等奖 1 项。

特色热带作物产品加工关键技术研发集成及应用

主要完成单位：中国热带农业科学院、椰树集团海南椰汁饮料有限公司、海南椰国食品有限公司、云南省农业科学院热带亚热带经济作物研究所

主要完成人：王庆煌、王光兴、钟春燕、张劲、刘光华、赵建平、谭乐和、赵松林、黄茂芳、黄家瀚

获奖等级：国家科学技术进步奖二等奖

成果简介：

该项目属于生态农业技术和农业机械化设备领域。

针对胡椒、咖啡、香草兰、椰子、腰果和菠萝等特色热带作物产品加工工艺落后、机械化程度低和产品质量不稳定等技术现状，由中国热带农业科学院牵头，以国家科技支撑计划等项目为依托，以发展生态农业为导向，联合国内相关科研单位和企业，对主要特色热带作物产品加工工艺、装备和标准三大共性学科领域进行联合攻关，取得以下技术成果：

（1）通过对微生物利用、清洁干燥、乳化分离提取和废弃物综合利用等共性技术的研究，研发出香草兰高温发酵生香，椰子水发酵生产细菌纤维素，咖啡、胡椒、腰果连续化脱皮脱胶脱壳，椰浆乳化，菠萝叶纤维精细化加工等12项核心技术及其配套技术，解决了传统工艺加工时间长、产品质量不稳定、资源利用率低和污染严重等问题，建立了我国特色热带作物产品加工工艺技术体系。

（2）与工艺技术相配套，研制了连续自动杀青机、电热源箱体式热空气同步发酵烘干机等具有自主知识产权的加工关键设备6类27种，实现了工艺的机械化、自动化和连续化，降低劳动强度，提高生产效率和效益，促进产业技术升级，奠定了我国特色热带作物产品加工的装备基础。

（3）技术转化为标准，形成技术标准28项，规范了我国特色热带作物产品的加工过程，提高产品质量，保持质量一致性，提升质量安全水平，建立了符合我国国情的特色热带作物产品质量标准体系。

通过以上研究，形成了系列具有自主知识产权的特色热带作物产品成套加工技术与装备，彻底改变我国特色热带作物产品加工技术和装备的落后状况，为其实现由"手工作坊式"向现代加工的跨越式发展提供了理论和技术支撑。

经济技术指标：显著促进了行业科技进步，行业使用率达80%以上，整体技术达到国际先进水平。研发的技术与装备，与国外同类相比，加工性能和技术参数具有显著优势。产品加工率平均提高40%，劳动生产率提高2~8倍，产品附加值平均提高300%以上。

该技术成果，先后在160多家企业推广应用，形成商品18类59个品种，创建了"椰树"、"椰国"等国际品牌和"兴科"、"福山"等国内知名品牌，培育了世界最大的椰子汁加工企业——椰树集团及一批龙头加工企业，并向全国范围辐射，整体提升了我国热带作物产品加工业的科技水平。

项目的实施促进了我国特色热带作物由小作物发展成大产业，累计实现加工产值322亿元，近3年（2006—2008年），新增利润13.14亿元，新增税收3.50亿元，实现外汇创收0.54亿美元，节支27.21亿元；累计带动农村劳动力就业1 000多万人，显著提高了农民收入，有力促进了我国热带地区经济发展和社会稳定，产生巨大社会、经济和生态效益。

项目技术成果获得社会广泛认可：获各类科技奖励17项，其中省部级奖励11项，包括特等奖1项、一等奖3项；获专利21项，其中国际发明专利5项、国家发明专利12项；制定技术标准28项，其中国家标准7项、行业标准21项；出版专著4部。

农业化学节水调控关键技术与系列新产品产业化开发及应用

主要完成单位：中国农业大学、中国科学院兰州化学物理研究所、胜利油田长安控股集团有限公司、新疆汇通旱地龙腐植酸有限责任公司、北京市水务局

主要完成人：杨培岭、王爱勤、李云开、康绍忠、任树梅、夏春良、毕玉春、刘洪禄、张文理、张元成

获奖等级：国家科学技术进步奖二等奖

成果简介：

该成果属于农田水利工程与功能高分子材料学科的交叉研究领域。

农业化学节水调控技术是利用化学物质实现增强土壤保水能力、抑制土壤水分耗散、减少植物奢侈蒸腾、高效利用雨水资源，进而提高作物产量品质的一种新型农业真实节水技术，无需昂贵的灌溉工程设施，具有操作简便、投入少、见效快等优点。目前产品主要有土壤保水剂、作物蒸腾调控剂、表土结构改良剂3种类型，但迄今国内外还仅限于单一技术的应用研究，有关的产品性能还难以满足实际应用需求，

农业化控节水技术与产品的总体水平急需提升。基于此，该项目联合全国 5 家单位、163 位研究人员进行了为期 10 余年的产、学、研联合攻关，围绕着农业化学节水调控技术与系列新产品产业化开发及应用领域的关键技术问题开展研究，成功建立了集研发目标—产品合成—工业化生产—技术配套—示范推广为一体的农业化学节水调控技术综合模式，取得了多项创新与突破。

（1）创建了农业化学节水协同调控技术的理论体系及其通用模式，揭示农业化控节水技术对土壤、作物的调控效应与作用机理，建立了化控节水技术新产品的综合性能测试方法及研发目标控制技术体系。

（2）提出了"源于自然，用于自然，融于自然"的产品研发理念，创造性地将黏土矿物引入传统保水剂聚合体系中，利用黏土的可分散性和助交联作用，系统解决了产品吸水倍率低、凝胶强度低、耐盐碱性差、价格昂贵等关键问题，成功研制 2 种新型有机-无机复合型及 12 种多功能、可降解型保水剂产品，优化了聚合制备工艺参数，系统解决了聚合防黏、造粒和干燥等技术难题。

（3）发明了利用刮板蒸发器浓缩冷冻结晶，再用离心、脱水、干燥一体机干燥生产丙烯酰胺晶体的工艺技术，成功解决了流化床干燥生产丙烯酰胺能耗高、投资大、工艺复杂等国际性难题。

（4）创新了从风化煤中提取黄腐酸原液的复合硫酸抽提技术工艺，发明了超低分子质量黄腐酸的生物降解—活化—络合组合提取技术，并提出了相关的最优参数。

（5）成功实现了 2 种复合型保水剂产品、1 种表土结构改良剂聚丙烯酰胺、系列黄腐酸作物蒸腾调控剂产品的连续工业化生产，建成总产能达 20 000 吨/年的国内最大的两条农用保水剂生产线。

（6）建立了我国北方 8 种类型区、24 种作物农业化学节水调控的模式化实用技术，提出了化控节水技术条件下的高效补充灌溉制度，系统解决了技术的实际应用问题。

该项目共申请国家发明专利 22 项，已获授权 4 项；发表论文 116 篇（SCI 54 篇、EI 16 篇）；出版专著 6 部；鉴定成果 3 项，获得北京市科学技术奖一等奖 1 项、中国石油和化学工业协会科技进步奖一等奖 1 项。项目实施期间，在北京、山东、甘肃、内蒙古等地建立了示范区 32 个，示范推广总面积累计达 59.47 万公顷，节水 6.48 亿米^3；新增纯收益 12.33 亿元。

该研究成果对于农业化学节水的整体技术进步，乃至整个农业节水领域的科技创新都具有明显的推动作用，应用前景广阔。

棉铃虫对 Bt 棉花抗性风险评估及预防性治理技术的研究与应用

主要完成单位：中国农业科学院植物保护研究所、南京农业大学
主要完成人：吴孔明、郭予元、吴益东、梁革梅、赵建周、杨亦桦、张永军、陆宴辉、王桂荣、武淑文
获奖等级：国家科学技术进步奖二等奖
成果简介：

作为现代生物技术的重大科技创新，转 Bt 基因抗虫作物为害虫防治开辟了新的途径。制约 Bt 作物商业化应用的关键因素是害虫能通过遗传变异迅速产生抗性，使其失去利用价值。因此，建立抗性预防性治理技术体系是保障 Bt 作物可持续利用的前提。理论上，Bt 作物选择压力下存活个体所携带抗生基因的遗传是引起抗性的主要原因。通过减少 Bt 作物田存活的害虫和增加普通作物敏感种群的数量，降低抗性基因频率是抗性治理的基本原理。美国等国家采用通过政府颁布法规要求在 Bt - Cry1Ae 棉花周围种植高于 20％普通棉花作为庇护所保护棉铃虫敏感种群的抗性治理策略。

我国等发展中国家由小农户为主的小规模生产模式无法实施美国等强制性要求种业公司与农场主设置人工庇护所治理抗性的策略，需要发展新的适合国情的抗性治理理论与技术。

（1）在国际上创造性地提出了利用小农模式下玉米、小麦、大豆和花生等棉铃虫寄主作物所提供的天然庇护所治理棉铃虫对 Bt-Cry1Ac 棉花抗性的策略。

（2）通过阐明棉铃虫对 Bt 棉花抗性的演化规律和风险评估。提出了以严格禁止种植杀虫蛋白低表达的 Bt 棉花品种和商业化 Bt-Cry1A 类转基因玉米、大豆、小麦等为核心的抗性预防性治理技术体系。

（3）首次揭示了棉铃虫钙黏蛋白和氨肽酶 N 基因突变导致对 Bt 棉花产生抗性的分子机制，建立了由 DNA 分子检测、单雌家系检测和生长抑制检测组成的棉铃虫抗性早期预警与监测技术体系，可分别进行抗性基因（灵敏度为 0.000 1）、抗性个体（灵敏度为 0.001）和抗性种群（灵敏度为 0.01）3 个水平的抗性检测和监测。

农业部将该成果用于我国 Bt 棉花安全性评价、商业化种植的安全性管理和检测体系建设。先后通过发布《农业部公告第 410 号》和《农业部公告第 989 号》等，全面实施了以棉铃虫对 Bt 棉花抗性预防性治理为核心的 Bt 棉花安全性管理政策。基于抗性治理的需求，建立和认证了转基因抗虫棉花环境安全性评价机构，重点检测 Bt 棉花生长中后期 Bt 蛋白的表达量和稳定性。2002—2009 年农业部共计发放 Bt 棉花安全证书 1 252 份，并基于棉铃虫抗性治理的需要否决了多家国外公司在我国商业化种植表达 Bt - Cry1A 类基因玉米的申请。

通过该成果的应用，在大规模商业化种植 Bt 棉花 10 余年后，我国各地棉铃虫自然种群对 Bt 棉花的敏感性和商业化种植前相比没有明显变化，Bt 棉花对棉铃虫的抗性效率没有降低。经相关机构评估，成果的应用已创造社会经济效益 70.27 亿元。此外，该成果还为农业部制定我国 Bt 作物发展战略提供了科技支撑，对推动我国转基因作物的健康发展有重大而深远的意义。

该研究是我国科学家通过科学理论创新，为农业部制定产业政策引领高技术产业发展提供决策依据的重大原创性成果，处于国际领先水平。共计发表 60 多篇研究论文，其中 SCI 源论文 30 余篇，先后被 *Nature*、*Science* 和 *PNAS* 等刊物他人引用 430 次。对棉铃虫种群演化与 Bt 棉花关系的研究结果以封面文章发表于 *Science* 杂志，并被两院院士评为 2008 年我国十大科技进展新闻。

细菌农药新资源及产业化新技术新工艺研究

主要完成单位：福建农林大学、南开大学、福建浦城绿安生物农药有限公司、福建省农业科学院、武汉天惠生物工程有限公司

主要完成人：关雄、蔡峻、刘波、许雷、邱思鑫、陈月华、黄天培、张灵玲、翁瑞泉、黄勤清

获奖等级：国家科学技术进步奖二等奖

成果简介：

项目从微生物源农药功能菌种资源库的建库与挖掘利用，杀虫防病微生物的新基因分析、基因工程菌构建及其应用等多方面开展深入系统的研究，不断完善传统生物农药研发与生产技术体系，形成了基因工程生物农药技术研发创新体系，推进了传统产业升级改造。

（1）自主多途径分离获取并建立了全国最大、类型最多的细菌农药资源库；高效菌株 8010、TS16、Bt27、Bt28 4 个菌株 30 年来一直成为国内企业生产应用和出口的主要菌株。仅福建浦城绿安及武汉天惠两家企业的制剂产量就占全国的 1/3 以上，出口占 1/2 以上。

从土壤、植物根际、叶际、体内、动物粪便、污水环境、农药厂、超市食品等材料获得国外很难获得的各种类型的活性微生物。获得 6 787 株杀虫微生物、1 100 株植物病原拮抗细菌，提供给国内外相关单位合作研究开发，所分离的高效菌株成为国内企业生产应用和出口的主要菌株，生产 Bt 原药产量占全国的 50% 以上。

（2）成功克隆了 18 个自主知识产权的 *Bt* 新基因；构建了我国第 1 株实用高效广谱的工程菌 TS16，并投入大量使用。

这些具有自主知识产权的新基因和蛋白已通过美国的 GenBank、欧洲的 EMBO 以及日本的 DDBJ 向全球公布，大大提高了中国生物农药研究在国际上的地位。通过细胞工程构建高效广谱的 TS16 工程菌并投入大量使用，使其成为了近年来生产应用的主导菌株。通过基因工程构建了同时具有杀虫、防病、促生及可在植物体内系统定殖的多功能工程菌。

（3）率先建立以陶瓷膜滤为基础的高效工业化生产技术体系，产量提高 10%、总能耗下降 20%；发

明了 4 种制剂组合及 11 个复合增效助剂。研发了 68 000 国际单位/毫克高效价多功能新型生物农药，推动了生物农药制造业的升级。

率先实现了计算机定量分析技术在生物农药发酵配方优化上的应用；建立了全程性、综合性的新发酵生产技术系统，率先将纳米级膜过滤提取-喷雾干燥技术应用于生产，大大提高了有效因子的回收率和毒力效价。发明了 Bt 胶悬剂、烟雾剂、BtA、生物药肥等制剂。

产品出品效价达 65 000 国际单位/毫克，在东南亚、欧洲、南美市场持续看好，出口产品占全国同类产品 50% 以上，促进了我国生物农药产业在国际上的地位提升。在福建、新疆、湖北、湖南等 20 多个省（自治区、直辖市）推广应用，累计应用 3.8 多亿亩次，增收节资总额达 56.47 亿元。据对 5 省用户统计，近 3 年增收节资总额为 11.92 亿元。经济效益、社会效益和生态效益十分显著。

该项目已获 8 项国家发明专利、5 项实用新型专利、2 项外观设计专利，通过 7 项国家及省、部级成果验收和鉴定，总体水平达国际先进，部分关键技术国际领先。成果已获福建省科学技术奖一等奖 1 项和二等奖 3 项，国家教委二等奖 1 项，卫生部二等奖 1 项，中国科学院三等奖 1 项。发表论文 226 篇，其中 SCI 论文 26 篇，主编专著 3 部。

主要作物种子健康保护及良种包衣增产关键技术研究与应用

主要完成单位：中国农业大学、全国农业技术推广服务中心、北农（海利）涿州种衣剂有限公司、河南中州种子科技发展有限公司、中种集团农业化学有限公司、新沂市永诚化工有限公司、云南省农业科学院粮食作物研究所

主要完成人：刘西莉、李健强、张世和、刘鹏飞、马志强、罗来鑫、张善翔、曹永松、李小林、房双龙

获奖等级：国家科学技术进步奖二等奖

成果简介：

项目以全球作物生产中"种子预防保健、作物安全生产"现代理念为指导，建立了种子健康检测和预警技术体系，明确我国主要作物种传病害种类，研发了种传病原物快速诊断技术，创新设计种衣剂系列新配方，攻克了制约作物良种包衣的主要助剂、新剂型和生产新工艺等关键技术，开发成功系列新产品并产业化，获得大面积推广应用。具体如下：

（1）成功研发种传病原物检测与快速诊断技术，明确我国主要作物种传病害种类。检测了包括玉米、水稻、小麦等主要大田作物的 2 152 份样本和茄科、葫芦科、十字花科等主要蔬菜作物 870 份样本的种子携带的主要病原真菌和细菌，探明病原种类、分离比例、致病性与田间病害发生危害的关系，在国内率先建立了种子健康状况评价技术体系；首次研制出水稻恶苗病、玉米茎腐病和十字花科蔬菜黑斑病的早期分子快速诊断技术，可将该病害的诊断时间由 7 天缩短为 2 小时；针对重要细菌病害，在国际上首次建立 DNA 染料 EMA 结合 PCR 的新方法，创造性地用于检测和区分植物病原细菌死、活细胞；开发了灵敏度为 1～2cfu/毫升的新型半选择性培养基 EBBA 结合 real time-PCR 检测瓜类果斑病菌的新方法；创建了番茄溃疡病的特异性引物和 Nested PCR 检测方法，与常规 PCR 法相比检出灵敏度提高了 10 000 倍；为国内外种子企业完成 650 个种子批、1 600 多项次种子健康检测，从源头上为作物健康生产提供了重要的技术支撑。

（2）创新原药的合成和活性筛选技术，发明关键助剂，构建种衣剂系列新配方。针对性地研发和筛选出防控重要种传和土传病害的高效、低毒、安全药剂，结合害虫防治和调控作物生长的需要，创新设计和科学配伍，研制成功种衣剂系列新配方；发明双丙酮丙烯酰胺-甲基丙烯酸-己二酰肼共聚物成膜剂等关键助剂，其抗药剂脱落和溶解淋失能力较常规成膜剂提高 88% 以上，成膜时间为原来的 1/3，解决了长期困扰水稻和蔬菜种子包衣后浸种催芽中的技术难题。

（3）创新生产工艺，研制成功种衣剂系列新剂型和新产品。发明了全自动密闭湿法水悬浮种衣剂生产工艺，生产效率提高 300%，降低能耗 70%；开发成功干粉种衣剂、水分散粒剂和农药纳米功能化种衣剂

新工艺和新剂型，解决了悬浮型种衣剂的稳定性问题；开发出抗旱防病型生物种衣剂和生物化学复合型种衣剂产品，可提高出苗率 9%～16%。

（4）技术成果实现产业化和大面积推广应用，获得重大经济效益。获准农药登记并产业化的种衣剂新产品 25 个；集成创新的作物良种包衣技术在 2007—2009 年累计推广面积 10.75 亿亩次，防治苗期病虫害效果达 80% 以上，具有省种、省工、省药综合效能，增产幅度 5%～27%，经济效益达 447 亿元，产生了重大的经济和社会效益。项目共计公示专利 17 项，获授权发明专利 5 项，实用新型专利 3 项；制定技术规程 15 项，国标 1 项和企业标准 25 项，发表论文 88 篇（SCI、EI 29 篇）；培训技术人员和农民 26 万人次。构筑了我国种子健康和良种包衣关键技术及推广应用的重要基础，具有广泛的应用前景和产业导向作用，对提高我国种子预防保护和作物安全生产具有重要意义。

芽孢杆菌生物杀菌剂的研制与应用

主要完成单位： 中国农业大学、江苏省农业科学院植物保护研究所、河北省农林科学院植物保护研究所、上海农乐生物制品股份有限公司、武汉天惠生物工程有限公司

主要完成人： 王琦、陈志谊、马平、李社增、刘永峰、梅汝鸿、唐文华、张力群、冯镇泰、林开春

获奖等级： 国家科学技术进步奖二等奖

成果简介：

植物病害防控是农业生产中的重要问题之一。由于化学农药的长期、大量和反复使用，带来了环境污染、农副产品中有害物质残留等不良后果。因而，开发高效、安全的生物杀菌剂已经刻不容缓。该项目主要以目前生产上重要病害为靶标，建立了包括防病芽孢杆菌的筛选、发酵生产工艺与制剂加工工艺的构建、安全性评价、应用技术优化、产品登记、示范推广等内容的产学研紧密结合的芽孢杆菌生物杀菌剂创制和开发体系。该项目自中国农业大学 1986 年研制成功第一个具有防病促生效果的"增产菌"（现更名为"益微"）芽孢杆菌生物杀菌剂，开始推广应用，共有 35 种芽孢杆菌生物杀菌剂获得农业部登记，其中枯草芽孢杆菌和蜡质芽孢杆菌母药获得农业部正式登记，也是仅有的 2 种获得正式登记的芽孢杆菌杀菌剂母药。芽孢杆菌生物杀菌剂对稻麦纹枯病、稻曲病、棉花枯黄萎病、黄瓜白粉病、草莓白粉病和灰霉病等危害严重病害的防效为 60%～80%，还具有促生增产和改善农产品品质的作用效果，累计推广应用 6.3 亿亩；经中国农业科学院农业经济与发展研究所测算，未来 5 年每年能为社会增加 94.58 亿元经济效益。

该项目组梅汝鸿教授于 1990 年以陈延熙教授提出的"植物体自然生态系"理论为核心，借鉴医学微生态学和动物微生态学的基础理论，分析综合了"植物体自然生态系"的研究成果，提出了"植物微生态学"新学科理论，1998 年中国农业出版社出版了由梅汝鸿教授主编的《植物微生态学》专著。植物微生态学对病害防控的重要贡献就是通过"微生态调控"防治病害，要求生防菌必须与植株的亲和性高，这就要求从与植物关系密切的生境中挖掘生防资源。项目由植株体内体表等生境筛选获得具有防病活性的芽孢杆菌 5023 株，属于植物体自然生态系的成员，安全性和亲和性高，初步建立了防病芽孢杆菌资源库，为我国芽孢杆菌杀菌剂的研制和开发奠定了基础。项目从生理、生态、诱导抗性等方面揭示了芽孢杆菌的防病机理，枯草芽孢杆菌 NCD-2、BAB-1、Bs-916 等代谢产物中的脂肽类物质和抗菌蛋白对病原菌有抑制作用；枯草芽孢杆菌 NCD-2、*B. cereus* 932、*B. cereus* 905、*Bacillus cereus* a47 和 83-10 等能够在植株体表体内定殖转移，*B. cereus* 905 定殖转移与鞭毛蛋白、趋化蛋白和超氧化物歧化酶（SOD）关系密切，首次发现 SOD 与细菌定殖相关，Mn-SOD 对 *B. cereus* 905 在光催化氧化胁迫下存活起着重要的抵御作用；Bs-916、*Bacillus cereus* a47 和 83-10 具有诱导抗性机制。项目从芽孢杆菌的生理和营养需求分析，确定发酵生产工艺、后处理工艺和制剂加工工艺；综合应用多种数学模型和统计方法，确定最佳的培养基配方；确定发酵温度、初始 pH、初始接种量、装液量、转速等发酵参数；在 2 000 升—5 000 升—10 000 升发酵罐上完成中试，在 50 吨发酵罐上验证发酵工艺并作出调整和完善；优化确定后处理工艺流程；筛选助剂和完善剂型，确定制剂加工工艺。

项目申报 14 项国家发明专利，其中 11 项授权；国内外学术期刊发表论文 137 篇，其中 SCI 论文 3 篇；培养研究生 42 名，其中博士 6 名。

小麦赤霉病致病机理与防控关键技术

主要完成单位： 西北农林科技大学、南京农业大学、浙江大学、陕西省植物保护工作总站、江苏省植物保护站

主要完成人： 康振生、黄丽丽、周明国、马忠华、韩青梅、冯小军、陈长军、杨荣明、张宏昌、赵杰

获奖等级： 国家科学技术进步奖二等奖

成果简介：

该项目属于农业科学植物保护技术领域。

由镰刀菌浸染小麦穗部引致的赤霉病，不仅造成小麦严重减产、品质降低，而且受害小麦籽粒含真菌毒素，可引起人畜中毒。国内外对小麦赤霉病的研究已有 100 多年的历史，但目前就赤霉病菌在小麦穗部的浸染过程与致病机理仍缺乏全面的了解。小麦赤霉病一直是我国小麦重点防治对象，化学防治是重要的措施之一。我国从 20 世纪 70 年代起一直使用多菌灵防治赤霉病，长期使用单一杀菌剂已导致赤霉病菌产生抗药性，造成防治效果明显降低。解决小麦赤霉病发生与防治中的关键问题，对于有效控制赤霉病的危害、确保我国粮食安全与食品安全具有重要意义。

从 20 世纪 90 年代初开始，项目在国家科技攻关、科技支撑计划、国家杰出青年基金等项目的支持下，采用生物学、细胞学与分子生物学技术，围绕小麦赤霉病菌的致病机理和小麦抗病的机制、新型药剂的筛选与创制开展了系统的研究工作：一是揭示了小麦赤霉病菌在小麦穗部的初浸染位点、浸染方式和扩展途径，首次完整地提出了赤霉病菌在小麦穗部的浸染及扩展模式，在国际上得到认可；二是明确了病菌在浸染过程中产生的毒素与细胞壁降解酶在致病中的作用；三是系统揭示了小麦抗赤霉病的细胞学机制，发现抗病小麦品种受侵后可迅速通过乳突、胞壁沉积物的形成，细胞壁的修饰及水解酶类的增长等形态结构和生化协同防卫反应抵御病菌在体内的扩展；四是通过室内药剂及配方筛选、田间试验，先后开发了对赤霉病防治具有增效作用和兼治白粉病的多福酮杀菌剂和促进小麦健康生长、提高产量、抑制赤霉毒素合成的戊福杀菌剂，解决了我国小麦赤霉病化学防治中长期依赖单一药剂，而无替代药剂的被动局面；五是揭示了新药剂对小麦赤霉病菌的作用机理，为新杀菌剂的田间大面积推广使用提供了理论依据；六是根据我国小麦种植区域赤霉病发生规律与杀菌剂抗性监测结果，项目组提出我国小麦赤霉病分区治理策略，并在生产中得到应用推广。

通过与企业转化合作，该项目研发的新型杀菌剂多福酮和戊福实现产业化，目前已经成为我国防治小麦赤霉病的主要药剂之一。近 10 年来累计推广应用多福酮和戊福杀菌剂 1 亿多亩，为企业带来巨大的经济效益，累计产值达 6.7 亿人民币。项目建立的小麦赤霉病的防治技术体系在陕西、江苏、山东等省小麦种植区得到广泛应用，防治面积累计达 1.078 5 亿亩次，挽回小麦损失约 232 万吨，折合人民币约 14 亿元，取得了显著的经济效益、社会效益和生态效益。

项目获得陕西省科学技术奖一等奖 2 项，获得国家授权发明专利 1 项；在国内外本领域重要学术刊物上发表论文 71 篇，其中 SCI 收录 29 篇；完成出版著作与教材 8 部，其中《植物病原真菌的超微结构》和《植物病原真菌超微形态》两部著作是我国植物细胞病理学领域中唯一的两本专著，其中许多照片目前已作为植物病原真菌形态结构的典型模式被全国统编教材、专著、网络教材等引用，并通过培养研究生，接收进修人员，与科研院所开展合作研究，促进和推动了这一学科领域在我国的发展。

鱼藤酮生物农药产业体系的构建及关键技术集成

主要完成单位： 华南农业大学、中国科学院华南植物园、广东省植物保护总站、湖南农业大学、广西大

学、深圳市华农生物工程有限公司、邯郸市凯米克化工有限责任公司

主要完成人：徐汉虹、赵善欢、张志祥、黄素青、魏孝义、曾鑫年、江腾辉、李有志、曾东强、黄少鸿

获奖等级：国家科学技术进步奖二等奖

成果简介：

该项目属于植物保护学研究领域，从鱼藤酮资源植物选育驯化，推广种植到生物农药的生产应用，构建形成了我国鱼藤酮杀虫剂产业体系。

筛选发现 42 种鱼藤酮资源植物，引种 30 个品种，建立了我国鱼藤酮资源植物种质资源库，选育驯化出高品质品种 3 个，发明了鱼藤酮离体生物合成生产技术，构建了质量标准体系及种植技术规程，大面积种植鱼藤 4 万多亩及非洲山毛豆 5 万亩，使鱼藤酮原材料生产走上规模化和标准化的产业化道路。构建了特色种植产业体系，从源头上奠定了我国鱼藤酮产业链基础，引领植物性农药走上原料产业化规模种植的道路。

构建形成了鱼藤酮杀虫剂理论研究和应用技术体系。分离鉴定出 174 个黄酮类化合物，其中 34 个新化合物，丰富了杀虫先导化合物库，明确了鱼藤酮类化合物杀虫谱、作用方式和对 SL 细胞的增殖抑制作用机理，发现阐明了 4 种新杀虫作用机理，结构修饰出系列化合物，通过逆向溯源和构效关系研究，建立了鱼藤酮类化合物结构进化预测模型，构建形成了植物源活性成分先导发现和优化的新途径。构建了鱼藤酮抗性预警模型和抗性治理措施预测体系，发现了鱼藤酮对害虫活性差异机理，建立了鱼藤酮联用增效新机理，为延缓抗药性提供了新思路，使鱼藤酮使用至今，未有抗性报道，成为规模使用历史最长的生物杀虫剂。构建了以鱼藤酮悬浮剂为主的恙螨综合防治体系，创制出系列鱼藤酮毒力组合，构建了以鱼藤酮为主的抗性黄曲条跳甲综合治理体系。

奠定我国鱼藤酮现代工业化基础，引领植物性杀虫剂从土农药走向现代工业化。明确了鱼藤酮的稳定性和降解动态，制定了鱼藤酮在白菜类蔬菜中的最大残留限量标准，阐明了非洲山毛豆中鱼藤酮的稳定机制。创制出 5 个鱼藤酮原药和 8 种绿色环保剂型。首次建立了鱼藤酮超临界萃取生产线；创制鱼藤酮环保增效型乳油并实现产业化生产，使乳油首次跨入绿色环保剂型行列；创制出鱼藤酮纳米微胶囊悬浮剂，开辟了农药研究新领域；创制出鱼藤酮脂质体、环糊精、微乳剂和悬浮剂。创制出 3 种鱼藤酮户外消杀药剂和宠物专用洗液，开创出鱼藤酮应用新领域。

项目总体处于国际先进水平，在作用机理研究方面达到国际领先水平，在剂型研究和工业化生产上具有创新性突破，获得教育部科技进步奖、神农中华农业科技奖、广东省科技进步奖和第六届中国国际高新技术成果交易会优秀产品奖等奖励。申请国家发明专利 39 项，已获授权 8 项，出版专著 14 部，发表论文 97 篇，研究出杀虫剂产品 29 个，课题组中 1 人成为中科院院士，培养博士后 3 名，博士生和硕士生 46 名。

鱼藤酮被农业部推荐为绿色食品生产用药，广泛用于防治蔬菜、果树、棉花、草坪、茶叶、玉米和大豆等作物上的害虫，产品全国销售并出口海外。13 家企业工业化生产 19 个产品，累计生产 5.8 万吨，应用面积达 17 亿亩次，使农业增收 433 亿元，促进了我国无公害农产品和绿色食品生产，减少了高毒农药用量，提高了农产品产量和质量，保障了我国食品安全。

食品微生物安全快速检测与高效控制技术

主要完成单位：广东省微生物研究所、广东环凯微生物科技有限公司

主要完成人：吴清平、张菊梅、蔡芷荷、邓金花、陈素云、阙绍辉、吴慧清、张淑红、寇晓霞、郭伟鹏

获奖等级：国家科学技术进步奖二等奖

成果简介：

微生物污染是国内外食品安全中最重要的威胁，占整个食源性疾病发生事件的 50％以上，严重影响我国整个食品行业的长远发展。针对国内食品微生物安全中普遍存在的食源性致病微生物污染分布规律不

清晰、快速检测及高效控制关键技术落后、检测灵敏度低、速度慢以及关键生化原料依赖进口等问题，项目通过系统基础理论研究，研发出系列化的具有自主知识产权的微生物快速检测和高效控制技术，在全国进行了推广应用，有效地解决了我国食品中微生物污染的突出问题。

项目通过调查研究，建立起保藏 1 083 株食源性致病菌菌种库和主要菌株的肠杆菌基因间重复序列聚合酶链反应（ERIC‐PCR）指纹图谱，首次系统揭示了大肠杆菌、沙门氏菌、阪崎肠杆菌、单核细胞增生李斯特菌、副溶血性弧菌、志贺氏菌和诺瓦克（诺如）病毒、轮状病毒、星状病毒等常见食源性致病微生物在我国南方大宗食品和饮用水的污染情况、分布规律、累积机制和风险水平，以及新型大宗食品工业消毒剂及防腐剂的消毒和防腐机理，为致病微生物的快速检测、溯源和研制新型高效消毒剂防腐剂提供了重要基础数据。创新地建立了抗干扰微生物检测新技术、免疫吸附高效样品处理技术、致病菌分子检测与显色生化确证技术、诺如病毒和轮状病毒依赖核酸序列的扩增技术（NASBA）、反转录聚合酶链反应（RT‐PCR）技术以及生物发光微生物快速检测技术，提高检测灵敏度 5～100 倍，使检测时间从数天缩短到几分钟至几小时。研制出浓度为 15％稳定期一年以上的新型过氧乙酸消毒液和使用效率提高 4～5 倍的新型非酸活化二氧化氯消毒剂及水质快速检测试剂盒，建立起清洗消毒新技术，提高清洗消毒效率 30％～50％，实现了食品生产中清洗消毒的在线监测和控制。通过创新关键生化原料国产化生产技术，节省原材料成本 50％以上，解决了原料进口和成本较高等问题。通过技术和产品的标准化，为企业解决食品微生物安全问题提供成套解决方案，成功将项目研制的微生物快速检测产品、高效环保消毒剂清洗剂以及水质快速检测试剂盒三大系列产品推广到全国 3 000 多家用户。

与国内外同类技术相比，该项目研发出更为系统和配套的食源性致病微生物快速检测技术，时间缩短至少 2/3，特异性显著提高，较好地实现了高通量快速检测；食品微生物污染高效控制技术突破了消毒剂稳定性差、利用率低和清洗-消毒相互干扰的瓶颈，解决了食品工业中微生物污染的难题。项目已发表论文 148 篇，其中 SCI 及 EI 论文 21 篇；申请专利 33 项，授权 16 项，其中发明专利 9 项，实用新型专利 7 项；培养研究生 33 名；获国家和省级重点新产品 4 项；制修订国家和地方标准 5 部。项目整体技术通过省级鉴定，达到国际先进水平。项目已列入国家生物高技术产业化专项和火炬计划。

据不完全统计，近 3 年该项目新增利润 6.49 亿元，新增税收 5.19 亿元，创汇 410 万美元，节约开支 3.92 亿元，为食品行业和卫生监督检验机构提供了有力的技术支撑，极大提高了我国食品微生物安全检测和控制技术水平。

农业食品中有机磷农药等残留快速检测技术与应用

主要完成单位：华南农业大学、广州绿洲生化科技有限公司、广州达元食品安全技术有限公司、中国疾病预防控制中心营养与食品安全所、珠海丽珠试剂股份有限公司

主要完成人：孙远明、雷红涛、卢新、黄晓钰、王林、曾振灵、石松、刘雅红、徐振林、杨金易

获奖等级：国家科学技术进步奖二等奖

成果简介：

该项目属食品安全领域。

食品安全关系到广大人民群众的身体健康和生命安全。项目针对农业食品（包括食用农产品、畜禽产品及水产品等）中农药、兽药、非法添加物等有害物残留顽症，多学科交叉，产学研合作，历经 20 年研究，建立了有害物的"酶抑制法"（"酶法"）和"免疫法"两大类检测方法技术体系，解决了多项共性技术难题，创新了"一项理论基础、三类核心原材料、五种核心方法、二种配套仪器"，共有 32 种速测产品实现产业化，且在全国 33 个省（自治区、直辖市）广泛应用推广，社会效益十分显著。项目共申报发明与实用新型专利 27 项，已获授权 13 项；发表论文 54 篇，SCI 收录 15 篇、EI 收录 2 篇；鉴定成果 3 项。

1. 技术内容与技术经济指标

（1）酶法。最早在国内研究农药酶抑制检测法，揭示了有机磷和氨基甲酸酯类农药对不同来源胆碱酯

酶的抑制特性与规律，攻克了高效稳定酶制剂制备、酶固定化及产品稳定性等技术难题，开发出酶法速测试剂、速测卡/条/管等产品，对有机磷等农药的灵敏度可达 0.01 毫克/千克，准确率 85％～90％，不但填补了国内空白，且性能优于国内外同类产品，产品市场占有率约 80％，相应的速测方法上升为国家标准（GB/T 5009.199—2003）；合作企业广州绿洲生化科技有限公司成为国内外农药酶抑制法检测试剂产销量最大的企业。

（2）免疫法。创新性地将量子化学理论应用于半抗原分子设计，建立了小分子有害物半抗源-抗体间的构效关系理论基础，突破性地解决了高效半抗原设计合成、高质量单克隆抗体制备、高效标记及产品稳定性等共性技术难题，制备出 30 多种有害物的高特异性、高亲和力的优质单克隆抗体，建立了直接竞争酶联免疫（dcELISA）、时间分辨荧光免疫（TR - FIA）、胶体金免疫层析（GICA）三大免疫检测技术体系，首创 dcELISA 试剂盒（检测时间仅 25～30 分钟，比原有试剂盒缩短 50％以上）、超高灵敏度（0.01 纳克/毫升）TRFIA 试剂盒及组织样品中克伦特罗等兽药的快速提取法（提取时间缩短 10 倍以上，成本仅为原来 5％）。

（3）配套仪器。针对酶法或 ELISA 试剂盒检测需要，设计开发出具有操作简便、快速、可靠、实用、智能等特点的农残速测仪和多功能综合分析仪，性能优于同类产品。

2. 应用推广与效益情况

上述自主创新的快速检测技术及产品适合中国国情，已在全国除台湾省外各个省份及港澳地区的农业、卫生、出入境、工商、质监、商务等系统中广泛应用推广，累计应用检测试剂 1.08 亿样份，配套仪器 9 840 台；其中近 3 年应用检测试剂 5 800 多万样份，配套仪器 7 460 台，为有效控制食品中农药等有害物残留、保障广大人民群众的身体健康与生命安全、促进社会和谐、推进行业技术进步、促进国际贸易与人才培养等发挥了十分重要的作用，同时近 3 年共创社会经济效益（含节省检测费与进口费、提高农产品附加值）187.66 亿元。随着国家对食品安全的日益重视，项目成果将具有更重大的意义和更广阔的应用前景。

我国北方几种典型退化森林的恢复技术研究与示范

主要完成单位：北京林业大学、北京建筑工程学院、中国林业科学研究院、东北林业大学、内蒙古自治区
阿拉善盟林业治沙研究所、北京市园林绿化国际合作项目管理办公室、新疆维吾尔自治区
防沙治沙工作协调领导小组办公室
主要完成人：李俊清、宋国华、卢琦、刘艳红、赵雨森、李景文、王襄平、田永祯、张力平、王小平
获奖等级：国家科学技术进步奖二等奖
成果简介：

该项目属于林业领域。

项目成果整合了十几个国家和我国省部级项目（课题）的研究内容，针对退化森林的保护、恢复、重建和经营等重大问题，集成创新为 4 项重要成果。

（1）揭示了我国北方森林退化机理，提出适应性恢复模式。揭示红松"落叶期光响应"特性，红松阔叶林世代更替、种群数量不规则震荡及其动力学稳定性规律，丰富了种群波动理论。发现全球变化背景下，长期人为干扰破坏和干旱化导致几种典型森林生态关键种生活史过程受阻，森林退化。首次探明北方湿润、干旱和半干旱区森林砍伐、水资源减少和生态破坏导致红松更新受阻、胡杨繁殖失败和落叶阔叶林生态关键种丧失的退化机制。整合恢复与适应性经营的理论途径，提出适应性恢复，建立具有全新内涵的森林植被保护、恢复、重建和经营的技术模式（简称 CRRM）。

（2）首次提出东北红松阔叶林人工促进恢复的"三段法"经营技术。针对大面积砍伐和火烧迹地更新困难的现状，首先利用先锋树种辅助更新技术进行迹地更新；然后针对择伐迹地和幼林环境，采用林冠下层片更替技术引入红松等目的树种；最后采用分期采伐定向恢复技术，解放下层木。"三段法"经营技术

破解了红松林更新生长缓慢和成活率低，导致更新失败的难题，可缩短森林培育期 30～40 年。

（3）构建西北荒漠植被修复技术体系，突破了干旱区植被修复和飞播造林的技术瓶颈。采用"二选三采四处理"多垄棚保墒育苗技术，解决了荒漠植物有性繁殖的难题；针对无性繁殖守疆固土的胡杨林，采取引水灌溉、开沟断根、围栏封育措施，使其在逆境下迅速更新复壮；发明植物多酚保水剂及其配套造林技术，大幅度提高造林成活率和林木生长量；研发出多功能种子包衣和大粒化技术，解决了飞播种子位移、覆沙率小和飞播成效低问题，突破年降水量 200 毫米以下地区飞播造林的技术关键。

（4）创建区域自然保护体系构建技术，形成"三区二带"保护格局。华北森林长期受人为干扰，生境破碎化，生态关键种丧失殆尽。首次对北京植物种质资源全面清查和综合评价，确定 7 个生物多样性保护中心，优选生态重建树种，建立自然保护小区和生物廊道。拓展了"3S"景观聚集度指数和几何最近邻体距离计算方法的使用范围，应用到自然保护的区域空间分析。整合了景观研究的优先性确定和空缺分析技术，创建了风景区、自然保护区和保护小区的"三区二带"区域自然保护格局，建立起物种交流通道，形成完整的多层次保护和经营体系，重建了以生态关键种为优势的森林植被，有效保护了生物多样性。

该成果在北方 4 省（自治区、直辖市）14 个单位示范，推广面积 157 万亩，近 3 年累计直接经济效益 4.45 亿元。在研期间，获国家发明专利 2 项，发表论文 282 篇，出版专著 12 部，获省部级科技奖励 8 项，培养硕士 35 名、博士 18 名，培训基层科技人员 2 000 余名。解决了林业重大生态工程中的一些关键性科学技术难题，在东北林区天然林保护、西北地区防沙治沙和绿色北京建设中发挥了重要科技支撑和先行示范作用，取得了显著的生态、经济和社会效益。

无烟不燃木基复合材料制造关键技术与应用

主要完成单位：中南林业科技大学、广州市木易木制品有限公司、华南农业大学
主要完成人：吴义强、彭万喜、杨光伟、刘元、周先雁、李凯夫、刘君昂、胡云楚、吴志平、李新功
获奖等级：国家科学技术进步奖二等奖
成果简介：

该项目属于木材加工与人造板工艺技术学科领域。

中南林业科技大学、广州市木易木制品有限公司、华南农业大学 3 家单位在科技部、国家自然科学基金委、广东省、湖南省等有关项目的支持下，通过近 10 年的产学研联合攻关，从根本上解决了木基复合材料易燃发烟、甲醛污染等危害人居环境安全的国际性难题，实现木材加工领域产业结构的重大变革和科技重大创新与突破，对林业产业可持续发展、社会主义新农村建设具有非常重要的意义。

项目的主要技术内容及经济指标：

（1）首创 NSCFR 阻燃剂制备技术，优选出一种具有高效阻燃抑烟性能的无机矿物质，经微/纳米化后，与催化抑烟杀菌减毒功能组分进行复配，产生高效协同效应，发明了 NSCFR 阻燃剂，使木基复合材料 800℃火焰灼烧 5 小时无烟不燃。

（2）首创 NCIADH 无机不燃胶黏剂制备技术，以硅酸盐、磷酸盐为主要原料，采用乳化、界面调控和配位桥连作用原理和技术，研制出胶合性能高的无机不燃胶黏剂，成本仅为现有脲醛树脂胶的 50%～65%，攻克了长期困扰木材工业界木材-无机材料界面难融合的技术难题。

（3）首次研发出增强阻燃层制备技术，以农林剩余物与无机矿石为主要原料，加入 NCIADH 无机不燃胶黏剂，并辅以适量 NSCFR 阻燃剂，制备出 1 000℃火焰灼烧 5 小时无烟不燃、烧不穿、隔离性能好的多种结构单元，实现后续生产的标准化、模块化。

（4）创建无烟不燃木基复合材料制造关键技术，通过设计、优化木基复合材料制造工艺，成功解决压力传递不均、无机胶黏剂固化慢、胶合不良等技术难题，显著提高胶合质量和生产效率。

（5）创造性地研发出家具、地板、墙体和结构工程用四大系列新材料，无烟不燃，无甲醛释放，物理力学性能达到中国、欧美等相关标准的优等品要求，防腐等级、防虫等级、天然耐久性分别达到欧美相关

标准最高级别 10 级、0 级和 1 级。

项目研究中共获专利 16 项，其中发明专利 7 项；出版著作 1 部，发表学术论文 57 篇，其中 SCI、EI、ISTP 收录 31 篇；培养博士后 2 人、博士 3 人；晋升教授 5 人，形成了一支稳定的高水平科研队伍。

项目技术在广州市木易木制品有限公司、云南腾森工贸有限公司等 15 家企业推广应用，目前建成 20 多条生产线，已实现大规模生产，提供了 6 万个就业岗位。产品销售遍及国内 30 多个省（自治区、直辖市），并出口伊朗、美国、欧盟、日本等国家和地区，具有极显著的国际市场竞争优势。近 3 年，主要应用企业共新增产值 27.51 亿元，利税 10.83 亿元，出口创汇 1.64 亿美元，创造重大的经济、社会效益。

项目研发的无烟不燃木基复合材料制造关键技术，思路独特，方法新颖，具有自主知识产权，整体达到国际先进水平，其中自主创新的无机不燃胶黏剂和阻燃剂及其应用技术居国际领先水平，占总体技术比重的 95%，实现木材加工行业技术的跨越式发展，对促进林业产业科技进步和结构优化升级有重大作用。

东南部区域森林生态体系快速构建技术

主要完成单位：浙江省林业科学研究院、浙江林学院、福建省林业科学研究院、广东省林业科学研究院、南京林业大学、中国林业科学研究院亚热带林业研究所、浙江省林业生态工程管理中心
主要完成人：江波、周国模、袁位高、叶功富、余树全、张方秋、张金池、周志春、李土生、朱锦茹
获奖等级：国家科学技术进步奖二等奖
成果简介：

该项目属于林业科学技术研究领域中造林、林业系统工程、林木良种繁育学科。

1. 主要技术内容及技术指标

针对我国东南沿海自然灾害频发、环境压力大、林分质量低、区域生态脆弱等突出问题，自 1995 年开始在国家自然科学基金和国家林业局、江、浙、闽、粤等地方政府 15 个课题资助下，开展了快速构建区域森林生态体系技术研究。出版《森林生态体系快速构建理论与技术研究》等专著 4 部，发表论文 58 篇（SCI 收录 8 篇），获发明专利 2 项、实用新型 3 项，申请发明专利 4 项，制定技术标准与规范 8 个，认定良种 8 个，研究成果达国际领先或国际先进水平，获省科学技术奖一等奖 1 项、二等奖 4 项。

（1）区域森林生态体系快速构建理论研究。通过 9 个定位站、68 个径流小区和 498 个固定样地的长期监测，结合多光谱遥感影像，系统研究了东南部区域森林时空格局变化特征、流域森林生态系统退化机制和亚热带典型森林群落自然演替规律，优化了自然演替与人工促进相结合的快速演替方法；从省域、流域和生态系统 3 个尺度上，制定了区域森林生态体系构建策略，确立了区域森林目标群落和结构，优化了区域森林经营方案，3～15 年后各退化林地可基本形成乔灌草结合的典型亚热带森林群落。

（2）区域森林生态体系快速构建技术研究。经 8～24 年对亚热带主要乡土阔叶树种的多点造林试验，筛选出主栽树种 106 个；以重要建群种木荷、红锥为载体，提出了乡土阔叶树种的遗传改良技术体系，良种材积增益达 23.10%～147.76%；创建了山地常绿阔叶林、缓坡地生态经济型公益林、破坏山体植被恢复等区域森林生态体系 7 组 32 类 89 个生态经济高效优化模式。

（3）区域森林生态监测与评价技术研究。通过 854 个典型样地、1 452 株标准木生物量实测，创建了硬阔、软阔、松类、杉类等 9 组生物量模型；建立了以森林资源连续清查样地、典型样地为基础，生态定位站和单项监测相结合的森林生态监测网络，构建了 11 类 85 项监测指标、500 多个测定因子构成的森林生态状况与效益评价指标体系；形成了一套程序化的监测技术，建立了森林生态效益实时监测与社会公报系统。

2. 授权专利情况

获 2 项国家发明专利、3 项实用新型专利：一种林业苗木专用复配制剂（200710069583.3），一种滨海盐碱地林木生长促进剂（200710069671.3），修根型育苗容器（ZL03210489.8），一种组合支架（ZL200520015543.7），一种抗冲刷肥料袋（2007201111789.3）。

3. 推广应用情况

研究成果着眼解决林业生态工程建设中面临的关键问题，确立了区域森林目标结构，提供了生态经济高效快速构建技术。建立了 2 个专利产品生产基地、21 个优良乡土阔叶树种繁育基地，近 3 年累计生产各种培育材料 35 万吨、优质苗木 53 148 万株；在江、浙、闽、粤、沪、五省（直辖市）推广 13.96 万公顷，净增利税 12.65 亿元，节支 5.65 亿元。

泡桐丛枝病发生机理及防治研究

主要完成单位： 河南农业大学、河南省林业科学研究院、河南省林业技术推广站、郑州市环境保护科学研究所

主要完成人： 范国强、翟晓巧、徐宪、何松林、尚忠海、孙中党、苏金乐、刘震、茹广欣、毕会涛

获奖等级： 国家科学技术进步奖二等奖

成果简介：

该项目属林业科学技术领域。

泡桐是重要的速生用材和绿化树种，分布于我国 25 个省（自治区、直辖市），全国现栽植泡桐 10 多亿株。泡桐树能与农作物形成理想的农林复合生态系统，泡桐材可制作家具、乐器和工艺品等出口创汇，在改善生态环境和提高农民收入等方面起着重要作用。

泡桐丛枝病是由植原体引起的传染性病害，虽然国内外科技工作者对其进行了大量研究，但始终未能攻克该病防治的技术难题。目前主栽区发病率仍高达 80% 以上，给农林业生产造成了巨大损失。据统计，仅河南每年造成的直接经济损失就超过 3 亿元，极大地制约了泡桐产业发展，开展该项研究意义重大。为此，课题组连续 15 年先后承担 7 个国家和省（部）级课题，集中开展了泡桐丛枝病发生机理和防治技术研究与攻关，取得了以下主要创新性成果：

（1）揭示了泡桐丛枝病发生的分子机理，实现了该项研究理论上的重大创新。

①阐明了泡桐丛枝病发生与 DNA 甲基化变化的密切关系。

②发现了丛枝病植原体引起泡桐细胞 DNA 甲基剂类物质含量减少是丛枝病发生的主要原因。

③适量外源 DNA 甲基剂可提高患病泡桐 DNA 甲基化水平，使其恢复健康状态；DNA 去甲基剂可降低健康泡桐 DNA 甲基化水平，使其呈现丛枝症状。

④发现了丛枝病发生特异相关蛋白，其只存在于健康泡桐细胞的细胞壁、细胞质和叶绿体等区域，功能与叶绿体合成密切相关。

（2）首次系统建立了不同种泡桐病、健株体外植株再生体系，实现了试验材料的创新。通过器官、体细胞胚胎发生和细胞悬浮培养等途径，建立了不同种泡桐病、健株多个体外植株高效再生体系。解决了过去研究中试验材料受季节性限制的难题，缩短了试验周期。

（3）开创了泡桐丛枝病研究工作的新思路、新方法，实现了技术路线的创新。首次将表观遗传学理论引入泡桐丛枝病研究中，并将寄主作为研究工作的切入点，开展了泡桐 DNA 甲基化变化与丛枝病发生的关系研究，改变了过去将精力集中在植原体上的研究思路，为项目顺利开展奠定了基础。

（4）创建了一套泡桐丛枝病防治技术体系，解决了制约泡桐丛枝病防治的技术难题。研究了丛枝病植原体在泡桐树体内周年变化规律，发明了丛枝病防治药物，找到了防治最佳时期，优化了用药浓度和次数，应用效果显著。

2004 年以来，应用项目创建的防治技术，在河南、安徽和山东等 7 省示范防治 8 543 万株，防治效果达 85% 以上。近 3 年防治 5 223 万株，新增纯收入 2.61 亿元。

项目曾获河南省科技进步奖一等奖 1 项、二等奖 3 项，国家授权发明专利 1 项、申请发明专利 1 项。在国内外学术期刊上发表论文 58 篇，培养博士后、博士和硕士研究生 28 名及大批实用技术人才。中国工程院沈国舫院士、尹伟伦院士、王涛院士和王明庥院士及中国科学院唐守正院士等评价该成果在同类研究中居国际领先水平。成果突破了植原体病害研究的技术瓶颈，实现了技术跨越，促进了行业的技术发展和

科技进步，带动了泡桐产业的发展，在全国具有重大推广价值和广阔应用前景。

落叶松现代遗传改良与定向培育技术体系

主要完成单位：中国林业科学研究院林业研究所、东北林业大学、辽宁省林业科学研究院、湖北省林业科学研究院、洛阳市林业科学研究所、湖北宜昌市林业科学研究所、甘肃省小陇山林业实验局林业科学研究所

主要完成人：张守攻、孙晓梅、李凤日、张含国、王军辉、韩素英、宋丛文、董健、齐力旺、赵鲲

获奖等级：国家科学技术进步奖二等奖

成果简介：

我国现有落叶松人工林 286 万公顷，占人工林总面积的 7.14%，是世界落叶松人工林面积最大的国家。项目针对落叶松造林良种缺乏、集约经营水平低、林分生产力不高等问题，以定向培育速生、丰产、优质和高效的纸浆材、大中径材为目标，开展了选择育种、杂交育种和分子聚合育种的综合研究，突破落叶松高世代生态育种、干细胞同步化繁育、杂种优势利用，创新纸浆材性状改良及速生丰产培育、大中径材林分结构优化培育等技术，构建了落叶松遗传改良、良种繁育及定向培育一体化的技术支撑体系。

（1）依据生态育种理念，首次划定落叶松 4 个育种区，制定了与各区气候及树种资源相匹配的育种及良种化策略，构建了落叶松高效生态育种体系；建立了核心育种园和高世代种子园，创建了基本群体、育种群体与生产群体分离经营的多群体多世代改良体系；选育出与各育种区相适应的独立育种群体及优良品系：家系 237 个、无性系 96 个、二代优树 1 513 株（基因型），其中 20 个优良家系通过国家良种审定，材积遗传增益 20% 以上。

（2）创建落叶松干细胞同步化繁育技术体系，发明干细胞高成胚率新工艺，突破子叶胚同步化规模发生技术瓶颈，固相培养体细胞胚发生达 360 个/克，比落叶松同类研究提高 10 倍以上，液相培养达 5 万个/升，同步化发生率达 93% 以上；自主研发落叶松雌球花转基因新方法，构建落叶松分子育种体系，基因转化率高达 40%，高抗旱性转基因株系在极端干旱条件下的造林成活率超过对照 60 多个百分点。

（3）攻克大型染色体离散技术难点，确认落叶松花粉结构为 5 细胞而非 4 细胞，证明配子形成弥散双线期为 4 阶段而非 3 阶段，首次报道配子母细胞以分裂态而非静态越冬；突破大型染色体多色荧光原位杂交技术，精确鉴定了落叶松属不同种染色体的荧光带型；证实了杂种 F_2 代具有较高遗传增益，提出杂种 F_2 代可持续利用观点，奠定了杂种种子园实生利用的理论基础。

（4）分区提出了纸浆材速生丰产培育配套技术，系统研究了种、家系、无性系材性及制浆造纸性能的变异规律，确定了影响落叶松制浆造纸的关键因子是木素含量和细胞壁厚度，提出日本落叶松最具造纸应用潜力及其最适抄造纸种。

（5）将区域信息作为变量引入非线性混合模型及度量误差模型，构建了落叶松人工林形态和材质基础模型系统，解决了区域分量与总量相容、各调查因子的无偏估计和相容估计问题，揭示了落叶松节子形成及干形发育规律，提出了大中径材空间结构优化的优质干形培育配套技术。

成果获省级科技奖 4 项、鉴定认定成果 7 项，获国家发明专利 4 项、计算机软件著作登记权 1 项、国家良种审定与认定 9 项、转基因品系释放许可证 16 项，制定标准 3 项，发表论文 123 篇，其中 SCI 5 篇，EI 6 篇。在 4 个育种区建成国家重点林木良种基地 6 处，试验示范基地 29 处，10 年累计生产良种 1 200 千克，培育优良苗木 1.98 亿株，实现材积增长 20% 以上。在 13 省（自治区、直辖市）推广应用 43.75 万公顷，新增产值 50.70 亿元，可新增利税 5.07 亿元，经济、社会、生态效益显著。

仔猪肠道健康调控关键技术及其在饲料产业化中的应用

主要完成单位：中国科学院亚热带农业生态研究所、北京伟嘉饲料集团、武汉工业学院、广东省农业科学

院畜牧研究所、双胞胎（集团）股份有限公司、武汉新华扬生物股份有限公司、广东温氏食品集团有限公司

主要完成人：印遇龙、侯永清、林映才、李铁军、黄瑞林、廖峰、邓近平、孔祥峰、卢向阳、谭支良

获奖等级：国家科学技术进步奖二等奖

成果简介：

我国是世界第一养猪大国，养猪业已成为关乎国计民生的重要产业。养猪业的重大难题之一是仔猪肠道健康问题，已成为制约养猪业快速健康发展的瓶颈，我国每年因仔猪肠道健康问题（如消化不良、腹泻、生长阻滞乃至死亡）造成的经济损失达 300 亿元。项目通过理论与方法创新，开发出仔猪肠道健康调控关键技术，进行了集成创新和产业化推广应用，为我国养猪业健康可持续发展提供了有力的技术支撑。

主要技术成果如下：

（1）探明了影响仔猪肠道健康的重要分子生物学机理。采用基因组学、蛋白质组学和代谢组学技术，发现 N-乙酰谷氨酸合成酶表达下降导致肠道内源性精氨酸合成不足，是造成肠黏膜萎缩的主要原因；断奶应激显著改变肠道代谢功能关键基因和蛋白的表达；日龄和断奶都是改变仔猪肠道菌群结构的主要诱因。首次建立了预测仔猪肠黏膜发育和关键性功能基因 mRNA 表达量随日龄变化的数学模型，克隆了与仔猪肠道养分吸收转运相关的基因 13 个。

（2）揭示了仔猪肠道健康调控的关键作用机制。发现精氨酸家族类物质（精氨酸、N-氨甲酰谷氨酸、α-酮戊二酸、谷氨酰胺二肽）通过影响 Arg-NO-HSP70、PPAR、mTOR、肠道血管内皮生长因子和 TLR4 等信号途径调控肠道抗氧化和黏膜免疫功能，促进肠黏膜蛋白合成和血管生长，缓解断奶仔猪肠道损伤；植物提取物等活性物质通过改善肠道微生态，增强肠道健康；不同碳水化合物通过其消化利用的特异性、非淀粉多糖（NSP）酶通过加速肠道中 NSP 水解影响仔猪肠道健康和生长性能。

（3）建立了仔猪肠道健康调控关键技术。建立了精氨酸家族类物质调控肠道健康技术，添加 0.8% 精氨酸、0.08% N-氨甲酰谷氨酸、0.1%～0.2% 谷氨酰胺二肽、1% α-酮戊二酸等均能改善肠道吸收功能、抗氧化能力和黏膜免疫功能；以植物提取物、合生素和甘露聚糖酶等专利技术为主的调控技术，优化了肠道微生物区系，提高了营养物质的消化率；开发了仔猪碳水化合物和脂肪的高效利用技术，提高了生产性能。通过技术集成应用，提高仔猪日增重 12%～20%，改善饲料利用率 10%～15%，降低腹泻率 25%～35%。

（4）开发出调控仔猪肠道健康的关键性产品——新型饲料添加剂和系列化乳仔猪饲料产品，进行了大规模产业化生产。通过该项成果实施，培养了 2 个美国纳斯达克上市企业，促进了包括 5 个国内上市公司在内的大型骨干企业的发展。自 2004 年以来，已在全国 16 个省（自治区、直辖市）49 家企业直接应用，并推广到 30 多个省（自治区、直辖市）以及 13 个国家和地区；近 3 年，累计推广乳仔猪饲料 300.01 万吨，新增利润 24.28 亿元，新增税收 8.01 亿元，产生社会效益 367.61 亿元。

该项目获得授权发明专利 8 项，实用新型专利 2 项，在 Genbank 注册基因序列 13 个；主编或参编专著 5 部，发表论文 181 篇，其中在 *J Nutr Bio-chem*（IF4.3）、*Amino Acids*（IF 4.2）、*J Nutr*（IF 3.7）和 *Br J Nutr*（IF2.8）等 SCI 期刊上发表论文 40 篇，ISTP 收录 10 篇。项目部分成果分别获 2009 年度湖南省科技进步奖一等奖和第六届大北农科技成果奖各 1 项。

牛和猪体细胞克隆研究及应用

主要完成单位：中国农业大学、北京济普霖生物技术有限公司

主要完成人：李宁、戴蕴平、李秋艳、张磊、汤波、卫恒习、龚国春、张运海、潘登科、马育芳

获奖等级：国家科学技术进步奖二等奖

成果简介：

动物体细胞克隆是 20 世纪末诞生的一种动物繁殖前沿高技术，对当今生命科学、生物技术和人类社

会的影响大大超过了任何一种传统繁殖技术。该技术可以低成本、短时间、高效率、大规模地复制遗传组成完全一致的动物个体，其在生产优秀农业动物和拯救濒危动物资源等方面已显示了强大的作用。项目围绕体细胞克隆牛和猪的生产技术，全面系统地进行了研究和创新，显著提高了克隆牛和克隆猪的生产效率，并应用于高产奶牛、优秀种公牛、优秀种公猪、优秀地方牛、猪及濒危动物羚牛和牦牛等的生产和拯救。项目取得了一系列具有国际前沿水准的创新性成果：

（1）创建了具有自主知识产权的体细胞克隆牛产业化生产技术平台，效率达到国际最高水平（该项目产犊率 15.8%，国际平均 10%）。

（2）建立了具有自主知识产权的体细胞克隆猪产业化生产技术平台，效率达到国际先进水平。

（3）培育出世界上首例体细胞克隆红系冀南黄牛，并进行了牦牛和羚牛的异种克隆，为我国优良家畜品种和珍稀物种的保护创造了一种新方法。

（4）获得我国首例体细胞克隆猪，成功克隆出世界首例哥廷根医用小型猪，丰富了我国医用小型猪遗传资源，为我国培育符合国际标准的医用小型猪新品种奠定坚实基础。

（5）获得了一批超优级荷斯坦种公牛、日本和牛种公牛的克隆后代，其精液各项指标与核供体非常接近，目前克隆种公牛精液已经推广应用，仅一头克隆公牛就已经推广 18 000 支冷冻精液，母牛怀孕率与非克隆种公牛人工授精怀孕率完全相同，为优秀种公牛保种和扩繁开创了一条新的途径。

（6）创制了世界首例以冷冻卵母细胞为胞质供体的体细胞克隆牛，否定了"冷冻卵母细胞不能作为克隆胞质供体"的学术假说，也为克隆牛工厂化制备提供了卵母细胞的有效保障。

（7）形成了世界上最大的克隆种奶牛和克隆种猪群体，其中克隆种公牛群和克隆原种公猪群每年可繁育高产奶牛 10 万头以上、优质种猪 1 万头以上。

（8）对克隆胚胎发育机理进行了系统研究，首次阐明中心粒数量和位置的异常是导致克隆胚胎早期发育失败的重要原因之一。

牛和猪体细胞克隆技术平台的建立和完善将对我国动物发育学、繁殖学、遗传学、育种学及人类医学等多个学科领域起到巨大促进作用，并在北京、天津、山东、河北、广东等地种畜场推广应用，近 3 年产生的直接经济效益累计达 9 200 万元，辐射经济效益更为显著。该项目应用潜力巨大，中国农业科学院农经所测算：体细胞克隆优秀种牛平均每年能为社会增加 26.1 亿元经济效益，体细胞克隆种猪平均每年能增加 4.88 亿元经济效益。该成果的推广应用将促进家畜繁育技术跨越式发展，加快了我国优秀种奶牛和种猪的良种化进程，并将极大提高我国奶牛业和养猪业的生产效益，也将为我国牛和猪地方品种资源保护发挥重要作用。该项目部分成果先后获得 2005 年北京市科学技术奖一等奖和 2008 年神农中华农业科技奖一等奖，发表学术论文 41 篇，其中在国际高水平期刊收录的 SCI 论文 38 篇，获得国家发明专利 2 项。

鲁农 I 号猪配套系、鲁烟白猪新品种培育与应用

主要完成单位：山东省农业科学院畜牧兽医研究所、山东省莱芜猪原种场、莱州市畜牧兽医站、山东银宝食品有限公司

主要完成人：武英、郭建凤、魏述东、赵德云、徐云华、原丽丽、呼红梅、王继英、张印、王诚

获奖等级：国家科学技术进步奖二等奖

成果简介：

该项目属于农业科学技术领域。

我国猪种资源丰富，但种猪质量落后于发达国家，瘦肉型种猪长期依赖进口，良种猪繁育及产业化研发体系不健全。在国家"863"、科技支撑计划和山东省农业良种工程等项目的资助下，以"高繁、快长、抗病、优质"为育种目标，利用优良地方猪种莱芜猪、烟台猪和引进猪种杜洛克、大白猪为素材，采取常规选育为主，结合分子标记技术，经 11~13 年，培育了适应我国条件和市场需求的鲁烟白猪新品种和鲁农 I 号猪配套系。

（1）集成创新先进的育种技术体系。以常规选育为主，与分子标记技术相结合，采用种猪性能测定系统、瘦肉率测定仪等育种手段、BLUP 法和计算机技术估计育种值。集成创新先进的育种技术体系，为选种准确性和加快育种进程提供了技术支撑；创建了无应激敏感基因 ZFY、ZFD 父系种群；探明了山东地方猪与引进猪种的遗传联系，并用于配套系和新品种的培育，为利用国内外遗传资源创新新种质提供了理论支撑。

（2）鲁农 I 号猪配套系。以莱芜猪为育种素材，经 11 年 6 个世代培育出繁殖性能突出、肉质好的专门化母本品系 ZML，产仔数 14.82 头，育成率 90.51％。以大白猪和杜洛克猪为育种素材，经 5 个世代选育，分别培育生长快、饲料报酬和瘦肉率高的专门化父系 ZFY 和 ZFD。ZFY、ZFD 系达 100 千克日龄分别为 159.08 和 167.37 天，料重比分别为 2.55 和 2.58，胴体瘦肉率分别为 66.15％和 69.50％。筛选出鲁农 I 号猪配套系组合——ZFD♂×（ZFY♂×ZML♀）。该配套系商品猪 30～100 千克日增重 742 克，料重比为 2.99，胴体瘦肉率 58.3％，肌内脂肪含量 4.01％。2007 年获新品种证书《（农 01）新品种证字第 13 号》。

（3）鲁烟白猪。以烟台猪和长白猪、施格猪为育种素材，经 13 年选育 7 个世代培育出产仔数多、生长快、肉质好的新品种——鲁烟白猪，产活仔数 13.02 头，育成率 95.01％，每头母猪年提供育肥猪 20～24 头。30～100 千克日增重 792 克，料重比为 2.79，胴体瘦肉率 61.7％。2007 年获新品种证书《（农 01）新品种证字第 12 号》。

（4）组装集成配套技术，建立了完善的种猪繁育与产业化开发体系，形成了"良种猪繁育—示范推广—产业开发"的完整体系。组装集成了人工授精技术、仔猪早期断奶与厚垫料发酵床保育技术、饲料安全配方技术，用于种猪繁育和商品猪生产。通过与企业联合开发、技术转让和提供种猪等形式，建立了核心选育场 4 处，扩繁场 31 处，商品猪场 110 处，健全了繁育与推广体系。开发出"农科银宝"、"莱黑"牌系列优质安全冷鲜肉、熟肉产品，现有专卖店 116 家。创建了基于 WEB 和 GBS 生猪产业链可追溯系统，为安全放心肉提供了信息和技术支撑。

2007 年以来鲁农 I 号猪配套系先后被列为农业部跨越计划、全国生猪科技入户示范工程主推品种；山东省自主创新成果转化重大专项，除在山东省大面积推广外，还推广到广东、上海、福建、江苏、河南等。2003—2009 年已累计推广优质种猪 175.68 万头、精液 59 万头份，配套系商品猪 350 万头，集成配套技术生产优质生猪 310.99 万头，累计获得经济效益达 48.14 亿元。

猪繁殖与呼吸综合征防制技术及应用

主要完成单位：中国农业科学院哈尔滨兽医研究所
主要完成人：蔡雪辉、童光志、郭宝清、刘永刚、田志军、王洪峰、柴文君、周艳君、仇华吉、刘文兴
获奖等级：国家科学技术进步奖二等奖
成果简介：

该项目属于预防兽医学领域。

20 世纪 80 年代末，国际上出现了一种新的猪病，该病的暴发流行使各国养猪业蒙受巨大的经济损失，这就是被人们俗称为"猪蓝耳病"的猪繁殖与呼吸综合征（PRRS），1995 年开始在我国流行，已经成为危害我国养猪业最为严重的病毒性传染病，每年因该病造成的经济损失高达十几亿元。哈尔滨兽医研究所率先在国内分离鉴定了该病病原，经 10 多年的科研攻关，通过 PRRS 的病原分离鉴定、抗原表位鉴定、血清学检测、疫苗研制与应用构建了 PRRS 的综合防制技术平台，为控制 PRRS 在我国的流行与蔓延提供了重要的防治手段。

1. 技术内容及创新

（1）PRRS 病毒分离鉴定技术。包括 PRRS 病毒对培养细胞的适应技术、病毒基因型的鉴定、病毒毒力的鉴定、动物感染模型的建立和病毒分子流行病学分析，应用该技术在国内首次分离到 PRRS 病毒

CH-1株，证实该病在我国存在，并先后分离到具有不同毒力和分子变异特征的代表毒株GD3和HUN4株，系统分析了该病在我国出现以来病毒的分子流行病学特征和变异规律。

（2）PRRS病毒单抗制备及其抗原表位鉴别技术。该研究在原核表达系统中分别对PRRSV各结构蛋白进行了表达，并制备了一系列分别针对PRRSV CH-1株的各结构蛋白的单克隆抗体，利用这些单抗对PRRSV CH-1a株的抗原表位进行了系统研究，根据研究结果绘制了CH-1株结构蛋白的抗原表位图谱，这为疫苗用种毒的筛选和诊断抗原的选择奠定了基础。

（3）PRRS血清学检测技术。在对国内代表毒株分离鉴定和抗原特性研究的基础上，对PRRSV-N蛋白进行原核表达，以PRRSV-N蛋白为诊断抗原，建立了检测N蛋白抗体的间接ELISA技术，成为该病血清学监测的主要工具之一。

（4）猪繁殖与呼吸综合征灭活疫苗的研制。猪繁殖与呼吸综合征灭活疫苗是以国内分离毒株CH-1株为种毒，经多次克隆和连续传代驯化，筛选出的灭活疫苗种毒（CH-1a株），通过优化的PRRS病毒增殖条件，克了体外高滴度增殖PRRS病毒难的瓶颈问题，研制成功了安全、有效的PRRS灭活疫苗。该疫苗对母猪保护率在85%以上。

（5）猪繁殖与呼吸综合征活疫苗的研制。猪繁殖与呼吸综合征活疫苗是以国内分离毒株CH-1株为种毒，经多次克隆和连续低温（34℃）传代驯化，获得一株理想的活疫苗种毒（CH-1R株），研制成功了安全性和免疫效力良好的PRRS活疫苗。该疫苗对仔猪保护率在91%以上。

2. 应用及推广情况

该项技术推广应用于30个省（自治区、直辖市），PRRS灭活疫苗（CH-1a株）和PRRS活疫苗（CH-1R株）已获得农业部颁发的新兽药证书、生产文号和国家重点新产品证书，累推广应用22.68亿头份。已获经济效益68.69亿元，还可产生经济效益108.68亿元（2009年价），科研投资年均纯收益率43.17元/（元·年）。

母猪系统营养技术与应用

主要完成单位：四川农业大学、新希望集团有限公司、广东温氏食品集团有限公司、四川铁骑力士实业集团、广西商大科技有限公司

主要完成人：陈代文、吴德、杨凤、张克英、余冰、方正锋、罗旭芳、李芳溢、何健、李勇

获奖等级：国家科学技术进步奖二等奖

成果简介：

养猪生产在国民经济中占有重要地位，生猪产值占畜牧总产值的40%，其发展水平直接关系到社会稳定、人民生活水平提高、新农村建设的发展。然而，与国际先进水平相比，我国养猪生产总体水平至少低30%，母猪终身提供的瘦肉量低40%，其根本原因在于母猪繁殖力低。因此，如何提高母猪繁殖力成为解决我国养猪生产水平低的关键。

该项目针对母猪发情受胎率和泌乳力低、使用寿命短、终身瘦肉产量低等问题，以系统科学理论和方法为指导、以动物营养及相关学科技术为手段、以提高母猪终身瘦肉提供量为目标，研究了我国优良地方母猪的合理利用模式及引进母猪的繁殖生理特点和营养需求规律，构建了母猪系统营养理论，研制了配套技术和新产品，并在饲料和养猪企业推广应用，产生了巨大经济社会效益。

主要研究成果、技术经济指标和应用推广情况：

（1）构建了以终身提供优质瘦肉为目标的母猪繁殖力评价新体系。

（2）创建了优良地方母猪的合理利用模式，研制了含梅山猪血缘母猪的营养需求参数和配套饲养技术。

（3）揭示了引进品种母猪后备期、妊娠期和泌乳期的繁殖营养生理规律及其机制，构建了提高母猪发情受胎率，改善胚胎存活和增强泌乳能力的营养技术体系。

（4）揭示了营养与肉质的互作规律，建立了提高母猪终身优质瘦肉提供量的营养调控技术。

（5）首创母猪系统营养理论，构建了母猪系统营养参数和配套技术，参与制定中国《猪饲养标准》1部，制定地方饲料安全标准 3 部。

（6）研制出了系列母猪饲料新产品，培育了饲料和猪肉产品知名品牌。

（7）揭示了母猪系统营养的综合效应，应用母猪系统营养技术，合理利用梅山猪可显著提高母猪繁殖性能和终身优质肉的产量，年提供断奶仔猪数可达 24 头以上，终身提供瘦肉可达 3 500 千克以上，肉质显著优于引进猪；引进母猪年提供断奶仔猪数可达 22 头，终身（按 8 胎计）多提供断奶仔猪 20 头以上，出栏万头肉猪的母猪饲养量由 600 头减少到 450 头，母猪耗料量降低 25%，有机物排泄降低 30%，母猪终身提供瘦肉由 3 500 千克增加到 4 050 千克，每千克瘦肉增重耗料由 7.2 千克降低到 6.4 千克，生产效益比国内总体水平提高 20% 以上。

（8）发表论文 226 篇，其中 SCI 论文 42 篇，累计影响因子达 78.35，引用次数 95 次，出版教材专著 19 部，培养了博士和硕士共 101 人，晋升教授 8 人，副教授 10 人。

（9）申请国家专利 20 项，其中授权发明专利 1 项，授权实用新型专利 3 项，构建母猪饲养配套技术 6 部。研制功能性添加剂预混料新产品 9 个，复合预混料新产品 10 个，浓缩料和全价料新产品 3 个。

（10）成果推广应用取得了显著的经济社会效益。该成果已在 10 余个生猪主产省（自治区、直辖市）及大中型企业推广应用，1998—2009 年，直接推广面达 500 万头母猪，生产饲料 2 438 万吨，累计生产 5 亿头优质肉猪；培育了饲料及猪肉知名品牌 4 个，获直接经济效益 115 亿元。

经权威同行专家鉴定认为，"该项成果整体达到国际先进水平，部分研究达到国际领先水平"，阶段研究成果已获省级科技奖一等奖 2 项、二等奖 1 项、三等奖 4 项。

青藏高原牦牛乳深加工技术研究与产品开发

主要完成单位：中国农业大学、甘肃农业大学、甘肃华羚干酪素有限公司、西藏农牧学院、西藏高原之宝牦牛乳业股份有限公司、青海青海湖乳业有限责任公司

主要完成人：任发政、甘伯中、韩北忠、敏文祥、王福清、罗章、童伟、毛学英、何林、郭慧媛

获奖等级：国家科学技术进步奖二等奖

成果简介：

青藏高原是我国自然生态脆弱、经济落后区域，牦牛乳是牧民赖以生存的宝贵资源和增收的重要途径。但长期以来，牧民仅采用传统方式加工牦牛乳制品曲拉，牦牛乳加工利用率很低，且效益低下。因此，开发高附加值牦牛乳制品，对带动藏区经济，促进藏区牧民增收，维护藏区社会稳定具有重要意义。

项目 2002 年立题，受到科技部"十五"科技攻关、星火计划及国家发改委项目的资助。项目首次探明了青藏高原牦牛泌乳特性及微生物菌相变化规律，探明了牦牛乳酪蛋白结构，开发了酪蛋白溶解与改性技术、干酪素护色与干燥技术、酪蛋白功能多肽制备技术，自主开发了 3 种牦牛乳干酪素生产新工艺，干酪素和酪蛋白磷酸肽获批国家重点新产品，实现了牦牛发酵乳、高品质干酪素等 8 种产品的产业化生产，并起草干酪素和酪蛋白酸钠的国家标准。获得省部级科技进步奖一等奖 3 项，获得授权国家发明专利 5 项，国家菌株保藏证书 9 项，发表科研论文 28 篇，其中 SCI 文章 9 篇，EI 文章 3 篇。

1. 主要技术内容及核心创新点

（1）首次探明了青藏高原不同海拔高度的牦牛乳与牦牛发酵乳的理化性质和菌相变化规律；从青藏高原传统乳制品中分离获得优良乳酸菌 9 株，并成功应用于牦牛发酵乳中。

（2）通过对曲拉酪蛋白结构变化机理与特性的分析，探明了曲拉不良色泽与风味的产生机理；采用酶解助溶技术、二次护色技术解决了酪蛋白与乳脂分离、干酪素褐变、溶解性差等技术难题，建立了新的牦牛曲拉干酪素加工工艺，实现了曲拉的高效利用。

（3）自主开发了酪朊酸钙（钠）及黄油粉加工新工艺。主要包括应用泡沫式喷雾干燥、胶磨和氢氧化

钙溶解多次结合技术解决了曲拉向酪朊酸钙（钠）转化率低等问题，首次采用微胶囊技术、真空脱气技术改善了产品的风味，解决了酪蛋白与钠（钙）结合率低、乳化性差等技术难题。

（4）发现了5条新的牦牛乳酪蛋白功能多肽序列，实现了活性多肽的高效分离，评价了降血压和免疫调节肽的功能，建立了牦牛乳多肽的制备技术。

项目取得10项省部级科研成果，经教育部与甘肃省鉴定，整体达到国内领先水平，部分达到国际先进水平，并且实用性强，技术成熟度高。

2. 应用推广与效益

据中国乳制品工业协会统计，西藏高原之宝牦牛乳业建立了国内最大的牦牛发酵乳生产线，自2007年起，3年共生产牦牛发酵乳1.92万吨，青海湖乳业3年共生产牦牛酸奶1.74万吨；甘肃华羚建立了国内最大的干酪素生产与出口基地，3年共生产精制牦牛乳干酪素2.5万吨、酪朊酸钙（钠）3 660吨、黄油粉1 000吨，其中产品的75％出口。该项目显著提高了青藏高原牦牛乳加工比例，年加工利用牦牛乳曲拉1万余吨，占我国全部牦牛乳曲拉的40％，自2007年起，3年实现销售收入17.26亿元，利税2.5亿元，创汇1.5亿美元。

项目的原料全部来自于青藏高原牧区，据中国奶业协会统计，由于项目的带动，每千克曲拉由项目初期1.2元增长到34元，2007年以来，项目直接拉动藏区20万户牧民毛收入增加21亿元，对藏区牦牛乳产业升级发挥了巨大带动作用。

中华绒螯蟹育苗和养殖关键技术开发与应用

主要完成单位： 上海海洋大学、华东师范大学、中国科学院海洋研究所、上海市水产研究所、盘锦光合水产有限公司、南通巴大饲料有限公司

主要完成人： 陈立侨、成永旭、王武、李晓东、吴嘉敏、王群、崔朝霞、张根玉、李应森、赵云龙

获奖等级： 国家科学技术进步奖二等奖

成果简介：

该项目属蟹类养殖技术、水产饲料技术领域。

项目共历时20余年。紧紧围绕我国中华绒螯蟹（简称河蟹）养殖3个发展阶段（大养蟹、养大蟹和养优质蟹）中的主要瓶颈，以上海海洋大学、华东师范大学等单位组成的科研团队，在国家、省部和地方70余项相关课题的支持下，"聚焦重点、集中力量、合作攻关、成果辐射"，较好地解决了河蟹养殖产业中"亲体、苗种、饲料、病害和养殖模式"等各个环节的难题。通过对河蟹育苗和养殖关键技术的优化、集成创新和推广，取得了成套技术的突破。

主要内容和特点：

通过对河蟹生殖细胞、性腺和胚胎发育，以及受精过程等的深入研究，为其人工繁殖的突破奠定了基础。在系统研究营养素与亲体性腺发育、繁殖性能之间关系的基础上，研发出亲体强化和育肥专用饲料，建立了亲体营养强化培育技术，显著提高了亲体的繁殖性能和幼体质量，推进了河蟹苗种产业健康和稳定发展。

调查了长江口河蟹天然繁殖场水体的理化条件，确定和优化了育苗水环境参数，通过对"规模化饵料培养"和"生态育苗水质调控"的研究，突破了低盐度（10‰）下育苗的关键技术，确立了低盐度"仿生态土池育苗"的技术体系，大大降低了育苗成本，显著提高了蟹苗的质量和产量。结合生态、营养调控，建立了综合强化培育一龄蟹种新技术，有效地控制蟹种的性早熟比例，为成蟹高效养殖提供了支撑。

通过对河蟹摄食习性、不同生长阶段的营养需要、营养物质之间的配比关系和主要影响因素，以及营养与免疫之间关系的系统研究，构建了河蟹营养学的理论框架。制定了适用不同生长阶段或体重河蟹的营养需求标准，研制了河蟹环保型全价饲料的实用系列配方和多个匹配的添加剂配方，开发的环保型全价饲料在我国河蟹主养区得到了迅速的推广和应用。申请获得4项国家发明专利。

系统研究了河蟹抖抖病、腹水病等病原检测技术、流行规律、环境与病害的关系，结合生态修复技术、免疫增强剂和微生态制剂的应用，有效控制了河蟹抖抖病等病害的大规模暴发和流行。构建了河蟹多个不同组织的 cDNA 文库和血淋巴攻毒文库，共获得 16 871 条 ESTs 序列，各文库的 unique 基因总计达 7 600 多个，占河蟹全部 ESTs 的 99.93%。通过基因的克隆、特异性表达和体外重组分析，探讨了河蟹免疫系统的响应机制，奠定了河蟹分子免疫学研究和功能基因开发的基础。

通过技术集成和创新，因地制宜，建立了我国以"当涂模式"为代表的池塘生态养殖模式，"盘锦模式"为代表的稻蟹养殖模式，以及安庆湖泊生态养殖为代表的"湖泊模式"。近 3 年土池生态育苗技术推广应用 3.9 万亩，扣蟹养殖面积约 13.5 万亩，池塘生态养殖 260 万亩；湖泊生态养殖 300 万亩，稻蟹养殖累计 113 万亩，新增产值 3 年累计 58.49 亿元，新增利润 18.46 亿元。带动了相关地区经济的发展，优化了产业结构，增加了渔民的收入和就业途径。

共发表论文 337 篇，其中 SCI 收录 45 篇，被 SCI - E、CPCI - S 他引 175 余次。出版著作 5 部，其中国家级教材 2 部，获得国家发明专利授权 7 项，培养博士生 19 名、硕士生 53 名。

海洋水产蛋白、糖类及脂质资源高效利用关键技术研究与应用

主要完成单位：中国海洋大学、青岛明月海藻集团有限公司、山东东方海洋科技股份有限公司、浙江兴业集团有限公司、中国水产舟山海洋渔业公司

主要完成人：薛长湖、李兆杰、汪东风、马永钧、李八方、林洪、薛勇、张国防、周先标、赵玉山

获奖等级：国家科学技术进步奖二等奖

成果简介：

该项目属水产品贮藏与加工技术学科。

海洋水产品富含作用独特的营养源，充分高效地利用海洋水产品营养源，对于改善国民食物结构、提高生活质量和健康水平具有重要的意义。我国海洋水产品总产量已达 2 500 多万吨，但加工比例不足 50%，且以传统加工为主。与发达国家相比，海洋水产蛋白、糖类及脂质资源的利用率低、高值化加工产品少、增值率低，已成为制约海洋渔业产业结构调整、增产增收和持续快速发展的主要瓶颈。有鉴于此，项目组从 20 世纪 80 年代开始，系统研究了海洋水产蛋白、糖类及脂质资源的高效利用技术与产业化应用。

（1）开发海洋水产蛋白制品加工关键技术，突破了海洋水产蛋白资源产业化利用技术瓶颈。发明了冷冻鱼糜的等电点沉淀法生产技术，突破了新资源冷冻鱼糜及鱼糜制品加工的技术瓶颈；开发了水产胶原蛋白的低温提取与定向酶解技术，实现了占水产品 8%～10% 的鱼皮资源的高值化利用；开发了鱼肉蛋白质的低成本深度水解技术，解决了目前鱼蛋白水解制品发酵时间过长，游离氨基酸含量不高的技术难题。

（2）创新海藻多糖和甲壳多糖制备技术，实现了海洋水产糖类资源的高效利用。发明了海带甘露醇和岩藻聚糖硫酸酯的膜组合提取分离技术，开发了褐藻胶低聚糖及降有机磷农药残留海藻肥等高值化褐藻胶产品，创新了海藻多糖资源的利用体系；开发了甲壳类动物多糖的高值化加工技术，研制了非衍生化水溶性甲壳质、壳聚糖多功能生物材料及壳寡糖等甲壳质高附加值产品。

（3）攻克鱼油制品工业化生产关键技术，促进了我国海洋水产脂质资源高效利用工业现代化。开发了鱼油高不饱和脂肪酸的分子蒸馏法分离技术及富含二十二碳六烯酸磷脂（DHA -磷脂）的工业化提取技术，发明了利用亚临界 R134a 体系合成高不饱和脂肪酸甘油酯的技术，奠定了我国现代鱼油制品工业的基础。

应用上述技术，重点对鳗、鱿鱼、海带等大宗水产资源及虾蟹壳、鱼皮等海洋水产品加工下脚料中的蛋白质、糖类及脂质进行了应用研究与产品开发，显著提升了我国海洋水产品加工行业的技术水平与综合效益，有力推动了我国海洋渔业产业结构调整和经济增长方式的转变。项目共鉴定（验收）技术成果 7

项，整体达到国际先进水平；获授权发明专利 14 项；制定国家标准 1 项，企业标准 30 余项；发表学术论文 69 篇，其中 SCI 收录 28 篇；编写出版学术著作 4 部；培养研究生 80 余名，企业技术骨干 200 余名。项目获得 2009 年度教育部科学技术进步奖一等奖。

通过产学研联合开发或技术成果转让的方式，上述成果已陆续在浙江神舟海洋生物工程有限公司、青岛明月海藻集团有限公司、山东东方海洋科技股份有限公司、中国水产舟山海洋渔业公司、浙江兴业集团有限公司及上海银龄美海洋生物科技有限公司等企业进行了产业化应用。技术成果为企业年增加利润 11 个百分点以上，已累计新增产值 54 亿多元，新增利税 12 亿多元，间接增加农民收入 10 亿多元。其中，近 3 年新增产值 36.24 亿元，新增利税 9.08 亿元，创收外汇 1.04 亿美元，增收节支 1 692 万元。

大洋金枪鱼资源开发关键技术及应用

主要完成单位：中国水产科学研究院东海水产研究所、上海海洋大学、国家卫星海洋应用中心、中国科学院地理科学与资源研究所

主要完成人：陈雪忠、许柳雄、蒋兴伟、周成虎、樊伟、宋利明、林明森、苏奋振、崔雪森、戴小杰

获奖等级：国家科学技术进步奖二等奖

成果简介：

该项目属海洋渔业和海洋科学技术领域。

应对全球金枪鱼资源和海洋权益的争夺，项目组从 1993 年起，通过产、学、研相结合联合攻关，经过 14 年的金枪鱼渔场探捕和资源开发，突破了大洋金枪鱼渔场预报、高效捕捞等关键技术，成功开发了三大洋 7 个金枪鱼作业渔场，使我国大洋金枪鱼渔业从空白发展成为世界主要捕捞国家之一，对我国渔业实施"走出去"战略和维护公海权益具有重大的战略意义。

1. 主要技术内容

（1）通过对三大洋金枪鱼资源与环境连续 14 年的调查，获取了一大批渔场资源、环境科学数据，填补了我国公海金枪鱼渔业数据空白；应用区域海洋学、GIS 空间统计等理论与方法，提出了金枪鱼渔业生物学指标体系，创建了不同金枪鱼渔场的三维环境特征模型及资源时空变动规律解析方法，为首次成功开发我国 7 个大洋金枪鱼作业渔场奠定了技术基础。

（2）建立了大洋金枪鱼渔业综合管理数据库，首次创建了基于贝叶斯概率原理的金枪鱼渔场预报模型，研发了具有自主知识产权的金枪鱼渔场渔情信息服务系统，实现了金枪鱼渔场的速预报。

（3）以流体力学、工程力学、鱼类行为学理论为基础，首次建立了金枪鱼延绳钓钓钩深度三维模型，开发了可视化仿真软件，自主研发了高效生态型金枪鱼延绳钓钓具，显著提高了金枪鱼捕捞效率。

（4）首次研发了我国大洋金枪鱼渔场环境信息获取与特征提取技术，创建了自主海洋卫星海表温度、叶绿素反演算法及特征提取算法模块，为金枪鱼渔场渔情分析提供了可靠的环境信息。

2. 技术经济指标

大洋金枪鱼渔场资源及环境综合调查共计 32 航次、2 650 个调查站位，调查面积达 3 272 万千米^2，涵盖了三大洋 7 个作业渔场，收集获取了 124 种金枪鱼渔业捕捞对象的生物学数据；制作了三大洋大眼金枪鱼等 4 种主要捕捞对象 14 年时间序列的渔场海况分布圈 1 872 幅；实现了金枪鱼渔场渔情信息服务系统的业务化运行，连续 5 年共发布金枪鱼渔场渔情预报信息 228 期 1 596 幅，预报准确率达到 70%；印度洋和东太平洋大眼金枪鱼延绳钓的钓获率分别提高到 6.17 尾/千钩和 5.8 尾/千钩；渔场海表温度反演精度达到 0.8℃，叶绿素提取平均相对误差小于 40%，海洋温度锋面、涡漩结构等渔场特征指标实现批处理自动提取。

3. 成果推广及应用

项目成果已成功推广应用到我国 47 家企业，301 艘金枪鱼渔船，成果的应用在缩短探鱼时间，降低燃油成本，提高捕捞效率等方面效果显著。据用户应用证明和相关统计，1993 年以来，累计捕捞金枪鱼

76.1 万吨，产值 213 亿元；近 3 年累计捕捞金枪鱼 37.28 万吨，产值 99.1 亿元，累计增收节支 17.4 亿元。成果的应用改变了我国远洋渔业生产结构和增长方式，开创了我国大洋金枪鱼渔业，实现了金枪鱼渔业的产业化；同时显著提升了高技术对大洋渔业的支撑作用，增强了我国金枪鱼生产企业的国际竞争力，维护了我国的公海权益。

4. 知识产权及专利

发表论文 115 篇，出版著作 1 部，获得授权专利 1 项，软件著作权登记证书 5 项，培养硕士研究生 29 名、博士研究生 12 名。

半滑舌鳎苗种规模化繁育及健康养殖技术开发与应用

主要完成单位：中国水产科学研究院黄海水产研究所、莱州明波水产有限公司、海阳市黄海水产有限公司、青岛忠海水产有限公司

主要完成人：柳学周、陈松林、姜言伟、庄志猛、翟介明、刘寿堂、陈四清、万瑞景、马爱军、常青

获奖等级：国家科学技术进步奖二等奖

成果简介：

改革开放以来，我国海水养殖业稳步发展，成效显著，2007 年海水养殖产量达 1 307.3 万吨，但其中鱼类养殖产量仅 68.9 万吨，占海水养殖产量的 5.3%。形成这种产业格局的主要原因：一是海水鱼类养殖业起步较晚，二是适养种类不多。因此，开发海水养殖鱼类新鱼种对于发展海水养殖业和调整产业结构具有重要意义。

主要分布在渤、黄海的半滑舌鳎为东北亚特有名贵鱼类，具有营养丰富、广温、广盐、个体大、生长快等特点，深受消费者喜爱，市场前景广阔。由于过度捕捞和环境变化，渤黄海半滑舌鳎自然资源几近衰竭，发展其增养殖引起了业界广泛重视。该鱼口咽结构特殊，摄食能力弱，雌雄差异大，自然界繁殖力低下，故人工繁殖难度较大。20 世纪 80 年代初项目组成员率先研究半滑舌鳎人工繁育技术，通过采捕野生亲鱼现场人工授精，培育出变态苗种数千尾，初步认识了该鱼的生殖习性和产卵生态。由于捕获野生亲鱼难以驯化和繁殖生物学研究基础薄弱，未能突破亲鱼生殖调控、自然产卵和规模化苗种培育等主要技术瓶颈，苗种奇缺制约了养殖业的发展。"十五"以来，在国家"863"计划等相关科技项目支持下，项目组开展了半滑舌鳎繁殖生物学、性别控制和苗种规模化繁育及健康养殖技术的研究与开发。经过 9 年攻关，突破了亲鱼驯化和生殖调控关键技术，形成了苗种规模化繁育及健康养殖技术体系，实现了我国鳎科鱼类养殖零的突破和稳定发展，形成规模化产业。项目主要技术内容包括：

（1）探明半滑舌鳎性腺发育规律，突破亲鱼生殖调控关键技术，发明了温光调控半滑舌鳎亲鱼产卵技术，实现了亲鱼自然产卵，填补了空白，为苗种规模化繁育奠定了物质基础。

（2）揭示了半滑舌鳎早期发育阶段掇食节律变化及机理，发明了半滑舌鳎仔稚鱼饵料搭配投喂技术，解决了苗种饵料系列、饵料转化及投喂策略等技术关键点。

（3）首次发现半滑舌鳎染色体类型为 ZW/ZZ 型，雌性具有异型 W 性染色体；克隆了性别相关基因 4 个，筛选到雌性特异分子标记 7 个，建立了遗传性别鉴定的 PCR 技术；发明了分子标记辅助性别控制技术和性逆转的诱导技术，建立了伪雄鱼制种和高雌性苗种生产技术，将雌性鱼苗比例提高到 70%，提高了苗种质量和养殖效率。

（4）完成了苗种大规模繁育及养殖模式开发，建立了苗种规模化繁育和健康养殖技术体系，为产业化开发提供了技术支撑。

项目获授权国家发明专利 5 项，实用新型专利 1 项；发表学术论文 64 篇（11 篇 SCI）及专著 1 部；制作推广电视片 1 部。培养硕士 32 名、博士 18 名、企业技术骨干 900 多人。

项目实施以来，积极开展技术集成示范，面向全国推广，先后开展技术培训、研讨会 30 多次，培训技术人员 3 000 多人次，推动了养殖产业化进程。2007—2009 年，累计生产半滑舌鳎苗种 12 500 万尾、

商品鱼约 20 000 吨；3 年产生直接经济效益约 43 亿元，项目实施以来共产生直接经济效益约 63 亿元。同时，带动了饲料、建筑、餐饮等相关行业发展，年增加就业岗位约 8 万人。另外，还推动了海水鱼类增殖放流和资源修复事业的发展，经济和社会效益显著。

贝类精深加工关键技术研究及产业化

主要完成单位： 大连工业大学、大连獐子岛渔业集团股份有限公司
主要完成人： 朱蓓薇、董秀萍、李冬梅、吴厚刚、周大勇、孙黎明、杨静峰、吴海涛、辛丘岩、侯红漫
获奖等级： 国家科学技术进步奖二等奖
成果简介：

该项目涉及食品科学技术、食品生物化学等领域。

项目是在国家"863"、国家科技支撑、国际合作重大计划等国家、省市科研项目和相关企业支持下，积累了 10 余年的研究成果。项目形成的多项贝类精深加工技术填补了国内外空白，整体技术处于国际领先。成果 2009 年获辽宁省科技进步奖一等奖，2006 年获辽宁省技术发明奖二等奖。

我国贝类养殖产量已逾 1 000 万吨，居世界第一位，占我国海水养殖产量 80%。然而贝类加工技术落后，加工产业尚未形成，成为制约贝类养殖产业链延伸与升级的重要瓶颈。项目以大宗经济贝类为原料，研究贝类食品加工新技术，开发系列贝类食品；研究生物活性物质的高效制备技术，确定其结构和功能，开发营养食品，实现贝类精深加工和高值化利用。

项目申报发明专利论文 22 篇。开发 7 项贝类加工新技术，研制贝类食品 18 种，制定产品标准 17 部。发现 7 种新的贝类活性多糖，评价多糖 8 种生物活性，开发 3 种营养食品。所开发技术在辽宁大连、福建霞浦等 8 家企业实现产业化，累计创造产值 2.306 1 亿元。目前正向辽宁丹东、葫芦岛、山东荣成、河北秦皇岛、广西等多地的企业进行推广。

项目为海洋贝类精深加工开辟了新思路，并解决了传统加工中副产物高值化利用问题，为贝类加工和废弃物开发提供示范。我国贝类鲜品产值 1 000 多亿元，如果 10% 实现精深加工，产值增加将超过 200 个亿。有利于促进我国渔业结构调整，拉动贝类养殖业发展，促进渔业增效，渔民增收。此外，该项目中多个技术成果可推广应用到鱼、虾以及棘皮动物的精深加工中，为其提供理论与技术支撑。

主要创新点：

（1）发明了贝类食品加工质构控制技术，开发了低温真空渗透调味技术及阶段式杀菌技术，攻克了传统贝类食品开发过程中食性、质构及风味难以控制，色泽不稳定，不易贮藏等技术难点，并开发了具有良好品质的系列贝类加工食品。申报中国发明专利 9 项，授权 1 项（ZL200710090935.3）。

（2）发明了适用于贝类多糖的复合生物酶酶解提取技术和蛋白酶酶解-Sevag 法脱蛋白技术，建立了贝类多糖的多模式分离制备技术，获得 7 个新的贝类活性多糖；集成了一系列适合于贝类多糖结构解析的方法，并首次解析确定了 7 个贝类多糖结构；采用全方位活性筛选及评价体系明确了贝类多糖的生物活性。开发了贝类多糖营养食品。获授权国际（日本）发明专利 2 项（JP2007-545823，JP2008-533850），中国发明专利 4 项（ZL00510047409.X，ZL200510047410.2，ZL200510047412.1，ZL200510047411.7）。

（3）发明了贝类营养剂料的内外源酶复合酶解、低温制备技术，实现了贝类目标活性物质的富集和活性保持。开发了牡蛎肽等营养食品。获授权中国发明专利 6 项（ZL02132843.9，ZL02132844.7，ZL200410054771.5，ZL200410054768.3，ZL200410054770.0，ZL200410092089.5）。

（4）建立了绿色高效的贝类脏器油脂制备技术，实现了贝类脏器不饱和脂肪酸高效回收。获授权发明专利 1 项（ZL 200610073085.1）。

中华人民共和国国际科学技术合作奖

ZHONGHUA RENMIN GONGHEGUO GUOJI KEXUE JISHU HEZUOJIANG

中华人民共和国国际科学技术合作奖

ZHONGHUA RENMIN GONGHEGUO GUOJI KEXUE JISHU HEZUOJIANG

2001 年

杨又迪（CharleS Y. Yang）

杨又迪（CharleS Y. Yang），71 岁，美籍华人病理学家，30 多次来中国，先后和中国农业科研人员合作，改良、培育大豆、绿豆、番茄、耐热结球白菜等 9 种作物，并资助试验经费 30 多万美元。其中绿豆品种中绿 1 号、徐引 2 号等，已在全国 20 多个省（自治区、直辖市）大面积推广应用，年播种面积占全国的 4 成，累计推广绿豆 200 多万公顷，增产绿豆 6 亿千克，增值 10 亿元。

2003 年

伏格乐（Juergen Voegele）

伏格乐（Juergen Voegele），男，1959 年 9 月出生，德国籍，农业经济学博士。曾任中德技术合作项目和联邦经济合作部咨询专家，现任世界银行驻中国代表处农村发展部主任。

伏格乐 1991 年到世界银行，曾先后在欧洲、非洲和亚洲等地的 20 多个国家工作。他悉心研究中国农村、农业的具体情况，把世行的新理念、新技术、新方式和人文精神引入世界银行各个援华项目。1992 年以来，他参与和组织世界银行中国农业和农村发展项目 46 个，贷款总额约 69.53 亿美元，并亲自担任《黄土高原水土保持项目》、《山西扶贫项目》、《中国农业科技发展项目》等 6 个项目经理。特别是在 1994—2002 年执行《黄土高原水土保持项目》过程中，通过修造梯田、植树造林、草地管理、泥沙控制、灌溉管理等项目，使位于黄土高原的山西、陕西、甘肃和内蒙古约 50 个县受益，100 多万人脱贫。该项目为世界最大且非常成功的一个水土流失控制项目，为促进中国西部农业的可持续发展作出了重要贡献。

在积极争取世界银行贷款的同时，伏格乐先后为 37 个项目争取了约 1 480 万美元的无偿援助。

2005 年

艾菲特·雅可布森（Evert Jacobsen）

艾菲特·雅可布森（Evert Jacobsen），男，1947 年生，荷兰籍，博士。雅可布森教授是国际知名的植物科学家，现任瓦赫宁根大学植物科学院首席科学家。

雅可布森教授十分重视中荷两国的农业科研项目的合作。他和同事启动了国际马铃薯基因组测序项目，并邀请中国农科院作为第一国际合作伙伴。该项目的实施将使我国马铃薯分子遗传和育种研究跃居世界先进行列。他成功地策划了中荷战略联盟项目（"973"计划），该项目共吸引 400 万欧元的资金建立了双边基础性高科技合作研究的重要平台，共同开展合作研究。他积极引进先进的技术，通过 2n 配子技术交流和开发，使我国专家快速掌握这一先进、高效的育种技术，成功培育了高淀粉马铃薯新品种中大 1

号。他还积极从荷方申请项目，目前已经在中国投入 200 万欧元建立实验室，现拥有各种仪器 100 多台件，总价值 1 500 多万元。该实验室承担了 20 多个 "863" 和 "973" 计划项目。

雅可布森教授是荷兰接受中国学生最早和培养学生最多的教授之一，已毕业的博士 9 名，在读博士 15 名。他非常热爱中国，对中国人民怀有深厚的感情。近 20 年来，一直致力于与我国在农业人才培养和农业科学研究领域的合作，为我国农业科技进步和经济发展作出了重大的贡献。

◆ 2007 年

国际水稻研究所（International Rice Research Institute）

国际水稻研究所（International Rice Research Institute）是一个自主的、非赢利性的、国际性的水稻研究机构，是国际农业研究磋商组织下属的 15 个农业研究中心之一，总部设在菲律宾。由农业部和水稻专家袁隆平院士共同推荐。

国际水稻研究所一直在世界水稻的科研与生产上起着重要作用，分别在 11 个国家设有办事处或分支机构，其目的是创造和传播水稻方面的新知识、新理论及其应用技术，帮助成员国建立和健全水稻研究系统。

1981 年以来，国际水稻研究所为推动与中国水稻科学研究和人才培养等领域开展了卓有成效的工作，建立了引进全球水稻品种资源的渠道，提供大量的优质水稻品种和基因资源，促进了我国水稻新品种的培育与利用。通过人力资源培训及联合研究载体的建设，还促进了我国水稻科学研究能力建设，培养了一大批优秀的科技人才。

国际水稻研究所与我国联合承担国际合作项目，在水稻科学的多个领域开展合作，并联合举办学术交流活动，扩大了中国水稻科学界的国际影响。国际技术合作取得了丰硕的成果，推动了我国水稻科学研究事业的快速发展，为我国粮食增产、农业增效与农民增收作出了重要的贡献。

◆ 2008 年

罗斯高（Scott Douglas Rozelle）

罗斯高（Scott Douglas Rozelle），男，1955 年 7 月生，美国籍，农业经济学博士，斯坦福大学国际研究所高级研究员、教授，中国科学院农业政策研究中心国际学术顾问委员会主席。主要从事农业经济、发展经济和资源环境经济学的研究工作，由中国科学院推荐。

罗斯高教授从 20 世纪 80 年代中期以来一直同中国学者合作，从事中国农业经济和农村发展研究，他在推进中国农业经济政策的学术研究、促进世界了解中国改革成就以及促进中国农业发展方面作出了重要贡献，并于 2007 年获得美国农业经济学会终生成就奖，2008 年获得中国科学院首届国际合作奖。

罗斯高教授为中国建立世界一流的研究团队和培养优秀农业经济学家作出了杰出的贡献。他全力支持国内创建农业经济政策研究团队，自 1995 年以来，他先后担任中国农业科学院和中国科学院农业政策研究中心的国际学术顾问委员会主席，该中心在短时期内能在国际享有盛誉同他的贡献密不可分。他先后在国内外为中国的 2 000 多个本科生和 500 多个研究生举办了培训班，现在很多参与培训的学员已成为我国主要农经学术单位的学术带头人。2007 年以来，作为教育部 2006 年聘请的 "长江学者" 讲座教授，他还在中国人民大学给研究生开设发展经济学与高级发展经济学的课程。他积极推进中国科研人员开展广泛的、平等的国际合作研究，到目前为止，由他启动或参与的中国同国际的合作项目已达 50 多项。

维克多·罗伊·斯夸尔（Victor Squires）

维克多·罗伊·斯夸尔（Victor Squires），男，1937 年 12 月生，澳大利亚籍，生态学和干旱地可持续管理专家。澳大利亚阿德雷德大学教授，自然资源学院创办人。由国家林业局推荐。

维克多·罗伊·斯夸尔教授自 1985 年首次来华执行国际项目，足迹遍及我国北方 12 个省（自治区、直辖市），累计在华工作超过 65 个月。20 多年来，通过开展合作研究、策划和筹办国际研讨会、举办学术讲座、担任客座教职等多种形式，为中国干旱区研究的学科发展与技术进步作出了重要贡献。

他首次在中国倡导参与式土地监测系统的开发，有力推动了黄土高原农牧交错带草地资源清查和监测方法的改进，并为中国的荒漠化监测提供了范式；牵头制定的"甘肃荒漠化防治优化方案"，引入干旱区"碳截存潜力"新概念，并以此对荒漠化问题进行综合诊断，设计出河西走廊沙侵、水蚀和盐渍化等土地退化防治试点；主持的"东北亚沙尘暴防治"项目，完成了区域沙尘暴监测及早期预警网络的总体框架，形成中国、蒙古、日本、韩国和 ADB、UNEP、UNESCAP、UNCCD 等"4＋4 数据共享机制"（4 个国家＋4 个国际组织），并为中国、蒙古两国优选出 8 个沙尘暴防治试点项目区。

自 1995 年以来，他积极为中国承办的国际会议和组建的国际机构策划文案、撰写评估报告；通过与中方科学家共同撰写英文论著，如《全球沙尘暴警示录》（中英文）、《亚太地区履约评述和防治荒漠化最佳实践》（英文）等，极大地推动了中国荒漠化研究的国际化进程，中方合作者中多人已成为干旱区管理和荒漠化研究领域的国际型科研、教学和管理人才。

附

录

FULU

附

录

FULU

附录一

国家科学技术奖励条例

(1999 年 5 月 23 日中华人民共和国国务院令第 265 号发布，
根据 2003 年 12 月 20 日《国务院关于修改〈国家科学技术奖励条例〉的决定》修订)

第一章 总 则

第一条 为了奖励在科学技术进步活动中做出突出贡献的公民、组织，调动科学技术工作者的积极性和创造性，加速科学技术事业的发展，提高综合国力，制定本条例。

第二条 国务院设立下列国家科学技术奖：

（一）国家最高科学技术奖；

（二）国家自然科学奖；

（三）国家技术发明奖；

（四）国家科学技术进步奖；

（五）中华人民共和国国际科学技术合作奖。

第三条 国家科学技术奖励贯彻尊重知识、尊重人才的方针。

第四条 国家维护国家科学技术奖的严肃性。

国家科学技术奖的评审、授予，不受任何组织或者个人的非法干涉。

第五条 国务院科学技术行政部门负责国家科学技术奖评审的组织工作。

第六条 国家设立国家科学技术奖励委员会，国家科学技术奖励委员会聘请有关方面的专家、学者组成评审委员会，依照本条例的规定，负责国家科学技术奖的评审工作。

国家科学技术奖励委员会的组成人员人选由国务院科学技术行政部门提出，报国务院批准。

第七条 社会力量设立面向社会的科学技术奖，应当在科学技术行政部门办理登记手续。具体办法由国务院科学技术行政部门规定。

社会力量经登记设立的面向社会的科学技术奖，在奖励活动中不得收取任何费用。

第二章 国家科学技术奖的设置

第八条 国家最高科学技术奖授予下列科学技术工作者：

（一）在当代科学技术前沿取得重大突破或者在科学技术发展中有卓越建树的；

（二）在科学技术创新、科学技术成果转化和高技术产业化中，创造巨大经济效益或者社会效益的。

国家最高科学技术奖每年授予人数不超过 2 名。

第九条 国家自然科学奖授予在基础研究和应用基础研究中阐明自然现象、特征和规律，做出重大科学发现的公民。

前款所称重大科学发现，应当具备下列条件：

（一）前人尚未发现或者尚未阐明；

（二）具有重大科学价值；

（三）得到国内外自然科学界公认。

第十条 国家技术发明奖授予运用科学技术知识做出产品、工艺、材料及其系统等重大技术发明的公民。

前款所称重大技术发明，应当具备下列条件：

（一）前人尚未发明或者尚未公开；

（二）具有先进性和创造性；

（三）经实施，创造显著经济效益或者社会效益。

第十一条 国家科学技术进步奖授予在应用推广先进科学技术成果，完成重大科学技术工程、计划、项目等方面，做出突出贡献的下列公民、组织：

（一）在实施技术开发项目中，完成重大科学技术创新、科学技术成果转化，创造显著经济效益的；

（二）在实施社会公益项目中，长期从事科学技术基础性工作和社会公益性科学技术事业，经过实践检验，创造显著社会效益的；

（三）在实施国家安全项目中，为推进国防现代化建设、保障国家安全做出重大科学技术贡献的；

（四）在实施重大工程项目中，保障工程达到国际先进水平的。

前款第（四）项重大工程类项目的国家科学技术进步奖仅授予组织。

第十二条 中华人民共和国国际科学技术合作奖授予对中国科学技术事业做出重要贡献的下列外国人或者外国组织：

（一）同中国的公民或者组织合作研究、开发，取得重大科学技术成果的；

（二）向中国的公民或者组织传授先进科学技术、培养人才，成效特别显著的；

（三）为促进中国与外国的国际科学技术交流与合作，做出重要贡献的。

第十三条 国家最高科学技术奖、中华人民共和国国际科学技术合作奖不分等级。

国家自然科学奖、国家技术发明奖、国家科学技术进步奖分为一等奖、二等奖 2 个等级；对做出特别重大科学发现或者技术发明的公民，对完成具有特别重大意义的科学技术工程、计划、项目等做出突出贡献的公民、组织，可以授予特等奖。

国家自然科学奖、国家技术发明奖、国家科学技术进步奖每年奖励项目总数不超过 400 项。

第三章 国家科学技术奖的评审和授予

第十四条 国家科学技术奖每年评审一次。

第十五条 国家科学技术奖候选人由下列单位和个人推荐：

（一）省、自治区、直辖市人民政府；

（二）国务院有关组成部门、直属机构；

（三）中国人民解放军各总部；

（四）经国务院科学技术行政部门认定的符合国务院科学技术行政部门规定的资格条件的其他单位和科学技术专家。

前款所列推荐单位推荐的国家科学技术奖候选人，应当根据有关方面的科学技术专家对其科学技术成果的评审结论和奖励种类、等级的建议确定。

香港、澳门、台湾地区的国家科学技术奖候选人的推荐办法，由国务院科学技术行政部门规定。

中华人民共和国驻外使馆、领馆可以推荐中华人民共和国国际科学技术合作奖的候选人。

第十六条 推荐的单位和个人限额推荐国家科学技术奖候选人；推荐时，应当填写统一格式的推荐书，提供真实、可靠的评价材料。

第十七条 评审委员会作出认定科学技术成果的结论，并向国家科学技术奖励委员会提出获奖人选和奖励种类及等级的建议。

国家科学技术奖励委员会根据评审委员会的建议，作出获奖人选和奖励种类及等级的决议。

国家科学技术奖的评审规则由国务院科学技术行政部门规定。

第十八条 国务院科学技术行政部门对国家科学技术奖励委员会作出的国家科学技术奖的获奖人选和奖励种类及等级的决议进行审核，报国务院批准。

第十九条　国家最高科学技术奖报请国家主席签署并颁发证书和奖金。

国家自然科学奖、国家技术发明奖、国家科学技术进步奖由国务院颁发证书和奖金。

中华人民共和国国际科学技术合作奖由国务院颁发证书。

第二十条　国家最高科学技术奖的奖金数额由国务院规定。

国家自然科学奖、国家技术发明奖、国家科学技术进步奖的奖金数额由国务院科学技术行政部门会同财政部门规定。

国家科学技术奖的奖励经费由中央财政列支。

第四章　罚　　则

第二十一条　剽窃、侵夺他人的发现、发明或者其他科学技术成果的，或者以其他不正当手段骗取国家科学技术奖的，由国务院科学技术行政部门报国务院批准后撤销奖励，追回奖金。

第二十二条　推荐的单位和个人提供虚假数据、材料，协助他人骗取国家科学技术奖的，由国务院科学技术行政部门通报批评；情节严重的，暂停或者取消其推荐资格；对负有直接责任的主管人员和其他直接责任人员，依法给予行政处分。

第二十三条　社会力量未经登记，擅自设立面向社会的科学技术奖的，由科学技术行政部门予以取缔。

社会力量经登记设立面向社会的科学技术奖，在科学技术奖励活动中收取费用的，由科学技术行政部门没收所收取的费用，可以并处所收取的费用1倍以上3倍以下的罚款；情节严重的，撤销登记。

第二十四条　参与国家科学技术奖评审活动和有关工作的人员在评审活动中弄虚作假、徇私舞弊的，依法给予行政处分。

第五章　附　　则

第二十五条　国务院有关部门根据国防、国家安全的特殊情况，可以设立部级科学技术奖。具体办法由国务院有关部门规定，报国务院科学技术行政部门备案。

省、自治区、直辖市人民政府可以设立一项省级科学技术奖。具体办法由省、自治区、直辖市人民政府规定，报国务院科学技术行政部门备案。

第二十六条　本条例自公布之日起施行。1993年6月28日国务院修订发布的《中华人民共和国自然科学奖励条例》、《中华人民共和国发明奖励条例》和《中华人民共和国科学技术进步奖励条例》同时废止。

附录二

国家科学技术奖励条例实施细则

（1999 年 12 月 24 日科学技术部令第 1 号发布，根据 2004 年 12 月 27 日
科学技术部令第 9 号《关于修改〈国家科学技术奖励条例实施细则〉的决定》修改）

第一章 总   则

第一条 为了做好国家科学技术奖励工作，保证国家科学技术奖的评审质量，根据《国家科学技术奖励条例》（以下称奖励条例），制定本细则。

第二条 本细则适用于国家最高科学技术奖、国家自然科学奖、国家技术发明奖、国家科学技术进步奖和中华人民共和国国际科学技术合作奖（以下称国际科技合作奖）的推荐、评审、授奖等各项活动。

第三条 国家科学技术奖励贯彻"尊重劳动、尊重知识、尊重人才、尊重创造"的方针，鼓励团结协作、联合攻关，鼓励自主创新，鼓励攀登科学技术高峰，促进科学研究、技术开发与经济、社会发展密切结合，促进科技成果商品化和产业化，加速科教兴国、人才强国和可持续发展战略的实施。

第四条 国家科学技术奖的推荐、评审和授奖，实行公开、公平、公正原则，不受任何组织或者个人的非法干涉。

第五条 国家科学技术奖授予在科学发现、技术发明和促进科学技术进步等方面做出创造性突出贡献的公民或者组织，并对同一项目授奖的公民、组织按照贡献大小排序。

在科学研究、技术开发项目中仅从事组织管理和辅助服务的工作人员，不得作为国家科学技术奖的候选人。

第六条 国家科学技术奖是国家授予公民或者组织的荣誉，授奖证书不作为确定科学技术成果权属的直接依据。

第七条 国家科学技术奖励委员会负责国家科学技术奖的宏观管理和指导。

科学技术部负责国家科学技术奖评审的组织工作。国家科学技术奖励工作办公室（以下称奖励办公室）负责日常工作。

第二章 奖励范围和评审标准

第一节 国家最高科学技术奖

第八条 奖励条例第八条第一款（一）所称"在当代科学技术前沿取得重大突破或者在科学技术发展中有卓越建树"，是指候选人在基础研究、应用基础研究方面取得系列或者特别重大发现，丰富和拓展了学科的理论，引起该学科或者相关学科领域的突破性发展，为国内外同行所公认，对科学技术发展和社会进步作出了特别重大的贡献。

第九条 奖励条例第八条第一款（二）所称"在科学技术创新、科学技术成果转化和高技术产业化中，创造巨大经济效益或者社会效益"，是指候选人在科学技术活动中，特别是在高新技术领域取得系列或者特别重大技术发明，并以市场为导向，积极推动科技成果转化，实现产业化，引起该领域技术的跨越发展，促进了产业结构的变革，创造了巨大的经济效益或者社会效益，对促进经济、社会发展和保障国家安全作出了特别重大的贡献。

第十条 国家最高科学技术奖的候选人应当热爱祖国，具有良好的科学道德，并仍活跃在当代科学技

术前沿，从事科学研究或者技术开发工作。

第二节　国家自然科学奖

第十一条　奖励条例第九条第二款（一）所称"前人尚未发现或者尚未阐明"，是指该项自然科学发现为国内外首次提出，或者其科学理论在国内外首次阐明，且主要论著为国内外首次发表。

第十二条　奖励条例第九条第二款（二）所称"具有重大科学价值"，是指：（一）该发现在科学理论、学说上有创见，或者在研究方法、手段上有创新；（二）对于推动学科发展有重大意义，或者对于经济建设和社会发展具有重要影响。

第十三条　奖励条例第九条第二款（三）所称"得到国内外自然科学界公认"，是指主要论著已在国内外公开发行的学术刊物上发表或者作为学术专著出版一年以上，其重要科学结论已为国内外同行在重要国际学术会议、公开发行的学术刊物，尤其是重要学术刊物以及学术专著所正面引用或者应用。

第十四条　国家自然科学奖的候选人应当是相关科学技术论著的主要作者，并具备下列条件之一：

（一）提出总体学术思想、研究方案；

（二）发现重要科学现象、特性和规律，并阐明科学理论和学说；

（三）提出研究方法和手段，解决关键性学术疑难问题或者实验技术难点，以及对重要基础数据的系统收集和综合分析等。

第十五条　国家自然科学奖一等奖、二等奖单项授奖人数一般不超过 5 人，特等奖除外。特等奖项目的具体授奖人数经国家自然科学奖评审委员会评审后，由国家科学技术奖励委员会确定。

第十六条　国家自然科学奖授奖等级根据候选人所做出的科学发现进行综合评定，评定标准如下：

（一）在科学上取得突破性进展，发现的自然现象、揭示的科学规律、提出的学术观点或者其研究方法为国内外学术界所公认和广泛引用，推动了本学科或者相关学科的发展，或者对经济建设、社会发展有重大影响的，可以评为一等奖。

（二）在科学上取得重要进展，发现的自然现象、揭示的科学规律、提出的学术观点或者其研究方法为国内外学术界所公认和引用，推动了本学科或者其分支学科的发展，或者对经济建设、社会发展有重要影响的，可以评为二等奖。

对于原始性创新特别突出、具有特别重大科学价值、在国内外自然科学界有重大影响的特别重大的科学发现，可以评为特等奖。

第三节　国家技术发明奖

第十七条　奖励条例第十条第一款所称的产品包括各种仪器、设备、器械、工具、零部件以及生物新品种等；工艺包括工业、农业、医疗卫生和国家安全等领域的各种技术方法；材料包括用各种技术方法获得的新物质等；系统是指产品、工艺和材料的技术综合。

国家技术发明奖的授奖范围不包括仅依赖个人经验和技能、技巧又不可重复实现的技术。

第十八条　奖励条例第十条第二款（一）所称"前人尚未发明或者尚未公开"，是指该项技术发明为国内外首创，或者虽然国内外已有但主要技术内容尚未在国内外各种公开出版物、媒体及其他公众信息渠道发表或者公开，也未曾公开使用过。

第十九条　奖励条例第十条第二款（二）所称"具有先进性和创造性"，是指该项技术发明与国内外已有同类技术相比较，其技术思路、技术原理或者技术方法有创新，技术上有实质性的特点和显著的进步，主要性能（性状）、技术经济指标、科学技术水平及其促进科学技术进步的作用和意义等方面综合优于同类技术。

第二十条　奖励条例第十条第二款（三）所称"经实施，创造显著经济效益或者社会效益"，是指该项技术发明成熟，并实施应用一年以上，取得良好的应用效果。

第二十一条　国家技术发明奖的候选人应当是该项技术发明的全部或者部分创造性技术内容的独立完

成人。

国家技术发明奖一等奖、二等奖单项授奖人数一般不超过 6 人,特等奖除外。特等奖项目的具体授奖人数经国家技术发明奖评审委员会评审后,由国家科学技术奖励委员会确定。

第二十二条 国家技术发明奖授奖等级根据候选人所做出的技术发明进行综合评定,评定标准如下:

(一)属国内外首创的重大技术发明,技术思路独特,主要技术上有重大的创新,技术经济指标达到了同类技术的领先水平,推动了相关领域的技术进步,已产生了显著的经济效益或者社会效益,可以评为一等奖。

(二)属国内外首创的重大技术发明,技术思路新颖,主要技术上有较大的创新,技术经济指标达到了同类技术的先进水平,对本领域的技术进步有推动作用,并产生了明显的经济效益或者社会效益,可以评为二等奖。

对原始性创新特别突出、主要技术经济指标显著优于国内外同类技术或者产品,并取得重大经济或者社会效益的特别重大的技术发明,可以评为特等奖。

第四节 国家科学技术进步奖

第二十三条 奖励条例第十一条第一款(一)所称"技术开发项目",是指在科学研究和技术开发活动中,完成具有重大市场实用价值的产品、技术、工艺、材料、设计和生物品种及其推广应用。

第二十四条 奖励条例第十一条第一款(二)所称"社会公益项目",是指在标准、计量、科技信息、科技档案、科学技术普及等科学技术基础性工作和环境保护、医疗卫生、自然资源调查和合理利用、自然灾害监测预报和防治等社会公益性科学技术事业中取得的重大成果及其应用推广。

第二十五条 奖励条例第十一条第一款(三)所称"国家安全项目",是指在军队建设、国防科研、国家安全及相关活动中产生,并在一定时期内仅用于国防、国家安全目的,对推进国防现代化建设、增强国防实力和保障国家安全具有重要意义的科学技术成果。

第二十六条 奖励条例第十一条第一款(四)所称"重大工程项目",是指列入国民经济和社会发展计划的重大综合性基本建设工程、科学技术工程和国防工程等。

第二十七条 国家科学技术进步奖重大工程类奖项仅授予组织。在完成重大工程中做出科学发现、技术发明的公民,符合奖励条例和本细则规定条件的,可另行推荐国家自然科学奖、技术发明奖。

第二十八条 国家科学技术进步奖候选人应当具备下列条件之一:

(一)在设计项目的总体技术方案中做出重要贡献;

(二)在关键技术和疑难问题的解决中做出重大技术创新;

(三)在成果转化和推广应用过程中做出创造性贡献;

(四)在高技术产业化方面做出重要贡献。

第二十九条 国家科学技术进步奖候选单位应当是在项目研制、开发、投产、应用和推广过程中提供技术、设备和人员等条件,对项目的完成起到组织、管理和协调作用的主要完成单位。

各级政府部门一般不得作为国家科学技术进步奖的候选单位。

第三十条 国家科学技术进步奖一等奖单项授奖人数不超过 15 人,授奖单位不超过 10 个;二等奖单项授奖人数不超过 10 人,授奖单位不超过 7 个;特等奖授奖人数和单位数不限。特等奖项目的具体授奖人数和单位数经国家科学技术进步奖评审委员会评审后,由国家科学技术奖励委员会确定。

第三十一条 国家科学技术进步奖候选人或者候选单位所完成的项目应当总体符合下列条件:

(一)技术创新性突出:在技术上有重要的创新,特别是在高新技术领域进行自主创新,形成了产业的主导技术和名牌产品,或者应用高新技术对传统产业进行装备和改造,通过技术创新,提升传统产业,增加行业的技术含量,提高产品附加值;技术难度较大,解决了行业发展中的热点、难点和关键问题;总体技术水平和技术经济指标达到了行业的领先水平。

(二)经济效益或者社会效益显著:所开发的项目经过一年以上较大规模的实施应用,产生了很大的经济效益或者社会效益，实现了技术创新的市场价值或者社会价值，为经济建设、社会发展和国家安全做出了很大贡献。

（三）推动行业科技进步作用明显：项目的转化程度高，具有较强的示范、带动和扩散能力，促进了产业结构的调整、优化、升级及产品的更新换代，对行业的发展具有很大作用。

第三十二条 国家科学技术进步奖授奖等级根据候选人或者候选单位所完成的项目进行综合评定，评定标准如下：

（一）技术开发项目类：

在关键技术或者系统集成上有重大创新，技术难度大，总体技术水平和主要技术经济指标达到了国际同类技术或者产品的先进水平，市场竞争力强，成果转化程度高，创造了重大的经济效益，对行业的技术进步和产业结构优化升级有重大作用的，可以评为一等奖；

在关键技术或者系统集成上有较大创新，技术难度较大，总体技术水平和主要技术经济指标达到国际同类技术或者产品的水平，市场竞争力较强，成果转化程度较高，创造了较大的经济效益，对行业的技术进步和产业结构调整有较大意义的，可以评为二等奖。

（二）社会公益项目类：

在关键技术或者系统集成上有重大创新，技术难度大，总体技术水平和主要技术经济指标达到了国际同类技术或者产品的先进水平，并在行业得到广泛应用，取得了重大的社会效益，对科技发展和社会进步有重大意义的，可以评为一等奖；

在关键技术或者系统集成上有较大创新，技术难度较大，总体技术水平和技术经济指标达到国际同类技术或者产品的水平，在行业较大范围应用，取得了较大的社会效益，对科技发展和社会进步有较大意义的，可以评为二等奖。

（三）国家安全项目类：

在关键技术或者系统集成上有重大创新，技术难度很大，总体技术达到国际同类技术或者产品的先进水平，应用效果十分突出，对国防建设和保障国家安全具有重大作用的，可以评为一等奖；

在关键技术或者系统集成上有较大创新，技术难度较大，总体技术达到国际同类技术或者产品的水平，应用效果突出，对国防建设和保障国家安全有较大作用的，可以评为二等奖。

（四）重大工程项目类：

团结协作、联合攻关，在关键技术、系统集成和系统管理方面有重大创新，技术难度和工程复杂程度大，总体技术水平、主要技术经济指标达到国际同类项目的先进水平，取得了重大的经济效益或者社会效益，对推动本领域的科技发展有重大意义，对经济建设、社会发展和国家安全具有重大战略意义的，可以评为一等奖；

团结协作、联合攻关，在关键技术、系统集成和系统管理方面有较大创新，技术难度和工程复杂程度较大，总体技术水平、主要技术经济指标达到国际同类项目的水平，取得了较大的经济效益或者社会效益，对推动本领域的科技发展有较大意义，对经济建设、社会发展和国家安全具有战略意义的，可以评为二等奖。

对于技术创新性特别突出、经济效益或者社会效益特别显著、推动行业科技进步作用特别明显的项目，可以评为特等奖。

第五节　国际科技合作奖

第三十三条 奖励条例第十二条所称"外国人或者外国组织"，是指在双边或者多边国际科技合作中对中国科学技术事业做出重要贡献的外国科学家、工程技术人员、科技管理人员和科学技术研究、开发、管理等组织。

第三十四条 被授予国际科技合作奖的外国人或者组织，应当具备下列条件之一：

（一）在与中国的公民或者组织进行合作研究、开发等方面取得重大科技成果，对中国经济与社会发展有重要推动作用，并取得显著的经济效益或者社会效益。

（二）在向中国的公民或者组织传授先进科学技术、提出重要科技发展建议与对策、培养科技人才或者管理人才等方面做出了重要贡献，推进了中国科学技术事业的发展，并取得显著的社会效益或者经济效益。

（三）在促进中国与其他国家或者国际组织的科技交流与合作方面做出重要贡献，并对中国的科学技术发展有重要推动作用。

第三十五条　国际科技合作奖每年授奖数额不超过10个。

第三章　评审组织

第三十六条　国家科学技术奖励委员会的主要职责是：

（一）聘请有关专家组成国家科学技术奖评审委员会；

（二）审定国家科学技术奖评审委员会的评审结果；

（三）对国家科学技术奖的推荐、评审和异议处理工作进行监督；

（四）为完善国家科学技术奖励工作提供政策性意见和建议；

（五）研究、解决国家科学技术奖评审工作中出现的其他重大问题。

第三十七条　国家科学技术奖励委员会委员15～20人。主任委员由科学技术部部长担任，设副主任委员1至2人、秘书长1人。国家科学技术奖励委员会委员由科技、教育、经济等领域的著名专家、学者和行政部门领导组成。委员人选由科学技术部提出，报国务院批准。

国家科学技术奖励委员会实行聘任制，每届任期3年。

第三十八条　国家科学技术奖励委员会下设国家最高科学技术奖、国家自然科学奖、国家技术发明奖、国家科学技术进步奖和国际科技合作奖等国家科学技术奖评审委员会。其主要职责是：

（一）负责各国家科学技术奖的评审工作；

（二）向国家科学技术奖励委员会报告评审结果；

（三）对国家科学技术奖评审工作中出现的有关问题进行处理；

（四）对完善国家科学技术奖励工作提供咨询意见。

第三十九条　国家科学技术奖各评审委员会分别设主任委员1人、副主任委员2至4人、秘书长1人、委员若干人。委员人选由科学技术部向国家科学技术奖励委员会提出建议。秘书长由奖励办公室主任担任。

国家科学技术奖评审委员会委员实行聘任制，每届任期3年，连续任期不得超过两届。

第四十条　国家技术发明奖、国家科学技术进步奖评审委员会内设专用项目小组，负责国防、国家安全等保密项目的评审，并将评审结果向评审委员会报告。

第四十一条　根据评审工作需要，国家科学技术奖各评审委员会可以设立若干评审组，对相关国家科学技术奖的候选人及项目进行初评，初评结果报相应的国家科学技术奖评审委员会。

第四十二条　各评审组设组长1人、副组长1至3人、委员若干人，组长一般由相应国家科学技术奖评审委员会的委员担任。评审组委员实行资格聘任制，其资格由科学技术部认定。

各评审组的委员组成，由奖励办公室根据当年国家科学技术奖推荐的具体情况，从有资格的人选中提出，经评审委员会秘书长审核，报相应评审委员会主任委员批准。评审组委员每年要进行一定比例的轮换。

第四十三条　科学技术部可以委托相关部门负责涉及国防、国家安全方面的国家技术发明奖和国家科学技术进步奖评审组的日常工作。

第四十四条　国家科学技术奖各评审委员会的委员因故不能出席会议，可能影响评审工作正常进行时，可以由相关评审组的委员代替，并享有与其他委员同等的权利。具体人选由评审委员会秘书长提名，经相应评审委员会主任委员批准。

第四十五条　国家科学技术奖评审委员会及其评审组的委员和相关的工作人员应当对候选人和候选单位所完成项目的技术内容及评审情况严格保守秘密。

第四章　推　　荐

第四十六条　奖励条例第十五条第一款（一）、（二）、（三）所列推荐单位的推荐工作，由其科学技术主管机构负责。

第四十七条　奖励条例第十五条第一款（四）所称"其他单位"，是指经科学技术部认定，具备推荐条件的国务院直属事业单位、中央有关部门及其他特定的机关、企事业单位和社会团体等。

第四十八条　奖励条例第十五条第一款（四）所称"科学技术专家"，是指国家最高科学技术奖获奖人、中国科学院院士、中国工程院院士。

第四十九条　国家科学技术奖实行限额推荐制度。各推荐单位在奖励办公室当年下达的限额范围内进行推荐。

国家最高科学技术奖获奖人每人每年度可推荐1名（项）所熟悉专业的国家科学技术奖。中国科学院院士、中国工程院院士每年度可3人以上共同推荐1名（项）所熟悉专业的国家科学技术奖。

推荐单位推荐国家自然科学奖、国家技术发明奖和国家科学技术进步奖特等奖的，应当在推荐前征得5名以上熟悉该项目的院士的同意。

第五十条　国家自然科学奖、国家技术发明奖和国家科学技术进步奖特等奖的推荐单位、推荐人，应当按照本细则规定的条件严格控制候选人、候选单位的数量。

综合性的重大自然科学发现、技术发明的候选人数超过规定限额的，推荐单位、推荐人应当在国家科学技术奖励推荐书中提出充分理由。

第五十一条　推荐单位、推荐人推荐国家科学技术奖的候选人、候选单位应当征得候选人和候选单位的同意，并填写由奖励办公室制作的统一格式的推荐书，提供必要的证明或者评价材料。推荐书及有关材料应当完整、真实、可靠。

第五十二条　推荐单位、推荐人认为有关专家学者参加评审可能影响评审公正性的，可以要求其回避，并在推荐时书面提出理由及相关的证明材料。每项推荐所提出的回避专家人数不得超过3人。

第五十三条　凡存在知识产权以及有关完成单位、完成人员等方面争议的，在争议未解决前不得推荐参加国家科学技术奖评审。

第五十四条　法律、行政法规规定必须取得有关许可证，且直接关系到人身和社会安全、公共利益的项目，如动植物新品种、食品、药品、基因工程技术和产品等，在未获得主管行政机关批准之前，不得推荐参加国家科学技术奖评审。

第五十五条　同一技术内容不得在同一年度重复推荐参加国家自然科学奖、国家技术发明奖和国家科学技术进步奖的评审。

第五十六条　经评定未授奖的候选人、候选单位，如果其完成的项目或者工作在此后的研究开发活动中获得新的实质性进展，并符合奖励条例及本细则有关规定条件的，可以按照规定的程序重新推荐。

连续两年参加评审未予授奖的，如再次推荐须隔一年进行。

第五十七条　我国公民或者组织在国外以及我国公民在中国的外资机构，单独或者合作取得重大科学技术成果，符合奖励条例和本细则规定的条件，且成果的主要学术思想、技术路线和研究工作由我国公民或者组织提出和完成，并享有有关的知识产权，可以推荐为国家科学技术奖候选人或者候选组织。

第五十八条　对科学技术进步、经济建设、社会发展和国家安全具有特别意义或者重大影响的科学技术成果，可适时推荐国家科学技术奖励。

第五章　评　　审

第五十九条　符合奖励条例第十五条及本细则规定的推荐单位和推荐人，应当在规定的时间内向奖励办公室提交推荐书及相关材料。奖励办公室负责对推荐材料进行形式审查。对不符合规定的推荐材料，可以要求推荐单位和推荐人在规定的时间内补正，逾期不补正或者经补正仍不符合要求的，可以不提交评审并退回推荐材料。

第六十条　奖励办公室应当在国家科学技术奖励网站等媒体上公布通过形式审查的国家自然科学奖、国家技术发明奖、国家科学技术进步奖的候选人、候选单位及项目。涉及国防、国家安全的，在适当范围内公布。

第六十一条　对形式审查合格的推荐材料，由奖励办公室提交相应评审组进行初评。

第六十二条　国际科技合作奖的初评结果应当征询我国有关驻外使、领馆或者派出机构的意见。

第六十三条　在保障国家安全和候选人、候选单位合法权益的情况下，奖励办公室可以邀请海外同行专家对国家科学技术奖候选人、候选单位及项目进行评议，并将有关意见提交相关评审组织。

第六十四条　对通过初评的国家最高科学技术奖、国际科技合作奖人选，及通过初评且没有异议或者虽有异议但已在规定时间内处理的国家自然科学奖、国家技术发明奖、国家科学技术进步奖人选及项目，提交相应的国家科学技术奖评审委员会进行评审。

第六十五条　国家科学技术奖励委员会对国家科学技术奖各评审委员会的评审结果进行审定。

第六十六条　国家科学技术奖的评审表决规则如下：

（一）初评以网络评审或者会议评审方式进行，以记名投票表决产生初评结果。

（二）国家科学技术奖各评审委员会以会议方式进行评审，以记名投票表决产生评审结果。

（三）国家科学技术奖励委员会以会议方式对各评审委员会的评审结果进行审定。其中，对国家最高科学技术奖以及国家自然科学奖、国家技术发明奖和国家科学技术进步奖的特等奖以记名投票表决方式进行审定。

（四）国家科学技术奖励委员会及各评审委员会、评审组的评审表决应当有三分之二以上多数（含三分之二）委员参加，表决结果有效。

（五）国家最高科学技术奖、国际科技合作奖的人选，以及国家自然科学奖、国家技术发明奖和国家科学技术进步奖的特等奖、一等奖应当由到会委员的三分之二以上多数（含三分之二）通过。

国家自然科学奖、国家技术发明奖和国家科学技术进步奖的二等奖应当由到会委员的二分之一以上多数（不含二分之一）通过。

第六十七条　国家科学技术奖评审实行回避制度，与被评审的候选人、候选单位或者项目有利害关系的评审专家应当回避。

第六章　监督及异议处理

第六十八条　国家科学技术奖励委员会设立的科学技术奖励监督委员会负责对国家科学技术奖的推荐、评审和异议处理工作进行监督。

科学技术奖励监督委员会组成人选由科学技术部提出，报国家科学技术奖励委员会批准。

第六十九条　国家科学技术奖各评审委员会和奖励办公室应当定期向科学技术奖励监督委员会报告有关国家科学技术奖的推荐、评审和异议处理的工作情况。必要时，科学技术奖励监督委员会可以要求进行专题汇报。

第七十条　任何单位和个人发现国家科学技术奖的评审和异议处理工作中存在问题的，可以向科学技术奖励监督委员会进行举报和投诉。有关方面收到举报或者投诉材料的，应当及时转交科学技术奖励监督委员会。

第七十一条　科学技术奖励监督委员会对评审活动进行经常性监督检查，对在评审活动中违反奖励条例及本细则有关规定的专家学者，可以分别情况建议有关方面给予责令改正、记录不良信誉、警告、通报批评、解除聘任或者取消资格的处理。

第七十二条　国家科学技术奖励实行评审信誉制度。科学技术部对参加评审活动的专家学者建立信誉档案，信誉记录作为提出评审委员会委员和评审组委员人选的重要依据。

第七十三条　国家科学技术奖励接受社会的监督。国家自然科学奖、国家技术发明奖和国家科学技术进步奖的评审工作实行异议制度。

任何单位或者个人对国家科学技术奖候选人、候选单位及其项目持有异议的，应当在通过形式审查的项目公布之日起 60 日内向奖励办公室提出；逾期且无正当理由的，不予受理。

第七十四条　异议分为实质性异议和非实质性异议。凡对涉及候选人、候选单位所完成项目的创新性、先进性、实用性等，以及推荐书填写不实所提的异议为实质性异议；对候选人、候选单位及其排序的异议，为非实质性异议。

推荐单位、推荐人及项目的完成人和完成单位对评审等级的意见，不属于异议范围。

第七十五条　提出异议的单位或者个人应当提供书面异议材料，并提供必要的证明文件。

提出异议的单位、个人应当表明真实身份。个人提出异议的，应当在书面异议材料上签署真实姓名；以单位名义提出异议的，应当加盖本单位公章。以匿名方式提出的异议一般不予受理。

第七十六条　为维护异议者的合法权益，奖励办公室、推荐单位及其工作人员和推荐人，以及其他参与异议调查、处理的有关人员应当对异议者的身份予以保密；确实需要公开的，应当事前征求异议者的意见。

第七十七条　奖励办公室在接到异议材料后，应当对异议内容进行审查，如果异议内容属于本细则第七十四条所述情况，并能提供充分证据的，应予受理。

第七十八条　实质性异议由奖励办公室负责协调，由有关推荐单位或者推荐人协助。推荐单位或者推荐人接到异议通知后，应当在规定的时间内核实异议材料，并将调查、核实情况报送奖励办公室审核。必要时，奖励办公室可以组织评审委员和专家进行调查，提出处理意见。

非实质性异议由推荐单位或者推荐人负责协调，提出初步处理意见报送奖励办公室审核。涉及跨部门的异议处理，由奖励办公室负责协调，相关推荐单位或者推荐人协助，其处理程序参照前款规定办理。

推荐单位或者推荐人未提出调查、核实报告和协调处理意见的，不提交评审。

涉及国防、国家安全项目的异议，由有关部门处理，并将处理结果报奖励办公室。

第七十九条　异议处理过程中，涉及异议的任何一方应当积极配合，不得推诿和延误。候选人、候选单位在规定时间内未按要求提供相关证明材料的，视为承认异议内容；提出异议的单位、个人在规定时间内未按要求提供相关证明材料的，视为放弃异议。

第八十条　奖励办公室应当向相关的国家科学技术奖评审委员会报告异议核实情况及处理意见，提请国家科学技术奖评审委员会决定，并将决定意见通知异议方和推荐单位、推荐人。

奖励办公室应当及时向科学技术奖励监督委员会报告异议处理情况。

第八十一条　异议自异议受理截止之日起 60 日内处理完毕的，可以提交本年度评审；自异议受理截止之日起一年内处理完毕的，可以提交下一年度评审；自异议受理截止之日起一年后处理完毕的，可以重新推荐。

第八十二条　提出异议的单位、个人不得擅自将异议材料直接提交评审组织或者其委员；委员收到异议材料的，应当及时转交奖励办公室，不得提交评审组织讨论和转发其他委员。

第七章　授　　奖

第八十三条　科学技术部对国家科学技术奖励委员会做出的获奖人选、项目及等级的决议进行审核，报国务院批准。

第八十四条　国家最高科学技术奖由国务院报请国家主席签署并颁发证书和奖金。

国家最高科学技术奖奖金数额为 500 万元。其中 50 万元属获奖人个人所得，450 万元由获奖人自主选题，用作科学研究经费。

第八十五条　国家自然科学奖、国家技术发明奖、国家科学技术进步奖由国务院颁发证书和奖金。

国家自然科学奖、国家技术发明奖、国家科学技术进步奖奖金数额由科学技术部会同财政部另行公布。

第八十六条　国际科技合作奖由国务院颁发证书。

第八章　附　　则

第八十七条　国家科学技术奖的推荐、评审、授奖的经费管理，按照国家有关规定执行。

第八十八条　本细则自发布之日起施行。

附录三

附表 1　2000—2010 年国家奖励农业科技成果

单位：项，%

年份	奖励总项数	国家最高科技奖		国家自然科学奖		国家技术发明奖		国家科技进步奖		国际科技合作奖		合计	
		总项数	农业项数	总项数	农业项数	总项数	农业项数	总项数	农业项数	总项数	农业项数	农业项数	农业所占%
2000	292	2	1	15	2	23	1	250	24	2	0	28	9.6
2001	231	2	0	18	2	14	1	191	26	6	1	30	13.0
2002	269	1	0	24	1	21	3	218	30	5	0	34	12.6
2003	260	2	0	19	1	19	1	216	25	4	1	28	10.8
2004	305	0	0	28	1	28	3	244	33	5	0	37	12.1
2005	321	2	0	38	3	40	7	236	29	5	1	40	12.5
2006	329	1	1	29	1	56	6	241	34	2	0	42	12.8
2007	352	2	0	39	2	51	6	255	29	5	1	38	10.8
2008	348	2	0	34	0	55	3	254	38	3	2	43	12.4
2009	374	2	0	28	1	55	2	282	31	7	0	34	9.1
2010	356	2	0	30	0	46	3	273	40	5	0	43	12.1
总计	3 437	18	2	302	14	408	36	2 660	339	49	6	397	11.6

附录四

附表 2　国家奖励农业科技成果按行业分布

单位：项，%

奖种	农业总项数	种植业		林业		畜牧业		水产业	
		项数	所占%	项数	所占%	项数	所占%	项数	所占%
国家自然科学奖	14	11	78.6	2	14.3	1	7.1	0	0.0
国家技术发明奖	36	19	52.8	7	19.4	5	13.9	5	13.9
国家科技进步奖	339	209	61.7	60	17.7	45	13.3	25	7.4
总计	389	239	61.4	69	17.7	51	13.1	30	7.7

附录五

附表 3　国家自然科学奖按农业行业分布

单位：项

年份	种植业			林业			畜牧业			水产业			农业总计		
	项数	一等奖	二等奖	项数	一等奖	二等奖	项数	一等奖	二等奖	项数	一等奖	二等奖	项数	一等奖	二等奖
2000	1	0	1	0	0	0	1	0	1	0	0	0	2	0	2
2001	2	0	2	0	0	0	0	0	0	0	0	0	2	0	2
2002	0	0	0	1	0	1	0	0	0	0	0	0	1	0	1
2003	1	0	1	0	0	0	0	0	0	0	0	0	1	0	1
2004	1	0	1	0	0	0	0	0	0	0	0	0	1	0	1
2005	3	0	3	0	0	0	0	0	0	0	0	0	3	0	3
2006	1	0	1	0	0	0	0	0	0	0	0	0	1	0	1
2007	1	0	1	1	0	1	0	0	0	0	0	0	2	0	2
2008	0	0	0	0	0	0	0	0	0	0	0	0	0	0	0
2009	1	0	1	0	0	0	0	0	0	0	0	0	1	0	1
2010	0	0	0	0	0	0	0	0	0	0	0	0	0	0	0
合计	11	0	11	2	0	2	1	0	1	0	0	0	14	0	14

附录六

附表4 国家技术发明奖按农业行业分布

单位：项

年份	种植业			林业			畜牧业			水产业			农业总计		
	项数	一等奖	二等奖	项数	一等奖	二等奖	项数	一等奖	二等奖	项数	一等奖	二等奖	项数	一等奖	二等奖
2000	1	0	1	0	0	0	0	0	0	0	0	0	1	0	1
2001	1	0	1	0	0	0	0	0	0	0	0	0	1	0	1
2002	3	0	3	0	0	0	0	0	0	0	0	0	3	0	3
2003	0	0	0	0	0	0	1	0	1	0	0	0	1	0	1
2004	1	0	1	1	0	1	1	0	1	0	0	0	3	0	3
2005	4	0	4	1	0	1	0	0	0	2	0	2	7	0	7
2006	4	0	4	1	0	1	0	0	0	1	0	1	6	0	6
2007	2	0	2	2	0	2	1	0	1	1	0	1	6	0	6
2008	2	0	2	0	0	0	1	0	1	0	0	0	3	0	3
2009	0	0	0	1	0	1	1	0	1	0	0	0	2	0	2
2010	1	0	1	1	0	1	0	0	0	1	0	1	3	0	3
合计	19	0	19	7	0	7	5	0	5	5	0	5	36	0	36

附录七

附表 5 国家科技进步奖按农业行业分布

单位：项

年份	种植业			林业			畜牧业			水产业			农业总计		
	项数	一等奖	二等奖	项数	一等奖	二等奖	项数	一等奖	二等奖	项数	一等奖	二等奖	项数	一等奖	二等奖
2000	10	1	9	6	0	6	7	0	7	1	0	1	24	1	23
2001	18	1	17	3	0	3	4	0	4	1	0	1	26	1	25
2002	20	1	19	5	0	5	4	0	4	1	0	1	30	1	29
2003	15	2	13	5	0	5	4	0	4	1	0	1	25	2	23
2004	19	1	18	7	0	7	5	0	5	2	0	2	33	1	32
2005	21	2	19	4	0	4	2	0	2	2	0	2	29	2	27
2006	21	0	21	6	1	5	3	0	3	4	0	4	34	1	33
2007	17	1	16	6	0	6	4	0	4	2	0	2	29	1	28
2008	25	1	24	6	0	6	4	0	4	3	0	3	38	1	37
2009	20	0	20	6	0	6	2	0	2	3	0	3	31	0	31
2010	23	2	21	6	0	6	6	0	6	5	0	5	40	2	38
合计	209	12	197	60	1	59	45	0	45	25	0	25	339	13	326

附录八

附表 6   2000－2010 年全国和农业行业国家奖励科技成果比较

单位：项

奖项	全国				农业		
	合计项数	特等奖	一等奖	二等奖	合计项数	一等奖	二等奖
自然科学奖	302	0	5	297	14	0	14
技术发明奖	408	0	12	396	36	0	36
科技进步奖	2 660	12	220	2 428	339	13	326
总计	3 370	12	237	3 121	389	13	376

附录九

附表7 国家奖励农业科技成果第一完成单位分布

单位：项

完成单位	国家最高科技奖	国家自然科学奖			国家技术发明奖			国家科技进步奖			合计		
	项数	项数	一等奖	二等奖	项数	一等奖	二等奖	项数	一等奖	二等奖	项数	一等奖	二等奖
中国农业科学院	0	0	0	0	4	0	4	42	5	37	46	5	41
中国林业科学研究院	0	0	0	0	1	0	1	19	0	19	20	0	20
中国水产科学研究院	0	0	0	0	2	0	2	9	0	9	11	0	11
中国热带农业科学院	0	0	0	0	0	0	0	3	0	3	3	0	3
省、自治区、直辖市农（林）业科学院	1	0	0	0	5	0	5	88	5	83	92	5	87
有关部门属单位	0	0	0	0	1	0	1	14	0	14	15	0	15
中国科学院	1	7	0	7	2	0	2	26	0	26	35	0	35
高等农（林）业院校	0	3	0	3	14	0	14	92	2	90	108	2	106
其他高等院校	0	4	0	4	7	0	7	29	0	29	42	0	42
其他单位	0	0	0	0	0	0	0	17	1	16	17	1	16
总计	2	14	0	14	36	0	36	339	13	326	389	13	376

注：1. 国家自然科学奖、国家技术发明奖第一完成单位为第一完成人所在单位；

2. "其他单位"含未填报完成单位项目；

3. 合计中不含国家最高科技奖。